独孤九鉴 白酒酒体设计之宝典

李　红◎著

中国轻工业出版社

图书在版编目（CIP）数据

独孤九鉴：白酒酒体设计之宝典 / 李红著. — 北京：中国轻工业出版社，2024. 7
ISBN 978-7-5184-4266-9

Ⅰ. ①独… Ⅱ. ①李… Ⅲ. ①白酒—酿造 Ⅳ. ①TS262. 3

中国国家版本馆 CIP 数据核字（2023）第 088628 号

责任编辑：江 娟
策划编辑：江 娟　　责任终审：白 洁　　书名题写人：李霈辰
整体设计：锋尚设计　　责任校对：吴大朋　　责任监印：张 可

出版发行：中国轻工业出版社（北京鲁谷东街 5 号，邮编：100040）
印　　刷：艺堂印刷（天津）有限公司
经　　销：各地新华书店
版　　次：2024 年 7 月第 1 版第 1 次印刷
开　　本：720×1000　1/16　印张：45. 5
字　　数：700 千字
书　　号：ISBN 978-7-5184-4266-9　定价：300. 00 元
邮购电话：010-85119873
发行电话：010-85119832　010-85119912
网　　址：http：//www. chlip. com. cn
Email：club@ chlip. com. cn

221122K7X101ZBW

参与的“茅台试点”两大科技试点。

酒体设计是中国白酒生产工艺当中非常重要的一个环节，它直接关系到白酒的品质和市场定位，从而影响消费者的选择和品牌的市场竞争力。通过酒体设计，可以明确白酒的风格和特点，有助于建立产品的独特性。优秀的酒体设计能够提升消费者对白酒的感知，高品质的感知是提高产品品牌黏性、树立品牌形象的重要手段。但是长期以来，白酒的酒体设计一直被行业企业神秘化，也被企业视为核心秘密，行业间缺乏交流。

为了让白酒的酒体设计从“神秘”走向“科学”，我院酿酒工程研究发展部的李红博士，依据其多年对白酒的研究成果与敏锐的品酒能力，从白酒酒体设计的底层逻辑出发，引入现代数理统计学的方法，开创了我国白酒行业第一个白酒酒体设计体系——“独孤九鉴”体系，该体系逻辑清晰，结构科学，是指导中国白酒如何进行酒体设计的非常不错的理论。

我相信这一体系的面世，对推动我国白酒工业的进一步发展将会起到重要的作用，也希望广大读者都能够从中获得有益的东西！

中国食品发酵工业研究院党委书记、总经理

郭新光

郭新光

2024年3月1日于北京

前言

酒是人类文明的瑰宝，中国酒文化源远流长，中国的酒产业已发展成为带动中国农业产业化发展的龙头产业，2017 年我国酒业的产值接近万亿元，酒水相关的从业人员高达几千万人，酒类爱好者及消费者更是众多，高达几亿。

满足国家标准是对白酒最低的要求，因此，我们经常会看到市面上有很多酒执行同样的标准，甚至具有相似的理化指标，但是售价却千差万别，便宜的一瓶才几元、十几元，贵的则几百上千元。这充分说明了白酒的质量体现在标准之外，白酒的核心竞争力在于其感官质量，简单地说就是好喝，这才是白酒质量的核心。白酒是按质论价的，质量好的酒卖几千元，认可其品质的消费者都不会觉得贵。要生产出好喝的白酒，除了好的原料、精细的酿造外，酒体设计则会起到至关重要的作用。

长期以来，白酒的酒体设计被视为企业的核心秘密，行业间缺乏交流，各个厂的做法不统一，笔者经过多年的研究，归纳总结了一套简单高效的白酒酒体设计技术体系，即“勾三调四过五关”的白酒勾调利器。为了帮助企业提高酒体设计能力，促进行业的整体进步，笔者在“勾三调四过五关”的基础之上，进一步细化，又提出了“五法优选酒配方，独孤九鉴酒飞天”的酒体设计宝典。

以“九酒归真成系统，大道致简容易懂，学而不忘成大师，学以致用必成功”为宗旨，撰写每一部分的内容。本书采用深入浅出的语言，总结概括了白酒设计的“身怀六甲”体系，“勾三调四过五关”白酒轻松勾调技术，“独孤九鉴九连环”的酒体设计体系。书的逻辑严密，总结到位，语言浅显易懂，易学易会不易忘。

本书读者定位为酒类从业人员、酒类科研人员、酒类销售人员，酒类爱好者也可以参考该书。

由于笔者水平所限，在撰写内容上，可能不够全面、确切、深刻，篇幅的比重不够合理，甚至有错误的地方，欢迎读者批评指正，以便进一步改正。

本书在撰写过程中得到了山西杏花村汾酒厂股份有限公司中国汾酒城管理中心高级技术总监雷振河和四川省宜宾高洲酒业有限责任公司杨智华副总工程师的建议和指导，在附录表格整理核对方面得到研究生尹延顺的帮助，谨此表示感谢。

希望本书的出版发行，能对我国白酒产业的发展起到促进作用。

作者签名：

2023 年 3 月于北京

目录

第一篇　白酒产品设计

第二篇　白酒包装设计

第三篇　白酒酒体设计

第四篇　酒体设计的原料及蒸馏、陈酿工艺

第五篇　调香白酒的酒体设计

第六篇　传统白酒的酒体设计

第七篇　鸡尾酒的设计与调制

第八篇　智能酒体设计

附　录

第一篇

白酒产品设计

第一章 “身怀六甲”——产品设计的六个抓手

第一节 酒类产品设计的完整性

酒类产品一般是作为商品在市场上进行交换的，要进行酒类产品的设计，就要了解酒类产品作为商品的属性。根据现行的法律法规，一个完整的酒类产品主要包括两方面（外包装 10 个部分和酒水/酒体 1 个部分），共计十一个部分，如图 1-1 所示。即一个商品酒类包括外在的包装和内在的酒体两个方面，其中外在的包装又可进一步分成一级、二级和三级包装。一级包装包括瓶子、瓶标、盖子三部分。二级包装包括外盒、盒标、盒封三部分。三级包装包括箱子、箱标、箱封以及合格单四部分。三级包装加起来总共有十部分。

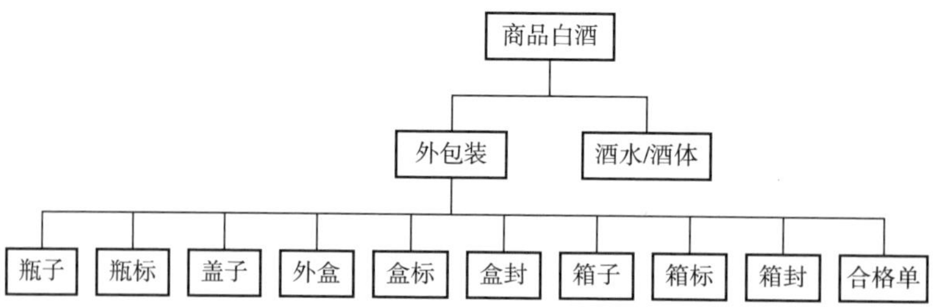

图 1-1 商品白酒的完整结构

为了便于理解和记忆一个商品白酒的完整性，可以用两句话概括：“商品白酒十一酒，十全酒美市场有。”从产品设计的角度来讲，首先要把酒类产品当作一个商品来看待，即一个完整的商品包含如上所述的十一个部分。由此可知，酒类产品设计应包括的主要内容如图 1-2 所示。

在进行酒类产品设计的时候，不能厚此薄彼，要从整体上全面加以考虑，也就是说一个商品酒既要有外在的品相，也要有内在的品质。但在实际当中，容易出现两个极端，第一个极端认为产品的包装很重要，酒体无所谓，第二

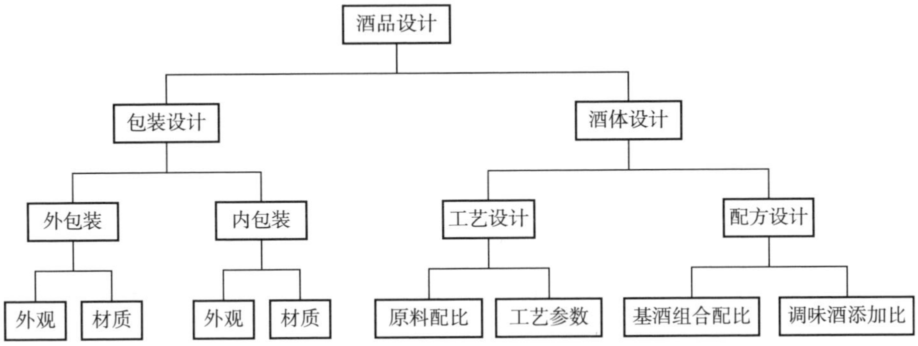

图 1-2　酒类产品设计的内容

个极端就是认为酒体很重要，而产品的包装无所谓，这两种思维其实都是不妥当的。

第二节　酒类产品设计的六个抓手

一、 产品设计的底层逻辑

要进行一个酒类产品的设计，先要确定产品的定位，所设计的这款酒，其主要的目标人群是什么，重点是这部分人群的经济水平怎样。即首先要根据这部分人群的特点，进行产品价位的设计，价位是酒类作为商品最直接的量化定位。

在明确了产品的价位之后，再根据所定位的这部分人群，提炼出这部分人群的喜好、画像、调性等，把产品最突出的特点、概念表达出来。这体现在产品设计上，就是给产品设计一个名字，名字是产品概念内涵最直接的表达。

除了名字是产品最直接的表达外，产品的外观也是产品调性可视化的体现，这反映到产品的设计上就是产品应该以什么样的外观形式呈现。也就是说，产品的价位、名字设计好了后，就要进行产品的外观设计。

设计好产品的外观，接下来就要重点进行酒体设计，这是产品设计的重点，往往也是难点，酒体的好坏是产品能否在市场上长期立足的核心。

将产品的价位、名字、外观及酒体设计好之后，对一个产品的设计来说，已经完成了大部分，最后还要从整体上对产品的便捷性进行考虑，这往往是很多产品在设计的时候易忽视的内容。酒类产品的消费，往往是场景消费，在进行酒类产品设计的时候需要考虑到消费场景使用产品的特点。便捷性的内容包括易提性、易存性、易开性、易处理性等。

上述分析的内容，可以用图 1-3 进行总结。

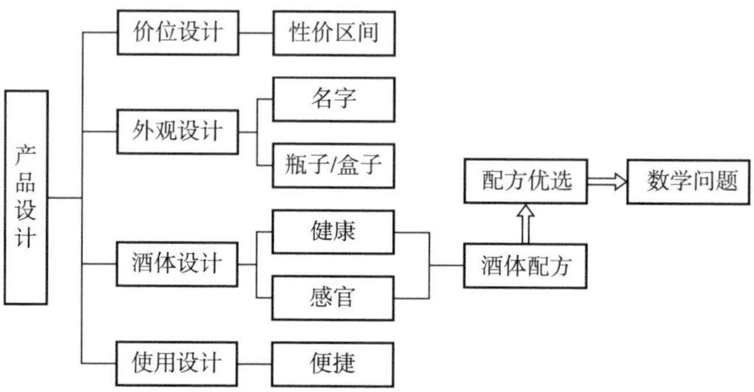

图 1-3　酒类产品设计的底层逻辑

二、 酒类产品设计的“身怀六甲”

根据酒类产品的特点、消费者对酒类产品的认知逻辑、酒类产品竞争状况，笔者进一步归纳总结出酒类产品设计的内容，主要包括如图 1-4 所示的 6 个方面。

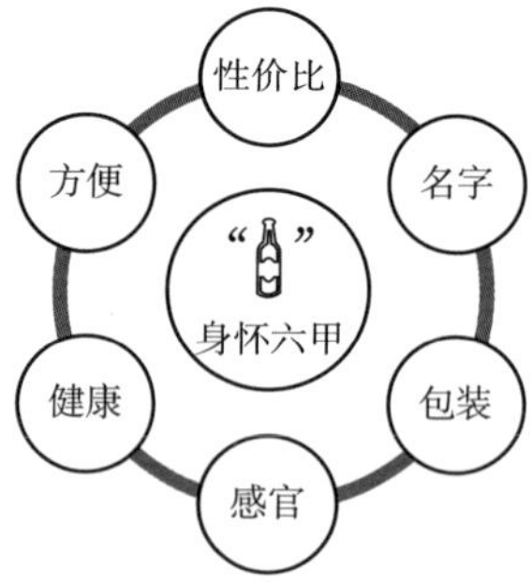

图 1-4　酒类产品设计的“身怀六甲”理论

为了便于理解和记忆酒类产品设计的这 6 个方面的要点，笔者用“身怀六甲”一词来进行概括，所谓的

“身怀六甲”是指一个酒类产品的设计，要在性价比、名字、包装、感官质量、健康内涵以及使用方便性这6个方面（概括为“性价名包感健便”）努力，并且力争做到最佳，才有可能得到消费者的认可，才有可能成为成功的产品。

之所以在进行酒类产品设计的时候，要从这6个方面下功夫，是因为这6个方面的好坏对消费者的消费体验会有很大的影响，只有这6个方面的体验好了，消费者才会认可这个产品；只有消费者认可的产品，在市场上才有可能成功。为了便于读者理解其中的逻辑关系，笔者用一首诗进行概括，诗的内容如下：

身怀六甲六抓手

酒品设计不将就，研究市场抓风口；
品质品牌故事优，营造氛围销不愁；
性价名包感健便，身怀六甲六抓手；
从里到外都讲究，莫愁前路无销售。

第一句和第二句是说在进行酒类产品设计的时候一定要精益求精，不能抱着差不多、凑合的心态，而且还要进行市场研判，抓住消费者的消费偏好与消费趋势。

第三句和第四句是说营销，只有营造好了氛围，才会达成销售，因此要营造产品的品质和品牌良好的氛围。品牌的前提是品质，品质的好坏，不能仅让消费者自己判断，更要通过一个个的品牌和品质故事，直接告诉消费者产品的品质上乘。品牌可以理解为长期的好品质，在消费者心中所形成的好口碑。

第五句和第六句是酒类产品设计的6个重要方面，即性价比、名字、包装、酒体的感官质量、酒体的健康内涵以及使用的方便性。

第七句和第八句是指只要酒类产品从品质到外观都出色，产品的价格定位也有优势，这样的产品是不用担心其销量的。

第二章 “身怀六甲”理论的解读

第一节 性价比高回头高

要进行酒类产品的设计，首先要设计好产品的价格定位。价格高，固然产品的利润也会提高，但是产品的销量能不能增长是关键，如果产品的销量上不来，说明产品的价位设计不合理。要定好产品的价位，首先要对市场上酒类产品的价格进行分析研究。笔者对目前市场上中国白酒产品的价格进行了研究，认为其可以分成七个档位，如图 1-5 所示。

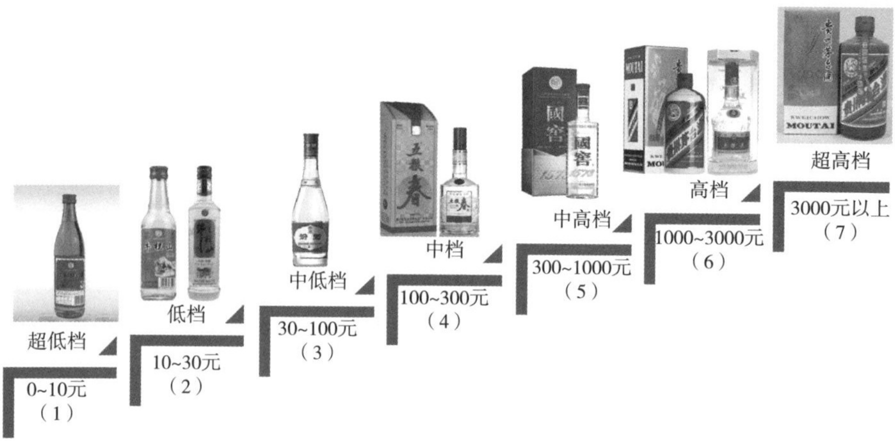

图 1-5 中国白酒市场销售价格分类（按 500mL 计）

低于 10 元/500mL 的酒，在目前的酒类市场上，其占比其实也不低，在北京的一些商超里就摆放了不少这个价位的酒。按照 2021 年中国人均收入水平，这个价格笔者将其划为超低档酒。

介于 10~30 元/500mL 的酒，价格也不高，笔者将其归为低档酒的范畴。

价格位于30~100元/500mL的酒，按目前整体消费水平来看，笔者将其划为中低档酒。

价格位于100~300元/500mL的酒，按目前整体消费水平来看，价格不算太便宜，笔者将其划为中档酒的范畴。

价格位于300~1000元/500mL的酒，按目前整体消费水平来看，价格不低，但在有些人眼中，价格也不算太高。因此，笔者将其划为中高档酒。

价格位于1000~3000元/500mL的酒，按目前整体消费水平来看，价格偏高，笔者将其划为高档酒。

第七档是指价格在3000元/500mL以上的酒，按目前整体消费水平来看，这个价格对绝大多数人来讲都不便宜，笔者将其划为超高档酒。

需要指出的一点是，价格随着时代的变化会发生很大变化，价位的设计既要考虑竞品的价格，也要结合时代的特点。另外还需要指出的一点就是，性价比高，不等于低价，这和消费场景是息息相关的。总之，“性价比高回头高”。

第二节　名字广告寓意妙

一、 好名字的作用

产品的名字也是不容忽视的，好的名字有利于产品的传播，增加消费者的好感，拉近与消费者的距离。好的名字要进行商标的注册，形成专属使用权，避免法律纠纷。产品的名字，还包括与名字相对应的广告语（广告语实际上是产品某种诉求的直接表达），要朗朗上口，让人有“未见其面，只闻其名，但心生向往”的心动。

二、 好名字的五要素

一个好的名字包括五个要素：

（1）有辨识度。

（2）便于记忆。

（3）便于理解。

（4）便于讲故事。

（5）能和产品或服务产生联系。

在进行酒类产品设计的时候，要在产品名字设计上下功夫，重点要考虑以上五点。既要考虑时代特征，也要考虑长远性，要有历久弥新的特点。关于讲故事，笔者要多说一句，为了让消费者更多地了解产品、了解企业，加强和消费者的感情交流，依据产品的名字讲一些好故事是很有必要的，但是要注意的一点是，讲故事不是编故事。

总之要做到“名字广告寓意妙”。

三、 注册商标

产品的名字一定要进行注册，甚至不错的广告语也要进行注册。名字最好是产品诉求的某种反映，也就是说要提供给消费者什么样的产品，除了让消费者自己体会之外，还要明确告诉消费者。

经政府有关部门核准注册的商标，商标申请人取得商标专用权，注册商标享有使用某个品牌名称和品牌标志的专用权，这个品牌名称和品牌标志受到法律保护，其他任何企业都不得仿效使用。商标注册人享有商标专用权，这是企业对自己创意的一种保护。

商标是分门别类注册的，目前共有 45 个类别，简介如下：

第 1 类：用于工业、科学、摄影、农业、园艺和林业的化学品；未加工人造合成树脂，未加工塑料物质；灭火和防火用合成物；淬火和焊接用制剂；鞣制动物皮毛用物质；工业用黏合剂；油灰及其他膏状填料；堆肥，肥料，化肥；工业和科学用生物制剂。

第 2 类：颜料，清漆，漆；防锈剂和木材防腐剂；着色剂，染料；印刷、标记和雕刻用油墨；未加工的天然树脂；绘画、装饰、印刷和艺术用金属箔及金属粉。

第 3 类：不含药物的化妆品和盥洗用制剂；不含药物的牙膏；香料，香精油；洗衣用漂白剂及其他物料；清洁、擦亮、去渍及研磨用制剂。

第 4 类：工业用油和油脂，蜡；润滑剂；吸收、润湿和黏结灰尘用合成物；燃料和照明材料；照明用蜡烛和灯芯。

第 5 类：药品，医用和兽医用制剂；医用卫生制剂；医用或兽医用营养食品和物质，婴儿食品；人用和动物用膳食补充剂；膏药，绷敷材料；填塞牙孔用料，牙科用蜡；消毒剂；消灭有害动物制剂；杀真菌剂；除莠剂。

第 6 类：普通金属及其合金，金属矿石；金属建筑材料；可移动金属建筑物；普通金属制非电气用缆线；金属小五金工具；存储和运输用金属容器；保险箱。

第 7 类：机器，机床，电动工具；马达和引擎（陆地车辆用的除外），机器联结器和传动机件（陆地车辆用的除外），除手动工具以外的农业器具；孵化器；自动售货机。

第 8 类：手工具和器具（手动的）；刀、叉和匙餐具；除火器外的随身武器；剃刀。

第 9 类：科学、研究、导航、测量、摄影、电影、视听、光学、衡具、量具、信号、侦测、测试、检验、救生和教学用装置及仪器，处理、开关、转换、积累、调节或控制电的配送或使用的装置和仪器；录制、传送、重放或处理声音、影像或数据的装置和仪器；已录制和可下载的媒体，计算机软件，录制和存储用空白的数字或模拟介质；投币启动设备用机械装置；收银机、计算设备；计算机和计算机外围设备；潜水服，潜水面罩，潜水用耳塞，潜水和游泳用鼻夹，潜水员手套，潜水呼吸器；灭火设备。

第 10 类：外科、医疗、牙科和兽医用仪器及器械；假肢、假眼和假牙；矫形用物品；缝合材料；残疾人专用治疗装置；按摩器械；婴儿护理用器械、器具及用品；性生活用器械、器具及用品。

第 11 类：照明、加热、冷却、蒸汽发生、烹饪、干燥、通风、供水以及卫生用装置和设备。

第 12 类：运载工具；陆、空、海用运载装置。

第 13 类：火器；军火及弹药；炸药；焰火。

第 14 类：贵金属及其合金；首饰，宝石和半宝石；钟表和计时仪器。

第 15 类：乐器；乐谱架和乐器架；指挥棒。

第 16 类：纸和纸板；印刷品；书籍装订材料；照片；文具和办公用品；文具或家庭用黏合剂；绘画材料和艺术家用材料；画笔；教育或教学用品；包装和打包用塑料纸、塑料膜和塑料袋；印刷铅字，印版。

第 17 类：未加工和半加工的橡胶、古塔胶、树胶、石棉、云母及这些材料的代用品；生产用成型塑料和树脂制品；包装、填充和绝缘用材料；非金属软管和非金属柔性管。

第 18 类：皮革和人造皮革动物皮；行李箱和背包；雨伞和阳伞；手杖；鞭，马具和鞍具；动物用项圈、皮带和衣服。

第 19 类：非金属的建筑材料；建筑用非金属硬管；柏油，沥青；可移动非金属建筑物；非金属纪念碑。

第 20 类：家具，镜子，相框；存储或运输用非金属容器；未加工或半加工的骨、角、鲸骨或珍珠母；贝壳；海泡石；黄琥珀。

第 21 类：家用或厨房用器具和容器；烹饪用具和餐具（刀、叉、匙除外）；梳子和海绵；刷子（画笔除外）；制刷原料；清洁用具；未加工或半加工玻璃（建筑用玻璃除外）；玻璃器皿、瓷器和陶器。

第 22 类：绳索和细绳；网；帐篷和防水遮布；纺织品或合成材料制遮篷；帆；运输和贮存散装物用麻袋；衬垫和填充材料（纸或纸板、橡胶、塑料制除外）；纺织用纤维原料及其替代品。

第 23 类：纺织用纱和线。

第 24 类：织物及其替代品；家庭日用纺织品；纺织品制或塑料窗帘。

第 25 类：服装，鞋，帽。

第 26 类：花边，编带和刺绣品，缝纫用饰带和蝴蝶结；纽扣，领钩；装饰针和缝针；人造花；发饰，假发。

第 27 类：地毯、地席、地毡及其他铺在已建成地板上的材料；非纺织品材料壁挂。

第 28 类：游戏器具和玩具；视频游戏装置；体育和运动用品；圣诞树用装饰品。

第 29 类：肉、鱼、家禽和野味；肉汁；腌渍、冷冻、干制及煮熟的水果和蔬菜；果冻，果酱，蜜饯；蛋；奶、奶酪、黄油、酸奶和其他奶制品；食用油和油脂。

第 30 类：咖啡、茶、可可及其代用品；米、意式面食、面条；食用淀粉和西米；面粉和谷类制品；面包、糕点和甜食；巧克力；冷淇淋、果汁刨冰和其他食用冰；糖，蜂蜜，糖浆；鲜酵母，发酵粉；食盐，调味料，香辛料，腌制香草；醋、调味酱汁和其他调味品；冰（冻结的水）。

第 31 类：未加工的农业、水产养殖业、园艺、林业产品；未加工的谷物和种子；新鲜水果和蔬菜；新鲜芳香草本植物；草木和花卉；种植用球茎、幼苗和种子；活动物；动物的饮食；麦芽。

第 32 类：啤酒无酒精饮料；矿泉水和汽水；水果饮料及果汁；糖浆及其他用于制作无酒精饮料的制剂。

第 33 类：酒精饮料（啤酒除外）；制饮料用酒精制剂。

第 34 类：烟草和烟草代用品；香烟和雪茄；电子香烟和吸烟者用口腔雾化器；烟具；火柴。

第 35 类：广告；商业经营、商业管理；办公事务。

第 36 类：金融，货币和银行服务；保险服务；不动产事务。

第 37 类：建筑服务；安装和修理服务；采矿，石油和天然气钻探。

第 38 类：电信服务。

第 39 类：运输；商品包装和贮藏；旅行安排。

第 40 类：材料处理废物和垃圾的回收利用；空气净化和水处理；印刷服务；食物和饮料的防腐处理。

第 41 类：教育；提供培训；娱乐；文体活动。

第 42 类：科学技术服务和与之相关的研究与设计服务；工业分析、工业研究和工业品外观设计服务；质量控制和质量认证服务；计算机硬件与软件的设计与开发。

第 43 类：提供食物和饮料服务；临时住宿。

第 44 类：医疗服务；兽医服务；人或动物的卫生和美容服务；农业、水产养殖、园艺和林业服务。

第 45 类：法律服务；为有形财产和个人提供实体保护的安全服务；由他人提供的为满足个人需要的私人和社会服务。

商标注册人享有商标的专用权，也有权许可他人使用商标以获取报酬。各国对商标权的保护期限长短不一，期满之后，只要另外缴付费用，即可对商标予以续展，次数不限；商标保护是由法院或行政机关来实施的，在大多数制度中，法院和管理商标的行政机关都有权制止商标侵权行为。一般而言，法院的裁决具有最终效力。从广义上讲，商标对商标注册人是一种奖励，使其商品或服务可获得承认和经济效益，也鼓励创作。商标保护还可阻止诸如假冒者之类的不正当竞争者用相同或相似的标记，来推销低劣或不同的产品或服务。商标制度能使有技能、有进取心的人在尽可能公平的条件下，进行商品和服务的生产与销售，从而促进贸易的发展。

第三节　包装视创做工俏

产品靠体验，爆销靠颜值，好的包装是成本最低廉的高效营销方式。作为产品外衣的酒类包装设计，需要深入挖掘其内在的文化底蕴，尤其是白酒行业，如果没有自己的历史文化与企业文化，仅仅像电脑芯片那样不停换代，最后是不可能拥有固定的消费群和深入市场的品牌影响力的。

在进行酒类产品包装设计的时候，先根据产品的价格定位，确定产品包装所能承受的最高成本。在确定成本的基础之上，确定包装的选材，设计的时候要特别注意包装的色彩、形状等，力求做到让人有耳目一新的感觉，能够形成强烈的视觉冲击效果。从“体形”（字体、图形的选择）、色泽（主体颜色以及搭配的辅助颜色）以及做工等方面着手，总之要做到“包装视创做工俏”。

在这里，试以白酒的包装设计谈三个话题。

一、 白酒包装不要滥言“文化”

一套完整成功的酒包装，应体现出浓缩的企业文化理念和对消费者诉求点的满足，在广告作为辅助手段影响人们的购买行为时，包装是与人最直接接触的产品形象，包装对于品牌的推广销售及附加值增加功不可没。

然而，不少白酒厂家和商家为了证明自己的酒历史悠久，不惜借用历史名人的某种文化效应，大量杜撰或编造与其酒有关系的近乎神话的故事，或以酒仙、酒神、酒鬼、酒圣、酒王，甚至与酒无多大关系的上古文化作为自己酒的文化内涵。

因为社会崇尚“酒是陈的香”，所以就出现你说你的酒是唐朝的，那我的酒就是汉代的。甚至汉代的酒也不算什么，还有的自封是商纣王喝过的。

有意思的是，中国白酒行业的前几位，在近年的宣传中其酒生产史几乎超不过唐朝。其中真正有据可查的则更多的是在明代以后，如泸州老窖的窖池，是浓香型白酒中经国家认定的“国家级文物窖池”，是沿用至今的唯一窖池群，建于明代万历元年，即公元 1573 年。

国窖 1573 的包装形象是一位女设计师的代表作品，这位设计师在酒类包装上不轻言“文化”，而是采用现代与传统结合的手法，运用中国红与金色，并结合“中国第一花”牡丹等烘托，意在突出“中国第一窖”的含义。

酒瓶背面被切去一个面，再印上银色的星星，装上酒后略显出朦胧感，似有几分醉意看天空。

酒名用老宋体字加粗，让字的边缘残缺，使其更有历史感。整套包装金红相配，更有中国建筑中皇家韵味，该包装自问世以来便深受各国消费者喜爱，堪称近年来最佳的中国白酒包装之一。

二、 包装本身不是艺术品

好的产品需要包装，还有许多质量不好的产品更想依靠包装进入市场，因此出现了很多形式大于内容的所谓高档商品，像常常看到动辄上千块的精装版“贵族书”，还有众多包装奢华却名不副实的保健品、药品与食品，有的包装其奢华程度让人丝毫不敢对其质量产生怀疑，但买回家后才发现自己上了包装的当——月饼还是那个月饼，书还是那本书，穿了件“衣服”，身价就成千上万了，让消费者大有上当受骗之感。

对于白酒的包装，则需要平衡这件“衣服”的作用，现在已经不是“酒香不怕巷子深”的年代了，名酒都十分注重推销，需要依靠广告业和包装业的不断发展来增加其影响力。

应该说，为质量不好的白酒做漂亮“衣服”是设计师与厂商合谋追求短期利益的结果。在目前设计公司普遍缺乏业务的情况下，大多数情况是来者不拒，只有极少数设计师能按照自己的追求和理念去选择产品。设计师应了解商家品牌的市场定位，理解消费者的购买心态，更了解白酒包装的材料、加工手段与运输保护功能，以及如何合理控制包装成本等。

包装设计是商品不可缺少的组成部分，在设计某些高档产品包装时，可以赋予多一些的艺术手法和元素，使其更有观赏性和收藏性，但其并不是艺术品。

如果设计师只想一味去争取奖项或单纯地追求艺术化，会使产品脱离市场，以致会出现获得奖项的包装设计作品不能大规模地投入市场或投入市场后没有受到消费者欢迎的情况。

评判一件包装成功与否的标准，应是结合消费者欢迎程度和销售状况来做综合评定。纯艺术作品则突出追求自我表现，展示艺术家本人的心理与视觉语言，而不需要考虑市场。

三、 包装的不变与变

白酒包装，在我国经历了一个从无到有、从简到繁的过程。在 20 世纪 80 年代初期，几乎没有像样的外包装，区别品牌只能靠贴在光酒瓶上的酒标。当时的名酒并未注重改进包装，市场并没有对厂家、商家形成产品形象需要改进的压力和紧迫感。

时代的前进，将包装提升到了一个更重要的地位，成为商品必不可少的重要部分。在这种情况下，有的商家就刻意改头换面去迎合消费者，由于急功近利，将不太成熟的包装推向市场，往往很快又被市场淘汰。

总的来讲，名酒厂家在包装上是比较慎重的，也舍得花大价钱、大力气去开发研制，因为包装一旦被市场和消费者接受，就会被消费者当作自己的老朋友，产生信赖感，如酱香型白酒第一品牌的茅台，几十年来的乳白色圆柱形酒瓶几乎没有多大的变化，但人们对此感到熟悉和亲切。

不过，老品牌如果一味保持这种不变的包装，在社会日新月异的变化与现代人求新求异的心理驱动下，也会被视为保守与古板，而缺乏现代感。

随着时代的进步、消费市场的细分，产品包装也需要更加满足不同区域、不同层次的消费需求，老品牌、老包装也要与时俱进。

设计师们不停地探索，变，是必然的。世界饮料第一品牌“可口可乐”商标也在汉字的字体及形式上进行了处理使其更美观，更适应中国市场，更时尚现代。

变，也体现在材料、工艺及加工中。早在 20 世纪 90 年代初期，五粮液成功地进行了包装换代，率先在国内采用水晶玻璃和刻花工艺，做成五粮液第一大水晶瓶，取代了从 60 年代开始沿用的普通青白料玻璃鼓形瓶。随后，在 90 年代中期又推出第二代五粮液多棱瓶，更加受到市场青睐，不但提升了产品的形象和档次，更为企业创造了巨大的经济效益。

“国窖 1573”最初名国窖酒，当时的那套包装推出几年一直不被市场接受，后来在设计中推翻了以前的全部方案，重新提炼元素，推出了现在热销的“国窖 1573”，使泸州老窖第一次拥有了自己的高端品牌，并获得了极大的经济效益。

随着市场不断发展，设计师的理念也日趋成熟，各种形式、结构与色彩的大胆突破也是必然的。在设计中融入传统文化的精髓，如古建筑、青铜器、陶瓷、漆器、石雕与木雕，还有传统的宝象图案、扎染、蜡染、剪纸等，与包装结合起来，使得包装更加丰富多彩。

拥有五千年悠久文化的泱泱大国，必定也有许多供设计师们去挖掘的设计资源。

第四节　感官消费感官笑

人是通过自身的感觉器官来对外界信息进行检测，再经大脑处理后，对外界的事物做出好恶等判断。酒类产品主要是用来饮用的，酒类产品好不好，其感官质量就显得非常重要。

关于酒的感官质量，很多人存在一个误区。尤其是酒精度较高的烈性酒，例如中国白酒，对很多不太专业或者接触不多的人来讲，酒的刺激感占据了大部分的感觉，成为这些人能感受到的主导感觉。因此，所有的烈性酒给很多人的感觉是酒都一样，那就是辣辣的。这样一来，很多人就认为酒的感官质量不重要，消费者是喝不出来好坏高低优劣的。但实际上，我们来分析一下市场上那些成功的白酒，就会发现其感官质量都是经得起专业人士和消费者的双重检验的，笔者把这种现象称为“白酒感官质量悖论”。

关于这个悖论，其实也是可以理解的，这里要明白两点，一是“意见领袖”，二是人的感官能力是可以提高的。当人们对某一件事情没法作出自我判断时，会去听取“意见领袖”的意见，这样一来“意见领袖”的意见就会产生作用。拿白酒来讲，一定会存在一部分消费者是可以对白酒的感官质量作出准确判断的，他们的意见就会影响其他消费者。第二点就是，人的感官判断能力是可以提高的。消费者第一次饮用白酒时，虽然只能感受到辣辣的感觉，但是对很多人来讲，随着品饮白酒次数的增加，会逐渐感受到白酒带来的其他感觉，例如酒的气味浓淡、口味的酸甜苦鲜和口感的绵柔等，进而对白酒感官质量做出好坏区分。

因此，在进行白酒等酒类产品设计的时候，一定要对酒的感官质量进行重点设计，让酒的感官风格符合目标人群的调性，让酒的感官质量符合其价位。使其在同价位的酒当中，感官质量是最好的。

总之，在进行酒类产品设计时一定要牢记“感官消费感官笑”，感官消费的时代已经来临。

第五节 健康至上酒也要

一、 饮酒有害健康的悖论

关于白酒的健康属性，这里也有一个悖论，有人指出酒精是一级致癌物，但是在流行病学的人群分析当中，并没有发现饮酒量多的人群其患癌率高的医学证据。反而在现实生活中我们却发现了很多经常喝酒的长寿老人。

关于这个悖论的理解，主要有两点：一是酒的成分，例如中国白酒不是单纯的酒精加水，酒中除了酒精与水外，还含有其他微量成分，很多微量成分对调节人体的健康具有一定的食补和食疗的作用；二是饮用量的问题，只要是适量饮酒，并不会对人的身体包括肝脏在内的器官产生太大的影响，相反，适量饮酒时，酒精对抵抗焦虑等有积极作用。

因此，在设计酒类产品的酒体时，要注意在科学实验的基础之上提出酒体的健康概念，要牢记“健康至上酒也要”。

二、 饮酒有益健康的机理

白酒健康价值的来源，总结起来不外乎两个方面，一是酒体中的营养健康因子，其给人带来的价值，可以认为是食补；二是酒本身的健康作用，其给人带来的价值，可以认为是食疗。

（一） 中国白酒的食补价值

中国白酒不是简单的酒精水溶液，除酒精和水外，还含有众多的微量成分，在这些众多的微量成分当中，不乏具有健康作用的活性因子。

研究表明，中国白酒富含萜烯类和吡嗪类化合物，如表 1-1 所示。

表 1-1　　中国白酒所含的功能性成分

项目	功能成分/（μg/L）		
	萜烯类化合物	吡嗪类化合物	多酚类化合物
中国白酒	1900~4500	500~6000	少量
葡萄酒	400~800	未检出	1000~3000

我们对中国白酒进行了全面深入的分析，共分析出了 2672 种微量成分。经《中国药典》（2020 版）查询，在 2672 种成分中，41 种是具有药理功效的活性成分，29 种是药用辅料成分，14 种是药用原料成分，47 种是医药中间体成分，总共 131 种。

（二） 酒的健康价值口诀

为了记忆和更好地理解酒的健康价值，笔者用格律诗的形式进行了总结，诗的内容如下：

酒的健康价值

酒的健康益处多，食补食疗两根据；

健康因子来食补，酒能食疗让病除。

诗的第一句讲酒的健康价值好处有多方面，第二句讲食补和食疗是酒健康价值的两大根据。

诗的第三句讲饮酒的同时摄取了酒中的营养健康因子。第四句描述通过酒的食疗作用除掉人身体的一些疾病。

第六节　使用便捷不小瞧

酒的消费是分场景的，不同的消费场景有不同的要求，要根据产品的定位，对产品的使用场景进行推演。酒类产品一般来说是个小产品，但是其便捷性也是非常讲究的，白酒等酒类产品的便捷性设计主要体现在运输提拿携带、开箱开盒开瓶、倒酒、喝酒、剩酒再保存等方面。

在酒类便捷性方面非常容易出现的误区是，产品的包装设计表面很华丽，也很繁琐，开盒和开瓶都麻烦，一不小心还会让消费者划破手指等。有的产品瓶口设计或者瓶口的质量有问题，酒液不易倒出，这会让酒桌消费时产生尴尬，这些都会给消费者带来很不好的体验。

在酒体设计时要在实用性上下功夫，要反复进行场景推演，坚持以人为本进行设计，要牢记的一点就是“使用方便事情少”。

最后对酒类产品设计的“身怀六甲”理论再进行一个概括，如图 1-6 所示。酒类产品的设计是朝着品质化、品牌化、品位化、稀缺化的方向迭代发展。所谓的品质化是让消费者觉得物有所值。品牌化主要体现在个性和调性

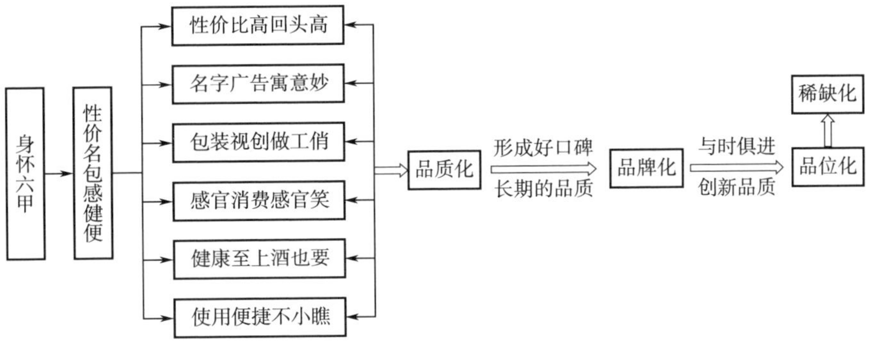

图 1-6　白酒产品设计的“身怀六甲”理论

的独特性，是长期品质的外化反映。品位化意味着定位要高。稀缺化是在品质化、品牌化及品位化三重加持的基础之上形成的，没有品质化、品牌化和品位化的稀缺性是没有意义的。

第二篇

白酒包装设计

第一章　白酒包装设计的工艺分解

商品白酒的包装一般可以分为外包装和内包装。其中外包装主要包括外包装材质、结构、开启方式及包装防伪、印刷工艺、辅助装饰。白酒内包装主要涉及瓶体材质、瓶体形状、瓶身印刷工艺、瓶盖及开启方式等方面。关于白酒内外包装的材质，可以用两句概括，那就是“铁木纸晶其他多，玻璃陶瓷酒瓶做”。

第一节　白酒的外包装

白酒的外包装主要是指不和酒体直接接触的二三级包装，在进行包装设计的时候主要是要进行二级包装的盒子的设计。在外包装盒设计的时候主要考虑的内容有：包装所用的材质、外包装盒的结构形式、开启方式与包装防伪、用什么样的印刷工艺以及需不需要采用一些辅助装饰等五个方面，用一句话总结为“材构开防印辅饰”。

白酒外包装盒一般可以按材质进行分类，按照目前中国白酒市场上外包装盒的材质可以分为铁盒、木盒、纸质外盒、PVC 水晶盒与其他材质等。

一、 铁盒

铁盒成本比较低，在部分地区比较流行，多用在中低档酒。

铁盒的形状结构以方形圆角、圆形/椭圆为主。

铁盒的开启方式及包装防伪：铁盒裱纸的，撕开外部纸张打开；纯铁盒的，一般将顶部盒盖金属撕开（罐头开启方式）。

铁盒的印刷工艺：有烫金银/起凸等；纯金属的在金属上四色印刷，露金属肌理，起凸等。

铁盒的辅助装饰以挂绳为主。

二、 木盒

因为木盒不能大批量规模化生产，一般需要用手工来完成，因此，成本一般较高。纯木制外盒的特点是没有办法开模，纯手工制作，成本较高，文化感较强，用于高端或者概念性的包装，高端葡萄酒用的比较多。

纯木制外盒的形状结构不固定。

纯木制外盒的开启方式及包装防伪不固定。

纯木制外盒的印刷工艺有木头上丝网印刷、贴板、刻字、镂空等。

纯木制外盒的辅助装饰有绳、草、衬布及其他。

三、 纸质外盒

纸质为最普通的一种材质，但其工艺也最为繁多，按成本由低到高可分为：普通白卡、普通的金卡银卡、镭射金卡银卡、白卡/牛皮纸/金卡/银卡（镭射）与白卡对裱、裱板盒（手工盒）。纸质外盒由于成本低廉，多用在中低档这个区域。

纸质外盒的形状结构以方形为主。

纸质外盒开启方式一般从上方开启，包装防伪一般是在背面或者两侧打扣锁死，开启必须破坏外盒来起防伪的作用。

纸质外盒印刷工艺有烫金/银/电化铝、起凸、压纹、露金银等。

纸质外盒的辅助装饰一般很少。

四、 PVC/水晶外盒

PVC 一般与金属、硬纸、木头等配合使用。

PVC/水晶外盒分为两种，一种为较软的 PVC，例如五粮醇、五粮春的 PVC3D 包装；另一种为较硬的 PVC，常称为水晶外盒/水晶外罩，一般与金属/木头结合使用，多用于高端/超高端区域。前种成本偏低，后种成本较高。

PVC/水晶外盒的形状结构有方形、圆形、八边形和六边形等。

PVC/水晶外盒的开启方式及包装防伪：PVC 开启会破坏包装；水晶外盒一般与金属/木头等结合，以金属扣锁定，开启一般不会破坏外包装，主要靠内瓶与外盒防伪码等来防伪。

PVC/水晶外盒的印刷工艺有，软 PVC 为 3D 印刷、起凸等，水晶为热/低温烤花、丝网印刷等，工艺主要集中在造型上。

PVC/水晶外盒的辅助装饰有锁扣、衬布等。

五、 其他材质

部分光瓶酒用到布袋、包、牛皮纸、竹篓等，一般用于概念型产品，例如内参、专供等，因为是非主流材质，这里不做深入介绍。

第二节　白酒的内包装

白酒的内包装按照包装材质，基本可以分为：玻璃瓶和陶瓷瓶。

一、 玻璃瓶

玻璃为最普遍的一种材质，根据玻璃透感可分为普通玻璃、净白玻璃、高白玻璃（水晶玻璃），但同种级别的玻璃也可能因为厂家技术原因会有所不同，玻璃在造型、颜色、成本、外部工艺上比陶瓷要有优势。

玻璃瓶的瓶体形状大多数是圆形、方形，也有其他造型。造型一般根据产品自身文化特性、概念来决定。例如洋河蓝色经典为类似女性的裙摆造型，水井坊则雕刻狮子头。

玻璃瓶的瓶身印刷工艺有贴标（普通纸、金箔纸、透明纸）、烤花（冷烤、热烤）、磨砂。

玻璃瓶的瓶身颜色工艺可分为添加型（透明、半透明、不透明）和喷涂型（透明、半透明、不透明），由于喷涂型这种技术价格比较低廉，而且可做出很多仿陶、仿瓷及其他效果，现在比较流行。

玻璃瓶的瓶盖按照材质大致分为：普通塑料瓶盖、铝塑结合盖、塑料水晶头盖、纯水晶盖等，还有些特殊造型的延伸，在造型上根据实际各有不同。

防伪上，塑料/铝塑盖为拧开一次性破环，水晶盖为加扣环，一次性破坏扣环，但这种防伪效果不是太明显，特别是应用于高档酒时。

二、陶瓷瓶

陶瓷瓶可以分为陶瓶和瓷瓶，陶与瓷是有区别的，区别有以下几点。

（1）烧制原料不同。

（2）烧结温度不同，陶器烧制温度为1100～1180℃，瓷器为1300～1400℃。

（3）瓷器烧结温度高，分子结构也更紧密。

（4）瓷器密度比陶器要高，工艺上比陶器要丰富一些。

陶瓷与玻璃的区别：

（1）陶瓷成本受造型、结构影响比较大，结构上不如玻璃瓶精细，越复杂的造型烧制时破损率会越高，投入的人工越多，就相同形状结构而言，成本比玻璃瓶要高出许多。

（2）陶瓷比较古朴，能充分体现白酒的特性，展示较深的文化感，一般用于高档酒，例如年份酒等。

陶瓷瓶的优点有以下几点：

（1）陶瓷酒瓶由高温烧成，物理化学稳定性好。

（2）陶瓷酒瓶略有透气但不渗漏，对原酒陈酿过程有很好的催陈效果。

（3）陶瓷酒瓶不透光，避免了光引起酒的化学反应，很好地保持了酒质。

（4）陶瓷酒瓶比玻璃酒瓶导热慢，可以保持适中的酒温，使酒不易变质。

（5）制造陶瓷酒瓶的原料取材天然矿物，它含有铁、铜、钙、锰等元素，有益健康。

（6）陶瓷制造工艺精湛、艺术表现形式多样，可以提升酒的品位和文化内涵。

陶瓷瓶的瓶体形状一般整体以圆形为多数，部分为方形或其他。具体可概括为方形、圆形（坛子形）与写实具象形等。

陶瓷瓶的瓶身颜色：陶按颜色可分为深陶和浅陶；瓷按颜色可分为蓝瓷、红瓷、青瓷、黄瓷、白瓷等。

陶瓷瓶的瓶身工艺：陶一般为刻字、烤花；瓷一般为烤花、釉上彩。

陶瓷瓶的瓶盖及开启方式（防伪）：

（1）由于陶的硬度一般不大，陶瓶的瓶盖一般也是陶制的，在封死后，开启时撬开破坏，这种开启方式一般会在瓶身上配备一个金属物。

（2）瓷瓶瓶盖分两种：一种跟瓶身材质一样，采用封死后撬开开启、塑封膜（这种主要靠防伪码等来防伪）、加金属环等；另一种是塑料材质，采用跟玻璃瓶盖一样的开启方式。

第二章　白酒包装设计的视觉与创意

第一节　白酒包装的色调

通过对市场上各大酒厂商品白酒的包装分析，我们可以发现国内主流包装的颜色，无论中低、低端都主要集中在暖色调——红色和金（黄）色上，部分为蓝色。这与中国的红色传统文化密不可分。

这几年，在中高档商务用酒上，开始走差异化的路线，出现了以洋河为代表的洋河蓝色经典、淡雅衡水老白干、青花瓷等蓝色包装。即便使用蓝色，很多包装也是基于中国传统文化的，例如青花瓷、蓝花瓷，源于中国瓷器，或者用了蓝色也不完全抛弃红色、金色等颜色。例如淡雅老白干系列“红淡雅，蓝淡雅”，剑南春典藏分“红、蓝”两支，淡雅五粮醇有“金淡雅、蓝淡雅和红淡雅”。

在这里不是说，除了蓝色、金色、红色，其他色系的颜色就不能用了，但有些颜色是尽量不要大面积去用的，例如白色、绿色、紫色、灰色和黑色等。

第二节　白酒包装的字体及版面结构

从字体上看，品牌名称用书法字或者近似书法字的占多数。

在版面上，需要注意的是要处理好主副品牌名称之间的关系。例如“泸州老窖　特曲”“醇柔　种子酒”“金六福　五星”“洋河蓝色经典　天之蓝”等，要从大小、颜色及版式位置上等进行区分。

第三节　白酒包装的创意概念及独特记忆元素的应用

一个包装能在消费者的脑海中产生较深的印象或者记忆，那么这个包装就必然有其独特的地方，我们称之为记忆点或者创意点。

记忆点可以通过一些手段来实现，包括在概念、包装颜色、大小、设计版式、字体、元素运用、结构、材质等方面。

记忆是需要强化的，强化的主要手段是包装的概念化。无论是“包装概念化”还是其他形式的运用，都是为了让消费者能够记住，但注意这里也是要基于白酒行业的调性，基于普遍规律的。举个反面的例子，例如用洋酒的瓶形，一般是一斤装，如来个十斤装，颜色弄个纯白，排几个小字，自认为很雅致，但是效果不好。

包装要系列化。在包装开发上，应少开发单支的产品，尽量以2~3支的系列产品出现，系列产品之间可以用材质、颜色、结构、价格等来区分，这在推广时可以有助于节省广告资源、有效夹击竞争商品、防范风险等。

包装要媒体化。好的包装还应具有包装媒体化这个功能，好的包装自己会说话。这个意思是指一个包装本身就是一个媒体、一个广告，当消费者看到这个包装的时候，能充分感受到产品要传达的信息，比如品牌名称、概念、诉求、文化等。

案例一：红花郎。看到这个名字的时候，让我们来想像包装是什么样？“应该是红色的，应该有花，如果价位高可以用瓷瓶，有个大郎等，基本上这个包装的雏形就出来60%以上了。”在看到这个包装的时候，或者听到这个名字的时候，就能产生很好的关联性，产生很好的记忆。包装好，不单单指包装本身（当然这个包装设计本身也很好），而且包装跟名称关联性很强，即便这个瓶形稍改变一下，它仍然是一个好的包装。但如果把红花郎换成蓝色经典放在这个包装上，就不好了，这就是包装颜色与元素的运用。

案例二：洋河蓝色经典。同样我们也可以通过这个名字来想像包装的样子。“应该是蓝色的，比较现代的，最好是玻璃瓶，将绵柔体现在包装上。”当我们看到这个包装的时候，觉得应该就是这样的。用到了蓝色的时尚的玻璃瓶，用到了女性的裙摆造型等，这就是颜色与包装造型的运用。

案例三：金六福。用喜庆的颜色+金色的字+中国传统的元素剪纸等来体现其名称“金六福”，并在以后一系列的包装中一直沿用剪纸元素，做到了“元素独占”。使消费者看到红的、喜庆的、带剪纸的包装就猜到是金六福。这就是元素与工艺、颜色的应用。

案例四：五岳独尊。登过泰山的人应该都认识，看到这个山头就想到了五岳独尊，看到五岳独尊的字就想起了那个最高峰。这就是字体与包装造型的应用。

第三章　白酒包装成本的控制

白酒包装的成本是指内瓶加上外盒的价格。白酒包装成本的控制非常重要，除了包装工艺、包装创意，还要特别注意包装成本的控制，即便工艺再好、包装创意再好，利润空间不足的话，在招商、抵制竞品、促销方面都有不足，市场操作难度很大，销量做起来也是白做，产品的生命周期也是很短的，只可能是昙花一现。

白酒包装成本的控制原则，一般是：

（1）对于 30 元以下的白酒，包装成本相对较高，应控制在 20%以内，例如卖 18 元的酒，包装成本应控制在 3.6 元以内。

（2）对于 30~100 元的白酒，包装成本应控制在 10%~15%。

（3）对于 100~300 元的白酒，包装成本应控制在 10%左右。

（4）对于 300 元以上的白酒，包装成本可适当放宽，可大于 10%。

第四章　包装设计的一般程序

一件包装的完成，是由产品开发、市场开发、营销策划、市场调研、包装设计、印刷制作、市场评估、市场流通、广告宣传、分销零售、包装回收等多个环节互为辅助的结果，是一个科学、严谨、复杂的系统工程。在这个系统工程中，包装设计作为一个非常重要的环节，它需要经过合理的程序，才能确保其正确性。它的成功与否对包装的最终目的——销售结果产生着重要影响。现代包装系统工程中的每一个环节，虽然都应由相应的专业部门分工完成，但是各个部门之间的协同合作是顺利完成整个包装流程的保证。

第一节　包装设计的作业流程

包装设计就行为的意义而言，可说是人类一种有意识、有计划、有步骤、有目的，而且是有意义的具体行为。从意识的发端开始，一直到目的实现的过程中，都应该透过系统化的思考以寻求一种合理的解决途径，作为包装设计的行为准绳。包装设计严谨的程序与步骤，体现着现代设计科学性、系统性的理性色彩，是掌握正确设计方法、取得有效设计结果的关键因素之一。

包装设计的流程基本上可以分为启动阶段、策划阶段、创意阶段、设计阶段和样品验证阶段，如图 2-1 所示。

设计的前面和后面阶段的工作是要与相关的部门协同合作来完成。包装设计虽然是依科学的方法来确定设计的流程，但是各个国家由于国情的不同，包装设计流程也有所区别，相比之下，发达国家在这方面分工更为细致明确，各部门专业性更强，这也是包装设计发展的必然趋势，值得我们借鉴。

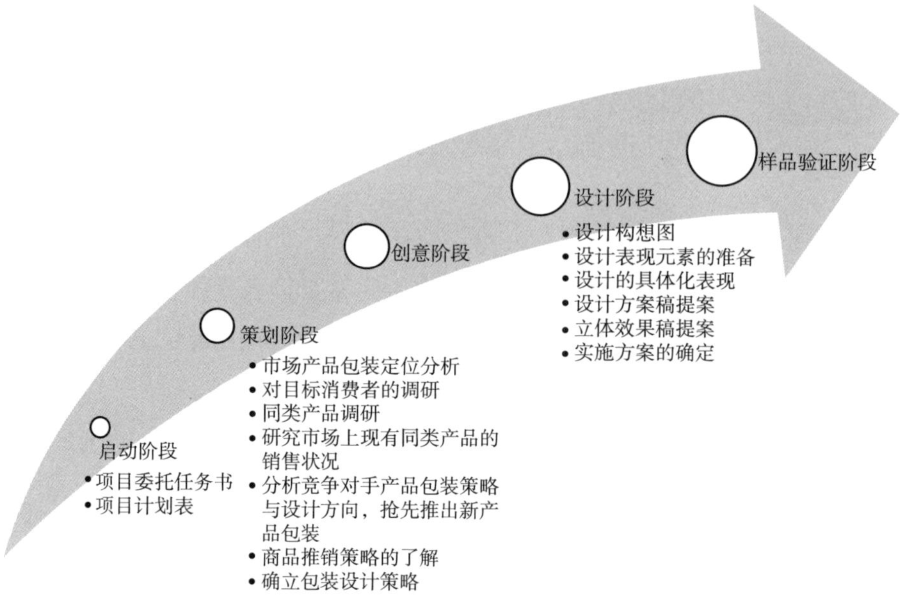

图 2-1　包装设计一般流程

一、 启动阶段

启动阶段主要是设计项目的立项与计划阶段，这一阶段，沟通与协调十分重要。一方面，设计公司需要对客户有充分的了解；另一方面，客户寻求包装设计师帮助时，往往带着不同的目的，有的只是想美化外观，有的却要改善整个包装或市场形象。但是通过与包装设计师们的合作，客户以往的初衷会有很大的变化，这种变化往往是客户在初期所意想不到的。因此，设计公司对委托项目的立项，必须进行严密的论证和分析。

在与客户接洽并承接设计项目的同时，设计公司应当首先制订出两个相应的文件：

1. 项目委托任务书

任务书应具备相关的资料：交代有关包装产品的资料信息，产品开发整体构想，要达到的目的，项目的前景及期望达到的市场效果，目标消费者描述，潜在的市场因素，市场主要竞争对手，日程安排等。这份报告的目的是使设计公司对客户有深入的了解，以便明确自己实施设计过程中可能出现的问题与状态。

2. 项目计划表

包装设计是依科学的方法来确立设计的程序。因此，有关计划的观念与系统的概念是绝对必要的。此外，所谓的“计划”就是将具体项目实施分解为几大主要阶段，并制订出相应的作业流程、管理规范和时间计划。把有关达成目的的所有行为要素一一列举出来，并决定其操作实施的次序。良好的计划通常要考虑很多细节，而且都得合乎逻辑，尤其是顺序的安排更应有正确的流程才能顺利完成。

通常在决定每一个行为顺序的时候都应该同时思考下列三个问题：

（1）在此行为开始前，哪些行为必先完成？

（2）哪些行为是可以同时发生的？

（3）哪些行为是需要此一行为先完成后才能开始的？

以上三个问题都解决后，就可以用箭头作符号来表示行动的先后了。各箭头符号表示某一个阶段行动的开始到结束。这种将行为安排成有先后顺序且合理化的手段就是所谓系统化的计划行为。

二、 策划阶段

前期策划的主要实施部门是企业的市场及新产品开发部门或受企业委托的广告策划公司，是包装策划的初始阶段。这一阶段首先离不开最基本的市场调研分析，其目的是掌握市场趋势，了解竞争状况，形成包装设计策略并作为包装设计的指导原则。

1. 市场产品包装定位分析

将市场上现有的各品牌产品，以消费者所关注的因素为坐标，确定其市场定位，以便明了市场竞争的状况，寻求市场的机会点。其主要目的有两个：一个是了解自己的产品现在与何种品牌的产品竞争；第二个是本产品包装应突出的特点和向何处发展较为有利。

2. 对目标消费者的调研

将数种不同的消费群加以分类，由此而了解目标消费大众的组成结构，包括性别、年龄、职业等，进行最有针对性的设计开发。

3. 同类产品调研

市场现有各类产品的特性分析。将市场上现有产品的各项特点，如品牌、功能、特色、诉求重点、价格、使用材料等详细列出，以此来比较各竞争品牌产品的优缺点。

4. 研究市场上现有同类产品的销售状况

通过此项研究可了解各类产品被消费者接受的程度，配合以上定位即可大略了解消费者的需求趋势。

5. 分析竞争对手产品包装策略与设计方向，抢先推出新产品包装

建立竞争对手资料档案，利用各种点滴渠道收集相关竞争对手的资料，综合并分析出竞争对手的设计开发动向，抢先一步占领市场竞争的制高点。

6. 商品推销策略的了解

有助于包装设计形式的构想，比如销售通道、销售规模、大通道销售，如果是进超市销售，则要考虑货架陈列整体效果等。

7. 确立包装设计策略

经过上述各项分析研究，结合企业营销战略，确立出产品包装设计策略，作为下一步创意设计的方向和指导原则。如东芝公司确立其产品与松下公司某一型号产品的竞争，产品及包装设计策略定为“潮流时尚”的风格方向，其主要目标市场针对年轻女性等。

除了新产品包装开发以外，对企业的市场现行销售产品包装作出及时的调整和包装策划的改进也是企业包装设计策划的重要内容之一。对于包装设计环节来说，设计策划阶段的工作做得越详细、越具体、越准确，就越能提高后面设计工作的效率，设计人员不必再浪费时间去了解产品的各种信息以及竞争对手的情况。日本在这方面的做法较为科学，设计策划阶段的详细内容会以表格的形式作为设计委托书交到设计人员手中，同时提供竞争对手的

详细资料。表格中的设计要求、诉求点、产品信息等一目了然，大大提高了设计人员设计策划的工作效率和设计思维创意的准确性。另外，各个部门之间的默契配合也是信息有效沟通的保证，从而能够准确并且高效率地把握包装设计的创意、定位和表现。

三、 创意阶段

为了保证创意的质量和方案的可选择性，通常会根据设计项目组成一个设计小组，并且有一名主管设计师负责与设计策划部门的协调。这个设计小组会对具体设计项目进行研讨，在对目标消费者、产品竞争对手、成本相关因素、商品推销策略等进行研究的基础上，知己知彼，制订视觉传达的重点和包装结构设计的方案，有时甚至也会对设计创意的表现作出方向性的分工，这样可以有效发挥这个小组的创意设计优势，提高设计效率。

创意设计阶段要求设计人员尽可能多地提出设计方向和想法。在找准设计定位的基础上，把问题细分，寻求机会发展创意。这里需要注意的是要以宏观的视野包容千变万化的创意，不能以简单的二分法来判定初期创意的好与坏，因为在这中间充满的无限可能的“灰色地带”，往往是伟大创意萌芽和成长的摇篮。

初期创意一般以草稿的方式表现，但要求尽量准确地表现出包装的结构特征、编排方式和主体形象的造型，以若干草图进行比较、选择和再综合。在此基础上，小组会经过研讨来确定可实施性的创意设计方案并安排实施。

四、 设计阶段

设计阶段是对创意方案的具体化步骤。在这个步骤中经过提案、研讨等进行反复修改、完善，具体操作过程大致如下。

1. 设计构想图

根据挑选出来的可实施性创意草案，按照实际成品的大小或相应比例关系做较细致的表现，对各个细节的处理作出较充分的表达，这个过程可以利用铅笔及简易的色彩材料来完成。

2. 设计表现元素的准备

对设计表现会使用到的元素做先行的准备，主要有以下几方面的内容：一是图形部分，通常比较复杂或个性化的插图会委托专业的插画部门去完成；二是文字部分，包括品牌字体的设计表现，广告词、功能性说明文字的准备等；三是包装结构的设计，纸盒包装应准备出具体的盒形结构图，以便于实际操作和包装展开设计的实施。除了这些，商标、企业标识、相关符号等也应提前准备。

3. 设计的具体化表现

现在这个过程主要是在计算机上完成。借助计算机和辅助设备，我们可以对设计稿进行加工、调整和处理。根据包装结构图按不同的展示来设计，运用文字、色彩、图形、编排等专业知识，具体安排各要素之间的关系，设计出几套接近实际效果的方案。

4. 设计方案稿提案

将设计完成的接近实际效果的几套方案进行彩色打印输出。初步的设计提案表现出主要展示面的效果即可，并以平面效果图的形式向设计策划部门进行提案说明。设计策划部门根据产品开发营销策划等要素对提案进行研究，筛选出较为理想的部分方案并提出具体修改意见。然后，在这种方案稿的基础上再进行反复修改，使之渐趋深化和完善。

5. 立体效果稿提案

对最终筛选出来的部分设计方案进行展开设计，并制作成实际尺寸的彩色展开图，利用计算机模拟出已经成型的包装，使包装设计更加接近实际成品的效果，直观性更强。这种立体效果稿与平面设计方案存在着较大的效果差别，设计师可以用计算机模拟来检验包装设计的立体效果、包装结构上的不足以及陈列在货架上的情况，经过改善后，向设计策划部门再次进行提案。

6. 实施方案的确定

由设计策划和相关部门对立体效果稿进行评估和研究后，最终将确定2~3

种最理想的方案，并将它们推行到下一步的评估测试中。因为在下一个阶段的实施中，会有较大的成本支出，因此决定推行评估测试的方案不宜过多。当前，我国的许多包装设计的评估还处于探索阶段，只有当产品的包装设计具有强烈的目标性、方向性，才能使设计的评估具有更明确的科学方法。

五、 样品验证阶段

样品验证阶段在整个包装设计流程中是比较重要的工作环节，也是包装设计的最后一道关口，对于大规模生产和销售具有实际意义。将实际开发出的包装小批量生产出来，委托市场调研部门通过消费者品尝会、试销、市场调查等活动，再依据市场实际的反馈情况，检验和修正不当设计后最终决定投入生产。在这个过程中，一切都尽量做到与实际生产的产品一致，这样做虽然在样品生产阶段投入了部分成本，但各个环节也同时得到了验证，在大规模投入生产时则可以放宽心，不会造成大的损失和浪费，具有承上启下的实际意义。

目前，我国的许多包装设计验证评估工作还处在探索阶段，绝大多数的国内企业的产品包装都是由企业内部决策层决定的，有的进行了内部的讨论和评估，有的则过于听信设计人员的意见，有的干脆就是由企业老板的个人喜好来决定，这些做法都是不科学的。包装设计最终的目标是市场消费者，只有赢得了市场消费者的认可，包装才能显示出促销价值，才能体现出经济效益。因此，一切由市场决定，由市场进行验证，这是发达国家普遍采取的理智而科学的做法，值得我国企业借鉴。

总之，包装设计按照标准的程序操作比较容易保障设计沿着正确的方向发展，减少盲目性和个人的随意性，增强设计的科学性、有序性、可控性，减少设计工作中的失误。这里我们有两个问题需要注意：第一个问题，就算完全依照标准程序作业，也并不能确保设计的品质和作业效率。品质和效率由操作者的素质以及团队协作的默契程度来决定。第二个问题是标准程序不是一成不变的条条框框，应该根据实际的状况做出适当的调整。如果一味拘泥于程序中，把包装设计当作工厂生产线，那么只会离好的创意越来越远。

第二节　包装设计的策略

对于企业来说，市场营销中的产品开发、包装、分销渠道、促销、定价等诸因素都是可控因素，而宏观环境因素和市场变化因素的影响和制约，这些对企业而言是不可控因素；现代包装策略就是企业根据自身的可控因素而对不可控因素所做出的判断和应对策略。对于包装设计环节来说，商品包装的促销力，既在于包装形象的撼人心弦，又在于包装信息力有逻辑地深入人心。在它们的背后，必须有一整套结合营销学、心理学等学科思考的设计策略，这样创意的触角才能找准方向，高效率地向前发展。

企业包装主要的策略方法有如下几点。

1. 系列化包装策略

企业对所生产的同类别的系列产品，在包装设计上采用相同或近似的视觉要素，突出包装形象的统一，以使消费者认识到这是同一企业的产品，有一见如故的感觉。这样做可以大大节约设计和印刷制作费用，更节省了新产品推广所需要的庞大宣传开支，既有利于产品迅速打开销路，又增强了企业形象。

2. 风格化包装策略

由于消费者的文化程度、审美水准、经济收入、消费习惯、年龄等方面的差异，对包装的需求心理也有所不同。针对不同消费者的需求特点制订不同风格档次的包装策略，以此来满足不同的消费群体需求，扩大市场份额。

3. 便利性包装策略

结合人性化设计思想，从消费者使用的角度考虑，在包装设计上采用便于携带、开启、使用、反复利用等便利的结构特征，如提手式包装和拉环、按钮、卷开式、撕开式等便于开启的包装结构等，以此来赢得消费者的好感。

4. 配套化包装策略

将相关联的系列产品组合成套进行包装销售，不但有利于消费者使用，而且还有利于带动多种产品的销售，提高产品的档次。

5. 更新包装策略

更新包装一方面是对于滞销商品采取较大的改变，以全新的姿态呈现在消费者面前，使销售不佳的商品重新焕发生机，以具备新的形象力和卖点；另一方面是对于旺销商品，采取循序渐进式的包装更新方式，通常在保持商品认知度的情况下，体现出充满活力和新颖的面貌，顺应市场变化，保持销售旺势和不断进步的企业和品牌形象。

6. 附赠品的包装策略

通过在包装内附赠品，以激发消费者的购买欲望。赠品的形式多种多样，可以是奖券，也可以是相关商品，例如在许多品牌的乳粉包装上附赠相关用具等，还可以是与商品内容无关但足以吸引消费者的赠品。

7. 企业协作的包装策略

企业在开拓新的市场时，由于其知名度可能并不高，所需的广告宣传投入费用又太大，而且很难立刻见效。这时可以联合当地具有良好信誉和知名度的企业共同推出新产品，在包装设计上重点突出联合企业的形象，这是一种非常有效的策略，在欧美、日本等发达国家是一种较为普遍的做法。

8. 绿色包装策略

随着消费者环保意识的增强，绿色环保成为社会发展的主题，伴随着绿色产业、绿色消费而出现的绿色概念营销方式成为企业营销的主流。因此在包装设计时，选择可重复利用或可再生、易回收处理、对环境无污染的包装材料，容易赢得消费者的好感与认同，也有利于环境保护和与国际包装技术标准接轨，从而为企业的发展带来良好的前景。

9. 文化包装策略

在市场走向国际化的今天，博大精深、丰富多彩的民族文化总是有着无穷的艺术魅力，在设计中采用富有地域性的传统文化元素，不但可以满足现代消费者不断增长的精神需要，而且还能够宣传商品产地的独特文化，扩大其商品的影响。

第三篇

白酒酒体设计

第一章　认识中国白酒

第一节　什么是酒？

一、 酒的定义

在进行酒体设计之前，需要对酒有个基本的认识。按照现行的国家标准，酒叫饮料酒，是指酒精度在0.5%vol以上的酒精饮料，包括各种发酵酒、蒸馏酒及配制酒。酒精度低于0.5%vol的无醇啤酒也属饮料酒。

从定义可以看出，酒本质上是一种可饮用的，酒精度在0.5%vol以上的食品，这里有三个基本的限定：

一是可以饮用。大部分情况下是可以直接饮用，少部分情况下需冲配饮用，如一些固体型或浓缩型的基料，还有少部分情况下直接食用，例如一些含酒精的巧克力。

二是含有酒精。在现实当中，绝对的零酒精含量的食品，有时候是很难做到的，这是因为自然环境中到处都有微生物，只要有糖存在，条件适宜，都有可能产生一些酒精。既然绝对零酒精含量做不到，于是国家标准定了一个0.5%vol的界线，作为是否含有酒精的标准，即只要是酒精含量≤0.5%vol，都认为是无酒精。这里有一个特例，那就是无醇啤酒，按照这个标准，无醇啤酒本应该属于饮料，而不属于酒，但是在啤酒国家标准中，无醇啤酒仍然被看成酒，这其实是一个例外，这是因为无醇啤酒的生产工艺和正常啤酒的生产工艺非常相似，只是进行了限制酒精的生成操作或将生成的酒精进行了脱醇处理。将无醇啤酒当成啤酒管理或归类，更易被消费者认知，这是个个案，不具有普遍性。

三是食品。作为食品，应该具有一定的食品安全性。

二、酒的分类

随着 2022 年 6 月 1 日，新版国家标准 GB/T 17204—2021《饮料酒术语和分类》的实施，我们国家酒的分类、白酒的定义等，较以前有较大的变化。按照此标准，酒可以分为四大类。一类是发酵酒，有时也称酿造酒，因易产生误解，现在倾向于只称发酵酒；第二类是蒸馏酒；第三类是配制酒；第四类是露酒。

（一）发酵酒

发酵酒的定义是以粮谷、水果、乳类等为主要原料，经发酵或部分发酵酿制而成的饮料酒。

发酵酒可以进一步分成六类：啤酒、葡萄酒、黄酒、果酒、奶酒（发酵型）、其他发酵酒。

（二）蒸馏酒

蒸馏酒的定义是以粮谷、薯类、水果、乳类等为主要原料，经发酵、蒸馏、勾兑而成的饮料酒。

蒸馏酒可以分成十类：白酒、白兰地、威士忌、伏特加、朗姆酒、金酒（杜松子酒）、龙舌兰酒、奶酒（蒸馏酒）、水果蒸馏酒、其他蒸馏酒。

（三）配制酒

其定义是以发酵酒、蒸馏酒或食用酒精为酒基，加入可食用原辅料和/或食品添加剂，进行调配和/或再加工制成的饮料酒。

（四）露酒

最新的国家标准将露酒从配制酒中独立出来，单独作为一类酒，从酒基和工艺对“露酒”和“配制酒”进行了区分，从而目前饮料酒包括发酵酒、蒸馏酒、露酒和配制酒四大类。

露酒是指以黄酒、白酒为酒基，加入按照传统既是食品又是中药材或特定食品原辅料或符合相关规定的物质，经浸提和/或复蒸馏等工艺或直接加入从食品提取的特定成分，制成的具有特定风格的饮料酒。

注 1：酒基不包括调香白酒。

注 2：酒基中可加入少量以粮谷为原料制成的其他发酵酒。

这个定义清楚说明了什么是露酒，但是读者朋友们有没有想过一个问题，那就是露酒为什么称为露酒。标准中露酒的定义似乎还不能将“露酒”和“露”产生任何形式的联系或联想，接下来笔者从露字的本义建立“露酒”和“露”的联系。

“露”字是上面为“雨”字下面为“路”字的上下结构，其本义是指水汽凝结于地面者。随着夕阳西下，地热渐散，腾布地面的水汽遇冷则凝为露，草木枝叶散热尤速，故成露较多，如图 3-1所示。露酒简单地讲就是指中国民间老百姓在酒中，尤其是白酒中浸泡诸如枸杞等被认为具有某种功效的中药材或食材，酒中浸泡中药材或食材具有水汽在草木枝叶上成露的形象，因此，我们就把这种泡药材或食材的酒形象地称为露酒，另外，露也有暴露的意思，就像把药材暴露在酒中，使其功效成分浸提出来的涵义。

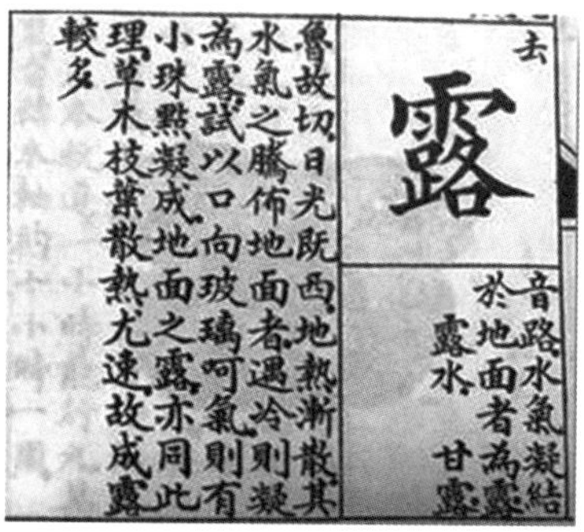
去
露
音路。水氣凝結於地面者為露。甘露。露水。
魯故切。日光既西，地熱漸散，其水氣之騰佈地面者，遇冷則凝為露。試以口向玻璃呵氣，則有小珠點凝成，地面之露亦同此理。草木枝葉散熱尤速，故成露較多。

图 3-1　露字的造字意思

2019 年 6 月 29 日，国酒茅台正式改名为贵州茅台，“国酒茅台”商标从 2019 年 6 月 29 日起，已经退出历史舞台。

通过这件事，很多人问笔者中国有没有国酒，如果有的话，那什么又是中国的国酒呢？

笔者认为中国是一个具有悠久文明历史的国家，中国是有国酒的，有学者认为黄酒是中国的国酒，也有人认为白酒是中国的国酒，我们国内权威专家中国工程院孙宝国院士的观点是黄酒和白酒都是中国的国酒。

笔者认为能称为中国国酒的酒一定要具备至少四个条件：①源于中国；②具有明显的中国特色；③具有较悠久的历史；④具有较广泛的群众基础。

基于这四点，笔者认为中国的国酒不止一个，中国的国酒有三个，第一个是黄酒，第二个是白酒，第三个是露酒。

某一个具体的厂家某一个具体品牌的酒，对国酒来说是一个个体，可以称为国酒的典型代表。

第二节　什么是中国白酒?

一、被重新定义的中国白酒

2022 年 6 月 1 日实施的新版 GB/T 17204—2021《饮料酒术语和分类》标准，对中国白酒进行了重新定义，和前一版的定义相比有很大区别，主要有以下七大变化。

首先，白酒只能使用粮谷作为原料。食用酒精作为液态法白酒生产常用的原料，国家标准 GB/T 17204—2008《饮料酒分类》中并没有涉及食用酒精的定义，修订后增加了食用酒精（食用酿造酒精）的定义，并且强化了对液态法白酒和固液法白酒中使用食用酒精的要求，只能采用粮谷食用酿造酒精，意味着薯类、蜜糖和其他食用农作物为原料生产的食用酒精不能在白酒中使用。此外，对于不能使用食用酒精的固态法白酒，强调了不能“直接或间接添加”，要求更为严格。

其次，所有类型白酒都不能使用食品添加剂。过去对液态法白酒的定义中有“可调香”，固液法白酒的定义中有“食品添加剂”，意味着按照旧标准，白酒（液态法白酒和固液法白酒）是能够使用食品添加剂的。在新修订标准中，固态法白酒、液态法白酒和固液法白酒明确规定不直接或间接添加

“非自身发酵产生的呈色呈香呈味物质”，因此所有的白酒均不允许使用任何食品添加剂。

第三，强调传统工艺，弱化主体香。新修订的标准更加突出对各种香型白酒传统工艺的重视，细化糖化发酵剂、发酵容器、固态发酵、固态蒸馏等，而弱化了部分香型白酒的主体香味物质。比如浓香型白酒就明确了“采用浓香大曲为糖化发酵剂，经泥窖固态发酵，固态蒸馏”，取消了“己酸乙酯为主体复合香”的要求，当然这并非不要求而是弱化，因为按照此工艺酿造而来的白酒必然存在己酸乙酯为主体复合香的特点。

第四，弱化白酒勾兑的影响。勾兑调味是白酒酿造生产必需的工艺，但由于社会逐步将“勾兑”一词异化，进而造成消费者对白酒勾兑的不接受不理解。修订标准中，将旧标准各个定义中“勾兑”二字统一改成“勾调”，更符合当下为白酒正名的需要。

第五，液态法白酒生产方式减少。依据旧标准，液态法白酒以“淀粉、糖类物质为原料”，并且可以“调香或串香”，就是说液态法白酒可以有 3 种方式：第一种，单纯以食用酒精、食品添加剂与水勾调；第二种，液态法白酒加 30%以下含量的固态法白酒；第三种，用香醅串蒸。修订后，液态法白酒以“粮谷为原料”，经液态糖化、发酵、蒸馏，且强调“精制”，意味着液态法白酒只能一种方式酿造，最多可以再外加粮谷食用酿造酒精，这有点类似于国外的伏特加。

第六，固液法白酒取消 30%限定。旧标准中固液法白酒着重强调固态法白酒的含量要≥30%，但由于检测手段的不足，无法对其中固态法白酒的含量进行确定和监管，不具有可操作性。新标准重在强调“具有传统白酒风格”，从感官角度加以规范，同时新标准中明确可采用“串蒸或浸蒸”或者“与固态法白酒按一定比例调配”这两种方式生产固液法白酒。这意味着，新标准将过去液态法白酒的串蒸和固液调配这两种方式划至固液法白酒，增强了可操作性。

第七，调香白酒其实不是白酒。添加剂的使用一直是行业的敏感话题，打破了消费者对传统白酒的认识，而这类产品又广泛存在。因此，在修订标准中将调香白酒纳入配制酒的范畴。对于白酒中不允许使用的食品添加剂，调香白酒可以随便用，当然得符合标准限量要求。

上述七个方面的重大改变，既考虑到白酒行业实际、消费市场需求、监管难易等问题，同时就整体而言让白酒及其相关定义更加科学，能够有效地减少由于定义模糊带来的行业性问题，可以有效地促进白酒行业的规范发展。但是，也存在一些问题，具体如下。

第一，食用酿造酒精提法拗口且没必要。按照编制说明，是由于考虑消费者将食用酒精与工业酒精等同的观点，因此在食用酒精中加入了“酿造”二字以示区隔。笔者认为言过其实，消费者误会的不是工业酒精与食用酒精，而是恐惧“酒精”二字。加强对食用酒精的引导，而不是通过改名的方式让消费者忽视。此外，在进一步分类中包括了谷物食用酿造酒精、薯类食用酿造酒精、糖蜜食用酿造酒精及其他食用酿造酒精，名称过于繁琐拗口，另外定义中使用了“粮谷食用酿造酒精”，而没有这种食用酿造酒精细类。

第二，调香白酒定义与配制酒定义有矛盾。调香白酒是“以固态法白酒、液态法白酒、固液法白酒或食用酒精为酒基，添加食品添加剂调配而成，具有白酒风格的饮料酒”。在这一过程中，由于要“具有白酒风格”，因此基本不会改变原有酒基的风格。而对于配制酒而言，有“改变原酒基风格”的要求，这意味着两者存在矛盾，或者将调香白酒放在配制酒中是不妥当的。

笔者将新版的白酒的分类体系，总结如下：

十八白酒又一酒

守正创新不守旧，产业升级致远久；

三分白酒又一酒，调香白酒配制酒；

十二加四固香酒，液态纯粮精制酒；

固液两蒸加固酒，美美与共满意酒。

第一句和第二句的意思是说中国白酒的发展既要守正，也要创新，不能故步自封，不能守旧，不管是守正还是创新，其本质都是为了产业升级，为了产业能走得更远、更久。

第三句到第七句把中国白酒的类别进行了进一步的说明。目前中国白酒已经形成了三加一的分类体系。三加一中的“一”是指调香白酒，调香白酒有白酒的名字，但是属于配制酒，是一个“名不副实之白酒”。固态白酒目前主要有十二种香型加上四种细分香型。液态法白酒现在也要求纯粮酿造，而且需要经过精制处理。固液法白酒可以通过“串蒸”或“浸蒸”及加任意比例的固态法白酒而生产得到。

第八句是说按照目前的分类体系，中国白酒有十九个分支，不管是哪个分支，只要符合标准都是安全的，都有其可取之处，各有各的优点，各有各的美，大家可以各表其美，但要美美与共，不要相互贬低。

为了更方便理解中国酒与中国白酒的分类体系，笔者又以另一首五言律诗进行总结概括，具体如下：

九九又一酒

新标多一度，露酒单拎出；
十二加四固，一液一兼顾；
液态也粮谷，调香白酒入；
名实不相副，硬归配制属。

第一句和第二句意指新的中国酒的分类体系，在原来的发酵酒、蒸馏酒与配制酒（露酒）的基础之上，将露酒单拎出来成为一类新的酒类，因此，中国酒分为发酵酒、蒸馏酒、配制酒与露酒四类。

第三句和第四句是把十八类中国白酒描述了一下。

第五句和第六句说明新版标准的液态法白酒也要求是以粮谷为原料酿造而成的，同时在新版标准中加入了调香白酒这个新品类。

第七句和第八句阐述调香白酒具有名实不相副的特点，即名字为白酒，但是不属于白酒，而归属于配制酒。

二、 中国白酒家族的三级划分体系

中国白酒从诞生到现在，在继承中发展，在发展中创新，演变至今，白酒的大家族现在已经非常丰富多彩了。

根据最新的国家标准，笔者把中国白酒的各种类型进行了梳理，为了便于大家理解和记忆，笔者提出了中国白酒类别的三级划分体系，如图 3-2 所示。

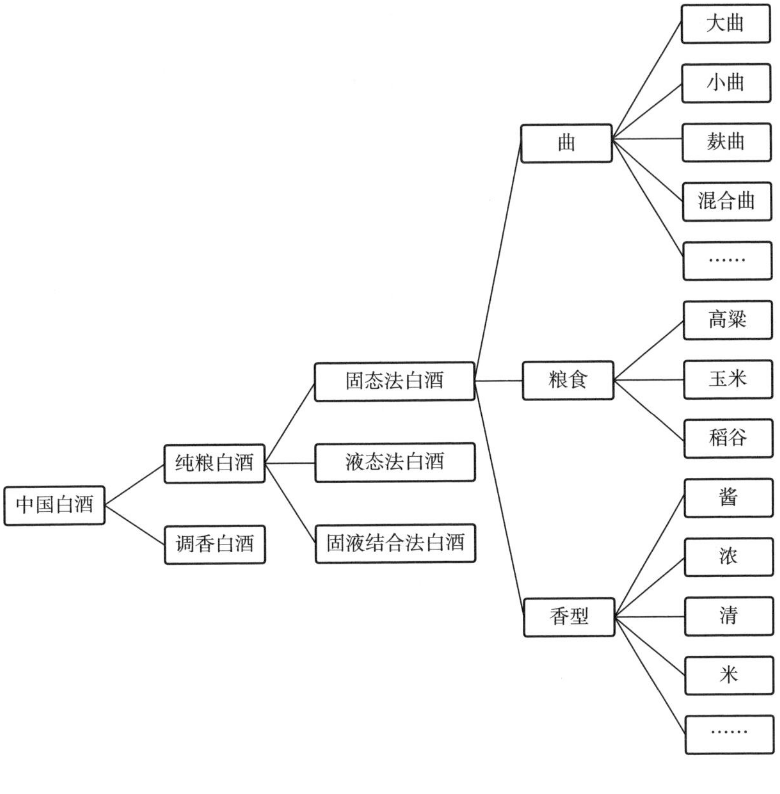

图 3-2　中国白酒的三级划分体系

从图 3-2 可以看出，首先根据是否加添加剂，进行一级划分，通过一级划分把中国白酒一分为二，一类是不准许使用食品添加剂的纯粮白酒，另一类是可以使用食品添加剂的调香白酒。

纯粮白酒一般情况下可以直接简称为白酒，这类白酒按照酿造方法可以进一步进行二级划分，通过二级划分可以把白酒划分为固态法白酒、液态法白酒和固液法白酒三类。

其中固态法白酒是中国白酒的核心部分，是继承了中国传统白酒酿造技艺的最具中国特色的一类纯粮固态纯净法酿造的白酒，当我们向世界宣传中国白酒的时候，主要指的是这类白酒。

这类白酒还可以按照曲的种类、粮食的种类和香气特点三个属性进行三级划分，根据曲的种类可划分成大曲酒、小曲酒、麸曲酒等；根据粮食种类可划分成高粱酒、苞谷酒、米酒、小米酒等；根据成品酒的香气特点可以分为酱香型白酒、浓香型白酒等 12+4 个主要香型白酒。

三、 关于白酒一词的起源

白酒现在在中国几乎家喻户晓，但是读者朋友有没有想过白酒这一表达方式是从什么时候开始出现的？

目前白酒在我们国家是有其一套完整定义的，根据最新的国家标准，白酒是指以粮谷为主要原料，以大曲、小曲、麸曲、酶制剂及酵母等为糖化发酵剂，经蒸煮、糖化、发酵、蒸馏、陈酿、勾调而成的蒸馏酒。

我们可以把这个定义通俗地翻译一下，白酒是指以粮谷为原料、以曲为糖化发酵剂生产的一种蒸馏酒。目前白酒是世界上年产量和年消费量最大的一种蒸馏酒。

关于白酒一词起源的问题，实际包含两个内容：

一是白酒作为酒的名称起源于何时？

二是白酒作为蒸馏酒即类似于我们今天所指的白酒又是起源于何时？

这两个问题看似简单，实则很复杂。所谓简单，主要是指其研究思路很简单，那就是找到关于白酒的最早的文字记载就可以。所谓的复杂主要是指要准确地找到最早的文字记载却又很难做到，因为中国古代文献那么多，而且真正的原版书籍一般人也很难看到，电子版的文档又缺乏，这都给搜索查找增加了不少困难。所以任何一个关于白酒一词起源的论断，都有可能随着新证据的出现而随时被更新。

笔者通过对各种文献的研究，关于第一个起源问题，读者可以在成书于西汉的《礼记》第12篇《礼记·内则》中看到，在阐述酒的种类时，有这样的描述："酒：清，白。"意思是说当时的酒可分清酒和白酒两类，当然这里并没有把"白"和"酒"联合起来表达，只是从意思上把"白"和"酒"放在一起解读。因此，可以推断白酒作为酒的名称至少起源于西汉。

而关于白酒作为蒸馏酒的名称即类似于今天我们所指的酒的起源，国内很多专家学者认为是中华人民共和国成立之后的事。

这种认知目前在国内较为普遍。笔者研究之后，发现这种说法是不对的，因为笔者有一本成书于清朝的古籍，其在阐述酒字的意思时，明确提到了黄酒和白酒，而且从字里行间可以肯定这里的白酒就已经是指蒸馏酒了，因此，说白酒一词出现在中华人民共和国成立后是不对的。

综合其他一些文献，笔者推断白酒作为一种蒸馏酒的表达，到了清朝中晚期就已经固定了，并延续至今。

第三节　白酒构成的"三体"论

一、 中国白酒的"三体" 构成

深刻理解中国白酒的酒体结构，是成功进行酒体设计的前提，也是成为一个顶级酒体设计师的前提。从化学组成的角度来看，一款酒呈现出什么样的风味，具有什么样的质量等级，具有什么样的特点，具有什么样的缺陷等，都是由其所含的化学成分决定的，都是酒体化学组成的宏观反映。

中国白酒的化学构成从宏观上可简化成是由酒精、水和微量风味成分三部分组成的，简称中国白酒的“三体”构成，如图 3-3 所示。

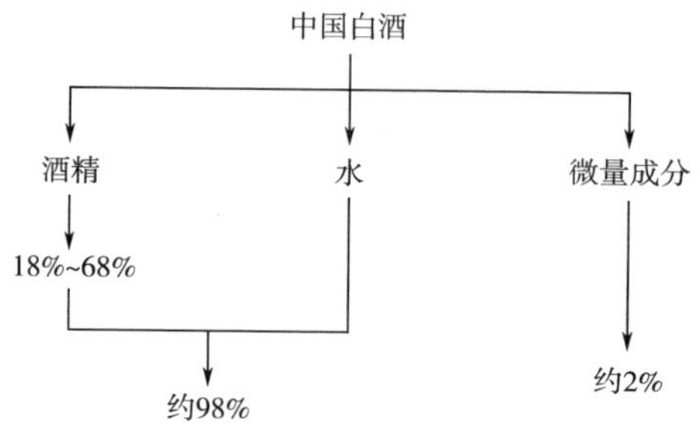

图 3-3　中国白酒的“三体”构成

根据各香型中国白酒的国家标准，以及目前对中国白酒组成的定量分析结果，可知构成中国白酒的第一体的酒精即乙醇，含量一般在 18%~68%（体积分数，余同），加上第二体的水，两者的含量在 98%左右，第三体的微量成分大约在 2%左右。

了解了中国白酒的“三体”构成，就知道白酒酒体设计的最终目的就是找到中国白酒理想的“三体”构成，从而使所设计的白酒满足各项要求。

为了帮助从事酒体设计的人员深刻理解中国白酒的结构，笔者对中国白酒的“三体”构成用诗句的形式进行了总结，诗的题目为“白酒构成三体论”，具体内容如下：

白酒构成三体论

酒含酒精是根本，零点五度分酒饮；
酒体设计酒体认，科学认识不迷信；
白酒构成三体论，酒精加水加微分；
中国白酒讲格味，二帕三体决酒品。

第一句和第二句意指酒精是成为酒的根本要素，0.5%vol 是区分酒和饮料的界限酒度，>0.5%vol 的是酒，≤0.5%vol 的是饮料。

第三句和第四句说明要进行酒体设计就要对酒体进行认识，要认识酒体，需要依据科学，不要将酒体神秘化，更不能迷信。

第五句和第六句阐述白酒的构成可以看成是三个主体组合而成的，分别是一体的酒精、二体的水和三体的微量风味成分。

第七句和第八句言明中国白酒是讲究风格和风味的，风格和风味对酒的品质都会产生影响，在中国白酒的三体组成当中，其中不到 2%（简称两帕）的微量风味成分（简称微分，此句用三体代替）对酒的品质起到决定性的作用。

二、 中国白酒中的“微分”

在原酒酿造发酵过程中，占酒中 1%~2%的微量香味成分大部分是伴随着酒精发酵的同时，在众多微生物的协同作用下，经过复杂生物化学变化的结果。如：发酵设备、曲药、母糟中含有的大量微生物在发酵时进行复杂的生化反应，才得到白酒中的有机酸、酯、醇、醛、酮、芳香族等有机化合物，以及少量的含氮化合物、含硫化合物等。

微量风味成分根据含量的高低可以分为“骨架成分”和“复杂成分”。骨架成分一般是指色谱分析含量≥20mg/L 的成分，占总体“微分”的 95%左右。复杂成分是指白酒中色谱分析含量<20mg/mL 的所有成分。

（一） 酯类是白酒香的主体

白酒中酯类物质的形成一般是在发酵后期，由酸和醇在生香酵母等微生物的作用下自然形成的，酯是中国白酒的重要香味物质。

浓香型白酒中主体香为己酸乙酯、乳酸乙酯、乙酸乙酯及丁酸乙酯。

清香型白酒的主体香为乙酸乙酯和乳酸乙酯。

几种酯类物质的感官描述见表 3-1。

表 3-1　　几种酯类物质的感官描述

名称	感官描述
乙酸乙酯	有水果香，浓时有喷漆溶剂味
乳酸乙酯	淡时呈优雅黄酒香气，浓时黄豆臭，过浓则有青草味
丁酸乙酯	苹果香、菠萝香
己酸乙酯	窖香、水果香
甲酸乙酯	近似乙酸乙酯香气，有较稀薄的水果香
乙酸异戊酯	香蕉香、水果香
正己酸乙酯	水果香（红玉苹果香）
异戊酸乙酯	浓郁水果香（苹果香）

（二） 酸类是白酒味的主体，并起到重要的协调作用

绝大部分微生物的代谢产物中有有机酸，像固态法生产中国白酒属于开放式生产，在生产中自然接种大量的微生物，它们在进行发酵的同时，产生的酸类主要是乳酸、乙酸、己酸、丁酸、辛酸等。几种酸类物质的感官描述见表 3-2。

表 3-2　　几种酸类物质的感官描述

名称	感官描述
甲酸	嗅有酸气，入口有刺激性，且有涩感
乙酸	醋味
丙酸	腐臭
丁酸	有脂肪臭、汗臭
己酸	汗臭、动物臭
乳酸	微酸、有鲜味
戊酸	窖泥臭、汗臭
辛酸	有极强的油臭，微有刺激性，放置后变浑浊
庚酸	酸臭、汗臭，并有刺激性
异戊酸	酸臭

（三） 醇类是香与味过渡的桥梁，在酒中有调和作用

在糟醅发酵中，除生成大量的酒精外，还同时生成其他醇类，醇类的生成主要是由微生物对糖、氨基酸、果胶等物的作用，如正丙醇、异丁醇等。几种醇类物质的感官描述见表 3-3。

表 3-3　　几种醇类物质的感官描述

名称	感官描述	名称	感官描述
β-苯乙醇	似玫瑰香气	正丁醇	水果香
异戊醇	水果香、臭	苯甲醇	花香、水果香
正丙醇	水果香	正己醇	水果香

（四） 醛类主要是协调香气的释放和香气的质量

白酒中的醛类主要是醇和酸的氧化还原而成，也可以从糖生成醛类，如乙醛、乙缩醛。几种醛类物质的感官描述见表 3-4。

表 3-4　　几种醛类物质的感官描述

名称	感官描述	名称	感官描述
糠醛	焦煳臭	庚醛	青草、青瓜味
乙醛	刺激性、青草味	壬醛	似肥皂味
丁醛	花香、水果香	苯甲醛	杏仁香
戊醛	青草、鱼腥味		

第四节　中国白酒多样性的成因

中国白酒香型风格之所以有这么多种，是因为它不是简单的酒精水溶液，而是多组分体系，虽然其主要成分是水和酒精，二者含量甚至占到了白酒的98%左右，但是其余 2%的组分却包含了种类丰富的微量成分，这些微量成分虽然含量不高，但是大部分阈值很低，在低浓度时仍然有很强的风味活性，

主要包括酯、酸、醇、羰基化合物、含硫化合物、吡嗪类化合物等，正是这些微量成分的差异，才使得中国白酒呈现出各种不同的风格特征。

要想全面了解每一种白酒的风格，建议读者从风格香型、典型代表、原料、曲、设备、工艺、成分特征、品评要点及评语共九个方面入手，如图 3-4 所示。影响中国白酒风格的根本因素，笔者认为主要有五种，如图 3-5 所示，分别为：①原产地；②原料；③曲，即糖化发酵剂；④生产设备；⑤生产工艺。为便于记忆，笔者称其为中国白酒的“九五之中”。

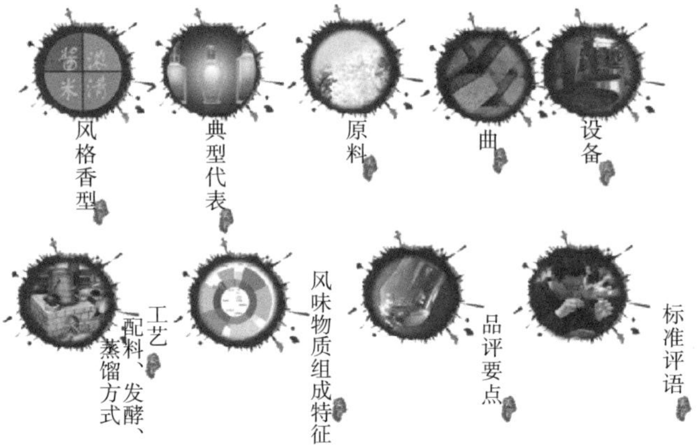

图 3-4　中国白酒的九格

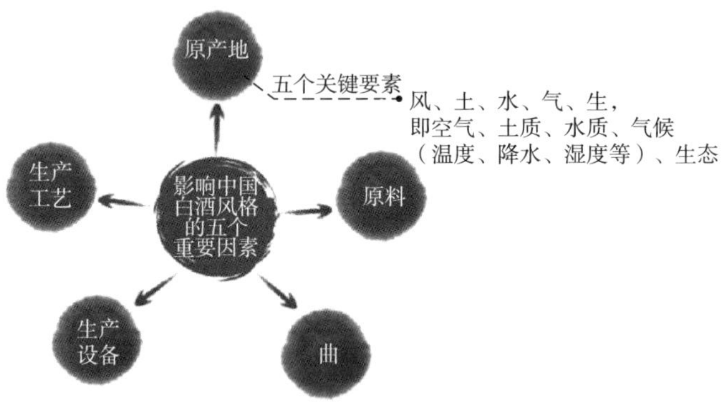

图 3-5　影响白酒风格的五个重要因素

原产地的核心要素，笔者总结起来主要也有五个，分别为风、土、水、气、生，即空气、土质、水质、气候（温度、降水、湿度等）和生态。

笔者用一首诗，把中国白酒的九个方面和影响中国白酒风格的五个重要因素及原产地的五个核心要素总结在一起，诗的名字为“九五之中”，诗的内容如下：

九五之中

酒格有九格为先，影响风格因五种；

格典原曲设六工，七分八点九酒评；

原地原料制曲用，设备工艺五不同；

原产地域五要素，风土水气生态情。

诗的第一句对中国白酒进行解析，可以将中国白酒解析为九个方面，其中首先要把握的是酒的风格。

第二句的意思是说影响酒的风格的重要因素有五种。

第三句和第四句列举了中国白酒的九个方面，即风格、典型代表、原料、制酒用的曲、设备、工艺、成分、感官品评要点和第九部分的评语。

第五句和第六句列举了影响白酒风格的五个重要因素，即原产地、原料、曲、设备和工艺。

第七句和第八句列举了原产地的五个核心要素，即空气、土质、水质、气候和生态环境。

第五节　白酒的多因素“阴阳质量观”

一个因素能决定白酒的品质吗？满足并执行国家标准优级档的白酒就一定是优级酒或好酒吗？

白酒在中国是一个传统而古老的产品，酿酒就像做饭、腌咸菜一样是很多民间老百姓都会的一种技艺。因此，酿酒在很多人看来是一件很简单的事情，不像制造芯片那样神秘。

但是笔者要说的是，酒或者酿酒虽然是我们日常生活中稀松平常的东西或事情，但是要把酒酿好其难度其实并不亚于制造芯片。因为白酒的酿造既有可控的因素也有不可控的环境因素，即我们经常说的白酒是“天人合酿”的产物，现在对白酒的研究和产业升级也要用到最前沿的生物技术、5G 和 AI 智能技术等。

关于白酒品质的问题，笔者的观点是白酒的品质是受多因素影响的，既有我们现在能认知的部分，也有我们暂时不能认知的部分，即白酒的质量是受多因素影响的“阴阳质量”。不管是生产企业还是酒商、消费者都要树立这种多因素“阴阳质量观”，如果用函数表示的话，白酒品质的函数表达式如下：

$$\text{Quality} = f_1(x_1,\ x_2\cdots\cdots x_n) + f_2(y_1,\ y_2\cdots\cdots y_n)$$

该函数表达式是两个多元函数的叠加，其中 f_1 部分是目前可认知或国家标准要求的品质，即品质的“阳”，f_2 部分是目前还没认知或国家标准不控制的品质，即品质的“阴”。其中的 x_1 到 x_n，y_1 到 y_n 表示多因素。

多因素表示白酒的质量不是由某单一因素决定的。某一个因素好，充其量只是品质好的一个必要不充分条件，有时候甚至连必要都谈不上。

例如，现在很多企业比较热衷于标注真实年份或纯粮固态酿造的概念，通过一些方法向消费者证明是一个多少年的真实年份的酒或真实的纯粮固态酒，应该说这种做法本无可厚非，但是笔者要强调的一点是，年份和纯粮固态只是影响白酒品质的其中一个因素，其并不能完全决定白酒品质的好坏。因此，标注了真实年份或纯粮固态的酒并不能说明这个酒就一定是好酒，是不是好酒还需要靠消费者自己的感知能力去评价。笔者发现有不少消费者是缺乏这种感知能力的，其对白酒品质的评价，容易受外界的影响，要想有自己独立准确的评价能力，学习很重要，至少要找一个水平不错的机构学习。这里要强调的一点是学习提高能力是第一位的，考证是其次的。

“阴阳质量”表示白酒的质量是多方面综合的结果，目前国家标准通常只对有限的几种安全指标、感官指标和理化指标进行了约束，这些指标是经验和经济妥协的产物。这些指标可以称为白酒质量“阳”的部分，或者称为“显性质量”，这些指标即使达到了优级的档次，也不能说明这个酒就是优级酒或者好酒，因为这些指标是有限的，还有很多消费者认为非常重要的品质指标，国家标准并没有规定，这些可以称为白酒质量“阴”的部分，或者通俗地称为“隐性质量”，例如，饮后舒适度、长期饮用对健康的影响等。这也就是我们能够看到网上9.9块包邮的酒和几百上千的酒执行的都是国家标准优级档的原因所在，而这些酒真正的品质是有明显差异的。

第二章　认识白酒勾调

要想全面弄懂白酒勾调的内容，就要弄清楚关于白酒勾调的三个基本问题，这三个基本问题如下：

（1）什么是酒体勾调？

（2）为什么要进行酒体勾调？

（3）怎样进行酒体勾调？

回答好了这三个基本问题，也就能够从宏观上对白酒的勾调进行系统的把握。笔者把对这三个基本问题的回答总结在一首诗里面，诗的题目就是“白酒勾调”，诗的内容如下：

白酒勾调

专业勾兑非常理，不是造假调量比；
除杂增香稳提质，风味更好格更一；
微风波动因批次，标准完美度降低；
小样勾调配方试，达到理想放大之。

前四句对第一个问题做了较为全面的回答。

第一句道明白酒专业上所说的勾兑（即“勾调”）并不是普通消费者所理解的勾兑。

第二句的意思是说专业上的勾兑不是一般消费者理解的造假酒，而是调节酒中成分的量比关系。

第三句和第四句进一步说明勾调要达到的目的，意思是说通过勾调调节酒中成分的量比关系，达到除去杂味、增加香味、稳定和提高酒质量的目的，并且保持酒的色、香、味和风格的一致性。

第五句和第六句回答的是第二个问题，意指基酒中的微量风味成分会因为批次的不同而产生波动，这样就需要通过勾调来使酒体的各类理化指标达到标准要求，使酒的风味更加完美，同时也因为基酒的酒精度太高也需要进行勾调降度。

第七句和第八句回答的是第三个问题，即怎样进行酒体的勾调。勾调就是选择基酒，反复进行小样组合调味试验，形成理想的勾调配方，这样就可以进行放大生产。

以上内容，用图进行总结，见图 3-6。

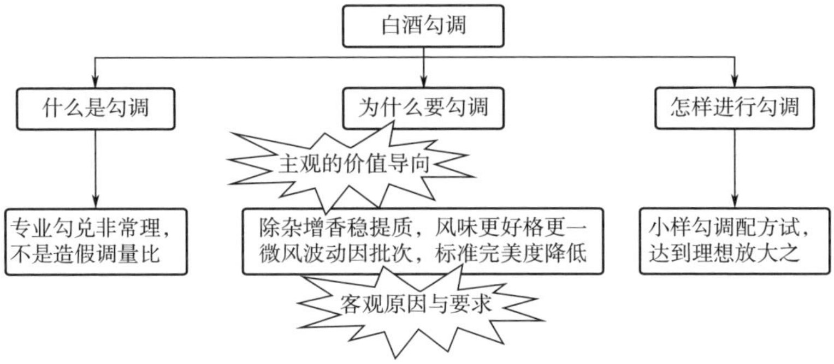

图 3-6　白酒勾调的三个基本问题

关于这三个问题的具体内容，下面将逐一做详细的介绍。

第一节　什么是酒体勾调？

中国白酒酿造界有“生香靠发酵，提香靠蒸馏，成型靠勾兑，提档靠调味”的说法。这样看来，勾调是白酒生产中的重要环节。那么什么是白酒的勾调呢？

勾调的意思现在已很难和“勾”“调”的本义联系起来解释，但可以肯定的是勾调是勾兑和调味的简称，勾调中的“勾”代表的就是勾兑，“调”代表的就是调味的意思。总的来说，“勾”的本义有弯曲、勾住的意思，其中弯曲有靠近的意思，“兑”有掺和的意思。因此，“勾”和“兑”是有某种联系的，勾兑就有相互靠近掺在一起、组合在一起之意。“调”即调整、调节，因此，调味就是调整味道。

在酒类科研技术人员的口语中，有时也会把“勾调”称之为“勾兑”，这两个词对专业人员来说，有时候是一个意思。但是对多数白酒消费者，一听到“勾兑”就马上变脸，因为他们以为勾兑就是造假酒，造不合格的酒，这样想是大错特错了。时至今日，勾兑已经成为消费者心目中“假酒”“劣酒”的代名词，然而很多人不知道的是，我们喝到的每一种蒸馏白酒，都属于勾兑酒，也就是说我们喝到的任何一瓶白酒都需要经过“勾兑”，包括大家最为熟知的茅台、五粮液、洋河等高端名酒。勾兑并不是中国白酒的专有词汇，事实上，国外的蒸馏酒也同样需要勾兑。而勾兑这个词在国外没有任何贬义，许多精品威士忌、白兰地都是勾兑出来的，这样在口感和气味上才能达到极致，并且在不同国家，勾兑技术也都是保密的。

普通消费者谈到的“勾兑”和酒类专业上的“勾兑”，究其本义应该是一样的，但是两词所指的范畴不同，从而所表达的对象是不同的。专业上的“勾兑”更多是指把酿造出来的不同的基酒，按照一定的原则相互搭配混合成感官质量较好的酒，是专业术语，是中性词。而民间消费者谈到的“勾兑”酒，是指用质量低劣的酒精，甚至是工业酒精，添加香料、香精、色素及水等，经人工配制出的一种不合法的白酒，这里的“勾兑”是个贬义词，有做假之意。

因此，“勾调”或“勾兑”是白酒行业中的一个专业技术术语，和民间老百姓说的“勾兑”意思不一样。专业上的“勾兑”可定义为在同一香型白酒中，把不同质量、不同特点、不同批次、不同年份的酒按不同的比例搭配组合在一起，使白酒的“色、香、味、格”等达到某种程度上的协调与平衡。简而言之，就是通过勾调使“四不同”的基酒变成“四统一”的成品酒，如图 3-7 所示。

简而言之，勾调就是通过调整酒体中各主要成分之间的量和量比关系，

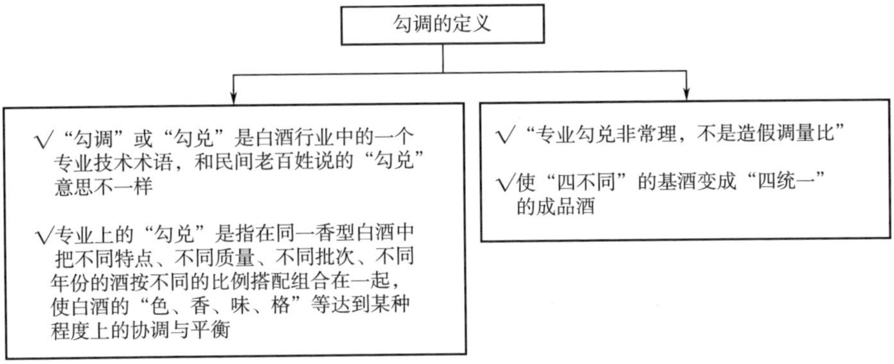

图 3-7　勾调的定义

达到除杂、增香、稳定和提高酒质的目的，即"专业勾兑非常理，不是造假调量比；除杂增香稳提质，风味更好格更一"。对什么是白酒勾调的总结，如图 3-8 所示。

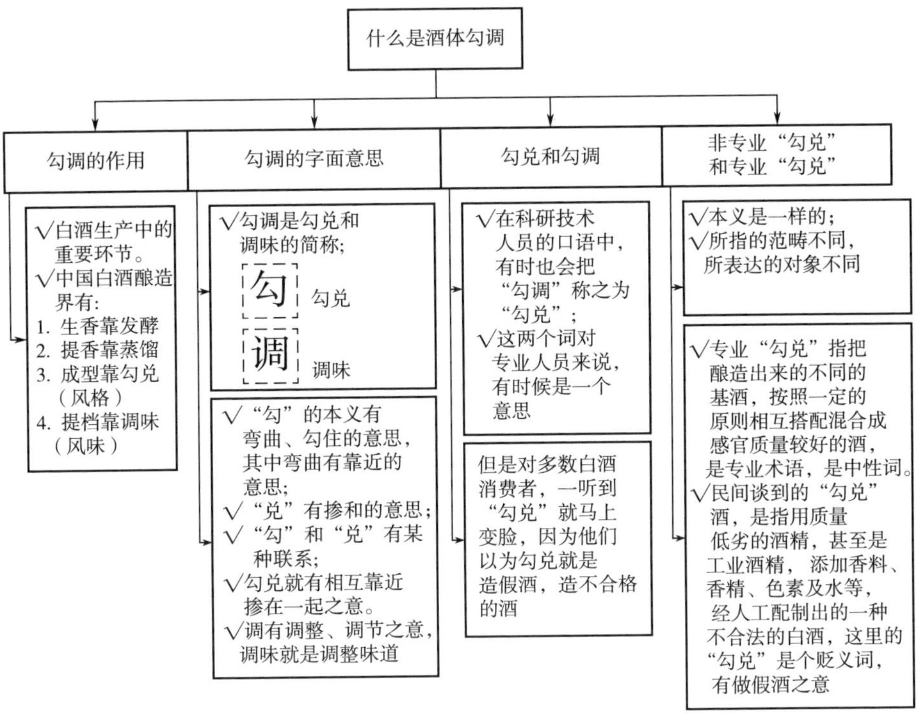

图 3-8　什么是白酒的酒体勾调

第二节　为什么要进行酒体勾调？

我们国家的白酒工业应该说是在民间酿酒作坊的基础上发展壮大起来的。即使是现在中国白酒工业的生产能力已经很发达的情况下，民间的酿酒活动也从来没有停止过，在一些农村依然有一些掌握酿酒技艺的人，给村民酿酒。村民把蒸馏出来的酒带回家放在坛子里，存放一段时间，就可以拿出来喝。从这里可以看出，民间老百姓酿造白酒的时候，一般不需要勾调，即酿了什么样的酒，就喝什么样的酒。据此可以推断，白酒工业上的勾调，应该也不是一开始就有的，是后来发展起来的。那问题来了，现代白酒工业，为什么会发展起来白酒的勾调工序或技术呢？

按道理讲，不勾调，工序更简单，为什么要“多此一举”呢？笔者认为勾调技术的诞生应该是对白酒质量认识提高的结果，对白酒质量的提升有很大的帮助。因而，勾兑并不是一个贬义词，恰恰相反，勾兑是白酒生产技术的进步，是生产优质酒必不可少的环节。例如以贵州茅台酒为例，酱香型白酒使用多轮次生产工艺，轮次酒多，差别也较大，必须要进行勾调，勾调是茅台酒生产的点睛之笔，是艺术与技术的结合，可以说没有勾调就很难大量生产出高质量的茅台酒。

白酒是一种特殊的食品，主要是用来满足消费者的感官嗜好，因此其感官质量就显得非常重要。对于传统中国白酒来说，2%的微量成分决定了白酒的风格特点和风味好坏。但是在实际生产过程中，同一酒厂的不同车间、同一车间的不同批次，甚至同一批次的不同窖池生产出来的白酒所含的微量成分都不一样，有些相差很大，风格风味也千差万别。我们可以试想一下，如果消费者买了一瓶酒觉得挺好喝，但是下次再买一瓶同品牌规格的酒，但不是一个味了，那消费者会怎样想？因此，对所有的白酒来说，在历经制曲、发酵、蒸酒、储存等环节之后，都必须要经过勾调来统一风格风味，并通过工艺手段滤除杂质，协调香味，从而满足消费者对高品质白酒的需求。白酒勾调将不同风格的酒组合在一起，使酒体协调、平衡，并烘托出主体香气，以获得更为出色的风格和风味。白酒生产有“七分技术，三分艺术”的说法，这里的艺术，主要体现在勾调上，勾调可以称得上是白酒生产的画龙点睛之笔。

现在白酒的生产基本都是按标准化的思路进行，成品白酒的质量也有标准化的要求，但是实际生产出来的原酒或基酒，并不都能达到标准所要求的理化指标范围，只有将不同批次、不同质量的基酒用心混合勾调，才能让每款产品达到标准的要求，所以勾调在白酒生产的过程中是必要的，它可以使出厂的每一批产品的理化指标都达到标准的要求，从而为保持固有的风格打下基础。

另外，一般来说，采用传统固态发酵工艺酿造的白酒，不论哪种香型，从酒甑中蒸馏出的原酒，其酒精度一般都在60%vol以上，这种高度数的原酒是很难直接饮用的，必须要经过“加浆降度”达到比较合适的饮用酒精度。

总结来说，勾调就是要实现白酒生产的“风味完美化、指标标准化和酒度低度化”。可以说，没有勾调，就没有风味曼妙适口的好酒，这也是为什么会有“生香靠发酵，提香靠蒸馏，成型靠勾兑，提档靠调味”的说法。

简而言之，白酒勾调的原因有两大部分，一是白酒的批次差别大，二是为了提高成品白酒的质量，也即“除杂增香稳提质，风味更好格更一，微风波动因批次，标准完美度降低”。

第三节　怎样进行酒体勾调?

勾兑和调味是名优酒生产工艺中非常重要的一个环节。勾调不是简简单单地混合，更不是简简单单地向酒里掺水，而是包括了将不同的基酒进行组合和调味，是平衡酒体，缩小酒的质量差别，提高酒的质量，使酒在出厂前，取长补短，统一标准，稳定质量，并保持独有风格的专门技术。所以，勾调是现代白酒生产的一项非常重要而且必不可少的工艺，离开勾调，白酒的质量就无法保证，口感就不能稳定。勾调是技术活，有四两拨千斤的境界，勾调是精于工、近于心的匠心。

白酒的勾调是一项实践性和经验性很强的技术，该技术的优劣对白酒企业的影响很大。由于勾调技术长期以来被看成是白酒企业的一项保密技术，所以不同的企业所采用的勾调方法不一样，差别也很大。总的来说，白酒的勾调是由品评、勾兑和调味三部分组成，它对于稳定酒质、提高优质酒的比率起着极为显著的作用。品评是勾调的基础，贯穿整个白酒的勾调过程，在品评基础之上，白酒的勾调包括勾兑基酒和调味基础酒两个基本内容。因此，白酒的勾调涉及到两个基本问题一是“怎么勾”，二是“怎么调”。

勾兑主要是将酒中各种微量成分，以不同的比例兑加在一起，使其分子重新排布和缔合，进行协调平衡，烘托出基酒的香气、口味和风格特点。如果以素描作为比喻，勾兑过程就是构建框架、刻画主体的过程。不同批次生产出来的酒或者不同窖池生产出来的酒有所差别，表现在微观上就是其中的酸类、酯类、醛类、酚类等微量成分的差别，而表现在宏观上就是气味和口感的差异，这样将不同的酒勾兑在一起才能弥补某一种酒感官上的偏差或者让风格更为突显，这样勾兑好的酒就称作基础酒，也称组合酒。

基础酒在勾兑好后，仍然不能称之为完美，因为这仅仅是框架层面的调整，也就是说基础酒在感官上的方向是正确的，还需要做进一步的刻画以突出细节，精益求精，这时就需要用调味酒进行调味。调味就是对勾兑好的基础酒进行的最后一道精加工或艺术加工，通过一项非常精细而又微妙的工作，用极少量的调味酒，弥补基础酒在香气和口味上的欠缺，使其优雅细腻，风味更加完美，完全符合质量要求。这就好比炖好一锅汤出锅时，总会撒点香菜提个味儿。调味，就是给白酒锦上添花的过程。所谓的调味酒，是采用独特工艺生产的具有各种突出特点的精华酒，它们可能有特香、特甜、特浓等鲜明的风格特征。调味酒的主要功能是使组合的基础酒质量水平和风格特点尽可能地得到提高，使基础酒的质量向好的方向变化并稳定下来。

白酒勾调的基本操作过程由三部分组成，即对目标酒和库存基酒进行全面方析，勾调小样和勾调大样。下面对这三部分进行详细的介绍，简言之就是“目标基酒先认识，小样勾调配方试，达到理想放大之”。

一、 目标基酒先认识

在勾兑前，要做的事就是根据目标酒，先把库房里的基酒全面盘点一遍。盘点时以每罐的卡片为依据，对有一定的贮存期并可以使用的库存酒进行品尝，记录其感官特征，详细了解掌握它的基本情况如贮存数量、贮存时间（入库日期）、何种生产工艺、质量级别、酒精度、理化指标（包括色谱分析结果）等。要掌握各种酒的情况，每坛酒必须有健全的卡片，卡片上要记有产酒日期、生产车间、班组、窖号、窖龄、糟别、质量等级、重量、酒精度、色谱数据。在选酒的基础上合并同类项酒，把质量、微量香气成分、酿造工艺、存储期接近的酒合并在一起，减少勾调酒时的工作量。

通过品评全面了解和掌握各种基酒的特点，并且全面了解基酒的理化色谱数据、生产工艺技术、贮存日期、生产成本，然后选取所需要的合适的基酒。为便于选择，可以把基酒分成香、醇、爽、风格四种类型，然后再将这四种类型分为大宗酒、搭酒和带酒三类。

二、 小样勾调配方试

在大样勾调前必须先进行小样组合，再按小样比例进行放大。根据已确定的产品生产量和要实现的质量风格、质量标准进行小样勾调配方的构思，构思的过程一定要考虑：①各种基酒的数量是否可以满足一定批量的成品酒生产，并能保证今后生产的需求。②产品的质量风格能否得到保证。③产品的质量标准能否符合设计标准。④酒水成本能否控制在合理范围之内。

小样勾调一般有等量对分法和逐步添加法两种。

等量对分法是遵循对分原则，增减酒量，达到组合完善的一种方法。

逐步添加法是将需要组合的酒分为三类，即大宗酒、带酒（特点突出的增香、调味酒）、搭酒（质量较差的酒），逐步增加添加量，以达到合格基础酒的标准，逐步添加法分四个步骤进行。

（一） 初样组合

将定为大宗酒的酒样，先按等量混合，每坛取 50mL 置于三角瓶中摇匀，品尝其香味，确定是否符合基础酒的要求。如果不符合，分析其原因，调整组合比例，直到符合基础酒的要求。

实践证明，适量的酸味可以掩盖涩味、助味长，使柔和减少冲辣，使回甜醇厚掩盖酒的粗糙感和淡薄。

一般来说，后味浓厚的酒可与味正而后味淡薄的酒组合，前香过大的酒可与前香不足而后味厚的酒组合，味较纯正；但前香不足、后香也淡的酒，可与前香大而后香淡的酒组合，加上一种后香长，但稍欠净的酒，三者组合在一起，就会变成较完善的好酒。

（二） 试加搭酒

取组合好的初样 100mL，以 1%的比例递加搭酒。每次递加，都品尝一次，直到再加搭酒有损其风味为止，只要不起坏作用，搭酒应尽量多加。

如果添加 1%~2%时，有损初样酒的风格，说明该搭酒不合适，应另选搭酒。若搭酒选得好，适量添加，不但无损于初样酒的风味，而且还可以使其风味得到改善。

（三） 添加带酒

搭酒加完后，根据基础酒的情况，确定添加不同香味的带酒。带酒是具有特殊香味的酒，其添加比例可按 2%递增，边加边尝，直到酒质协调、丰满、醇厚、完整，符合基础酒的要求为止。其添加量要恰到好处，既要提高基础酒的质量，又要避免用量过大。在保证质量的前提下，可尽量少用带酒。

（四） 验收基础酒

将组合好的小样加浆调到要求的酒精度，再仔细品尝验证，如酒质无变化，认为合格后进行理化检验，小样组合即算完成。

若小样与降度前有明显变化，应分析原因，重新进行小样组合，直到合格为止。然后，再根据合格小样比例，进行大批量组合。

三、 达到理想放大之

将小样勾调确定的大宗酒用酒泵打入勾兑罐内，搅拌均匀后取样品评，再取出部分样，按小样勾调比例分别加入搭酒和带酒，混匀后，再进行品评，若变化不大，即可按勾兑小样比例，将搭酒和带酒泵入勾兑罐内，加浆至所需酒精度，搅拌均匀，即成调味的基础酒。

低度白酒的勾调比高度酒更复杂，也就是说难度更大，要根据酒种、酒型、酒质的实际情况进行多次勾调。其难度大的主要原因，就是难以使主体香的含量与其他香的含量，在勾兑后获得平衡、协调、缓冲、烘托的关系。

第四节　“勾三调四过五关”——勾调体系的建立

由前面的介绍可知白酒的勾调是由选酒、小样勾调和大样勾调三个过程组成。对于设计一款白酒来说，核心和关键的工作也在于小样勾调试验。通过小样勾调的反复试验，可以确定选什么样的基酒，这些基酒按什么比例进行搭配，这些确定之后，大样勾调就容易了。大样就是一个按比例放大，完成配方的过程。由于小样勾调的水平直接决定了成品白酒的质量水平，因此，有一套科学高效的小样勾调方法，对白酒企业来说是非常有意义的。

为了加强白酒勾调技术的交流，推动白酒勾调技术的进步，笔者根据多年的经验总结了一套简单实用的白酒小样勾调技术体系，称之为“勾三调四过五关”。通过这套小样勾调方法，可以知道如何高效确定基酒组合的配方，如图 3-9 所示。为了便于理解和记忆，“勾三调四过五关”可以概括为“大宗搭带调味掺，成全酒理感官满”。

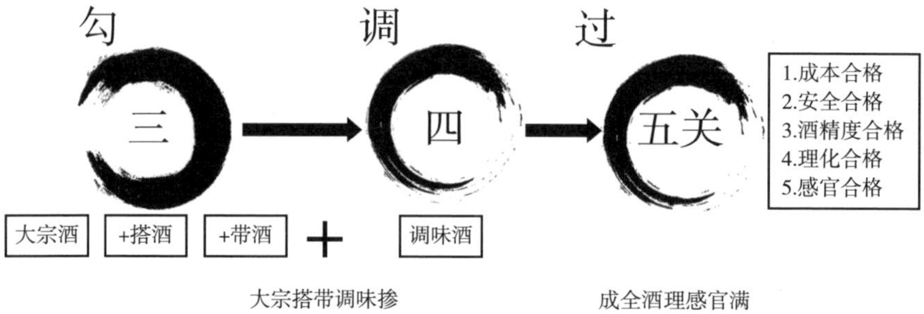

图 3-9　白酒勾调的“勾三调四过五关”体系

一、“勾三”

简单地讲，所谓的“勾三”就是指将“大宗酒”“搭酒”和“带酒”三类酒进行勾兑组合。

大宗酒是指一般酒，无独特之处，但香、醇、尾净，而且风格初步具备，该酒使用比例较大，一般可以达到 80%左右。

搭酒是指有一定可取之处，但是香差味稍杂的酒，原则上其使用比例越多越好，但是也不能过大，导致搭酒的缺陷露头，一般可以达到 5%左右。

带酒指具有某种独特香味，能明显起到决定成品酒风格特征的酒，主要是组合体系中较好的酒和贮存时间长的老酒。对浓香型白酒来说，主要是“双轮底”酒和老酒，使用比例占 15%左右。

二、“调四”

所谓的“调四”就是在“勾三”的基础之上，再搭配第四种酒即调味酒。调味是调动某些特色酒中最具特点的一些复杂成分，来最大限度地消除在勾调时由复杂成分所带来的负面影响，同时强化和突出正面效应。

调味的原酒和陈酿酒有着明显的差异，一般是采用独特工艺生产的具有各种特点的精华酒，在香气和口味上有特浓、特怪、特甜、特香等特点。

调味酒一般是采用特殊工艺生产或虽没有采用特殊工艺，但是经陈酿老熟后，具有典型风格和鲜明个性特征的基酒，在酒体设计时主要用于丰富和完善酒体的香和味。

例如酒头和酒尾都可以作为调味酒。虽然酒头中杂质含量多，杂味重，但其中含有大量的芳香物质，它可提高原酒的前香和喷头。一般来说酒头调味酒需要贮存 1 年以上，才可用作基础酒的调味。

酒尾中含有大量的高沸点香味物质——有机酸（特别是乳酸和高级脂肪酸）和高级脂肪酸酯（尤其是亚油酸乙酯、油酸乙酯和棕榈酸乙酯）。要制作酒尾调味酒的话，应选择质量好的窖的粮糟酒尾，每甑摘取 30~40kg，酒精度控制在 20%vol 左右，贮存 1 年以上。

调味酒很少用量就会使酒质在某一点上或某一方面明显提高或者改善，达到弥补不足的问题，添加量一般控制在 0.3%左右，也可以提到 1%。

三、“过五关”

所谓的“勾三调四过五关”就是指将“大宗酒”“搭酒”和“带酒”三类酒进行勾兑组合，再搭配第四种酒即调味酒，从而调配出五类指标完美的白酒，这五类指标是成本指标、安全指标、酒精度指标、理化指标和感官指标，可以概括为“成全酒理感官满”。

（一） 成本优先第一关

1. 内容

勾调白酒的第一关是要过成本关，作为酒体设计人员要会综合权衡酒的成本。对勾调白酒来说首先需要学会的能力是对白酒成本的计算，知道不同的基酒对白酒成本的影响。

2. 基本的原则

进行酒体勾调时要有成本观念，勾调的成本原则就是做到以最低的成本勾出最好的酒，即要做到“成本最低，安全第一，品质满意，市场无敌”。

3. 白酒的价格构成

（1）白酒销售价的结构　中国传统白酒的酿造过程是一个你中有我、我中有你的“循环交互”式的过程，因此一瓶白酒的成本是很不容易算清楚的，甚至可以说是无法准确计算的。所谓的“循环交互”是说一瓶中可能有当年新酿造的酒，也可能有几十年前酿造的老酒。但是作为白酒企业，保持一定的利润水平不是“唯利是图”的表现，而是为社会负责的行为，因此即使白酒的成本不容易算清楚，作为勾调人员也要掌握一套行之有效的评估方法。首先要了解白酒出厂销售额的构成，据笔者总结，白酒的销售额由变动工业成本、变动商业成本、固定成本、企业利润和政府税收五部分构成。

变动工业成本和变动商业成本加起来就是变动成本，变动成本和固定成本相对。制造企业的变动成本是与生产成本直接相关的，包括直接人工、直接材料、辅助成本、制造费用中与生产有关的分摊费用，营业费用中的促销费用、广告费用等。

制造企业的固定成本有管理费用、营业费用、制造费用中的固定资产折旧、车间管理人员工资和办公费用、差旅费用等。

区分固定成本和变动成本，有助于进行成本分析和寻求降低成本的途径。要降低单位成本中的变动成本，主要应从节约各个时期的绝对支出数和增加产品产量或商品流转量着手。下面是白酒销售额五部分的构成比例情况：

变动工业成本主要由生产成本组成，占40%~50%。

变动商业成本主要由促销费用组成，占20%~30%。

固定成本主要由管理费用组成，占10%左右。

企业利润，至少要预留10%以上。

企业的综合赋税，至少是销售额的15%以上。

税费计算公式为：应纳税额=销售额×比例税率+销售数量×定额税率。白酒消费税是按照20%的从价税率和0.5元/500g的从量税计算的。消费税是在对货物普遍征收增值税的基础上，选择少数消费品再征收的一个税种，主要是为了调节产品结构，引导消费方向，保证国家财政收入。现行消费税的征收范围主要包括：烟，酒，鞭炮，焰火，化妆品，成品油，贵重首饰及珠宝玉石，高尔夫球及球具，高档手表，游艇，木制一次性筷子，实木地板，摩托车，小汽车，电池，涂料等税目，有的税目还进一步划分若干子目。

（2）变动工业成本　由上面的分析可以知道，白酒的基酒成本，应属于变动工业成本，白酒变动工业成本主要包括包装材料成本、原材料成本、辅助材料成本、能源成本及直接人员工资成本五部分构成。一般酒的变动工业成本构成是：

包装材料成本占变动工业成本的30%左右。

原材料成本占变动工业成本的50%左右。

能源成本占变动工业成本的10%左右。

人员工资成本占变动工业成本的7%左右。

辅助材料成本占变动工业成本的3%左右。

原材料成本主要是指酿造白酒的粮食成本，根据变动工业成本的构成和销售价格的构成，可以估计出白酒的出厂价格应为原料成本的1÷50%÷40%倍，即等于5倍左右。若简单地按照1.25kg高粱出0.5kg酒的出酒率来估算，酿酒高粱1元/500g，则一瓶白酒的出厂价格应在12.5元以上。

这里需要说明的是，这里只是非常简单地做了一个示例分析而已，实际情况要比这复杂很多，所以价格也是千差万别。

根据国家统计局公布数据，对我国的白酒出厂价格做了一个测算，如表3-5所示。2016年我国白酒市场销售额为6125.7亿元，总产量1358万kL，考虑到其中的部分被作为原酒进行储存，实际销量估计在1100万kL，其中高端5万kL、次高端4万kL、中档102万kL，剩余部分为100元/瓶以下的低档酒。销量结构表现为极度的不平衡，高端、次高端合计占比不足1%，市场上销售的近90%的产品仍然是单瓶价格低于100元的低档产品。

表 3-5　　我国白酒实际出厂价格测算（2016 年）

市场	价格/（元/500mL）	代表产品	销量/万 kL	价格/（万元/kL）	规模/亿元
高端	>500	茅台、五粮液、国窖 1573	5	150	750
次高端	300~500	剑南春、水井坊、青花汾酒、舍得	4	60	240
中档	100~300	海/天之蓝、古井贡酒、口子窖	102	25	2550
低档	<100	金种子、牛栏山、劲酒等	989	2.6	2585.7
合计			1100	5.6	6125.7

4. 白酒成本估算口诀

上面对白酒的成本做了粗略的估算，主要目的是让大家知道白酒成本和出厂价、终端销价区别很大，在勾调过程中一定要树立成本观念，并积累实际经验。为了更好理解白酒价格的相关内容，笔者把相关的内容融合在一首诗里面，诗的内容如图 3-10 所示。

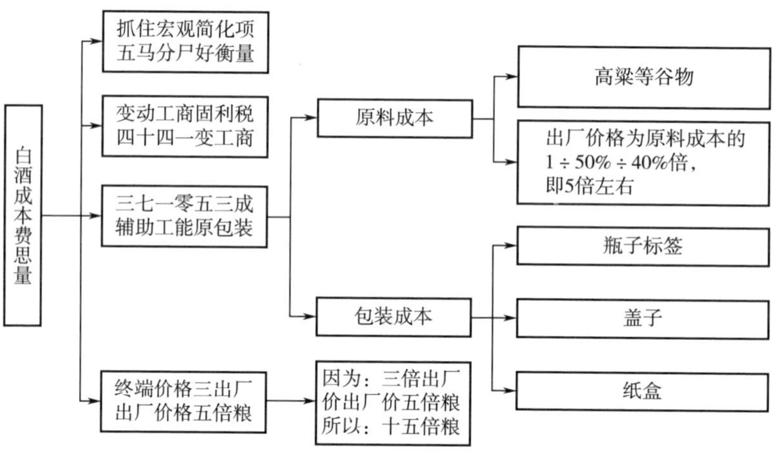

图 3-10　白酒售价和成本的解析

诗题意指白酒成本算清楚是很难的。

第一句和第二句说明为了估算成本或售价，建议抓住宏观的比例，简化一些无法切割的成本项，把酒的销价分解成五个部分。

第三句表示根据简化的原则，白酒的出厂售价可分成变动工业成本、变动商业成本、固定成本、利润和税收共五项。

第四句介绍变动工业成本占40%，而变动商业成本占25%（即1/4）。

第五句和第六句描写的是变动工业成本的五项构成，按照从小到大顺序排列分别为辅助原料成本、工资成本、能源成本、原料成本和包装成本五项，占比分别为3%、7%、10%、50%和30%。

第七句和第八句对粮食成本与出厂价格、终端销售价格之间关系做了总结。根据上面的科目项和项的占比，可以算出白酒的出厂价格是粮食成本的5倍左右（1/50%/40%=5），而终端销售价格为出厂价格的3倍左右。

5. 白酒成本实例

上文只是简单讨论出厂价格与成本的关系。实际上，酒的出厂价格受很多因素的影响，其既遵守价值决定价格的理论，同时也会受到供求关系的影响。

近几年，很多人对白酒的成本都很关心，对此，笔者根据某酒业股份公司年报公布的数据对其普通酒和系列酒的成本和出厂价格作了一个粗略的估算，仅供参考。

2022年该公司普通酒的销量为3.79万kL，销售收入为1078.3亿元，营业成本为62.7亿元。据此，可以估算该公司一瓶普通酒的售价：

$$\frac{1078.3 \times 100000000}{2 \times 3.79 \times 10000 \times 1000} = 1423\ 元/500mL$$

一瓶普通酒的成本：

$$\frac{62.7 \times 100000000}{2 \times 3.79 \times 10000 \times 1000} = 83\ 元/500mL$$

2022年该公司系列酒的销量为3.02万kL，销售收入为159.4亿，营业成本为36.3亿元。据此，可以估算该公司一瓶系列酒的售价：

$$\frac{159.4 \times 100000000}{2 \times 3.02 \times 10000 \times 1000} = 264\ 元/500mL$$

一瓶系列酒的成本：

$$\frac{36.3\times100000000}{2\times3.02\times10000\times1000}=60\text{ 元/500mL}$$

（二） 安全第一第二关

1. 内容

“安全第一第二关”指勾调白酒首先要保证五类食品安全指标的合格，这也是酒作为食品最起码的底线。对勾调酒来说，首先需要学会的能力是保证所勾调的酒符合所有的国家食品安全标准要求。根据目前我国的食品安全标准体系及国际上对蒸馏酒的要求，总结起来成品白酒需要满足的食品安全指标可以概括为原料污染物、发酵污染物、迁移污染物、非法添加物及标签标注五个方面。

2. 总体原则

在进行酒体勾调时，心中一定要有食品安全底线，要严格遵守国家有关食品安全的法律、法规、部门规章和标准等。

3. 要求

要保证最终的成品酒合格，需要做到材料合法、过程合法，成品要满足相关的食品安全国家标准，总结如图 3-11 所示。

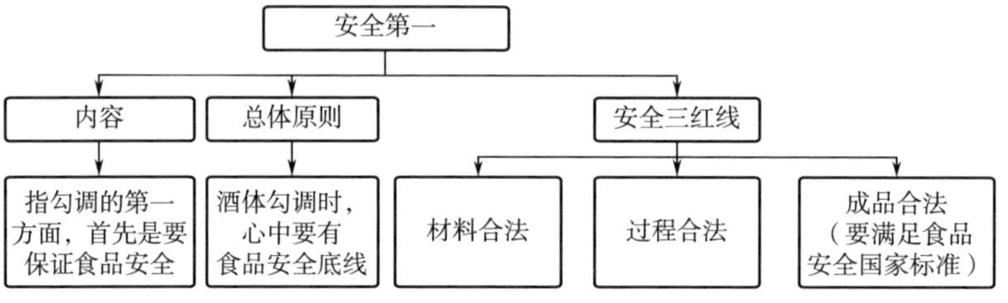

图 3-11 白酒勾调的第二关：安全第一

（三） 酒度精准第三关

1. 内容

“酒度精准第三关”指勾调酒的第二步要过酒度关，即把酒精度勾调准。

对勾调酒来说第二个要掌握的能力就是不同酒精度的基酒混合后酒精度的计算，掌握高度酒降度加浆量的计算，做到酒精度一次成型。因为不同浓度的酒精水溶液之间的混合，常常会发生体积收缩效应，这会导致实际混合后的酒精度会和按照体积不变时计算的结果之间有较大的偏差。

2. 标准要求

白酒的酒精度在我国是用20℃时，100mL白酒中所含有乙醇（酒精）的毫升数，即体积的百分数来表示，单位为%vol，在口头交流当中常用“度”来称呼。酒精度是白酒作为酒最基本的一项指标，其含量的波动对白酒的品质会有一定的影响，对一款白酒来说，要求提供给消费者的酒精度应该是稳定的，不能时高时低。为此，我国对白酒酒精度的波动范围做出了限制要求，国家标准要求酒精度实测值与标签标示值的允许差为±1.0%vol。

在多次官方白酒质量监督抽检当中，酒精度不合格是经常出现的问题，既有实际酒精度低于标签标示值的情况，也有实际酒精度高于标签标示值的情况。国家食品药品监督管理总局在2015年10月~12月公布对白酒抽检的结果，在这次抽检当中，总共检测了943批次样品，抽检检验项目全部合格的样品有901批次，不合格的样品有42批次。其中，检出酒精度不符合标签明示值的，总共有24批次。其中，酒精度检测值低于标签明示值的样品为23批次，高于标签明示值的样品为1批次。

3. 引起误差的原因

白酒勾调过程中控制酒精度是一门需要掌握的学问，在计算酒精度变化和加浆量的时候，不能简单地根据体积数进行比例换算，而是要考虑密度，进行精确的计算。一般情况下为了保证酒度，在勾调设计的时候，最佳操作实践经验是勾调酒样的酒精度设计值建议比目标酒精度高出0.3%vol。

酒精度不合格的原因，除了加浆量计算不准之外，其他主要是生产企业检验能力不足，造成检验结果偏差大，或是包装不严密造成酒精挥发或渗漏，导致酒精度降低以致不合格，也有可能是为了降低成本，将酒精度按下限进行控制。

关于“酒度精准第三关”的相关内容，总结如图 3-12 所示。

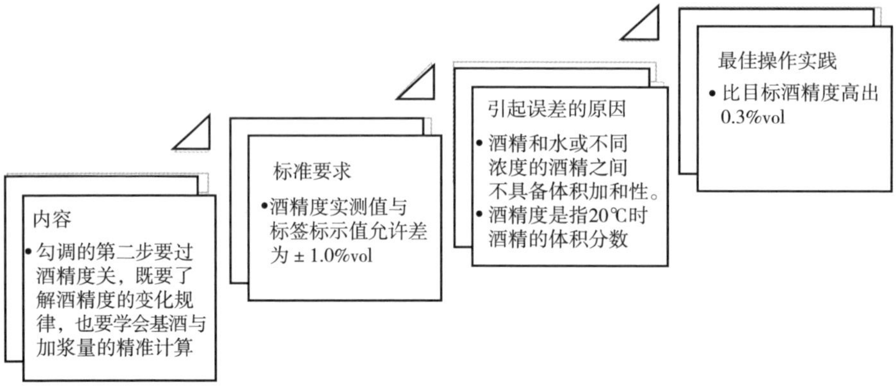

图 3-12　白酒勾调的第三关：酒度精准

4. 酒精度的检测

酒精度的检测看似很简单，但是里面的学问实则很大，其实，实现对于白酒酒精度的精准测定，是近代的事。作为白酒最基本但也是最重要的一项指标，准确测定白酒的酒精度非常重要，下面就对白酒酒精度的测定做一简要介绍。

（1）经验方法　生产上常根据酒花表现情况来判断酒精度的高低。民间也有用火烧的方法来判断酒精度的高低，火烧的方法也只是对酒精度做一粗略判断。

使用火烧的办法是先将白酒斟在盅内，点火燃烧，火熄后，看剩在盅内的水分多少，根据水分的余量确定该酒酒精度。这种方法受外界条件的影响大，所以尚欠准确。

（2）密度瓶法　在现行的国家标准中，测定白酒酒精度第一法就是密度瓶法。该方法的原理是以蒸馏法去除样品中的不挥发性物质，用密度瓶法测出试样（酒精水溶液）在 20℃时的密度，查表求得在 20℃时酒精含量的体积分数，即为酒精度。

具体测定时用一干燥、洁净的 100mL 容量瓶，准确量取样品（液温

20℃）100mL于500mL蒸馏瓶中，用50mL水分三次冲洗容量瓶，洗液并入蒸馏瓶中，加几颗沸石或玻璃珠，连接蛇形冷凝管，以取样用的原容量瓶作接收器（外加冰浴），开启冷却水（冷却水温度宜低于15℃），缓慢加热蒸馏（沸腾后的蒸馏时间应控制在30~40min内完成），收集馏出液，当接近刻度时，取下容量瓶，盖塞，于20℃水浴中保温30min，再补加水至刻度，混匀，备用。

将附温密度瓶洗净，反复烘干、称量，直至恒重（m）。

取下带温度计的瓶塞，将煮沸冷却至15℃的水注满已恒重的密度瓶中，插上带温度计的瓶塞（瓶中不得有气泡），立即浸入20.0℃±0.1℃恒温水浴中，待内容物温度达20℃，并保持20min不变后，用滤纸快速吸去溢出侧管的液体，立即盖好侧支上的小罩，取出密度瓶，用滤纸擦干瓶外壁上的水液，立即称量（m_1）。

将水倒出，先用无水乙醇，再用乙醚冲洗密度瓶，吹干（或于烘箱中烘干），用试样液反复冲洗密度瓶3~5次，然后装满。重复上述操作，称量（m_2）。

试样液（20℃）的相对密度按下式计算。

$$\rho_{20} = \rho_0 \times \frac{m_2 - m + A}{m_1 - m + A}$$

式中　ρ_{20}——试样液（20℃）的密度，单位为克每升（g/L）

ρ_0——20℃时蒸馏水的密度（998.20g/L）

m_2——20℃时密度瓶和试样液的质量，单位为克（g）

m——密度瓶的质量，单位为克（g）

m_1——20℃时密度瓶与水的质量，单位为克（g）

A——空气浮力校正值，计算方法如下：

$$A = \rho_u \times \frac{m_1 - m}{997.0}$$

式中　ρ_u——干燥空气在20℃、1013.25hPa时的密度（≈1.2g/L）

997.0——在20℃时蒸馏水与干燥空气密度值之差，单位为克每升（g/L）

根据试样的密度 ρ_{20}，查“酒精密度-酒精度对照表”求得 20℃时样品的酒精度，以体积分数“%vol”表示。

以重复性条件下获得的两次独立测定结果的算术平均值表示，结果保留至小数点后一位。

（3）酒精计法　在现行的国家标准中，测定白酒酒精度第二法是酒精计法。方法的原理是用精密酒精计读取酒精体积分数示值，查表进行温度校正，求得在 20℃时酒精含量的体积分数，即为酒精度。所用的仪器通常是分度值为 0.1%vol 的精密酒精计。

具体的测定步骤是将试样液（密度瓶法制备）注入洁净、干燥的量筒中，静置数分钟，待酒中气泡消失后，放入洁净、擦干的酒精计，再轻轻按一下，不应接触量筒壁，同时插入温度计，平衡约 5min，水平观测，读取与弯月面相切处的刻度示值，同时记录温度。根据测得的酒精计示值和温度，查“酒精计温度浓度校正表”，将读数换算为 20℃时样品的酒精度，所得结果应表示至一位小数。此方法在重复性条件下获得的两次独立测定结果的绝对差值，可以控制在不超过平均值的 0.5%的水平。

一般来说，温度>20℃时，且温度越高，酒精溶液的密度就越低，酒精计的读数就越大，酒精溶液的酒精度需要在此值的基础之上进行校正，校正后的酒精度比读数小；同理，温度<20℃时，且越低，酒精溶液的密度就越高，酒精计的读数就越低，酒精溶液的酒精度需要在此值的基础之上进行校正，校正后的酒精度比读数高；只有当温度正好为 20℃时，酒精计的读数才不需校正。当酒精度高于 20%vol 时，当温度>20℃时，温度每升高 3℃时，酒精度大约为读数减一度；当温度<20℃时，温度每降低 3℃时，酒精度大约为读数加一度。为了便于理解，笔者用诗句的形式总结如下。

温高膨胀数变大

温度二十是基准，高于低于要校正；

高于二十示值高，三度减一快速校。

（四） 理化达标第四关

1. 内容

“理化达标第四关”是指勾调的第四关要过理化指标关，即要把主要的理化指标调合格。这里所说的中国白酒的理化指标是指除安全和酒精度之外，对白酒风味有重要影响的指标，主要包括国家标准所规定的总酯、总酸、固形物、特征性指标，以及其他一些对白酒品质有重要影响的微量风味成分等五大类。

“白酒量化有七类”是指白酒的量化指标有安全指标、酒精度指标、总酯、总酸、固形物、特征指标和微量风味成分七类，即“安全酒度总酯酸，固形特征其他看”。

2. 标准要求

目前我国现行的各类型白酒的国家标准当中，通常都对白酒的总酯、总酸、固形物及特征指标进行了规定，表 3-6 是各类型高度优级酒这类指标的标准要求。考虑到酯的水解特性，新修订的国家标准，往往要求白酒在出厂一年之后，执行酸酯总量的指标，例如，新版国家标准要求浓香型白酒一年后执行酸酯总量≥35mmol/L 的限量要求。

笔者需要说明一点的是，自 2021 年以来，我国有不少关于白酒的国家标准正在制修订中，并且陆续颁布实施，该时间正值本著作已完成之际，因此，在本著作出版之后，读者可能会发现其中有些指标参照的仍然是旧版国家标准，这里请读者在进行具体的酒体设计之时，自行参照最新的国家标准。由于本著作更多地是在讲述一种方法体系，不管是新版标准还是旧版标准，并不会对读者掌握酒体设计的思路产生影响。

（五） 感官达标第五关

1. 内容

“感官达标第五关”是指勾调的第五关是要过感官关，调出感官质量满意的酒品。

表 3-6 高度优级白酒的主要理化指标要求

单位：g/L

<table>
<tr><th>风格</th><th colspan="2">标准</th><th>总酯≥</th><th>总酸≥</th><th>固形物≤</th><th colspan="3">指标</th><th colspan="3">限量</th><th>备注</th></tr>
<tr><td>酱香型</td><td colspan="2">GB/T 26760—2011</td><td>2. 20</td><td>1. 40</td><td>0. 70</td><td colspan="3">己酸乙酯≤</td><td colspan="3">0. 30</td><td></td></tr>
<tr><td rowspan="2">浓香型</td><td rowspan="2">GB/T 10781. 1—2021</td><td>产品自生产日期≤一年</td><td>2. 00</td><td>0. 40</td><td rowspan="2">0. 40</td><td colspan="3">己酸乙酯≥</td><td colspan="3">1. 20</td><td></td></tr>
<tr><td>产品自生产日期>一年</td><td colspan="2">35. 0mmol/L
（酸酯总量）</td><td colspan="3">己酸+己酸乙酯≥</td><td colspan="3">1. 50</td><td></td></tr>
<tr><td rowspan="3">清香型</td><td colspan="2">GB/T 10781. 2—2006</td><td>1. 00</td><td>0. 40</td><td>0. 40</td><td colspan="3">乙酸乙酯</td><td colspan="3">0. 60~2. 60</td><td></td></tr>
<tr><td rowspan="2">GB/T 10781. 2—2022</td><td>产品自生产日期≤一年</td><td>1. 10</td><td>0. 50</td><td>0. 50</td><td colspan="3">乙酸乙酯≥</td><td colspan="3">0. 65</td><td></td></tr>
<tr><td>产品自生产日期>一年</td><td colspan="2">1. 60（总酸+乙酸乙酯+乳酸乙酯）
（45. 0%vol 折算）</td><td>0. 50</td><td colspan="3"></td><td colspan="3"></td><td></td></tr>
<tr><td>米香型</td><td colspan="2">GB/T 10781. 3—2006</td><td>0. 80</td><td>0. 30</td><td>0. 40</td><td colspan="2">乳酸乙酯≥</td><td>β-苯乙醇≥</td><td colspan="2">0. 50</td><td>30</td><td>β-苯乙醇的单位为mg/L</td></tr>
<tr><td rowspan="2">芝麻香型</td><td rowspan="2">GB/T 10781. 9—2021</td><td>产品自生产日期≤一年</td><td>2. 2</td><td>0. 5</td><td rowspan="2">0. 7</td><td>己酸乙酯</td><td>乳酸乙酯≥</td><td>乙酸乙酯≥</td><td>0. 1~1. 2</td><td>0. 6</td><td>0. 6</td><td></td></tr>
<tr><td>产品自生产日期>一年</td><td colspan="2">38mmol/L（酸酯总量）</td><td>己酸乙酯</td><td>乳酸乙酯≥</td><td>乙酸乙酯+乙酸≥</td><td>0. 1~1. 2</td><td>0. 6</td><td>1. 2</td><td></td></tr>
</table>

老白干香型	GB/T 20825—2007		1.20	0.40	0.5	乳酸乙酯≥	己酸乙酯≤	乳酯/乙酯≥	0.5	0.8	0.03	
豉香型	GB/T 16289—2018		14.0mmol/L（酸酯总量）		0.60	二元酸二乙酯总量≥		β-苯乙醇≥	0.8	25		单位为 mg/L
浓酱兼香型	GB/T 10781.8—2021 按 45.0%vol 折算	产品自生产日期≤一年	1.60	0.60	0.60	己酸乙酯，按 45.0%vol 折算			0.60~2.00			
		产品自生产日期>一年	35.0mmol/L（酸酯总量）			己酸+己酸乙酯，按 45.0%vol 折算≥			1.20			
凤香型	GB/T 14867—2007		1.60	0.35	1.0	己酸乙酯			0.25~1.20			
特香型	GB/T 20823—2017		32.0mmol/L（酸酯总量）		0.70	丙酸乙酯≥			20.0			单位为 mg/L
馥郁香型	GB/T 10781.11—2021	以 45.0%vol 折算	2.60（总酸+总酯）	0.60	0.60	己酸乙酯/乙酸乙酯			0.70~1.60			
董香型	DB52/T 550—2013		0.90	0.90	0.50	丁酸+丁酸乙酯≥			0.30			
小曲清香型	GB/T 10781.2—2022		同清香型	同清香型	同清香型	同清香型			同清香型			
麸曲清香型	GB/T 10781.2—2022		同清香型	同清香型	同清香型	同清香型			同清香型			
多粮浓香型	GB/T 10781.1—2021		同浓香型	同浓香型	0.40	同浓香型			同浓香型			
液态法酒	GB/T 20821—2007		0.40	0.25		无			无			
固液法酒	GB/T 20822—2007		0.60	0.30		无			无			

注：表中清香型对应的等级是特级。

2. 感官要求

通俗地讲，勾调的最终目的是产出好喝的酒，酒好不好喝是消费者感官说了算，也就是消费者身体说了算。笔者根据多年对中国白酒的研究，认为感官好的酒可以用“饮前有期待，饮中在享受，舒适在饮后，常饮健康优”四句话来概括，这四句话实际上体现了白酒感官要求的四个方面。

所谓的“饮前有期待”是指酒的风味让消费者很期待，对于没有喝过的人来说，是指这个酒的口碑很好，让没喝过的人想喝，而对于喝过的人来说，以前的口感给消费者留下了深刻的印象，让消费者还想再次饮用。

“饮中在享受”是指酒的香气幽雅，口感柔和，喝起来特别舒服，通俗地讲，就是好喝。

“舒适在饮后”是指喝完酒之后人身体的感受，这也可以看成是人的感官感受之一。具体体现在饮后不上头、不口干等。

“常饮健康优”是指消费者长期适量饮酒后，不会对健康产生明显的不利影响，反而让消费者的身心愉悦。

3. 白酒的感官控制

白酒的品评、勾兑与调味这几项工作在白酒生产中极其重要，对成品酒的感官质量起着重要的作用。白酒的品评、勾兑与调味是提高产品质量的一个不可分割的整体。品评是判定酒质好坏，是勾兑、调味的主要依据，而勾兑和调味又都是在品评的基础上进行。有人形容勾兑是“画龙”，调味是“点睛”，品评是鉴评。所以说品评是勾兑、调味的前提，没有品评就谈不上勾兑，不会品评的人也不能胜任有水平的勾兑和调味工作。

品评是勾调的基础，贯穿整个白酒的勾调过程，即品评的对象不只是组合酒、勾调的小样酒，也要品评基酒和调味酒。勾兑是个细心的技术活，在勾兑前应先查阅酒库贮存酒的卡片，了解陈酒的酒龄、轮次和酒精度等，决定选用哪些酒来勾兑。然后将选用的酒逐坛取样品评，看是否符合产品质量标准。

在品评时，要准确掌握基酒、基础酒和调味酒的特点。基础酒是无异味、柔和、香味较好，符合一定质量标准且初具一定风格的酒；调味酒应是无异味，香气浓郁，典型性特强的酒，如果某种或某几种香味成分含量特别高，可以弥补基础酒的某一缺陷。

在装瓶之前也要进行感官品评，以鉴定是否发生变调现象以及质量是否符合标准，以保证产品灌装前的质量。对装瓶后贮存期较长的低度白酒在出库前也要进行感官品评，以检验其质量是否发生变化，是否因物理、化学变化等原因造成质量不稳定，以确保出厂产品质量的一致。有些企业为了保证出厂酒的质量，装瓶之后要在库房放置一天，甚至一年。

勾调好的酒样，其质量要达到以下五点要求：

一是风格典型，个性突出。白酒的典型性，也称为白酒的风格，是构成白酒质量重要的组成部分。不同香型的白酒会有不同的典型风格；同一香型的白酒不仅有一定的风格特征，还具有各自的典型特征。通过勾兑和调味，首先要突出产品本身固有的典型风格，达到稳定产品风格的目的。

二是香气平衡，使白酒香味成分保持适宜的量比关系。白酒是由很多香味成分组成的复杂混合物，其中某些香味成分起到主要作用。通过勾兑和调味，可以调整白酒中香味成分的组成，从而使重要的微量风味成分的含量保持适宜的量和量比关系，使白酒香气、口味以及香与味之间保持平衡。

三是香味协调，香和味的协调更好、更完美。

四是相互缓冲，风味悠长。部分物质对香气的助香作用，以及对白酒的香或味起到的协调作用称之为缓冲作用。如酸类物质和醛类物质是很好的协调成分，可以使酒质绵软，从而起到缓冲作用。

五是酒水分子缔合充分。白酒在贮存过程中，由于酒精和水之间会产生缔合作用，形成缔合结构，增加了水分子约束酒精分子的活性，从而降低了酒精分子的刺激性，使酒体变得柔和，浑然一体。

第三章　酒体设计

第一节　认识酒体设计

一、 酒体设计概念的演变

在中国白酒行业，酒体设计、酒体配方设计、酒体风味设计、勾兑及勾调等几个词的意思之间有某种关联性，存在混合交叉使用的现象。其中酒体设计是近几年提的比较多的一个词，这个词的应用体现了科学的思维，更反映了中国白酒生产的特点，说明中国白酒的生产也正由经验性、艺术性走向系统性和科学性。

勾兑一词出现最早，简单地理解，勾兑就是不同基酒之间的混合或组合。勾调在勾兑之后出现。严格地讲，勾调即勾兑，勾调的提出，就是要突出勾兑过程中调味的重要性。实际上，勾兑过程也是有调味的，带酒的使用就是一种调味。勾调的出现把调味推向了一个前所未有的高度，白酒行业由此出现了各种调味酒的制作，调味也成为各白酒企业提高白酒品质的秘密武器。

酒体风味设计是在勾调之后出现的语言，它的提出，是突出在勾调过程中，风味成分定量分析的重要性，风味化学的重要性，有了这些理论的指导，勾调试验会更加有的放矢。勾兑或勾调出来的风味好坏，以前更多的是依靠勾调人员的勾调经验和品评能力，从某种意义上来说，有一定的盲目性。而上升到风味设计之后，就会提前利用风味化学的知识体系，指导基酒的混合或组合，更有针对性，机理也会更加明确。

酒体设计一词提出后就更加体现了白酒生产的系统性和科学性，生产什么样的酒体既要关注消费者的喜好，又要了解原料、工艺等对酒体的影响。酒体设计一词更加关注消费者的体验，更符合国际化、系统化，更易于让消费者接受，更偏重市场化，更能够适应消费者酒体消费新趋势、新审美、新习惯的变化。全国各个区域的酒体消费偏向都不尽相同，如此一来，能让企业本身更加重视酒体在消费者层面的实用性。将勾调上升到酒体设计，实际上是一个认知过程的变化。相对而言，勾调则比较狭义，通常指在酿酒的最后环节，根据不同的基酒进行组合和调味，是基酒的混合操作。酒体设计则更加全面，需要考虑产区的生态条件、原料、工艺、储存、基酒风味，以及消费者的需求、消费趋势和价格带，对设计者和企业的要求都更严格了。

2021 年 1 月 15 日，我国人力资源和社会保障部发布公告，公示国家层面设立酒体设计师职业，酒体设计师职业的编码序号为 6-02-06-12，这说明酒体设计与酒体设计师已经纳入国家标准规范表述。公告公示的酒体设计师的定义是以消费市场为导向，应用感官鉴评技能与科学分析结果对原酒与调味酒特性进行分析与综合评判，给出产品配比方案并生产特定风格酒类产品的人员。酒体设计师的主要工作任务有四项：

（1）对市场销售的酒类产品进行信息收集与分析；

（2）对企业自产原酒与调味酒的风格特性进行测试和分析；

（3）给出新产品调配方案；

（4）能够按照产品需求生产特定风格产品。

二、 酒体设计概念的内涵

上文对与酒体设计有关的五个常用术语进行了比较分析，下面再从白酒生产过程的角度，来进行进一步分析。

不管采用什么样的表达，现实的情况是，白酒的生产过程离不开先在实验室“试”基酒混合的配方，之后再在生产上完成这个配方，调配出符合要求的白酒。对该生产过程如何定名才能更加准确、更加有利于白酒的发展呢？以往，白酒行业多用勾兑或勾调来描述。

勾兑或勾调，单从字面意思上来看，其就是指完成各种基酒混合的操作，或者按照一个已知的配方完成操作，究其本质，勾兑和勾调略带“照方抓药”

的意味，不太含有“试”（即试验）的成分，尽管配方需要提前在实验室试好。在白酒行业，该过程也被看作是勾兑或勾调的一部分，被称为“小型勾兑”或“小型勾调”。其实细想一下，“小型勾兑”或“小型勾调”，还是不能准确表述试配方的操作。

要完成勾兑或勾调需要提前试好配方，该过程虽然是为勾兑或勾调服务的，但是严格地讲，应属于勾兑或勾调试验，其和勾兑或勾调是两回事，为了使这个试验能更好地达到预期目的，试验之前需要设计一个方案，于是设计的概念就诞生了，因为这个设计是为勾调试验制订的，所以，其本质就是一种试验设计。根据试验目的不同，就有了不同的设计，例如酒体风味设计、酒体配方设计和酒体设计。这三个词，本质上是一种探索性的“试”，即试验，即为了发现更好的结果。核心在“试”，试好之后，再在生产上完成这个配方。因此，三个“设计”更加强调“试”的重要性。勾兑或勾调，尽管也需要“试”的内容，但是侧重点是在后面的完成。

从字面上看，酒体风味设计，是为了达到预期的风味而进行的试验；酒体配方设计，是为了达到包括风味在内的预期目标而进行的试验，关注点比酒体风味设计要多；酒体设计，则因为限定内容少，所以，意义会更大一些。

广义上的酒体设计具有全生命周期的意味，与新产品开发的意思基本等同。在白酒界，有时也指其狭义上的涵义，即酒体配方设计，本质也就是小型勾兑或小型勾调。

“试”之前怎样进行设计，是试验设计方法学的内容。试验设计方法是对试验进行优化设计与分析的一种现代通用技术，目的就是为了改革生产工艺，开发新产品，寻求优质、高产、低消耗的方法等。如何安排试验，如何对试验结果进行科学的分析，是生产、科研工作中经常遇到的问题。如果试验安排得好，就能以较少的试验次数，较短的试验周期，以及较低的成本，获得正确的试验结果和可靠的结论。相反，则会增加试验次数，延长试验周期，浪费大量的人力、物力、财力和时间，也难以达到预期的效果，甚至导致试验失败。

所以，在试验之前必须好好地“设计”一番。因此，酒体风味设计、酒体配方设计和酒体设计的核心工作在于，在试验开始前设计一套怎样进行“试”的方案，以便合理地安排试验和科学地分析试验结果。

这个设计一定要以概率论与数理统计为理论基础，结合专业知识和实践经验，经济地、科学地、合理地安排酒体试验，有效地控制试验干扰，充分地利用和科学地分析所获取的试验信息，从而达到尽快获得最优“配方”的目的。

因此，酒体设计的“试”，是在科学设计之下的“试”，是有章法的“试”，既需要酒方面的专业知识，也需要酒体勾调方面的工作经验，但是跟传统勾调中的“试”相比，其更多地利用了现代数学的知识。尽管，现在酒厂的酒体设计，这方面的内容还需要加强，但完美后，定可以有效地解决如下问题：

(1) 通过科学的设计，可以分清各基酒对酒体各指标影响的大小顺序，找出主要的基酒，抓住主要矛盾。

(2) 通过科学的设计，可以了解各基酒与酒体指标间的规律性，即每个基酒用量改变时，酒体是怎样变化的。

(3) 通过科学的设计，可以了解各基酒之间的相互影响情况，即基酒之间的交互作用。

(4) 通过科学的设计，可以迅速地找出最优基酒混合配方，得到最优酒体。

(5) 通过对试验结果的分析，可以明确为寻找最优酒体而进一步试验的方向。

综上所述，从字面意义上讲，勾兑或勾调是白酒生产的一个环节，本质是将基酒混合在一起。但是，基酒以什么样的比例进行混合，是要通过“小型勾兑”或“小型勾调”试验确定的，而勾兑或勾调本身的意思更侧重于完成配方的过程。因此，用勾兑或勾调来表达包括“小型勾兑”或“小型勾调”试验和完成配方的过程，准确性不高。酒体风味设计、酒体配方设计和酒体设计，是更侧重于“试”的内容，试出最佳的配方。

酒体配方设计是酒体设计的核心内容，在本书当中，酒体设计主要是指酒体的配方设计。关于上述五种概念的对比总结，如表 3-7 所示。

表 3-7　　五种对白酒生产过程中将基酒混合在一起操作的表述

术语	主要内涵
勾兑	侧重于将基酒混合在一起的操作 以经验为导向
勾调	突出调味酒在基酒勾兑中的重要性 以经验为导向
酒体风味设计	强调勾调前试验的重要性 以风味为导向进行试验
酒体配方设计	强调勾兑前试验的重要性 试验导向不再拘泥于酒体风味，而是根据商品或者说市场进行
酒体设计	强调勾兑前试验的重要性 试验导向不再拘泥于酒体风味 设计的内容，也不仅仅拘泥于酒体配方，还包括工艺设计，属于新品开发范畴 以商品或市场为导向进行试验

为了深刻理解不同表达的差异与联系，帮助酒体设计人员建立正确的酒体设计思路，笔者用诗句的形式把与酒体设计相关的概念进行了归纳总结，具体内容如下：

酒体设计五表达

勾兑强调勾调现，勾兑勾调配方完；
勾调强试设计先，试前设计不跑偏；
关注不同定语添，风味配方酒体三；
配比是为核心点，独孤九鉴配方验。

诗题意指与酒体设计有关的表达主要有五个：分别是勾兑、勾调、酒体风味设计、酒体配方设计和酒体设计。

第一句和第二句的意思是说在五个表达中，一般认为是先有勾兑的概念，在勾兑的基础上认识到调味的重要性，从而强调勾兑过程中调味的作用，于是就出现了勾调的概念。而不管是勾兑还是勾调，字面意思的侧重点是在完成配方的过程。

第三句和第四句指在白酒勾兑或勾调过程中，强调勾调前试验的重要性，就出现了“设计”一词，试前进行设计，可以避免路线跑偏，能高效地筛选到最优的配方。

第五句和第六句说根据侧重点的不同，于是就会出现不同的设计，为了表达这些设计的不同，就会在“设计”二字前面加上不同的定语，即形成了酒体风味设计、酒体配方设计和酒体设计三种。这三个设计的内涵和外延是逐步扩大的，是由点到面，再到系统的设计思维的变化。酒体风味设计主要体现酒体风味的重要性，但是酒体风味并不是酒作为成功商品的全部要素，而配方设计就将设计的视角从风味上升到配方，配方是在兼顾风味的同时，还关注酒作为商品的其他要点，例如成本、健康等。

第七句和第八句的意思是说酒体设计的核心工作在优选基酒的混合配比方案。最优的混合配比方案是要通过“独孤九鉴”体系的检验，有关“独孤九鉴”的内容会在本篇第五章进行详细介绍。

三、 酒体设计的定义

本书中的酒体设计更多是指其狭义概念，即酒体配方设计。通过上文的分析，可知酒体设计的核心工作是根据所要生产目标酒的要求，设计好试验方案，并按此方案进行试验，找出最符合要求的基酒调配方案，并经放大验证完善。简单地讲，酒体设计就是根据目标酒的特征，通过试验设计找出最优或最佳配方。

白酒行业经常把酒体设计与勾兑或勾调混为一谈，这是极大的错误。酒体设计与勾兑或勾调有紧密的关系，但两者是不同的。酒体设计是勾兑或勾调前的配方试验，勾兑或勾调是按酒体设计设计（本质是试验）出来的配方进行的放量生产（简称量产），也就是说酒体设计产出的是配方，勾调产出的是酒。酒体设计与勾调是两件不同的事情，这两件不同的事情白酒行业喜欢用一个词来表示，以前用“勾调”，现在用“酒体设计”，实际上都是不准确的，完整的表达应该是“酒体设计勾调”。

理论上讲，要想进行勾调，就必须有配方，而要得到配方，不一定要勾调。因为这个配方也可以是纯粹基于个人经验而想象出来的，该配方可能有效，也可能不佳，其好与坏，能不能达到目标，必须要通过勾调操作形成样品，至少是小样勾调，才能进行效果的验证。

第二节　酒体设计的类型

通过对酒体设计相关概念的分析可知，不管是勾兑、勾调，还是酒体设计，就其所要做的工作，所要实现的目标来说，本质是一样的。酒体设计就是根据目标酒的特征，通过试验设计确保能够勾调出符合要求的酒。在具体的酒体设计工作当中，主要有两种类型四种具体情况。这四种情况可以用四句话进行总结：“酒体设计稳质量，改善口感或提档，复制竞品跟风向，全新设计拓市场。”

酒体设计的这四种情况，从形式上看，虽然不同，而从本质上看，是一样的，但是难度逐渐上升，工作量也逐渐增加。

一、 酒体设计稳质量　改善口感或提档

第一种类型的酒体设计工作是为完成正常的生产而进行，其可进一步分成两种具体情况。

因为每坛或每罐基酒的数量有限，不同坛或罐里的基酒之间的差异也较大，因此，每批同一品种的酒的配方都不可能一样，都需要在生产勾调之前进行试验，以确定具体的配方，这是第一种情况。

可以说，在白酒的生产过程中，唯有勾调工艺是无法固定的，每批酒的

混合配比都不一样，生产勾调前都要进行反复的试验确认配方后，才能下发勾调配方到车间进行生产。即使这样，在生产勾调的每个阶段都还要进行严密的跟踪监控。

第一种类型的酒体设计工作还有第二种情况，其是针对现有产品存在的口感等问题，而进行的改进或升级工作。根据酒体存在的具体问题，例如，后苦明显等，设计试验方案，并通过试验，找到既保留原有酒的总体特点和优点，又能解决或改善其存在的口感缺陷的配方，然后，通过生产勾调得到品质改进或升级的酒类产品。

二、复制竞品跟风向　全新设计拓市场

第二种类型的酒体设计工作是为开发新产品进行的，其又可以分为两种情况。

第一种情况是有具体目标的。例如完全模仿市场上的某款酒而进行的酒体设计，对于这种情况，一般不需要再做相关的市场调查等工作，可以直接基于目标酒而开展酒体设计。

第二种情况的新产品开发是没有具体可参照的标杆，但是大的目标还是有的，例如，开发一款受市场欢迎的酒。这种情况的酒体设计工作最复杂，难度也最大，因为，它的外延是开放的，所以，影响因素最多，需要做的前期工作也最多。

不管怎样，针对这种全新开发新品种的酒体设计，首先要尽量确定目标酒的特征，最好能找到可以参比的实物样品，然后设计方案进行试验，找到符合要求的配方，通过放大完善配方，确保通过生产勾调操作能获得目标酒。

第三节　做好酒体设计

酒体的勾调配方，虽然由酒体设计人员负责，但是生产出来酒的好坏，其责任并不只在酒体设计人员。因为酒体设计的直接原料是基酒，基酒质量

的好坏对成品酒的质量同样具有重要的影响，因此，企业要有全局的观念，在生产上，首先要把基酒生产好，因此，大家要辩证地看待酒体设计的作用。关于酒体设计的作用，以及如何做好酒体设计，笔者用诗句的形式进行了总结，诗句的内容如下：

酒体设计酒体优

酒体设计作用大，能化腐朽为神奇；

万万不能没设计，设计亦非万能事；

搞好基酒是前提，研究消费找趋势；

产品定位多洞析，前期调查要详细；

勤加练习经验齐，拟定配方借数理；

有限最佳最经济，五法九鉴不偏离。

下面对其中比较关键的六句进行详细解释。

一、 搞好基酒是前提

有效地控制整个白酒生产过程，生产出质量完美的基酒，并使其有独特的风格，达到保证质量、提高产量、降低成本和提高经济效益的目的。它最大的好处还在于使开发新产品和改造老产品变得更加容易。

二、 研究消费找趋势

因不同地区、不同民族的风土人情、饮食文化、消费层次等都存在较大差异，加之生活水平的不断提高，决定了白酒酒体的多样性、差异性。

如东南沿海，由于气候较潮湿炎热，饮酒风格以清淡为主。东部、南部地区喜欢饮用低度酒；西部、北部地区喜欢饮用高度酒；东南部以清淡、绵柔为主；西北、西南部以香浓、醇甜为主。区域性不同，所以饮酒的口味也不一样，产品需要针对区域的要求来设计，这样才能适应消费者的需求。

对于高档酒而言，消费者大多是高收入阶层，其购买的是身份和地位的象征。除包装要求高档典雅外，酒体设计的内在质量还要求做到精雕细琢，体现产品的雍容华贵和鲜明个性。对于中低档次的产品，酒体设计要体现区域化、大众化。

不同民族、不同地区都有自己的饮酒风格，北方人多豪爽，饮酒讲究一醉方休，南方人多精明细腻，饮酒讲究品位、享受。在酒体设计时，就要体现多样性。

以前，消费者对白酒要求越浓越好，劲儿越大越好，而随着消费水平的提高和社会文化的进步，对白酒要求是“来得快，去得快”，即开瓶喷香而饮后要求尽快去其香气，以免“满嘴酒气”。

因此，要时刻关注市场变化，不断发现新情况，研究新问题，把最大限度地满足消费者的要求作为酒体质量设计的出发点。只有这样，所设计的产品才具有生命力。

三、 产品定位多洞析

在调研的同时，对于新产品的定位极为重要，需要结合市场的价格趋势，消费者喜爱的产品价格在什么范围内，本厂研发的新产品定什么价。在适合的情况下，合理的成本控制不仅能给企业带来丰厚的利润，同时也能增加产品的市场竞争力。

对终端售价为30~100元的低端白酒产品来说，要严控包装成本过高，因为包装成本过高势必会挤压酒体成本。为了保证低端产品的酒体质量，一般的经验做法是将包装成本（除酒水以外）控制在售价的10%以内。当然，产品定价高的产品，其所用的包装材质也可能会好一些，相应的包装成本也可以高一些。

高质量的酒体和合理的包装成本可带给消费者实惠。

四、 前期调查要详细

酒体设计之前的调查工作，主要包括市场调查、技术调查、分析原因、新产品构想。

市场调查是了解三类酒品（高档白酒、中档白酒、低档白酒）在消费者和经销商中的评价和观念，以及各自的分销渠道为何。哪些酒品深受消费者喜爱，属于什么香型，内在质量达到什么程度，用什么样的生产工艺在什么样的环境条件下生产出来的，为什么会受到人们的喜爱等。

技术调查就是调查有关产品的生产技术现状与发展趋势，预测未来酿酒行业可能出现的新情况，为制定新产品的酒体设计方案准备第一手资料。

分析原因即通过对本厂产品进行感官和理化分析，找出与畅销产品在质量上的差距，明确影响产品质量的主要原因。

新产品构想是根据本厂的生产设备、技术力量、工艺特点、产品质量等实际情况，参照市场上名优白酒的特色和消费者饮用习惯的变化情况来进行新产品的构思。

五、 勤加练习经验齐

酒体设计人员，要多加练习，对品评、勾兑、调味有切身的体会；对每一个环节、每一项技术都要有全面而系统的研究，创造新的酒体设计方案，使新的产品达到高标准、高适应度、高价值的要求，从而达到增强企业产品竞争能力的效果。

六、 拟定配方借数理

酒体设计一词的出现充分体现了，要想勾调出好的产品，一定要把工作重心前移，勾调的好坏不在勾调本身，而在勾调之前的试验工作，试验之前一定要做好方案设计，以便使试验工作能够有条不紊进行，不会错过最好的配方，真正获得“有限的最佳”配方。

白酒生产过程中，酒体设计勾调的全流程如图 3-13 和表 3-8 所示。

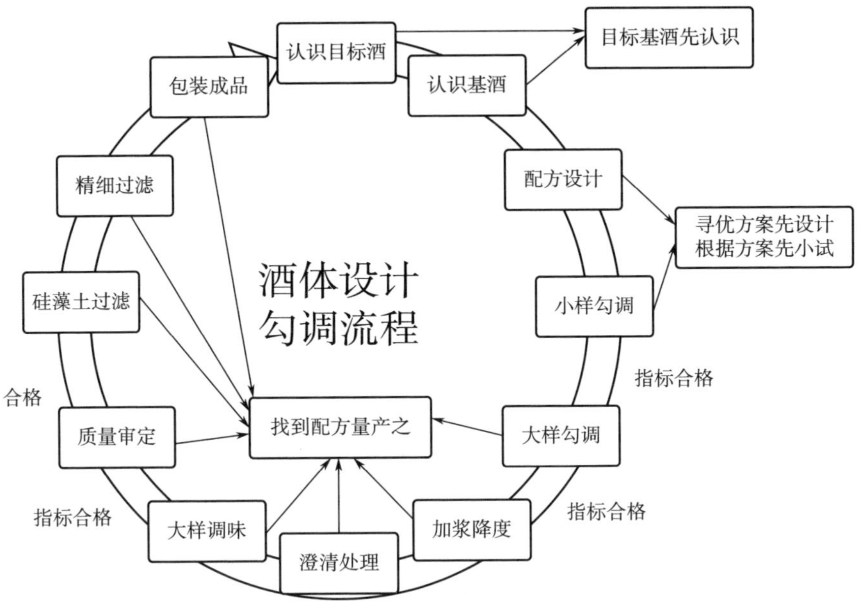

图 3-13　酒体设计勾调全流程

表 3-8　　酒体设计勾调全流程的详解

阶段	工作内容
目标基酒先认识	明确目标酒的质量等级、感官特点、所需数量（价位特点与数量） 盘点基酒的感官特点、质量等级、库存数量（等级特点与数量）
试验方案先设计 根据方案先小试	设计好小试的试验方案 按方案试验出“有限的最佳”配方 小样勾调验证配方的有效性，否则需要重新试验配方
找到配方量产之	按比逐步放大，每一步都要跟踪检验，及时修正，确保达到效果

“有限的最佳”是一个非常重要的思想，其核心的思想是说，在现实当中，由于资源有限、认知有限，做到绝对的最佳往往是不可能的，但是我们希望能够在有限的资源条件下，获得我们想要的最好结果，要达到这个效果，设计工作就显得非常重要。因此，在本书中，将会重点介绍可以用于酒体配方试验设计的最科学的数学方法。

通过小试获得最优配方后，还需要按配方先进行小样勾调，以进一步印证配方的有效性，通过验证后，才能进一步进行放大勾调。对新产品的酒体设计来说，小样验证通过后，最好还要再勾调出50~100kg样品，广泛收集意见，最好是消费者饮后的反应情况，经过反复的调查、品鉴、试喝后，确定这个酒体可以投放市场，那么，就可以按完善后的配比进行放大样组合。大样组合好后，再与事先制定的标样进行比较，若有误差，就需要针对存在的偏差选择不同的调味酒进行弥补，直到与标样一致或胜于标样。

第四章　酒体配方的规化求解

酒体设计的重要内容是酒体配方设计，完成酒体配方的动作就是勾调，也就是“勾三调四”，这是酒体设计师日常工作的核心内容。如何根据要设计的目标酒的价位、特点、数量，选择基酒，找到一个需要的比例进行混合，是体现一个酒体设计师水平最重要的方面，其需要很多实践的积累，形成经验，而这种经验也成为酒体设计师的“秘密”。这种保密的做法将酒体配方设计蒙上了一层神秘的面纱，也容易将酒体配方设计、勾调神秘化，以致一个企业一套做法，行业交流很少，不利于行业的进步。

规化算法是在一定约束条件下，求最优解的问题。根据酒体配方设计的过程特点，及其所要解决的主要问题，笔者发现酒体配方设计本质上正好就是寻求在一定约束条件下的一个优选问题。因此，优选问题实质上是一个数学问题，可以通过近年来流行的规化算法来进行求解。为了使酒体配方设计更加科学化，笔者对酒体配方设计的数学优选法进行了研究和实践，提出了可用于酒体配方优选的四个数学方法，并在酒体设计师培训班中进行了讲授推广，效果较好，本章给读者进行详细的介绍。

第一节　什么是配方问题?

一、配方问题

日常生活中和工业生产上经常遇到配料配比这一类的问题，配料配比问题就是配方问题，配方问题在国际上也称为“混料”或“混合”问题，所谓的混料是指由若干不同成分混合形成的一种新的物品。例如由不同成分组成的钢、铁、铝、药方、饲料以及燃料等；某些分配问题，如企业的材料、资金、设备和人员等的分配也可看成混料问题。由不同的基酒组合成的白酒本质就是混料问题或者混合问题。

混合问题有三个显著的特点：一是各配料的配比只能取非负值，最少是零，不可能会出现负的比例；二是各配料的配比之和一定等于一，类似于总量不变；三是最终的混合物即混料的特性只与配料的配比有关，而与其多少无关，前两个特点可以概括为“配比非负和为一”。

二、 配方试验

配方试验，也称混料试验、混合试验，就是通过试验考察各种混料成分与试验指标之间的关系，试验可以是实物试验，也可以是非实物试验，如电脑模拟、仿真等。例如，人们吃的糕点是将面粉、水、油、糖及某些香料混合后，经烘烤制成的，考察这些成分对糕点的柔软性、口味等试验指标的影响所进行的试验，就是混合试验。应该指出，混合试验中的混合成分至少应有两种。

第二节 配方试验的几何图形

一、 配方试验空间

试验空间也称试验域，配方试验空间是指配方试验中各个试验在空间中构成的区域。由于混合试验的约束条件为“配比非负和为一”，即 $\sum_{i=1}^{p}x_i = 1$，在几何上，我们称 $\sum_{i=1}^{p}x_i = 1$，为 p 维平面，而（x_1，$x_2 \cdots\cdots x_p$）为 p 维平面上点的坐标。在 p 维平面上满足 $0 \leqslant x_1$，$x_2 \cdots\cdots x_p \leqslant 1$ 的区域构成一个图形，我们称之为单形（或单纯形）。所谓的单形就是“边长为一”的等边图形（有的资料上说是高为一，笔者认为是不对的）。设 P（x_1，$x_2 \cdots\cdots x_p$）为单形的内点，这就是 p 因子混料试验的单形坐标系。单形上的点，若其 p 个坐

标中有一个坐标 $x_1=1$，而其余的 $p-1$ 个坐标 $x_j=0$（$j\neq i$），则这种点称为单形的顶点。在 p 因子混料试验中，单形的顶点有 p 个，其 p 个顶点分别为 A_1（1，0，0……0）、A_2（0，1，0……0）…… A_p（0，0，0……1）。

单形内的一点，即代表一个配方点，点的坐标，即为各组分的混合配比。

二、 配方试验空间图形

通常情况下，我们将所有的配方试验点构成的图形称为 p 维单形，这个概念比较抽象，不容易形成具体的可以描绘的图形。为了解图形的实际形状，下面分 5 种情况分别进行讨论。

第一种情况是混合组分只有 1 种，即 $p=1$。这种单组分的混合试验的试验域，形成的空间图形是一个点。

第二种情况是混合组分只有两种，即 $p=2$。这种两组分的混合试验的试验域，形成的空间图形是长度为 1 的线段，线段的两个顶点分别为 A（1，0）和 B（0，1）。

第三种情况是混合组分有三种，即 $p=3$。这种三组分的混合试验的试验域，所形成的空间图形是边长为一的等边三角形，该等边三角形的三个顶点分别为 A（1，0，0）、B（0，1，0）和 C（0，0，1）。

第四种情况是混合组分有四种，即 $p=4$。这种四组分的混合试验的试验域，所形成的空间图形是边长为 1 的正四面体，该正四面体的四个顶点分别为 A（1，0，0，0）、B（0，1，0，0）和 C（0，0，1，0），D（0，0，0，1），如图 3-14 所示。

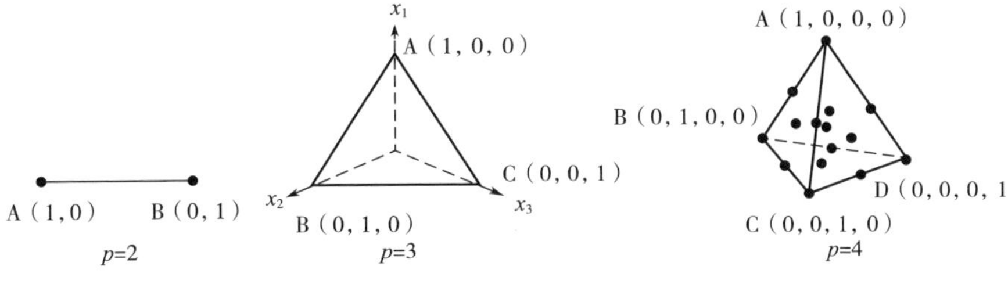

图 3-14　$p=2$，3 和 4 时的单形图形

第五种情况是混合的组分为五种及以上，即 $p \geqslant 5$。这种五组分及以上组分的混合试验的试验域，所构成的空间图形，在我们目前的三维坐标系中是无法描述的，我们只能笼统地称为 p 维单形。

三、 三角坐标系坐标的读取

不管 p 为几个组分，配方试验空间单形的每条边上的点，均是由这条边的两个顶点组分混合的两组分配方，知道这一点非常重要，这对在图形中画出试验点的范围很重要。由三个组分混合而成的混合物的配点构成的空间图为边长为 1 的等边三角形，下面通过示例来介绍如何正确在图形中画出坐标点或坐标点的范围。

假设由组分 x_1 ，x_2 和 x_3 混合而成的混合物料，其各种混合配方构成的空间图形为如图 3-15 所示的边长为 1 的等边三角形，该图形说明，各种配方点只能落在这个等边三角形内，不可能在这个三角形之外。

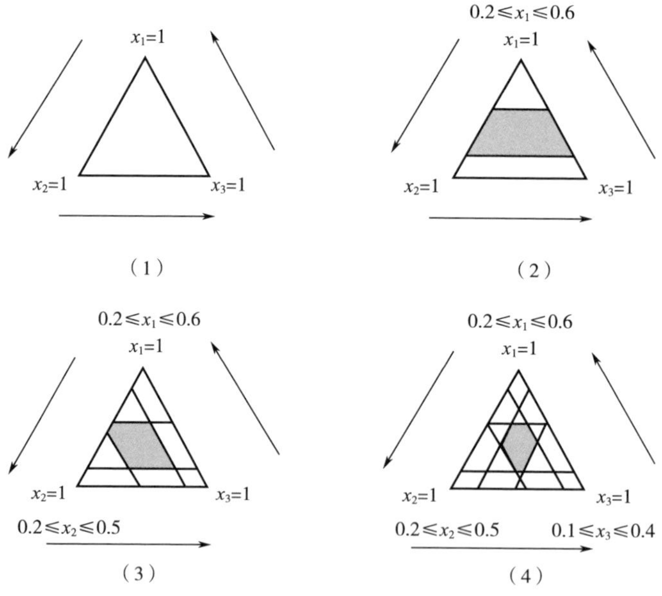

图 3-15　三组分混合配方所构成的图形

理论上，我们可把三个组分任意安排在任何一个顶点上，为了方便，我们一般按逆时针方向，逐一安排各个组分。如图 3-15（1）所示，我们把 x_1 组分放在了最上面的那个顶点，那么按照逆时针的方向，则 x_2 就按排在左边那个顶点，x_3 组分就按排在右边那顶点。

我们读取每个组分在每条坐标轴上的坐标值的原则，笔者概括为如下两句话：

从左到右无到有，零边平行交点求。

这个原则的第一条是从左到右，如果以 x_1 来说，要满足从左到右，我们只能站在 x_3 的位置读 x_1，从无到有，指的是 x_1 在最左边的顶点即 x_2 和 x_3 处的 $x_1=0$，x_1 在最右边的顶点即 x_1 处的 $x_1=1$，那么 x_2x_3 构成的边是 x_1 在 x_2x_1 边及 x_3x_1 边上的零边。这里要注意的是 x_1 有两个坐标轴一个是 x_2x_1，另一个是 x_3x_1。

如果因为各种条件限制，组分 x_1 在配方中可以使用的比例只能取 $0.2 \leqslant x_1 \leqslant 0.6$，那么在这个条件的约束下，配方点构成的空间图形则会缩小，缩小后的图形是什么样的呢？我们按照上述两句话的原则，在 x_2x_1 和 x_3x_1 的 0.2 处画一条平行于 x_2x_3 的平行线，同样在 0.6 处画一条平于 x_2x_3 的平行线，最终得到图 3-15（2）中的阴影部分。

进一步，当组分 x_2 在配方中可以使用的比例只能取 $0.2 \leqslant x_2 \leqslant 0.5$ 时，配方点构成的空间图形会进一步缩小，缩小后的图形如图 3-15（3）中的阴影部分所示。

第三个组分 x_3 在配方中可以使用的比例也有限制时，例如只能在 $0.1 \leqslant x_3 \leqslant 0.4$ 变化，那么配方点构成的空间图形又会进一步缩小，缩小后的图形如图 3-15（4）中的阴影部分所示。

第三节　配方试验设计的思路

一、配方试验设计的需求

由于混合试验设计方法与工农业生产及科学试验有密切的关系，在工业试验方面，例如合金、混凝土、陶瓷、油漆、混纺纤维、医药配方、食品配方等，都要用到混合试验设计方法。

混合试验设计最早由英国数学家 Henry Scheffé（亨利·谢弗）于 1958 年首先提出，至今已有 60 多年的历史。

二、配方试验设计的难点

要想通过配方试验，以最低的成本，也即以最少的试验次数，快速找到所需要的配方，在试验前，就必须要对怎样进行试验进行科学的设计，即试前设计不跑偏。对于常规的试验设计有很多成熟的方法，例如正交试验设计、响应面设计等。但这些常规的方法都不能很好地应用于配方试验设计，因为与常规的试验设计相比，混合试验设计的试验指标只与每种成分的含量有关，而与混料的总量无关，另外混合试验还受到“配比非负和为一”的双重约束。

“配比非负和为一”就会导致一个组分的比例增加导致其他组分的比例减少，因为所有组分的比例之和只能等于 1，也就是说，试验因素不能一个一个地变化，一次至少得有两个因素变化，这就导致了试验设计模型的复杂性，混合试验设计虽然从提出到如今已有 60 多年的时间，但是，理论模型仍然还不是太完善，还有待于进一步的发展。

三、优选试验的两种思路

一般情况下，单形内点 P 的坐标值（x_1，x_2……x_p）表示混合试验中各分量的具体比例，这个点我们称之为混合试验的配方点，混合试验所有可能的配方点都落在这个 p 维单形之内。因此，配方优选问题，就变成了在 p 维单形内，找到我们最需要的那个配方点。配方试验设计的本质就是希望通过有限的试验次数，在单形空间中快速找到符合要求的配方点。

一次试验就其本质来讲就是一次抽样调查，就是想通过对抽取的样本进行分析，推断出我们所关心问题的答案。推断答案的准确性、可靠性是会受到抽取的样本数即试验次数，及抽取样本的方法即抽取哪些点影响的。

要想推断的结论可靠，就需要抽取的样本具于代表性。抽取样本的方法，是从空间上保证样本的代表性，样本数是从数量上来保证样本的代表性。很多试验设计的方法就是基于这两点而发展起来的，最经典的就是正交试验设计。

我们怎样才能在有限的次数之内，找到那个相对而言最好的即“有限的最佳”配方点呢？因为资源是有限的，我们不可能通过做无数次配方对比试验来找到那个最佳的配方点，现实当中，我们只能通过可以承受的有限次数的试验，来逼近我们最想要的那个配方点。什么样的方法最能实现这个目标呢？找到最优配方点的思路有两种：

第一种是进行若干次不同的试验，相当于得到了若干次的抽样样本，对样本数据进行回归分析，建立考察指标与影响因素的回归方程，对回归方程进行最大值或最小值求解，从而求出最佳配方。为了简化回归方程系数计算和最优值求解的难度，常常将试验点安排在特殊的点位，从而减少模型的复杂度。这种方法的思路，本质就是基于样本进行结果外推，由于最佳配方点往往是外推出来的，还需要对最优配方的实际效果进行验证。

第二种思路就是“均匀分散布试点”。笔者认为采用“均匀分散布试点”的办法可以实现，因为，只有这种排布试验点的方式不会存在盲区。例如我们用三个基酒来设计一款我们想要的酒体，但是由于条件限制，我们只想做十次试验，我们怎样才能有效地做到呢？我们知道三个基酒所有可能的组合配方只能落在三个基酒构成的等边三角形之内，那我们想要的那个配方点，肯定也落在这个三角形之内。如果，我们把这个等边三角形平均分成十个均匀的部分，那我们想要的那个配方点，就会落在在这十个部分中的某个部分内，如果我们在这十个部分中各安排一个试验点，那么这十个试验点，总有一个是离目标点最近，那么这个最近点就可以当成我们想要的那个配方点。

但是问题是我们怎样才能在不规则的图形中均匀分散地分布试验点呢？在矩形当中，我们可以实现完全均匀的布点，而在其他图形中是很难实现完美均匀布点的，例如等边三角形、正四面体等图形内，我们只能近似均匀布点。关于均匀分布试验点的方法，将在均匀试验设计部分进行介绍。

第四节　配方试验设计的方法

一、单形格子点设计

在混合试验设计方法中，单形格子点设计是最早出现的，是 Scheffé 于 1958 年提出，是混合试验设计中最基本的方法。

（一）单形格子点设计原理

三组分（$p=3$ 时）混合试验的单形是一个边长为 1 的等边三角形，它的三个顶点的全体称为一阶格子点集，相当于将三条边各进行了一等分，把这个一阶格子点的集合，记为 {3，1}，如图 3-16（1）所示。

将边长为 1 的等边三角形的三条边各二等分，则该三角形的三个顶点与三条边的中点的全体称为二阶格子点集，记为 {3，2}，如图 3-16（2）所示。其中共有 6 个点，各点坐标如表 3-9 所示。

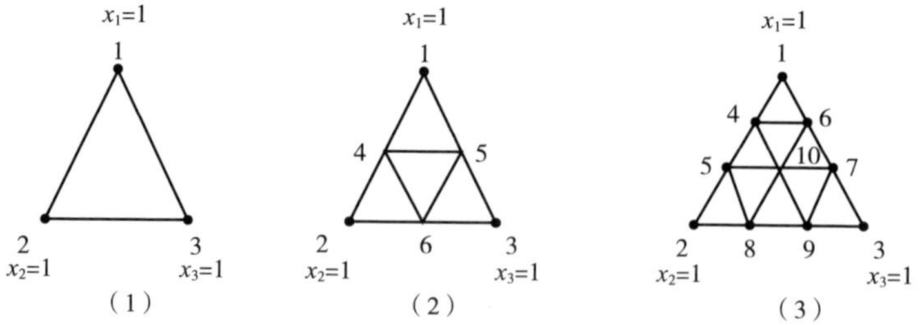

图 3-16　单形格子点分布图

表 3-9　　{3，2} 各点坐标（三因素二阶格子点集坐标）

点号	坐标		
	x_1	x_2	x_3
1	1	0	0
2	0	1	0
3	0	0	1
4	1/2	1/2	0
5	1/2	0	1/2
6	0	1/2	1/2

将边长为 1 的等边三角形的各边进行三等分，对应分点连成与各边平行的直线，在等边三角形上形成许多格子，则这些格子顶点的全体称为三阶格子点集，记为 {3，3}，如图 3-16（3）所示，其中共有 10 个点，各点坐标如表 3-10 所示。

表 3-10　　{3，3} 各点坐标（三因素三阶格子点集坐标）

点号	坐标		
	x_1	x_2	x_3
1	1	0	0
2	0	1	0
3	0	0	1
4	2/3	1/3	0
5	1/3	2/3	0
6	2/3	0	1/3
7	1/3	0	2/3
8	0	2/3	1/3
9	0	1/3	2/3
10	1/3	1/3	1/3

四因素二阶格子点集，记为 {4，2}，其中共有 10 个点，各点坐标如表 3-11 所示。

表 3-11　{4，2} 各点坐标（四因素二阶格子点集坐标）

点号	坐标			
	x_1	x_2	x_3	x_4
1	1	0	0	0
2	0	1	0	0
3	0	0	1	0
4	0	0	0	1
5	1/2	1/2	0	0
6	1/2	0	1/2	0
7	1/2	0	0	1/2
8	0	1/2	1/2	0
9	0	1/2	0	1/2
10	0	0	1/2	1/2

如果将试验点取在相应阶数的单形格子点上，这样的试验设计称为单形格子点设计，这样设计的好处就是计算简单、准确。

一般情况下，p 组分 d 阶格子点集记为 $\{p, d\}$，其中 p 表示单形顶点的个数，d 表示单形边长被等分的段数，则总的试验点数为 $C_{p+d-1}^{d} = \frac{(p+d-1)!}{d!(p-1)!}$，如表 3-12 所示。

表 3-12　不同组分不同阶数格子点试验总数

组分数 p	2 阶	3 阶	4 阶
3	$\frac{(p+d-1)!}{d!(p-1)!} = \frac{(3+2-1)!}{2!(3-1)!} = 6$	$\frac{(p+d-1)!}{d!(p-1)!} = \frac{(3+3-1)!}{3!(3-1)!} = 10$	$\frac{(p+d-1)!}{d!(p-1)!} = \frac{(3+4-1)!}{4!(3-1)!} = 15$
4	$\frac{(p+d-1)!}{d!(p-1)!} = \frac{(4+2-1)!}{2!(4-1)!} = 10$	$\frac{(p+d-1)!}{d!(p-1)!} = \frac{(4+3-1)!}{3!(4-1)!} = 20$	$\frac{(p+d-1)!}{d!(p-1)!} = \frac{(4+4-1)!}{4!(4-1)!} = 35$

续表

组分数 p	2阶	3阶	4阶
5	$\frac{(p+d-1)!}{d!(p-1)!}=\frac{(5+2-1)!}{2!(5-1)!}=15$	$\frac{(p+d-1)!}{d!(p-1)!}=\frac{(5+3-1)!}{3!(5-1)!}=35$	$\frac{(p+d-1)!}{d!(p-1)!}=\frac{(5+4-1)!}{4!(5-1)!}=70$
6	$\frac{(p+d-1)!}{d!(p-1)!}=\frac{(6+2-1)!}{2!(6-1)!}=21$	$\frac{(p+d-1)!}{d!(p-1)!}=\frac{(6+3-1)!}{3!(6-1)!}=56$	$\frac{(p+d-1)!}{d!(p-1)!}=\frac{(6+4-1)!}{4!(6-1)!}=126$
7	$\frac{(p+d-1)!}{d!(p-1)!}=\frac{(7+2-1)!}{2!(7-1)!}=28$	$\frac{(p+d-1)!}{d!(p-1)!}=\frac{(7+3-1)!}{3!(7-1)!}=96$	$\frac{(p+d-1)!}{d!(p-1)!}=\frac{(7+4-1)!}{4!(7-1)!}=210$
8	$\frac{(p+d-1)!}{d!(p-1)!}=\frac{(8+2-1)!}{2!(8-1)!}=36$	$\frac{(p+d-1)!}{d!(p-1)!}=\frac{(8+3-1)!}{3!(8-1)!}=120$	$\frac{(p+d-1)!}{d!(p-1)!}=\frac{(8+4-1)!}{4!(8-1)!}=330$

从表3-12可以看出，采用格子进行配方试验设计时，试验的次数随着组分数与每条边的阶数增加而增多，通常情况下，我们希望试验的总次数不超过20次为宜。

（二）试验方案的确定

1. 无约束单形格子点设计

所谓无约束单形格子点设计，是指除了“配比非负和为一”的约束之外，不再有对各组分含量加以限制的其他条件。

在无约束配方设计中，各组分含量的变化范围可以为0~1，包括0和1，其格子点取值，可以用边长为1的单形表示。每种组分配比 x_1 的取值为 $\frac{1}{d}$ 的倍数，从0倍到 d 倍之间，即 $x_1=0, \frac{1}{d}, \frac{2}{d} \cdots\cdots \frac{d-1}{d}, \frac{d}{d}=1$。

例如，当 $p=3$，$d=1$ 时，只有3个试验点：（1，0，0），（1，1，0），

（0，0，1）；当 $p=3$，$d=2$ 时，有 6 个试验点，如表 3-9 所示；当 $p=3$，$d=3$ 时，有 10 个试验点，如表 3-10 所示。

更多的单形格子点设计表可参考附录一。

2. 有约束单形格子点设计

上面讨论的配方设计对混合组分中各分量是一视同仁的，但是在实际的配方试验中，有些成分的含量取值不能在 0~1 随便变化，而是有一定的范围要求，例如酱香轮次酒的组合中，三轮次酒的使用配比一般要求在 15%~35%，则这种配方称为有约束的配方。

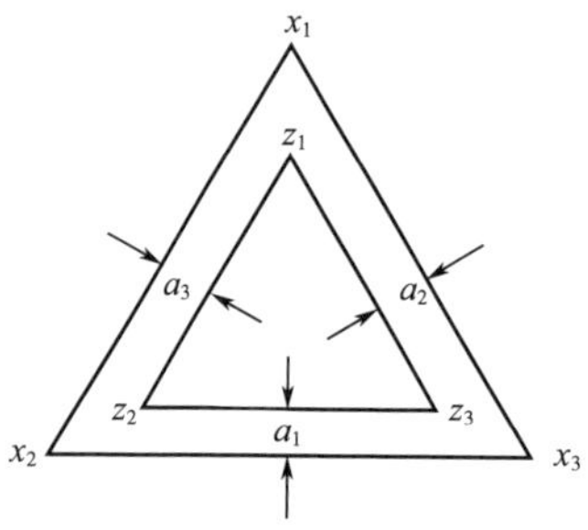

图 3-17　有下界约束的单形

对于有约束配方的设计，试验点空间变得更加复杂，是单形内的一个几何体。由于实际的试验区域往往不是规则的单形，不能使用单形格子点设计。

本节只介绍有下界约束的单形格子点设计，此时试验范围为原单形内的一个小的单形，如图 3-17 所示，所以仍然可以使用单形设计。

对于有下界约束的混合试验，在选用单形格子点设计表之前，应将自然变量 x_1 转换成编码变量，编码公式如下：

$$x_i = \left(1 - \sum_{j=1}^{p} a_j\right) z_i + a_i$$

例如，某种产品由 3 种组分混合而成，各自所占的比例分别为 x_1，x_2，x_3，有如下约束条件：$x_1 \geqslant a_1$，$x_2 \geqslant a_2$，$x_3 \geqslant a_3$，$a_1 + a_2 + a_3 < 1$，$x_1 + x_2 + x_3 = 1$，则

$$x_1 = [1 - (a_1 + a_2 + a_3)] z_1 + a_1$$

$$x_2 = [1 - (a_1 + a_2 + a_3)] z_2 + a_2$$

$$x_3 = [1 - (a_1 + a_2 + a_3)] z_3 + a_3$$

为了理解和方便记忆上述的编码转换规则，笔者总结成两句口诀，具体如下：

下限求和用一减，差值乘编加下限。

显然，若各自然变量 x_i 的下界都为0，则 $x_i = z_i$ ，这时与编码变量的值相等，也就是无约束的配方设计。

（三） 单形格点设计步骤

单形格子点设计的基本步骤包括如下几步：

1. 明确试验指标

对酒体配方设计来说，试验指标就是独孤九鉴的九类指标。

2. 挑因素，定水平，选表格

所谓的挑因素就是确定混合组分，对酒体配方设计来说，就是确定所用的基酒及个数，例如酱香型七个轮次酒的组合。所谓的定水平就是确定格子点的阶数。根据基酒个数及阶数，选择合适的单形格子表。

如有下限约束则需要先进行编码变换。

3. 回归方程建立

根据所选定的单形格子表进行试验，将试验结果进行汇总，进行回归方程求解。

4. 最优配方的确定

根据编码变量与试验指标之间的回归方程以及约束条件，可以预测最佳的试验指标及其对应的编码变量的最佳取值，再将最佳编码变量转换成自然变量，就可得到最优配方。

（四） 示例

某种葡萄汁饮料是由水（x_1）、白砂糖（x_2）和红葡萄汁（x_3）三种组分混合而成的，其中要求红葡萄汁（x_3）的含量不得低于10%，试通过配方试验确定试验指标 y 最大的最优配方。试验指标为感官评分，其值越高越好，本试验采用9制评分。

解：依题意，$x_1 \geqslant 0$，$x_2 \geqslant 0$，$x_3 \geqslant 0.1$，即 $a_1=0$，$a_2=0$，$a_3=0.1$，所以有

$$x_1 = [1-(a_1+a_2+a_3)]z_1+a_1 = (1-0.1)z_1+0=0.9z_1$$

$$x_2 = [1-(a_1+a_2+a_3)]z_2+a_2 = (1-0.1)z_2+0=0.9z_2$$

$$x_3 = [1-(a_1+a_2+a_3)]z_3+a_3 = (1-0.1)z_3+0.1=0.9z_3+0.1$$

由于 $p=3$ 故可以选择 {3，2} 单形格子点设计，试验方案和结果如表3-13所示。

表3-13 试验方案及结果

试验号	z_1	z_2	z_3	水 x_1	白砂糖 x_2	红葡萄汁 x_3	评分 y
1	1	0	0	0.9	0	0.1	6.5
2	0	1	0	0	0.9	0.1	5.5
3	0	0	1	0	0	1	7.5
4	1/2	1/2	0	0.45	0.45	0.1	8.5
5	1/2	0	1/2	0.45	0	0.55	6.8
6	0	1/2	1/2	0	0.45	0.55	5.4

本例单形格子点设计的回归方程为：

$$y = b_1z_1+b_2z_2+b_3z_3+b_{12}z_1z_2+b_{13}z_1z_3+b_{23}z_2z_3$$

将每个试验结果代入上述方程，并求解，得回归方程为

$$y = 6.5z_1+5.5z_2+7.5z_3+10z_1z_2-0.8z_1z_3-4.4z_2z_3$$

求得该方程在 $z_1=0.55$，$z_2=0.45$，$z_3=0$ 时，指标值 y 取最大值8.5。

由于 $z_1=x_1/0.9$，$z_2=x_2/0.9$，$z_3=(x_3-0.1)/0.9$，所以当 $x_1=0.5$，$x_2=0.4$，$x_3=0.1$ 时，预测该饮料的评分最高。

二、单形重心设计

（一）单形重心点设计原理

在一个 {p，d} 单形格子设计中，当回归模型的阶数 $d>2$ 时，某些混合

试验中，格子点的非零坐标不相等，这种非对称性反映到估计响应函数（即回归多项式或规范多项式）的系数时，就会出现某些观测值对回归方程影响大，而某些观测值对回归方程影响小。此外，单形格子设计的试验次数还是偏多，工作量偏大。

为了改进上述两个缺点，Scheffé 于 1963 年又提出单形重心设计，对单形格子设计进行改进，使混合试验中格子点的非零坐标相等。

在一个 p 因子单形重心设计中，试验点数目是 2^p-1，包括：

一个顶点的重心点（1，0……0）……（0，0……1），共有 $C_p^1=p$ 个点；

两个顶点的重心点（1/2，1/2……0，0）……（0，0……1/2，1/2），共有 C_p^2 个点；

三个顶点的重心点（1/3，1/3，1/3……0，0）……（0，0……1/3，1/3，1/3），共有 C_p^3 个点；

p 个顶点的重心点（$\frac{1}{p}$，$\frac{1}{p}$，$\frac{1}{p}$……$\frac{1}{p}$），共有 $C_p^p=1$ 个点。

显然，单形重心设计的全部点的坐标不依赖于 d。

当 $p=3$ 时，单形重心设计的试验点数目 $=2^3-1=7$，包括：

以（1，0，0）为代表的 $C_p^1=C_3^1=3$ 个点；

以（1/2，1/2，0）为代表的 $C_p^2=\frac{3*2}{2}=3$ 个点；

以（1/3，1/3，1/3，）为代表的 $C_p^3=\frac{3!}{3!}=1$ 个点。

所以，总的试验点数目为：$N=C_3^1+C_3^2+C_3^3=7$。

试验点分布和试验方案如表 3-14 所示。

表 3-14 试验方案

试验点	x_1	x_2	x_3	y
1	1	0	0	y_1
2	0	1	0	y_2

续表

试验点	x_1	x_2	x_3	y
3	0	0	1	y_3
4	1/2	1/2	0	y_{12}
5	1/2	0	1/2	y_{13}
6	0	1/2	1/2	y_{23}
7	1/3	1/3	1/3	y_{123}

（二） 试验方案的确定

同单形格子点设计。

（三） 单形重心点设计步骤

同单形格子点设计。

（四） 示例

试制某种喷气剂，三种混料成分有下界约束：黏合剂≥0.2，氧化剂≥0.4，燃料≥0.2。本试验的目的是要找出使弹性模数大于3000的混料，且黏合剂用量越少越好。

采用三分量重心设计，试验次数 $N = 2^3 - 1 = 8 - 1 = 7$。

利用编码公式可求出7个试验的实际配比，并进行试验。试验方案及试验结果如表3-15所示。

表3-15　　试验方案与结果

试验号	大三角形坐标系（实际成分）			小三角形坐标系（编码成分）			弹性模数 y
	x_1 黏合剂	x_2 氧化剂	x_3 燃料	z_1	z_2	z_3	
1	0.4	0.4	0.2	1	0	0	2350

续表

试验号	大三角形坐标系（实际成分）			小三角形坐标系（编码成分）			弹性模数 y
	x_1	x_2	x_3	z_1	z_2	z_3	
	黏合剂	氧化剂	燃料				
2	0.2	0.6	0.2	0	1	0	2450
3	0.2	0.4	0.4	0	0	1	2650
4	0.3	0.5	0.2	1/2	1/2	0	2400
5	0.3	0.4	0.3	1/2	0	1/2	2750
6	0.2	0.5	0.3	0	1/2	1/2	2950
7	0.266	0.466	0.266	1/3	1/3	1/3	3000

解：本题是存在下界约束的混料问题，其试验区域是大正三角形内的一个小正三角形。已知 $a_1=0.2$，$a_2=0.4$，$a_3=0.2$，而 $1-\sum_j^3 a_j=1-(0.2+0.4+0.2)=0.2$，所以：

$$x_1=0.2z_1+0.2$$

$$x_2=0.2z_2+0.4$$

$$x_3=0.2z_3+0.2$$

数据同样采用回归求解。

三、配方均匀设计

（一）均匀试验设计原理

上面介绍的两种单形设计虽然比较简单，但是试验点在试验范围内的分布并不十分均匀，而且试验边界上的试验点过多，缺乏典型性。为了克服上述缺点，可以运用均匀设计思想来进行配方设计，即配方均匀设计。

对于无约束的配方设计，p 种组分的试验范围是单形，如果需比较 n 种不同的配方，这些配方对应单形中的 n 个点，配方均匀设计的思想就是使这 n 个点在单形中散布尽可能均匀。

（二） 设计步骤

1. 明确试验指标

对酒体的配方设计来说，试验指标就是独孤九鉴的九类指标。

2. 挑因素，定水平，选表格

所谓的挑因素就是确定混合组分，对酒体配方设计来说，就是确定所用的基酒及个数。所谓的定水平就是确定均匀配方试验的次数。根据基酒个数及水平数，选合适的均匀配方设计表。

3. 实施试验获得数据，进行数据分析

由于均匀配方设计的试验点均匀分布，故可以用直观分析的方法。

另外也可以用回归方程的办法求解最佳配方。

（三） 示例

在一个新材料研制中，选择了主要三种金属的含量 x_1 ，x_2 ，x_3 作为因素。根据试验条件的允许和精度的要求，选择了 $UM_{15}(15^3)$ 表来安排试验，其试验方案和 y 值列于表 3-16。

表 3-16　　试验方案和结果

试验号	x_1	x_2	x_3	y
1	0. 817	0. 055	0. 128	8. 508
2	0. 684	0. 179	0. 137	9. 464
3	0. 592	0. 340	0. 068	9. 935
4	0. 517	0. 048	0. 435	9. 400
5	0. 452	0. 210	0. 338	10. 680
6	0. 394	0. 384	0. 222	9. 748
7	0. 342	0. 592	0. 066	9. 698
8	0. 293	0. 118	0. 589	10. 238
9	0. 247	0. 326	0. 427	9. 809

续表

试验号	x_1	x_2	x_3	y
10	0. 204	0. 557	0. 239	9. 732
11	0. 163	0. 809	0. 028	8. 933
12	0. 124	0. 204	0. 672	9. 971
13	0. 087	0. 456	0. 457	9. 881
14	0. 051	0. 727	0. 222	8. 892
15	0. 017	0. 033	0. 95	10. 139

解：先使用直观分析法来寻求最优配方。

由于配方均匀设计的试验点分布得比较均匀，所以可以通过直观分析法，结合实际情况直接选用其中较好的试验点作为最优配方，例如本例中的第 5、8 和 15 号试验，其 y 值排前三，也即第 5、8 和 15 号对应的三个配方，其性能在这十五个配方中是最好的三个，选择这三个配方，结果是不会太差的。

下面再介绍通过回归分析法来寻求最优配方。

由于 $x_1+x_2+x_3=1$，可以利用二元二次回归模型确定试验指标 y 和 x_1，x_2 之间的回归方程，利用二次型回归模型和逐步回归最终求得回归方程为：

$$\hat{y}=10.09+0.797x_1-3.454x_1^2-2.673x_2^2+0.888x_1x_2$$

相应的 $R=0.90$，$\hat{\delta}=0.289$，由于 $x_1+x_2+x_3=1$，回归方程中仅有 x_1，x_2 出现，我们看到 x_1，x_2 有交互作用。

注意，如果用回归分析法分析配方均匀设计结果，在选择配方均匀设计表时应注意，试验次数应多于回归方程回归系数的个数。

第五节　均匀设计在酒体配方设计中的应用

一、 均匀试验设计

均匀设计即均匀试验设计，上面介绍的三种寻找最优配方的方法，都存在一些问题，而且回归计算复杂，不太适合一线酒体设计人员日常的酒体设计工作。为了解决这些缺点，笔者通过研究提出直接将均匀试验设计应用于酒体配方设计。这时候可以将各组分看作独立变量，在对应的试验范围内确定若干水平，直接运用均匀设计表进行配方的试验，通过直观观察的方法，确定最优的配方。

这里要注意的是“配方均匀设计”和“均匀设计”是两个不同的概念，同样“配方均匀设计表”和“均匀设计表”也是两种不同的表格，配方均匀设计表中的数值已经是比例值，而均匀设计表格中的数字是与体积数对应的水平数。

二、 均匀试验设计的诞生

通过对试验的试验域的分析，我们可以认为试验就其本质来讲，就是一次抽样调查，我们就是想通过基于对抽取的样本进行分析，推断出我们所关心问题的答案。推断答案的准确性、可靠性是会受到抽取的样本数和样本的代表性双重影响，样本数即试验次数，样本的代表性是由抽样方法决定的。

要想推断的结论可靠，就需要抽取的样本具于代表性，以及合适的样本数，样本数太少，代表性受到影响，样本数太大，会增加成本，结果的准确性不一定提高。抽取样本的方法，是从空间上保证样本的代表性，样本数是从数量上来保证样本的代表性。很多试验设计的方法就是基于这两点而发展起来的，最经典的就是均匀试验设计。

一个两水平全因子试验的次数为 2^k，k 为因子数，如因子数为 5，则全因子试验需要 32 次，有时为了解响应是否为非线性还需要增加一些中心点。即使部分因子试验，为了要取得比较好的效果，也需要 8 或 16 次。如果水平数超过 2 呢？比如 8 个水平，那全因子试验就需要做 $8^5=32768$ 次试验。应用部分实施的正交试验，至少需要 $8^2=64$ 次试验，64 次试验其实也不少，有没有试验次数更少的设计方法呢？答案是有的，那就是均匀试验设计。通过均匀设计只需要进行 8 次试验就可以，也就是说试验次数与水平数相同，与单个因素的单因素试验次数相同，这时可以理解成对所有因素从整体上进行单因素试验。

试验次数的主要限制来自试验成本和时间，在很多情况下，不允许进行大规模的试验，如航空航天、农业试验、化学实验等。这就要求运用尽可能少的试验获得尽可能好的结果。均匀设计就是在这种条件下诞生的。

均匀设计诞生于 1978 年，这一年，中国导弹试验部门提出了一个试验设计的问题，其中有 5 个因子，每个因子要考虑 10 个以上水平，但试验次数不能超过 50 次。显然，优选法和正交设计都不适用。当时中科院数学所的方开泰和王元经两人通过几个月的研究，提出了均匀设计，每个因子有 31 个水平，只安排了 31 次试验，就得到了满意的结果。在此基础上，方开泰等人在理论和规范设计上又进行了大量的工作，同时将均匀设计的方法普及应用于其他领域，在试验设计中起到了重要的作用。

大部分古典的试验设计通常采用方差分析和回归分析来处理数据。由于均匀设计的试验次数比较少，无法进行通常的方差分析。但因均匀设计的均匀性，优选的时候，通过直观观察的方法就可能得到很好的结果，除此之外，回归分析也是均匀设计数据分析的主要手段。当试验因子的个数为 p 时，因子水平数 L 大于 $\frac{(p+1)(p+2)}{2}$ 时，可采用二次多项式回归模型进行分析。

2020 年春节前夕，笔者对均匀设计在白酒酒体设计中的应用，进行了研究，研究过程中也通过邮件与方开泰教授取得了联系，共同探讨了此方法在白酒酒体配方优选设计中的应用。

方开泰教授 1963 年毕业于北京大学数力学系，1967 年研究生毕业于中科院，其后在中科院数学所和应用数学所工作，任研究员。1991 年起兼任香港浸会大学教授，2006 年起任北京师范大学–香港浸会大学联合国际学院教授，2008 年起任中科院随机复杂结构与数据科学重点实验室研究员。方开泰先生著作等身，发表了 250 多篇论文，出版了 18 本专著、是国际顶尖的“多元分析”专家。2008 年与王元一同因均匀设计获得国家自然科学奖二等奖（该年一等奖空缺)。

方开泰教授与王元教授在 1978 年发明的“均匀设计”，是当今因子试验设计和仿真试验设计的主要方法之一。近年，美国最大、历史最悠久的汽车制造厂福特汽车运用了“均匀设计”，开发了新型的六汽缸汽车发动机，“均匀设计”已成为厂方电脑仿真试验的常规方法。方教授获邀于 2002 年造访该公司，向几十名福特高层管理和技术人员介绍均匀设计。

三、 均匀设计方法

由于均匀试验充分利用了试验点的分布均匀性，所获得的适宜条件虽然不见得是全面试验中的最优条件，但至少也在某种程度上接近最优条件。这样，不仅可以满足试验的一般要求，也为深入研究各因素的变化规律和进一步寻优创造了条件。

均匀试验设计的最大优点是可以节省大量的试验工作量，尤其在试验因素水平较多的情况下，其优势就更为明显。例如，一个四因素七水平试验，进行一轮全面试验要做 $7^4=2401$ 次，用正交表安排试验也至少要 $7^2=49$ 次试验，而用均匀试验仅需 7 次试验。因此，对于多水平的多因素试验，对于试验费用昂贵或实际情况要求尽量少做试验的场合，对于筛选因素或收缩试验范围进行逐步寻优的场合，均匀设计都是十分有效的试验设计方法。

四、 均匀设计表构造与评价

均匀设计是利用一种表格来安排试验的，这种表格称为均匀设计表。均匀设计表是根据数论在多维数值积分中的应用原理构造的。

（一） 均匀设计表的构造

方开泰书中列了一些原则和公式，笔者尽量避免罗列公式，用示例来说明均匀表的构造方法。假如我们研究的因子水平数是 9，确定要做 9 次试验，那么在设计表中就有 9 行。能构造出几列呢？书中的原则是用 1~8 的数字中与 9 的最大公约数为 1 的数来构造列。满足该条件的数有 1、2、4、5、7、8 共 6 个数，而 3、6 与 9 的最大公约数为 3，不满足条件，所以排除，因此可以构造 6 列，即可以安排 6 个因子。

下面构造行。首先将 1、2、4、5、7、8 列为第一行，第二行为第一行各自加上 1、2、4、5、7、8，得到 2、4、8、10、14、16，这其中有 3 个超过 9，需要减去 9（或 9 的倍数），得到 9 以内的数字，因此第二行为 2、4、8、1、5、7。

第三行则是第二行加上 1、2、4、5、7、8，得到 3、6、12、6、12、15，超过 9 的数需要减去 9，则第三行为 3、6、3、6、3、6。

以此类推，最终构造得到表 3-17。

表 3-17　$U_9(9^6)$

试验号	1	2	3	4	5	6
1	1	2	4	5	7	8
2	2	4	8	1	5	7
3	3	6	3	6	3	6
4	4	8	7	2	1	5
5	5	1	2	7	8	4
6	6	3	6	3	6	3
7	7	5	1	8	4	2
8	8	7	5	4	2	1
9	9	9	9	9	9	9

推广开来，当给定试验次数 n 后，能够构建几列的表呢？方开泰根据欧拉函数 $E(n)$ 给出了下面三种情况：

（1）当 n 为素数时，$E(n-1)=n-1$，所谓素数就是一个正整数，它与其所有比它小的正整数的最大公约数均为 1，如 2，3，5，11，13……均为素数。

（2）当 n 为素数幂时，即 n 可表达成 p^l，这里 p 为素数，l 为正整数，

这时

$$E(n)=n(1-\frac{1}{p})$$

例如 $n=9$ 可表达为 $n=3^2$，于是

$$E(9)=9\left(1-\frac{1}{3}\right)=6$$

即 U_9 至多可以有 6 列。

(3) 若 n 不属于上述两种情形，这时 n 一定可以表示为不同素数的方幂积，即

$$n=p_1^{l_1}\times p_2^{l_2}\cdots p_s^{l_s}$$

这里 p_1，…，p_s 为不同的素数，l_1…… l_s 为正整数，这时 $E(n)=n\left(1-\frac{1}{p_1}\right)\times\cdots\times\left(1-\frac{1}{p_s}\right)$。

例如 $n=12$ 可表达为 $n=2^2\times3$，于是 $E(12)=12\left(1-\frac{1}{2}\right)\times\left(1-\frac{1}{3}\right)=4$，即 U_{12} 最多只可能有 4 列。

上述三种情形中，以素数情形为最好，我们最多可以获得 $n-1$ 列，而非素数情形，在上述表的结构中永远不可能有 $n-1$ 列。例如 $n=6=2\times3$，这说明，当 $n=6$ 时，用上述办法生成的均匀设计表只有 2 列，即最多只能安排两个因子，数据量过少。为此，王元、方开泰建议，可将表 $U_7(7^6)$ 的最后一行去掉来构造 U_6，如表 3-18 所示。为了区别于常规生成的均匀设计表，我们记它为 $U_6^*(6^6)$，在 U 的右上角加一个“＊”号。对照上表我们看到 U 和 U^* 表之间的关系和各自特点：

(1) 所有的 U_n^* 表是由 U_{n+1} 表中划去最后一行而获得；

(2) U_n 表的最后一行全部由水平 n 组成，U_n^* 表的最后一行则不然。若每个因素的水平都是由低到高排列，U_n 表中最后一号试验将是所有最高水平相组合，在有些试验中，例如在化工试验中，所有最高水平组合在一起可能使反应过分剧烈，甚至发生爆炸。反之，若每个因子的水平都是由高到低排列，

则 U_n 表中最后一号试验将是所有低水平的组合，有时也会出现反常现象，甚至化学反应不能进行。U_n^* 表则没有类似现象，比较容易安排试验。

表 3-18　　$U_6^*(6^6)$

试验号	1	2	3	4	5	6
1	1	2	3	4	5	6
2	2	4	6	1	3	5
3	3	6	2	5	1	4
4	4	1	5	2	6	3
5	5	3	1	6	4	2
6	6	5	4	3	2	1

（3）若 n 为偶数，U_n^* 表比 U_n 表有更多的列。如上面讨论过的 U_6 表只有 2 列，而 U_6^* 表可以有 6 列。

（4）若 n 为奇数，则 U_n^* 表列数通常少于 U_n 表。

（5）U_n^* 表比 U_n 表有更好的均匀性，应优先采用 U_n^* 表。

（6）若将 U_n 或 U_n^* 的元素组成一个矩阵的秩最多分别为 $\frac{E(n)+1}{2}$ 及 $\frac{E(n+1)+1}{2}$。

（二）均匀性准则和使用表的产生

均匀设计在使用时由于选择的列不同，试验的效果也大不相同，于是建议读者按使用表的推荐去选列，那么使用表又是如何产生的呢？设我们要从均匀设计表 $U_n(n^m)$ 中选出 s 列，则可能的选择有 C_m^s 种可能，我们要从中选择一个最好的，这里必须对“好”和“坏”有明确的含义，度量均匀性准则很多，其中偏差（Discrepancy）是使用历史最久，且为公众所广泛接受的准则。偏差 D 的计算很复杂，涉及到矩阵与向量的运算、分布估计等，这里就不介绍了。综合结果，有如下的说明。

（1）对奇数 n，U_n^* 表比 U_n 表有更好的均匀性，例如 $n=15$，$s=4$ 时，

$U_{15}(15^4)$ 的偏差为 $D=0.2772$，而 $U_{15}^*(15^4)$ 的偏差为 $D=0.1511$，后者比前者相对降低了 $\frac{0.2772-0.1511}{0.2772}=45.5\%$。

（2）若 n 固定，当 s 增大时，U_n 表（或 U_n^* 表）的偏差也随之增大。

（3）若 s 固定，U_n 表的偏差随 n 的增大而减小。而 U_n^* 表的偏差一般也随 n 的增大而减少，但有少数例外，其原因是它们的 U_{n+1} 表的可能列数 $E(n+1)$ 不太多，由其中选择 s 的可能组合也不多，从而最小偏差相对偏大。

（三） 均匀设计表的使用

每一个均匀设计表有一个代号 $U_n(q^s)$ 或 $U_n^*(q^s)$，其中“U”表示均匀设计，“n”表示要做 n 次试验，“q”表示每个因素有 q 个水平，“s”表示该表有 s 列，如图 3-18 所示。右上角加“＊”和不加“＊”代表两种不同类型的均匀设计表。通常加“＊”的均匀设计表有更好的均匀性，应优先选用。例如 $U_6^*(6^4)$ 表示要做 6 次试验，每个因素有 6 个水平，该表有 4 列。

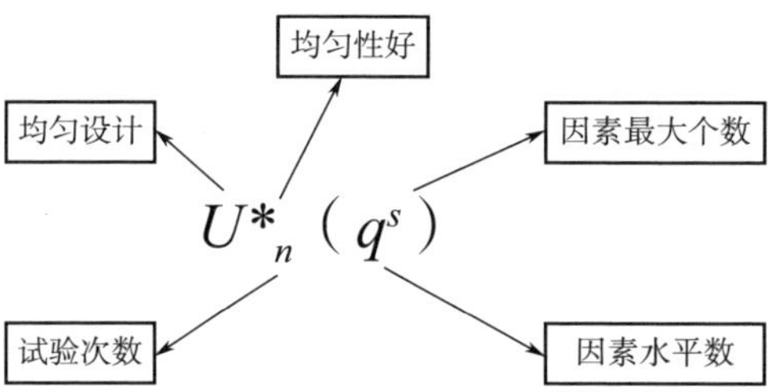

图 3-18 均匀设计表的代号意义

每个均匀设计表都附有一个使用表，它指示我们如何从设计表中选用适当的列，以及由这些列所组成的试验方案的均匀度。表 3-19 是 $U_6^*(6^4)$ 的使用表。它告诉我们，若有两个因素，应选用 1，3 两列来安排试验；若有三个因素，应选用 1，2，3 三列，依次类推。最后一列 D 表示刻画均匀度的偏差（Discrepancy），偏差值越小，表示均匀度越好。例如今有两个因素，若选用 $U_7(7^4)$ 的 1，3 列（表 3-20），其偏差 $D=0.2398$，若选用 $U_7^*(7^4)$ 的 1，3 列

(表 3-21)，相应偏差 $D=0.1582$，后者较小，应优先择用。

当试验数 n 为给定的奇数时，通常 U_n 表比 U_n^* 表能安排更多的因素。故当因素 s 较大，且超过 U_n^* 的使用范围时可使用 U_n 表。

表 3-19　$U_6^*(6^4)$

试验号	1	2	3	4
1	1	2	3	6
2	2	4	6	5
3	3	6	2	4
4	4	1	5	3
5	5	3	1	2
6	6	5	4	1

表 3-20　$U_7(7^4)$

试验号	1	2	3	4
1	1	2	3	6
2	2	4	6	5
3	3	6	2	4
4	4	1	5	3
5	5	3	1	2
6	6	5	4	1
7	7	7	7	7

表 3-21　$U_7^*(7^4)$

试验号	1	2	3	4
1	1	3	5	7
2	2	6	2	6
3	3	1	7	5
4	4	4	4	4
5	5	7	1	3
6	6	2	6	2
7	7	5	3	1

均匀设计有其独特的布（试验）点方式，其特点表现在：

（1）每个因素的每个水平做且仅做一次试验。

（2）任两个因素的试验点点在平面的格子点上，每行每列有且仅有一个试验点。如表 3-22 $U_6^*(6^4)$ 的第一列和第三列点成图 3-19（1）。

表 3-22　　$U_6^*(6^4)$ 的使用表

S	列		号		D
2	1	3			0. 1875
3	1	2	3		0. 2656
4	1	2	3	4	0. 2990

性质（1）和（2）反映了试验安排的“均衡性”，即对各因素，每个因素的每个水平一视同仁。

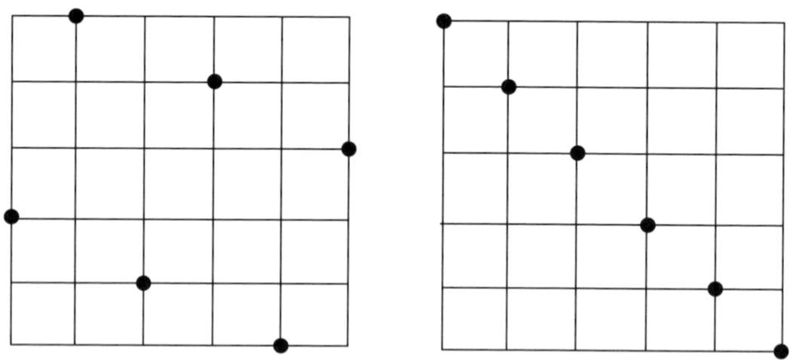

（1）　　（2）

图 3-19　均匀设计中不同列组合均匀的差别

（3）均匀设计表任两列组成的试验方案一般并不等价。例如用表 $U_6^*(6^4)$ 的 1，3 和 1，4 列分别画图，得图 3-19（1）和图 3-19（2）。我们看到，图 3-19（1）的点散布比较均匀，而图 3-19（2）的点散布并不均匀。均匀设计表的这一性质和正交表有很大的不同，因此，每个均匀设计表必须有一个附加的使用表。

（4）当因素的水平数增加时，试验数按水平数的增加量在增加。如当水平数从 9 增加到 10 时，试验数 n 也从 9 增加到 10。而正交设计当水平数增加时，试验数按水平数的平方的比例在增加。当水平数从 9 到 10 时，试验数将从 81 增加到 100。由于这个特点，使均匀设计更便于使用。

（5）水平数为奇数的表和水平数为偶数的表之间具有确定的关系。将奇数表去掉最后一行，就得到水平数比原奇数表少 1 的偶数表，相应地，试验次数也少 1，而使用表不变。

（6）均匀表中各列的因素水平不能任意改变次序，而只能按照原来的顺序进行平滑，就是将原来的最后一个水平与第一个水平衔接起来，组成一个封闭圈，然后从任一处开始为第一水平，按圈子的原方向或相反方向，排出第二水平、第三水平，直至最后一个水平。

五、 均匀试验方案设计

（一） 根据试验目的确定试验指标

对酒体的配方设计来说，试验指标就是“独孤九鉴”的九类指标。

（二） 挑因素，定水平，选择均匀设计表

进行均匀设计时，试验范围尽可能取得宽一些，以防最佳条件遗漏。每个因素的水平可适当多取一些，使试验点分布得更均匀。因此，先挑选需要试验的因素，确定试验的水平，制订因素水平表。

选择均匀设计表是均匀设计很关键的一步，应根据欲研究的因素数和试验次数来选择，即根据因素水平表，来选择均匀设计表。

均匀设计试验结果没有整齐可比性，试验结果不能采用方差分析法，只能采用直观法或用多元回归分析法，找出描述多个（k）因素与响应值之间的统计关系的回归方程，但是一定注意选定表格的试验次数一定大于要估计的系数的个数。

（三） 制定试验方案实施试验

均匀表选定后，则根据因素个数在使用表（每个均匀设计表配套一个使用表）上查出可安排因素的列号，再把各因素依其重要程度为序，依次排在表上，通常先排认为是重要的，希望首先了解的因素。

各因素所在列确定后，将安排因素的各列的水平代码换成相应因素的具体水平值，即试验设计方案。

（四） 根据试验结果，进行数据分析

对试验结果进行数据分析，以便得到想要的配方，数据分析的方法主要有回归分析和直观观察两种方法。

六、 示例

具体详见第六篇酱香型白酒酒体设计中的示例。

第六节 有约束的配方均匀设计

在配方均匀设计中对各个因素是一视同仁的，但是在许多配方中，有些成分的含量很大，有些则很小，这种配方称为有约束的配方，这时配方均匀设计的方法均不能直接运用，本节介绍有约束的配方均匀设计。

设在一配方中有 p 个成分 $x_1 \cdots\cdots x_p$ ，它们有约束条件如下：

$$x_1 + \cdots\cdots + x_p = 1$$

$$a_i \leqslant x_i \leqslant b_i\ ,\ i = 1 \cdots\cdots p$$

当某个因子 x_i 没有约束时，相应的 $a_i = 0$，$b_i = 1$。

例如，若一配方有三个成分，x_1，x_2，x_3，它们目前按 70%，20%，10% 组成配方，为了提高质量，希望寻求新的配比，这时我们希望设计一个试验，使

$$0.6 \leqslant x_1 \leqslant 0.8$$

$$0.15 \leqslant x_2 \leqslant 0.25$$

$$0.05 \leqslant x_3 \leqslant 0.15$$

$$x_1 + x_2 + x_3 = 1$$

这时如何用均匀设计来给出试验方案呢？本例由于 x_1 的含量较高，我们可以将 x_2、x_3 在试验范围内按独立变量的均匀设计去选表，然后用 $x_1 = 1 - x_2 - x_3$ 给出 x_1 的比例，若 x_2、x_3 都在试验范围内取 11 个水平，并用 $U_{11}^*(11^2)$ 来安排 x_2、x_3，得表3-23 之试验方案。该方案并不十分理想，因为 x_1 只有三个水平：0.64，0.70，0.76。若选用 $U_{11}(11^2)$ 表，其试验方案列于表 3-24，这时不仅 x_2，x_3 有 11 水平，x_1 也有 11 水平。

表 3-23　　U_{11}^*（11^2）之试验方案

试验号	x_1	x_2	x_3
1	0.76	0.15	0.09
2	0.70	0.16	0.14
3	0.76	0.17	0.07
4	0.70	0.18	0.12
5	0.76	0.19	0.05
6	0.70	0.20	0.10
7	0.64	0.21	0.15
8	0.70	0.22	0.08
9	0.64	0.23	0.13
10	0.70	0.24	0.06
11	0.64	0.25	0.11

表 3-24　　$U_{11}(11^2)$ 之试验方案

试验号	x_1	x_2	x_3
1	0.74	0.15	0.11
2	0.77	0.16	0.07

续表

试验号	x_1	x_2	x_3
3	0.69	0.17	0.14
4	0.72	0.18	0.10
5	0.75	0.19	0.06
6	0.67	0.20	0.13
7	0.70	0.21	0.09
8	0.73	0.22	0.05
9	0.65	0.23	0.12
10	0.68	0.24	0.08
11	0.60	0.25	0.15

上述的两个方案重点在考虑 x_2 、x_3 ，而 x_1 似乎是一种“陪衬”，不得已而变之，而且 x_1 的变化范围和原设计并不十分吻合。故这种方法所设计的试验均匀性有时不一定很好。能否将 x_1 、x_2 、x_3 同时考虑，其中没有一个是陪衬呢？目前尚没有特别好的方法。有约束的配方均匀设计比较复杂，可以借助中国均匀设计协会所推荐的软件包，这里就不进行介绍。

第五章　酒体设计的“独孤九鉴”体系

第一节　“独孤九鉴”体系的建立

通过对中国白酒酒体设计勾调内容的深入分析，归纳总结出中国白酒的酒体设计勾调本质上就是“勾三调四过五关”。

其中的“勾三调四”描述的是基酒之间的组合，简而言之，组合就是基酒之间的混合，在调酒师的眼中，中国白酒的基酒可以按质量好坏分成四类，分别为风格类型符合目标要求的大宗酒、有缺陷的搭酒、品质好的带酒，以及个性突出的精华调味酒，酒体设计就是要将这四类基酒进行合理的组合。

“过五关”描述的是基酒之间不是随意组合，更不是乱组合，而是要通过成本、安全、酒精度、理化以及感官共五类指标的检验，也就是说组合之后的酒要达到酒体设计的预设目标。

应该说“勾三调四过五关”的这一总结概括，对全面系统地认识和把握中国白酒的酒体设计具有重要的意义。为了让这个体系更加具体，更加具有实操指导作用，笔者把“勾三调四过五关”体系中的“过五关”进一步扩展，于是就形成了本章要介绍的“独孤九鉴”体系，如图 3-20 所示。

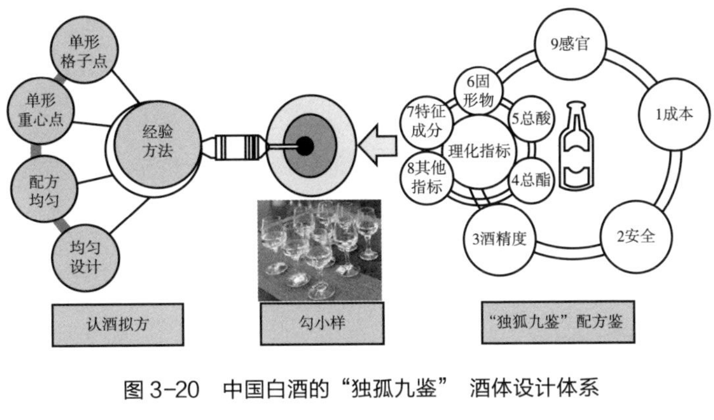

图 3-20　中国白酒的“独孤九鉴” 酒体设计体系

为了便于读者深入理解，以及更好地记住该体系，笔者把图 3-20 所描述的体系进一步用诗句的形式进行了概括，诗的题目为“认拟勾样九鉴鉴”，诗句的内容如下：

认拟勾样九鉴鉴

设计勾前三优先，先认先设先试验；
认酒拟方勾小样，独孤九鉴配方鉴；
成本安全酒度先，总酯总酸固再看；
特征特色感官满，基期魅力质三观；
酒是商品性价谈，性价比高销路宽；
最低成本酒勾建，价廉物美好赚钱。

第一句和第二句指中国白酒酒体设计的核心工作是大样勾调前的三项优先要做的工作，即先认识、先设计和先试验。所谓的先认识是指先对目标酒和基酒进行了解；先设计是指在试验优选配方之前先对试验方案进行设计；先试验是指在进行生产大样勾调前先要进行小型试验，确定最佳的酒体勾调配方。

第三句和第四句的意思是说小样勾调试验的重心是试验前的方案设计，有效的酒体设计试验前要有一个试验方案，试验方案的设计要在经验的基础之上，利用科学的数学方法等五种方法进行并组合小样，这样能快速地优选到符合“独孤九鉴”要求的理想配方。

第五句、第六句和第七句把九类指标进行了具体的描述，九类指标分别是成本、安全、酒精度、总酯、总酸、固形物、特征指标、其他指标和感官。

第八句重点说明的是酒的质量有高低之分，为了更好地区分酒的质量等级，笔者提出把酒的质量分为三个等级，并把这三个质量等级按从低到高的顺序，分别称为基础质量、期望质量（或品味质量）和魅力质量。将这三个等级的质量用图示的方式进行表示，如图 3-21 所示。

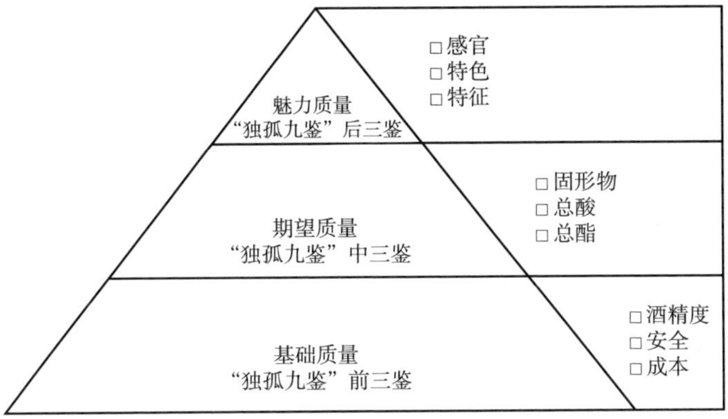

图 3-21　酒类质量等级的三个层次

“独孤九鉴”体系中的九类指标中的成本、安全和酒精度是酒精作为商品存在的三个最基础的要素，作为商品就要讲成本，作为商品需要在市场上进行价值交换，要进行交换就要符合食品安全的要求，而且酒精度要准确，是因为酒精是酒成为酒的根本原因。在基础质量的基础之上，是更高一级的质量，笔者把这一质量称之为期望质量或者品味质量，对应九类指标中的总酯、总酸和固形物。在期望质量之上的是魅力质量，对应九类指标中的特征、特色和感官三个指标。

第九句至第十二句主要强调酒主要是作为商品而被设计、被生产，因此，酒体设计师一定要树立这种观念，商品是要谈性价比的，作为酒体设计师，在进行酒体设计的时候要善于以最低的成本设计出符合要求的酒。

第二节　经验规化优配方

一、用五法

所谓的用五法是指用单形格子点设计、单形重心点设计、配方均匀设计和均匀设计四种规化求解的数学模型方法，及第五种的经验法进行酒体配方试验方案的设计，为了便于记忆，笔者简称为“四数五经”。经验法是运用酒与酒之间的“取长”“补短”“相融”“平衡”“烘托”等原理，将不同酒质、酒精度的“液体黄金”进行搭配，使酒中的各种微量成分配比协调，酒体更香、绵、甜、爽、净。

（一） 风味互作经验

所谓的经验是指在酒体设计工作中积累的风味化学的知识，如在勾兑酒的实践中，已经总结出一些经验要点，具体如下，诗句内容简单，这里就不逐句进行解释。

酒体组合经验

放香不足添酒头，浓香可带短淡单；

味新味闷陈酒添，回味不足加香绵；

苦涩与酸三相适，微涩微燥醇和掩；

香型气味须符合，增减平衡仔细研。

（二） 白酒中的异杂味及解决措施

白酒中有许多微量成分，既有香味成分，又有异杂味物质，它们相互掩盖、相互补充，有时甚至是同一种成分因其浓度不同，而对酒体产生影响，加上习惯的原因，对酒的影响也完全不一样。

白酒中有些异杂味是来自生产、贮存或运输过程，也有一些是不容易转变和克服的。特别是原辅料处理不好、工艺操作不规范、发酵不正常、窖池管理不善等原因，会使白酒产生苦味、涩味、糠味、煳味和其他杂味，严重影响酒的质量。所以严格操作规程，加强原辅料和生产管理，对提高产品质量显得特别的重要。白酒中常见的异杂味及解决措施见表 3-25。

表 3-25　　白酒中常见的异杂味及解决措施

异杂味	形成的主要原因	解决措施
苦味	窖池管理不善、密封不严、上层酒醅发热倒烧； 酒曲受潮，大量长青霉，用曲量过大； 发酵期间温度过高，蒸馏期间火力过大等	搞好窖池管理，严禁有裂口、翻边、生霉菌现象； 抓好大曲的后期管理，做好通风工作； 蒸酒期间控制好火候，掌握“小火出酒，大火催尾”的原则
涩味	窖泥老化、结晶干结；滴窖不净、摘酒不当	勤养窖，防止窖泥老化；滴窖彻底、勤舀黄水；量质摘酒、分类并坛
泥臭味	窖泥不熟；起窖时窖壁泥混入糟醅中； 清窖残糟混入酒醅中	禁用不成熟的窖泥；出窖时，人工取出混入糟醅中的窖泥； 严禁清窖残糟混入酒醅中
糠味	买糠不新、清蒸不熟、散糠不凉、用糠过大	用新糠、清蒸充分、禁用热糠、控制糠用量，尽量偏下限
霉味	原辅料受潮发热，有霉味； 窖池管理差，有裂口、生霉、酒糟大量生长霉菌等现象； 大曲受潮，长青霉	保管好原辅料，防止受潮发热，做好通风工作； 搞好窖池管理，严禁裂口、翻边、生霉； 抓好大曲的后期管理
焦煳味	锅底水不洁净，甚至有烧干现象； 锅底水没有及时排放	保证锅底水洁净及水量； 每上一甑排一次锅底水
尾梢味	蒸馏时装甑不均匀或者摘酒不当	装甑轻撒匀铺、探气上甑、量质摘酒
橡胶味	用劣质橡胶管馏酒或者用塑料管进行生产输送等	严禁一切生产过程用橡胶管和塑料管
怪杂味	容器工具不清洁，酿酒环境卫生差	清洁所有容器、工具，随时保持干净，创造一个良好的酿酒环境

二、优配方

所谓的优配方，是指按照目标的要求，根据用五法设计的方案进行小型的试验，采用“独孤九鉴”对各个配方进行鉴别，从而筛选出最佳的基酒组合配方。

三、 完整的酒体设计勾调流程

相对而言，生产上的勾调操作是简单的，难的是得到勾调的配方。要想能够利用有限的资源，快速地优选到所想要的酒体，一定要把工作重心前置，这样的酒体设计才会是有效的。酒体设计是为生产勾调服务的，但是通过酒体设计得到的配方，不一定都会进入到生产环节，因为有些配方是做储备用的。

总结起来，生产勾调之前的酒体设计，就其本质工作有三个，简称“勾三调四三优先”，用诗句的形式总结如下。

先设计后量产

目标基酒先认识，寻优方案先设计；

根据方案先小试，找到配方量产之。

基于酒体设计重心前移的思路，笔者给出完整的酒体设计勾调流程，如图 3-22 所示。

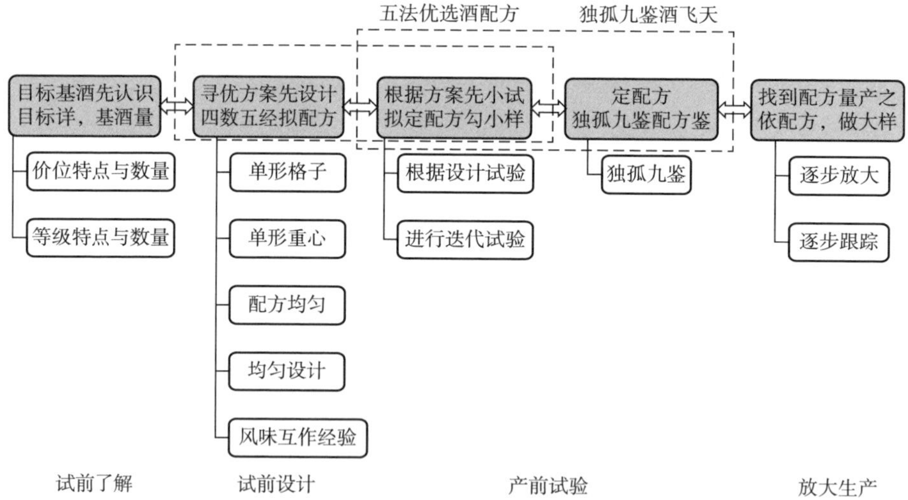

图 3-22　完整的酒体设计流程

第三节　“独孤九鉴”配方鉴

一、“独孤九鉴” 第一鉴：成本优先成本廉

（一） 酒的商品属性

中国白酒企业生产的白酒，主要是作为商品在市场上进行交换，从而实现其作为商品的价值，因此，酒体设计师在进行酒体设计的时候一定要树立商品的观念，商品的市场竞争力、市场占有率和其性价比是息息相关的，性价比高的商品，其市场竞争力自然而然就会强。

因此，作为一名酒体设计师一定牢牢记住“酒是商品性价谈，性价比高销路宽，最低成本酒勾建，价廉物美好赚钱”。通俗地讲就是在进行酒体设计的时候，要优先考虑酒的价格、酒的成本，要善于以最低的成本设计出符合要求的酒，因此，笔者给独孤九鉴第一鉴的判词为“成本优先成本廉”，酒体设计时，始终牢记：

成本最低，安全第一；

品质满意，市场无敌。

所谓的“成本优先”是指在开始进行配方试验之前，要优先考虑所要设计酒的价格定位。对商品来说，价格定位很重要，所以酒体设计时要优先考虑成本问题，优先进行成本控制，酒体设计师在进行酒体设计时，成本控制水平，主要体现在两方面：

一是均衡使用各类型的基酒；

二是以质量等级低的基酒，设计出质量等级高的酒体。

能做到这两点，酒体的成本就能得到有效控制。

所谓的“成本廉”是指以较低的成本设计出较好的酒体。

（二）均衡使用各类型的基酒

白酒的工业化生产，目前实际上还是小规模生产的数量倍增，也就是说工业化白酒的批次规模与家庭小作坊白酒的批次规模相比并没有本质的区别，也还是非常小的，因此在白酒的生产过程中会有各种不同类型的基酒。在白酒的勾调过程中，调酒师要综合统筹各基酒之间的搭配，确保各种基酒的平衡使用。下面以浓香型白酒为例，简要说明如何做好各种基酒的搭配。

1. 老窖酒和新窖酒的比例

由于人工老窖的创造和发展，有些新窖（5 年以下）也能产出部分优质合格酒，但与百年老窖酒相比仍有差距。

在勾调时，新窖合格酒的比例占 20%~30%。相反，在勾调一般中档曲酒时，也应注意配以部分相同等级的老窖酒，这样才能保证酒质的全面和稳定。

2. 各种糟酒之间混合的比例

各种糟酒有各自的特点，具有不同的特殊香和味，将它们按适当的比例混合，才能使酒质全面，风格完美，否则酒味就会出现不协调。

优质酒勾兑时各种糟酒比例："双轮底"酒占 10%，粮糟酒占 65%，红糟酒占 20%，丢糟黄浆水酒占 5%。

各厂可根据具体情况，找出各种糟酒配合的适宜比例，不要千篇一律，要通过小样勾调来最后确定。

3. 不同季节所产酒的比例

以四川为例，7、8、9、10 月（淡季）所产的酒为一类，其余月份产的酒为另一类，这两类酒在勾调时应适当搭配。

4. 不同发酵期所产酒的比例

发酵期较长（60~90d）所产的酒，香浓味醇厚，但香气较差。发酵期短（30~40d）所产的酒，闻香较好，挥发性香味物质多。

若按适宜的比例混合，可提高酒的香气和喷头，使酒质更加全面。一般可在发酵期长的酒中配以 5%~10% 发酵期短的酒。

5. 老酒和一般酒的比例

老酒一般是指贮存 10 年以上的酒。它具有醇、甜、清爽、陈味好的特点，但香味不浓。

一般酒贮存期较短，香味较浓，带糙辣。

因此在勾调组合基础酒时，一般都要添加一定数量的老酒，使之取长补短。其比例多少恰当，应注意摸索，逐步掌握。

各种基酒之间的搭配原则总结如图 3-23 所示。

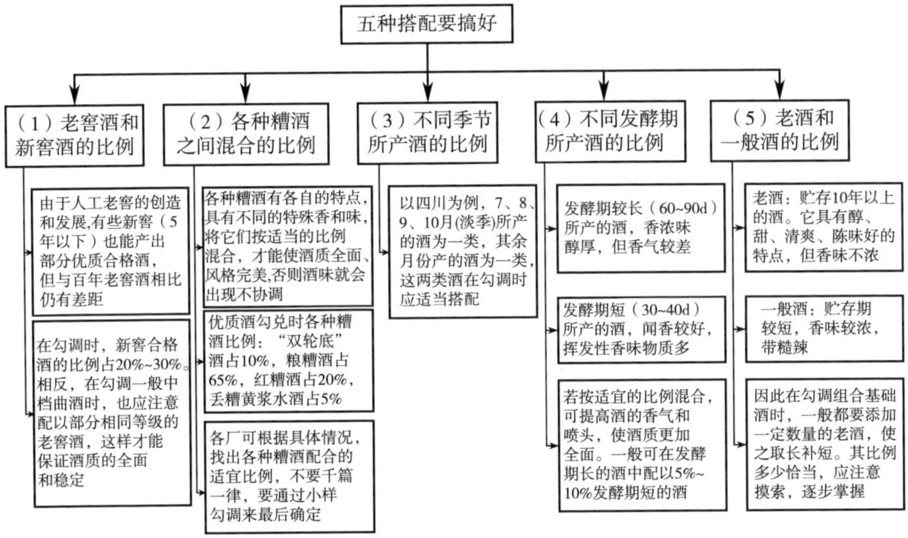

图 3-23　不同基酒搭配使用的五种经验

五种搭配经验也可以总结成如下诗句，诗名是“五种搭配要搞好”，由于诗句的字面意思比较浅显，这里不作逐句解释。

五种搭配要搞好

开放批小可控少，无法全控无法均；
勾三调四来调匀，四酒五酒多种分；
新窖老窖不同糟，季节不同长短酵；
贮存长短分新老，五种搭配要搞好。

（三） 三种价格观

从事酒体设计的人员往往是技术人员，技术人员一般对价格的关注会少一些，当然价格的内容也涉及到经济学和市场学等学科方面的理论，而酒体设计人员的专业往往是发酵工程等相关专业，因为专业背景的缘故，自然对价格问题关注的也会少一些。从本质上看，一个商品在市场上的价格往往是由成本、品质和需求三个最基本的因素决定的。

因此，笔者认为作为酒体设计师要树立三种价格观，即基于成本的价格观、基于品质的价格观和基于需求的价格观。对这三种价格观笔者用一首诗进行了总结和概括，诗的题目为“成本品质需求看”，内容如下：

成本品质需求看

酒是商品性价谈，树立三种价格观；
基于成本价格观，实际成本是基线；
基于质量价格观，按质论价差别见；
基于需求价格观，供不应求价翻番。

诗的第三句和第四句表示基于成本价格观要求在定价和酒体设计的时候，树立成本的观念。在酒体设计方案中，要会对酒的市场售价进行设计，在具体进行酒体设计时，要根据预设的价格，选择相应价位等级的基酒进行酒体设计。再根据基酒的价格，估算出所设计酒体的成本价格，这个成本价格就是酒作为商品价格的基线。

第五句和第六句表达的是质量价格观。一瓶中国白酒的市场售价从几元到几万元不等，同为一瓶的量，为什么售价相差这么大呢？显然决定白酒销售价格的关键因素，不仅取决于其生产成本，更取决于其品质，白酒是典型的“按质论价”商品。在酒已经酿造出来的情况下，要提高酒体的质量，只有依靠高水平的酒体设计技术。因此，酒体设计成为保证和提高白酒质量非常关键的环节。

第七句和第八句表示基于需求价格观品质的提升可以提高酒的售价，在品质提升的同时，也提升了酒的稀缺性，稀缺性提高到一定的程度，自然也就可以使酒的售价呈几何倍数的增加。酒和其他的商品一样，顶级品质的产品都很稀缺。作为酒体设计师，要锻炼自身设计顶级酒品的能力。

这里笔者解释一下高端白酒的价格动辄上千元，其依据为何？按照正常的逻辑来说，白酒的高价是建立在品质、品牌和需求的基础之上，这三者缺一不可，否则只能是有价无市，我们把品质、品牌和需求称为支撑白酒价格的三驾马车或三个阶梯。

一种白酒光有品质没有品牌知名度，也难以卖出高价；有品牌，但是品质不行，也很难长期支撑其高价；有品质、有品牌，但是没有市场需求，也只能是有价无市，销量上不来。

品质是消费者能感知的，属于白酒质量“阳”的部分，这是支撑白酒价格的前提（即第一驾马车或第一个阶梯），缺失品质，消费者也许会购买一次，但是不会形成复购。

品牌是建立在长期品质上的口碑，是白酒品质“阴”的部分，也就是说，重视品牌的酒，不仅会在国家标准要求的品质部分下功夫，更会在国家标准不要求的部分下功夫，品牌是白酒价格高的第二驾马车或第二个阶梯。

品质和品牌都得到消费者认可的酒，会得到更多消费者的青睐，购买和复购率高，会形成强大的需求，甚至出现供不应求的情况，这时产品的价格自然就会更高。因此，需求是支撑白酒价格的第三驾马车或第三个阶梯。

如今，中国白酒的涨价声音不断，每瓶过千元的白酒产品种类颇多，为了保持良好的发展，企业一定要做好品质，维护好品牌声誉，同时，也要针对市场需求，做好充分的调研分析，不能盲目涨价。

二、“独孤九鉴” 第二鉴：安全第一保安全

酒作为食品，安全是最重要的，因此，在进行酒体设计或勾调的时候，

在明确了酒的价格定位后，要把安全放在第一位。一般来讲，安全虽然最重要，但是在进行酒体设计的时候，实际上也是最容易达到要求的，只要守住“材料合法，过程合规，成品合格”三道红线就可以，这也就是“独孤九鉴”第二鉴：“安全第一保安全。”要做到这一点，在进行酒体设计前需要知道成品中国白酒的安全指标要求，并对基酒的相关安全指标进行检测，在酒体设计的时候关注其含量的高低。

这里需要说明的一点是，食品安全标准一般来说，是针对成品酒而言的，对于基酒等中间产品来说，并不一定也要完全满足成品酒的安全标准。这里举个简单的例子来说明这一点，例如现在我国要求成品白酒中的塑化剂邻苯二甲酸二丁酯（DBP）的含量不得超过 1mg/L，该标准实际上并不针对基酒，如果某个基酒的邻苯二甲酸二丁酯超过这个值，则可以根据实际含量和限量标准，估算出该基酒的最大使用比例，在酒体设计时，注意保证该基酒的使用量在最大使用比例之下，并留出足够的安全裕量即可。

（一）白酒安全指标体系

根据目前我国现行的食品安全国家标准及国际上对蒸馏酒的要求，以及影响这些安全指标的主要原因，笔者把中国白酒的食品安全指标，归纳成五类。第一类是主要由酿酒原料引起的，主要包括甲醇和氰化物；第二类是指主要在发酵过程中产生的，主要包括氨基甲酸乙酯和杂醇油；第三类是主要由设备和包装材料内不安全成分迁移引起的，主要包括铅和塑化剂等；第四类是指人为非法添加的，主要有酒精、香精和甜味剂等；第五类是指食品标签标注不规范引起。这里需要说明的是，这五类指标是根据现行的标准体系总结出来的，随着研究的深入，这五类食品安全指标可能会发生变化。另外，这五类指标的分类是基于常见的诱发因素进行，并不十分严格，更多地是为了方便掌握而进行的，例如铅在这里是归入了迁移污染的范畴，实际上也有可能由原料带入。这五类食品安全指标内容详见表 3-26 所示。

表 3-26　　成品白酒需要遵守的食品安全限量标准

<table>
<tr><th>序号</th><th colspan="2">类别</th><th>项目</th><th>要求</th></tr>
<tr><td rowspan="2">1</td><td colspan="2" rowspan="2">原料污染物</td><td>甲醇[a]/(g/L)</td><td>≤0.6;
≤2.0（非谷物）</td></tr>
<tr><td>氰化物[a]（以氢氰酸计）/(mg/L)</td><td>≤8.0</td></tr>
<tr><td rowspan="2">2</td><td colspan="2" rowspan="2">发酵污染物</td><td>氨基甲酸乙酯</td><td>暂无国标</td></tr>
<tr><td>杂醇油/(g/L)</td><td>2.0（1981 年标准）</td></tr>
<tr><td rowspan="3">3</td><td rowspan="3">迁移</td><td>有毒元素</td><td>铅（以 Pb 计）/(mg/L)</td><td>≤0.5</td></tr>
<tr><td rowspan="2">塑化剂</td><td>邻苯二甲酸二丁酯（DBP）/(mg/kg)</td><td>1</td></tr>
<tr><td>邻苯二甲酸二（2-乙基己基）酯（DEHP）/(mg/kg)</td><td>5</td></tr>
<tr><td rowspan="8">4</td><td colspan="2" rowspan="8">非法添加物</td><td>食用酒精</td><td>不得检出</td></tr>
<tr><td>食用香精</td><td>不得检出</td></tr>
<tr><td>阿斯巴甜</td><td>不得检出</td></tr>
<tr><td>三氯蔗糖</td><td>不得检出</td></tr>
<tr><td>乙酰磺胺酸钾（又名安赛蜜）</td><td>不得检出</td></tr>
<tr><td>纽甜[b]</td><td>不得检出</td></tr>
<tr><td>糖精钠</td><td>不得检出</td></tr>
<tr><td>环己基氨基磺酸钠（又名甜蜜素）</td><td>不得检出</td></tr>
<tr><td>5</td><td colspan="2">标签标识</td><td>酒精度、警示语和保质期、食品名称等</td><td>GB 2757—2012 和
GB 7718—2011</td></tr>
</table>

a 甲醇、氰化物按 100%酒精度折算。

b 纽甜为 *N*-[*N*-(3,3-二甲基丁基)-L-α-天冬氨酰]-L-苯丙氨酸-1-甲酯。

作为酒体设计人员，一定要熟悉我国及国际上其他国家对蒸馏酒的食品安全要求，在酒体设计过程中不违规使用色素、酒精、香精、甜味剂等，也不能使用塑化剂超标的基酒。笔者把五类食品安全指标及其限量要求，融合在了十二句诗中，诗句的内容如下：

白酒五安全

原发迁移非添标，甲氰百度杂醇氨；
半铅两塑三非添，酒精香精多个甜；
二丁乙己没异壬，甜纽安精两阿三；
杂醇两克暂无氨，一丁五己添不检；
粮谷甲醇点六限，其他两克有点宽；
八个毫克氢氰酸，白酒出口氨基限。

第一句首先把目前和白酒息息相关的五类安全指标进行了列举，即原料污染物、发酵污染物、以重金属铅和塑化剂为代表的和酒体接触后发生迁移的污染物、在白酒中非法添加的一些添加物与标签标识。

第二句对酒的原料污染物、发酵污染物进行了列举，即分别为原料污染物甲醇和氰化物，这两者都是以100%酒精度来计量的，发酵污染物杂醇油和氨基甲酸乙酯。这里需要指出的是目前我国的食品安全标准并没对白酒中的杂醇油和氨基甲酸乙酯进行限量规定，建议有条件的企业对这两个指标进行关注。

第三句和第四句列举了重金属污染物，主要代表是铅，其限量标准为0.5mg/L；塑化剂污染物，以两种塑化剂为代表；三种非白酒自身发酵产生的非法外来添加物，即酒精、香精和多个甜味剂。

第五句把两个塑化剂代表的名称列出，即邻苯二甲酸二丁酯（“二丁”），邻苯二甲酸二（2-乙基己基）酯（“乙己”）。同时这一句也提到塑化剂邻苯二甲酸二异壬酯，现在对白酒来说，一般不再进行限制。

第六句则对多个常见的甜味剂进行了列举，分别是甜蜜素、纽甜、安赛蜜、糖精钠、阿斯巴甜、阿力甜和三氯蔗糖等。

第七句将发酵污染物的限量标准进行了描述，杂醇油和氨基甲酸乙酯目前都无国家标准限量要求，在旧版国家标准GB 2757—1981《蒸馏酒及配制酒卫生标准》中，对白酒的杂醇油是有限量要求的，当时要求杂醇油≤2.0g/L。

第八句描述了两种塑化剂和非法外来添加物的限量标准即邻苯二甲酸二丁酯和邻苯二甲酸二（2-乙基己基）酯的限量标准分别为 1.0mg/L 和 5.0mg/L，而非法外来添加物都要求不得检出。

第九句和第十句对甲醇的限量要求进行说明。对粮谷类蒸馏酒来说，其甲醇的限量标准是≤0.6g/L，而对其他的蒸馏酒来说，其甲醇的限量标准则放宽到≤2.0g/L。

第十一句描述的是白酒氰化物的限量标准，以氢氰酸计，不超过 8.0mg/L。

第十二句是关于氨基甲酸乙酯的问题。目前我国对蒸馏酒中的氨基甲酸乙酯还没有限量要求，但是国际上很多国家都对其有限量要求，因此对于出口到国际上的中国白酒来说，需要检测其氨基甲酸乙酯的含量。

（二）五类食品安全指标

1. 原料有关的安全指标

（1）甲醇　甲醇摄入量过多时，先是产生喝醉的感觉，数小时后头痛、恶心、呕吐，以及视线模糊，严重者会失明，乃至丧命。

相关资料表明甲醇的毒性，有如下三个剂量：

①摄入量超过 4g 就会出现中毒反应。

②超过 10g 就能造成双目失明。

③致死量为 24g 以上。

甲醇经人体代谢产生甲醛和甲酸（俗称蚁酸），然后对人体产生伤害。甲酸累积在眼睛部位，破坏视觉神经细胞。进入大脑，破坏脑神经，从而产生永久性损害。甲酸进入血液后，也会使组织酸性越来越强，损害肾脏导致肾衰竭。

（2）氰化物　相关资料显示，口服氢氰酸致死量为 0.7~3.5mg/(kg 体重)。据此可以推算，对一个体重 50kg 的人来说，其致死剂量为 0.035~0.175g；对体重 100kg 的人来说，其致死剂量为 0.07~0.35g。

氰化物进入机体后，分解出具有毒性的氰离子（CN^-），氰离子能抑制组织细胞内 42 种酶，如细胞色素氧化酶、过氧化物酶、脱羧酶、琥珀酸脱氢酶及乳酸脱氢酶等的活性，其中，细胞色素氧化酶对氰化物最为敏感。

氰离子能迅速与氧化型细胞色素氧化酶中的三价铁结合，阻止其还原成二价铁，使传递电子的氧化过程中断，组织细胞不能利用血液中的氧而造成内窒息。

由于中枢神经系统对缺氧最敏感，故大脑首先受损，导致中枢性呼吸衰竭而死亡。

此外，氰化物在消化道中释放出的氢氧离子具有腐蚀作用。

2. 与发酵有关的安全指标

（1）氨基甲酸乙酯（EC） 氨基甲酸乙酯是一种多位点致癌物，可以引起肺癌、淋巴癌、肝癌、皮肤癌等疾病，酒精对其致癌性有促进作用。氨基甲酸乙酯是化工生产中的重要原料，具有广泛的用途，可作农药、医药等有机合成的中间体，也可用于合成异氰酸酯、无毒聚氨酯、三聚氰胺衍生物、聚乙酰胺，也可用于合成吡咯、三唑酮和三嗪等杂环化合物。

对氨基甲酸乙酯致癌机理的研究显示，其在生物体内的代谢主要与细胞色素 P450 有关，细胞色素 P450 将氨基甲酸乙酯氧化成 DNA 加聚物，能够破坏 DNA 双链，进而导致癌变。

这里提到的细胞色素 P450，其英文为 cytochrome P450，简写为 CYP450，其代表着一个很大的可自身氧化的亚铁血红素蛋白家族，属于单氧酶的一类，因其在 450nm 有特异吸收峰而得名。

细胞色素 P450 参与内源性物质和包括药物、环境化合物在内的外源性物质的代谢。根据氨基酸序列的同源程度，其成员又依次分为家族、亚家族和酶个体三级。

细胞色素 P450 酶系统，也可缩写为 CYP，其中家族以阿拉伯数字表示，亚家族以大写英文字母表示，酶个体以阿拉伯数字表示，如 CYP2D6、CYP2C19、CYP3A4 等。

人类肝细胞色素 P450 酶系中至少有 9 种与药物代谢相关。

（2）杂醇油　杂醇油能使神经系统充血，使人头痛。特别是杂醇油在人体内的氧化速度比酒精慢，在机体内停留时间长，其毒性随分子质量增大而加剧。

3. 有毒有害元素指标

短期高水平铅暴露，可造成线粒体呼吸及磷酸化被抑制，致使能量传递功能受到损坏。长期铅暴露可导致肾丝球体过滤速率降低以及肾小管的不可逆萎缩。

铅中毒的症状与铅的剂量有关，相关资料表明：

（1）血铅水平超过 0.3mg/L 时，神经传导速度降低。

（2）血铅水平为 0.4mg/L 以上时，可对肾功能造成损害。

（3）血铅水平超过了 3mg/L 时，症状常为易怒、注意力不集中、头痛、肌肉发抖、失忆以及产生幻觉，严重的将导致死亡。

（4）血铅水平达到 8~10mg/L 时，铅可通过干扰血红蛋白合成以及溶血引起人体产生贫血。

4. 塑化剂指标

塑化剂的毒性与生殖系统发育异常、生殖功能障碍，以及神经系统发育和功能损伤有关。塑化剂的半致死剂量为 30~34g/（kg 体重）。

塑化剂可作用于细胞的染色体，使染色体的数目或结构发生变化，从而使一些组织、细胞的生长失控，产生肿瘤。

5. 甜味剂指标

在我国被批准可以用于食品的甜味剂有很多，限于篇幅，本书重点介绍应用较广的十三种甜味剂，它们是阿斯巴甜、三氯蔗糖、安赛蜜、纽甜、糖精钠、甜蜜素、阿力甜、异麦芽酮糖、索马甜、爱德万甜、罗汉果甜苷、甜菊糖苷、甘草酸铵。

这些甜味剂虽然是我国 GB 2760—2014《食品安全国家标准　食品添加剂使用标准》名单中的合法食品添加剂，但是这些甜味剂并不允许使用在中国白酒中。这是为什么呢？拿甜蜜素来说，其作为一种合法的食品添加剂在我国只批准可以在 19 类食品中使用。这是因为一种食品添加剂能否作为某种食品的添加剂，其主要是基于两方面的考虑，一是食品安全性，二是保护和规范行业的发展。一种食品添加剂在批准使用之前要进行严格的食品安全评价实验，明确该食品添加剂的危害，即动物经口半致死剂量，再根据某种食品在居民中的暴露情况，从而制定该食品添加剂在某种食品中的最大允许添加量。除了安全性考虑之外，国家还会从规范和保护行业发展的角度，来考虑某种添加剂使用的必要性。就拿甜蜜素来说，虽然我国允许其在包括面包在内的 19 大类食品中使用，但是并不允许在白酒中使用，仅允许在配制酒中使用，这其中的原因，主要是因为白酒是中国传统的、独有的一类酒，在某种意义上讲是中国的某种象征，为了保持行业的传统性，我国是不允许其在白酒中使用的。

近年来在中国白酒中检出甜味剂的情况时有发生。此前有诸多白酒被查出含有甜蜜素，为何有些白酒企业乐于使用甜蜜素呢？使用甜蜜素对白酒有什么好处呢？这是因为白酒作为一种烈性酒，其酒精度一般都较高，高度酒必然会带来较刺激的口感，甚至有一定程度的苦味，增加酒的甜度可以降低酒的刺激感与苦感，使酒的口感变得绵柔，提高酒的可饮性。因此，提高酒的绵柔感是各白酒企业质量关注的重要方向之一，通过原料、工艺等的优化来提高白酒绵柔口感的技术难度是比较大的，而直接添加甜味剂，效果更加明显，成本也很低，但是做法简单粗暴，是一种不被允许的不合规的行为。

（1）甜蜜素　是一种合成甜味剂，其化学名称为环己基氨基磺酸钠，其甜度是蔗糖的 30~40 倍。

甜蜜素对人体的危害，其实，现在还没有定论，最早提出甜蜜素可致膀胱癌并禁止作为甜味剂使用的国家是美国。1969 年美国国家科学院研究委员会收到有关“甜蜜素：糖精为 10：1 的混合物”可致膀胱癌的动物实验证据，1970 年美国食品药品监督管理局随即发出了全面禁止使用甜蜜素的命令，英国、日本和加拿大等国随后也禁用。

随后又有很多学者做了大量的实验，证明甜蜜素并无致癌的危险性，因此，我国在1986年将甜蜜素批准作为一种合法的食品添加剂，允许在19大类食品中使用，并且对其最大使用量做出了限制规定。

（2）纽甜　纽甜的化学名称是N－［N－（3,3－二甲基丁基）－L－α－天冬氨酰］－L－苯丙氨酸－1－甲酯，白色结晶粉末，含约4.5%的结晶水，是一种功能性甜味剂。

纽甜具有纯正的甜味，甜味协调柔和，十分接近阿斯巴甜，没有其他强力甜味剂常带的苦味和金属味。

纽甜甜度是蔗糖的7000~13000倍，是阿斯巴甜的30~60倍，能量值几乎为零。可在瞬时高温的条件下保持稳定，蛋糕生产中，经过450℃的高温焙烤后，仍有85%的纽甜存在。

（3）安赛蜜　安赛蜜是一种食品添加剂，化学名称为乙酰磺胺酸钾，又称AK糖，外观为白色结晶性粉末，它是一种有机合成盐，其口味与甘蔗相似，易溶于水，微溶于酒精。

安赛蜜化学性质稳定，不易出现分解失效现象；不参与机体代谢，不提供能量；甜度较高，价格便宜；无致龋齿性；对热和酸稳定性好，是当前世界上第四代合成甜味剂。

它和其他甜味剂混合使用能产生很强的协同效应，一般浓度下可增加甜度20%~40%。20世纪90年代末我国就对其制定了产品的行业标准，随着国内安赛蜜生产水平的不断提高，在食品加工上的应用范围越来越广，并有较大比例的出口。

（4）糖精钠　糖精钠化学名称为邻苯甲酰磺酰亚胺钠，是有机化工合成产品，作为食品添加剂除了在味觉上引起甜的感觉外，对人体无任何营养价值。当食用较多时，会影响肠胃消化酶的正常分泌，降低小肠的吸收能力，使食欲减退。

许多国家都限制了糖精钠在食品加工中的使用量。在生产经营活动中，少数企业为了片面追求产品的甜度、色泽或延长产品保质期，擅自违法过量使用糖精钠等食品添加剂，对人体健康构成了潜在的威胁。

（5）阿斯巴甜　阿斯巴甜作为一种重要的甜味剂，其化学名称为天冬酰苯丙氨酸甲酯，其被广泛应用于药剂加工和食品加工中，其安全性非常重要。但阿斯巴甜在使用中存在致癌、导致免疫力低下、诱发脑瘤等安全隐患问题，添加阿斯巴甜的食品应标明："阿斯巴甜（含苯丙氨酸）"。

虽然市场上部分甜味剂已由阿斯巴甜更换成果葡糖浆等安全性相对较高的甜味剂，但其应用仍十分广泛，过量使用可能会影响人们的生命安全。

（6）阿力甜　阿力甜是一种以天冬氨酸和丙氨酸为原料合成的二肽类甜味剂，化学名称为L-α-天冬氨酰-*N*-(2,2,4,4-四甲基-3-硫化三亚甲基)-D-丙氨酰胺，其甜度为蔗糖的2000倍以上，具有安全性好、甜度高和热量低的优点，是蔗糖的替代品之一，性质稳定，应用范围广，许多国家包括中国在内已批准使用。

阿力甜甜味清爽，耐热、耐酸、耐碱，具有优越的贮存和加工稳定性，可广泛用于食品工业，1979年由美国辉瑞公司研制成功。我国于1994年批准使用，常用于饮料、果冻、冷饮、餐桌甜味剂等。在酸、热等条件下均十分稳定，易溶于水（13.1%）、酒精（61%）和甘油（53.7%）。室温下pH为5~8的水溶液，贮存半衰期为5年，5%水溶液pH为5~6，无后苦味和金属、碱、涩味，且口感与蔗糖接近，甜味迅速、持久、安全。因分子结构中含有硫原子而稍带硫味。用阿力甜的部分饮料，经长时间储存之后会出现一些不配伍的现象，感官分析发现有明显的硫味。

阿力甜对热稳定，可用于烘烤食品，并且pH也稳定，无毒害、无异味。已按美国FDA的有关法规完成了34项毒理试验，包括急性毒性、亚急性及慢性试验、致肿瘤、致畸胎、二代繁殖及诱变性等，结果均未发现有异常，可广泛适用于食品、日用化学工业。D-丙氨酸衍生物的生产工艺水平决定着阿力甜的成本高低。

（7）三氯蔗糖　三氯蔗糖俗称蔗糖素，是一种高倍甜味剂，分子式为$C_{12}H_{19}Cl_3O_8$。稳定性高，对光、热、pH均很稳定。极易溶于水、甲醇和酒精，微溶于乙醚。10%水溶液的 pH 为 5~8。

三氯蔗糖是 1976 年由英国泰莱公司与伦敦大学共同研制并申请专利的一种新型甜味剂，并于 1988 年投入市场，是唯一以蔗糖为原料的功能性甜味剂，原始商标名称为 Splenda，甜度可达到蔗糖的约 600 倍（400~800 倍）。

三氯蔗糖具有无能量、高甜度、甜味纯正、安全度高等特点，也是目前最理想的甜味剂之一。

（8）罗汉果甜苷　罗汉果甜苷又称罗汉果甜，植物含量较高且水溶性好，目前已经有纯度 98%以上成品用作食品添加剂，萃取于广西特产经济植物——罗汉果，其甜度为蔗糖的 300 倍，热量为零，具有清热润肺镇咳、润肠通便之功效，对肥胖、便秘、糖尿病等具有防治作用。

罗汉果甜苷作为食品添加剂是安全无毒的，在国家标准 GB 2760—2014《食品安全国家标准　食品添加剂使用标准》中规定，罗汉果甜苷可不限量用于各类食品。

（9）甜菊糖苷　甜菊糖苷俗称甜菊糖、甜菊苷，是一种从菊科草本植物甜叶菊（或称甜菊叶）的叶子中精提的新型天然甜味剂，南美洲使用甜叶菊作为药草和代糖已经有几百年历史。甜叶菊原产于巴拉圭和巴西，它具有高甜度、低热能的特点，其甜度是蔗糖的 200~300 倍，热值仅为蔗糖的 1/300。

国际甜味剂行业的资料显示，甜菊糖苷已在亚洲、北美、南美洲和欧盟各国广泛应用于食品、饮料、调味料的生产中，中国是全球最主要甜菊糖苷生产国。

（10）索马甜　索马甜又名非洲竹芋甜素，是从西非热带雨林森林地带自然生长的植物（竹芋属竹芋科）中提取出的一种天然甜味蛋白质，其分子量为 22ku，甜度为蔗糖甜度的 1600~3000 倍。这种甜味剂于 1841 年由英国军医 W. F. Danieell 发现，1972 年由 Van Derwel 分离出甜味蛋白，并命名为索马甜，于 1979 年阐明结构式。

索马甜具有天然、低热量、安全无毒的特点，并可降解为人体所需要的氨基酸。索马甜家族包含索马甜Ⅰ、Ⅱ、Ⅲ及索马甜 B 和 C，这五种索马甜均由多肽链组成，其氨基酸组成相似。索马甜的甜味阈值极低，甜味极强，甜味爽口、无异味、持续时间长，可以改善和增强食品风味，掩盖苦味和涩感。此外，索马甜加工稳定性好。

索马甜的水溶液在 pH 1.8~10 时稳定，等电点约 pH 11，加热可发生变性而失去甜味，遇单宁结合后亦会失去甜味。在高浓度的食盐溶液中甜度会降低，极易溶于水，与糖类甜味剂共用有协同效应和改善风味作用。

美国 1984 年批准用于口香糖，现在在很多国家都被批准使用，是一种很有发展前途的天然食品甜味剂。

2014 年，我国正式批准索马甜作为食品添加剂使用，冷冻饮品（食用冰除外）、加工坚果和籽类、焙烤食品、餐桌甜味料、饮料类（包装饮用水除外）的最大使用量为 0.025g/kg。

（11）爱德万甜　爱德万甜化学名称 N-{N-[3-(3-羟基-4-甲氧基苯基)丙基]-L-α-天冬氨酰}-L-苯丙氨酸-1-甲酯，相对分子质量为 476.52，是一种甜度相当于蔗糖 20000 倍的超高倍甜味剂，是迄今人类利用的最高甜度的物质，作为甜味剂，可以用于诸多食品中，且其用量可以远低于现有市场上的蔗糖和其他高倍甜味剂。爱德万甜水溶性好、耐热温度高，适于高温加工产品。

2014 年 5 月 21 日，美国食品药品监督管理局发布最终法规，修订食品添加剂条例，批准高倍甜味剂爱德万甜作为非营养甜味剂和增味剂用于除畜肉及家禽之外的食品中。同年 5 月 15 日，欧盟发布法规（EU）NO 497/2014，修订关于食品添加剂的法规（EC）NO1333/2008 和（EU）NO231/2012 附件中有关爱德万甜作为甜味剂使用的规定。

（12）异麦芽酮糖　异麦芽酮糖是甘蔗、蜂蜜等产品中发现的一种天然糖类，由于它有不会引起蛀牙的功能，全世界已大量研究和开发。在 1954 年它先以蔗糖为原料转化生产成功。1984 年日本新三井公司成功地开发出特殊酵素技术，将其大量工业化生产，之后它被大量应用于各种食品和甜味剂中。市场除了日本以外，更扩展到韩国和中国台湾等地区。

异麦芽酮糖的功能和应用一直被陆续开发出来，例如最新发现它对人体脑部尤其有特殊功能性，同时，作为一种特殊的甜味剂，其有独特的消化和吸收性，非常适合应用于糖果、饮料及各种食品中。

（13）甘草酸铵　甘草酸铵又称为甘草酸单铵水合物、甘草酸单铵盐、甘草酸一铵盐水合物、甘草酸单铵、甘草甜素、甘草皂苷、强力宁，甘草酸铵有强甜味，甜度约为蔗糖的 200 倍，通常可作为食品添加剂中的甜味剂，用于肉类罐头、调味料、糖果、饼干、凉果及饮料等。

6. 白酒的标签标注

白酒标签除酒精度、警示语和保质期的标识外，应符合 GB 7718—2011《食品安全国家标准　预包装食品标签通则》的规定。白酒应以“%vol”为单位标示酒精度，并标示“过量饮酒有害健康”，可同时标示其他警示语。酒精度≥10%vol 的饮料酒可免于标示保质期。

三、“独孤九鉴” 第三鉴：酒度精准一度偏

（一） 酒和酒精的关系

酒首先是一种食品，供人饮用的食品，过去统称为饮品或饮料，因此通常把酒看成是一种饮料，即酒精饮料。

饮料曾经是一个大概念，包括不含酒精的非酒精饮料和含酒精的酒精饮料，因此酒就是酒精饮料，也是我们俗称的硬饮料，非酒精饮料俗称软饮料。2008 年以后，我国国家标准倾向于将酒和饮料区分开来，即现在的饮料就是过去的软饮料，也称饮品，其定义为“经过定量包装的，供直接饮用或按一定比例用水冲泡饮用的，乙醇含量（质量分数）不超过 0.5%的制品，也可为饮料浓浆或固体形态”。

因此，在现在的国家标准体系中，酒一般不再称为饮料了，即酒一般不再称为酒精饮料，为了和饮料有所区分，酒称为饮料酒，即认为是具有饮料的外观特性，但是含有酒精。相关国家标准规定，含有酒精是指酒精含量>

0.5%vol。在这里有一种特殊情况，即酒精含量≤0.5%vol的啤酒，在啤酒界，称为无醇啤酒，无醇啤酒虽然酒精含量≤0.5%vol，但因为其基本上是按照啤酒的工艺流程来生产，因此，把它当作啤酒来监管，但是从严格意义上来讲，无醇啤酒不能算作酒。

因此，中文里的酒，不严格地讲，也可以称为一种饮料、一种饮品、酒精饮料，但是如果严格地讲，称为饮料酒则更为准确。

纵观全世界的酒，其本质可以用两句来总结，那就是“酒含酒精是根本，零点五度分酒饮”。这两句话的意思是说，酒的根本本质是要含有酒精，酒精含量0.5%vol是区分酒和饮料的界限，只有酒精含量>0.5%vol时，才能算作是酒。

正因为酒精含量是酒成为酒的根本原因，因此，其含量的准确性对酒来说是非常有必要的，也就是说对一款白酒来说，要求提供给消费者的酒精度应该是稳定的，不能时高时低。为此，我们国家对白酒酒精度的波动范围做出了限制要求，国家标准要求酒精度的实测值与标签标示值的允许差为±1.0%vol。

（二） 中国白酒酒精度高低的划分

白酒的度数一般指的是酒精含量，衡量酒精含量的方法有多种。很多情况下，是用白酒中所含酒精体积的百分比来表示，因为体积是受温度的影响，因此，需要对温度进行约定，通常是用20℃时的体积百分比来表示，其标准单位为%vol。例如50%vol的酒，表示在20℃时，在100mL的酒中，含有酒精50mL。

关于白酒度数高低的划分，并没有统一固定的标准，在目前我国现行的白酒国家标准中，一般将白酒分为高度白酒和低度白酒两类。但是对于不同香型的白酒，其高低界定度数并不完全统一，即使是同一香型的白酒，不同年份，酒的度数的划分也可能会有差异。

图3-24显示的是现行国家标准中对18种类型白酒的高低酒精度划分标

准。从图中可以看出，正如前文所述，不同香型的白酒，其高低度数界定并不完全统一，但是大体是接近的，其中也有一定的规律可循。笔者将其中的规律总结于下面这首诗里：

中国白酒的酒精度

起点十八两七差，浓米特清董二五；

酱香三二馥郁没，四一四三和四五；

董三其一酱特五，六零六八两六五；

豉香最低釜蒸馏，液和固液都六五。

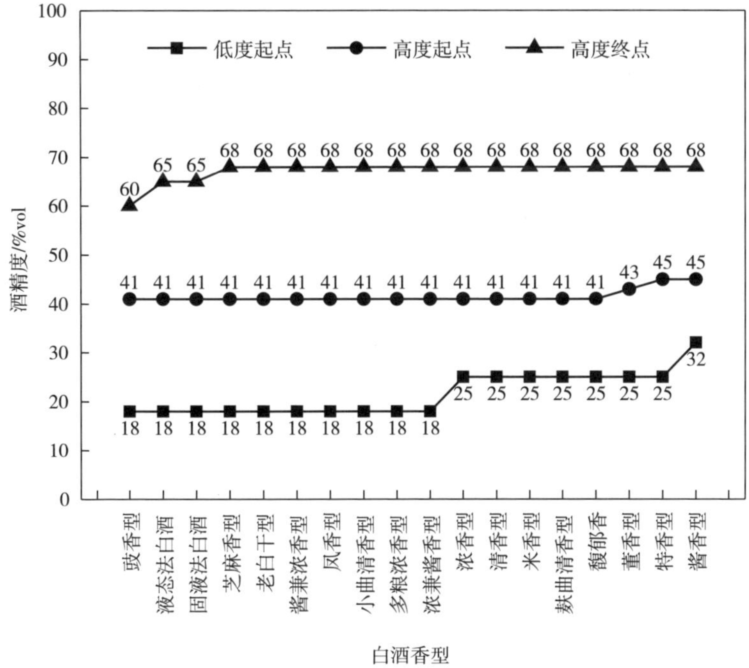

图 3-24　18 类白酒的高低酒精度划分

第一句到第三句描述的是中国白酒的最低酒精度。中国白酒的最低度数起点是 18%vol 和两个以 7 为差的度数，即 25%vol 及 32%vol。浓香、清香、米香及董香型白酒的最低度数为 25%vol。酱香型白酒的最低度数为 32%vol，馥郁香型白酒没有最低度数限定，其余白酒的最低度数是 18%vol。

第四句和第五句说明中国白酒的高低酒精度分界点。中国白酒的高度酒的起点度数有 41、43 和 45%vol。董香型的高度酒起始于 43%vol，酱香型和特香型高度酒起始于 45%vol，除此之外其他酒的高度酒都是起始于 41%vol。

第六句到第八句描述的是中国白酒的最高限定度数。中国白酒的最高酒精度有 60、65 和 68%vol 三种。豉香型白酒的最高酒精度是最低的，因为其采用的是釜式蒸馏，因此豉香型白酒的酒精度偏低，最高酒精度一般也就能达到 60%vol，再高有难度。液态法白酒和固液法白酒最高酒精度都为 65%vol。其余白酒的最高度数不宜超过68%vol，否则将不适合饮用。我们日常用来消毒的医用酒精，纯度也大多为 75%。如果白酒执行的是国家标准，则其最高酒精度一般不会超过 68%vol，这就是衡水老白干有一款酒精度为 67%vol 的白酒的原因。但是市面上确实也有一部分白酒的酒精度超过 68%vol，则其需起草企业标准，而不能执行相应的国家标准。

最后需要说明的一点是酒精度的高低和酒的好坏是没有必然联系的，但是不同的酒精度也是会对酒的质量产生一定的影响，对企业来讲，精准控制酒精度是非常有必要的。

四、“独孤九鉴” 第四鉴：总酯达标酒丰满

（一） 酯对中国白酒品质的影响

“独孤九鉴” 第四鉴关注的是总酯，也就是说，在保证食品安全和酒精度准确的情况下，要重点关注酒的酯含量，大量的实践表明，白酒的总酯含量越高，酒的香气也就越浓郁，也就越丰满。因此，笔者给第四鉴的判词是“总酯达标酒丰满”，即“酒要香，酯够量”。但是也不能机械地认为白酒的酯含量越高越好。

因为现行的白酒国家标准对白酒总酯的含量都有一个最低的要求，因此，在进行酒体设计的时候，起码要让设计好的白酒，其总酯含量达到国家标准

的要求，要过总酯含量关。这里的“达标”有两层涵义：一层是达到国家标准的要求；另一层是指达到酒体设计师心中的理想含量。

这里提到的总酯是国家标准中的概念，其大小和酒体中单体酯含量的高低有关系，但并不是单体酯含量的简单的数学加和。国家标准中总酯是用碱中和样品中的游离酸，再准确加入一定量的碱，加热回流使酯类皂化，通过消耗碱的量计算出总酯的质量浓度，以乙酸乙酯计，单位为 g/L。

酯是中国白酒中重要的呈香风味成分，中国白酒之所以有众多的香型，最主要的直接原因就是白酒中酯的含量和量比不同而引起的。从有机化学角度分析，酸和醇反应可以生成酯，在白酒中含量最高的醇是乙醇，因此，乙醇可以和白酒中存在的很多有机酸发生酯化反应，生成相应的某酸乙酯。因而，在白酒行业有这么一句话，即“有什么样的酸，就会有什么样的乙酯”。

微量成分的分析表明中国白酒中酯类有多达 90 多种之多，芳香型酒和名酒中的酯含量一般均较高，平均在 2g/L 以上。白酒中所含的各种酯类，其香气特点和对酒质的影响是不同的，白酒中最主要的酯有四种，即乙酸乙酯、乳酸乙酯、丁酸乙酯和己酸乙酯，这四种酯在白酒行业被称为“四大酯”，占总酯含量的 90%以上，四大酯的风味特征如下：

（1）乙酸乙酯的呈香呈味特征为有苹果香，有刺激感，带涩味，具有白酒的清香感，是清香型白酒的主体香味成分。

（2）乳酸乙酯的呈香呈味特征为香气弱，有脂肪气味，适量的时候有浓厚感，大量的时候有刺激味、涩味和苦味。

（3）丁酸乙酯的呈香呈味特征为脂肪臭比较明显，有类似菠萝香味，味涩，爽快可口。

（4）己酸乙酯的呈香呈味特征为有菠萝果香气味，味甜爽口，具有白酒窖香感，带刺激涩感，是浓香型白酒的主体香味成分。

浓香型白酒香气浓郁、绵甜甘洌、香味悠长，是因为其中四大酯的比例较为独特，己酸乙酯的含量高，己酸乙酯阈值低，故而浓香型白酒香气浓郁。如剑南春四大酯的高低顺序为己酸乙酯>乙酸乙酯>乳酸乙酯>丁酸乙酯，这赋予了剑南春绵甜甘洌的特点。泸州老窖是浓香型酒的代表，它的四大酯比例关系与剑南春有所不同，使两者具有不同的特点。

清香型白酒四大酯比例也比较独特，其高低顺序一般为乙酸乙酯>乳酸乙酯>己酸乙酯>丁酸乙酯，这种顺序形成了清香型白酒清爽甘洌、香味协调的独特风格。

总之，四大酯的含量和量比关系非常重要，要生产什么香型的酒，就必须有与其相适应的酯的比例关系，酒体设计时一定要慎重。

除了四大酯外，有些浓香型白酒还含有较高的甲酸乙酯，清香型白酒中还有琥珀酸乙酯。酯类化合物不但可以影响白酒的质量风格，一定量的酯类的存在还可以使体系的饱和蒸气压降低，延缓其他组分的挥发速度，起到香气持久和稳定的作用。酒要香，就必须有较高含量的酯，酯含量低的酒，香不了。

大多数厂家为了使酒更香，采取了不少措施，如延长发酵期、泥包发酵、添加酯化液等，都在千方百计地增加酒的酯含量，从而提高酒质。要想产高质量的酒，就必须有高质量工艺和技术，没有捷径，只有踏踏实实地做，才能产出好酒。中国白酒能独立于世界酒林，是因为中国白酒含有洋酒无法相比的高酯含量，中国白酒的香是中国酒的特色。

（二） 白酒总酯含量的标准要求

在勾调白酒的时候，要熟悉相应白酒标准对酯含量的要求。既要关注总酯的含量，也要关注单体酯的含量和比例。一般白酒的总酯量应在 0.50g/L 以上（以乙酸乙酯计），粮食酒应为 1.00g/L 以上，高度浓香优级酒的总酯含量一般要≥2.00g/L。

五、“独孤九鉴”第五鉴：总酸达标酒绵甜

（一） 酸对白酒品质的影响

如果说“独孤九鉴”第四鉴关注的是白酒香气的话，那么“独孤九鉴”

第五鉴关注的则是白酒的口感。白酒国家标准中和口感有关的一个重要的理化指标就是总酸。大量的实践表明，适当增加白酒的总酸含量白酒的口感会变得绵甜，因此，笔者给第五鉴的判词是“总酸达标酒绵甜”。

因为现行的白酒国家标准对白酒的总酸都有一个最低的要求，因此，酒体设计时，起码要让设计好的白酒，其总酸含量达到国家标准的要求，要过总酸含量关。这里的“达标”实际上有两层涵义：一层是达到国家标准的要求；另一层是指达到酒体设计师心中的理想含量。但是也不能机械地认为白酒的总酸含量越高越好。

这里提到的总酸是国家标准中的概念，其大小和单体酸含量的高低有关系，但并不是单体酸含量的简单数学加和。国家标准中测定总酸的方法是用酚酞为指示剂，采用氢氧化钠溶液进行中和滴定，根据消耗的氢氧化钠标准滴定溶液的量来计算总酸的质量浓度，以乙酸计，单位为 g/L。

白酒中的酸绝大部分是有机酸，它们在白酒中的地位和作用，近年有较为深入的认识，酸不仅具有酸感，而且还是重要的协调成分，酸的功能相当丰富，影响面也广，在酒体设计时，不太容易掌握好。

一般来说酸含量不足的酒易有苦味，酸含量适中的酒会带有甜味，酸含量过多的酒可能不苦，但会使酒味变糙或产生其他的问题。因此，酒体设计时，酸的控制十分重要。酸对酒的作用可以总结为“少苦适甜多变糙，增味压香催酒老”，下面把酸对白酒的作用进行详细介绍。

1. 减轻酒的苦味

正丁醇小苦，正丙醇较苦，异丁醇苦味极重，异戊醇微带苦，酪醇 0.005%就有苦味，丙烯醛有持续的苦，单宁和酚则苦中带涩，一些肽也有明显的苦味。如果有适量的有机酸存在，这些物质引起的苦味可以得到减轻。

2. 酸是白酒最好的呈味剂

酸是中国白酒重要的显味风味成分，对提高白酒绵甜感起到很重要的作用，白酒缺乏酸类（如液态法白酒），酒体会显得单薄、欠柔和、呆滞，邪杂味露头，酒发苦，不干净，酒口味寡淡，后味短淡，酒体不丰满。

酸对白酒口味口感的作用，总结起来有以下几种：

（1）适量的酸可以增加入口甜度和回甜感。在色谱骨架成分合理的情况下，酸含量适度，比例协调，可使酒出现甜味和回甜感。

（2）适量的酸可以增加酒的味道。人们在饮酒时，总是希望味道丰富，有机酸能使酒的口味变得丰富而不单一。

（3）适量的酸可以适当减轻中、低度酒的水味。

（4）适量的酸可以增加酒的后味，即指酒的味感在口腔中保留时间增长。

（5）适量的酸可以消除燥辣感，增加白酒的醇和度。

（6）适量的酸可以减少或消除杂味。白酒口感的重要评价标准之一是净，即指酒没有杂味，更不能有怪味。在消除白酒杂味功能上，羧酸比酯、醇、醛的效果更好。

3. 对白酒香气有抑制和掩蔽作用

含酸量偏高的酒，对正常酒的香气有明显的压抑作用，俗称压香。也就是说酸量过多，使其他物质的放香阈值增高了，放香程度在原来的基础上降低了。酸量不足时，会普遍存在酯香突出，但香气复合程度不高等现象。酸在解决酒中各类物质之间的融合程度、改变香气的复合性方面，有一定程度的作用。总的来说，酸压香提味，而乙醛和乙缩醛则是提香压味。

4. 酸是新酒老熟的催化剂

白酒中的酸是天然的老熟催化剂，它的组成和含量，对白酒的协调性和老熟能力有重要的影响。控制好入库新酒的酸度，以及必要的协调因素，对加速白酒的老熟起到很好的效果。

5. 酸的组成对香型与品质的影响

酸也是生成酯类物质的前体物质，没有酸就生不成酯，所以，想要有多高的酯，就要配多高的酸。清香型白酒的酸含量没有浓香型白酒的高，因而，其酯含量也没有浓香型白酒的高，香气也就没有浓香型白酒浓郁。

白酒中的四大酸是指乙酸、丁酸、乳酸和己酸，四大酸是白酒的主体酸，占白酒总酸的90%以上，不同的酸有不同的风味特征：

乙酸的呈香呈味特征是有乙酸气味，爽口的酸，带微甜，带刺激性；

丁酸的呈香呈味特征为闻着有脂肪臭，微酸、带甜；

乳酸的呈香呈味特征是有脂肪臭，入口微酸、酸甜，带涩，具有浓厚感；

己酸的呈香呈味特征为具有强烈脂肪臭，有刺激感，有类似于大曲酒气味，较爽口。

四大酸的协调配比，为中国白酒带来了丰富神奇的口感，创造了中国白酒众多的香型和风格流派。不同香型的白酒，其四大酸的含量是有差异的，总结起来，有以下几点规律：

（1）酱香型白酒与浓香型白酒相似，乳酸、乙酸、己酸和丁酸是其主体酸，其中乳酸含量高，占一半左右。

（2）“五粮液”的己酸含量最高，占总酸量的35%，其次是乙酸，占总酸量的23%。

（3）“汾酒”的乙酸含量高，占总酸的70%以上。

（4）米香型的“三花酒”的乳酸和乙酸含量高，乳酸占总酸的80%。

（5）“西凤酒”的主体酸是乙酸和己酸。

（6）多粮酒比单粮酒的口感好，这是大多单粮浓香型白酒的生产厂家改生产多粮酒的原因，多粮酒的酸比单粮酒的酸的结构和配比更协调平衡。单粮酒普遍乳酸含量高，口感浓厚，容易造成后味发涩。五粮酒的己酸含量普遍偏高一点，酒的口感比较丰满细腻、后味干净。

（7）川酒的口感好，主要原因之一是川酒生产中母糟经黄水浸泡，为母糟提供了协调而丰富的酸类物质，酸的结构与配比协调。而其他地方生产白酒时，是将黄水单独存放在窖底小坑内，使黄水未能浸泡母糟，而是产一点黄水，就流走一点，糟醅酸含量少，酸类物质的结构不完全协调平衡。

四大酸的组成和平衡性，对酒质的影响非常大，是酒体设计工作中的重要环节，四大酸与酒质的关系是非常重要的，酒体设计时要特别注重它们的含量和比例关系。酸对白酒酒质的影响，总结起来有以下几点：

（1）酸含量低的酒，邪杂味露头，酒发苦，不干净，单调，酒口味寡淡，后味短淡，酒体不丰满，在酒体设计时，要尽量避免这种现象的发生。

（2）酸含量过高的酒，会使酒变得粗糙，放香差，闻香不正，发涩，酒体不协调。

（3）一种酸过头，也会给酒质造成极大的危害，例如乙酸含量高的酒，酒体刺激感强，而适量的乙酸会使酒具有爽快感。

（4）酸不协调的酒，饮后容易上头、口渴，对人的身体健康不利。

（二） 白酒总酸含量的标准要求

在勾调白酒的时候，要熟悉相应白酒标准对酸含量的要求。要关注总酸的含量，也要关注单一酸的含量和比例。高度浓香优级酒的总酸含量要求≥0.4g/L。白酒中一些风味物质的风味特点及含量如表3-27所示。

表3-27　重要风味成分在白酒中的含量

序号	组分	香味特征	含量/（mg/100mL）
1	甲酸乙酯	桃香或荔枝味，味酸略有涩感	微量~20
2	乙酸乙酯	苹果香，有刺激感	50~150
3	丙酸乙酯	菠萝香，略有芝麻香	约2
4	乳酸乙酯	香弱、不爽、微甜	酱香：约100；浓香：120~200；清香：约160；米香：110~140
5	丁酸乙酯	菠萝香等	酱香：5~18；浓香：15~50；清香：微量；药香：约100
6	戊酸乙酯	底窖香，味较长	酱香：约6；浓香：5~15；清香：微量；米香：微量
7	己酸乙酯	菠萝香，味甜、爽口	酱香：<30；浓香：180~250；清香：<3；米香：微量；药香：70~90
8	乙酸	食醋气味，爽口带甜，白酒中主要有机酸	酱香：100~150；浓香：30~100；清香：30~100；米香：20~30

续表

序号	组分	香味特征	含量/(mg/100mL)
9	丁酸	轻的不愉快气味，似浓香型大曲酒风味	酱香：10～20；浓香：10～20；清香：0～1；米香：0～1
10	异丁酸	与上述相似，没有刺激臭	酱香：1～5；浓香：1～10；清香：0～1；米香：0～1
11	己酸	似汗的不愉快臭，具有浓香型大曲酒风味	酱香：10～30；浓香：30～100；清香：0～1；米香：0～1
12	乳酸	无香气，微酸，味涩，有浓厚感，多则发涩	酱香：100～150；浓香：30～100；清香：20～50；米香：80～120
13	正丙醇	似酒精气味，香气清雅，微燥	10～160
14	仲丁醇	杂醇油味	3～6
15	异丁醇	味微苦，较柔，较醇净，稍有苦涩	酱香：10～20；浓香：10～30；清香：30～70；米香：40～70；药香：30～60
16	正丁醇	水果香、臭	酱香：7～10；浓香：6～8；清香：1～2；米香：4～10；药香：10～30
17	异戊醇	水果香、臭	酱香：46～80；浓香：25～60；清香：30～50；米香：60～90；药香：60～90
18	正戊醇	水果香	酱香：约3；其他香型：微量
19	正己醇	醇浓带甜，尾味长，略带油味，微辛	1～8
20	乙醛	果香，生木气味，刺激感，带涩	15～30
21	乙缩醛	舒适、轻微的中药气味	30～100
22	糠醛	焦煳臭	酱香：10～30；浓香：1～5

六、“独孤九鉴” 第六鉴：固形达标味不咸

（一） 固形物对白酒品质的影响

在一般的酒体设计体系中，并不特别重视酒中固形物含量的控制，究其原因，是现行的白酒国家标准对白酒固形物含量的限量标准偏高。大多数酒要求固形物含量≤0.4g/L，而白酒或白酒基酒中固形物的含量则远低于这个标准，这样就导致在勾调的时候，即使不关注这个指标，勾调后的酒在固形物含量方面都是会达标的。

笔者在多年的酒体设计过程发现固形物含量的高低对白酒的品质有重要的影响，尤其是在白酒的口感和食品安全方面。有时候，我们发现有些白酒喝起来有些咸感，笔者发现与其固形物偏高有一定的关系，这可能是因为白酒在贮存或加浆的时候，一些无机盐类进入到酒体当中。另外，笔者还发现，一些外来物也会引起白酒固形物的偏高，例如，使用活性炭进行澄清处理后，活性炭去除不彻底时，固形物含量也会偏高。基于固形物对白酒口感的影响，故给“独孤九鉴”第六鉴的判词为“固形达标味不咸”。

（二） 白酒固形物含量的标准要求

白酒固形物含量的测定方法是将白酒经蒸发、烘干后，不挥发性物质残留于皿中，用称量法测定。

七、“独孤九鉴” 第七鉴：特征达标风格显

（一） 特征指标对白酒品质的影响

中国白酒之所以有这么多香型，究其直接原因是因为不同香型的白酒中都有某个成分或某些成分的含量或量比关系与其他香型白酒存在明显的差别，这些成分或某些成分的量比就成为某种香型白酒的特征指标。因此，在调好

酒的香气和口感后，接下来的“独孤九鉴”第七鉴就要重点关注酒的香型特征指标，这对保证某种香型白酒的香型特征是非常重要的，故“独孤九鉴”第七鉴的判词是“特征达标风格显”。

尽管目前有些香型白酒的特征指标还没有确定，或者还存在一些争议，但是这并不影响酒体设计时，保持这种理念。

（二） 白酒特征指标的标准要求

由于近几年白酒的标准更新比较频繁，在此笔者暂不给出各类型白酒的特征指标，请读者自行参考各类型白酒最新的标准。

八、“独孤九鉴” 第八鉴：其他达标特色现

（一） 产品品质的核心竞争力：产品的特色

“独孤九鉴”第七鉴要求在酒体配方设计时，实现“特征达标风格显”的目标，实际上这是实现产品应有风格的最低要求，一个产品在风格达标的前提下，最好还要实现其个性化特征，以便和同风格的竞争产品形成差异化，笔者把这种差异化称为产品的特色。现有的白酒国家标准，并没有对产品个性化的特色进行规定，也就是说，按照现行的国家标准是难以保证产品特色的，这需要企业制订更加细化的内控标准，这个内控标准是帮助企业稳定实现产品特色的保证，这才是产品真正的核心竞争力。因此，笔者给独孤九鉴第八鉴的判词为“其他达标特色现”。产品特色形成之后，企业的产品就可以从品味需求走向更高端的消费稀缺，可以给企业带来高额的利润回报。

为什么说白酒产品的特色是白酒企业的核心竞争力？这是从国内白酒企业发展现象得出的结论，这也是目前国内很多白酒企业的痛点。笔者常说中国有十七大名酒，但是又有多少名酒能够把自己产品的特色说清楚呢？去掉品牌之后，又有多少白酒能够被消费者识别呢？甚至有很多企业的产品，去掉品牌之后，让专业的国家评酒委员识别都有一定的难度。

此处笔者谈一下个人的经验与看法，随着2009年茅台股价超过五粮液股价之后，尤其是2013年茅台的营收超五粮液之后，国内的白酒消费风潮迎来了酱香型白酒的风口，在这个风口之下，带动了全国各地生产酱香型白酒的热潮，酱香型白酒的产量在增加，茅台自身也在扩大产能，为什么在产能扩大的情况下，贵州茅台酒的市场售价却越来越高呢？这里有很多解读，但是很少有人把解读放在茅台酒的品质上，根据笔者个人的品评经验来看，贵州茅台酒的品质是非常不错的，而且更重要的是贵州茅台酒具有明显区别于其他酱香白酒的特点，这个特点被广大消费者称为“茅香”，这个“茅香”成为茅台酒区别于其他酱香酒的特色，也支撑了茅台酒消费的品位化，进而形成稀缺性。

根据现代风味化学理论，产品的特色归根结底是由产品中所含的成分决定的，只是决定特色的成分可能是某一个成分，也可能是某几个成分，也可能是由某几个成分的特殊的量比关系决定的。这些成分的含量和酒精与水相比，都属于微量成分。因此，这些成分可以统称为白酒的微量成分，因为这些成分，或多或少对白酒的风味会产生一定的影响，因此，这些微量成分有时候也可以称为微量风味成分。

（二） 白酒中的微量风味成分

1. 白酒中微量风味成分的特点

中国白酒中的微量风味成分存在三个显著特点：

一是组成复杂，种类多。目前在中国各类白酒中已经发现了超过2000种的成分，已经被定量的也超过180种；

二是含量少。2000种以上的风味成分，含量总和仅占白酒总组成的2%左右，这也是其被称为微量风味成分的原因；

三是微量风味成分的种类及含量差异，决定了白酒的品质与特色。不同香型的固态白酒香味成分的种类大致相同，但各种成分的含量差异较大，从而导致风格各异；同类香型的白酒，香味成分的种类基本相同，由于含量的差异导致了质量和特色的差异。

综上所述，白酒中的微量风味成分的特点可以概括成“种类丰富含量少，量和量比品质要”。

2. 白酒中微量风味成分的分类

根据对各类型中国白酒风味成分的研究结果，可以将这些微量风味成分按照三种方法进行分类，分别为：

一是根据成分的化学结构分类；

二是根据含量的高低来分类；

三是根据成分的呈香呈味机理来分类。

（1）根据化学结构分　根据化学结构，一般可以将白酒中的微量风味成分分成八大类，分别是酯类、酸类、醇类、羰基类、含硫化合物类、芳香族类、杂环类和其他类。根据目前的研究结果，对白酒中的风味成分化合物的总结如下：

酯类物质九十九，达到五克酒香久；
酸类物质五十五，一点五克酒绵柔；
醇类物质三十六，一到一五成烈酒；
羰基醛酮有六十，氧化成分一点七；
含硫十种十毫克，芳香二六一百左；
杂环不少有三八，酱香为冠一百达。

第一句和第二句意指从中国白酒中发现的酯类物质至少有九十九种，对这些酯类的定量结果，发现酯含量可以高达 5g/L 左右，高含量的酯可以使酒的香气持久。

第三句和第四句说明在中国白酒中发现的酸类成分至少有五十五种，总含量可以达到 1.5g/L。

第五句和第六句表述在中国白酒中发现的醇类成分至少有三十六种，总含量一般可以达到 1~1.5g/L。

第七句和第八句言明在中国白酒中发现的醛酮类的羰基化合物至少有六十种，羰基类化合物一般是氧化产物，总含量可以达到 1.7g/L。

第九句阐述在中国白酒中发现的含硫化合物成分至少有十种，总含量可以达到 10mg/L。

第十句话讲述在中国白酒中发现的芳香族化合物至少有二十六种，总含量可以达到 100mg/L 左右。

第十一句和第十二句点明在中国白酒中发现的杂环类成分至少有三十八种，酱香型白酒的杂环类化合物的总量为各类型白酒之冠，总含量可以达到 100mg/L。

（2）根据含量高低分　按含量高低，可以将白酒中的微量风味成分分成骨架成分和复杂成分，其中含量>20mg/L 的成分称为白酒骨架成分，含量<20mg/L 的成分称为白酒复杂成分。

骨架成分的总量占微量风味成分的 95%左右，主要包括酯类、酸类、醇类等。复杂成分占微量风味成分的 5%左右，量小，种类繁多，来源也很复杂，但是对酒体风格、质量都有重大影响，可以决定白酒的档次。

从对各香型白酒风味成分的分析可知，白酒的骨架成分主要有六酯、七酸、八醇和九醛等。

六酯分别为乙酸乙酯、乳酸乙酯、己酸乙酯、丁酸乙酯、甲酸乙酯和戊酸乙酯，可以用“乙乳都有浓己丁，甲酯戊酯不稳定”两句话来概括。“乙酯乳酯酒全有，不管香型含量够”是指乙酸乙酯和乳酸乙酯这两个酯不管是什么香型的白酒都含有，而且含量一般都不低，这是因为中国白酒的发酵是混菌厌氧发酵，在这样的环境下，一般都会有酵母菌和乳酸菌，只要有酵母菌存在，就会产生较多的乙酸乙酯，只要有乳酸菌存在，就会产生较多乳酸乙酯。这里有一个例外，那就是董酒，董酒由于采用了 130 多种中草药，这些中草药中有一些具有较强的抑菌作用，从而抑制了乳酸菌的生长，这样就导致董酒中的乳酸乙酯含量不高。对浓香型白酒来说，还会多两个酯即己酸乙酯和丁酸乙酯，可记为“已酯丁酯浓香添”。而“甲酯戊酯不稳定”是指甲酸乙酯和戊酸乙酯在各香型白酒中的含量不太稳定，在同一香型的白酒中，有时候含量很高，有时候含量又很低。

七酸分别为乙酸、乳酸、己酸、丁酸、甲酸、丙酸与戊酸。根据这七种有机酸在各香型白酒中含量高低的共性，可以总结成以下几句话：

乙酸乳酸酒全有，不管香型含量够；
窖泥偏碱己菌繁，己酸丁酸浓香含；
清香无泥两不产，其他香型过百难。

其中第一句和第二句意指乙酸和乳酸在各香型白酒中的含量都较高，其中董香型白酒因为有抑制乳酸菌的中草药成分，使得乳酸含量不高，这是一个例外。

第三句和第四句说明浓香型白酒窖池的窖泥一般是偏碱性的，在这种偏碱性的环境下，己酸菌、丁酸菌、甲烷菌等都能够较好地生长繁殖，从而使采用泥窖作为发酵容器的浓香型白酒含有较高的己酸和丁酸。

第五句和第六句阐述清香型白酒是使用地缸的分离发酵，不接触泥土，从而使得清香型白酒中几乎不含己酸和丁酸，其他香型白酒中的己酸和丁酸含量一般也不会超过100mg/L。

八醇分别为甲醇、正丙醇、正丁醇、仲丁醇、异丁醇、异戊醇、甘油和β-苯乙醇，醇类化合物在各香型的白酒中含量高低比较一致。这八醇可以简记为“正仲异丁三丁醇，甲丙异戊甘油苯”。

九醛分别为乙醛、乙缩醛、异戊醛、异丁醛、糠醛、丙醛、戊酮、双乙酰和醋鎓。醛酮类化合物在各香型白酒中的含量也比较相仿。九醛可以概括为“两乙两异糠丙醛，戊酮醋鎓双乙酰”。

（3）根据呈香呈味机理分　根据微量风味成分在呈香显味方面的作用，可以将白酒风味成分分成两类，一类是显性成分，另一类是协调成分。所谓的显性成分是指该类成分自身显示出明显的香气或口味口感，而协调成分是指由于该成分的存在，从而影响其他风味成分的呈香、显味特征或效果。协调成分的主要作用包括：①香气的协调。②香与味之间的协调。③味与味之间的协调。

协调成分有乙醛、乙缩醛和乙酸、乳酸、己酸、丁酸等。浓香型白酒中的乙酸、乳酸、己酸、丁酸、乙醛、乙缩醛等，不仅是色谱骨架成分，还起到其他骨架成分无法代替的特殊作用，其中酸起到协调味、醛起到协调香的作用。

九、“独孤九鉴” 第九鉴：感官四好酒美健

（一） 四好酒才优的逻辑

酒体设计最终的目的就是要设计出让消费者满意的产品，所谓的消费者满意的产品，就是性价比最高的产品，所谓性价比最高的产品就是一定的价位下，喝了之后，最让消费者满意的产品，所谓喝了最满意的产品就是喝了之后最让消费者身体舒服的产品。为了表达这样的逻辑，笔者给“独孤九鉴”第九鉴的判词是“感官四好酒美健”。

我们都说“身体是最诚实的”，酒好不好，最终得身体说了算，让身体全方位满意的产品可以用“饮前有期待，饮中在享受，舒适在饮后，常饮健康优”四句话来概括，这四句话实际上体现了对白酒感官质量要求的四个方面（图 3-25）。

（二） 十八类白酒的感官标准

在实际的酒体设计当中，四好的要求是以“饮中在享受”为主，但要兼顾“舒适在饮后”和“常饮健康优”，这三个做到了，“饮前有期待”自然也就能达到。

“饮中在享受”是通过酒体设计师的感官品评来评价的，其最易操作。

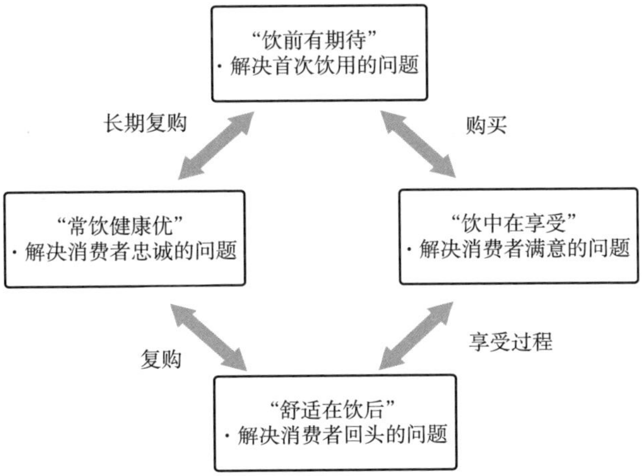

图 3-25　四好酒才优的基本逻辑

在满足品评的同时，还要对酒中一些影响上头和健康的杂醇油、乙醛、甲醇等成分含量加以控制，以便能达到"舒适在饮后"和"常饮健康优"的诉求。

简言之，"饮中在享受"就是指酒的感官质量要过品评关，风格和风味都很完美。白酒的品评、勾兑与调味这几项工作在白酒生产工作中极其重要，对成品酒的感官质量起着重要的作用，是提高产品质量的一个不可分割的整体。

1. 酱香型白酒的感官要求

高度酱香型白酒的感官要求应符合表 3-28 的规定，低度酱香型白酒的感官要求应符合表 3-29 的规定，此两表参考 GB/T 26760—2011《酱香型白酒》。

表 3-28　　高度酱香型白酒感官要求

项目	优级	一级	二级
色泽和外观	无色或微黄，清亮透明，无悬浮物，无沉淀[a]		
香气	酱香突出，香气幽雅，空杯留香持久	酱香较突出，香气舒适，空杯留香较长	酱香明显，有空杯香

续表

项目	优级	一级	二级
口味	酒体醇厚，丰满，诸味协调，回味悠长	酒体醇和，协调，回味长	酒体较醇和协调，回味较长
风格	具有本品典型风格	具有本品明显风格	具有本品风格

a 当酒的温度低于10℃时，允许出现白色絮状沉淀物质或失光。10℃以上时应逐渐恢复正常。

表 3-29　　低度酱香型白酒感官要求

项目	优级	一级	二级
色泽和外观	无色或微黄，清亮透明，无悬浮物，无沉淀[a]		
香气	酱香较突出，香气较幽雅，空杯留香久	酱香较纯正，空杯留香好	酱香较明显，有空杯香
口味	酒体醇和，协调，味长	酒体柔和协调，味较长	酒体较柔和协调，回味尚长
风格	具有本品典型风格	具有本品明显风格	具有本品风格

a 当酒的温度低于10℃时，允许出现白色絮状沉淀物质或失光。10℃以上时应逐渐恢复正常。

2. 浓香型白酒的感官要求

旧版浓香型白酒国家标准（GB/T 10781. 1—2006），要求高度浓香型白酒的感官要求应符合表3-30的规定，低度浓香型白酒的感官要求应符合表3-31的规定。之后发布的新版国家标准GB/T 10781. 1—2021《白酒质量要求　第1部分：浓香型白酒》对部分内容进行调整，详见表3-32与表3-33。

表 3-30　　旧版国家标准高度浓香型白酒感官要求

项目	优级	一级
色泽和外观	无色或微黄，清亮透明，无悬浮物，无沉淀[a]	
香气	具有浓郁的己酸乙酯为主体的复合香气	具有较浓郁的己酸乙酯为主体的复合香气
口味	酒体醇和谐调，绵甜爽净，余味悠长	酒体较醇和谐调、绵甜爽净，余味较长
风格	具有本品典型的风格	具有本品明显的风格

a 当酒的温度低于10℃时，允许出现白色絮状沉淀物质或失光。10℃以上时应逐渐恢复正常。

表 3-31　　旧版国家标准低度浓香型白酒感官要求

项目	优级	一级
色泽和外观	无色或微黄，清亮透明，无悬浮物，无沉淀[a]	
香气	具有较浓郁的己酸乙酯为主体的复合香气	具有己酸乙酯为主体的复合香气
口味	酒体醇和谐调，绵甜爽净，余味较长	酒体较醇和谐调、绵甜爽净
风格	具有本品典型的风格	具有本品明显的风格

a 当酒的温度低于 10℃时，允许出现白色絮状沉淀物质或失光。10℃以上时应逐渐恢复正常。

表 3-32　　新版国家标准高度浓香型白酒感官要求

项目	优级	一级
色泽和外观	无色或微黄，清亮透明，无悬浮物，无沉淀[a]	
香气	具有以浓郁窖香为主的、舒适的复合香气	具有以较浓郁窖香为主的、舒适的复合香气
口味口感	绵甜醇厚，谐调爽净，余味悠长	较绵甜醇厚，谐调爽净，余味悠长
风格	具有本品典型的风格	具有本品明显的风格

a 当酒的温度低于 10℃时，允许出现白色絮状沉淀物质或失光。10℃以上时应逐渐恢复正常。

表 3-33　　新版国家标准低度浓香型白酒感官要求

项目	优级	一级
色泽和外观	无色或微黄，清亮透明，无悬浮物，无沉淀[a]	
香气	具有较浓郁窖香为主的复合香气	具有以窖香为主的复合香气
口味口感	绵甜醇和，谐调爽净，余味悠长	较绵甜醇和，谐调爽净
风格	具有本品典型的风格	具有本品明显的风格

a 当酒的温度低于 10℃时，允许出现白色絮状沉淀物质或失光。10℃以上时应逐渐恢复正常。

新标准更加注重白酒在消费端的表达，将 2006 版标准中“己酸乙酯为主体的复合香气”改为新版“窖香为主的、舒适的复合香气”，弱化了己酸乙酯的概念，强调窖香，其目的就是帮助消费者建立对白酒高品质的感觉、感知和感悟，这也与浓香型白酒定义中取消了己酸乙酯为主体复合香相互呼应。

3. 清香型白酒的感官要求

旧版国家标准 GB/T 10781. 2—2006《清香型白酒》中高度清香型白酒的

感官要求应符合表 3-34 的规定，低度清香型白酒的感官要求应符合表 3-35 的规定。而新版标准 GB/T 10781. 2—2022《白酒质量要求　第 2 部分：清香型白酒》不再区分高低酒精度，也不再区分小曲清香、大曲清香和麸曲清香，其感官要求如表 3-36 所示，该版标准已于 2023 年 2 月 1 日实施。

表 3-34　　旧版国家标准高度清香型白酒感官要求

项目	优级	一级
色泽和外观	无色或微黄，清亮透明，无悬浮物，无沉淀[a]	
香气	清香纯正，具有乙酸乙酯为主体的优雅、谐调的复合香气	清香较纯正，具有乙酸乙酯为主体的复合香气
口味	酒体柔和谐调，绵甜爽净，余味悠长	酒体较柔和谐调、绵甜爽净，有余味
风格	具有本品典型的风格	具有本品明显的风格

a 当酒的温度低于 10℃时，允许出现白色絮状沉淀物质或失光。10℃以上时应逐渐恢复正常。

表 3-35　　旧版国家标准低度清香型白酒感官要求

项目	优级	一级
色泽和外观	无色或微黄，清亮透明，无悬浮物，无沉淀[a]	
香气	清香纯正，具有乙酸乙酯为主体的清雅、谐调的复合香气	清香较纯正，具有乙酸乙酯为主体的香气
口味	酒体柔和谐调，绵甜爽净，余味较长	酒体较柔和谐调、绵甜爽净，有余味
风格	具有本品典型的风格	具有本品明显的风格

a 当酒的温度低于 10℃时，允许出现白色絮状沉淀物质或失光。10℃以上时应逐渐恢复正常。

表 3-36　　新版国家标准清香型白酒感官要求

项目	特级	优级	一级
色泽和外观	无色或微黄，清亮透明，无悬浮物，无沉淀，无杂质[a]		
香气	清香纯正，具有陈香、粮香、曲香、果香、花香、坚果香、芳草香、蜜香、醇香、焙烤香、糟香等多种香气形成的幽雅、舒适、和谐的自然复合香，空杯留香持久	清香纯正，具有粮香、曲香、果香、花香、坚果香、芳草香、蜜香、醇香、糟香等多种香气形成的清雅、和谐的自然复合香，空杯留香长	清香正，具有粮香、曲香、果香、花香、芳草香、醇香、糟香等多种香气形成的复合香，空杯有余香

续表

项目	特级	优级	一级
口味、口感	醇厚绵甜，丰满细腻，协调爽净，回味绵延悠长	醇厚绵甜，协调爽净，回味悠长	醇和柔甜，协调爽净，回味长
风格	具有本品的独特风格	具有本品的典型风格	具有本品的明显风格

a 当酒的温度低于 10℃时，允许出现白色絮状沉淀物质或失光。10℃以上时应逐渐恢复正常。

4. 米香型白酒的感官要求

高度米香型白酒的感官要求应符合表 3-37 的规定，低度米香型白酒的感官要求应符合表 3-38 的规定，规定参考 GB/T 10781.3—2006《米香型白酒》。

表 3-37　　高度米香型白酒感官要求

项目	优级	一级
色泽和外观	无色，清亮透明，无悬浮物，无沉淀[a]	
香气	米香纯正，清雅	米香纯正
口味	酒体醇和，绵甜、爽洌，回味怡畅	酒体较醇和，绵甜、爽洌，回味较畅
风格	具有本品典型的风格	具有本品明显的风格

a 当酒的温度低于 10℃时，允许出现白色絮状沉淀物质或失光。10℃以上时应逐渐恢复正常。

表 3-38　　低度米香型白酒感官要求

项目	优级	一级
色泽和外观	无色，清亮透明，无悬浮物，无沉淀[a]	
香气	米香纯正，清雅	米香纯正
口味	酒体醇和，绵甜、爽洌，回味较怡畅	酒体较醇和、绵甜、爽洌，有回味
风格	具有本品典型的风格	具有本品明显的风格

a 当酒的温度低于 10℃时，允许出现白色絮状沉淀物质或失光。10℃以上时应逐渐恢复正常。

5. 芝麻香型白酒的感官要求

旧版国家标准 GB/T 20824—2007《芝麻香型白酒》中高度芝麻香型白酒的感官要求应符合表 3-39 的规定，低度芝麻香型白酒的感官要求应符合表 3-40的规定。新版国家标准 GB/T 10781.9—2021《白酒质量要求　第 9 部分：芝麻香型白酒》已于2022年3月1日实施，新版标准与旧版标准的感官要求并没有发生明显变化。

表3-39 高度芝麻香型白酒感官要求

项目	优级	一级
色泽和外观	无色或微黄，清亮透明，无悬浮物，无沉淀[a]	
香气	芝麻香幽雅纯正	芝麻香纯正
口味、口感	醇和细腻，香味谐调，余味悠长	较醇和，余味较长
风格	具有本品典型的风格	具有本品明显的风格

a 当酒的温度低于10℃时，允许出现白色絮状沉淀物质或失光。10℃以上时应逐渐恢复正常。

表3-40 低度芝麻香型白酒感官要求

项目	优级	一级
色泽和外观	无色或微黄，清亮透明，无悬浮物，无沉淀[a]	
香气	芝麻香较优雅纯正	有芝麻香
口味、口感	醇和谐调，余味悠长	较醇和，余味较长
风格	具有本品典型的风格	具有本品明显的风格

a 当酒的温度低于10℃时，允许出现白色絮状沉淀物质或失光。10℃以上时应逐渐恢复正常。

6. 老白干香型白酒的感官要求

高度老白干香型白酒的感官要求应符合表3-41的规定，低度老白干香型白酒的感官要求应符合表3-42的规定，规定参考GB/T 20825—2007《老白干香型白酒》。

表3-41 高度老白干香型白酒感官要求

项目	优级	一级
色泽和外观	无色或微黄，清亮透明，无悬浮物，无沉淀[a]	
香气	醇香清雅，具有乳酸乙酯和乙酸乙酯为主体的自然谐调的复合香气	醇香清雅，具有乳酸乙酯和乙酸乙酯为主体的复合香气
口味	酒体谐调、醇厚甘洌、回味悠长	酒体谐调、醇厚甘洌、回味悠长
风格	具有本品典型的风格	具有本品明显的风格

a 当酒的温度低于10℃时，允许出现白色絮状沉淀物质或失光。10℃以上时应逐渐恢复正常。

表 3-42 低度老白干香型白酒感官要求

项目	优级	一级
色泽和外观	无色或微黄，清亮透明，无悬浮物，无沉淀[a]	
香气	醇香清雅，具有乳酸乙酯和乙酸乙酯为主体的自然谐调的复合香气	醇香清雅，具有乳酸乙酯和乙酸乙酯为主体复合香气
口味	酒体谐调、醇和甘润、回味较长	酒体谐调、醇和甘润、有回味
风格	具有本品典型的风格	具有本品明显的风格

a 当酒的温度低于 10℃时，允许出现白色絮状沉淀物质或失光。10℃以上时应逐渐恢复正常。

7. 豉香型白酒的感官要求

旧版国家标准 GB/T 16289—2007《豉香型白酒》中是没有高度豉香型白酒的内容。新版国家标准 GB/T 16289—2018《豉香型白酒》增加了高度豉香型白酒的要求，按该标准高度豉香型白酒的感官要求应符合表 3-43 的规定，低度豉香型白酒的感官要求应符合表 3-44 的规定。

表 3-43 高度豉香型白酒感官要求

项目	优级	一级
色泽和外观	无色或微黄，清亮透明，无悬浮物，无沉淀[a]	
香气	豉香纯正，清雅	豉香纯正
口味、口感	醇和甘洌，酒体丰满、谐调，余味爽净	入口较醇和、酒体较丰满、谐调，余味较爽净
风格	具有本品典型的风格	具有本品明显的风格

a 当酒的温度低于 15℃时，可出现沉淀物质或失光。15℃以上时应逐渐恢复正常。

表 3-44 低度豉香型白酒感官要求

项目	优级	一级
色泽和外观	无色或微黄，清亮透明，无悬浮物，无沉淀[a]	
香气	豉香纯正，清雅	豉香纯正
口味、口感	醇和甘滑，酒体丰满、谐调，余味爽净	入口较醇和，酒体较丰满、谐调，余味较爽净
风格	具有本品典型的风格	具有本品明显的风格

a 当酒的温度低于 15℃时，可出现沉淀物质或失光。15℃以上时应逐渐恢复正常。

8. 酱兼浓香型白酒的感官要求

高度酱兼浓香型白酒的感官要求应符合表 3-45 的规定，低度酱兼浓香型白酒的感官要求应符合表 3-46 的规定，本标准参考 GB/T 23547—2009。浓酱兼香型白酒的新版国家标准的标准号和标准名称都发生了改变，改成了 GB/T 10781. 8—2021《白酒质量要求　第 8 部分：浓酱兼香型白酒》，该标准已于 2022 年 6 月 1 日实施，新版国家标准不再区高低酒精度，其感官要求如表 3-47 所示。

表 3-45　　高度酱兼浓香型白酒感官要求

项目	优级	一级
色泽和外观	无色或微黄，清亮透明，无悬浮物，无沉淀[a]	
香气	浓酱谐调，幽雅馥郁	浓酱较谐调，纯正舒适
口味	细腻丰满，回味爽净	醇厚柔和，回味较爽
风格	具有本品典型的风格	具有本品明显的风格

a 当酒的温度低于 10℃时，允许出现白色絮状沉淀物质或失光。10℃以上时应逐渐恢复正常。

表 3-46　　低度酱兼浓香型白酒感官要求

项目	优级	一级
色泽和外观	无色或微黄，清亮透明，无悬浮物，无沉淀[a]	
香气	浓酱谐调，幽雅舒适	浓酱较谐调，纯正舒适
口味	醇和丰满，回味爽净	醇甜柔和，回味较爽
风格	具有本品典型的风格	具有本品明显的风格

a 当酒的温度低于 10℃时，允许出现白色絮状沉淀物质或失光。10℃以上时应逐渐恢复正常。

表 3-47　GB/T 10781. 8—2021 国家标准对浓酱兼香型白酒的感官要求

项目	优级	一级
色泽和外观	无色或微黄，清亮透明，无悬浮物，无沉淀[a]	
香气	浓酱香气谐调，幽雅，陈香突出	浓酱香气谐调，舒适
口味、口感	丰满细腻，绵甜爽净，回味悠长	醇甜爽净，柔和，回味绵长
风格	具有本品典型的风格	具有本品明显的风格

a 当酒的温度低于 10℃时，允许出现白色絮状沉淀物质或失光。10℃以上时应逐渐恢复正常。

9. 风香型白酒的感官要求

高度风香型白酒的感官要求应符合表 3-48 的规定，低度风香型白酒的感官要求应符合表 3-49 的规定，本要求参考 GB/T 14867—2007《风香型白酒》。

表 3-48 高度风香型白酒感官要求

项目	优级	一级
色泽和外观	无色或微黄，清亮透明，无悬浮物，无沉淀[a]	
香气	醇香秀雅，具有乙酸乙酯和己酸乙酯为主的复合香气	醇香纯正，具有乙酸乙酯和己酸乙酯为主的复合香气
口味	醇厚丰满，甘润挺爽，诸味谐调，尾净悠长	醇厚甘润，谐调爽净，余味较长
风格	具有本品典型的风格	具有本品明显的风格

a 当酒的温度低于 10℃时，允许出现白色絮状沉淀物质或失光。10℃以上时应逐渐恢复正常。

表 3-49 低度风香型白酒感官要求

项目	优级	一级
色泽和外观	无色或微黄，清亮透明，无悬浮物，无沉淀[a]	
香气	醇香秀雅，具有乙酸乙酯和己酸乙酯为主的复合香气	醇香纯正，具有乙酸乙酯和己酸乙酯为主的复合香气
口味	酒体醇厚谐调，绵甜爽净，余味悠长	醇和甘润，谐调，味爽净
风格	具有本品典型的风格	具有本品明显的风格

a 当酒的温度低于 10℃时，允许出现白色絮状沉淀物质或失光。10℃以上时应逐渐恢复正常。

10. 特香型白酒的感官要求

高度特香型白酒的感官要求应符合表 3-50 的规定，低度特香型白酒的感官要求应符合表 3-51 的规定，本要求参考 GB/T 20823—2017《特香型白酒》。

表 3-50 高度特香型白酒感官要求

项目	优级	一级
色泽和外观	无色或微黄，清亮透明，无悬浮物，无沉淀[a]	
香气	幽雅舒适，诸香协调，具有浓、清、酱三香，但均不露头的复合香气	诸香尚协调，具有浓、清、酱三香，但均不露头的复合香气

续表

项目	优级	一级
口味、口感	柔绵醇和，醇甜，香味谐调，余味悠长	味较醇和，醇香，香味谐调，有余味
风格	具有本品典型的风格	具有本品明显的风格

a 当酒的温度低于 10℃时，允许出现白色絮状沉淀物质或失光。10℃以上时应逐渐恢复正常。

表 3-51　　低度特香型白酒感官要求

项目	优级	一级
色泽和外观	无色或微黄，清亮透明，无悬浮物，无沉淀[a]	
香气	幽雅舒适，诸香较协调，具有浓、清、酱三香，但均不露头的复合香气	诸香尚协调，具有浓、清、酱三香，但均不露头的复合香气
口味、口感	柔绵醇和，醇甜，香味谐调，余味较长	味较醇和，醇香，香味谐调，有余味
风格	具有本品典型的风格	具有本品明显的风格

a 当酒的温度低于 10℃时，允许出现白色絮状沉淀物质或失光。10℃以上时应逐渐恢复正常。

11. 馥郁香型白酒的感官要求

馥郁香型白酒的感官要求应符合表 3-52 的规定，本规定参考 GB/T 10781.11—2021《白酒质量要求　第 11 部分：馥郁香型白酒》。

表 3-52　　馥郁香型白酒感官要求

项目	优级	一级
色泽和外观	无色或微黄，清亮透明，无悬浮物，无沉淀[a]	
香气	陈香、窖香、曲香、蜜香、焙烤香、芳草香等多香馥郁幽雅，诸香协调舒适	窖香、曲香、蜜香、糟香、焙烤香等复合香气突出
口味、口感	绵甜细腻、醇厚丰满、酒体净爽、回味悠长	醇甜、柔和、协调爽净
风格	具有本品典型风格	具有本品明显风格

a 当酒的温度低于 10℃时，允许出现白色絮状沉淀物质或失光。10℃以上时应逐渐恢复正常。

12. 董香型白酒的感官要求

董香型白酒的感官要求应符合表 3-53 的规定。本要求参考 DB52/T 550—

2023《董香型白酒》。

表 3-53　董香型白酒感官要求

项目	指标	
	高度酒	低度酒
色泽和外观[a]	无色或微黄，清亮透明，无悬浮物，无沉淀	
香气	董香幽雅，百草香、陈香舒适	董香清雅，百草香舒适
口味	酒体丰满，醇厚谐调，本草味雅致，爽净回甘，余味悠长	酒体醇和，柔顺谐调，本草味怡人，爽净回甘，低而不淡
风味	董香型白酒风味典型	

a 当酒的温度低于 10℃时，允许有沉淀物质或失光。10℃以上时，应逐渐恢复正常。

13. 小曲清香型白酒的感官要求

高度小曲清香型白酒的感官要求应符合表 3-54 的规定，低度小曲清香型白酒的感官要求应符合表 3-55 的规定，本要求参考 GB/T 26761—2011《小曲固态法白酒》。

表 3-54　高度小曲清香型白酒感官要求

项目	优级	一级
色泽和外观	无色或微黄，清亮透明，无悬浮物，无沉淀[a]	
香气	香气自然，纯正清雅	香气自然，较纯正清雅
口味	酒体醇和、甘洌净爽	酒体较醇和、较甘洌净爽
风格	具有本品的典型风格	具有本品的典型风格

a 当酒的温度低于 10℃时，允许出现白色絮状沉淀物质或失光。10℃以上时应逐渐恢复正常。

表 3-55　低度小曲清香型白酒感官要求

项目	优级	一级
色泽和外观	无色或微黄，清亮透明，无悬浮物，无沉淀[a]	
香气	香气自然，纯正清雅	香气自然，较纯正清雅
口味	酒体柔和、净爽	酒体较柔和、较净爽
风格	具有本品的典型风格	具有本品的典型风格

a 当酒的温度低于 10℃时，允许出现白色絮状沉淀物质或失光。10℃以上时应逐渐恢复正常。

14. 麸曲清香型白酒的感官要求

麸曲清香型白酒的典型代表是北京红星二锅头，其执行的是大曲清香型国家标准，因此其感官要求应符合国家标准即 GB/T 10781. 2—2022《白酒质量要求　第 2 部分：清香型白酒》。

15. 多粮浓香型白酒的感官要求

多粮浓香型白酒是指以两种以上粮谷为原料，经传统固态法发酵、蒸馏、陈酿、勾兑而成的，未添加食用酒精及非白酒发酵产生的呈香呈味物质，具有己酸乙酯为主体复合香的白酒。

宜宾制订了宜宾酒（浓香型白酒）的地方标准，标准号为 DB 511500/T 10—2010《宜宾酒（浓香型白酒）》，此标准实质上就是多粮浓香型白酒的地方标准，该标准要求高度多粮浓香型白酒的感官应符合表 3-56 的规定，低度多粮浓香型白酒的感官应符合表 3-57 的规定。

表 3-56　高度多粮浓香型白酒的感官要求

项目	优级	一级
色泽和外观	无色或微黄，清亮透明，无悬浮物，无沉淀[a]	
香气	具有幽雅的以己酸乙酯为主体的多粮复合香气	具有较幽雅的以己酸乙酯为主体的多粮复合香气
口味	酒体醇厚丰满，绵甜柔顺，余味爽净，酒味全面	酒体较醇厚丰满，绵甜柔顺，余味爽净，酒味全面
风格	具有本品典型的风格	具有本品明显的风格

a 当酒的温度低于 10℃时，允许出现白色絮状沉淀物质或失光。10℃以上时应逐渐恢复正常。

表 3-57　低度多粮浓香型白酒感官要求

项目	优级	一级
色泽和外观	无色或微黄，清亮透明，无悬浮物，无沉淀[a]	
香气	具有幽雅的以己酸乙酯为主体的多粮复合香气	具有较幽雅的以己酸乙酯为主体的多粮复合香气

续表

项目	优级	一级
口味	酒体醇和谐调，绵甜柔顺，余味爽净，酒味全面	酒体较醇和谐调，绵甜柔顺，余味爽净，酒味全面
风格	具有本品典型的风格	具有本品明显的风格

a 当酒的温度低于 10℃时，允许出现白色絮状沉淀物质或失光。10℃以上时应逐渐恢复正常。

16. 浓兼酱香型白酒的感官要求

宜宾制订了宜宾酒（浓酱兼香型白酒）的地方标准，标准号为 DB 511500/T 12—2010《宜宾酒（浓酱兼香型白酒）》，此标准实质上就是浓兼酱香型白酒的地方标准，该标准要求高度浓兼酱香型白酒的感官应符合表 3-58 的规定，低度浓兼酱香型白酒的感官应符合表 3-59 的规定。

表 3-58 高度浓兼酱香型白酒感官要求

项目	优级	一级
色泽和外观	无色或微黄，清亮透明，无悬浮物，无沉淀[a]	
香气	浓酱谐调，幽雅馥郁	浓酱较谐调，较幽雅馥郁
口味	细腻丰满，绵甜爽净，余味悠长	醇厚柔和，回味较爽，余味较长
风格	具有本品典型的风格	具有本品明显的风格

a 当酒的温度低于 10℃时，允许出现白色絮状沉淀物质或失光。10℃以上时应逐渐恢复正常。

表 3-59 低度浓兼酱香型白酒感官要求

项目	优级	一级
色泽和外观	无色或微黄，清亮透明，无悬浮物、无沉淀[a]	
香气	浓酱谐调，幽雅细腻	浓酱较谐调，较幽雅细腻
口味	醇甜丰满，回味爽净，余味悠长	酒体醇和，回味较爽，余味较长
风格	具有本品典型的风格	具有本品明显的风格

a 当酒的温度低于 10℃时，允许出现白色絮状沉淀物质或失光。10℃以上时应逐渐恢复正常。

17. 液态法白酒的感官要求

液态法白酒的感官要求应符合表 3-60 的规定，不细分为高度酒和低度酒，都执行同样的规定，本标准参考 GB/T 20821—2007《液态法白酒》。

表 3-60　　液态法白酒的感官要求

项目	要求
色泽和外观	无色或微黄，清亮透明，无悬浮物，无沉淀[a]
香气	具有纯正、舒适、协调的香气
口味	具有醇甜、柔和、爽净的口味
风格	具有本品的风格

a 当酒的温度低于 10℃时，允许出现白色絮状沉淀物质或失光。10℃以上时应逐渐恢复正常。

18. 固液法白酒的感官要求

固液法白酒的感官要求应符合表 3-61 的规定，本标准参考 GB/T 20822—2007《固液法白酒》。

表 3-61　　固液法白酒的感官要求

项目	高度酒	低度酒
色泽和外观	无色或微黄，清亮透明，无悬浮物，无沉淀[a]	
香气	具有本品特有的香气	
口味	酒体柔顺、醇甜、爽净	酒体柔顺、醇甜、较爽净
风格	具有本品的典型风格	

a 当酒的温度低于 10℃时，允许出现白色絮状沉淀物质或失光。10℃以上时应逐渐恢复正常。

第六章　酒体设计的勾调操作

第一节　基本术语

白酒的勾调过程实际上是酒的变化过程，不同阶段的酒有不同的名称，了解这些酒的名称，是勾调的基础。勾调过程中酒的变化如图 3-26 所示。

从图 3-26 可以看出，白酒勾调的原始酒是原酒，原酒经过贮存后，就成了基酒，基酒经过“勾三”操作后就成了组合酒，组合酒经过加浆之后，就成为基础酒，基础酒经过“调四”之后，就成为半成品酒，半成品酒经过包装之后，就成为成品酒。成品酒质量的任何信息都可以反馈给原酒等前序生产与质量控制。

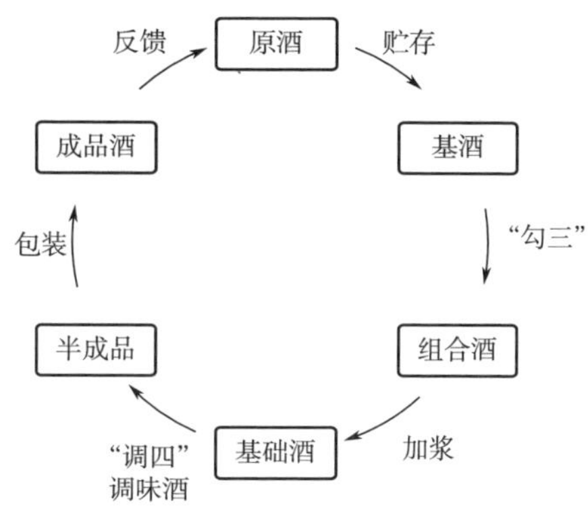

图 3-26　勾调过程中酒的身份变化

一、原酒

酿酒车间经蒸粮、拌曲、发酵、蒸馏后得到的，即将入库储存待定级的半成品酒，称为原酒，原酒有原始酒、原度酒的涵义在里面。

原酒的酒精度较高，一般在 65%vol 左右，发酵正常的白酒生产入库酒精度基本均在 65%vol 以上，65%vol 也是考核酿酒车间出酒率的标准酒精度。

不同批次的原酒差别较大，因此原酒是具有各种感官特征的个性酒、多面孔酒，因此，入库前，对原酒进行分类定级非常有必要。对原酒的分类定级以感官品评为主，理化指标为辅；也就是说首先通过原酒品评员对原酒进行感官品评确定类型和等级后，再根据理化、安全指标情况是否符合相应等级的质量标准处理，若理化指标不符合应降级使用，若安全指标不符合应采取相应措施进行处理。

白酒企业进行原酒分类定级，一般要经过以下三道程序：

（1）量质摘酒分级　酿酒蒸馏时，摘酒工人根据流酒过程馏分的变化规律，通过感官判断，边摘边尝，对原酒按质量标准要求分段分级摘取。

（2）按质分级并坛　摘酒工人对原酒按质量标准要求，将可能符合某个质量等级标准的原酒并入对应等级的酒坛内。

（3）专业验收定级　通过品酒师感官品尝，将感官质量、风格相同或相近的原酒按各级原酒的感官标准判定为同一个级别，归为同一类，以便于组合和陈酿。

原酒的分类定级通常有以下五种依据：

（1）按色香味格进行分类定级　原酒可分成调味级、特级、优级、普级，也可分成特级、一级、二级、三级等类级。

（2）按馏分段落进行分类定级　可将原酒分为酒头酒、前段酒、中段酒、后段酒、尾酒和尾水。

（3）按发酵轮次进行分类定级　可将原酒分成一次酒、二次酒和三次酒等。

（4）按窖内层次进行分类定级　可将原酒分成上层酒、中层酒、下层酒、面糟酒、中层干糟酒、底层湿糟酒等。

（5）按窖龄进行分类定级　可将原酒分成老窖酒、新窖酒、中龄窖酒等。

二、基酒

已定级分类的原酒需较长时间在贮酒库内陈酿为半成品酒即为基酒，它是具有某种感官特征（同一级别）的酒（一类酒）。浓香型基酒的储存时间一般为一年以上，调味酒的储存时间一般为五年以上。在这段储存时间内，基酒将发生一系列的物理、化学变化，如挥发、缔合、缩合、氧化还原等，致使基酒质量发生变化，有变好的，也有变差的。为了加速基酒的储存老熟，避免由于管理不善影响基酒质量，在基酒储存过程中应加强库房管理，定期对储存基酒质量的变化情况进行鉴评，加强储存组合，提高基酒的质量。因此基酒的管理不仅仅是单纯的库房物质管理，更重要的是动态的基酒质量管理。

三、 组合酒

不同的基酒按一定的比例混合之后的酒称为组合酒。

四、 加浆降度

所谓加浆降度是指将酒精度高的酒，通过添加合格的水，降低其酒精度的操作。白酒加浆降度是健康的要求，也是技术的进步。以前白酒的度数都较高，大都在 60%vol 以上，这么高的酒精度对人的刺激作用大。从 20 世纪 70 年代开始，中国白酒提出了低度化的发展转变，主要度数范围延伸至 40%vol 以下，这样白酒的加浆降度就应运而生。

传统工艺摘酒过程中最先和最末出来的酒（即头酒和尾酒）单独摘取，中间出来的酒作基酒入库，基酒综合度数很高，一般在 65%vol 左右，这种高度酒适合储藏，如果饮用还需要作降度处理。

有些企业将基酒的综合度数摘到 50%vol 左右（一般不低于 48%vol），这实际是在摘酒过程中直接降度，只是用尾酒降度罢了，只要摘的尾酒度数不是很低（尾酒度数太低，酒变浑浊，苦涩味重，这一锅酒就废了），喝酒的人还是可以接受的。俗话说：宁加 3 斤水，不加 1 两尾，表明白酒降度还是用水好。

五、 基础酒

加浆降度之后，可以用于调味的组合酒称为基础酒。

六、调味酒

调味酒是指酿造过程中采用特殊工艺取得的具有典型风格和鲜明个性特征的基酒，经长期陈酿老熟，勾调时用于丰富和完善酒体的香和味，解决基础酒的某个或某些缺陷的基酒。调味酒与普通的基酒是有较大区别的，两者虽都经过了“陈酿”或“老熟”过程，但是调味酒的陈酿老熟时间更长。调味酒是具有某一或某几方面独特感官特性的酒；基酒（陈酒）只是具有某一级别酒感官特性的酒。

调味酒拥有自己的独特个性，根据其独特的风味特点，可将调味酒分为不同的类型，各类型的调味酒各自具有不同的感官特点。调味酒一般要具有特香、特浓、特陈、特绵、特甜、特酸、窖香、曲香等独特风格，可分为酒头调味酒、酒尾调味酒、双轮调味酒、陈年调味酒、老酒调味酒、窖香调味酒、曲香调味酒和酯香调味酒等。

调味是在组合、加浆、过滤后的半成品酒上进行的一项精加工酿酒技术，是组合工艺的深化和延伸。组合、调味在酿酒技术中有画龙点睛的作用，组合是“画龙”，而调味是“点睛”。基础酒经组合、后处理为半成品，达到一定的质量标准，已接近成品酒，但尚未完全达到成品酒感官质量标准，在某一点上略显不足，这就要通过调味工序来加以解决。调味就是针对处理后的半成品酒香气和品味上的不足，选用适当风格特点的调味酒对半成品酒的香和味进行平衡、协调和烘托，从而使产品的质量更加完善和统一。经过调味后，使半成品酒达到质量标准，产品质量保持稳定或提高。也有人认为调味像一个精加工车间，是产品质量的一个精加工过程或者调试过程，从而使产品质量更加完美。

第二节　酒体设计室的要求

由于勾调对白酒生产的重要性，因此，不论酒厂大小，笔者都建议建立一个酒体设计室，要建酒体设计室，就要对酒体设计室的基本要求有所了解。一般的酒体设计室要做到如下要求：

（1）应该远离烟囱、厨房及车间；

（2）必须有清静卫生的环境；

（3）室内窗明几净，环境较好；

（4）切忌尘埃满室、人声嘈杂的房间；

（5）用具及酒样安放有序；

（6）标签文字清晰，内容具体而准确。

酒体设计要能开展酒体的勾调工作，还必须配备一些基本的仪器设备，总结起来需要至少八种基本的用具，如图 3-27 所示。

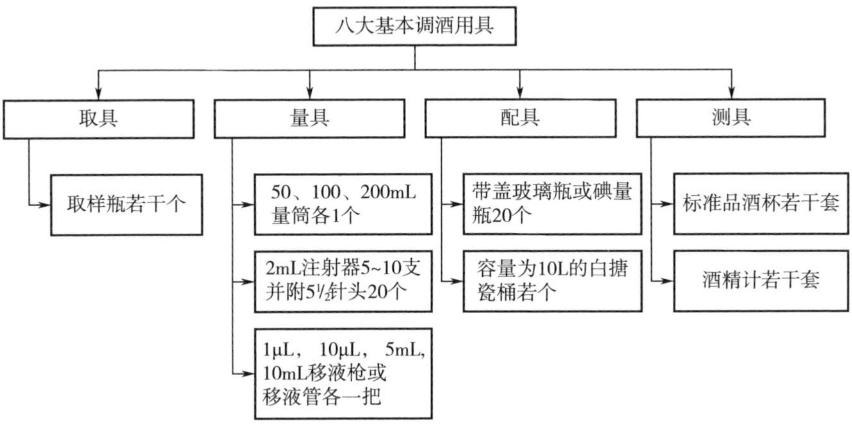

图 3-27　白酒酒体设计的八大基本用具

第三节　小样勾调的操作

从生产的角度看，基酒之后的生产，实际上分为“先设计”“后量产”两个阶段，在这两个阶段当中，最关键的一步在“先设计”阶段的小试。因此，小试操作非常重要，如何进行小样的勾调呢？初学者比较感兴趣，在这里有必要进行介绍。

一、 小样组合

“勾三”就是三个等级基酒样品的组合，“小样勾三”就是指试验小型的基酒组合，这里主要涉及三个问题，一是组合的量；二是基酒是否要稀释的问题；三是三个等级的基酒组合配比问题。接下来对这个问题进行简要的介绍。

（一） 组合量

这里讲的组合量是指在进行小样组合试验的时候，具体的组合量，一般来说并不固定，不同的情况使用不同的组合量，通常有 10、20、40、50、100mL 等。理论上讲组合多少都是可以的，但是基于换算方便的目的，组合的体积建议是比较容易进行归一化计算的体积。

（二） 基酒稀释的问题

根据基酒的使用个数，可以将酒体设计分为两种情况：

第一种情况是只有一种基酒，这是一种极端情况。

第二种情况是使用至少两种基酒进行酒体设计，这是普遍情况。

一般来说，除酱香型白酒外，用于酒体设计的基酒，其酒精度都会比目标酒的酒精度高。因此，进行小样勾调的时候，一般都有一个稀释的问题。

对于第一种情况，酒体的配方没有选择余地，只需要将基酒加浆稀释成目标酒的酒精度即可。

对于第二种情况，情况会复杂一些，一般来说有三种做法：

第一种做法类似第一种情况，先把每个基酒都先加浆稀释到目标酒的酒精度，相当于先将每一个基酒单独制成目标酒，再根据这些单个的“目标酒”存在的问题，进行相互搭配组合。不管什么香型，稀释后，酒体都可能会出现浑浊，这时候可以暂不用处理，其对品评结果影响不大。

第二种做法是基酒先不稀释，组合后再稀释，稀释之后，再进行品评优选。

第三种做法是基酒先不稀释，组合后也暂不稀释，配方的优选是在高度酒的基础之上进行的，筛选到理想配方后，再进行稀释验证。

应该说这三种做法都可以使用，也都有企业的酒体设计人员在使用，笔者认为三种方法都可以，以第一种做法为好。

（三） 用酒加浆之精算

“用酒加浆之精算”是指在进行酒体设计时，将基酒稀释成目标酒酒精度时，需要多少基酒，以及需要多少水，首先要学会进行精确计算。这个问题看似简单，但实则复杂，因为背后涉及到较深的物理学、化学的概念和原理。因此，笔者将在本篇的第七章进行详细的介绍。

（四） 基酒的配比问题

基酒的配比就是酒体的配方，这个配方是要通过实验室的小型试验来确定的，原则上讲，该配比是不确定的，而且也会随着目标酒的变化而变化，但是对于初学者来说，希望知道有一个基酒配比的原则，基于此，笔者用诗句的形式总结了一个一般性的原则，为进行酒体配方优选的时候提供一些参考，具体内容如下：

大宗搭带勾一块，八大五搭一五带；
大搭带酒互补排，按下葫芦瓢起来；
带升大减逐渐抬，带减大升逐渐坏；
带升搭减好得快，带减搭升坏得快。

第一句和第二句说明大宗酒、搭酒与带酒三者勾在一起的时候，通常按照80%大宗酒，5%搭酒和15%带酒的配比进行。

第三句和第四句阐述大宗酒、搭酒和带酒三者之间的用量是互补的，且三者相互影响。

后四句意指带酒配比上升，大宗酒配比下降，酒质会逐渐提升，而带酒减少，大宗酒增加，酒质会逐渐变坏。带酒配比上升，搭酒配比下降，酒质会上升得快，而带酒减少，搭酒上升，酒质快速会坏。

二、小样调味

（一）万分之一到千三

调味酒又称精华酒，采用特殊少量的调味酒可弥补基础酒的不足，加强基础酒的香味，突出其风格，使基础酒在某一点或某一方面有较明显的改进，弥补酒的不足，使整体质量有较明显的提高。调味酒的用量一般控制在0.3%以内，如果没有更好的调味酒，可以放宽到1%。

小样调味添加试验怎样进行？通常情况下是取要调味的酒50mL，使用5μL微量进样针或移液枪来进行调味酒的添加，50mL酒中添加5μL调味酒，总体积可视为没有变化，这时调味酒的添加量，实为万分之一，要达到0.3%，需要30个5μL，笔者总结为“万分之一到千三”。

由于5μL的量很少，在使用微量进样针或者移液管的时候，调味酒不太好被挤出，容易粘在针头或枪头上，若改用注射器来滴加的话，则会方便，但是注射器的精确性会差一些。一般是使用2mL玻璃注射器，配上5½的不锈钢针头，1mL可滴注200滴，即每1滴的体积为0.005mL，也即为5uL。50mL基础酒中加入1滴调味酒，即为添加了0.01%。

（二）千变万化逆向添

如果一滴滴地添加，则效率偏低，那么在进行小样调味试验的时候，怎样进行调味酒的添加试验效率会更高呢？笔者总结了一种“大步快跑小步回调”的添加法。

“大步快跑”的目的是快速筛选到有效的调味酒，笔者称为“大步快跑有效找”。所谓的“大步快跑”是第一次试验调味酒添加量的时候，先选择一个较大的量来试，调味酒添加量的递增幅度可以大些，这样可以以一个较快的速度确定所试验的调味酒是否有效果，以及调味起效的大致添加范围。例如第一次试验调味酒的添加量时，以 0.1%的量进行递增，也即在 50mL 的基础酒里，添加 50μL 的调味酒，如果添加 0.1%没有起效，则再添加 0.1%，直至起效或者添加量达到了 0.3%。

通过大步快跑可以很快确定所试验的调味酒是否有用，或者调味起效的大致添加范围，但还需要通过精细添加操作来确定调味起效的精确添加量，这个精确添加量就是通常所说的味觉或嗅觉转换点或转折点。

“小步回调”的目的是精确找到调味起效的转换点，转换点在没有起效的添加量和起效的添加量之间，在这两个添加量之间再以 0.01%的比例进行递增添加，逐步品评确定转换点。

综合起来，笔者将这种操作称之为“千变万化逆向添”，所谓的“千变”就是指“大步快跑”的时候以 0.1%的量进行添加递增试验，有效果之后，再以 0.01%的增量进行添加试验，这即为“万化”。

（三） 黄金分割正向添

“黄金分割”添加法是指通过黄金分割点来进行调味酒的滴加试验。精确的黄金分割点是指一条线段中 0.382∶0.618 的点，因为线段有两个端点，因此，一个线段中有两个黄金分割点。真正的黄金分割点是个无理数，为了简化，笔者对黄金分割点进行了圆整处理，取一条线段中 5∶8 的点或 4∶6 的点。

一般来说，调味起效点也即风味转换点的添加量并不需要太精确，而且为了保证效果，往往还需要加上一个安全裕量，因此，采用 5∶8 分割或 4∶6 分割就可以达到目的，这种黄金分割法是可以使用的较为高效的一种寻优方法。

举例说明，例如，取 50mL 需要调味的基础酒，按照 5：3：5 的步调往上滴加调味酒，即先滴加 5 滴调味酒（这为第一个黄金分割点），若没有效果，再滴 3 滴（到达第二个黄金分割点），还没有效果，再滴加 5 滴（到达第一条线段的终点），有效果，再滴加 5 滴（到达下一个线段的黄金分割点），也有效果，这个过程，如图 3-28 所示。

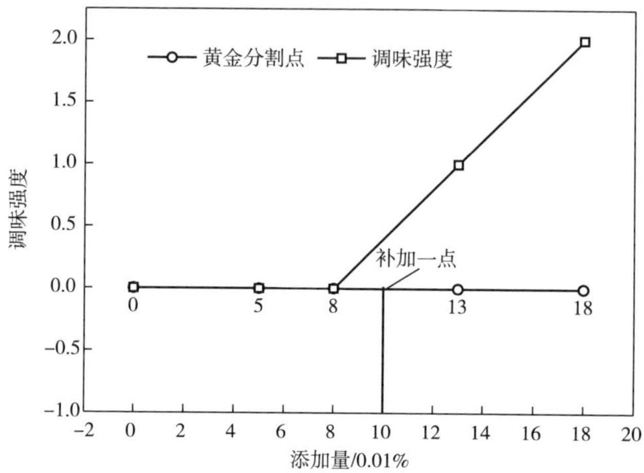

图 3-28　五八五黄金分割添加法

从图 3-28 可以看出，所用调味酒的起效转换点在 0. 08%与 0. 13%之间，如果觉得 0. 13%的调味强度刚好，这时候就可以采用这个添加量，如果觉得这个量过于明显，可以降低添加量，这时候可以在 5 和 18 之间的另一个黄金分割点 0. 1%处，补充一个样进行品评，若这一点有效果，就可选择这一点作为调味酒的添加量。这种添加法笔者称之为“五八五黄金分割添加法”。

也可以按照 4：2：4 的步调往上滴加调味酒，即先滴加 4 滴调味酒，若没有效果，再滴 2 滴，还没有效果，再滴加 4 滴，一直往下滴加，类似于上述的“五八五黄金分割添加法”，笔者称之为“四二四黄金分割添加法”，上述过程如图 3-29 所示。

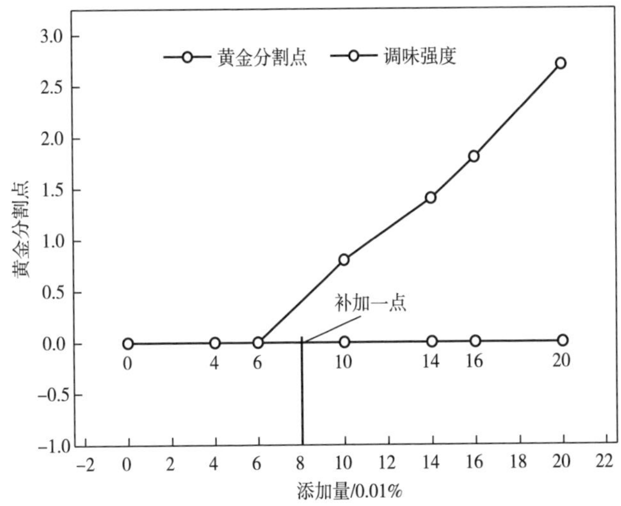

图 3-29　四二四黄金分割添加法

第四节　大样勾调的操作

小样勾调的目的是优选到理想的基酒调配方案，得到配方后，就要按照目标生产量进行放大生产，考虑到小试和大生产的差异以及酒体之间的融合需要时间。因此，进行生产调配的时候需要逐步进行，逐步搅拌，逐步验证，每一步都要放置充足的时间。大样的调配实质就是目标酒的量产，是小样调配的放大，同样包括基酒的组合和基础酒的调味。

一、 大样组合

大样组合的作用是为了组合出合格的基础酒，再经调味变成成品酒。低温冷冻可以判断组合酒是否存在失光浑浊现象。

大样的组合操作：将所需物料全部打进组合罐后，用空气搅拌机进行充分搅拌，并不断变换出气口的位置，尽量使酒均匀，搅拌时间一般为 1~2h。

组合好的酒样需要放置一个月，再进入过滤机过滤。

二、 大样调味

大样调味是在组合、加浆、过滤后的基础酒的基础之上，进行的一项精加工操作，是组合工艺的深化和延伸，起到点睛的作用。

调味酒有很多类型，一般来讲，调味酒不能是新酒，必须贮存 1 年以上，才能投入调味使用。

大样调味结束后，由于酒体还可能发生一些物理、化学的平衡作用，可能会使酒体在风味上与调好的酒有些差异。一般需存放一周左右，然后经检查合格后即可。

大样勾调操作的要点总结如图 3-30 所示。

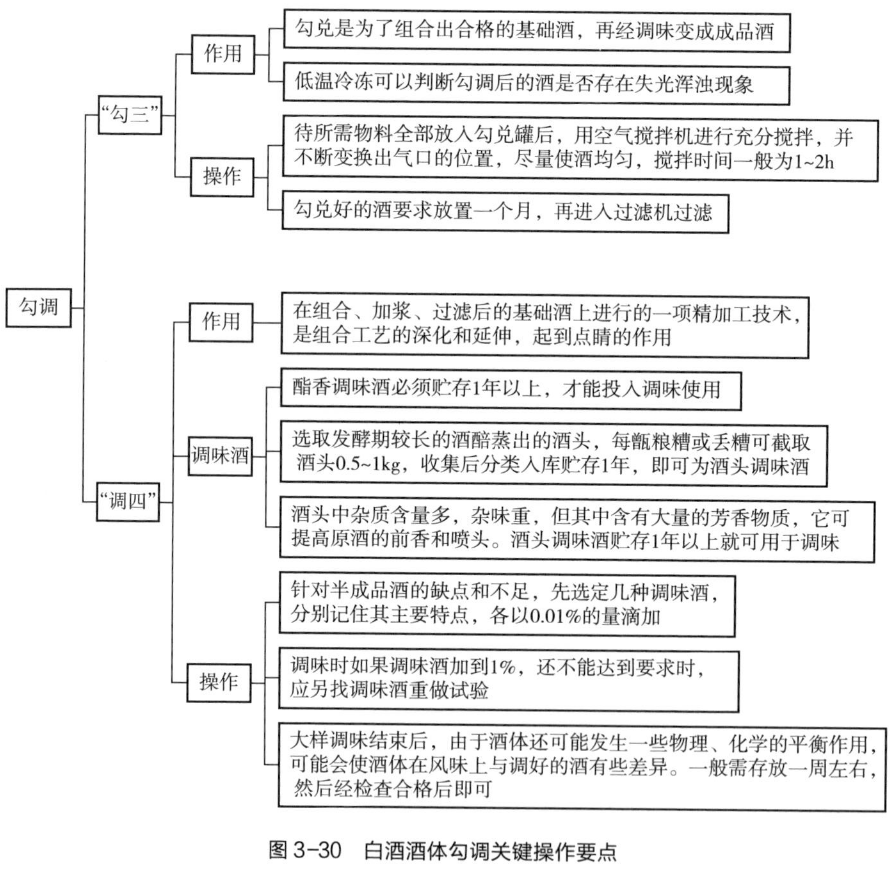

图 3-30　白酒酒体勾调关键操作要点

第五节　白酒浑浊的澄清处理

由于中国白酒使用高粱等粮谷作为原料，这些粮谷类原料含有较高的脂肪酸及脂肪等脂类物质，这些高碳链的脂类物质在蒸馏的时候会进入到酒体当中，作为高沸点的化合物，其在常温下，在酒精水溶液中的溶解度不高，而且还会随着温度和酒精度的降低，而进一步降低。

由于目标酒的酒精度一般都要比基酒低，因此，在进行酒体勾调的时候，就不可避免要进行加浆降度处理，加浆降度后，酒体一般会出现乳白色的浑浊，酒体失光，这时就需要进行澄清处理。在进行澄清处理后，浑浊被去除的同时，酒体中的其他一些风味成分也会被去除。因此，如果要对酒体进行澄清处理，在进行酒体设计时，就要考虑这部分被去除的量。

目前，我国白酒企业使用的澄清处理技术主要有两种，一种是活性炭吸附过滤法，另一种是冷冻处理过滤法。

活性炭吸附过滤法一般采用粉末活性炭，添加量一般为0.1%~0.5%，搅拌均匀后，经8~24h放置沉降处理，过滤后得澄清酒液。实践证明，应用优质酒用活性炭除浊，在除浊的同时可除去酒中的苦杂味，促进新酒老熟，使酒味变柔和。

冷冻处理过滤法是将白酒在-15℃下冷冻24h后，然后在同一温度下，经G6砂芯漏斗真空抽滤。这两种方法对酒体微量成分或理化指标的影响如图3-31所示。

从图中可以看出，使用活性炭处理后，甲醇也可以适当降低，其中总酯和总酸会降低0.1~0.2g/L左右。因此，酒体设计的时候，总酯和总酸的设计值要比目标值高出0.2g/L左右，对于低度酒，高出值还应更高一些。

选用活性炭的基本要求与其他所有吸附剂一样，即要求经除浊处理后的白酒既能保持原酒风味，又能在一定的低温范围内不复浑浊。活性炭在活化过程中，消除了基本微晶之间的各种含碳化合物和无序碳，同时也清除了基

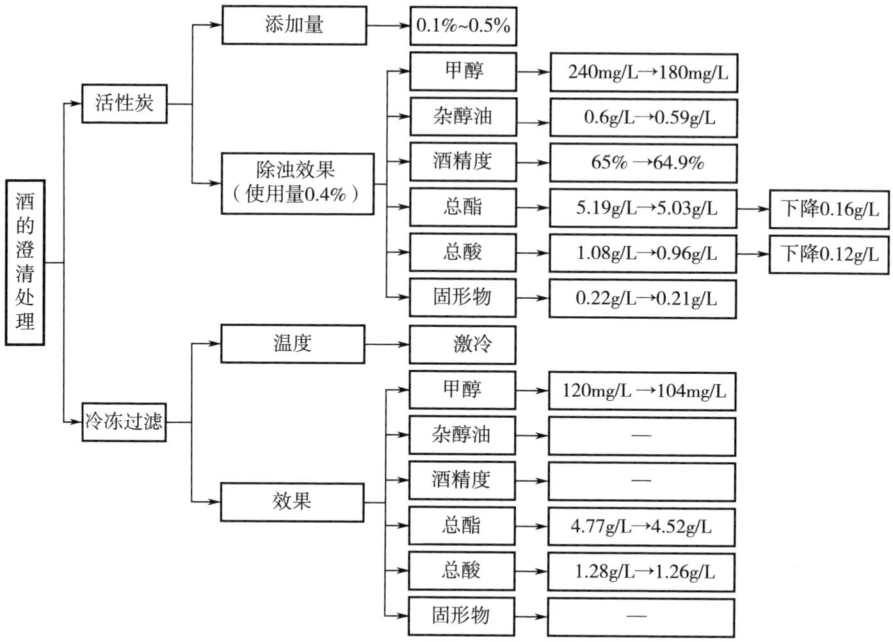

图 3-31　白酒企业常用澄清处理技术对白酒主要成分和理化指标的影响

本微晶的石墨层中的一部分碳。这样就产生了很多空隙，即微孔、过渡孔和大孔。微孔的有效半径在 2nm 以内，其大小与分子相当，微孔容积为 0. 15~0. 50mL/g，它们的比表面积至少占总比表面积的 95%。过渡孔的有效半径在 2~50nm，其容积为 0. 02~0. 10mL/g，它们的比表面积不超过活性炭总比表面积的 5%。有效半径>50nm 的孔径为大孔，其总容积为 0. 2~0. 5mL/g，表面积为 0. 5~$2m^2$/g。

在浓香型低度白酒中，己酸乙酯的损失程度是一项重要指标。不同的活性炭，对己酸乙酯的吸附也不同。据测定，己酸乙酯分子直径是 1. 4nm。若选用孔径为 1. 4~2. 0nm 的活性炭来去除低度白酒中的浑浊物，则己酸乙酯就会进入微孔而被吸附，使低度白酒风味受损。只有选用孔径>2. 0nm 的活性炭，其微孔成为己酸乙酯的通道，不会吸附己酸乙酯，才能达到生产工艺的要求，除浊而又保质。若选用孔径<1. 4nm 的活性炭，己酸乙酯不能进入微孔，所以也不会损失己酸乙酯，由于该活性炭大孔径少，对大离子半径的高

级脂肪酸乙酯、高级脂肪酸醇等吸附较少，必须加大活性炭的用量才能保证低温下不复浑。清香型白酒由于主体香乙酸乙酯分子直径为0.67nm，故选用活性炭的范围较宽，对乙酸乙酯吸附损失也少。米香型、酱香型、芝麻香型白酒中含β-苯乙醇量较多，由于β-苯乙醇的分子直径较大，故选择活性炭就更有讲究。

任何一种活性炭，它的孔径分布是很宽的，也就是说各种孔径都有。因此，使用任何一种活性炭生产低度白酒或多或少都要吸附一些己酸乙酯。生产厂应选用吸附量最少的酒用活性炭为宜。若制备一种孔径全部是>2.8nm的酒类专用炭，则在吸附高级脂肪酸乙酯的同时，可以完全不吸附己酸乙酯，这就是活性炭分子筛。

在使用活性炭作低度白酒吸附剂时，有一定的催陈老熟作用，能减少新酒的辛辣感，使口味变柔和。这是因为有的酒用活性炭是一种氧化炭，有很大的比表面积，其表面还有较多的氧化功能团和各种微量金属及金属离子，促进了酒在存放过程中的氧化作用。

有的活性炭能除去酒中的异味和苦味。但酒中异味各有不同，需根据实际情况选用不同孔隙结构的活性炭才奏效。如对于糖蜜甜味，它属离子半径物质，需选用大孔径的酒类活性炭才能除去；对新酒中的臭味，需选用小孔径的活性炭；对于酒中的苦味，应选用一种含氮的微孔发达的碱性活性炭，其他单纯的含氮活性炭或碱性活性炭都不能除去酒中的苦味。

在中国白酒当中，最主要的高级酯类物质有棕榈酸乙酯、硬脂酸乙酯、油酸乙酯和亚油酸乙酯四种，其中硬脂酸乙酯的含量最低。一些名优白酒中的高级酯类物质的含量情况，如表3-62所示。

表3-62　　中国一些名优白酒的高级酯类物质的含量　　单位：mg/L

风味物质	棕榈酸乙酯	硬脂酸乙酯	油酸乙酯	亚油酸乙酯
梦之蓝	11.15	0.04	4.39	8.62
普通五粮液	21.49	0.11	8.73	17.61

续表

风味物质	棕榈酸乙酯	硬脂酸乙酯	油酸乙酯	亚油酸乙酯
水井坊	18. 86	0. 11	8. 23	16. 83
剑南春	6. 12	0. 16	3. 37	7. 9
国窖 1573	1. 32	0. 23	未检出	未检出
全兴	7. 34	未检出	3. 67	5. 07

第七章　酒精度的精准计算

从操作层面来讲，白酒的酒体配方设计一般都要求“就地取材”，也就是说酒体设计人员，需要根据企业酒库里所存放的基酒，从平衡使用的角度把“四类”不同的基酒，进行合理的混合，从而使酒的量化指标和感官指标都达标，在所有的量化指标中，限定区间相对较窄的指标就是酒精度，这也是在历次白酒国家质量监督检验中不合格率最高的指标。本部分将重点介绍如何精准计算基酒使用量和加浆量的问题。

第一节　基本概念

从事酒体配方设计工作的时候，少不了要查阅酒精度、密度等数据，但是笔者发现很多资料上的酒精度与密度对照表中的密度数据都是错误的，究其原因，是因为对诸如密度、相对密度等基本概念理解不清，从而导致有些表格错把相对密度当作密度，或者把密度当成相对密度，也有的把 20℃下的相对密度与 4℃时的相对密度数据混淆，这都是很严重的错误。从表面上看，它们的数值都比较接近，但是从物理学意义上来讲，则是完全不相同的。

酒精是酒成为酒的根本原因，酒体设计人员必须要正确了解与酒精度相关的一些概念，并能查询且使用正确的数据。

在白酒的相关技术文献中，我们经常会见到密度和相对密度的概念，从数值看，它们比较接近，因此更易出现使用混乱的现象。故在介绍如何精准计算基酒需求量、加浆量和混合酒精度之前，先对这些基本概念进行一个简要的介绍。

一、 密度

密度一般是表示某量在空间、表面或线上分布的密集程度的物理量，常用ρ表示。任何一种量在空间、表面或线上分布时，其微小部分的含量和其相应的体积、面积和长度之比值，分别称为该量的体密度（常用密度直接表示）、面密度和线密度。体密度就表示该量被体积除所得的商，例如，电荷密度表示单位体积中的电量。

通常情况下，质量密度也直接简称为密度，因此，单独的密度一词就是指物体的质量密度，即物质单位体积内所含的质量，即物体的单位体积的质量，它是以材料的质量与其体积的比值来衡量的，即密度=质量/体积，其数学表达式为$\rho=m/V$。

密度是有量纲的，常用单位为g/cm^3、kg/dm^3、t/m^3，同种物质用这三种单位时，密度的数值是不变的。例如水的密度在4℃、101.325kPa时为$0.999975g/cm^3$、$0.999975kg/dm^3$、$0.999975t/m^3$。对非均匀物体，物体的质量与体积之比值称为该物质的平均密度。例如地球的平均密度为$5.5g/cm^3$，标准状况下干燥空气的平均密度为$0.001293g/cm^3$。

二、 相对密度

相对密度是指物质的密度与参考物质的密度在各自规定的条件下之比，符号为$d_{t_2}^{t_1}$，其中t_1指所测物质密度的温度，t_2指参考物质密度所对应的温度，一般参考物质为空气或水，相对密度是比值，无量纲或者说量纲为1。固体和液体相对密度的参考物质一般是水，气体相对密度的参考物质一般是空气。

在密度的基础之上，之所以还有一个相对密度的概念，笔者认为这是为了减少生产生活中，尤其是科研当中测量误差的目的。我们知道，全世界不同的实验室所在的位置不同，物质所受的重力加速度是不一样的，因此，用这种方法测量的物体的质量会有一定的误差。另外，体积也容易产生误差。因此，直接测量一个物质的密度误差会比较大，但是如果，我们在同一个地方，同时测量物体和参比物的密度，两者再相比，则会大大减小误差，测量相对密度，相当于进行了单点校正，误差减少，可以提高不同实验室数据的可比性。

在白酒酒精度的检测分析当中，我们是通过密度来反推酒精度的。测量酒精度最准确的方法是密度瓶法，即用同一个密度瓶分别测量经过前处理的酒液的质量和水的质量，两者相比，就是相对密度。基于温度的差异，有两种相对密度使用最多，分别为 $d_{4℃}^{20℃}$ 和 $d_{20℃}^{20℃}$ 。

酒精溶液的 $d_{4℃}^{20℃}$ 是指该酒精溶液在一个标准大气压（$1.013×10^5$Pa，下同），20℃时的密度，与一个标准大气压下，4℃纯 H_2O 的密度的比值。由于一个标准大气压下，4℃纯 H_2O 的密度为 0.999975g/mL，数值与 1 特别接近，因此，$d_{4℃}^{20℃}$ 和物质的（20℃的）密度在数值上非常接近，但也是略有差异，在准确度要求不是非常高的情况下，完全可以用 $d_{4℃}^{20℃}$ 的数值当作该物质的绝对密度来进行相关的计算。另外有些文献中还提到另一种酒精溶液的相对密度，那就是 $d_{20℃}^{20℃}$ ，该值与 $d_{4℃}^{20℃}$ 的值差别稍大一些，两者一般不相互替代，而是区别使用。

从表面上看，同一物质的密度和相对密度，二者的数值比较接近。但在本质上看，物体的密度决定了物体的相对密度。

物体的密度反映的是物体内在的特性，是单位体积物体的质量，相对密度则仅为纯数字，所以意义上绝不相同。简言之，即相对密度是某体积物质和同一体积水的质量比值。

三、 酒精基础数据查询表

在酒体配方设计的时候，需要经常用到的数据有以下七种：

一是利用国家标准 GB/T 10345—2007《白酒分析方法》中的密度瓶法测定白酒酒精度的时候，需要利用 20℃时酒精溶液的相对密度，即 $d_{20℃}^{20℃}$ ，查对应的酒精度，这个表见附录二的一，表题为 20℃时酒精溶液相对密度与酒精度对照表。由于该方法没有考虑空气浮力对称重的影响，因而，此方法被国家标准 GB/T 5009.225—2016《食品安全国家标准　酒中乙醇浓度的测定》所代替。由于习惯等原因，有时候还是会用 GB/T 10345—2007《白酒分析方法》中的密度瓶法测定白酒的酒精度的情况，但从严谨的角度来看，建议还是按照国家标准 GB/T 5009.225 的方法测定白酒的酒精度。

二是酒精计温度校正表。利用国家标准 GB/T 10345—2007《白酒分析方法》中的酒精计法测定白酒酒精度的时候，需要把测定值校正到 20℃时的值，这个表见附录二的二，表题为酒精计温度酒精度校正表。由于该方法没有对白酒进行蒸馏处理，因而，此方法被国家标准 GB/T 5009.225—2016《食品安全国家标准　酒中乙醇浓度的测定》所代替。但是由于不蒸馏，操作相对简单、快速，因此，白酒企业在原酒验收的时候，还仍然采用此方法。这两个国家标准中酒精计温度酒精度校正表中的数据是相同的。

三是根据酒精液的体积分数查对应的酒精溶液的密度，以便将配方设计中所用基酒的体积换算成质量，这个表见附录二的三，表题为酒精度-密度对照表。

第四种情况，需要将白酒的酒精度，换算成酒精质量分数，这个表见附录二中的四，表题为酒精度-酒精质量分数对照表。

第五种情况，需要将白酒质量分数，换算成酒精度，这个表见附录二中的五，表题为酒精质量分数-酒精度对照表。

第六种情况，需要根据酒精的密度查对应的酒精度，这可以通过附录二中的六，表题为酒精密度-酒精度对照表。

第七种情况，需要查不同温度下水的准确密度，例如，在夏天或在冬天，准确计算加浆水的质量时，可以通过附录三进行查询，表题为不同温度下纯水密度表。

之所以要给出这七个表，是基于两方面的考虑：

一是方便读者的角度。读者不用再查询其他文献，利用本书的附表就可以查询所需要的数据，不用再进行任何内插计算。

二是出于概念严谨、数据准确的目的。附录二中的表格是笔者采用 ITS-

1990《国际酒精表》中的数据制作而成的。

第二节　中国白酒“三体”的精准计算

在酒体配方设计当中，经常面临三种计算，笔者将其概括为“酒浆微分之精算”，具体如下：

第一种计算简称为中国白酒“一体”的计算，就是计算与白酒酒精度有关的内容。白酒“一体”的计算，一般可以再分为两种情况：一种为已知目标酒的需求量和酒精度，计算所需某种基酒的提供量；另一种为已知几种基酒混合的配比，计算混合酒的酒精度。

第二种计算简称为中国白酒“二体”的计算，实质内容为加浆量的计算。一般情况是已知目标酒的需求量和酒精度，根据基酒的混合配比，计算加浆量。

第三种计算简称为中国白酒“三体”的计算，实质内容就是有关白酒微量风味成分的计算。

针对上述所说的相关计算，笔者用实例进行过程演示，然后再形成精准计算口诀，推广到一般情况。

一、 中国白酒“一体”的精准计算

在进行酒体配方设计工作的时候，也经常需要对白酒“一体”即与酒精度有关的计算，这方面的计算主要涉及两种情况：

（1）就是根据目标酒的酒精度和生产量，计算所需基酒的量，在中国白酒“二体”加浆水的精准计算当中，也包括了基酒所需量的计算。

（2）就是计算几种不同酒精度的基酒按一定的配比进行混合，计算混合酒的酒精度，下面通过一个示例进行演示。

示例1：将酒精度为95.7%vol的基酒1和酒精度为65.6%vol的基酒2，按照3∶4的比例进行组合，问混合酒的酒精度是多少？

我们对此问题进行一个简要的分析。因为“异度酒加体积欠”，所以混合酒的体积会减少，无法得知混合酒的体积，但是酒精的质量和酒液总质量是守恒的。因此，可以利用这两个守恒特性，进行混合酒酒精度的计算。因为要用到质量，所以首先要把基酒的体积分数换算成质量分数。

具体的计算步骤如下：

第一步：根据基酒混合的配比，将基酒的用量具体化。

在本示例当中假设基酒 1 的量 $V_{基1}$ 为 30mL，基酒 2 的量 $V_{基2}$ 为 40mL。

第二步：根据附录二附表 2-3 和附表 2-4，查询各基酒所对应的密度（$\rho_{基}$）和酒精质量分数（$p_{基}$）。

查询可知基酒 1 对应的密度为 0.80862g/mL，酒精质量分数为 93.41%；基酒 2 对应的密度为 0.89623g/mL，酒精质量分数为 57.77%。

第三步：根据酒精质量和总质量守恒，计算混合酒的酒精质量分数（用 $p_{混}$ 表示）。

$$p_{混} = \frac{V_{基1} \times \rho_{基1} \times p_{基1} + V_{基2} \times \rho_{基2} \times p_{基2}}{V_{基1} \times \rho_{基1} + V_{基2} \times \rho_{基2}}$$

$$= \frac{30 \times 0.80862 \times 93.41 + 40 \times 0.89623 \times 57.77}{30 \times 0.80862 + 40 \times 0.89623} = \frac{4337.00411}{60.1078} = 72.2\%$$

第四步，根据混合酒的酒精质量分数，查附表 2-5，求得混合酒的酒精度，即酒精度 78.89%vol。按照白酒的国家标准，将酒精度修约到一位小数点，即混合酒的酒精度为 78.9%vol。

二、 中国白酒“二体”的精准计算

（一） 计算情况

在本书中，笔者把水称为中国白酒“二体”，作为中国白酒重要的组成部分，这也意味着“要得佳酿，必有佳泉”。在中国各香型白酒当中，除53%vol的酱香型白酒外，目标酒的酒精度一般都会比基酒低，要达到目标酒的酒精度，就要进行加浆操作，所谓的加浆，本质上就是添加符合要求的水。在酒体配方设计中，加浆量的计算，还可进一步分为两种情况：

第一种情况就是将一种基酒的酒精度稀释到目标值，计算“二体”的添加量；

第二种情况就是将两种及以上的基酒按某种混合配比方案混合后，再稀释成目标酒的酒精度，计算“二体”的添加量。

在白酒的生产过程中，包括基酒在内的各种半成品酒的酒精度的高低，和成品酒一样，也是采用20℃时的酒精度来表示。但是对白酒的生产过程中半成品酒的计量，则存在混杂的情况，在原酒验收的时候，常常采用重量计量。当按级并坛到大罐和安排成品白酒的生产时，往往采用体积计量。当企业采用自动摘酒设备时，半成品酒的计量，往往也是体积指标。

目前，我国成品白酒的酒精度是按国际惯例，采用20℃时的酒精度来表示，单位符号为%vol，这个酒精度就是我们常说的度。成品白酒量的多少，则采用20℃时的体积数表示，单位通常为mL，而不是采用质量即老百姓俗称的重量。

在本部分的计算当中，最终成品酒的酒精度采用酒精的体积分数，酒的多少采用体积单位计量。

（二）计算示例

示例2：利用酒精度为95.7%vol（记为 $q_{基}$）的基酒，生产酒精度为53%vol（计为 $q_{目}$）的目标酒，需加多少水？

在这个问题当中，并没有给出基酒的量，也没给出目标酒的量，针对这种情况，要先做一个假设，假设基酒的量或目标酒的量，再进行计算，具体的计算步骤如下：

第一步：先假设基酒某个具体的量。

在本示例当中，假设 $V_{基}$ 为100mL；

第二步：根据酒精守恒，计算出目标酒的体积量 $V_{目}$。

具体如下：

$$V_{目} \times q_{目} = V_{基} \times q_{基}$$

则 $V_{目} = \frac{V_{基} \times q_{基}}{q_{目}} = \frac{100 \times 95.7}{53} = 180.56\text{mL}$。

第三步：根据质量守恒，计算加水量 $V_{浆}$ 。

具体如下：

$$V_{目} \times \rho_{目} = V_{基} \times \rho_{基} + V_{浆} \times \rho_{水}$$

这里的ρ 为相关的密度，通过附录二附表2-3 可以查得$\rho_{目}$ = 0.92412g/mL，$\rho_{基}$ =0.80862g/mL，$\rho_{水}$ =0.99820g/mL，在计算时可以用 1 作近似处理，以下同此。

则 $V_{浆} = \frac{V_{目} \times \rho_{目} - V_{基} \times \rho_{基}}{\rho 水} = \frac{180.56 \times 0.92412 - 100 \times 0.80862}{1} =$ 86.00mL。

第四步：按比例进行缩放计算各分量。

通过上面的计算，可知 100mL 的酒精度为 95.7% vol 的基酒，添加 86.00mL 的水，可以得到 180.56mL 的目标酒。根据这些数据，再根据目标酒的量，就可以进行缩放计算各分量的具体量。例如，如果要配制 500mL 酒精度为 53%vol 的目标酒，500mL 相当于 180.56mL 的 500/180.56=2.77 倍。再将这个倍数乘以 100mL 得 277mL 的基酒，乘以 86.00mL 得 238.22mL 的加浆水。

情况	95.7%vol 的基酒	加浆水	53%vol 目标酒
基础	100mL	86.00mL	180.56mL
目标量	$100 \times 2.77\ (\frac{500}{180.56}) = 277\text{mL}$	$86 \times 2.77\ (\frac{500}{180.56}) = 238.22\text{mL}$	500mL

示例 3：利用酒精度为 95.7%vol（记为 $q_{基1}$）的基酒 1 和酒精度为 65.6% vol（记为 $q_{基2}$）的基酒 2，按照 3∶4 的比例组合，生产酒精度为 53%vol（计为 $q_{目}$）的目标酒，问需加多少水？

在这个问题当中，同样没有给出基酒的量，也没给出目标酒的量，针对这种情况，依然要先做一个假设，假设基酒的量或目标酒的量，再进行计算，具体的计算步骤如下：

第一步：先假设基酒 1 的量 $V_{基1}=30mL$，基酒 2 的量 $V_{基2}=40mL$。

第二步：根据酒精守恒，计算出目标酒的体积量 $V_{目}$。

具体如下：

$$V_{目}\times q_{目}=V_{基1}\times q_{基1}+V_{基2}\times q_{基2}$$

则 $V_{目}=\dfrac{V_{基1}\times q_{基1}+V_{基2}\times q_{基2}}{q_{目}}=\dfrac{30\times 95.7+40\times 65.6}{53}=103.68mL$。

第三步：根据质量守恒，计算加水量 $V_{浆}$。具体如下：

$$V_{目}\times \rho_{目}=V_{基1}\times \rho_{基1}+V_{基2}\times \rho_{基2}+V_{浆}\times \rho_{水}$$

这里的 ρ 为相关的密度，通过附录二附表 2-3 可以查得 $\rho_{目}=0.92412g/mL$；$\rho_{基1}=0.80862g/mL$；$\rho_{基2}=0.89623g/mL$；$\rho_{水}$ 用 1 作近似处理。

则 $V_{浆}=\dfrac{V_{目}\times \rho_{目}-(V_{基1}\times \rho_{基1}+V_{基2}\times \rho_{基2})}{\rho_{水}}$

$$=\frac{103.68\times 0.92412-(30\times 0.80862+40\times 0.89623)}{1}=35.70mL。$$

第四步：按比进行缩放计算各分量。

通过上面的计算，可知 30mL 酒精度为 95.7%vol 的基酒 1 和 40mL 酒精度为 65.6%vol 的基酒 2，添加 35.70mL 的水，可以得到 103.68mL 的目标酒。根据这些数据，再根据目标酒的量，就可以进行缩放计算各分量的具体量。例如，如果要配制 500mL 酒精度为 53% vol 的目标酒，500mL 相当于 103.68mL 的 500/103.68=4.82 倍。再将这个倍数乘以 30mL 得 144.6mL 的基酒 1，乘以 40 mL 得 192.8mL 的基酒 2；乘以 35.70mL 得 172.07mL 的加浆水。

三、 中国白酒“三体”的精准计算

中国白酒的“三体”是指中国白酒微量风味成分，因为本部分的内容，主要是侧重酒精度的精准计算，因此，有关中国白酒“三体”的精准计算，放到第五篇第四章关于调香白酒酒体配方设计部分进行介绍。

四、 计算口诀

以上通过三个简单的示例，演示了精准计算加浆、基酒需求量、混合酒精度的计算过程，为了更加深刻理解其中的计算原理，并有助于记忆，笔者将上述计算过程进行了总结，诗题为“三体混合三不变”，具体内容如下：

三体混合三不变

异度酒加体积欠，千变万化三不变；

乙醇体积与质量，加上总质三不变；

醇体守恒酒量算，混合酒度质浓换；

积密相乘质相减，得到差值加浆添；

按比缩放得分量，据此组合很简单。

第一句话意指不同酒精度的酒相互混合，体积是会发生收缩减小的。

第二句至第四句说明不同基酒进行混合时，酒的体积、酒精度等都会发生动态变化，但是在诸多变化发生的同时，也存在三个不变，即酒精在 20℃时的体积、质量和混合前后酒液的总质量都不会发生变化，是守恒的。

第五句话言明根据酒精体积守恒的原理，可计算出基酒的用量。

第六句话说明将体积分数换算成质量分数，然后根据酒精质量守恒，总酒液的质量守恒，可以算出混合酒的酒精度。

第七句和第八句讲述根据总的质量守恒来计算加浆量，质量等于体积乘以密度。

第九句和第十句指出根据具体的目标酒的目标量进行基酒和加浆量的缩放计算是非常简单易操作的。

第三节　酒精和水的缔合

初中化学就已科普过50mL酒精与50mL水混合后，总体积<100mL。老师给出的解释是分子之间是有间隙的，当把酒精和水混合以后，两种分子不发生化学反应，而是相互穿插渗透，进入彼此的分子间隙，所以体积会减少。这个解释通俗易懂，很容易被初中生记住。

酒在老百姓生活当中是很常见的，在中国，各种品牌、香型、度数的白酒更是到处可见。

大家有没有想过厂家生产不同酒精度的白酒时，是否考虑过为什么要生产这么一个度数的白酒呢？一般来说，这个度数主要是根据市场和习惯定下来的，应该说没有太多的科学上的考虑。

当然也有些厂家，通过讲故事的方式来说明其选择的酒精度是最合理的。最有名的一个莫过于门捷列夫发现40%vol的时候酒精与水缩合最好，所以他就提出伏特加的度数为40%vol。

在我国，关于最佳酒精度的说法有很多版本，其中53%vol的说法，随着酱香热的持续，传播最广。笔者经研究发现，其来源也是一种故事，并没有什么科学或实验数据的支撑，因此，这个说法也遭到了很多人的质疑。

为了弄清这个问题，笔者2020年春节期间，对此进行了严密的数学计算和深入的研究，终于在科学的层面对其进行了解释，下文便是推导过程。

一、评价指标的确定

因为是研究酒精与水的缔合问题，所以可以提出一个缔合度指标，该缔合度用酒精与水混合后的体积收缩率为评价指标，单位为%，计算公式如下：

$$R_c(\%) = \frac{V_{e0} + V_{w0} - V_a}{V_{e0} + V_{w0}} \times 100$$

式中　R_c——乙醇与水的缔合度，%

V_{e0}——混合前酒精的体积，mL

V_{w0}——混合前水的体积，mL

V_{a}——混合后实际的酒精水溶液的体积，mL

二、 数据计算

关于酒精与水混合后的缔合问题，其原理是这样的，由于酒精分子和水分子都是由原子构成的，不同原子之间的连接都是有一定的夹角，并不是球形或线形的，当有两种及以上夹角的分子混合在一起时，会发生一定的体积收缩，这就是不同分子之间的缔合，可用其收缩的百分比来衡量缔合的程度。

我们系统研究了一下 0~100%vol 的酒精和水的缔合情况，0 和100%vol的时候只有一种分子存在，即只有一种夹角的分子存在，故没有缔合现象发生，其缔合度自然就是 0，在其他度数都出现了缔合的情况，具体的缔合情况如表 3-63和图 3-32 所示。

表 3-63　　酒精和水混合成不同度数的酒精水溶液的缔合度

酒精度/%vol	加水/mL	线性加和/mL	实际体积/mL	收缩/mL	缔合度/%
0	100.000	100.000	100	0.000	0.000
1	99.059	100.059	100	0.059	0.059
2	98.121	100.121	100	0.121	0.121
3	97.187	100.187	100	0.187	0.187
4	96.257	100.257	100	0.257	0.257
5	95.330	100.330	100	0.330	0.329
6	94.408	100.408	100	0.408	0.406
7	93.487	100.487	100	0.487	0.484
8	92.569	100.569	100	0.569	0.566
9	91.654	100.654	100	0.654	0.650
10	90.742	100.742	100	0.742	0.737

续表

酒精度/%vol	加水/mL	线性加和/mL	实际体积/mL	收缩/mL	缔合度/%
11	89. 832	100. 832	100	0. 832	0. 825
12	88. 924	100. 924	100	0. 924	0. 916
13	88. 019	101. 019	100	1. 019	1. 009
14	87. 116	101. 116	100	1. 116	1. 103
15	86. 214	101. 214	100	1. 214	1. 199
16	85. 313	101. 313	100	1. 313	1. 296
17	84. 413	101. 413	100	1. 413	1. 393
18	83. 514	101. 514	100	1. 514	1. 492
19	82. 616	101. 616	100	1. 616	1. 591
20	81. 718	101. 718	100	1. 718	1. 689
21	80. 820	101. 820	100	1. 820	1. 787
22	79. 921	101. 921	100	1. 921	1. 885
23	79. 021	102. 021	100	2. 021	1. 981
24	78. 120	102. 120	100	2. 120	2. 076
25	77. 218	102. 218	100	2. 218	2. 170
26	76. 313	102. 313	100	2. 313	2. 261
27	75. 408	102. 408	100	2. 408	2. 351
28	74. 500	102. 500	100	2. 500	2. 439
29	73. 589	102. 589	100	2. 589	2. 523
30	72. 675	102. 675	100	2. 675	2. 605
31	71. 758	102. 758	100	2. 758	2. 684
32	70. 838	102. 838	100	2. 838	2. 760
33	69. 915	102. 915	100	2. 915	2. 833
34	68. 988	102. 988	100	2. 988	2. 902

续表

酒精度/%vol	加水/mL	线性加和/mL	实际体积/mL	收缩/mL	缔合度/%
35	68. 057	103. 057	100	3. 057	2. 967
36	67. 124	103. 124	100	3. 124	3. 029
37	66. 186	103. 186	100	3. 186	3. 087
38	65. 244	103. 244	100	3. 244	3. 142
39	64. 299	103. 299	100	3. 299	3. 193
40	63. 349	103. 349	100	3. 349	3. 240
41	62. 396	103. 396	100	3. 396	3. 284
42	61. 438	103. 438	100	3. 438	3. 324
43	60. 477	103. 477	100	3. 477	3. 360
44	59. 512	103. 512	100	3. 512	3. 393
45	58. 544	103. 544	100	3. 544	3. 423
46	57. 572	103. 572	100	3. 572	3. 449
47	56. 596	103. 596	100	3. 596	3. 471
48	55. 617	103. 617	100	3. 617	3. 491
49	54. 634	103. 634	100	3. 634	3. 507
50	53. 649	103. 649	100	3. 649	3. 521
51	52. 660	103. 660	100	3. 660	3. 531
52	51. 668	103. 668	100	3. 668	3. 538
53	50. 674	103. 674	100	3. 674	3. 544
54	49. 676	103. 676	100	3. 676	3. 546
55	48. 676	103. 676	100	3. 676	3. 546
55. 1	48. 576	103. 676	100	3. 676	3. 546
56	47. 673	103. 673	100	3. 673	3. 543
57	46. 668	103. 668	100	3. 668	3. 538

续表

酒精度/%vol	加水/mL	线性加和/mL	实际体积/mL	收缩/mL	缩合度/%
58	45.660	103.660	100	3.660	3.531
59	44.649	103.649	100	3.649	3.520
60	43.636	103.636	100	3.636	3.508
61	42.621	103.621	100	3.621	3.494
62	41.603	103.603	100	3.603	3.477
63	40.583	103.583	100	3.583	3.459
64	39.559	103.559	100	3.559	3.437
65	38.534	103.534	100	3.534	3.414
66	37.506	103.506	100	3.506	3.388
67	36.476	103.476	100	3.476	3.359
68	35.443	103.443	100	3.443	3.329
69	34.408	103.408	100	3.408	3.296
70	33.370	103.370	100	3.370	3.260
71	32.329	103.329	100	3.329	3.222
72	31.286	103.286	100	3.286	3.181
73	30.239	103.239	100	3.239	3.137
74	29.190	103.190	100	3.190	3.091
75	28.137	103.137	100	3.137	3.042
76	27.082	103.082	100	3.082	2.990
77	26.024	103.024	100	3.024	2.935
78	24.962	102.962	100	2.962	2.877
79	23.898	102.898	100	2.898	2.816
80	22.830	102.830	100	2.830	2.752
81	21.758	102.758	100	2.758	2.684

续表

酒精度/%vol	加水/mL	线性加和/mL	实际体积/mL	收缩/mL	缔合度/%
82	20.682	102.682	100	2.682	2.612
83	19.603	102.603	100	2.603	2.537
84	18.520	102.520	100	2.520	2.458
85	17.432	102.432	100	2.432	2.374
86	16.339	102.339	100	2.339	2.285
87	15.240	102.240	100	2.240	2.191
88	14.137	102.137	100	2.137	2.092
89	13.026	102.026	100	2.026	1.986
90	11.909	101.909	100	1.909	1.873
91	10.782	101.782	100	1.782	1.751
92	9.647	101.647	100	1.647	1.621
93	8.501	101.501	100	1.501	1.479
94	7.344	101.344	100	1.344	1.326
95	6.172	101.172	100	1.172	1.159
96	4.985	100.985	100	0.985	0.975
97	3.778	100.778	100	0.778	0.772
98	2.550	100.550	100	0.550	0.547
99	1.294	100.294	100	0.294	0.293
100	0.000	100.000	100	0.000	0.000

表3-63中的计算模型为混合后的酒精水溶液的体积在20℃时，为100mL。从表3-63可以看出，当酒精度在53vol%、54vol%、55vol%和56vol%时，缔合度几乎相等，且为最大值，因此，说明此时酒精度下，酒精和水的缔合最好。

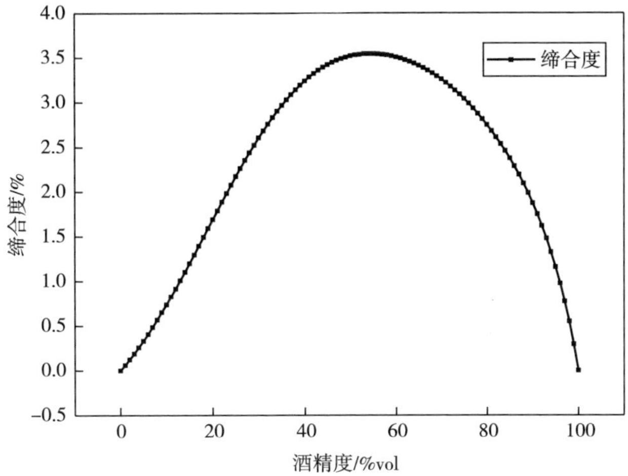

图 3-32　不同度数的酒精水溶液的缔合度

三、 模型建立

在上面的计算过程，度数间隔为 1%vol，没有取更小的间隔，是为了避免计算量的大幅增加。为了考察更小的间隔，可以用最小二乘法求出回归模型，再进行研究。模型类型的确定可以通过作图（图 3-33）和差分判别的方法进行辅助判断。

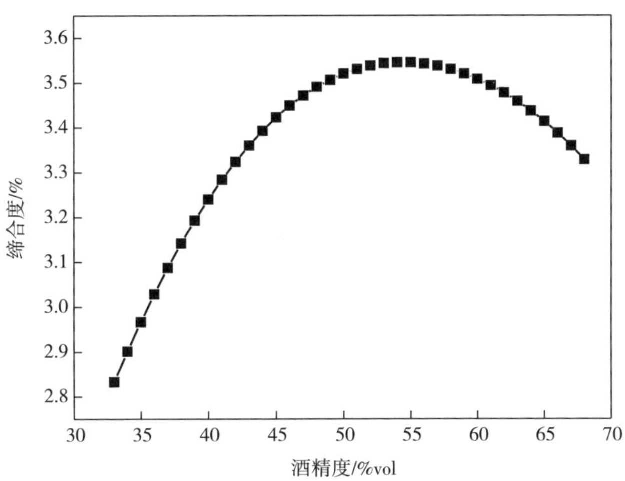

图 3-33　酒精度数对酒精和水的缔合度的影响

从图 3-33 可以看出，当酒精度过高或酒精度过低的时候，酒精和水的缔合度都减小，酒精度为 53%～56%vol 时，呈现较大的缔合度，类似抛物线，抛物线可以用二次多项式进行建模。

因此，在本研究当中选择二次多项式进行回归建模，回归建模的结果为：

$$y = -0.00245x^2 + 0.1598x - 0.8368$$

其中 y 为不同度数下的酒精和水的缔合度，x 为酒精度。

通过表 3-64 的方差检验可知，该回归方程在统计学上具有极高度的显著性，回归模型的相关系数的平方即决定系数 $R^2 = 1.36376/1.3674 = 0.9973$，非常接近 1。这些结果说明该二次回归模型足以精确描述酒精度与缔合度的关系。

表 3-64　回归模型的方差检验

分解项	自由度	偏差平方和	方差	F 值	Prob>F
回归部分	2	1.36376	0.68188	6190.8865	0
剩余部分	33	0.00363	1.10143E-4		
总和	35	1.3674			

四、 模型极值的求解

要探讨酒精度数在何数值下酒精和水的缔合度最好，实际上就是要探讨上述回归方程 $y = -0.00245x^2 + 0.1598x - 0.8368$ 的极值问题。

该方程的一阶导数和二阶导数如下。

$$\frac{dy}{dx} = -0.0029x + 0.1598$$

$$\frac{d^2y}{dx^2} = -0.003 < 0$$

由两式可知，当 $\frac{dy}{dx} = 0$，即 $x = 0.1598/0.0029 = 55.1$ 时，y 取最大值，如图 3-34 所示。也即当选酒精度为 55.1%vol 时，酒精和水的缔合度最大，即酒精和水的缔合最紧密，缔合最好。

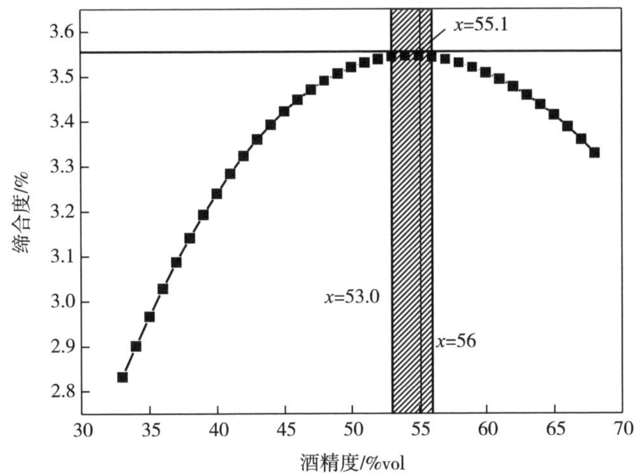

图 3-34　酒精与水缔合度极值区间求解

从表 3-65 和图 3-34 可以看出，酒精度 53%vol、54%vol、55%vol 和 56%vol 时，缔合度呈现一个缓慢变化的平台区间，这四个度数下的缔合度只在小数点后第三位略有差异，因此也可以认为酱香型白酒在 53%vol 时，酒精和水的缔合也是最紧密的。

五、结论

当白酒的酒精度为 53%vol、54%vol、55%vol 和 56%vol 时，酒精和水的缔合度呈现一个缓慢变化的平台区间，也就是说当白酒的酒精度在 53%~56%vol 时，酒精和水混合后体积减少的幅度非常接近，实际数据表明这 4 个度数的缔合度只在小数点后第三位略有差异。因此，从实际情况出发可以认为当白酒的酒精度为 53%vol 时，酒精和水的缔合也是最紧密的。

第四篇

酒体设计的原料及蒸馏、陈酿工艺

第一章　基酒

第一节　好的酒体离不开从农田到餐桌的全程把控

白酒的酒体设计技术是我国劳动人民在长期的酿酒实践中积累、总结和发展起来的一项白酒生产技术。它被认为是白酒生产过程中“画龙点睛”的工艺，这不但在白酒生产上，而且在其他酒类生产上同样具有非常重要的意义。正是这项技术的关键作用，使得酒体设计技术成为名优白酒厂的“看家本领”之一。以往，酒体设计工作一直都由具有多年实践经验的酒体设计师，凭借敏锐和丰富的感官品评经验，结合长期的酒体设计经验来完成。一方面酒体设计师必须具备敏锐的视觉、味觉和嗅觉，并积累对各种典型风格白酒、不同质量档次的白酒和具有特殊风味的白酒丰富的感官品评经验，能够区分不同特点的白酒之间的细微差别，能够品评出不同白酒难以言喻的微妙香气和口味变化；另一方面，酒体设计师还必须具有丰富的想象力和创造力，能够正确地运用香气和味觉的变化关系，选择适当的基酒进行香气和味觉的调整，针对基酒在香气和味觉上的不足进行精心的调香和调味，使最终的白酒产品具有独特的、稳定的风味特征。由于各种基酒的风味多变，特点迥异，各种供使用的调香、调味酒千变万化，同时在组合与调味过程中，人的感觉受到生理、心理和环境等诸多因素的影响，还要精力高度集中，发挥个人的想象力和创造力。所以，酒体设计工作是一项复杂而精细的脑力劳动，因此，酒体设计既是一门技术，又是一门艺术。

长期以来，酒体设计的大部分工作仍然是酒体设计师凭借感官品评和对白酒香气和味觉的记忆的感性经验来进行的。他们一般很难说出一个比较确定的配方或者道理，尤其在选料及配方上就更显出它的“神秘”色彩，甚至有些人将酒体设计看成是一种万能的办法，认为无论本厂的基酒质量如何，条件是否具备，均能通过酒体设计达到名优白酒的风味或很高的质量水准。把产品的好环全部依赖于酒体设计，这种观点是片面的，不利于产品质量的提高，应该纠正。

我们常说“巧妇难为无米之炊”，酒体设计固然是白酒生产环节中一个很重要的关键工序，它能提高和稳定白酒质量。但是，它不是万能的方法。酒体设计需要一定的物质基础，也就是说，酒体设计需要一定质量档次的基酒和尽可能全的精华调香、调味酒，只有具备了这些物质基础，配合科学的、高超的酒体设计技术，才能调配出相当质量档次的白酒产品。如果没有一定的物质基础作为条件，凭空想象，再高明的调酒师也很难设计出好的白酒产品。

此外，酒体设计过程中，调酒师完全凭个人的感官和经验来进行操作，容易过多地夹杂进人为因素的影响，反而会影响产品质量的稳定和提高。随着科学技术的发展，尤其是现代分析化学、风味科学和计算机技术在白酒生产上的应用，使得现代的酒体设计技术更具科学性和可靠性。

分析化学及分析仪器的发展，使我们对白酒中微量成分的认识越来越广泛，为酒体设计工作提供了精确的分析数据，弥补了一部分以往人的感性经验的不足，也减少了一些人为因素的影响，使酒体设计工作有数据可依；白酒风味化学理论的研究，使我们对白酒中微量成分从分子结构和立体结构上去认识它的香气和味觉特性，认识它们在白酒中的呈香、呈味作用及相互之间的作用关系，使酒体设计工作能够按照酒体中化合物的性质、种类，以及它们在香气强度、滋味强度、分类原则等方面进行定向进行，减少以往凭经验设计而带来的一些盲目性。

利用现代的计算机技术、统计学、心理统计学和模糊数学的计算原理等内容，依据风味科学的原理，结合色谱及质谱分析数据，配合感官风味特征的描述，以白酒中的香味组分及其阈值、味值和浓度参数建立数学模式，指导酒体设计工作，使得现代的酒体设计工作更具科学性和准确性。这些技术的应用，将传统的酒体设计技术提高到一个新的水平。

目前对白酒香味组分分析的研究还不是很深入，白酒中尚有许多未知的成分未分析检出，有待进一步研究；尤其是对香气和味觉变化的基础理论的研究还很初步。因此，利用分析数据有时很难反映出白酒风味的全貌，特别是具有特殊气味或味道的白酒，有时分析仪器还无法以数据的形式表示出来，只能依靠感官品评的办法来解决。所以，感官的品评在酒体设计过程中还是很关键的一个环节。如何处理好感官分析与化学分析的关系，是提高酒体设计工作的一个重要问题。

人的感觉器官是非常灵敏的，在酒体设计过程中，它被当作了一种具有特殊功能的“仪器”来进行工作。有时它比分析仪器还要灵敏和准确。同时，人的大脑是有记忆和储存功能的，人能在大脑中储存和记忆多种气味和口味的感觉信息，并将它们分辨出来；人还具有思维和创造能力，在酒体设计中，人运用了思维和想象力，使设计出的产品更具艺术性，因此“有多高水平的品评鉴赏能力，才会有多高水平的设计能力”这句话说明了感官品评和思维、想象力在酒体设计中的重要地位，也说明了酒体设计工作是一项实践性很强的工作。

目前，部分感官品评工作，一般的分析仪器还不能替代。但是，人的感觉和思维，它的随意性和多变性常常会造成酒体设计过程中较大的偏差，从而影响产品的稳定性和可靠性，化学分析可一定程度地弥补这方面的不足。随着对白酒微量成分剖析的深入，使我们更多地了解了白酒中香味组分的特征及相互之间的量比关系，利用这些准确可靠的分析数据指导酒体设计工作，可以在一定程度上消除感性经验带来的不稳定因素。对白酒成分掌握得越多、数据越准确，利用分析数据对白酒的质量可控程度就越大。当然，在白酒香味组分还未全面剖析清楚的时候，完全利用分析数据控制白酒质量还受到了局限。所以，感官的品评与化学分析，在酒体设计过程中，两者相互结合，互为补充，相辅相成，只有这样才能有效地提高酒体设计的技术水平。

相信，凭借敏锐的感官品评，辅以准确可靠的分析手段，利用现代试验设计的各种数学方法，酒体设计技术已不再是一个“神秘”的禁区，它将在风味科学理论的指导之下，被越来越多的酿酒技术人员所掌握。

好酒是品出来的；好酒是设计出来的；好酒也是酿出来的；好酒更是种出来的（图 4-1）。设计不是万能的，但是没有设计也是万万不能的。

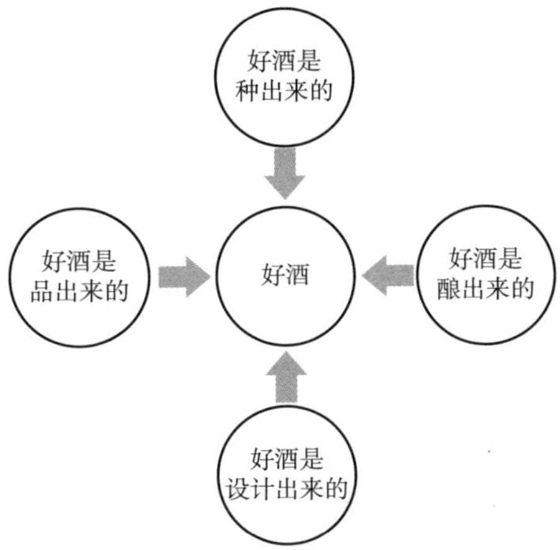

图 4-1　“种酿设品”四合一

因此，要想长期生产出高品质的白酒，就要建立全生命周期的观念，从种植开始，种好每一粒粮，酿好每一滴酒，设计好每一瓶酒，品好每一杯酒，做到“种酿设品”四合一，把质量控制点延伸到消费者，实现从农田到餐桌的全程把控。

第二节　基酒组合变化规律

酒体设计原料，在这里指的是进行酒体配方设计时，所用的原料，酒体配方设计的直接原料就是基酒，从本质上看，勾调就是基酒之间的组合，基酒质量的好坏，对组合酒质量的好坏是有重要影响的，了解这些变化规律，对勾调是非常有用的。总的来讲，基酒组合后，质量的变化规律有五种情况，具体如下。

1. 好酒与好酒的组合

好酒与好酒的组合，一般来说质量总是提高的，这是一个浅显普通的规律。但是如果比例不当，也可能使组合后的酒质量下降。

2. 差酒与差酒的组合

差酒与差酒的组合，一般是变差，但是组合后的酒也可以变好酒。

3. 好酒与差酒的组合

好酒与差酒的组合，组合后的酒可能会变好酒。

4. 杂味酒的使用

其实在高水平调酒师的眼中是没有缺陷酒的，有杂味的缺陷酒在调酒师的眼中不一定是差酒，它们除了可以作为搭酒之外，实际上也是可作调味酒使用的，可能配出好酒。

5. 老酒的作用

老酒主要用来提陈味。组合需要大量的老酒，陈味突出的老酒才能在压暴香、增加陈味上起到作用。

基酒组合后，质量变化的五种规律，可以总结成如下一首诗：

勾三调四在基酒，基酒搭配有讲究；
好好变好差也有，差差更差也有优；
好酒坏酒或互救，杂搭调味也可牛；
提陈靠老十年久，五种规律记心头。

第一句和第二句的意思是指勾调的基础在于基酒，基酒之间的搭配是有讲究的。

第三句指好酒与好酒组合一般是变好，但是也有可能变差。

第四句指差酒与差酒组合一般是变差，但是也有可能变好。

第五句指好酒与差酒相组合的话，有可能变好。

第六句指有杂味的酒一般是作搭酒使用，但有时候也是可以作调味酒使用的。

第七句是说提升酒的陈味一般要使用陈酿十年的老酒。

第二章　加浆用水

第一节　水质对酒体风味的影响

在白酒生产过程中，不论是酿造用水，还是加浆用水，其水质的优劣直接影响到酒体风味特征的形成和产品质量的稳定提高。因此使用优质的水来生产优质白酒，是酿酒企业在质量保证体系中整个工艺过程的重要环节。

一、水质对发酵的影响

构成白酒的特殊风味的微量香味物质是由微生物代谢产生的。水质通过影响微生物代谢，而影响香味物质的形成和积累，最终对酒体风味产生影响。水是微生物生长所必需的重要物质。水在微生物生活中的主要作用有：①水是微生物细胞的重要组成成分，占生活细胞总质量的90%左右；②机体内的一系列生理生化反应都离不开水；③营养物质的吸收与代谢产物的分泌都是通过水来完成的；④由于水的比热容高，又是热的良好导体，因而能有效地吸收代谢过程中放出的热并将吸收的热迅速地散发出去，避免导致细胞内温度陡然升高，故能有效地控制细胞内温度的变化。在制曲酿酒过程中，水起到溶解淀粉、糖、蛋白质及其他物质的作用，以供给微生物生长繁殖、新陈代谢之用，在发酵和蒸馏过程中又能进行传质传热作用。优良的水质，能促进微生物正常的生长繁殖和代谢活动，促进发酵的顺利进行和风味物质的形成，对酒体风味特征的形成产生积极的影响。如水质受到污染或硬度过大、碱性过重、带有水藻，直接用于生产，会抑制酶的作用，影响微生物的代谢，使发酵产生异常。而且常常将不正常的气味带入酒中，对白酒风味产生不利影响。

二、 水中无机离子对酒体风味的影响

水中含有的无机离子约有二十几种，如亚铁离子、锰离子、碳酸氢根离子、氢氧根离子、硫酸根离子、钙离子、镁离子等，这些离子均会影响酒中电解质平衡，从而影响酒体的风味。尤其是所含有的金属元素，对白酒的老熟和酒体风味特征的形成起着较重要的作用。因此，在对水源的选择和对水的处理方法上，要加以考察研究，要根据白酒对水质量的要求做到有的放矢，否则，不但加大了处理水的成本费用，白酒中的有用物质也被除掉，得不偿失。

水中的无机离子是微生物生长的营养成分，适量的无机离子保证了有益微生物的繁殖，促进了发酵。然而，选择水源或对水的处理不当，也能对白酒起反面作用。如水中含钙、镁盐过多，会引起酒沉淀并产生苦味，造成白酒口味粗糙，给白酒带来刺激味；水中含铁离子过多，在氧化后形成氧化铁絮状沉淀，并使酒变成暗褐色，品尝有明显的“铁腥味”；铜离子过多时可使酒液氧化浑浊；氯离子浓度过高呈碱味，且引起酵母早衰，使发酵不完全，酒质粗糙，但适量能使酒丰满、爽口、柔和；铜离子、锌离子过量时，具有收敛性苦味；水中钠离子、钾离子含量过高，使酒呈咸味，酒体缺乏柔和感；锰离子是许多酶的辅基，能促进蛋白质的活性，过多会影响酒的正常发酵；铅离子、砷离子、汞离子、锌离子都是酵母毒素，过量使酶失活，酵母不能正常地生长、繁殖；亚硝酸根离子、氟离子是酵母的强烈毒素，使酵母改变遗传性，发酵性能降低，影响正常发酵，从而影响酒体风味的形成。

三、 水的硬度对酒体风味的影响

如果水的硬度过大，那么加浆后，白酒会产生浑浊和沉淀，而且酒味变得涩口、单调，酒体变得不谐调，所以加浆用水以低矿化度的矿泉水为佳。由于矿泉水味道甘美，用之加浆会使酒味醇厚甘甜、尾味爽净，饮后使人心旷神怡。

四、水质对酒体稳定性的影响

水中含有的各类物质对酒体的稳定性产生较大的影响。常见的无机物，如钙盐、镁盐、铁盐、铜盐、锌盐、游离氯等，有机物有腐殖质、酚类等，生命体有细菌、藻类等。

白酒是胶体溶液。溶胶是动力学上的稳定体系，由于它的颗粒较小，布朗运动及胶团相互排斥，可使胶粒不下沉，同时多碳的脂肪酸具有增溶作用，所以溶胶在相当长的时间内是稳定的。但加入带电荷的电解质中和了胶团外层的电荷，使胶团间斥力减小，而使胶团聚集而沉淀，这种聚沉现象对白酒外观质量和酒体风味产生影响。

白酒加浆时，若使用的水含钙、镁离子（尤其是钙离子）浓度高时，白酒体系中会发生一系列的变化，首先是钙与羧酸根生成难溶的盐，开始是胶体状态，经贮存一段时间后，转变成沉淀。反应为 $2RCOO^- + Ca^{2+} \rightarrow (RCOO)_2Ca\downarrow$，伴随而来的是白酒体系中的有机酸电离，反应为 $RCOOH \rightarrow RCOO^- + H^+$，有机酸电离后，有机酸的浓度下降，打破了酯化反应的平衡，则会发生酯水解反应 $RCOOR' \rightarrow RCOOH + R'OH$，反应向右移动，酯的含量降低，酒的风味、口感便会发生变化，同时 $RCOO^-$ 与一些金属离子结合，降低了浓度，白酒溶胶的稳定剂减少了，溶胶的稳定性便会下降。水中的有机物、藻类、细菌、酚类也破坏白酒的稳定性，影响白酒风味，使白酒品质降低。

第二节　加浆用水的要求

水是酒中的主要成分，水质的好坏直接影响到酒的质量，若没有适当的勾调用水，是难以产出质量优良的酒的。故酿酒行业对水质量是非常重视的，称“水是酒的血”“水是酒的灵魂”。世界名酒的出产地大都有特别优良的水源，国内情况也基本如此，凡是有好酒的地方必有好水。新型白酒具备酒体纯净的特点，所以对勾调用水的要求严格。

加浆用水是高度白酒勾调用水及由高度原酒制成低度白酒时稀释用水的总称，有如下要求：

（1）总硬度应<1.783mmol/L，低矿化度，总盐量<100mg/L。因微量无机离子也是白酒组分，故不宜用蒸馏水作为加浆用水。

（2）含氨量<0.1mg/L。

（3）铁含量<0.1mg/L。

（4）铝含量<0.1mg/L。

（5）不应有腐殖质的分解产物。将10mg高锰酸钾溶解在1L水中，若在20min内完全褪色，则这种水不能作为加浆用水。

（6）自来水应用活性炭将氯吸附，并经过过滤后使用。

若加浆用水的水质不符合规定要求，应予以适当处理。

水质的好坏直接影响成品酒的质量。勾调用水一般以天然水较为理想，但首先要符合GB 5749—2022《生活饮用水卫生标准》，还必须经过软处理，使其更加纯净。而加浆用水则要求更高，水质达不到要求，将影响成品酒的风味或产生浑浊、沉淀。

加浆用水除了要求其无色透明外，嗅感及味感均应良好，清爽可口，对无机成分的含量要求也很高，应使用软水。水质碱度或硬度以mmol/L表示。我国用水的碱度或硬度过去一般以德国度（°d）表示，即每1L水中含10mg氧化钙或7.14mg氧化镁为1°d（相当于0.35663mmol/L）。水的总硬度是指硫酸盐与碳酸盐硬度的总和，即水的总硬度用单位体积水中含钙、镁盐的总量表示。水的暂时硬度主要是指用加热法可除去的重碳酸盐硬度，用加热法不能除去的硫酸钙硬度则称为永久硬度。

水的硬度划分标准如下：

（1）0~4°d的水为最软水；

（2）5~8°d的水为软水；

（3）9~12°d的水为普通硬水；

（4）13~18°d的水为中等硬水；

（5）19～30°d 的水为硬水；

（6）30°d 以上的水为最硬水。

白酒酿造用水的硬度一般在硬水以下都可以。但加浆用水最好是天然软水。因为水中钙、镁盐较多时，不但会引起沉淀，而且产生苦味。铁离子浓度 0.5～20mg/L、铜离子和锌离子的含量分别为 5～10mg/L 及 20mg/L 时，具有苦味。产生苦味的还有硫酸铝等。过多的铁盐会呈涩味，甚至铁腥味。氯离子浓度在 400～1400mg/L 呈咸味，含氯量较多的自来水有漂白粉味，不宜直接用于降度。

水是酒中的主要成分，水质的好坏直接影响到酒的质量，没有符合要求的加浆用水，是难以勾兑出质量优良的白酒的，特别对低度白酒尤为重要。优质自来水可直接使用，但要进行水质分析，特别注意余氯、硬度、锰、铁、细菌等指标。白酒加浆用水具体要求如下：

1. 外观

无色透明，无悬浮物及沉淀物。加浆用水必须是无色透明，如呈微黄，则可能含有有机物或铁离子太多；如呈浑浊，则可能含有氢氧化铁、氢氧化铝和悬浮的杂物；静置 24h 后有矿物质沉淀的便是硬水，这些水应处理后再用。

2. 口味

把水加热到 20～30℃，用口尝应有清爽的感觉。如有咸味、苦味不宜使用；如有泥臭味、铁腥味、硫化氢味等也不能使用；取加热至 40～50℃ 的挥发气体用鼻嗅之，如有腐败味、氨味、沥青和煤气等臭味的，均为不好的水，优良的水应无任何气味。

3. pH

pH 为 7，呈中性的水最好，一般微酸性或微碱性的水也可使用。

4. 氯含量

有尿混入的水，靠近油田、盐碱地、火山、食盐场地等处的水，常含有多量的氯，自来水中往往也含有活性氯，极易给酒带来不舒适的异味。按规定，1L 水里的氯含量应在 30mg 以下，超过此限量，必须用活性炭处理。

5. 硝酸盐

如果水中含有硝酸盐及亚硝酸盐，说明水源不清洁，附近有污染源。硝酸盐在水中的含量应≤3mg/L，亚硝酸盐的含量应<0. 5mg/L。

6. 腐殖质含量

水中不应有腐殖质的分解物质。由于这些腐殖质能使高锰酸钾脱色，所以鉴定标准是以 10mg 高锰酸钾溶解在 1L 水里，若 20min 内完全褪色，则此水不能用于降度。

7. 重金属

重金属在水中的含量≤0. 1mg/L；砷≤0. 1mg/L；铜≤2mg/L；汞≤0. 05mg/L；锰在水中的含量应<0. 2mg/L。

8. 总固形物

总固形物包括矿物质和有机物，水的总固形物含量应在 0. 5g/L 以下。

凡钙、镁的氯化物或硫酸盐都能使水味恶劣，碳酸盐或其他金属盐类，不管含量多少，都会使水的味道变坏。比较好的水，其固形物含量只有 100~200mg/L。

9. 水的硬度

水的硬度越大说明水质越差。白酒加浆用水要求总硬度在 4. 5°d 以下（软水）。硬度高或较高的水需经处理后才能使用。用硬度大的水降度，酒中的有机酸与水中的钙、镁盐缓慢反应，将逐渐生成沉淀，影响酒质。

第三节　加浆用水的处理方法

加浆用水的处理，越来越受到酿酒厂的重视，尤其对降度酒和低度白酒更为重要，下面介绍几种常用的处理方法。

一、砂滤

砂滤是一种简便、经济且有效的水处理方式，是我国传统的净水方法之一。浑浊不清的水通过自然澄清后，再经过砂滤，即可得到清亮的水。砂滤技术常用于去除水中的悬浮颗粒、浑浊物质等。通过适当的预处理，如混凝、絮凝等，可以更好地提高砂滤的效果。也有再让水通过微孔过滤器的，净化效果更佳。

二、煮沸

含有碳酸氢钙或碳酸氢镁的硬水，经煮沸后，这两种物质可分别转变为难溶于水的碳酸钙或碳酸镁，水的硬度就可以降低。同时，经过煮沸，也可达到杀菌的目的。煮沸后的水，要经过沉淀、过滤才能使用，此法在酿造工业上应用较少。

三、凝集作用

往原水中加入铝盐或铁盐，使水中的胶质及细微物质被吸着成凝集体，此法一般与过滤器联用。

四、活性炭吸附处理

活性炭表面及内部布满平均孔径为2~5nm的微孔，能将水中的细微粒子等杂质吸附，再采用过滤的方法将活性炭与水分离。

活性炭用量通常为0.1%~0.2%（质量分数）。先将粉末状活性炭与水搅匀，静置8~12h后，吸取上清液，经石英砂或上有硅藻土滤层的石英砂层过滤，即可得清亮的滤液。也可装置活性炭过滤器，即在过滤器底部填装0.2~0.3m厚的石英砂，作为支柱层。再在其上面装0.75~1.5m厚度的活性炭。原水从顶部进入，从过滤器底部流出。

吸附饱和的活性炭可以再生，即先用清水、蒸汽从器底进行反洗，反冲后，再从器底通入40℃、浓度为6%~8%的氢氧化钠溶液，其用量为活性炭体积的1.2~1.5倍。然后用原水从器顶通入，正洗至出水符合规定的水质要求即可正常运转，通常总运转期可达3年。若再生后的活性炭无法恢复吸附能力，则应更新。

五、 离子交换法

离子交换法是白酒厂普遍采用的水处理方法。使用离子交换树脂与水中的阴阳离子进行交换反应即可吸附水中的各种离子。再以酸、碱液冲洗等再生法将离子交换树脂上的钙、镁等离子洗脱后，即可继续使用。

阳离子交换树脂分为强酸型和弱酸型两类；阴离子交换树脂有强碱型和弱碱型两类。若只须除去钙、镁离子，则可选用弱酸型阳离子交换树脂；若还须除去氢氰酸、硫化氢、硅酸、次氯酸等成分，则可选用弱酸型阳离子交换树脂与强碱型阴离子交换树脂联用，或强酸型阳离子交换树脂与弱碱型阴离子交换树脂联用。

离子交换柱一般有1个柱内装1种树脂或2种树脂的单元装置；也可由2个或多个柱串联使用，按水处理量及水质要求而定。一般柱体的直径相当于柱高的1/5；柱材为有机玻璃；在柱内的筛板间，填装离子交换树脂，树脂高度通常为1.2~1.8m。

通常含氯量高的自来水，应先经活性炭吸附后，再从柱顶部通入，1h的出水量为树脂体积的10~20倍。

树脂再生时先用相当于树脂体积1.5~1.7倍的纯水进行反洗10~15min，然后用再生剂冲洗。阳离子交换树脂一般以盐酸或硫酸为再生剂；阴离子交换树脂通常以氢氧化钠为再生剂。再生剂的具体浓度、温度，以及冲洗的流速、流量及时间等条件，以再生后达到的水质要求而定。最后再用纯水正洗，其用量为树脂体积的3~12倍。用离子交换树脂处理得到的加浆用水，不必达到无离子的水平，可按实际需要予以控制。

第三章　蒸馏

基酒来源于原酒，原酒来源于酒醅的蒸馏。蒸馏技术的应用，堪称世界酒类发展史上的第三次技术革命。蒸馏是利用酒醅中各组分挥发性的不同，用加热、气化及冷凝的方法，将酒醅中所含的酒精及风味成分提取出来，并控制有害杂质含量的操作，白酒的蒸馏俗称“烤酒”。

发酵好的白酒酒醅中，酒精含量大约为5%vol，另外，还含有数量众多但含量甚微的微量风味成分，需经过蒸馏，才能将酒醅所含的酒精及风味成分提取出来。所以中国白酒界有“生香靠发酵，提香靠蒸馏，成型靠勾兑，提档靠调味”的说法。

中国传统白酒的原酒是由蒸馏直接产生的，原酒的类型和质量等级与蒸馏息息相关，蒸馏是白酒最重要的一次分流，通过这次分流，让白酒的原酒按类型、等级进行分门别类管理，笔者形象地总结为“桥归桥，路归路，分型分级分开贮”。

作为酒体设计师，有必要对中国传统固态白酒的蒸馏技术有所了解，了解传统甑桶蒸馏技术对白酒微量风味成分提取的影响，掌握不同馏段基酒的等级、质量与数量特点，从而合理平衡地使用各类型的基酒。

第一节　传统白酒固态蒸馏技术

一、传统白酒固态蒸馏系统

固态法白酒生产的主要蒸馏设备为甑桶，它是我国劳动人民独创的一种蒸馏形式，主要由底锅、桶身及甑盖三部分组成。除甑桶外，蒸馏设备还包括冷凝器、导气管（弯筒），如图4-2所示。

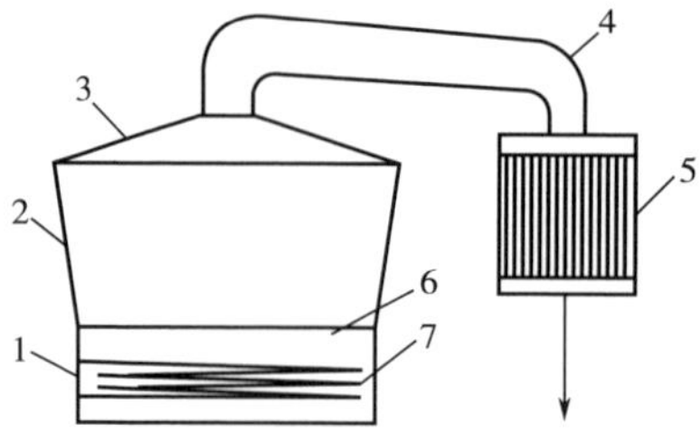

图 4-2　传统白酒固态蒸馏系统

1—底锅　2—甑桶　3—甑盖　4—导气管

5—冷却器　6—甑箅　7—蒸汽分布管

根据生产实践，甑桶桶身以花盆状较好，上、下口直径之比为 1.14∶1，上口直径 1.7~2.0m，甑高约为上口直径的1/2，约1m左右，浓香型白酒生产厂的甑桶容积一般为 1.6~2.5m^3，其不易过大，因料层的表面积太大，会造成上汽不均匀，影响蒸馏效果，同时给操作者在使用上带来很大的不便。

甑桶材料一般有木材、石材、水泥或金属等，现在多为不锈钢，一般制成能用行车起吊的活底甑，可以大大减轻工人劳动强度，效果很好，但这种甑四周蒸汽钻边现象较为严重，特别是遇到冷材料、湿度大、辅料细的时候，钻边现象更为严重。因此，上甑时要求四周多装母糟，稍压紧，中心装松一些、少一些，使蒸汽能均匀上升。

甑盖呈倒置的漏斗状，甑篦布满直径为 6~8mm 的筛孔。低锅呈空心圆柱体，深度为 0.6~0.7m。蒸汽分布管位于底锅内，为均匀分布的 4~8 根放射状封口支管的一圈管，管上开有两排互成 45°向下的蒸汽孔。

采用蒸汽蒸馏方式，宜将蒸汽管通入底锅水，制成二次蒸汽后均匀加热，可提高蒸馏效率 1%以上。甑桶蒸馏，若上甑技术好，蒸馏效率可达 96%，最低也能达 80%以上。

固态酒醅的成分可分为两大类，一类是挥发性成分，包括酒精、水、高级醇、酸、酯等；另一类是非挥发性成分，包括原辅料、无机盐类等。蒸酒就是要将挥发性成分从酒醅中提取出来。

导气管是指连接甑与冷却器的过汽管道。冷却器是将蒸出的酒蒸气冷却成酒液的设备，用不锈钢等金属材料制成，多为列管式。

二、传统白酒固态蒸馏操作要点

传统白酒固态甑桶蒸馏过程包括配料、上甑、蒸馏、摘酒、出甑等步骤。

配料是在蒸酒前，将酒醅、原料（除清蒸清烧外）、辅料（通常为稻壳）按一定的比例依次充分拌和均匀，其目的是使醅料均匀、疏松，无结块结团。

上甑指按一定的规范，将待蒸物料铺撒入甑桶的操作过程，又称装甑。上甑分为打底子、装甑、封顶三个阶段。

打底子是在甑篦上铺一层稻壳，中心稍厚，四周略薄。在不易上汽的部位要适当多铺些稻壳，再轻撒一层酒醅，厚 60~100mm。此层酒醅要稍多加些稻壳。打底子的作用是形成蒸汽分配层，便于蒸汽均匀进入酒醅。然后打开蒸汽，可将蒸汽压力调到 0.02~0.03MPa，待来蒸汽后装甑。

装甑是指用簸箕、木锨或铁锹等上甑工具将配料后酒醅逐层铺撒入甑内的操作。其操作要点是见汽盖料，即待甑桶内醅料表面呈现白色雾状酒气时，迅速而准确地盖上一薄层醅料，要求“松、轻、准、薄、匀、平”，即醅料要疏松，装甑动作要轻巧，撒料要准确，醅料每次撒得要层薄均匀，甑内酒气上升要均匀，酒醅料层由下而上在甑内要保持平面，可以保持甑边稍高于甑中间部分。

封顶是指甑内配料由下而上直至装平甑口后，立即将甑盖盖好，装上过气管，并连接冷凝器，打开冷凝水，放置接酒容器。

上甑一般遵循的原则有蒸汽两小一大，物料两干一湿，探汽上甑、见潮撒料，缓火蒸馏、大汽追尾。

蒸汽两小一大是指打底和封顶时，蒸汽压力相对较小，打底和封顶中间装甑阶段蒸汽压力适当加大的操作。

物料两干一湿是指打底和封顶的酒醅中相对多加稻壳，中层和上层酒醅相对少加稻壳的工艺操作。

探汽上甑、见潮撒料是指酒水混合蒸汽前锋到达料液面顶部时，才加入物料的一种操作，通常蒸汽基本稳定在甑下 20~30mm 处。

缓火蒸馏、大汽追尾是指流酒时控制蒸汽量，缓火流酒，在白酒蒸馏结束后，增加蒸汽量的操作。

蒸馏主要有清蒸清烧和混蒸混烧两种方式。清蒸清烧是指原料和酒醅分别蒸料和蒸酒的操作。混蒸混烧是指原料和酒醅混合在一起同时蒸料和蒸酒的操作。

蒸馏时，馏出酒液的酒精浓度随时间的延长而逐渐趋向降低，摘酒是把中高浓度酒精含量的酒与低浓度酒精含量的酒分离开的一种操作。其操作要点包括掐头去尾、看花摘酒、量质摘酒。

掐头去尾是指在蒸馏时，截取酒头和酒尾的操作。其中酒头指蒸馏初期截取出的酒精度较高的馏分，通常取 0.5～1.0kg。酒尾指蒸馏后期截取出的酒精度较低的酒水混合物。

看花摘酒是指在白酒馏酒过程中，根据酒花的大小，将不同馏段的酒按酒精度高低，分开摘取的操作。白酒在流酒或振摇后，液面溅起的泡沫，俗称酒花。根据酒花的形状、大小、持续时间，可判断酒液酒精度的高低。开始馏出的酒泡沫较多、较大、持久，称为“大清花”；再往后称为“小清花”或“绒花”。在“小清花”以后的一瞬间就没有酒花，称为“过花”。此后所摘的酒均为酒尾。“过花”以后的酒尾，先呈现大泡沫的“水花”，酒精度为28%～35%vol。若装甑效果好，则“大清花”和“小清花”较明显，“过花”酒液的酒精度也较低，并很快出现“小水花”，或称第二次“绒花”，这时仍有 5%～8%vol 的酒精度，直至看不到泡沫而酒表面布满油珠，俗称“油花”，即可停止摘酒。

量质摘酒是指在蒸馏流酒过程中，根据流酒的质量情况，结合酒精度的高低，确定摘酒（分级）时机的操作。

出甑是指蒸馏结束后，将蒸馏后物料从甑桶中取出的操作。

三、 甑桶蒸馏的特点

甑桶为圆台形（或称花盆状）桶身，下部为甑箅，被蒸馏的物料为固态发酵的酒糟，其蒸馏方式属于简单的间歇蒸馏。但甑桶蒸馏原理极为复杂，不同于一般的酒精蒸馏，其蒸馏特点可概括如下。

1. 蒸馏界面大，没有稳定的回流比

如果说甑桶是一个填料塔，酒糟则是其中的填料层，作为填料层的酒糟，自身又含有水分、酒精及其他多种微量组分的混合液，呈疏散细小颗粒状。因此，这种填料层又不同于一般的填料层，甑桶也不是一般的填料塔。如果将甑桶作为填料塔来看，那么这种填料塔没有连续进料和出料的装置，也没有专门的回流装置，所以甑桶是一个特殊的填料塔，醅料既是填料，也是被蒸馏的物料，醅料层有较大的蒸馏界面，能减少混合液汽化后的蒸馏阻力，使之容易汽化。由于醅料层自身的阻力和通过底锅蒸汽的加热，使醅料层进行冷热交换，而产生的混合液汽化、冷凝和回流的过程，称为传热和传质。在醅料层汽化的冷凝液，受到底锅蒸汽的连续加热，进行反复的部分汽化、冷凝和回流。由于蒸馏过程中的各种变化因素极为复杂，并随时发生变化，因此，甑桶蒸馏没有稳定的回流比。

2. 传热速度快，传质效率高，达到多组分浓缩和分离的目的

一般液态法蒸馏是以水或其他液态物料组成多组分的混合液进行蒸馏，而甑桶蒸馏的醅料层是以固态颗粒吸附混合液的方式进行蒸馏。酒精蒸馏时，为提高液体的蒸馏分离和提纯效率，采用多层塔板，将每层塔板的混合液反复汽化、冷凝和回流，其蒸馏特点为单组分的分离和提纯，又称精馏。甑桶蒸馏以固态酒糟为蒸馏对象，每个细小的物料颗粒相当于无数个细小塔板，这些含有混合液的细小颗粒，受到来自底锅蒸汽的加热，由于蒸馏界面大，而被迅速加热和微小汽化，汽化后的酒气通过醅料层的微小空隙，加之毛细管作用，使上层较冷的醅料颗粒，又迅速加热并部分汽化、冷凝和回流，被冷凝的回流液，刚好回流至邻近下层的醅料中。但这个回流液又很快地被不断上升的水蒸气或酒气部分加热、汽化、冷凝、回流，如此反复不断，加之上升水蒸气的夹带作用，使下层醅料可挥发的组分逐层变稀，上层醅料可挥发的组分逐层增浓。这种可挥发性组分增浓的特点和目的均不同于塔板精馏，

塔板精馏的可挥发性组分增浓的目的，在于将不同塔板中可分离的不同组分进行分离和提纯，以达到单组分分离和浓缩的目的。甑桶蒸馏是由醅料层组成的“颗粒塔板”，为“颗粒蒸馏”或“微孔蒸馏”，通过汽带作用和毛细管上升，使被蒸馏的物料中可挥发性的组分尽可能被蒸馏出来，在醅料层中可挥发性组分的增浓，使混合液中多种可挥发性组分同时得到浓缩和分离，而不需要某种单组分的分离和提纯。因此，甑桶蒸馏具有传热快、传质效率高、多组分分离和浓缩效果好的特点，但比塔板单组分分离提纯的效果差。所以，甑桶蒸馏不同于精馏，白酒中的微量组分的量比关系也较复杂。

3. 进料和蒸馏操作同步，酒精和香味成分提取同步

甑桶蒸馏为间歇蒸馏，无连续进料和出料装置，进料和蒸馏操作同步进行，提取酒精和多种微量香味成分也同步进行。蒸酒前，先在甑箅上撒少许稻壳，随后逐层撒入酒糟，底层的醅料经上升蒸汽的传热和传质，待醅料将要开始汽化时（即探汽上甑），再铺撒一层新的醅料，上层新的醅料又经下层醅料汽化后的酒气冷热交换，待刚要进行部分汽化、冷凝时，又被新的醅料层覆盖，如此反复操作直至满甑为止。从整个装甑操作来看，甑桶蒸馏的特点为装甑操作和冷热交换同步，汽化和冷凝、回流同步，即边进料、边冷热交换，边汽化、边冷凝回流，直至满甑。满甑后的蒸馏操作，除装甑操作已完成外，其余的传热和传质过程均为同步进行，与酒精蒸馏的区别，在于没有专门的冷热交换塔板和回流装置。

4. 蒸馏时醅料层的酒精浓度和各种微量组分的组成比例多变

酒精蒸馏时，各塔板的酒精浓度相对稳定，因此杂质分离较好。但在甑桶蒸馏时，不同醅料层的酒精浓度和微量组分的组成比例是在随时变化的。从蒸馏原理可知，设底醅层所吸附的混合液中酒精浓度为10%，该酒精浓度下的酒精挥发系数为5.1，则酒精在醅料中一次汽化时，酒精的蒸汽浓度为51%，如此逐层汽化，下层醅料的酒精浓度则由高至低，而上层醅料的酒精浓度则由低到高。设面层醅料经冷热交换，至开始汽化时，被醅料冷凝所吸附的混合液酒精浓度为60%，在该酒精浓度下混合液中酒精的挥发系数为

1.3，则一次汽化后酒气中的酒精浓度为78%，恰好与酒头馏分的酒精浓度较接近。根据以上两个计算举例可知，甑桶内醅料层的酒精浓度变化规律为，底层醅料酒精浓度由高至低，面层醅料的酒精浓度由低到高，中层醅料层的酒精浓度变化较为复杂，大体上经过低高低的变化过程。在整个蒸馏过程中，各层醅料的酒精浓度，自下而上地增浓，但随着蒸馏过程的继续，各层醅料的酒精浓度又总呈由高至低的变化趋势，直至醅料中的残余酒精不能用常法蒸出为止。由于各层醅料酒精浓度的增浓或减少，在不同酒精浓度下的混合液，与之相混合的其他微量组分的挥发系数和精馏系数也在随时发生相应的变化。例如，当面层醅料的酒精浓度为60%时，乙酸乙酯的精馏系数为3.3，如果面层醅料混合液的酒精浓度降至10%，则乙酸乙酯的精馏系数为5.67。同理，在蒸馏过程中，其他香味物质和杂质的挥发系数和精馏系数，也会因混合液中酒精浓度的变化而随时发生相应的变化。因此，在甑桶蒸馏时，不同蒸馏时间所取的馏分，其酒精含量和微量香味成分的量比关系，都有较大的变化。

5. 甑盖（云盘）与甑桶空间的相对压力降和水蒸气拖带蒸馏

从上述白酒蒸馏的基本原理可知，白酒醅料的混合液中的香味物质，包括醇水互溶、醇溶水不溶、醇不溶水溶3类物质，这些物质的蒸馏原理各有差别。根据不同组分的特性，其蒸馏原理包括接近理想溶液的蒸馏、恒沸蒸馏和水蒸气蒸馏等蒸馏方式，其中许多高沸点的组分，如高级脂肪酸等，在酒精蒸馏时绝大部分从塔釜排出，而在白酒蒸馏时常可依赖水蒸气蒸馏的雾沫夹带而被蒸出。由于甑桶排出的酒气，经导汽管（过汽管）和冷却器冷却后产生相应的压力降，这种压力降又导致甑面和甑盖空间的相对压力降，形成了抽吸作用，加之酒糟的蒸馏界面大，恒沸蒸馏时少量的酒精可作为“第3组分”，降低混合液的恒沸沸点和提高了蒸汽压，从而增强了水蒸气蒸馏的雾沫夹带作用，使一些难挥发的组分被蒸馏到白酒中，这是酒精蒸馏方式不可能办到的。

由于目前对甑桶蒸馏的原理研究还很不够，因此对甑桶蒸馏的原理和特点，很难作出较为理想和完整的说明，许多问题至今还只知其然，而不知其所以然，尚待今后进一步探讨。

第二节　传统白酒固态蒸馏规律

一、蒸馏过程工艺参数

中国白酒甑桶蒸馏过程的工艺参数，随白酒香型的不同而有所差别，以浓香为例，在蒸馏过程中的主要工艺参数如表 4-1 所示。

表 4-1　甑桶蒸馏过程的主要参数情况

序号	项目	参数情况
1	物料	甑体积：2~4m^3 酒醅堆积密度：390~430kg/m^3 酒醅酒精度：3.5%~5%（质量分数） 水分含量：60%~70%（质量分数） 甑内温度：85~95℃
2	蒸汽	蒸汽温度：139℃
3	操作	上甑压力：0.02~0.04MPa 上甑时间：30~45min 流酒速度：2~4kg/min 流酒时间：20~25min 流酒压力：0.01MPa
4	流酒温度	25℃（酱香型 35~45℃，芝麻香型 30℃，清香型 20~30℃）

二、酒精的馏出规律

蒸酒的主要过程是在甑内蒸汽上升时，工人手工将配好的酒醅轻缓装入甑内，边上汽，边装料，直至满甑。甑内蒸汽与酒醅充分接触，汽体与液体进行冷热交换，酒精和其他香味物质不断汽化，不断冷凝，层层浓缩，最后将酒醅中 3%～5%（质量分数）的酒精浓缩为 65%～70%vol 的风格特殊的白酒。

装满酒醅后的甑桶可视为一个填料塔，装入的酒醅既是被蒸馏的物料，又是填料。整个甑桶内的物质交织在一起，形成液相、气相、固相同时存在的复杂界面关系。因此，上甑时，轻撒匀铺、探汽上甑，就能使甑内酒醅疏松均匀，蒸馏界面增大，提高传热传质效率，为酒精和其他香味物质的挥发创造良好的条件。传统白酒固态蒸馏过程中，馏分中酒精度的变化如图 4-3 所示。

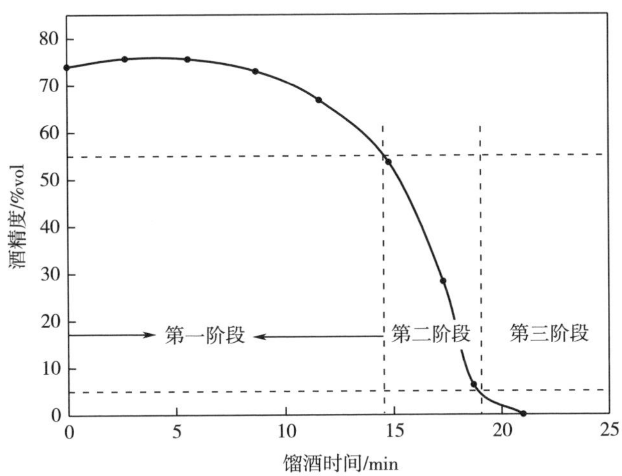

图 4-3　酒精度随流酒时间变化情况

由图 4-3 可以看出，中国白酒传统固态甑桶蒸馏过程中，酒精度的变化大体可以分为三个阶段：

第一阶段，馏酒开始，酒精度呈现稳定状态，此阶段酒精度最高，在 70%vol 左右。

第二阶段，酒精度呈现抛落体式下降阶段，当酒精度降到 55%vol 时，呈断崖式下降。

第三阶段，酒精度缓慢下降阶段，当酒精度降低到 5%左右时，降低的速率随浓度的降低而趋缓，直至馏分中没有酒精。

由蒸馏过程酒精度的变化情况可以看出，第一阶段，传统白酒固态蒸馏过程酒精度的变化符合平衡蒸馏的特点；第二阶段与第三阶段，传统白酒固态蒸馏过程酒精度的变化符合简单蒸馏的特点。

由此可以看出，传统白酒固态蒸馏具有相对复杂的机制，不能简单套用现有蒸馏的模型。

三、 微量风味成分的馏出规律

醇、醛、酸、酯是组成白酒的主要风味物质，因此，选用醇、醛、酸、酯中与白酒质量密切相关的主要风味化合物，对其在蒸馏过程中随酒精度的变化情况进行了分析。其中醇类物质有正丙醇、异丁醇、异戊醇，醛类物质有乙醛、乙缩醛，酸类物质有乙酸、乳酸、丁酸、己酸，酯类物质有乙酸乙酯、乳酸乙酯、丁酸乙酯、己酸乙酯。

（一） 酯类化合物

由图 4-4 可以看出，传统白酒固态甑桶蒸馏过程中，酯类物质除乳酸乙酯外，乙酸乙酯、丁酸乙酯、己酸乙酯整体上随酒精度的降低呈指数下降趋势；而乳酸乙酯则随酒精度的降低呈现“S”形上升趋势，在蒸馏第三阶段，转为指数上升趋势。

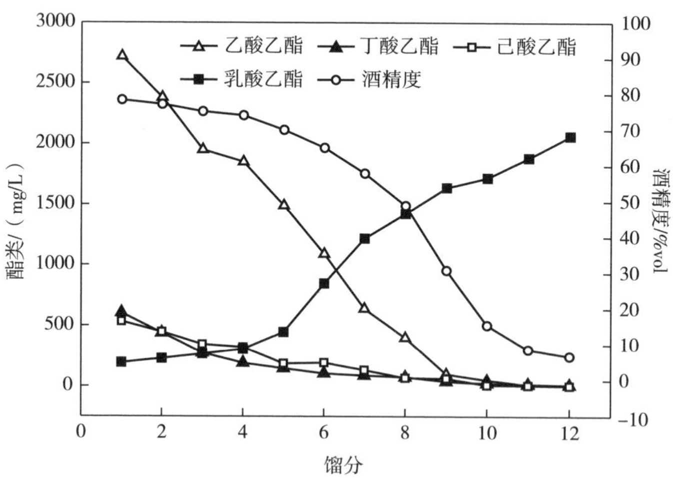

图 4-4 蒸馏过程主要酯类随酒精度变化情况

酯类在蒸馏过程中，除乳酸乙酯集中于酒尾外，其他各种酯多集中于酒头，有些酯占各馏分总量50%的比例集中于酒头，如己酸乙酯、乙酸乙酯等。

“三高酯”是指棕榈酸乙酯、油酸乙酯、亚油酸乙酯三个高级脂肪酸乙酯，三者都是非水溶性的，它们能使低度酒出现浑浊且对酒的后味有很大影响，其总量是酒醅量的0.4%~0.5%，与酸、乳酸乙酯同为酒醅中含量最大的香味成分，但是它们的沸点很高，很难蒸出，大量存在于酒醅中。检测数据表明高沸点的棕榈酸乙酯、油酸乙酯、亚油酸乙酯甚至以70%~80%的高比例集中于酒头。过去的分析结论是高沸点的酯酸在酒尾中最多。正确的说法应该是高沸点的棕榈酸乙酯、油酸乙酯、亚油酸乙酯集中在酒头和酒尾中。

（二）酸类化合物

由图4-5可以看出，传统白酒固态甑桶蒸馏过程中酸类物质的馏出，整体上是随酒精度的降低，呈“S”形上升趋势，在蒸馏第三阶段，转为指数上升趋势。其中在第一阶段，馏分中酸类物质的浓度最低。

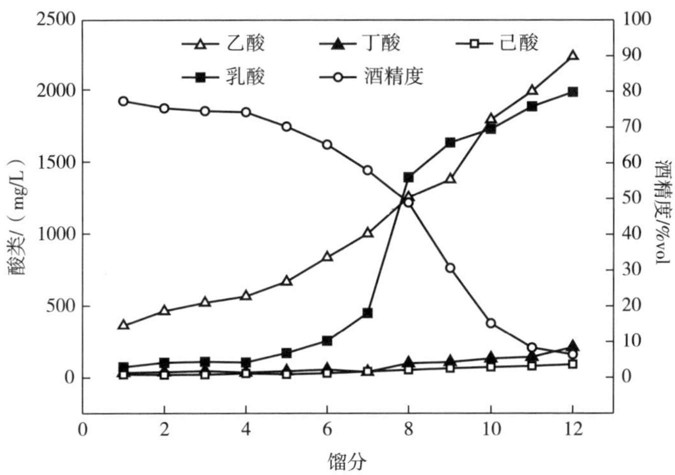

图4-5　蒸馏过程主要酸类随酒精度变化情况

酸类化合物是白酒中含量较大的主成分，都具有水溶性，且沸点较高，各种酸的馏出规律基本相同，即蒸馏前期酒精度较高，酒醅温度较低，酸类物质较难从酒醅中扩散出来，其馏出量就少。

随着酒精度的下降，水蒸气相对量增加，酒醅温度上升，这使得大量的酸溶于水中，从酒醅中扩散出来。

因此，在蒸馏后期，酸的馏出量迅速上升，在酒尾中酸的含量相当高。同时，由于不同的酸含碳量不同，其沸点又不同，酸的含碳量增加其沸点增高，馏出量就越少。

（三） 醇类化合物

由图 4-6 可以看出，蒸馏过程中，杂醇油随馏分中酒精度下降呈下降趋势。其中在蒸馏的第一阶段呈指数下降趋势，然后在其余的整个蒸馏过程呈线性负相关趋势。

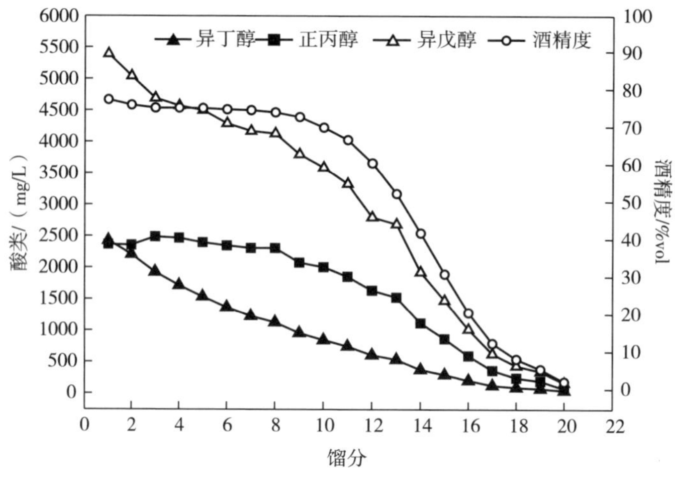

图 4-6 蒸馏过程杂醇油随酒精度变化情况

酒精沸点较低（78.3℃），在酒醅温度上升过程中，很容易被蒸馏出来。同时，由于酒精是不断地以“气化-冷凝-气化”的模式进行浓缩的，醅层顶部的酒蒸气中酒精含量最高，因此产生的馏分中第一馏分酒精度最高。此时，随着时间的推移，馏分中酒精含量逐渐降低。

白酒蒸馏过程中甲醇的含量是中段酒大于酒头和酒尾，这是由于白酒中的甲醇主要来源于果胶质的受热分解，在蒸馏的过程中，果胶质随温度的升高加快分解，分解的高峰过去后甲醇含量就又出现下降的趋势。

醇类物质成分的馏出主要受其本身的沸点影响。沸点相对较小的醇类其在较低温度时就开始气化，因此在酒头中就有较多量挥发出来，并且随着时间的推移其含量越来越少。沸点较大的醇类需要较高温度才能气化，因此蒸馏刚开始其挥发量比较少，馏分中含量就少，随着酒醅温度升高气化量增加，馏分中其含量略微上升。

醇类在蒸馏过程中，基本与酯类相同，在酒头、中段酒、酒尾中含量递减，但含量变化比较缓和，在酒头中集中的量远小于酯类。甲醇、正己醇、β-苯乙醇与其他醇的含量比例则相反，在酒头、中段酒、酒尾中含量呈递增关系。总的来看，醇类在蒸馏过程中，不论是含量递增的还是递减的，变化都比较和缓，不像酯和酸，过多地集中于酒头或酒尾。

（四）醛类化合物

由图 4-7 可以看出，传统固态甑桶蒸馏过程，醛类物质的馏出集中在蒸馏第一阶段，并随蒸馏的进行，快速降低，其余阶段馏分中醛类物质浓度相对较低，且含量相对稳定。

乙醛沸点较低（20.2℃），因此很快就被蒸馏出来，并且随着馏分的增加馏出量迅速减少。异戊酮的沸点（115℃）并不是很高，同时又是醇溶性物质，所以也很快就被蒸出，并且随着馏分增加而减少。

糠醛本身沸点较高（161.7℃）。尽管为醇溶性物质，但是糠醛并没有呈现醇溶性物质的馏出规律即随着酒精度降低而馏出量减少。相反，其随着馏分的增加馏出量增加。这是糠醛易与水蒸气一起挥发的特性所导致的。

3-羟基-2-丁酮即醋嗡，是高沸点物质又是水溶性物质，其馏出规律跟酸类似，即在前馏分中的含量基本保持稳定，后随着酒精度下降，水汽增加，其含量便上升。

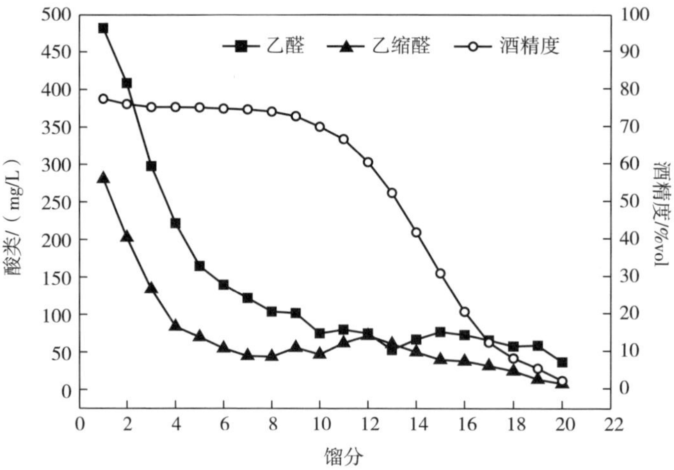

图 4-7　蒸馏过程醛类随酒精度变化情况

醛酮类除糠醛集中于酒尾之外，其他在酒头、中段酒、酒尾中的含量呈递减关系，尤其乙缩醛、乙醛、丙醛、双乙酰，以很高的比例集中于酒头。如乙醛在酒头中含量居各馏分含量之和的 67%、乙缩醛达 70%等。

四、 影响馏出规律的因素

影响馏出规律的因素总结起来主要有三个方面。

（一） 物质自身的沸点

沸点低于 100℃的物质，通常依靠自身的气化便可以很快馏出，所以低沸点物质（如酒精、乙酸乙酯等）首先被馏出，且随过程进行迅速减少。

（二） 酒醅中酒精扩散的拖带作用

醇溶性物质如大多数酯类溶解在酒精中，随着酒精的馏出而被带出，因此此类物质（如乙醛和大多数酯类）的馏出与酒精同步，且主要发生在蒸馏前期。

（三） 组分的水溶性

随着蒸馏过程的进行，酒醅水分及温度增加，大量水溶性物质（如酸类）

溶解于水中从酒醅扩散出来，因此表现出水溶性物质含量随蒸馏过程进行而增加。

五、分段摘酒

白酒的蒸馏过程是一个动态变化的过程，如表4-2所示。但是组分的馏出以及感官特点的变化都还是有规律可循的，从提升白酒品质的角度出发，利用这些规律，进行分段摘酒是一种简单有效的操作，现为很多香型白酒所采用（酱香型白酒除外）。白酒行业将依照质量高低，将中、高浓度的酒精馏分分离开的工艺操作过程称为摘酒。

表4-2　浓香型白酒蒸馏过程中主要成分变化　单位：g/100mL

时间/min	酒度/%vol	总酸	总酯	总醛	甲醇	高级醇	感官特点
0	62.4	0.1541	3.8	0.0156	0.08	1.0	酯香味浓，刺鼻
5	71.8	0.0940	0.860	0.0148	0.08	0.6	酯香味浓，稍麻口
10	70.3	0.0911	0.464	0.0141	0.06	0.4	酒香醇正，入口顺，回甜
15	69.3	0.0927	0.447	0.0123	0.04	0.35	醇正、入口香、回味长
20	68.3	0.0954	0.0449	0.0111	0.045	0.2	酱香、焦香、调和、味长
25	59.4	0.1293	0.451	0.0127	0.05	0.2	酱香、焦香、带酸味
30	45.6	0.1646	0.456	0.0146	0.04	0.3	焦香味浓、酸、口味淡薄

从表4-2可以看出，随着蒸馏的进行，酒液的感官质量也会发生变化，总体来说酒液的感官质量呈降低的趋势。

（一）分段摘酒

看花摘酒是根据蒸馏过程中馏出液酒精度的高低进行分段接酒的操作，生产现场判断酒精度高低的方法，就是看馏出液酒花的情况。

白酒蒸馏过程老师傅掌握判断酒精度高低的传统技艺，一直沿用至今。在盛酒容器中剧烈摇动白酒时，或当酒醅蒸馏过程中用锡制小杯盛接蒸馏液，冲于小杯中时，在酒液表面会形成一层泡沫，俗称酒花。根据酒花的形状、大小、持续时间，可判断酒液酒精度的高低。一甑糟醅在蒸馏过程中，大致分为四个不同的馏分段。

第一馏分段：流酒约 5min，将最初馏出的 0.5～1kg 作为酒头另装，该段其余部分酒的酒精度在70%vol以上，其显著的特点是酒精度高、总酯含量高；口感品评，香气浓郁，酒质好。

第二馏分段：在流酒以后 15～20min 内馏出的酒为第二馏分段的酒，其酒精度为 60%～70%vol，约占总量的 2/3。其特点是酒精度高，总酯含量较高；口感品评，香气浓而纯正，诸味协调。第二馏分段有的企业会进一步分为前段、中段和尾段。

第三馏分段：是第二段流酒后的 3～5min 内馏出的部分，其酒精度在 50%～60%vol。其特点是酒精度明显下降；口感有香气，但不浓、不香，味寡淡，酸含量上升。

第四馏分段：该段酒的酒精度在 50%vol 以下，可作为“二道”尾子处理。最后酒精度更低的部分则纯粹是酒尾子了。

酒头、中段酒分别入库贮存，酒尾可用于回酒发酵。

（二）量质摘酒

所谓量质摘酒，是指从全部白酒的馏分中摘取其特优馏分的方法，具体操作就是按不同馏分段和现场感官品评相结合的方法进行摘酒，感官质量标准见表 4-3。

量质摘酒是固态法酒醅上甑后进行蒸馏的关键工序，一般都十分重视。在量质摘酒时要掌握以下几点：

（1）严格摘取酒头。

（2）在接中段酒时，要边接边尝边摘。将“酱中有浓”“浓中带酱”“醇甜”三个典型体的酒摘出来单独存放。

（3）将香气或口味有特点的酒摘出来。

（4）将不同等级的酒分别摘出来。兼香型的原酒分为一级、二级、三级三个等级，三级为不合格品。

（5）严格控制酒精度。

（6）分轮次掌握好流酒温度，把握好高温流酒的原则。

表 4-3　　分段量质摘酒标准

摘酒段数	分段量质摘酒	等级	口感特征
一段酒 酒头	盖盘流酒开始，直至将醛味、异杂味摘除干净为止	特级	窖香、糟香突出、浓郁，醛味较明显
		优级	窖香较浓，酒体较淡薄，浓香、有轻微杂味
		普级	风格不突出、异杂味明显
		调味	窖香幽雅、糟香馥郁、酒体丰满醇厚、风格典型、个性突出
二段酒 中段	量质摘酒	特级	窖香、糟香突出，醇厚丰满，绵甜协调，味长尾净，风格突出
		优级	窖香舒适、绵甜协调、酒体较丰满、余味爽净、风格较典型
		普级	浓香，酒体绵甜，有轻微醛味、杂味，较协调，酒体较淡薄，具有风格
三段酒 尾段	摘至转小花	优级	浓香、窖香舒适，酒体较酸涩、较净，香味较协调，醇甜爽净、风格较突出
		普级	浓香、醇甜较净、略带酸涩味、风格一般；浓香、酸涩味明显；浓香、酸味突出、涩杂欠净
四段酒 尾酒	断花后摘尽	酒尾	香气正、无邪杂味、酸涩味突出

第三节　传统白酒固态蒸馏原理

人类工业的发展经历了机械化、电气化、自动化进程，目前正在向智能化的工业 4.0 时代迈进，而中国白酒生产过程的关键工序——蒸馏过程却仍处于部分机械电气化，核心依靠人工操作的过程，这是白酒行业规模发展的主要瓶颈，给白酒产量、质量和行业的发展带来诸多问题。

产生此种问题的原因，是对白酒蒸馏的本质尚无完全清晰的认识，白酒固态甑桶蒸馏模型尚不明确，发酵过程尚未实现数字化。因此，需要构建白酒固态甑桶蒸馏模型，从而实现白酒固态甑桶蒸馏的数字化。

一、 固态甑桶蒸馏模型

传统白酒以甑桶为容器，采用固态蒸馏，蒸汽通过甑篦进入甑桶，随蒸汽上升，待蒸馏酒醅逐层撒入甑桶中，装甑过程中酒醅厚度略高于蒸汽上升高度，装甑结束后，加盖甑盖，通过过汽管和冷却器连接，进行馏酒。

假设装甑速率恒定，直接蒸汽速率恒定，且不考虑甑壁倾角、酒醅中干物质带来的影响。并假定每层酒醅为一理论塔板，即每层酒醅中气、液两相充分混合，各自组成均匀，且传质与传热阻力为零。因此，不论进入理论塔板的气、液两相组成如何，离开塔板时，气、液两相均达到平衡状态，即两相温度相等，组成互相平衡。

由于是逐层随蒸汽上升而装料，因此可将甑桶内酒醅分成若干层，对于任意 n 层酒醅（图 4-8），其初始状态为（F，x_F，I_F），其受下层 n+1 层酒醅产生的酒精与水混合蒸汽（气相）进行加热，并同时进行物质交换，释放出状态为（V_{n1}，y_{n1}，I^g_{n1}）的气相，实现 1 次蒸馏；1 次蒸馏后酒醅状态变为（R_{n1}，x_{n1}，I^l_{n1}）。

第 n 层状态变为（R_{n1}，x_{n1}，I^l_{n1}）的酒醅，与 $n+1$ 层酒醅产生的气相［$V_{(n+1)2}$，$y_{(n+1)2}$，$I^g_{(n+1)2}$］进行物质和热量交换，产生状态为（V_{n2}，y_{n2}，I^g_{n2}）的气相，酒醅状态变为（R_{n2}，x_{n2}，I^l_{n2}），完成第 2 次蒸馏。

……

第 p 层状态变为（R_{np}，x_{np}，I^l_{np}）的酒醅，与 $n+1$ 层酒醅产生的气相［$V_{(n+1)(p+1)}$，$y_{(n+1)(p+1)}$，$I^g_{(n+1)(p+1)}$］进行物质和热量交换，产生状态为

[$V_{n(p+1)}$，$y_{n(p+1)}$，$I^{g}_{n(p+1)}$] 的气相，酒醅状态变为 [$R_{n(p+1)}$，$x_{n(p+1)}$，$I^{l}_{n(p+1)}$]，完成第 p 次蒸馏。

……

如此循环，直至蒸馏结束。

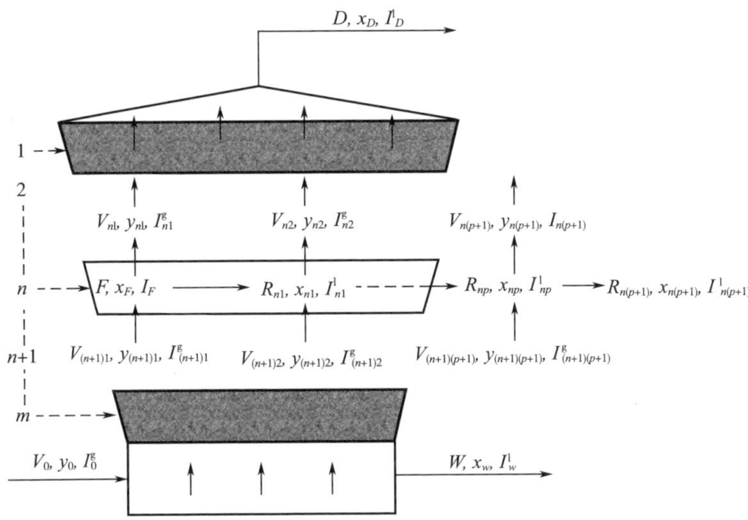

图 4-8　传统白酒固态蒸馏模型

其中：F——单位时间内酒醅蒸馏量，kmol/min；

R——单位时间内酒糟产生量，kmol/min；

V_0——直接加热蒸汽流量，kmol/min；

W——单位时间锅底水产生量，kmol/min；

D——馏出液流量，kmol/min；

x——液体中易挥发组分含量，摩尔分数，mol/mol；

y——气相中易挥发组分含量，摩尔分数，mol/mol；

I——物质的焓，kJ/mol；

n——塔板数；

p——塔板内达到气液平衡的次数，p 为第 p 次气液平衡；

l——表示液相；

g——表示气相。

二、 蒸馏的原理

中国白酒蒸馏符合以下基本原理和定律。

（一） 拉乌尔定律

拉乌尔定律指出：混合溶液中，蒸汽压高（沸点低）的组分，气相中的含量，总是比液相中高；反之，蒸汽压低（沸点高）的组分，在液相中的含量，总是比气相中高。

蒸酒过程是以拉乌尔定律为基础的。母糟中所含的各液体组分的挥发性能不同，蒸酒时气相中含有较多的易挥发组分，因而它们容易被提取出来，液相中含有较多的难挥发组分。经过多次的气化与冷凝，易挥发组分浓度越来越高。

（二） 挥发系数与精馏系数

以 $A\%$ 表示酒精-水蒸气中酒精含量，以 $\alpha\%$ 表示酒精-水溶液中酒精含量，则两者之比值称为挥发系数，通常用 K_a 表示，即 $A/\alpha = K_a$ 。

挥发系数 K_a 表示酒精-水溶液中酒精挥发性能的强弱。酒精的挥发性能（即 K_a 值）是随着溶液中酒精度的增加而减小的。并且，在酒精-水溶液中酒精度达到97.6%vol 前，其 K_a 值都是>1。这就是说，在这个范围内，通过常规的蒸馏方法可以使酒精变浓。而酒精-水溶液中酒精度超过 97.6%vol 时，K_a 值始终=1，此时便不能通过蒸馏的方法来提高酒精度。

对于酒醅中的其他挥发性物质，也可用挥发系数表示其挥发性能的强弱。以 $\alpha'\%$ 表示蒸气中某挥发性物质的含量，$\beta\%$ 表示它在液相中的含量，则其挥发系数 K_n 为：$K_n = \alpha'/\beta$ ，也可以简单地理解为蒸馏浓缩系数。

当酒精度增加时，酒醅中液体组分除甲醇外所有物质的 K_n 值都变小。酒精度<55%vol 时，所有物质的 K_n 值都>1，而酒精度>55%vol 时，部分物质 K_n 值就<1 了。那么此时，它们的挥发性能与酒精相比究竟谁强谁弱呢？为此，

我们引进精馏系数 K' 的概念。某物质的挥发系数 K_n 与酒精的挥发系数 K_a 相比，即得到某物质的精馏系数 K'，即：$K_n / K_a = K'$。

K' 表示某物质与酒精的挥发性能强弱的比较。

$K' > 1$，表示该物质较乙醇更易挥发，如乙醛、乙酸乙酯等，在白酒蒸馏时，集中在酒头。

而 $K' = 1$ 或接近 1 时，表示该物质和酒精的挥发性能相近，在该条件下与酒精一同蒸馏出来，如丁酸至己酸的乙酯类物质。

$K' < 1$ 时，表示该物质较酒精更难挥发，集中在酒尾。

第四节　传统白酒固态蒸馏存在的问题

一、白酒固态蒸馏的总结

为了便于读者更好地理解传统白酒固态蒸馏成分馏出规律，笔者以诗句的形式进行了总结，诗句内容如下：

固态蒸馏特点多

取酒革命始蒸馏，酒度升高外观白；
三种蒸馏平行在，塔式釜式甑固态；
轻松薄匀探气盖，边高中低防边快；
逐级平衡逐级高，酒水微分一起带。
三因主宰物馏出，醇溶水溶沸点改；
直升直降抛物态，三种规律交织在；
乳酯高酯有机酸，醋嗡糠醛一直抬；
甲醇戊酮抛物态，其他基本降下来。

第一句和第二句意指蒸馏是从发酵液中分离提取可以饮用酒水的一个革

命性的技术，通过蒸馏使酒水的酒精度大大升高，酒体也变成了清澈透明的液体。

第三句和第四句介绍目前的蒸馏技术主要有塔式蒸馏、釜式蒸馏和甑桶固态蒸馏三种形式。

第五句和第六句对白酒固态蒸馏上甑要点进行了总结。

第七句和第八句对白酒固态蒸馏的开始过程进行了描述。刚开始加热后，酒醅中的成分随着蒸汽的上升，而发生类似于精馏塔精馏过程中组分在气液两相逐级平衡，组分在气相中的浓度逐级升高的现象，如此，水、酒精和微量风味成分就一起被带出来了。

第九句和第十句对影响酒醅中组分馏出规律的三个主要原因进行总结，即醇溶性、水溶性和沸点的差别。

第十一句和第十二句对酒醅中组分馏出的三种规律进行总结，分别为浓度一直升高、浓度一直降低和先升高后降低。

第十三句和第十四句指出乳酸乙酯、高级脂肪酸乙酯、有机酸、醋嗡和糠醛属于浓度一直升高的组分。

第十五句表示甲醇、戊酮在馏出酒液中的浓度呈现先升后降的抛物线形式。

第十六句指除以上组分之外的组分，在馏出酒液中的浓度基本上都是处于一直降低的形式。

二、 白酒固态蒸馏存在的问题

综上所述，传统白酒固态蒸馏过程中，醇、醛、酸、酯各类物质的变化呈现各自的特点，而白酒蒸馏过程对组分的控制主要体现在掐头去尾，看花分段摘酒，通常摘取酒精度较高的蒸馏第一阶段的酒作为基酒。这就使得固态甑桶蒸馏对白酒组分的调节十分有限，如通过掐头虽然可以去除部分杂醇油和醛类，但大部分杂醇油和醛类仍保留在第一阶段馏分中，而且部分对白酒有利的高浓度酯类物质也被去除；去尾则使一些对白酒重要的酸类物质不能有效保留在基酒中。

因此，使得传统白酒通过固态蒸馏的酒体协调性差，呈现高酯、低酸、高醛、高杂醇油的特点，这给后期的贮存、勾调以及市场的运作带来极大的不便和挑战。

第四章　原酒

第一节　原酒的入库

酒醅蒸馏后得到的即将入库储存的半成品酒即为原酒。由于受原料和生产工艺等因素的影响，从而使得原酒在感官、风格特征等方面存在较大差异。因此，原酒在入库储存前需对其进行定级、分类，以形成不同等级、风格类型，为酒体设计、新产品研发打下基础。

原酒的分级一般是按酒头、前段、中段、尾段、尾酒、尾水进行区分，并按不同的验收结果分级入库。实际生产中，都是采用一个班组，每月固定按各自确定的等级将酒收入库中，待月底进行集体评定，确定等级。暂时不能确定的留待集体评议或一段时间后再评。

酒厂中酒库贮酒容器现一般都采用酒坛（酒海）和酒罐并用，大容器贮大宗酒，酒坛盛调味酒和好一点的优级酒，待一定时间再将优级酒按各自的特点和使用情况组合入大罐，再次贮存。

原酒在入库后，为了便于区分，需要对每罐酒进行标识。标识，简单地说就是记录贮存容器中酒样详细资料的卡片标签，悬挂在容器的醒目处，以便使用人员确认。

在酒库中的标识，其内容一般有：入库时间、重量、酒精度、等级、使用时间等，有条件的最好将色谱分析报告和理论检测指标同时附上，更有利于管理和使用。酒库标识的一般格式如表4-4所示。

在标识使用过程中，要注意因容器中的酒利用后对标识内容进行修改，以免发生错误，同时也要注意悬挂的标识是否脱落，而造成混级的现象。

表 4-4 酒库标识的一般格式

入库时间：	生产班组：
重量（kg）：	酒精度（20℃）：
等级（名称）：	己酸乙酯/(g/L)：
总酸/(g/L)：	总酯/(g/L)：
管理人员：	使用时间：

第二节 原酒的分型定级

一、分型定级的必要性

为了做到心中有数，需要加强酒库管理，原酒入库就是酒库管理的重要环节之一。要做好原酒入库首先就得要有入库标准，其次就是怎样执行该标准。白酒的陈酿是白酒生产流程中的一个限速过程，该过程耗时长，占用面积大，酒库中的基酒也是白酒成品酒的原形，从一个企业的酒库管理情况就可以看出一个企业的白酒质量水平。一般来说，一个企业的产品，高中低各档次的都需要有，以便能满足各消费群体的消费需求，增强企业的抗风险能力。基酒的分型越多，档次越细，越容易开发出各档次、各类型的酒，酒体设计就越灵活，反之基酒分型越少，档次越粗，酒体设计实现起来就会难很多。分型定级的核心目的或作用就是把顶级的好酒找出来，把有缺陷的差酒摘出来，以免影响总体质量，这为企业开发高档次的好酒打下基础。可以用以下四句进行概括：

顶级原酒提前留，高档产品不用愁；
缺陷差酒提前摘，总体质量不受害。

二、 合理的分型定级

（一） 合理的分型

基酒分型越多（类型数用 n_t 表示），档次分得越细（档次数用 n_r 表示）也会带入诸多不便，因为最终基酒的种类数（n_j）是类型数与档次数的乘积（$n_t \times n_r$），以酱香型白酒为例，一次酿酒有七个轮次的原酒，每个轮次的原酒还可以再分成酱香、醇甜和窖底三种，如果每个类型再分成四个质量等级，则一次酿酒至少就有 7×3×4＝84 种基酒。一般来说，企业是把每一年的基酒分开贮存的，如果酱香型的基酒需要贮存三年，则三年下来则有 84×3＝252 种基酒，再加上调味酒，种类数还会增加，这就给管理和成本控制带来了巨大的压力。

因此，鼓励企业做好原酒分型定级的同时，注意一定要做到必要与合理，分得过细有时候会带来不良的结果。

（二） 合理的分级

原酒的感官质量等级跟酿酒车间的生产有很大的关系，一般分为调味酒、优级酒、普通酒（又称大宗酒）三大类，也可根据本厂特点再细分。

如采用特殊工艺进行生产的产品出来后，可能只有一、二个等级，即调味酒和优级酒。

要做好原酒的分级，就要求酒库人员和酿酒车间人员都具备一定的品评能力，能大致区分酒的优劣。

三、 如何做好分型定级

（一） 制定适宜的质量标准

要做好分型定级，首先要有合理的标准，好的标准既可以方便生产，也有利于品质的提高，制定原酒的质量标准要考虑的因素有以下六个方面：

1. 分级标准

根据生产的实际，结合成品酒酒体设计和新产品研发的战略规划的具体需求恰当确定等级。

2. 摘取数量

视酒醅发酵的窖池、层次、质量，确定各级原酒摘取的数量范围。

3. 感官描述

确定各级原酒的感官质量评语，简单易记、通俗易懂好沟通。

4. 感官理化权重

感官为主，理化为辅，感官与理化相结合。

5. 酒精度

确定各级原酒的酒精度范围。

6. 理化指标

主要理化指标确定适宜的要求等。

（二） 认识原酒的感官质量特征

制订原酒的分型定级标准时，需要充分认识到影响原酒质量的因素有哪些，以便有针对性地在标准上加以控制。总结起来，影响原酒质量的有以下五个方面。

1. 操作者

操作者身体生理因素、检出与鉴别能力。

2. 设备

厂房、设备、场地、窖池、工具。

3. 原料

单一原料、多种原料及原料产地、结构、品质。

4. 工艺

工艺条件不同，微生物代谢产物的绝对量和比例也不同。

5. 环境

地域、气候、气温、水质、土壤。

另外，在制订原酒分型定级标准的时候，要充分认识到原酒的感官质量特征与成品的感官特征是有差异的，不能以成品酒的标准来评判原酒的质量等级。原酒的感官质量特征有以下三个方面：

（1）辛、辣、冲、怪、杂：酒刚蒸馏出来表现出来的是新酒的特征，低沸点物质（醛、烯、炔类及硫化氢等）较多、组分之间缔合度低，新酒的刺激性、辛辣味和怪杂味较为突出。

（2）香、浓、醇、甜、净、爽：由于影响原酒质量的因素太多，香、味、格个性表现非常突出。

（3）青、嫩、泥、呕、乳、闷、糊、醛、霉、腥、苦、涩：由于生产工艺控制和管理失控等因素，使浓香型酒特别容易出现香不正、味不净或风格偏离等质量问题。

（三） 原酒的分型与定级

原酒的分型定级的方式有以下三种：

量质摘酒分级（自检自定）：酿酒蒸馏时，摘酒工人根据流酒过程馏分的变化规律，通过感官判断，边摘边尝，对原酒按质量标准要求分段分级摘取。

按质分级并坛（自检自定）：摘酒工人对原酒按质量标准要求，将可能符合某个质量等级标准的原酒并入对应等级的酒坛内。

专业验收定级（专检专定）：通过品酒师感官品尝，将感官质量、风格相同或相近的原酒按各级原酒的感官标准判定为同一个级别，归为同一类，以便于组合和陈酿。

（四） 各种香型原酒的分类定级与质量标准

1. 分型方法

（1）分层取酒，将发酵窖池的酒醅按上、中、下层，面糟、中层干糟、底层湿糟分层取酒。上层酒醅占全窖池的1/4，中层酒醅占全窖池的1/2，下层酒醅占全窖池的1/4，每个层次的酒单独入库贮存。

（2）按发酵轮次，一、二、三。

（3）按窖龄，老窖、新窖、中龄窖。

（4）按馏分段落，可分成酒头、前段、中段、尾段、尾酒、尾水。

2. 定级方法

一般按色、香、味、格四方面将基酒进一步分成：调味、特级、优级，普级或特级，一级、二级、三级……

原酒的品评定级通常是现场直接逐坛品评。

（1）现场直接逐坛品评。包括坛边直接逐坛品评、库内集中逐坛品评和多坛比较品评等几种方法。

这些方法是简单快捷的定级方法，定级后封坛待转运陈酿（或整坛转运单坛陈酿或转酒不转坛组合陈酿）。

（2）取样封坛集中品评。品评环境较好，干扰少，准确性较高，环节较多，有一定的管理难度和风险，定级后封坛待转运陈酿（或整坛转运单坛陈酿或转酒不转坛组合陈酿）。

3. 各种香型原酒的分类定级与质量标准

不同香型原酒的分类定级与质量标准是不一样的，就拿浓香型白酒来说，就有两型二派：

两型：单粮型和多粮型。

二派："川派"和"江淮派"（皖、苏、鲁、豫）。

五个等级：调味、特级、优级、一级、普级或调味、特级、一级、二级、三级。

原酒的分类定级标准主要涉及感官、理化和食品安全三大标准：

感官质量标准：色、香、味、格；

理化质量标准：酒精度、总酸、总酯、己酯或四大酯；

食品安全标准：甲醇、氰化物、铅含量、塑化剂、食品添加剂。

原酒质量等级的确定以感官品评为主，理化指标为辅。

第三节　原酒的分型定级标准

一、酱香型白酒原酒的分型定级标准

传统的大曲坤沙酱香型白酒的原酒生产周期长达一年，采用优质红高粱，大曲发酵，须二次投料、九次蒸煮、八次发酵、七次取酒，历经春、夏、秋、冬一年时间。原酒一般是通过分轮分层进行的分型，不同类型的原酒再按质量情况进行分级。以仁怀大曲酱香型白酒为例，总共有七个轮次、三个典型体。

（一）按轮次进行分型定级

一轮次基酒是指经过下沙、糙沙两次投粮加曲发酵后，第一次蒸馏摘得的酒。

二轮次基酒是指第一次蒸馏后的酒醅再次加曲发酵后，第二次蒸馏摘得的酒。

三轮次基酒是指第二次蒸馏后的酒醅再次加曲发酵后，第三次蒸馏摘得的酒。

四轮次基酒是指第三次蒸馏后的酒醅再次加曲发酵后，第四次蒸馏摘得的酒。

五轮次基酒是指第四次蒸馏后的酒醅再次加曲发酵后，第五次蒸馏摘得的酒。

六轮次基酒是指第五次蒸馏后的酒醅再次加曲发酵后，第六次蒸馏摘得的酒。

七轮次基酒是指第六次蒸馏后的酒醅再次加曲发酵后，第七次蒸馏摘得的酒。

大多数酱香型白酒生产企业，一般是按生产轮次，将酱香型的原酒分型为一至七轮次酒，各轮次酒再按质量等级一般分级为优级、一级和二级三类等级，处理更细致的企业还会分出次品、醇甜、酱香共六个等级。

仁怀大曲各轮次基酒各等级的感官质量标准见表4-5~表4-11所示。各轮次基酒的食品安全指标要求和理化指标要求见表4-12所示。

表4-5　仁怀大曲酱香一轮次基酒感官要求

项目	要求[a]			检验方法
	优级	一级	二级	
色泽和外观	无色或微黄，澄清透明，无浑浊，无悬浮物，无沉淀物[b]			GB/T 33404—2016《白酒感官品评导则》
香气	粮香突出，酸香显著，酯香愉悦	粮香、酸香较明显，有酯香	有粮香、酸香，略有酯香，略有异香	
口味	酸涩味较明显，后味微苦，可用作调味酒	酸涩味明显，后味苦	酸涩味较突出，苦味重，略有异味	
风格	风格典型	风格明显	风格尚可	

a 当感官要求不符合时，另行处理。

b 酒的温度低于10℃，允许出现白色絮状沉淀物质或失光，10℃以上时应逐渐恢复正常。

表4-6　仁怀大曲酱香二轮次基酒感官要求

项目	要求[a]			检验方法
	优级	一级	二级	
色泽和外观	无色或微黄，澄清透明，无浑浊，无悬浮物，无沉淀物[b]			GB/T 33404—2016《白酒感官品评导则》
香气	酱香显著，有水果香、草木香	有粮香、酱香	有粮香，略有酱香，略有异香	
口味	有酸涩味，有咸鲜感，酒体较醇厚、丰满、细腻，协调干净，后味回甜，可用作调味酒	酸涩味明显，较协调干净，后味微甜	酸涩味显著，后味稍甜，略有异味	
风格	风格典型	风格明显	风格尚可	

a 当感官要求不符合时，另行处理。

b 酒的温度低于10℃，允许出现白色絮状沉淀物质或失光，10℃以上时应逐渐恢复正常。

表 4-7　　仁怀大曲酱香三轮次基酒感官要求

<table>
<tr><th rowspan="2">项目</th><th colspan="3">要求[a]</th><th rowspan="2">检验方法</th></tr>
<tr><th>优级</th><th>一级</th><th>二级</th></tr>
<tr><td>色泽和外观</td><td colspan="3">无色或微黄，澄清透明，无浑浊，无悬浮物，无沉淀物[b]</td><td rowspan="4">GB/T 33404—2016《白酒感官品评导则》</td></tr>
<tr><td>香气</td><td>酱香较突出，入口香强</td><td>酱香显著，入口香</td><td>有酱香，略有异香</td></tr>
<tr><td>口味</td><td>酱味较突出，有咸鲜感，酒体较醇厚、丰满细腻，尾净，后味长、带涩，可用作调味酒</td><td>酱味明显，酒体醇和，后味较长、带涩</td><td>有酱味，涩味重，有后味，略有异味</td></tr>
<tr><td>风格</td><td>风格典型</td><td>风格明显</td><td>风格尚可</td></tr>
</table>

a 当感官要求不符合时，另行处理。

b 酒的温度低于 10℃，允许出现白色絮状沉淀物质或失光，10℃以上时应逐渐恢复正常。

表 4-8　　仁怀大曲酱香四轮次基酒感官要求

<table>
<tr><th rowspan="2">项目</th><th colspan="3">要求[a]</th><th rowspan="2">检验方法</th></tr>
<tr><th>优级</th><th>一级</th><th>二级</th></tr>
<tr><td>色泽和外观</td><td colspan="3">无色或微黄，澄清透明，无浑浊，无悬浮物，无沉淀物[b]</td><td rowspan="4">GB/T 33404—2016《白酒感官品评导则》</td></tr>
<tr><td>香气</td><td>酱香突出，木香、水果香等香气全面、协调</td><td>酱香明显，香气较全面协调</td><td>有酱香，略有异香</td></tr>
<tr><td>口味</td><td>酱味较突出，有咸鲜感，味全面，酒体较醇厚、丰满、细腻，味净，后味绵长，甜香，喷香，可用作调味酒</td><td>酱味明显，酒体醇和，略带咸鲜味感，味净，后味稍长</td><td>有酱味，味欠净，有后味，略有异味</td></tr>
<tr><td>风格</td><td>风格典型</td><td>风格明显</td><td>风格尚可</td></tr>
</table>

a 当感官要求不符合时，另行处理。

b 酒的温度低于 10℃，允许出现白色絮状沉淀物质或失光，10℃以上时应逐渐恢复正常。

表 4-9　　仁怀大曲酱香五轮次基酒感官要求

<table>
<tr><th rowspan="2">项目</th><th colspan="3">要求[a]</th><th rowspan="2">检验方法</th></tr>
<tr><th>优级</th><th>一级</th><th>二级</th></tr>
<tr><td>色泽和外观</td><td colspan="3">无色或微黄，澄清透明，无浑浊，无悬浮物，无沉淀物[b]</td><td rowspan="4">GB/T 33404—2016《白酒感官品评导则》</td></tr>
<tr><td>香气</td><td>酱香较突出，略有焦香或烘焙香、芝麻香、果香</td><td>酱香明显，微有焦香或烘焙香</td><td>有酱香，有焦香或烘焙香，略有异香</td></tr>
<tr><td>口味</td><td>酱味较突出，有咸鲜味感，酒体醇厚、丰满细腻，后味悠长，带涩，微苦，可用作调味酒</td><td>酱味明显，后味长、略有苦味</td><td>有酱味，后味短暂，苦味较重，略有异味</td></tr>
<tr><td>风格</td><td>风格典型</td><td>风格明显</td><td>风格尚可</td></tr>
</table>

a 当感官要求不符合时，另行处理。

b 酒的温度低于 10℃，允许出现白色絮状沉淀物质或失光，10℃以上时应逐渐恢复正常。

表 4-10　　仁怀大曲酱香六轮次基酒感官要求

<table>
<tr><th rowspan="2">项目</th><th colspan="3">要求[a]</th><th rowspan="2">检验方法</th></tr>
<tr><th>优级</th><th>一级</th><th>二级</th></tr>
<tr><td>色泽和外观</td><td colspan="3">无色或微黄，澄清透明，无浑浊，无悬浮物，无沉淀物[b]</td><td rowspan="4">GB/T 33404—2016《白酒感官品评导则》</td></tr>
<tr><td>香气</td><td>酱香较突出，有焦木香或烘焙香、果香</td><td>酱香明显，有焦香</td><td>有酱香，焦香显著，略有异香</td></tr>
<tr><td>口味</td><td>酱味显著，略带咸鲜味感，酒体丰满、醇厚、细腻，略有焦煳味，后味长，余味略苦，可用作调味酒</td><td>有酱味，味较醇和，有焦煳味，有后味，余味较苦</td><td>略有酱味，焦煳味较突出，余味苦，略有异味</td></tr>
<tr><td>风格</td><td>风格典型</td><td>风格明显</td><td>风格尚可</td></tr>
</table>

a 当感官要求不符合时，另行处理。

b 酒的温度低于 10℃，允许出现白色絮状沉淀物质或失光，10℃以上时应逐渐恢复正常。

表 4-11　　仁怀大曲酱香七轮次基酒感官要求

项目	要求[a]			检验方法
	优级	一级	二级	
色泽和外观	无色或微黄，澄清透明，无浑浊，无悬浮物，无沉淀物[b]			GB/T 33404—2016《白酒感官品评导则》
香气	酱香较突出，有焦木香、烘焙香、芝麻香或果香	酱香明显，有焦香	有酱香，焦香突出，略有异香	
口味	酱味显著，略带咸鲜味感，酒体醇厚，丰满细腻且协调，有焦煳味，后味长，余味略苦，略带糟味，可作调味酒	酱味明显，醇和，枯煳味较明显，后味较长，余味苦，糟味重	略有酱味，枯煳味明显，有后味，苦味，略有异味	
风格	风格典型	风格明显	风格尚可	

a 当感官要求不符合时，另行处理。

b 酒的温度低于 10℃，允许出现白色絮状沉淀物质或失光，10℃以上时应逐渐恢复正常。

表 4-12　　仁怀大曲酱香一至七轮次基酒理化指标

项目	轮次	优级	一级	二级	检验方法
甲醇[a]/(g/L)　≤	一至七轮次		0.6		GB 5009.266—2016《食品安全国家标准　食品中甲醇的测定》
氰化物（以氢氰酸计）/(mg/L)　≤	一至七轮次		6.0		GB 5009.36—2016《食品安全国家标准　食品中氰化物的测定》
酒精度（20℃）[b]/(%vol)	一轮次		57.0		GB 5009.225—2016《食品安全国家标准　酒中乙醇浓度的测定》
	二轮次		54.5		
	三轮次		53.0		
	四至五轮次		53.0		
	六至七轮次		52.0		

续表

项目	轮次	优级	一级	二级	检验方法
总酸（以乙酸计）/(g/L)　≥	一轮次	3.20	2.80	2.40	GB/T 10345—2022《白酒分析方法》
	二轮次	2.80	2.60	2.20	
	三轮次	2.40	2.00	1.60	
	四轮次	2.00	1.60	1.20	
	五轮次	1.80	1.40	1.00	
	六至七轮次	1.60	1.40	1.00	
总酯（以乙酸乙酯计）/(g/L)　≥	一轮次	5.20	4.50	4.00	
	二轮次	4.50	4.20	3.50	
	三轮次	4.00	3.20	2.60	
	四轮次	3.20	2.60	1.90	
	五轮次	3.00	2.20	1.60	
	六至七轮次	2.60	2.20	1.60	
固形物/(g/L)　≤	一至七轮次		0.70		
己酸乙酯/(g/L)　≤	一至七轮次	0.20	0.30	0.40	

a 甲醇、氰化物指标均按 100%vol 酒精度折算。

b 酒精度实测值与标签标示值允许差为±1.0%vol。

（二）按风格典型体进行分型定级

1. 窖底香型

窖底香型因一般产于窖底而得名，己酸乙酯为主要香味成分，窖香浓郁，但带明显的酱香。

2. 酱香型

酱香型是构成仁怀大曲酱香型白酒的主体香，对其组成成分目前还未能全部确认，但从分析结果看，其成分最为复杂。

3. 醇甜型

醇甜型是构成仁怀大曲酱香型白酒特殊风格的，其组成以多元醇为主，具甜味。

普通企业一般不将每轮次的酒都按酱香、醇甜和窖底香进行分型，而是单独做几批用于勾调时的调味酒。

表 4-13 是三种典型体的分型定级标准。

表 4-13　　酱香型三种典型体原酒的分型定级标准

分类	等级	标准
酱香	一等酱香 二等酱香	一等酱香：酱香味突出，丰满，醇厚，回味悠长，无明显缺陷，后味无沉重感，闻香和口味都有典型的酱香 二等酱香：达不到一等酱香标准，但缺陷不太明显
醇甜	一等醇甜 二等醇甜	一等醇甜：酱香（味）明显，醇和，味甜，干净 二等醇甜：达不到一等醇甜标准，但缺陷不太明显
窖底香	一等窖底香 二等窖底香 三等窖底香	窖底酒的酒精度均需≥60.0%vol，先有酱香再有窖底香，无泥臭、无杂味才是好的窖底酒 一等窖底：窖底香突出，醇甜，味长协调，尾干净，无泥臭 二等窖底：窖底香浓郁，味长协调，尾干净，无泥臭 三等窖底：窖底香较浓郁，味长，尾较净，带有泥臭味，在口感尺度上介于二等窖底香与混合之间
混合		混合是指兼有两种或三种典型体风格的酒体，例如有泥臭味或窖底味（主体为己酸乙酯香）淡薄，或窖底香明显但带酱香，味醇和，尾净，但其感官指标又不足以判定为三等窖底香或其他典型体
其他	次品	a 不符合轮次酒应有的感官特征 b 浑浊，有邪杂味，酸涩过重 c 低于轮次酒的酒精度标准

二、浓香型白酒原酒的分型定级标准

在新酒入库分类上各生产企业有所不同，浓香型白酒的原酒按等级一般分为四类：调味、特级、优级、普级。原酒质量等级的评定以感官品评为主，理化指标为辅，也就是说首先通过原酒品评员对原酒进行感官品评确定等级后，再根据理化、食品安全指标判断其是否符合相应等级的质量标准，若理化指标不符合再降级使用，若食品安全指标不符合应采取相应措施进行处理。

表 4-14 为某浓香型白酒不同等级原酒的感官要求。

表 4-14 浓香型原酒的感官特点

项目	调味酒	特级酒	优级酒	普级酒
色泽	无色、清亮透明、无悬浮物、无沉淀	无色、清亮透明、无悬浮物、无沉淀	无色、清亮透明、无悬浮物、无沉淀	无色、清亮透明、无悬浮物、无沉淀
香气	窖香、糟香或浓香突出	窖香、浓香或糟香突出	较浓郁	较浓郁
风味	浓郁丰满，香味协调，后味绵长净爽，回味悠长	醇厚丰满，绵甜，协调，味长尾净	窖香舒适、浓香典型，酒体醇厚，甜味协调，口味净爽	浓香、酒体绵甜、较丰满、较净
风格	风格典型突出	风格典型	风格好	风格一般

表 4-15 为不同等级原酒的食品安全与理化指标要求。

表 4-15 浓香型原酒的分级理化标准

项目	调味酒	特级酒	优级酒	普级酒
甲醇/(g/L) ≤	0.6			
氰化物（以氢氰酸计）/(mg/L) ≤	8			
铅（以 Pb 计）/(mg/L) ≤	0.5			
食品添加剂	不得检出			
酒精度/%vol≥	68	67	65	63
总酸/(g/L) ≥	1.5	1.2	0.8	0.5
总酯/(g/L) ≥	4.0	3.0	1.8	1.0
己酸乙酯/(g/L) ≥	3.1	2.5	2.0	0.5

注：以上指标按酒精度 60%vol 计算。

三、清香型白酒原酒的分型定级标准

清香型白酒的原酒色泽上要达到无色清亮透明，无悬浮物，无沉淀。在香气上要达到清香纯正，具有乙酸乙酯为主的协调的复合香气。在口感上要达到入口绵甜，酒体协调，爽净，余味悠长。在风格上要达到风格独特。

按新产入库大曲清香型质量品评评分划为四个级别：优级酒 85 分以上，一级酒 71~84 分，二级酒 60~70 分，等外酒 60 分以下。

各等级大曲清香型原酒特点及分级入库感官标准如表 4-16 所示。

表 4-16　　大曲清香型原酒分级入库感官标准

等级	优级酒	一级酒	二级酒	等外酒
色	无色、清亮、透明	无色、清亮、透明	无色、透明	不正或浑浊
香	清香纯正	清香较正	清香正	异香，严重杂香
味	醇厚、爽净、协调、回味长	入口微甜淡、酒体协调较醇厚，回味较长	醇厚、酒体较协调、回味一般	严重霉味、腻味、铁锈味或其他邪杂味

品评时，在按照上述感官标准分级的基础上，对口味的评述可采用下列术语进行记录：

优级酒：醇厚、爽净、协调、回味长。

一级酒：微甜、微淡、味短、不醇厚、不爽。

二级酒：允许有轻微的酸、腻、杂味。如带酸（酸寡、微酸、寡淡），带腻（微腻、腻杂），带杂（微杂、味杂、邪杂、焦杂、寡杂、燥杂、辅料味、霉味及其他杂味等）。

等外酒：严重霉味、腻味、铁锈味或其他邪杂味。

四、 米香型白酒原酒的分型定级标准

米香型白酒的典型代表是桂林三花酒，其原酒的分级入库标准大致是在国家标准基础上进行更细更严要求，具体如表 4-17 和表 4-18 所示。

表 4-17　　米香型白酒原酒分级入库感官标准

项目	特级	一级	二级	三级
香气	米香纯正、清雅	米香纯正	米香较纯正	米香不够纯正
口味	绵甜爽冽、回味较好	绵甜爽冽	较纯正、尚怡畅、微酸、微辣、微涩、微苦、醪味	异杂味、严重焦煳味，催泪刺眼气味

续表

项目	特级	一级	二级	三级
风格	具有本品突出的风格	具有本品明显风格	具有本品固有的风格	具有本品风格
色泽	无色、无明显悬浮物、无沉淀	无色、无明显悬浮物、无沉淀	无色、无明显悬浮物、无沉淀	不够清亮、有明显悬浮物沉淀

表 4-18　　米香型白酒原酒分级入库理化标准

项目	特级	一级	二级	三级
甲醇/(mg/100mL)	≤10	11~15	16~20	>20
酒精度/%vol	规定酒精度±1%vol			
总酯/(g/L)	≥1.60	≥1.20	≥1.00	<1.00
总酸/(g/L)	≥0.45	≥0.40	≥0.35	<0.35
β-苯乙醇/(mg/L)	>35	>30	>25	<25

五、芝麻香型白酒原酒的分型定级标准

芝麻香型酒的分级办法，有的按窖池的上、中、下酒醅的不同而分别贮存，一般上层的焦香较为明显，中层的为醇甜型，底层因接触窖泥为窖香型，每层又根据品尝结果而分为优级、一级、二级，这样给酒库分级贮存带来较大的困难。

有的厂采用掐头去尾将各层酒醅蒸馏出的酒混合入库，经品尝鉴定等级，分出优级、一级、二级酒然后分级贮存，感官要求见表 4-19。应该说这两种分级办法各有优缺点，前者复杂但容易找到有特点的调味酒，后者简洁可行，但挑选调味酒的余地少些。

表 4-19　　芝麻香型白酒原酒分级入库标准

项目级别	优级	一级	二级
酒精度/%vol	≥62	≥62	≥62

续表

项目级别	优级	一级	二级
口感标准	闻香幽雅，醇甜醇厚，焦煳香或芝麻香突出，余香长，尾爽净	闻香较好，醇和醇厚，焦煳香明显，余香较长，尾较爽净	闻香较正，醇和，有焦煳香，味基本纯正

注：经品尝鉴定有异杂味酒按等外品单独贮存单独处理。

芝麻香型白酒的新酒按级分别贮存，3 个月后重评确定等级，因芝麻香酒入库初期口味变化较大，如按入库时评定的等级不够确切，待 3 个月基本稳定后再确定等级较为准确可靠。

六、 老白干香型白酒原酒的分型定级标准

衡水老白干基酒，按分级标准鉴定后分别贮存。各级别基酒有相应的贮存期标准要求，达到贮存期的基酒方可用于勾调。还有一些长期贮存的基酒，如一些特殊的调味酒，大宗基酒，要求存期几年、十几年、二十几年不等，这是老白干口感醇绵特色形成的原因。老白干成品酒的成型，依靠科学的勾调，合理的调配组合，精细地调香调味，最后形成了各档次各有特点的老白干香型成品酒。

老白干香型原酒分优级酒、一级酒、二级酒。二级酒可直接入大罐贮存，优级酒、一级酒先在陶坛内贮存一年以上，再按级并入大罐贮存。各级别的感官和理化标准如表 4-20 和表 4-21 所示。

表 4-20　　衡水老白干原酒验收感官标准

级别	品评要求
优级	色：无色透明。香：放香较正，香气较大，放香较清。味：较醇厚，微丰满，落口较干净，后味长，有回甜。格：具有本品风格。
一级	色：无色透明。香：放香一般，香味较正，香气稍小。味：较醇厚，稍杂，落口略有杂味，后味稍短。格：具有本品基本风格。
二级	色：色泽不清，有失光等。香：异杂味大，香气不正。味：杂、苦、异味大等。

表 4-21 衡水老白干原酒验收理化标准

项目	优级	一级	二级
食品安全指标	符合 GB 2757—2012《食品安全国家标准 蒸馏酒及其配制酒》		
总酯/(g/L)	≥3.2	≥2.8	≥2.5
总酸/(g/L)	≥0.6	≥0.5	≥0.4
乳酸乙酯/(g/L)	≥3.0	≥2.0	≥1.2
乳酸乙酯/乙酸乙酯	≥0.8	≥0.8	≥0.8

将同级原酒用不锈钢酒泵通过输酒管道打入陶瓷坛内，用塑料布和棉垫(将棉垫放入双层塑料布中）封好坛口，再压上坛盖。将酒名、级别、生产日期、操作者等相关内容填入卡片，将卡片插在坛盖上。储存一年后，通过理化分析和感官品评，重新确定基酒级别，将同级酒通过酒泵和管道打入不锈钢罐内继续贮存到期。

七、 豉香型白酒原酒的分型定级标准

豉香型白酒采用釜式蒸馏，醪液液位高度不超过最大限值，醪液上完后慢慢开直接蒸汽进行升温蒸馏，蒸馏时蒸汽压力一般控制在 0.1~0.4MPa。蒸馏过程中，随时根据蒸汽压力的变化而调节进汽量，根据出酒的温度调节好冷却水温，出口的酒温应保持在 30~40℃范围。馏出酒液截头去尾，收取中间段的酒液，混合酒精度为 30%vol 左右。因为后道工序中有泡肉工艺，因此，将刚蒸馏出来的酒叫斋酒，斋酒经 10d 左右的沉淀（斋酒期)，去除表面油质，转入浸肉池（埕、缸）内酝浸 20~30d，然后抽出酒液，再进行陈酿，这一系列工艺过程，是豉香型白酒独特风格形成最重要的部分。泡肉之后的酒称为肉酒。

刚蒸馏出来的新斋酒，也就是豉香型白酒的原酒。该原酒的酒体一般都浑浊不清且有暴辣、冲鼻、刺喉、刺激性大等缺点，风格与米香型酒相似，但饼叶味重，“米酿香”不如米香型白酒。经过一段时间的贮存，酒体会变得醇香、绵软、柔和，香味也增加，口味变得比较谐调，这个变化过程称为自

然老熟，也叫贮存或陈酿。再经肥肉酝浸后，酒体逐步达到清亮透明，且由于肥肉吸附了斋酒中的辛辣异味，使酒体陈化和醇化。斋酒若不经浸肉处理，即使贮存半年以上，仍然浑浊不清，新酒味和斋酒味变化不大，但经过20d左右的浸肉操作，酒体便可变清，且斋酒味和新酒味也消失，酒体更加醇化，这是浸肉工艺的绝妙之处。与其他香型的白酒比较，它的贮存期大大缩短。浸肉期间，随着时间的延长，肥肉中的脂肪会发生缓慢降解生成脂肪酸，这些脂肪酸进而与酒中的醇反应生成芳香酯。

八、 浓酱兼香型白酒原酒的分型定级标准

白云边兼香型白酒采用类似于传统大曲酱香型白酒的生产工艺，因此，这种兼香型白酒的原酒也是分轮次的。白云边兼香型白酒原酒的感官、理化标准如表4-22和表4-23所示。

表4-22　　白云边兼香型白酒原酒感官指标要求

取酒次数	感官指标
一次取酒	清澈透明，酱香带粮香，较冲鼻，进口酸涩味重，回味较长
二次取酒	清澈透明，酱香微带粮香，较冲鼻，进口欠醇和，酱味较长，后味略有酸涩味
三次取酒	清澈透明，酱香明显，酱浓较谐调，回味较长，尾味略涩
四次取酒	清澈透明，酱浓谐调，回味较甜，尾味稍涩
五次取酒	清澈透明，酱浓谐调，进口酱味较浓厚，味甜柔，回味有焦煳味，尾味略苦涩
六次取酒	清澈透明，闻有酱香，带焦煳味，进口味甜，醇和，后味短，尾味带煳苦味
七次取酒	清澈透明，酱香带浓香，味较甜，尾味有焦苦味

表4-23　　白云边兼香型白酒原酒理化指标

项目	一级	二级	三级
酒精度（20℃）/%vol≥	55	55	55
总酸（以乙酸计）/(g/L) ≥	2.0	1.8	1.5
总酯（以乙酯计）/(g/L) ≥	3.0	2.5	2.0

白云边兼香型白酒的分型定级方法如下：

1. 样品来源及品评

（1）将各班组新产酒（每坛 450kg）搅拌均匀，取样 150mL，密码编号按每组 6 杯摆放，保证每批新酒贮存期一致。

（2）洗净酒杯，要求无异香，无异味，每轮不超过 6 杯品尝。

（3）按 GB 10345—2022《白酒分析方法》进行感官评定、理化检测，做好原始记录。

（4）每次参评人数在 5 人以上。

（5）每轮次酒样抽 10~15 个进行理化检测，并进行数据统计分析。

2. 样品处理

（1）感官品评、理化分析需按时抽样检测，结果需存档备查。

（2）每轮次根据需要留样存档，余酒归还酒库。

（3）对每次品评质量情况，应及时将品评结果反馈给酿造车间和酒库，做到记录清晰、级别明确，样品与等级相符。

3. 等级确定

（1）具有轮次酒感官特征的可定为二级酒。

（2）具有轮次酒感官特征，并突出某一点，即香明显、味醇厚，香味协调，轮次酒风格典型，可定为一级酒。

（3）异色、异香、辅料味、邪杂味明显的酒可定为三级酒。

（4）以感官品评结果为主，按少数服从多数的原则，确定等级。

（5）对有争议的酒样，采取明评、明议确定等级。

（6）按抽样样品数对号入座，出示检验结果——“检验结果通知单”。

九、凤香型白酒原酒的分型定级标准

对于凤香型白酒而言，因前馏分中含有绝大多数香气成分，合理截取酒头成为调味酒很有必要。一般截取点在流酒的 2min 左右，截取量为 4kg 左右，此时酒精度高达 70%vol，而酸味成分主要集中在酒尾中，可在断花后截取 5kg 左右的酒尾作为酸味调味酒，以解决酒中含量不足的问题。

开始流酒时的酒花气泡较大，整齐一致，较持久，为特优酒；酒精度略低时，酒花气泡较小，逐渐细碎，仍较持久，为优级酒。依次类推，量质摘酒。

原酒流出后，先掐去酒头，然后通过一闻、二看、三品，将原酒分出特优、优、优一级、优二级四个等级来。但凡香气浓郁、酒花较大、入口香甜，皆为优质酒。

新产酒入库前首先要进行测度，测度一般用酒精计测量，其原理是相对密度法。在酒罐中混合取样，然后将酒样倒入量筒中，在量筒中放入酒精计和温度计，测出酒精度以后按照温度情况，换算成 20℃ 时的酒精度，若酒精度大于或等于规定酒精度（一般为 65°），就开始计量，并取样用于品评和理化分析。理化分析指标如表 4-24 所示。若小于规定酒精度就退回重新处理。

表 4-24　　凤香型白酒原酒理化指标打分表

项目	指标	得分	指标	得分	指标	得分	指标	得分
酒精度	≥64.5	10	≥64.0	8	≥63.5	5	≥63	3
乙酸乙酯	≥160	20	≥130	18	≥100	16	≯100	14
乳酸乙酯	≤170	14	≤190	12	≤210	10	≥210	8
己酸乙酯	≥60	16	≥55	14	≥50	12	≤50	10
合计		60		52		43		35

符合酒精度要求的酒样，经过当班专业评酒员感官品评后，分出优等品、一等品和不合格品，满分为 40~50 分，标准如表 4-25 所示。在品评的同时，对样酒要进行气相色谱或液相色谱分析，按照指标打分，分值为 60~50 分。两项分数累计为 90 分以上时为优等品，89~80 分为一等品。不合格品是有邪杂味的酒（表 4-25）。

通过打分评出等级，然后按照等级泵入酒海储存。只要是同一个等级，即使不是同一个生产车间的酒，都泵入同一酒海。

表 4-25　　凤香型白酒原酒感官品评打分表

项目	标准分	优等品	一等品	二等品	不合格品
色	2	无色、清亮透明			
香	8	香气纯正，具有乙酸乙酯和己酸乙酯的复合香气	香气较纯正，具有乙酸乙酯和己酸乙酯的复合香气	有醇香，具有乙酸乙酯和己酸乙酯的复合香气	低于二等品
味	25	醇香协调、甘润挺爽，味长尾净，余香悠长	醇厚较协调，甘润挺爽，味长、较净，有余香	较协调，有余香	低于二等品
格	5	具有凤香型酒典型风格	具有凤香型酒独特风格	具有凤香型酒风格	低于二等品

一个酒海装满后，在酒海外边挂上标签，标明生产日期、班组、数量、等级、酒的类别（破窖、顶窖、圆窖、插窖、挑窖）等信息。在达到勾兑条件后，一个勾调单元就是一个酒海，一个配方中，必须将一个酒海的酒用完。用完后的酒海，取消标签，这也是泵入新酒的标志。

西凤酒原酒按照西凤酒六个不同生产阶段最少分六类储存，它们是破窖酒、顶窖酒、圆窖酒、插窖酒、挑窖酒、酒头酒、调味酒、双轮底酒、串香酒等。

先进先出，后进后出。酒的储存期不可以过长，否则香气变化比较大，酒精度也会发生变化。

低温保存。一般储存温度要保持在 5～20℃。温度过高会使酒的挥发加剧，库耗就会加大；温度过低，酒的缔合作用会较慢，影响老熟时间，故在建设酒库时要考虑保温问题。

库区要有防火隔离墙，要加强密封，尽量减少白酒与空气的接触。

台账、标示卡片要一致，有酒挂卡，无酒撤卡。

每半年清点一次数量，并对酒海进行彻底普查。

每年进行一次全检，主要普查库中白酒的微量成分，及时掌握酒质的变化。感官品评由库管人员和专检员进行。

对即将投入成品生产的库存酒，应当在正式勾调前，加水降度到一定度数，储存3个月以上。实践证明，先降后勾可以减少勾调周期，保证成品酒的品质。

不可以不经过试验就擅自使用老熟设备、除浊设备、酒质改善剂及不明成分的添加物。

对酒海要经常检查，防止虫蛀，发现漏酒要立刻腾空，并对酒海加以维修，要保持库内卫生，不得有大量灰尘。

十、 特香型白酒原酒的分型定级标准

四特酒原酒质量标准主要由感官要求、理化指标和卫生指标确定，一般分为优级、一级与二级三个等级。四特酒分级入库标准如表4-26和表4-27所示。

表4-26　　特香型四特酒原酒分级入库感官标准

项目	优级酒	一级酒	二级酒
色泽	清澈透明，无悬浮物，无沉淀	清澈透明，无悬浮物，无沉淀	清澈透明，无悬浮物，无沉淀
香气	诸香协调、幽雅舒适	闻香舒适，香气醇正	闻香舒适，有大曲酒固有香气
口味	醇甜绵软，浓厚爽净	醇甜柔和，后味绵长	醇和不淡，香味较协调
风格	特香型风格较突出	特香型风格较明显	具有特香型风格

表4-27　　特香型四特酒原酒分级入库理化标准

项目	一级	二级	三级
甲醇/(g/L) ≤	0.4		
铅（以Pb计）/(mg/L) ≤	≤0.5		
酒精度（20℃）/%vol≥	60	60	60
总酸（以乙酸计）/(g/L) ≥	0.80	0.60	0.40
总酯（以乙酯计）/(g/L) ≥	3.00	2.80	2.50

注：以上系60%vol酒基的标准，高于或低于60%vol均按60%vol折算。

十一、馥郁香型白酒原酒的分型定级标准

酒鬼酒使用的是清蒸清烧工艺，即蒸粮与蒸酒彻底分开，蒸馏时严格执行分茬装甑、截头去尾、分级接酒、按质入库贮存。

十二、董香型白酒原酒的分型定级标准

从窖中挖出发酵好的小曲酒醅，拌入适量谷壳（大班每甑拌谷壳 12kg），分两甑蒸酒。应缓汽装甑，先上好小曲酒醅，再在小曲酒醅上盖大窖发酵好的香醅（大班 700kg），并拌入适量的谷壳，上甑后盖上甑盖蒸酒。

掐头 2~3kg，摘酒的酒精度为 60.5%~61.5%vol，特别好的酒可摘到 62%~63%vol。再经品尝鉴定，验收，分级贮存，1 年后即可勾调包装出厂。

十三、多粮浓香型白酒原酒的分型定级标准

多粮浓香型白酒是指以两种以上粮谷为原料，经传统固态法发酵、蒸馏、陈酿、勾调而成的，未添加食用酒精及非白酒发酵产生的呈香呈味物质，具有己酸乙酯为主体复合香的白酒。

多粮浓香型白酒的典型代表是五粮液，五粮液的原酒分成特级、一级、二级、三级，各级别原酒的感官标准与理化标准见表 4-28 和表 4-29。

表 4-28　　多粮浓香型白酒原酒分级入库感官标准

级别	特级酒	一级酒	二级酒	三级酒
感官要求	无色透明，无悬浮物，无沉淀等肉眼可见物。具有特别浓郁的己酸乙酯香气为主的复合香气，香气优雅，底窖风格突出。香味浓厚，悠长，味净，甜爽	无色透明，无悬浮物，无沉淀等肉眼可见物。具有特别浓郁的己酸乙酯香气为主的复合香气，味香，浓、醇、甜、净、爽，具有五粮液的基本风格	无色透明，无悬浮物，无沉淀等肉眼可见物。具有特别浓郁的己酸乙酯香气为主的复合香气，香气较好，味香浓醇正。无异臭、异味（无二糟、丢糟、霉烂糟等气味）	无色透明，无悬浮物，无沉淀等肉眼可见物。具有特别浓郁的己酸乙酯香气为主的复合香气，味较香浓，无异臭、异味

表 4-29 多粮浓香型白酒原酒分级入库理化标准

项目	特级	一级	二级	三级
甲醇/(g/L) ≤	0.4	0.4	0.4	0.4
杂醇油 /(g/L) ≤	1.8	1.5	1.5	1.5
铅/(mg/L) ≤	0.5	0.5	0.5	0.5
酒精度（20℃）/%vol≥	60±0.5	60±0.5	60±0.5	60±0.5
总酯（以乙酯计）/(g/L) ≥	6	3.7	2.8	2.4
总酸（以乙酸计）/(g/L) ≥	0.9	0.6	0.5	0.4
固形物/(g/L) ≤	0.4	0.4	0.4	0.4
己酸乙酯/(g/L) ≥	4.5	1.7	1.1	0.6

第五章　陈酿

第一节　原酒的陈酿过程

中国白酒是享誉全球的蒸馏酒，因其独特传统的酿造工艺和源远流长的饮酒文化，堪称中国之瑰宝。白酒在酿成之初，具有一种气味上接受度低、邪杂刺鼻、口感上燥辣暴冲、难以下咽的感官特征，称之为新酒味。新酒味的存在严重影响了白酒的品质及其饮用舒适度，所以白酒都需要经历一段时间的贮存方能进入下一步生产环节，这一贮存过程称之为白酒的老熟。笔者曾经选择中国产区分布最广、消费群体最多的浓香型白酒为研究目标，对贮存老熟过程中的特征变化进行了多方面、多层次的研究。课题首先利用感官品评的方式，研究了老熟对浓香型白酒的作用，研究发现，白酒的老熟可以细分为前熟期和后熟期。

前熟期的重点为新酒味物质的消失。后熟期则侧重在白酒的主要风味物质含量、理化性质、味觉特征的依时性变化。

一、除新

新酒含有硫化氢、硫醇、硫醚等挥发性含硫化合物，以及少量的丙烯醛、丁烯醛、游离氨等杂味物质，这些物质是新酒杂味的主体成分。上述物质消失后，新酒杂味也大为减少，也就是说在贮存过程中，低沸点臭味物质大量挥发，所以酒中上述异味减少。

将原酒密封于陶坛内，在9~10℃较低温度下进行贮存，经50~60d后，硫化氢含量下降33.2%~97.5%，其他硫醇及二乙基硫含量也大为减少，几乎完全失去新酒味。经1年贮存的酒，已检验不出挥发性硫化物，如表4-30所示。

如果贮存温度升高，挥发性物质含量迅速降低，这说明白酒必须在一定的温度下贮存一段时间。

表 4-30　　贮存中臭味物质的变化　　单位：g/100mL

酒别	硫化氢	硫醇	二乙基硫	丙烯醛	氨
新产董酒	0.0888	痕迹	痕迹	痕迹	痕迹
贮存 1 年董酒	痕迹	未检出	未检出	痕迹	痕迹
贮存 2 年董酒	痕迹	未检出	未检出	未检出	痕迹
新大曲酒	0.1173	痕迹	痕迹	痕迹	痕迹
贮存 1 年大曲酒	未检出	未检出	未检出	未检出	痕迹

二、老熟

老熟是指除新之后，再经一段时间的贮藏，酒内各种成分之间趋于协调，酒味柔和，酒体醇和，并逐渐形成老酒味的过程。老熟过程中涉及的变化可以用四句话概括：

推陈除新酒绵甜，感官微分挥发变；

微观三线也在变，金属电导渐高见。

（一）白酒老熟过程中的变化

白酒在贮存老熟的过程中，除了成分、气味、口感上有明显变化以外，一些物理性质也会随着贮存时间的延长而发生变化。对白酒在贮存过程、老熟过程中变化特征的研究不仅能够了解白酒的老熟，还能通过白酒老熟的规律判别白酒贮存时间，指导白酒生产实践，为通过贮存老熟而提升白酒品质提供理论支持。近年来研究人员从各个方面对白酒在贮存过程、老熟过程中的变化特征进行了研究。

1. 感官质量变化

白酒是酒精度很高的酒，而饮用时要求柔和，也就是平时所说的“绵软”。“绵软”虽然与香味没有直接关系，但如果酒精的刺激性强，对香味也起到掩盖作用。所以，“绵软”也是白酒质量上的一项重要指标，只有“绵软”，香味方能突出，才能醇和、协调。要想酒绵柔，经一定时间的贮存必不可少。

在老熟过程中，酒的风味有着明显的改善，但是不能把酒的老熟只看成是单纯的化学变化。假如是单由化学变化生成新物质而影响酒质的话，那么在酒中添加这些物质也就应该达到老熟的目的。事实上，这个做法并不有效，说明在化学变化之外，还有物理变化。“绵软”主要是属于物理变化。

物质的分子及原子排列极为重要。水和酒精都是极性较强的分子，一般羟基排在外面的都有很强的静电吸引力，否则水在-80℃就沸腾了。说明分子或原子间的结合对于其物理性能有极大的影响。随着贮存期的延长，由于氢键缔合作用增加而使化学位移值增大，使更多的水分子参与同醇分子的缔合，形成醇-水缔合体，这就是老熟过程中的物理老熟机理。

但氢键的缔合过程在一定条件下是一个平衡过程，如果老熟过程被物理作用控制的话，此即为老熟的最终点。因此，通过延长贮存期来改进缔合作用是有限度的。但白酒中含有的在发酵过程中生成的多种有机成分，将会对白酒体系的缔合平衡带来影响。

经过长期贮存后，分子排列整齐而无刺激性的酒，在出厂前如果又加浆调度，就会重新打乱这个结合，抵消了贮存的作用。因此，酒最好是加浆后再贮存一段时间再出厂。

2. 微量风味成分的变化

通过对贮存前后的基酒成分的检测分析，得出了以下几个结论：

（1）老酒的标记峰为二乙氧基甲烷峰。新酒在 5 年内无此峰，随着酒龄的增加，二乙氧基甲烷的含量逐渐增加，与酒龄成正比关系，具体关系如下：

酒龄 5 年内，无二乙氧基甲烷峰；

酒龄 5~10 年，二乙氧基甲烷含量 0.1~0.6mg/L；

酒龄 10~15 年，二乙氧基甲烷含量 0.5~4.2mg/L；

酒龄 15~20 年，二乙氧基甲烷含量 3.0~7.0mg/L。

在贮存过程中，酒中二乙氧基甲烷含量增高的原因，一方面可能是甲醛在酒中有机酸的催化作用下，与酒精发生缓慢的缩合反应，新酒中的甲醛含量在 10~60mg/L，而老酒中的甲醛含量在 10mg/L 左右，确实比新酒中低很多；另一方面高沸点物质有可能分解产生甲醛或二乙氧基甲烷。

（2）存放过程中所有的酯都减少。不管酒精度高低，只要贮存时间足够长，几乎所有的酯类，其含量都是降低的，如表 4-31 所示。

表 4-31　　贮存 10 年前后白酒基酒中四大酯的变化

成分		1#	2#	3#	4#	5#	6#	7#	8#	9#	10#	平均值
乙酯	10 年前	927.1	927	1008.2	1062.4	791.8	1179	1043	1007.8	1053	936	993.53
	10 年后	1118.1	558.9	580.3	860.8	984.3	920	1148.6	1104.7	1127.2	784.4	918.73
	增量	191	-368.1	-427.9	-201.6	192.5	-259	105.6	96.9	74.2	-151.6	-74.8
丁酯	10 年前	341.4	244.1	243.9	253.5	278.8	289.9	257.8	298.8	332.8	301.5	284.25
	10 年后	244.7	140.3	132.2	169.3	172.3	170	189.6	176.9	227	213.8	183.61
	增量	-96.7	-103.8	-111.7	-84.2	-106.5	-119.9	-68.2	-121.9	-105.8	-87.7	-100.64
乳酯	10 年前	1152.7	959.5	1177.4	1237.3	853.8	1171.9	1243.7	1123.3	1396.1	1599.9	1191.56
	10 年后	586.2	658.8	705.7	716.5	681.7	653.9	765.3	694.7	865	798.6	712.64
	增量	-566.5	-300.7	-471.7	-520.8	-172.1	-518	-478.4	-428.6	-531.1	-801.3	-478.92
己酯	10 年前	2018.5	1757.1	1605.2	1842.1	2118.2	1555	1548	2074.2	2044.1	1381.5	1794.39
	10 年后	1425.8	1302.4	1281.6	1462.5	1468.5	1074.8	1288.5	1426.5	1541.6	996.9	1326.91
	增量	-592.7	-454.7	-323.6	-379.6	-649.7	-480.2	-259.5	-647.7	-502.5	-384.6	-467.48

（3）随着存放时间的延长，酒中的酸增加越多。酒中有机酸的增加，主要来源于酯类的水解和酒的损失，酒的损失，相当于浓缩作用。贮存 10 年前后白酒基酒中有机酸的变化如表 4-32 所示。

表 4-32　　贮存 10 年前后白酒基酒中有机酸的变化

成分		1#	2#	3#	4#	5#	6#	7#	8#	9#	10#	平均值
乙酸	10 年前	502.4	582.4	539.8	513.2	513.5	531.4	560.6	469.2	490	423.4	512.59
	10 年后	642.2	1064.8	714.7	710.8	701.6	822.8	1103	867.9	504.9	525.3	765.8
	增量	139.8	482.4	174.9	197.6	188.1	291.4	542.4	398.7	14.9	101.9	253.21

续表

成分		1#	2#	3#	4#	5#	6#	7#	8#	9#	10#	平均值
丙酸	10 年前	6. 7	8	8. 2	7	13. 7	8. 1	7. 8	9. 2	7	8. 6	8. 43
	10 年后	67. 2	61. 2	59	41. 9	44. 7	50. 8	50. 2	54. 5	61. 6	53. 5	54. 46
	增量	60. 5	53. 2	50. 8	34. 9	31	42. 7	42. 4	45. 3	54. 6	44. 9	46. 03
丁酸	10 年前	74	109	80. 6	78. 8	83. 6	73. 5	80. 8	84. 9	76. 4	84. 1	82. 57
	10 年后	119. 7	176. 6	123. 3	127. 7	158. 5	141. 2	151. 1	166. 7	123. 4	132. 4	142. 06
	增量	45. 7	67. 6	42. 7	48. 9	74. 9	67. 7	70. 3	81. 8	47	48. 3	59. 49
异丁酸	10 年前	5. 4	6. 7	7. 2	6	4. 6	5. 7	5. 7	8. 6	4. 2	8. 9	6. 3
	10 年后	10. 7	10. 7	9. 4	8. 3	7. 5	8. 8	9. 9	10. 8	8. 9	13. 8	9. 88
	增量	5. 3	4	2. 2	2. 3	2. 9	3. 1	4. 2	2. 2	4. 7	4. 9	3. 58
戊酸	10 年前	16. 4	24. 5	18. 2	19. 5	20. 1	19. 3	17. 2	16. 3	20. 6	11. 8	18. 39
	10 年后	28	42. 5	42. 5	30. 2	32. 3	34. 7	34. 5	37. 6	33	25. 4	34. 07
	增量	11. 6	18	24. 3	10. 7	12. 2	15. 4	17. 3	21. 3	12. 4	13. 6	15. 68
异戊酸	10 年前	10. 9	16. 1	14. 9	13. 4	7. 9	10. 9	10. 9	13. 4	11	10. 8	12. 02
	10 年后	18. 3	18. 7	16. 2	11. 4	12	13. 8	16. 8	18. 6	13. 9	17. 4	15. 71
	增量	7. 4	2. 6	1. 3	-2	4. 1	2. 9	5. 9	5. 2	2. 9	6. 6	3. 69
己酸	10 年前	335. 2	588. 1	411. 3	422. 4	333. 2	329	386. 6	388. 9	441. 8	241. 8	387. 83
	10 年后	830. 3	1203. 1	957. 2	996. 6	793. 5	826	1033. 4	1098. 8	1088. 4	603. 6	943. 09
	增量	495. 1	615	545. 9	574. 2	460. 3	497	646. 8	709. 9	646. 6	361. 8	555. 26

（4）酒中醇类有三种变化趋势

①甲醇的沸点低，在贮存过程中比酒精易挥发，因此含量随贮存时间增长而减少；

②正丙醇的沸点比酒精稍高，贮存过程中变化不大；

③其他高级醇挥发性比酒精小，贮存过程中含量提高。

2,3-丁二醇、正己醇、正庚醇在老窖酒中的含量特别高，这可能与老窖的风格有关系。

（5）存放过程中醛类的变化大约 10 年内呈增长趋势，以后又有所减少。

3. 挥发系数

挥发系数是指当溶液的蒸气与溶液达到热力学平衡时，蒸气中某种挥发性物质的百分含量与溶液中该种挥发性物质的百分含量之比（挥发性物质是指白酒中熔点低于室温而沸点在 50～260℃ 的挥发性有机化合物）。挥发系数的计算公式如下：

$$H = M_2/M_1$$

式中 H——挥发系数

M_1——酒中某种微量成分的百分含量

M_2——酒溶液的蒸气与溶液达到热力学平衡时，酒蒸气中相应微量成分的百分含量

4. 白酒的微观形态

白酒中的呈香呈味成分往往是一端具有与水分子形成氢键的基团，而另一端则往往是疏水基团，在白酒中形成笼状物，能形成氢键一端朝向酒精-水，而疏水一端朝笼状物内部。一些疏水性化合物则存在于笼状物内部，形成微观形态。在贮存过程中，小笼状物逐渐合并，形成大的分子聚集体——胶团。白酒的口感应该与呈香呈味物质的种类和数量有关，也应该与它们在白酒中形成的微观形态有关。

对于白酒老熟过程中白酒特征变化的研究，前人的研究结果也可谓是百花齐放，其中一些特征规律已经被应用于鉴别年份酒酒龄，只是这些方法的普适性和有效性还有待检验。在年份酒市场蓬勃发展，而年份酒的监督机制尚不完善，年份酒质量标准尚不明确的环境下，不得不说这些鉴别年份酒酒龄的方法在实践应用的同时也时刻提醒着消费者，年份酒并非白酒生产企业所宣传的那么简单。只是目前对于年份酒酒龄的鉴别以及白酒老熟过程中的特征变化规律，业界仍未达成一致标准。

5. 近红外光谱

近红外光谱属于分子振动光谱的倍频和主频吸收光谱，主要是由于分子振动的非谐振性使分子振动从基态向高能级跃迁时产生的，具有较强的穿透

能力。

现代近红外光谱分析技术包括近红外光谱仪、化学计量学软件和应用模型三部分，三者的有机结合才能满足快速分析的技术要求。

近年来近红外光谱分析技术在白酒生产过程和产品质量控制，尤其是年份酒识别、白酒成熟度测试等方面逐步得到应用。

6. 傅里叶变换红外光谱

通过红外三级分析：一维红外光谱、二阶导数谱和二维相关红外光谱技术，对不同酒龄的汾酒基酒进行红外特征分析。

三级分析证明，不同酒龄的汾酒基酒在一维红外谱图上，随着基酒酒龄的增加，羰基化合物的含量逐渐增多。而二阶导数谱进一步证明了一级分析，同时，可以看出更多不同酒龄基酒的细节。

从二维相关红外光谱图可以直观看出不同基酒的自动峰和交叉峰的个数，从而可鉴别不同酒龄的基酒。

7. 紫外光谱法

中国白酒多种微量成分具有共轭不饱和双键，如芳香族化合物、杂环化合物等，在紫外区产生吸收，因而可以通过测定其吸光度的强弱来判断其含量的高低。白酒在贮存过程中，具有氧化性金属元素的增加及氧的作用，促使酒体中含羰基的共轭体系化合物增加。如二乙醛、2,3-丁二酮等。这些二醛、二酮化合物与其他化合物缩合而生成杂环类化合物，使白酒紫外吸收强度增加。

8. 金属元素含量

早些年，有人研究了贮存过程中，白酒微量元素的测定方法及变化规律，发现贮存时间愈长则金属元素的含量愈高。后来，有研究发现，在基酒、酒精度、总酸含量、总酯含量、贮存容器与条件基本稳定的前提下，可以利用原子吸收光谱仪测定酒体中的金属元素含量来鉴定白酒的贮存年份。

9. 电导率

白酒的电导率与存放时间密切相关，呈增长趋势，并最终趋于稳定。所以可以认为老熟的酒经过长期存放，水的分子团结构与酒精分子形成了某种类似于笼式络合结构。因此，电导率可以作为产品质量稳定性的一个数值指标。电导率对白酒的生产工艺及质量控制来说都是一种可靠的技术参数，也是白酒品质管理的一个重要的客观技术指标。

（二） 白酒老熟的机理

关于老熟机理，国内外都有一些报道，但尚无统一的认识。特别是我国的白酒，香型复杂，老熟中的变化有不少的差异。一般规律认为，经过发酵的酒醅通过蒸馏得到新酒，在新酒中所含的酸可促使醇和水的氢键缔合，很快地达到缔合平衡。随着老熟过程的延长，主要发生的是酯化反应，并使香味成分增加，这一过程发生缓慢。在此过程中，还存在酯水解生成酸的反应，直至平衡的建立而达到老熟终点。其中生成的酯或酸均可参与醇与水的缔合作用，形成一个较稳定的缔合体，从而使酒体口感醇和，并且有很浓郁的醇香味。

酒中的醇、酸、醛、酯等成分经氧化和酯化、分解作用达到新的平衡，其反应如下：

醇经氧化成醛　　$RCH_2OH \rightarrow RCHO+H_2O$

醛经氧化成酸　　$RCHO \rightarrow RCOOH$

醇、酸酯化成酯　　$RCH_2OH+RCOOH \rightarrow RCOOR+H_2O$

醇、醛生成缩醛　　$2ROH + RCHO \rightarrow RCH(OR)_2 + H_2O$

是什么原因促进蒸馏酒的老熟？过去都强调氧化与酯化作用，实际上由醇氧化生成酸比较容易，而希望通过贮存进行酯化却比较困难。

总结起来，中国白酒老熟涉及的反应可以概括为：

推陈除新酒绵甜，挥发缔合溶解现；

氧化还原缩酯化，老熟机理多方面。

下面将对此进行详细的分析。

1. 物理作用

白酒老熟的物理作用主要是醇-水分子间的氢键缔合作用。

（1）挥发作用　所有新酒都有不同程度的邪杂味，这些邪杂味主要来自发酵生成物——醛类物，如丙烯醛、巴豆醛等；酸类物，如丙酸、丁酸、戊酸等；另外还有一些发酵过程中蛋白降解物如硫化氢、氨硫醇、硫醇，以及游离氨等。这些物质与其他沸点接近的物质组成新酒杂味的主体。经过一段时间的贮存，上述物质挥发后，新酒味大为减少，排除了白酒的邪杂气味，而使香味能够突出，起到了去杂增香的作用。

如果将新酒经加热所挥发的气体直接引入老熟酒中，则老熟酒就会产生新酒味。如果酒库室温较高，白酒中的上述成分可迅速挥发。当然，白酒在贮存过程中，也会挥发一些酒精及酯类物质。因此，酒库要保持适宜的温度，白酒的贮存期要恰当。

（2）缔合作用　白酒中组分含量最多的是酒精和水，占总量的98%左右。酒精和水都是极性分子，具有很强的缔合能力，它们在液态时都可以通过氢键缔合成大分子，而它们之间发生的缔合作用，对感官刺激的变化是十分重要的，但是氢键缔合平衡不是白酒品质改善的主要因素。随着储存期的延长，酯水解生成酸和醇，直至平衡建立而达终点。生成的酯或酸均可参与醇-水缔合作用，形成一个较为稳定的缔合体，从而使酒体口感醇和，香气浓郁。

酒精和水都是极性分子，其羟基有较强的静电吸引力，故分子间易形成氢键，酒精和水分子以一定的格阵排列，酒精的羟基被水分子缔合而包裹起来，如图4-9（1）所示。

经过一定时间的缔合作用，图4-9（2）所示的结构变成更加庞大的缔合群，缔合度增加，酒精分子受到约束，自由度减少，也就是刺激性减弱，对于人的味觉来说，就会感到柔和。

白酒中随着酒精与水两者比例的变化，缔合状态也随之相应变化。经验证明，在酒精与水分子比近似是1∶2时，有比较稳定的缔合结构。若将53mL无水酒精与50.67mL水混合时，假定它们之间无任何作用，则混合液的体积应为103.67mL，但实际结果为100mL，说明收缩了3.67mL，这是缔合作用所造成的。两者缔合度最大时的酒精度为53%～56%vol，缔合度越大，酒

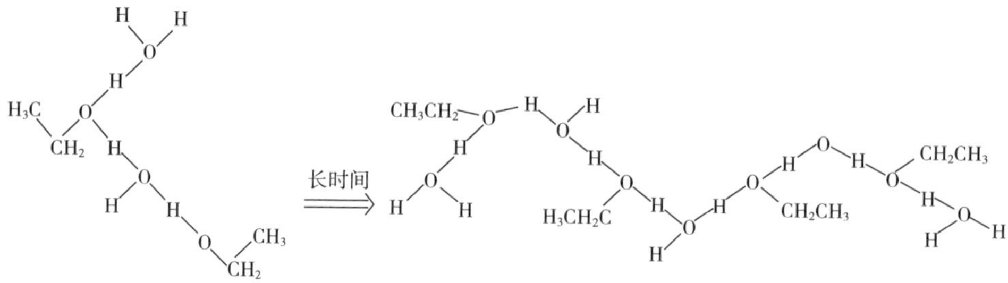

白酒中酒精-水氢键结构

（1）

白酒中酒精-水分子缔合结构

（2）

图 4-9　白酒中水分与酒精分子的缔合

精分子的自由度越小，酒的柔和度则增强。

酒精-水分子的缔合程度可用^{1}H-NMR 谱中的质子化学位移来量度，质子化学位移越大缔合度越大。氢键缔合后分子呈现出相对有序排列，酒体体积缩小，这是熵减的结果。除此之外，白酒中的一些呈香物质间也存在缔合作用，这种缔合对白酒的质量也有很大影响，它避免了单体呈香的单调性和易刺激性，使得香味悠长圆润，后味十足。

早在 1985 年，就有研究人员利用^{1}H-NMR 谱对白酒中氢键缔合作用的模型进行了研究，酒精-水体系中，随着酒精浓度的增加，酒精分子中羧基质子的化学位移向低场移动，而水分子中羟基质子的化学位移先向低场后向高场移动，转折点在 63%vol 左右，认为这是由于当酒精浓度在 60%vol 时，形成了一种较为稳定的环状三聚体结构的缘故。2006 年，另有研究人员利用荧光光谱技术对酒精-水溶液的光谱特征进行了考察，发现酒精-水溶液中有 3 种可能的团簇分子类型：

酒精度为 40%vol 时，1 个酒精分子和 5 个水分子相互连接形成一种新团簇分子；

酒精度为 60%vol 时，1 个酒精分子和 2 个水分子间隔相连形成一种新团簇分子；

酒精度为 80%vol 时，5 个酒精分子和 6 个水分子通过氢键相连形成一种新团簇分子。

利用核磁共振方法发现模拟白酒体系随着贮存时间的延长，氢键缔合强度逐渐增强，且酒精含量不同时模拟白酒体系出现最强缔合的时间不同。有研究发现洋河大曲低年份酒（1~5 年酒龄）有明显的游离态酒精特征光谱的特点（峰展宽范围为 280~370nm，峰值波长位于 307nm），同时在 370~580nm 波长范围内还有十分丰富的荧光光谱波峰。波峰随着贮存时间的延长显著减弱，而在 420nm 左右的缔合态酒精的峰值却显著增强。说明白酒在贮存过程中，酒精-水缔合强度增强。

用差示扫描量热法对泡盛新酒和老酒的研究，发现新酒中酒精和水的共融峰比老酒大，若按峰移行率计算，新酒的移行率为 7%~15%，老酒的移行率为 24%~50%，老酒中酒精的缔合程度比新酒大。

新酒经电磁场催陈后其红外光谱发生了明显变化：新酒的 O—H 键伸缩振动频率为 $3340.91cm^{-1}$，成品酒的频率为 $3324.73cm^{-1}$，而在 5kV/cm 电场下处理 60min 时频率变为 $3317.86m^{-1}$，表明处理酒和成品酒中的氢键缔合强度比新酒中的大。

（3）溶解作用　白酒在存贮过程中通过与贮存容器的接触，而发生一定程度的溶解作用，从而使酒的一些成分含量发生改变，对酒的品质产生影响。使用陶坛贮存时，溶解使酒中金属离子的含量上升，使用血料容器时，容易使酒的固形物升高，使用塑料容器时，容易使塑化剂含量升高。

2. 化学作用

白酒在老熟过程中所起的缓慢化学变化，主要有氧化、还原、酯化与水解等作用，使酒中醇、酸、酯、醛类等成分达到新的平衡，同时有的成分消失或增减，有的成分新产生。酸、醇、酯、醛是白酒中的主要香味物质，它们之间存在着紧密的相互关系，现将它们的相互关系用图 4-10 表示出来。

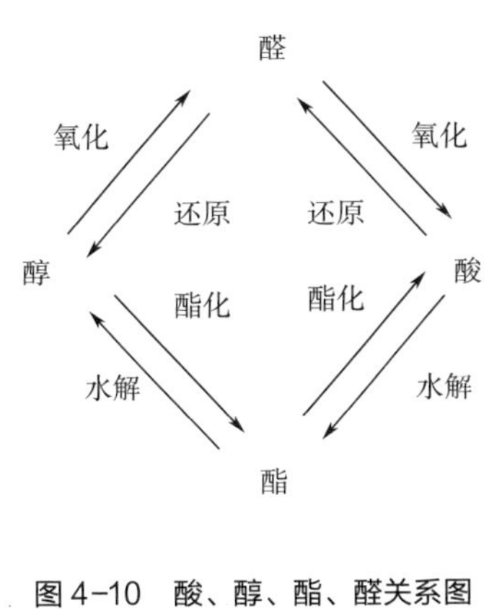

图 4-10　酸、醇、酯、醛关系图

（1）氧化作用和还原作用　酒罐或酒坛内含有空气，基础酒本身在接触空气时，也会有微量空气溶解在酒体中，基础酒组分在化学变化过程中，有的化学反应也会释放氧原子，这些氧均可使基础酒组分受到氧化反应。白酒贮存过程中发生的氧化反应主要是醇类物质被氧化成醛类，醛类物质被氧化成酸类，例如：

$$CH_3CH_2OH + [O] \rightarrow CH_3CHO + H_2O \quad CH_3CHO + [O] \rightarrow CH_3COOH$$

这一反应减少了过量醛类给酒带来的辛辣味、刺激性及毒害性，同时产生的有机酸类物质也能使白酒的口感更加丰富。

一般来说，基础酒在前6个月的储存期内总酸、总醛、氧化还原电位（Eh）值均是增加的，此阶段基本上为氧化阶段。

在储存6~12个月时，酒的氧化还原电位值基本上是稳定的，总酸保持平衡，此阶段为还原阶段。

在储存12个月以后，酒的总酸、氧化还原电位值再次出现增加，这种现象被称为基础酒的第二次氧化。

（2）缩醛化反应　在储存过程中，基础酒中的乙醛和酒精会发生缩醛化反应，增加酒中缩醛的含量，可使酒的口味变得芳香而柔和。同时减少了乙醛在酒中的含量，去除了新酒的燥辣感。

醛类物质具有不饱和性，它们所具有的不饱和双键，易发生加成反应，当醛与过量的醇在一起时，醛与两分子醇结合成缩醛。乙醛是醛基化合物，属极性化合物，易溶剂化，酒中的燥辣味与乙醛有很大关系，故缩合的乙醛量越多，刺激性就越少。

$$CH_3CHO + 2C_2H_5OH \rightarrow CH_3CH(OC_2H_5)_2 + H_2O$$

通常新酒储存第一个月，酒中乙缩醛含量可达到形成总量的40%左右；

储存到第二个月，则可增加到其可能形成总量的70%左右；

储存到第五个月，可增加到其可能形成总量的77%左右，可见基础酒在储存期中，乙醛和乙缩醛的缩醛化反应速度是比较快的。

研究发现，老熟的白酒中乙醛和乙缩醛的物质的量比例取决于羧酸的含量，少量羧酸能催化乙缩醛的形成，而过量的羧酸却促使乙缩醛水解。

（3）酯化作用　大量对白酒风味物质成分的研究表明，白酒中存在的酯类物质对其风味和口感起着至关重要的作用，主要有乙酸乙酯、乳酸乙酯、己酸乙酯、丁酸乙酯等。基础酒在储存老熟过程中，酒中的酸类和醇类可以相互发生酯化反应，形成各种酯，但是这种酯化反应速度很慢，而且是可逆的。白酒老熟过程中，酒体中的酸类和醇类发生酯化反应如：

$$CH_3(CH_2)_4COOH + C_2H_5OH \rightarrow CH_3(CH_2)_4COOC_2H_5 + H_2O$$

酒中的醇、酸、醛、酯等经氧化、酯化作用建立新的酯化水解动态平衡，这样反复作用直至达到老熟终点。随着储存时间的增加，酒中酯类的增加数量往往还不足以弥补酯类水解所减少的酯含量，最终达到平衡。从总酯的测定结果可以证明，在储存前期，总酯量增加，储存中、后期，总酯含量维持不变甚至低于新酒中总酯量。白酒贮存中，各种醇与酸酯化成相应的酯，使总酯含量增加，这也是酒精度下降的另一个原因。酯化反应与氧化还原反应相比，前者进行的过程更为缓慢，特别是高级脂肪酸酯的生成更为困难。白酒中含酸量越高，酯化反应越易进行。

（4）其他变化　白酒辛辣味的主要组成为醛类、酒精及高级醇。新酒中的乙醛含量较高，经一定的贮存期，可分解一部分，缩合一部分，挥发一部分，使辛辣味降低，但高级醇在贮存中几乎不变。

第二节　影响陈酿的关键因素

老熟有个前提，就是在生产上必须把酒做好。次酒即使长期贮存，一般也不会变好。对于老熟也有个限度，并不是所有的酒都是越陈越好。不同的香型，以及不同的容器、容量、室温、贮存条件等，都与贮存期有关，因此不能孤立地以时间为标准。夏季酒库气温高，冬季气温低，酒的老熟速度有极大的差别。

为了使酒有一定的贮存时间，适当增加酒库及容器投资是必要的。应该在保证质量的前提下，确定合理的贮存期。还可以采用人工老熟的方法，缩短贮存期，这对降低成本、加速资金周转、节约劳动力，都有重要意义。

白酒的贮存离不开容器、温度、时间三个方面，白酒有好酒和次酒之分，为了有效利用现有资源，也需在容器、温度、时间等条件、工艺上进行改进。

一、 容器对陈酿的影响

不同的贮存容器，对白酒的老熟产生着不同的效果，直接影响着产品质量。因此，在生产实践中，对贮存容器影响白酒质量的因素和如何选择适当的贮酒容器，是应引起足够重视的。

传统贮存设备是陶瓷容器，其优点是能保持酒质，促进酒的老熟，成本低。但容量较小，占地面积大，且容易破裂，怕碰撞，质量不好的坛子时常出现渗漏现象造成损失。现代的不锈钢大罐容量大，且不易被酒腐蚀，坚固耐用，但缺点是不透气，对酒质的提升有阻碍。因此认为酒在老熟过程中按照酒质生产需要选择贮存容器。

当酒质好，需要贮存较长时间时，可选用陶瓷缸，但要注意以下几个问题：

（1）制造和涂釉是否精良、完整。

（2）装酒前先用清水洗净，浸泡数日，以减少“吃皮”、渗漏等损失。

（3）检测有无裂纹、砂眼。

（4）坛口可用猪膀胱、沙袋或塑料薄膜（无毒、食品用）包扎，以减少挥发损失。

不锈钢罐，适用于中、低档白酒的贮存，因为当酒质较次时，长期贮存对酒质提升无意义，可用来配制低档酒，选用不锈钢大罐贮存，时间不宜长，大罐使用率也高，节约空间和成本。

在成功地掌握了贮存容器对白酒老熟期质量的影响因素之后，恰当地选择好适当的贮酒容器和确定不同的老熟期，就可得到较理想的基酒，再经科学的配比勾兑、调味之后，就能使优质白酒的质量得到稳定的提高，以保持其固有的独特风格。

中国白酒传统的贮存容器除了陶坛之外，还有酒海，酒海是西凤酒传统的贮存容器，它与一般用陶坛有何差异呢？对此，西凤酒厂曾进行过对比试验。

试验时，取贮存 3~6 个月的新酒勾调一批酒样，分别转入 2 个 5t 酒海和 2 个 500kg 陶坛。将 1 个酒海和陶坛放在常温酒库内，另一对则放在保温（冬季室温不低于 18℃）的酒库内。每半年取样一次，分别进行理化测定和感官品评，结果如表 4-33~表 4-35。

表 4-33　　不同贮酒容器、方法及时间的酒质分析　　单位：mg/100mL

指标	酒样	陶坛常温	陶坛保温	酒海常温	酒海保温	陶坛常温	陶坛保温	酒海常温	酒海保温
	5 个月	11 个月	11 个月	11 个月	11 个月	17 个月	17 个月	17 个月	17 个月
酒精度	55.7	55.8	56	56	56.4	55.8	55.7	55.6	55.8
总酯	3.2665	2.7883	2.9016	2.8754	2.6576	3.0083	2.9822	2.9219	2.7653
总酸	0.8923	0.8614	0.8733	0.5644	0.3386	0.9172	0.9586	0.4852	0.3018
总醛	0.2618	0.2499	0.2592	0.2196	0.1566	0.2424	0.2438	0.1326	0.1122
甲醇	0.06	0.2	0.2	0.15	0.1				
杂醇油	1	0.3	1.2	1.2	1.2				

表 4-34　　不同贮酒容器、 方法及时间的香气成分　　单位：mg/100mL

指标	陶坛常温	陶坛保温	酒海常温	酒海保温	陶坛常温	陶坛保温	酒海常温	酒海保温
	11 个月	11 个月	11 个月	11 个月	17 个月	17 个月	17 个月	17 个月
乙醛	35	36.5	30.4	23.6	31.7	32.2	17	24.9
甲醇	12.9	12.8	12.4	12.5	11.7	9.5	8.7	8.7
乙酸乙酯	120.8	120.3	106.1	113.4	98.3	99.2	92.1	84
正丙醇	52.4	52.6	50.8	54.6	47.2	47.4	51	46.8
仲丁醇	3	2.85	4.1	3	2.68	2.97	3.21	2.91
乙缩醛	28.3	34.8	31.2	23.9	26.7	26.8	18.9	19.6
异丁醇	17.3	17.8	17.1	18.8	16.9	17	19.1	17.4
正丁醇	12.6	12.6	12.8	13.3	11.4	11.2	12.5	12

续表

指标	陶坛常温	陶坛保温	酒海常温	酒海保温	陶坛常温	陶坛保温	酒海常温	酒海保温
	11个月	11个月	11个月	11个月	17个月	17个月	17个月	17个月
丁酸乙酯	10.8	5.8	10.2	10.7	9.96	9.9	10.1	9.17
异戊醇	50.5	50.8	49.3	52.4	47.3	46.1	50.9	48.2
乳酸乙酯	229.5	227.9	218.4	209	198.7	207.15	192.6	196.2
己酸乙酯	39.1	40.5	37.2	40.7	36.2	36.4	41	33.8
正己醇	微	3	微	2.9	3.24	2.33	3.94	2.71

表 4-35　不同贮酒容器、方法及时间的酒质品评结果

品评日期	贮酒容器	平均得分	综合评语
贮存 11 个月	陶坛（常温）	88	平顺，谐调，略有新酒味，微杂
	陶坛（保温）	89	平顺，略有陈酒香，谐调，微苦
	酒海（常温）	86	香气略淡，平顺，后味欠净
	酒海（保温）	90	色微黄，平顺，略有陈酒香，略有酒海味
贮存 17 个月	陶坛（常温）	85	香气好，较谐调，略杂
	陶坛（保温）	86.5	香气好，平顺，谐调，味长
	酒海（常温）	87	香正，谐调，回味略杂
	酒海（保温）	85	色黄，有陈酒味，有酒海味

从表 4-33~表 4-35 的对比试验可以看出，酒海与陶坛的主要不同点在于：

（1）用酒海贮酒，随着贮存期的延长，总酸和总醛有较多的下降，而在陶坛中基本不变。总酸下降与酒海涂料内含石灰粉有关。

（2）从感官品尝结果看，在常温下贮酒时间短时，陶坛酒质优于酒海酒，但贮存 17 个月则反之。保温贮酒有利于加速酒老熟，可是在酒海中贮酒时间长会使酒色变黄，且产生特有的酒海杂味。

（3）为了证实西凤酒固形物较高的成因，用新酒分别盛装入小釉坛和 10kg 容量的小酒海中，定期测定固形物含量，贮存 4 个月，酒中固形物含量用酒海贮存的从 0.015g/L 增加到 2.131g/L，用陶坛贮存的却没有什么变化。

说明固形物的增加来自酒海涂料中的可溶物，这与在研究西凤酒香气成分时发现的乙酸羟胺、丙酸羟胺化合物有关，该两种化合物被认为是酒中乙酸和丙酸与酒海涂料成分作用所产生。

（4）酒海和陶坛某些经济指标的对比情况是，贮酒年均损耗率，酒海为2%~3%；普通陶坛据资料介绍为6%~9%；贮酒占用库房的面积，酒海要比陶坛少。

酒海贮酒容器有一定的优点，但也存在一些不足之处，故有人建议做些调整，如先在酒海中贮存一段时间后再转放入陶坛中贮存。

陶坛容器是陶土烧结而成，会产生一定的氧化作用、吸附作用和催化作用，主要应用于陈酿高档基酒。

血料容器是用猪血和石灰调制成一种可塑性的蛋白质胶质盐涂料涂覆。半渗透的薄膜，水能渗透而酒精不能渗透，对酒精度为30%vol以上的酒有良好的防漏作用。

不锈钢罐性状很稳定，在贮酒过程中可避免出现基酒与金属离子反应生成沉淀；可加装复杂的附件，如气体分布器、液位计、呼吸阀及感应系统，可保证搅拌均匀，准确计量，罐内、外气体压力平衡，消除安全隐患；酒损小、占地少、容量大。不锈钢罐适用于酒的暂时或临时陈酿。

水泥池容器的优点是大容量贮酒。特制水泥池的内壁表面贴或涂上一层不易腐蚀的材料，包括桑皮纸猪血贴面、陶瓷板贴面和环氧树脂或过氯乙烯涂料。

二、时间对陈酿的影响

在酒类生产中，不论是酿造酒或蒸馏酒，把发酵过程结束，微生物作用基本消失以后的阶段称作老熟。在保证质量的前提下，确定合理的贮存期。有人曾将不同香型名优白酒贮存在相同的传统陶坛中，利用核磁共振设备，测定白酒氢键的缔合作用（称为缔合度）；同时还进行了白酒的一般常规分析，测定氧化还原电位和溶解氧等变化。但尚不能说明酒质的好坏和老熟的机理，还应以感官品评鉴定为主要依据，并结合仪器分析，才可了解贮存过程中白酒风味变化的特征，以便提供酒厂决定每种香型白酒老熟最佳时间的依据。

白酒（蒸馏酒）应该是陈的好，越陈的白酒，价格越高。一定的陈酿期，可以增进白酒质量的提高，减少新酒的刺激感和辛辣味、怪味、腥味等。

白酒强调有一个合理、科学的陈酿期，对于一个封闭系统，任何物理化学反应都有一个反应终点或平衡点，这就意味着白酒贮存也有一个期限的问题，并不是时间越长越好。相对来讲，贮存时间长，酒质好，但损耗大、成本高。经过不断的试验研究，认为中国白酒陈酿以一年到三年就可以达到除新的作用，清香型白酒一年，浓香型、酱香型两年到三年为理想。

笔者经过对各香型中国白酒的研究，得出贮存期对白酒品质的影响，如表 4-36 所示。

表 4-36　贮存期对白酒品质的影响

贮存期/年	感官变化
0~3	各香型酒的新酒味基本都去除
3~5	开始形成陈味
5~10	陈味较明显
10~30	陈味较突出，幽雅舒适
30~50	陈味突出，幽雅舒适，但酸味也较大
50+	陈味突出，酸味明显，不建议直接饮用

三、 温度对陈酿的影响

若将密封于瓷缸内的白酒，在 20℃左右的较低温度下贮存 2 个月，乙醛等低沸点物质含量降低 33.2%~97.5%，其他硫化物也大为减少。新酒在贮存一年后，即检验不出挥发性硫化物。

如果酒库室温较高，白酒中上述成分可迅速挥发，当然，也会挥发一些酒精及酯类物质。因此，酒库要保持适宜的温度，白酒的贮存期要恰当。所以新酒应该在20℃左右的温度中进行较长时间的贮存，使酒的质量得以不断的提高。如近年来有的企业，将基酒在分出级别后，将质好的酒放入陶瓷缸密封好，贮存于保温较好的山洞中，洞中的温度可常年保持在22~24℃，保证了老熟的速率。

低档酒贮存时间短，只需存放在常温条件下，较高的温度有利于较快消除异杂味，节约时间和成本。

笔者以温度对白酒前熟期的影响进行研究，结果如下。

（一）前熟期白酒的老熟反应动力学方程

对于自然贮存条件下处于前熟期的NX01基酒，按照求反应速率方程的步骤，对图4-11中的c_A（感官强度）~ t（时间）数据以$y = a_0 + ax$进行线性拟合，结果如表4-37所示。

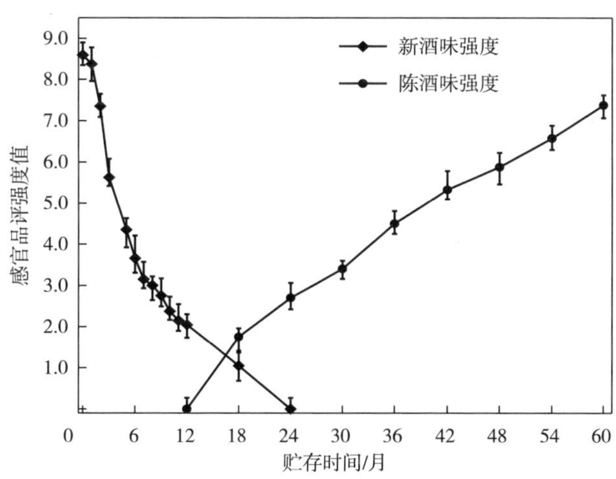

图4-11　贮存过程中白酒的感官品评强度值变化

表4-37　新酒味消失反应 c_A ~ t 拟合结果

截距		斜率		R^2	r^2
数值	标准误差	数值	标准误差	0.7887	0.7762
6.8735	0.5352	-0.3598	0.0511		

从上述结果发现前熟期 $c_A \sim t$ 线性拟合的相关系数 R^2 为 0.7887，拟合可决系数 r^2（拟合优度）仅 0.7762，表明 $c_A \sim t$ 的关系并非一条直线。故取新酒味强度的对数，进行线性拟合，如图 4-12 所示，拟合结果如表 4-38 所示。

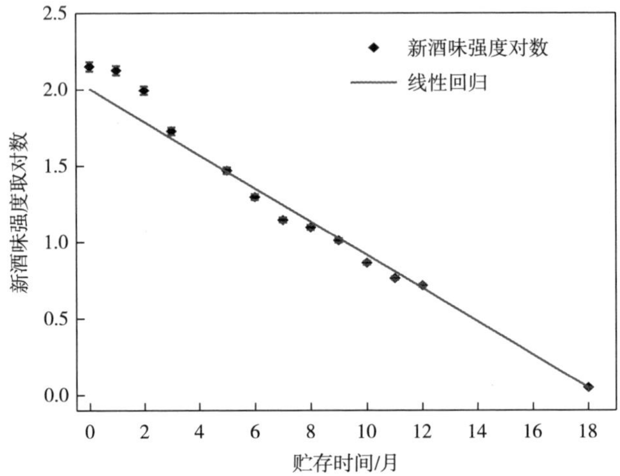

图 4-12　前熟期新酒味的消失

表 4-38　前熟期新酒味消失 $\ln c_A \sim t$ 拟合结果

截距		斜率		R^2	r^2
数值	标准误差	数值	标准误差	0.9815	0.9867
2.1232	0.0414	−0.1215	0.0048		

由拟合结果可知，前熟期 $\ln c_A \sim t$ 线性拟合的相关系数 R^2 为 0.9815，拟合可决系数为 0.9867，故认为 $\ln c_A \sim t$ 的线性拟合为有效拟合。所以根据反应级数的判断方法，可知前熟期新酒味的消失反应为一级反应，反应速率方程为 $r' = k_A c_A$，速率常数 k_A = 0.1215，反应的半衰期 $t_{1/2}$ = 5.7（月），即该浓香型白酒贮存大约半年后，白酒中剩余的新酒味占最初新蒸白酒中的一半。

（二）温度对前熟期浓香型白酒老熟动力学的影响

对不同贮存温度下 $\ln c_A \sim t$ 的数据进行线性拟合，得到的结果如图 4-13

所示，拟合可决系数、反应的速率常数及半衰期的结果如表 4-39 所示。

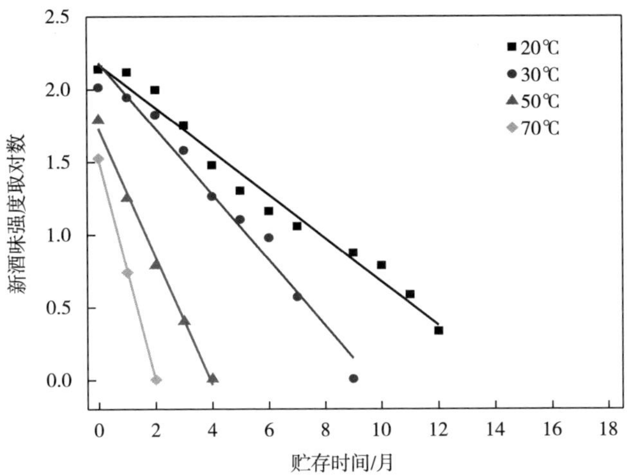

图 4-13　前熟期不同贮存温度下新酒味的消失

表 4-39　不同贮存温度下新酒味消失反应的参数

温度/℃	k_A	R^2	r^2	半衰期 $t_{1/2}$/个月
20	0. 1495	0. 9761	0. 9812	4. 6
30	0. 2258	0. 9718	0. 9752	3. 1
50	0. 4411	0. 9928	0. 9919	1. 6
70	0. 7605	0. 9994	0. 9984	0. 9

可以得出，不同贮存温度下，处于前熟期的浓香型白酒 $\ln c_A \sim t$ 的线性拟合可决系数均较高，故在 20、30、50、70℃下，新酒味的消失反应均为一级反应。

当贮存温度从 20℃升至 70℃时，新酒味消失反应的半衰期由 4. 6 个月降低至仅不到 1 个月，即新酒味的消失速率提高 5 倍，可见提高白酒的贮存温度可以显著地加快前熟期的老熟反应。

为了研究温度对白酒老熟新酒味消失反应的影响，根据阿雷尼乌斯方程的求解方法，对 $\ln k = 1/T$ 数据根据 $y = a_0 + ax$ 进行线性拟合，如图 4-14 所示。

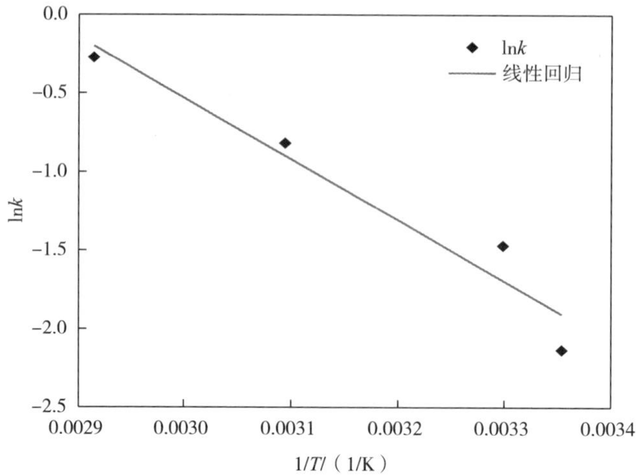

图 4-14 不同温度下的新酒味消失速率常数

根据拟合直线的斜率，得到的白酒新酒味消失反应的指前因子 A 为 6.72×10^4。严格地说，指前因子 A 也是温度的函数（与 T^m 成正比），但相比之下，其受温度的影响就较不显著了，可以近似地看成是与温度无关的常数。

计算得到反应活化能 E 为 3.23×10^4 J/mol，在这里活化能 E 的物理意义是把反应分子“激发”到可进行反应的“活化状态”时所需的能量，E 的大小直接反映了反应的难易程度，E 愈大，通常所需的反应温度也愈高。白酒老熟中活化能的意义为能够使浓香型白酒的新酒味开始消失时所需的能量。

将试验测得的反应速率常数与阿雷尼乌斯方程拟合求得的反应速率常数进行比较，结果如表 4-40 所示。

表 4-40 不同温度下速率常数的拟合结果

贮存温度/℃	拟合速率常数	试验速率常数	误差/%
20	0.1190	0.1495	−25.5621
30	0.1843	0.2258	−22.5608
50	0.4071	0.4411	−8.3590
70	0.8199	0.7605	7.2466

从拟合速率与试验速率常数的误差来看，当白酒贮存温度较低时，利用

阿雷尼乌斯方程推测反应速率常数的偏差较大，仍需通过试验的方法求得反应速率常数。当贮存温度较高时，拟合偏差较小，在生产实践中在缺少试验数据时，可以用阿雷尼乌斯方程来推测新酒味消失反应的速率方程。

第三节　陈酿工艺的改进

一、基酒验收模式的创新

传统中国白酒生产采用固态法、多菌种共酵的生产模式，影响因素较多，酿造出来的基酒风格特征存在着较大的差异。但作为固态发酵的产物，不管存在什么样的风格差异，其微量成分是极其丰富的，只是某一或某些香味成分含量过高或过低而导致此种现象。在酒体设计过程中将不同香味成分含量或感官特征的基酒进行区分，再经过后期的组合设计实现优势互补，达到产品质量风格。

基酒的验收模式经历了三个阶段：

第一阶段：掐头去尾的方式。将所取基酒根据今后的用途分为调味酒、优质酒、普通酒、一般基酒的验收模式。

第二阶段：按掐头去尾分段摘酒。将所取基酒根据蒸馏特点分为收一段、二段、三段的验收模式。

第三阶段：按掐头去尾量质摘酒模式，将所取基酒按原料、糟源、风格特点进行分类。

二、根据贮存期的酒体特征采取以下措施

选择先勾调再贮存的勾调工艺。勾调中严把基酒选择关，对色、香、味、格进行感官及化学分析，选择基酒使用比例，进行精心勾调后贮存一定时间，使其在贮存过程中发生缔合及化学变化，对保持产品质量稳定性、提高产品质量效果十分明显。科学地分析白酒贮存期间各成分的变化和老熟规律，对

保证基酒贮存质量，正确指导成品酒勾调配制有着十分重要的意义。

第四节 白酒的人工老熟

白酒的老熟对于其品质起着重要的作用，也是白酒生产技术中不可或缺的步骤。然而，自然贮存条件下，白酒的老熟过程非常缓慢，某些高端白酒的老熟期甚至高达十几年。而且白酒老熟过程中存在着不可避免的酒体损失和贮存带来的成本增加。于是研究人员和白酒生产企业在对白酒老熟过程有了一定的认识以后，开始探索如何利用人工方法加速老熟，缩短生产周期，降低成本。

同一人工老熟方法，试样不同，效果各异，一般说来，随着原酒质量的提高，人工催熟的效果就降低，也即是质量越差的新酒，经人工催熟后，质量就会有所提高，质量好的酒，效果就差些。总之，迄今为止，对新酒的人工催熟尚无一种切实可行的方法，还有待于进一步深入研究与探索。

一、 人工老熟概述

研究人员对白酒的人工催熟进行系统而多样化的研究无非是因为老熟对于白酒品质的重要性。正因为老熟过程是白酒生产领域可控性较高、资产投入相对较小的环节，白酒生产企业才会对人工催熟的方法进行反复研究。但是研究人工催熟首先得明确白酒老熟的原理，从问题的本质出发，理论指导实践，才能真正加快白酒老熟的相关研究，找到有效的方法。

所谓人工老熟，就是人为地采用物理或化学方法，促进酒的老熟，以缩短贮存时间。水和酒精是白酒的主要成分，水的分子是由 H-O-H 构成的，因此它具有分子间由氢键缔合而形成的基团。同时，酒精分子也带有-OH，同样可以形成缔合分子。如果水和酒精共存，就会形成两者的缔合群，这种变化成年累月地进行，使物理性质起了变化。同时，酒在放置过程中，有的成分增加，有的成分减少，有的不变。因此，与新酒相比，老酒中微量成分间的比例关系发生了变化，同时发生了化学变化，自然感官上也就有很大的区别，人工催熟就是加速这种变化。

二、几种催熟方法简介

基酒的贮存期长，会占用大量的贮存容器和库房，影响生产资金的周转，为了缩短贮存期，人们进行了大量的新酒人工催熟试验，其中包括微波、高频电场、磁场等处理。笔者对主要的十八种人工催熟的方法用诗句形式进行了概括，便于掌握，取名“白酒催熟（降龙）十八掌”，简称“降龙十八掌”，具体如下：

白酒催熟（降龙）十八掌

高温氧化陶离添（4），高锰酸钾活性炭（1）；

高压脉冲磁场连（2），高压均质超重翻（2）；

微波超声钴射线（3），激光光催紫外线（3）；

生物脂酶综合办（3），三大原则效安简（0）。

下面对十八种人工催熟的方法分别进行简单介绍：

（一）高温催陈

高温熟化在杀菌的同时也可以使白酒更加醇和，这是一种传统的酒老熟方法。早期人们发现在密闭体系中适当加热、加压显著缩短了白酒熟化时间，使新酒味消失。有一种白酒催陈老熟高温贮存工艺，利用瓦制酒坛将各类蒸馏酒在保湿、保温的条件下贮存，湿度可达到65%~85%，温度可达到30~60℃；贮存时期内不断调节湿度和温度的上下波动，在这样的条件下贮存3~6个月可以达到常温贮存2年的效果。有人将储酒温度提高到40℃，储存半年，相当于20~30℃的室温下储存2~3年的质量水平。

这是由于加热可增快酒的物理、化学变化，促进酒的老熟。所以，现在有些企业不把酒贮存在室内或洞内，而把新酒贮存在室外，酒温随着自然气候的变化而变化，这样贮存 1 年相当于贮存 3 年。但这种方法损耗偏大，且要加强管理。

（二） 氧化处理

氧化处理的目的是促进氧化作用，在室温下，将装在氧气瓶中的工业用氧直接通入酒内，密闭存放 3~6d。品尝结果是经处理的酒较柔和，但香味淡薄。

（三） 加土陶片催熟

实践表明，用土陶（瓦罐、瓦坛）贮存白酒的催熟效果最佳。其理由为：土陶有很多微孔，这些微孔不漏酒，但可以穿透空气，可加速酒的氧化作用；这些微孔还可留存微量的经过贮存后的老酒，这些老酒可以促进催化作用，加速新酒的物理和化学变化。土陶中含有一定量的金属元素，如钠、钙、钾、镁、铁、铜、铬等，这些元素可以促进新酒的物理、化学变化，加快酒的老熟。最新的研究试验表明酒中含有 1mg/L 左右的钾、铜，有利于提高酒的口感，使酒醇厚，醇甜感增加，去新酒气。根据这些原理，在不是土陶容器的其他大容器内加入土陶片或瓦坛片，可以加速新酒的老熟，起到了瓦坛贮存的作用。

（四） 金属离子催陈

实验证明白酒溶液具有布朗运动、丁达尔现象、电泳与聚结不稳定等溶胶特性，可认为白酒属于胶体溶液。白酒中胶粒的形成与白酒的金属离子密切相关，故可以利用某些金属离子如镍离子、钛离子、铜离子等对酯化、醇醛缩合的催化作用来催陈白酒。

（五） 高锰酸钾与活性炭联合作用催陈

用高锰酸钾与活性炭联合处理白酒，利用高锰酸钾的强化作用和活性炭的强力吸附作用，以脱臭除杂，加速新酒氧化老熟。研究表明，经处理后的3个月新酒，在口感上完全可以和贮存一年以上的老酒相媲美。

（六） 高电压脉冲电场催陈

研究表明，利用高电压脉冲电场对白酒进行催陈后，酒样总酸、总酯和总醛等有所增加，总醇含量有所下降，与自然陈酿的酒样成分变化趋势相同，且处理后酒体透明，陈香明显，辛辣味减少。

（七） 磁催陈

使新酒以0.3~10t/h的流量，通过磁场强度可在90~300mT调节的磁处理器0~15次，随后于该酒中加入$1\times10^{-6}\sim1\times10^{-4}$mol至少含有一种过氧化物的助剂，如此处理后的酒，色、香、味相当于自然陈化6个月~2年或更长时间的陈酒。

酒中的极性分子在强磁场的作用下，极性键能减弱，而且分子定向排列，使各种分子运动易于进行。同时，酒在强磁场作用下，可产生微量的过氧化氢。过氧化氢在微量的金属离子存在下，可分解出氧原子，促进酒中的氧化作用。某酒厂选择了3种磁场强度，对酒样分别处理1、2、3d，认为处理后酒的感官质量比原酒略有提高，醇和，杂味减少。

（八） 高压均质催陈

高压均质处理使酒精水溶液及蒸馏酒的分子排列发生改变，能促进酒物理性能上的老熟，提高酒体品质。与此同时，高压均质处理还能破坏酒精水溶液中的各种分子缔合群，有利于更加稳定缔合群的形成。

（九） 超重力场催陈

用填料为陶瓷的旋转填充床产生的超重力场处理汾酒，并为了模仿汾酒的自然老熟向填充床中通入氧气。经过感官品评、气相色谱、金属离子含量和电导率分析后发现，用超重力场处理过的汾酒老熟速度明显加快，且品质与自然老熟的相差无几。

（十） 微波催陈

微波是指波长为 1mm～1m，或频率为 300MHz～300GHz 范围的电磁波。由于微波的波长与无线电波相比更为微小，所以称微波。

微波辐射的主要作用是升温，对白酒进行微波处理，由于白酒温度的上升，新酒中令人不悦的低沸点物质得以挥发，酒质得以改善。另一方面，微波还可以使白酒中极性分子旋转，加速分子间的摩擦和撞击，促进酒精-水分子和其他分子间的缔合作用。

也有研究表明，采用活性炭结合微波技术生产低度白酒，是一种较好的方法。因为微波能促进乙酸中的氢离子、酒精中的氢氧根离子等极性分子中部分基团的解离，使酒液中带正、负电荷的活性基团增加，这些基团在微波场中做电泳迁移，增加了相互作用形成乙酸乙酯、己酸乙酯等酯类物质的机会。

微波之所以能促进酒的老熟，是因为它是一种高频振荡，而把这种高频振荡的能量加于酒上，酒也不得不作出与微波频率一样的分子运动。由于这种高速度的运动，改变了酒精水溶液及酒分子的排列，因此能促进酒物理性能上的老熟，使酒显得绵软。这种微波介电加热法，破坏了酒精溶液中的各种缔合分子群，在某瞬间将部分酒精分子及水分子切成单独分子，然后再促进其结合成安定的缔合分子群。同时，由于分子的高速运动，产生大量的热量，酒温急剧上升，从而使酒的酯化反应加速，总酯含量上升，酒的香味增加。所以，微波处理不但能促进酒的物理变化，而且也能促进酒的化学变化。

（十一） 超声波催陈

酒类经过超声处理以后，酒体中会出现无数多的空穴，并使这些空穴产生了瞬间高温和高压，而且空穴界面上产生了巨大的机械作用，由于这些作用产生了大量的自由基，从而引发了一系列的化学聚合和降解反应。酒类超声陈化是指将新酒利用超声波处理所产生的空穴效应，使酒体处于瞬间高温高压状态，从而提高酒中各成分的活化能，加快反应速度，缩短老熟时间。

在 50W，19kHz 的条件下，分别用不同的处理时间进行处理，发现随着处理时间增长，白酒酒精度和杂醇油含量呈下降趋势，总酸含量呈上升趋势，而总酯含量则先减少，后增大，再减少。当处理时间为 60min 时总酯含量达到最大。证明了超声陈化不仅可以促进酒体老熟去杂增香，还可以使酒体柔和老熟。

在超声波的高频振荡下，强有力地增加了酒中各种反应的几率，还可能具有改变酒中分子结构的作用，某酒厂使用频率为 14.7kHz，功率为 200W 的超声波发生器，在 10~20℃的各种温度下分别处理，处理时间为 11~42h。处理后的酒香甜味都有增加，味醇正，总酯有所提高，认为有一定的效果。但若处理时间过长，则酒味苦；处理时间过短，效果甚微。

（十二） 钴 60 射线处理和电子加速器处理

钴 60 的 γ 射线能量很大。使用它处理白酒，尚存在如下几个问题：一是处理后，虽然香味有所提高，但异香突出；二是剂量难以掌握；三是利用钴源，其设备需几年更新一次。若利用电子加速器，则投资太大。

（十三） 激光处理

激光处理是借助激光辐射场光子的高能量，对物质分子中的某些化学键发生有力的撞击，致使这些化学键出现断裂或部分断裂，某些大分子团或被“撕成”小分子，或成为活化络合物，自行络合成新的分子。利用激光的特性就能在常温下为酒精与水的相互渗透提供活化能，使水分子不断解体成游离氢氧根，同酒精分子亲和，完成渗透过程。有人曾用激光对酒进行不同能量、不同时间的处理。结果认为经处理后的酒变得醇和，杂味减少，新酒味也减少，相当于经过一段时间贮存的白酒。

（十四） 光催陈

白酒陈化过程中的氧化反应、缩合反应、酯化反应等的反应速率不仅仅与光照剂量有关，而且在很大程度上取决于光照的功率密度。用脉冲氙灯作光源，光源的光照剂量为$5\times10^{-4}\sim1\times10^{-1}J/cm^3$，波长1.06μm，光束功率密度大于$10^7W/cm^2$，使新酒通过光处理器所构成的强光场或附加磁处理场处理0.5～40s，就可以达到长期贮存一年甚至几年自然老熟的陈化水平和质量水平。

将60%vol新酿白酒，用25mW氦—氖激光照射30min，再存放一周后即无新酒味。除此之外，红外线、紫外线、激光、γ射线等都不同程度地对白酒有催陈效果。早些年，相关实验表明，光催陈由于其光氧化作用能够使酒中酯类等微量物质含量增加，而酯类物质的增加即可增强白酒的香味，使其带有“陈香”。

声光作用的实质，是超声辐射场的声波借助激光辐射场的光子的高能量，对酒液中某些物质分子的化学键给以有力的撞击，致使这些化学键出现断裂或部分断裂，或某些大分子团被撞击为小分子，或成为活化络合物，再进行新的组合。利用声光的特性，可为酒精与水的相互渗透提供活化能，即可使水分子不断解体成游离态的氢氧根，与酒精分子亲和而完成渗透过程。

将大曲酒用声光处理35min，能达到自然陈酿1年多的程度。

（十五） 紫外线处理

紫外线是波长小于0.4μm的光波，具有较高的化学能量。在紫外线作用下，可产生少量的初生态氧，促进一些成分的氧化过程。某酒厂曾经用0.2537μm的紫外线对酒直接照射，初步认为以16℃处理5min效果较好，随着处理温度的升高，照射时间的延长，变化越大。处理20min后，会出现过分氧化的异味。说明紫外线对酒内微量成分的氧化过程有一定的促进作用。

（十六） YS-Ⅱ生物催熟

YS-Ⅱ生物催熟物从天然植物中提取有效成分，主要作用是促进酒精-水大分子缔合群的形成，还能促进酒精分子与其他分子缔合。研究表明，蒸馏酒通过该法处理后，刺激性减弱，口感醇厚绵软，有效克服了其他人工催陈白酒带焦苦味的缺陷，并有效防止“回生”现象。

（十七） 脂肪酶催陈

白酒贮存过程中的酯、酸、醇平衡是一种热力学平衡关系，传统的自然陈化是一种缓慢的化学过程。脂肪酶具有只改变反应的动力学平衡而不改变其热力学平衡的特点，恰好能在短时间内促使酯、酸、醇类物质达到相对平衡。

（十八） 综合处理法

采用电子陈酿设备，利用磁频、超声波、紫外线及臭氧同时作用于白酒，其中磁频率为 10MHz，输出功率为 1000kW 左右；超声波频率为 800MHz，输出功率>800kW；紫外线波长为 2.5×10^{-7}m，光强 90W 左右；臭氧为强氧化剂，能促进酯化反应。

该法对各种曲酒、普通白酒、液体发酵法白酒都有效果，尤其对汾香型白酒效果更为明显，经综合设备处理的新酒，可达到自然陈化半年至一年的老熟度。

三、 使用人工催陈法的几条原则

（一） 要选择比较成熟的方法试用

十八种方法中微波法及综合处理法比较成熟。因要注意酒质的安全性，故非生物催化剂法暂不宜提倡；钴 60 等高能放射线法也不宜过早提倡，利用钴60处理瓶装白酒时，玻璃呈褐变的为多，虽然这属于玻璃晶体组织的变化，但作为饮用酒不易被消费者所接受。另外，使用该法时，还有防止操作污染的问题，这也需要很大的投资。从一般白酒厂的实际来衡量，当前没有必要采用这种方法。

关于生物化学及微生物法。采用酶制剂或微生物菌体处理法要比一般的物理法及化学法更为复杂，例如酶与活菌体能否在白酒那样高的酒精度下发挥作用？其作用的针对性又如何？诸如此类问题要用准确的科学数据及理论来解答。有的白酒厂曾简单地利用活菌体催陈白酒，未能得到确切的效果。

（二） 使用人工催陈法要因酒而宜

实践证明，低档白酒尤其是液态发酵的串香法白酒，以及食用酒精配制的白酒，采用人工催陈法的效果比名优酒更为显著。当然，也有的汾香型国优产品，是勾调了部分微波催陈酒的，效果也较好。

另外，对于某一种酒，究竟采用哪一种人工催陈法好，要根据这种原酒的各种成分和含量，以及成品酒的标准，并结合催陈法的特性而定。因为，不同香型、不同种别、不同级别的白酒，都有其最佳的自然陈酿期，每种酒的老熟标准是不相同的。因此，对于每一种需要人工催陈的原酒，必须进行科学的分析检验及感官品评，结合产品标准，确定应控制的物质变化及其条件，才能比较准确地选择催陈方法。催陈所用综合处理法的组合也是很多的，也要有针对性地进行试验。在试验中，找到处理的最佳条件与方式。

（三） 人工催陈法应与大容器贮存相结合

白酒陈酿过程中的各种成分变化是动态的，当老熟到一定程度时，各种动态达到了相对平衡。但是，经人工催陈的酒，这种相对平衡的程度可能比自然成熟的酒要低些。因此，可将原酒先经人工催陈，再进入大容器贮存。这样既有利于酒液的澄清，也可使白酒中人工施加的能量得到进一步释放而加速老熟。同时，还可全面地检查人工催陈酒有否返生及变化的程度。

（四）举例说明

对汾香型白酒，在用微波法、超声波法、磁场法等综合处理法催陈时，可采用如下的工艺路线：

入库原酒→人工催陈→大容器贮存→勾调

在人工催陈时，可将2台微波机串联使用。酒温控制为60℃左右，酒流量为400kg/h。对于省优水平以上的酒，只要再在大容器中贮存3～5个月就可以了。

对低度清香型白酒的处理法应采取如下的工艺流程：

入库原酒→加水调度、澄清→人工催陈→大容器贮存→勾调→第二次人工催陈→大容器贮存→装瓶

两次人工催陈都可使用单机。第一次催陈的目的是为了去掉一些因降度而呈现的杂味及不良气味，同时增强浆水与原酒中各种成分，尤其是醇类、酯类的亲和力；第二次催陈的作用是，增强调香酒及降度后的基酒之间的亲和力。

第六章 陈年老酒

第一节 陈年老酒的划分

对中国白酒年份的称谓主要有两种对象，一种是针对基酒的，另一种是针对成品酒的。针对基酒的，是指基酒在贮酒罐（尤其是传统的陶坛）中贮存的年份；针对成品酒的，一般是指出厂时间较早，该酒在市场上达到一定年份。一瓶好的成品白酒，贮存时间越长，酒质一般会有明显的提高。为了区别这两种对象，笔者将用具有一定年份的基酒勾调而成的白酒称为“年份酒”，而将在市场上经历了一定年份的成品白酒称为“陈年老酒”。由于陈年老酒有一定的时代特征，现在越来越多的人饮用、收藏。

为了更好地指导中国白酒陈年老酒收藏，科学理性地进行，需要对中国白酒年份的概念做出规范。但是，由于不同香型的中国白酒，陈酿相同的时间带来的影响不尽相同，所以，目前仍然还没有一个比较官方的权威发布。笔者对白酒年份的问题，也一直在研究，尽管不同香型的白酒有差异，但是也是有共性的，基于这些共性，笔者对 7 个与年份有关的概念进行了时间定义，具体如表 4-41 所示。

表 4-41 贮存期对白酒品质的影响

年份概念	英文	贮存期/年	感官变化
新酒	NB	0~1	新出厂的酒经加浆、澄清处理，分子间的缔合重新打破，需要重新缔合
次新酒/微新酒	PN	1~3	各香型酒的新酒味基本都去除
次陈酒/微陈酒	PA	3~5	开始形成陈味
陈年酒	AB	5~10	陈味较明显
老酒	OB	10~30	陈味较突出，幽雅舒适
中级老酒	MO	30~50	陈味突出，幽雅舒适，但酸味也较大
超级老酒	XO	50+	陈味突出，酸味明显，不建议直接饮用

这里需要说明的一点是，陈和老本质上是相对的概念，这是陈和老广义上的意义，但是为了规范表达，便于交流与管理，需要对其作出较为合理的、科学的界定，这样一来，就赋予了陈和老狭义上的意义。从狭义上来说，有三个大的界定：

一是五年及以上的酒才能称为陈酒。也就是说如果笼统地说陈年老酒，应该是年份至少五年及以上的酒；

二是十年以上的酒才能称为老酒；

三是五年以内的酒属于一般年份的酒，比较普遍，还属于新酒的范畴。

第二节　白酒年份的计算

一、计算公式

白酒年份的计算采用年为单位，保留一位小数点。考虑到现有的历法存在闰月或闰年的现象，为了减少争议，对年份的计算统一规定为总天数除以三百六十五天，保留一位小数点，即年份的计算公式为：

$$T_y(\text{年}) = \frac{T_d}{365}$$

式中　T_y ——酒的年份值，年

T_d ——酒贮存的天数，d

365——地球公转一圈的平均天数，d

二、计算对象

需要界定年份的酒主要有两种，一种是基酒，一种是成品酒。基酒也有两种，一种是单一基酒，另一种是两种及以上基酒混合而成的基酒。

对于单一基酒，或市场上瓶贮年份酒，计算比较简单，只要知道起点时间和终点时间就可以直接利用年份计算公式计算求得。

对于由两种及以上基酒混合而成的酒，其年份的计算，用单独基酒的年份进行加权计算求得，公式如下：

$$T_y = \sum_{i=1}^{p}(T_{iy} \times x_i)$$

式中　T_{iy}——第 i 个酒的年份，年

x_i——第 i 个酒的占比权重

接下来再说单个酒占比权重的计算，这个稍复杂一些，考虑到基酒酒精度的差异，因此，其占比权重不能简单以原始基酒的量进行计算，应该是换算成目标酒精度下的体积占比，加浆水不参与占比计算。

第三节　陈年老酒的保藏

陈年老酒因为存放时间长，如果条件不当，会造成陈年老酒不可逆转的损伤，从而导致陈年老酒失去其存在的价值。因此，不管是基酒还是成品酒，都要注意其保藏条件。

为了更好地理解保藏条件的要求，这里笔者提出一个陈年老酒保藏的基本原则：那就是以不损坏酒的外在品相和内在品质为前提，而且有利于酒体的陈酿。基于这个原则，通用的基本保藏条件如下：

（1）阴凉　阴指避免强光长期照射，加速外包装的老化，从而影响酒的外在品相；凉指避免温度过高，导致加速酒液的损失，从而影响酒的内在品质。

（2）干燥　存放环境不能过于潮湿，从而导致酒的包装出现掉标、发霉等问题。

（3）密封　存放对象不能敞口，要进行一定的密封保护。

（4）洁净　存放环境不能有异味，避免异味进入到酒体当中，从而影响酒的内在品质。

（5）适量通风　存放环境能和外界有一定的流通，避免存放环境酒精含量偏高，导致安全事故。但是为避免加速酒精的损失，通风也不宜过大。

白酒的收藏还有一个注意事项就是收藏对象，收藏对象以高度酒为佳，高度酒存放时间越久越好，但低度酒存放时间越长质量却越差，随着时间的延长而产生的水解反应，使酒的质量逐步下降，如表 4-42 和表 4-43 所示。

表 4-42　不同酒精度白酒在贮存过程理化指标的跟踪检测结果

样品/%vol	贮存期/年	甲醇/(g/L)		杂醇油/(g/L)		酒精度/%vol		固形物/(g/L)	
		出厂	当前	出厂	当前	出厂	当前	出厂	当前
38	1.5	0.18	0.2	0.53	0.33	38.3	38.4	0.2	0.38
	2.5	0.2	0.2	0.43	0.47	38.1	38.1	0.32	0.38
	2.9	0.26	0.2	0.47	0.5	38.6	38.3	0.17	0.19
	3.9	0.15	0.2	0.5	0.5	38.6	38.4	0.33	0.36
	4.5	0.19	0.2	0.67	0.47	38.4	38.4	0.26	0.3
50	0.8	0.23	0.2	0.67	0.6	50.3	50.3	0.07	0.15
	1.5	0.09	0.1	0.43	0.47	50.1	50.1	0.13	0.21
	2.8	0.12	0.1	0.63	0.47	49.9	50	0.08	0.2
	4.2	0.17	0.2	0.47	0.57	50.4	49.9	0.16	0.18
	4.5	0.15	0.2	0.53	0.5	49.7	49.8	0.11	0.26
55	0.8	0.18	0.2	0.6	0.5	55.6	55.3	0.08	0.14
	1.5	0.09	0.1	0.6	0.47	54.6	54.5	0.05	0.12
	2.6	0.11	0.1	0.5	0.53	54.8	54.9	0.07	0.1
	4.5	0.18	0.2	0.43	0.53	54.8	54.9	0.09	0.1

表 4-43　不同酒度白酒在贮存过程酸、酯的跟踪检测结果

样品	贮存期	总酯			总酸			己酸乙酯		
		出厂值/(g/L)	当前值/(g/L)	年变化量/[g/(L·年)]	出厂值/(g/L)	当前值/(g/L)	年变化量/[g/(L·年)]	出厂值/(g/L)	当前值/(g/L)	年变化量/[g/(L·年)]
38%vol 样 1	2.3	2.99	1.96	-0.45	0.83	1.5	0.28	1.57	0.9	-0.29
38%vol 样 2	2.3	2.64	1.83	-0.35	1.14	1.6	0.2	1.47	0.91	-0.24

续表

样品	贮存期	总酯			总酸			己酸乙酯		
		出厂值/(g/L)	当前值/(g/L)	年变化量/[g/(L·年)]	出厂值/(g/L)	当前值/(g/L)	年变化量/[g/(L·年)]	出厂值/(g/L)	当前值/(g/L)	年变化量/[g/(L·年)]
50%vol 样 1	0.8	3.03	2.95	−0.1	1.16	1.3	0.15	1.76	1.55	−0.26
50%vol 样 2	0.8	3.05	3	−0.06	1.37	1.5	0.15	1.8	1.59	−0.26
50%vol 样 3	1.5	3.27	2.93	−0.23	1.32	1.5	0.1	1.78	1.5	−0.19
50%vol 样 4	1.5	3.18	2.82	−0.24	1.28	1.4	0.09	1.82	1.62	−0.13
50%vol 样 5	2.4	3.38	3.09	−0.12	1.43	1.8	0.13	1.77	1.48	−0.12
50%vol 样 6	2.4	3.16	2.78	−0.16	1.19	1.3	0.05	1.76	1.48	−0.12
55%vol 样 1	1.5	3.28	3.04	−0.16	1.28	1.4	0.06	1.78	1.56	−0.15
55%vol 样 2	1.5	3.42	3.07	−0.23	1.15	1.3	0.09	1.84	1.58	−0.17

从表 4-42 和表 4-43 可以看出：

（1）酒精度总体平均略有下降，但是变化不明显，平均变化为 0.1%～0.2%vol。低度酒变化大于高度酒。也有个别酒样酒精度变化较大，也可能是瓶口密封不良，引起酒精挥发造成的。

（2）经过存放后，白酒中的固形物含量明显增大，这主要与酒中酯类物质水解成酸类物质有关，通过对固形物中的有机成分进行色谱质谱定性和定量分析，发现其中含有较多的乙酸、丁酸、己酸、庚酸、辛酸等各种有机酸类和一些难挥发的高级脂肪酸酯，水解使白酒中的酸类增加，而酸不易挥发，因而引起固形物增加。

（3）甲醇、杂醇油整体变化不大，从平均值来看，甲醇略微增加，杂醇油略微减少。

（4）从表 4-43 中可以看出，同一质量、同一贮存期、不同批次的酒样中总酸总酯变化速度是不一样的。即酸含量高的酒样，其酯水解速度相对较慢；酸含量低的酒样，其酯水解速度相对较快。贮存期同为 2.3 年的 38%vol 高档酒样，酸含量高的总酯每年减少 0.35g/L，酸含量低的总酯每年减少 0.45g/L。

贮存期同为 1.5 年的 55%vol 高档酒样，酸含量高白酒的总酯每年减少 0.16g/L，酸含量低的白酒的总酯每年减少 0.23g/L。

为了稳定低度酒的质量，适当地调高低度酒的酸度在 0.4g/mL 以上。清香型白酒中乙酸乙酯含量不能低于 0.70mg/L，浓香型白酒中己酸乙酯含量不能低于 0.80g/L。适当提高低度酒的酸、酯有两大好处：①减缓可逆反应，稳定了低度酒的质量。②解决了低度酒低而淡的问题。

第四节　白酒年份的测定

一、后熟期白酒表面张力的依时变化规律

（一）直接法检测浓香型白酒的表面张力

所用的 NX01 浓香型白酒基酒取自中国南部某大型白酒生产企业，所有白酒样品都产自同一车间，且生产工艺均相同。蒸熟后伴有大曲的粮食经窖池发酵，上甑蒸馏得到的基酒贮存在陶缸中，贮存期间未经任何其他加工和处理。可以认为这些取自同一车间的浓香型白酒在品质、特征方面具有一定的稳定性，可以用来研究白酒在贮存过程中的老熟特征规律。取不同贮存时间（0~60 月）的浓香型白酒 NX01，检测每个样品的表面张力，得到的结果如图 4-15 所示。

从图 4-15 可以看出，NX01 浓香型白酒的表面张力随着贮存时间整体呈上升趋势，为了检验其显著性，对表面张力与贮存时间的数据进行相关性分析，结果如表 4-44 所示。

表 4-44　　表面张力与贮存时间相关性分析

		表面张力
贮存时间/月（0~60）	相关性系数	0.905
	显著性	0.000
	置信度（双尾）= 0.01	

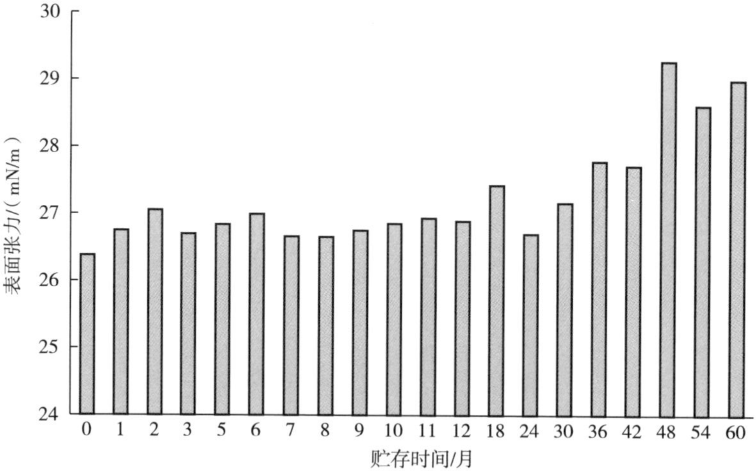

图 4-15　不同贮存时间白酒的表面张力

从表 4-44 可以看出，表面张力与贮存时间的相关性系数为 0.905，在置信度（双尾）为 0.01 时，二者的显著性为 0.000<0.01，说明 NX01 酒的表面张力与贮存时间具有显著的高度正相关关系，即贮存时间越长，表面张力越大。表面张力是液体的固有性质，其大小与液体中分子间作用力有非常密切的关系，随着贮存时间的延长，NX01 基酒表面张力的增加说明该浓香型白酒在贮存过程中，酒精、水及其他微量成分分子间的作用力增大，分子个数逐渐趋于减少，白酒中的分子向着更加有序的方向发展。

但事实上，不同贮存时间的浓香型白酒虽然生产工艺都相同，但由于贮存过程中不同年份贮酒仓库温度之间的差异，以及一些其他人为不可控的影响因素，导致样品的酒精度有所不同。而酒精度对白酒的表面张力来说却是一个至关重要的影响因素，因为酒精和水的比例不同，白酒液体的物理性质就不同。所以在研究表面张力与贮存时间的关系时，应消除不同样品间酒精度的差异。

（二）标准酒精溶液校正法检测浓香型白酒的表面张力

白酒中 98%左右的成分都是酒精和水，其余 2%左右的微量成分虽然对白酒的整体口感风味影响很大，但对白酒表面张力的影响却可以忽略不计。故首先采用酒精溶液作为标准溶液来消除不同贮存时间 NX01 白酒样品之间酒精度的差异。取分析纯酒精溶液，分别稀释至 80%vol、60%vol、40%vol、20%vol，与 100%vol 的纯酒精和超纯水一同使用表面张力检测仪测其表面张力；对不同浓度酒精标准溶液的表面张力数据进行回归拟合，得到酒精溶液表面效应的数学模型，利用该模型对直接法实验测得的基酒表面张力值加以校正，从而得到消除酒精度差异的表面张力，结果如表 4-45 和图 4-16 所示。

表 4-45　　不同浓度酒精溶液的表面张力

体积分数/%	溶液浓度 c/(mol/L)	第一次检测/(mN/m)	第二次检测/(mN/m)	第三次检测/(mN/m)	平均表面张力/(mN/m)
0	0.000	73.61	73.70	73.70	73.67
20	4.234	43.35	43.28	43.30	43.31
40	8.249	32.26	32.24	32.28	32.26
60	11.86	28.46	28.43	28.40	28.43
80	14.94	26.10	26.15	26.11	26.12
100	17.20	22.82	22.79	22.88	22.83

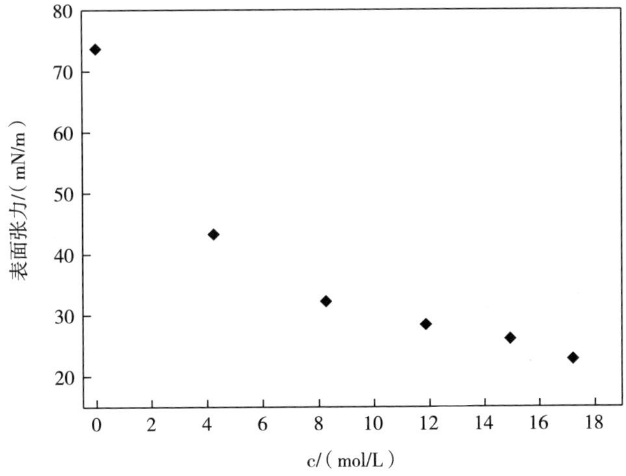

图 4-16　酒精-水溶液表面张力

为了研究不同浓度酒精的表面效应，需要用适当的数学模型在全浓度范围内对实验数据进行回归拟合，从图 4-16 可以看出，不同浓度的酒精溶液与其表面张力之间的关系并非简单的线性关系，从散点图来看，酒精溶液浓度与表面张力值的关系既具有二次函数的特征，又呈指数下降趋势，同时也具有 S 形函数的特点，故拟采用多项式拟合、指数函数拟合，以及 Logistic、Gomperty 函数拟合四种方式对不同浓度酒精和表面张力之间的关系进行拟合，并根据拟合分析结果甄选出最合适的数学模型。

多项式拟合：

$$\gamma = ac^2 + bc + k$$

指数函数拟合：

$$\gamma = ae^{bc}$$

Logistic 函数拟合：

$$\gamma = b + \frac{a - b}{1 + \left(\frac{c}{c_0}\right)^k}$$

Gomperty 函数：

$$\gamma = ae^{(-be^{(-kc)})}$$

根据以上四个数学模型，对全浓度范围的酒精溶液数据进行回归拟合，得到的回归曲线如图 4-17～图 4-20 所示。

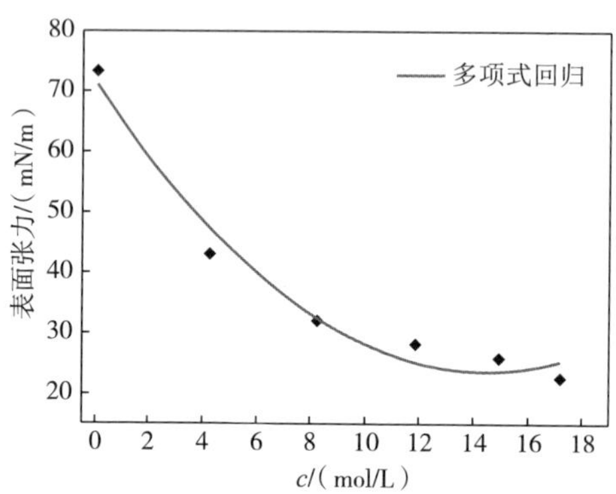

图 4-17　酒精-水溶液表面张力的多项式函数回归

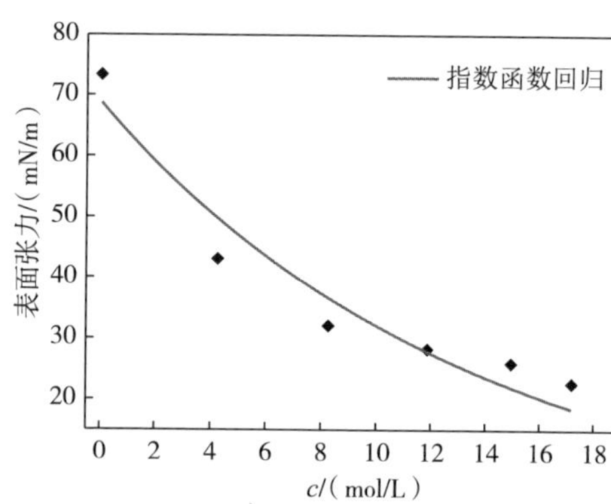

图 4-18　酒精-水溶液表面张力的指数函数回归

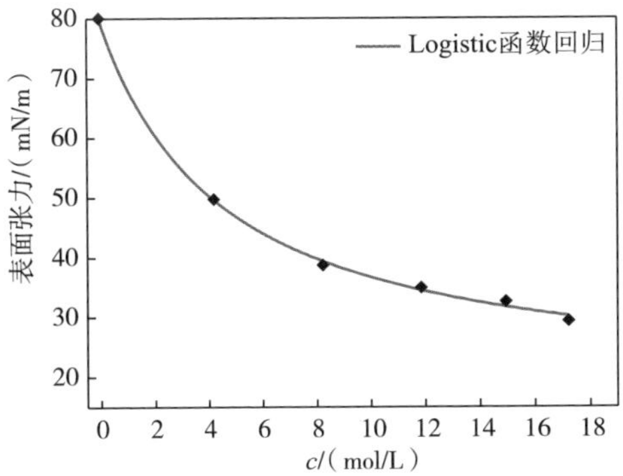

图 4-19　酒精-水溶液表面张力的 Logistic 函数回归

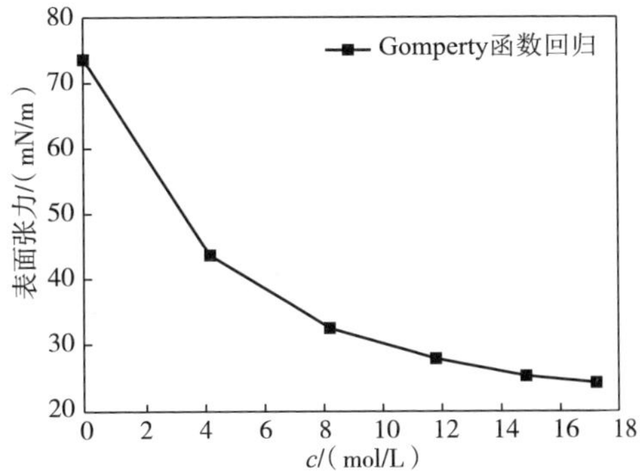

图 4-20　酒精-水溶液表面张力的 Gomperty 函数回归

对四种不同函数回归的结果进行分析，得到的结果如表 4-46 所示。

表 4-46　　不同浓度酒精表面张力实验值与拟合值结果比较

多项式函数拟合 $\gamma = 0.2276c^2 - 6.5803c + 71.4314$				指数函数拟合 $\gamma = 68.97e^{-0.076c}$			
FV/(mN/m)	RPE/%	R^2	R^2 (COD)	FV/(mN/m)	RPE/%	R^2	R^2 (COD)
71.43	3.04	0.9577	0.9746	68.97	6.38	0.9158	0.9326
47.65	10.02			49.99	15.43		
32.64	1.17			36.85	14.22		
25.40	10.65			28.00	1.50		
23.92	8.41			22.16	15.17		
25.58	12.06			18.66	18.26		

Logistic 函数拟合 $\gamma = 10.2803 + \dfrac{63.3951}{1 + \left(\dfrac{c}{4.5624}\right)^{0.9925}}$				Gomperty 函数拟合 $\gamma = 20.9072e^{1.2587e^{(-0.1272c)}}$			
FV/(mN/m)	RPE/%	R^2	R^2 (COD)	FV/(mN/m)	RPE/%	R^2	R^2 (COD)
73.68	0.01	0.9969	0.9988	73.61	0.1	0.9961	0.9976
43.15	0.36			43.58	0.6		
32.92	2.05			32.49	0.7		
27.98	1.57			27.62	2.9		
25.21	3.48			25.24	3.4		
23.68	3.70			24.08	5.4		

注：FV，拟合值；RPE，相对百分误差；R^2，相关系数；R^2(COD)，可决系数。

从不同浓度酒精表面张力实验值与拟合值的结果来看，简单的多项式拟合、指数函数拟合的相关系数 R^2 和可决系数 R^2(COD) 均未达到 0.99 以上，且实验表面张力与拟合表面张力的相对百分误差及残差平方和均较大。而 Logistic 函数拟合和 Gomperty 函数拟合的相关系数 R^2 和可决系数 R^2(COD) 均达到 0.99 以上。综合分析二者回归拟合的可决系数 R^2(COD)（分别为 0.9988、0.9976）以及实验表面张力与拟合表面张力的相对百分误差可见 Logistic 函数的回归拟合优度高于 Gomperty 函数。故采用 Logistic 函数回归模型来消除不同贮存时间 NX01 白酒样品之间酒精度的差异。

为了得到消除酒精度影响的不同贮存时间 NX01 白酒的表面张力值，将测得的表面张力值 γ 与该样品酒精度下通过 Logistic 函数模型计算得到的表面张力值 γ_0 相比，作为该样品的相对表面张力 γ'：

$$\gamma' = \frac{\gamma}{\gamma_0}$$

图 4-21 所示的是贮存 5 年内 NX01 白酒的相对表面张力 γ' 与贮存时间的关系，相关性分析结果如表 4-47 所示。

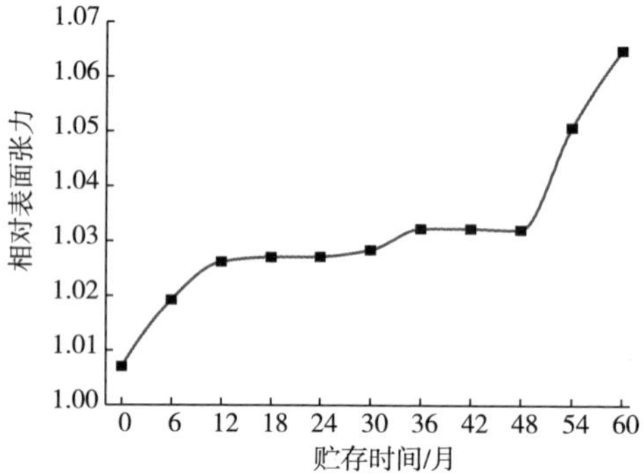

图 4-21 贮存 5 年内相对表面张力

表 4-47 贮存 5 年内相对表面张力与贮存时间的相关性分析

		相对表面张力
贮存时间/月（0~60）	相关性系数	0.902
	显著性	0.009
	置信度（双尾）= 0.01	

从图 4-21 可以看出，贮存时间 5 年以内 NX01 白酒的相对表面张力在 0~12 个月内呈上升趋势；12~48 个月内无明显上升，趋于平稳；48~60 个月则有明显上升趋势。表 4-47 所示的相关性分析结果表明，相对表面张力与贮存时间的相关性系数为 0.902，在置信度（双尾）为 0.01 时，二者的显著性为 0.009<0.01，说明 NX01 白酒的相对表面张力与贮存时间是显著高度正相关关系。由以上结果可以看出，虽然总体上 NX01 白酒的相对表面张力会随着贮存时间的延长而增加，但是 12~48 个月的平台期表明贮存 48 个月的和贮存 12 个月的 NX01 基础酒表面张力相差无几，故当对浓香型白酒老熟品质要求不高时，12 个月的贮存期足以保证老熟；而当老熟品质要求较高时，则至少需要 48 个月以上的贮存期。

图 4-22 所示的是贮存 1 年内（0~12 月）NX01 白酒的相对表面张力，相关性分析结果如表 4-48 所示。

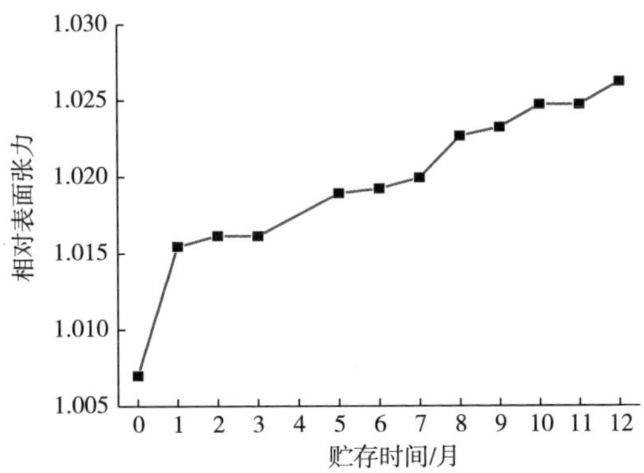

图 4-22　贮存 1 年内相对表面张力

表 4-48　　贮存时间 1 年内相对表面张力与贮存时间相关性分析

		相对表面张力
贮存时间/月（0~12）	相关性系数	0.942
	显著性	0.000
	置信度（双尾）= 0.01	

从图 4-22 可以看出，贮存时间 1 年内 NX01 白酒的相对表面张力呈上升趋势。二者的相关性分析结果表明，相对表面张力与贮存时间的相关性系数为 0.942，在置信度（双尾）为 0.01 时，二者的显著性为 0.000<0.01，说明 NX01 白酒的相对表面张力与贮存时间呈显著的正相关关系。NX01 白酒的相对表面张力在贮存 1 年内迅速上升，这 1 年的贮存期对 NX01 白酒的品质是至关重要的。

标准酒精溶液校正法也存在着一定的限制，因为酒精作为一种化工产品，虽然没有年份之说，但是实验所用酒精溶液的贮存时间不容忽视。酒精从生产到销售，所经历的时间无法追踪，故而会对浓香型白酒表面张力的检测带来一定的不确定性。

（三） 稀释法检测浓香型白酒的表面张力

经过市场调研，并参照中国白酒国家标准，发现市售白酒的酒精度范围在 25%vol~70%vol。故为了消除不同样品酒精度之间的差异，将所有白酒样品均稀释到 20%vol 后再检测其表面张力，进而研究表面张力与贮存时间的关系，具体实验步骤为：

（1）取待测浓香型白酒样品注入洁净、干燥的 100mL 量筒中，静置数分钟，待酒中气泡消失后，放入洁净、干燥的酒精计，再轻轻按一下，整个过程需保证不能接触量筒内壁，同时插入温度计，静置 5min，读取酒精计与样品弯月面相切处的刻度值，并记录温度，根据测得的酒精度和温度，查阅 20℃酒精温度浓度换算表（见 GB5009.225—2016），换算成 20℃时样品的酒精度 v_0。

（2）通过附录二表 3 可以查得所测浓香型白酒的相对密度 ρ，根据以下公式准确量取 V（mL）样品，用超纯水定容至 50mL：

$$V=\frac{50\times 0.9752\times 20\%}{\rho\times v_0}$$

式中，0.9752 为 20℃时酒精度为 20%vol 的白酒的密度，样品量取体积 V

精确至小数点后两位。

（3）利用悬滴法检测 20℃下白酒样品的表面张力 γ（mN/m），分别进行 3 次测量，取算术平均值；

将 NX01 浓香型白酒按照上述方法进行稀释，并检测其表面张力，观察浓香型白酒表面张力与贮存时间的关系（图 4-23）。

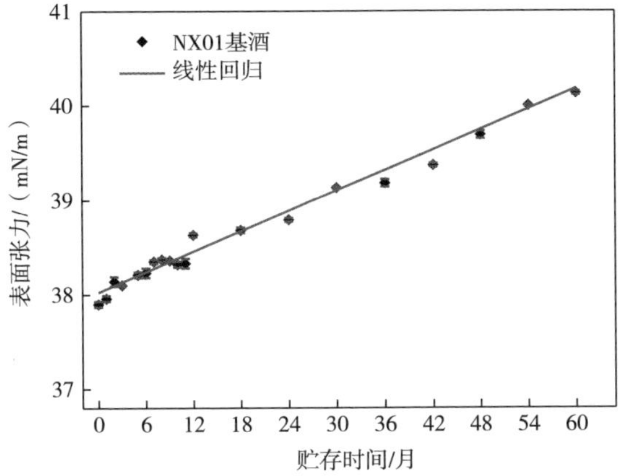

图 4-23　NX01 白酒的表面张力与贮存时间关系

图 4-23 表明表面张力与贮存时间有线性正相关的关系。

二、 基于白酒表面张力增量的年份预测模型

基于白酒表面张力的依时变化特征，笔者提出了基于白酒表面张力增量的年份预测模型，并成功申请了国家发明专利。因为是基于表面张力增量的方法，那就需要知道白酒初始的表面张力，对于一瓶未知的白酒来讲，其初始的表面张力是没有被检测过的，那怎么能知道其初始的表面张力呢？

对此，笔者提出一个对白酒进行表面张力初始化的操作，就是破坏白酒中各组分之间，尤其是酒精和水分子间的氢键作用力。改变分子间氢键作用力的方法有很多，例如改变其 pH、加入表面活性物质、加入与水更容易形成氢键的物质（如氨、氟化氢）等，但是这些方法由于引入了其他物质会对白酒的酒体带来不可逆转的破坏，而且添加其他物质是否会引起白酒中其他不

可控的化学反应也未可知。

所以，笔者选择物理方法来破坏白酒中酒精和水分子间的氢键。研究表明，温度的升高有助于分子间氢键的断裂，而且白酒自身也是通过蒸馏加热的方法从酒醅中而来。在前期的探索实验中发现，对白酒进行二次蒸馏会造成白酒中一部分酒精的挥发，从而改变了白酒的酒精度，但是研究结果表明酒精度对表面张力的影响很大。所以，笔者采用密闭加热的方式来对浓香型白酒进行初始化，保证加热前后白酒酒精度一致。在加热温度的选择上，由于酒精的沸点是78.4℃，故选择加热温度为80℃，在这样的温度下，白酒中的酒精分子能够脱离酒精-水分子间的氢键缔合，汽化为气体酒精。再经过冷却，汽化的酒精分子重新成为液体分子进入酒体，使白酒呈现出与刚从酒醅中蒸馏出来的新酒相似的状态。

如此，就总结出一种预测白酒贮存年份的方法，即：

（1）检测待测白酒的表面张力 γ（20%vol）；

（2）对待测年份白酒进行表面张力初始化，得到该酒样的表面张力（20%vol）初始值 γ_0；

（3）实验取得白酒产品表面张力变化的平均斜率 k；

（4）根据公式 $t=\frac{1}{k}(\gamma-\gamma_0)$ 计算该年份白酒的贮存时间。检测温度为20℃时，$\frac{1}{k}$ 为2.4。

下面结合具体实例对本方法做进一步的详述，以更好地理解本方法的内容。取5种香型不同的白酒，按本专利内容检测表面张力并根据公式预测年份，结果如表4-49所示。

表4-49　不同香型白酒样品的预测年份与实际年份

香型	γ/(mN/m)	γ_0/(mN/m)	预测年份	实际年份
酱香	45.975	41.002	11.94	12
酱香	41.947	41.041	2.17	2

续表

香型	γ/(mN/m)	γ_0/(mN/m)	预测年份	实际年份
浓香	40.130	38.018	5.07	5
清香	41.488	37.013	10.74	12

由表 4-49 中的数据可以看出，不同年份白酒样品的预测年份与实际年份一致，不同香型白酒的预测年份与实际年份相吻合。说明该方法能够应用于不同年份、不同香型白酒的年份预测，结果准确可靠。

第五节　陈年老酒的质量控制

依据国家标准 GB 2757—2012《食品安全国家标准　蒸馏酒及其配制酒》和 GB 7718—2011《食品安全国家标准　预包装食品标签通则》的规定，酒精度≥10%vol 的酒类，可以豁免标注保质期。因此，目前绝大多数成品白酒的标签上，都未标注保质期。但是，根据白酒酒体的物理化学特性，成品酒在 3 年后，相关理化指标会随着存放时间的递增出现一定的衰减，因此，表征陈年老白酒质量的理化指标适宜用标准偏差率来控制，如表 4-50 所示。

表 4-50　　陈年老白酒样品质控制

指标	新酒	次新酒	微陈酒	陈年酒	老酒	中级老酒	超级老酒
贮存期/年	0~1	1~3	3~5	5~10	10~30	30~50	50+
感官要求	符合相关执行标准	符合相关执行标准	符合相关执行标准，稍有陈味	符合相关执行标准，陈味较明显	陈味较突出，幽雅舒适	陈味突出，幽雅舒适，但酸味也较大	陈味突出，酸味明显，不建议直接饮用
酒精度偏差率/% ≤			-6	-8	-10	-12	-15
总酯偏差率/% ≤			-5	-10	-15	-20	-35
固形物/(g/L) ≤			0.8	0.8	0.9	1.0	1.2

续表

指标	新酒	次新酒	微陈酒	陈年酒	老酒	中级老酒	超级老酒
特征酯偏差率/% ≤			−5	−10	−15	−20	−35
净含量偏差率/% ≤			−9	−12	−15	−17	−20

注：酒精度偏差率（%）$=\frac{实测值-标签标示值}{标签标示酒精度值}\times 100\%$；

总酯偏差率（%）$=\frac{实测值-现行标准限量值}{现行标准限量值}\times 100\%$；

特征酯偏差率（%）$=\frac{实测值-现行标准限量值}{现行标准限量值}\times 100\%$；

净含量偏差率（%）$=\frac{实测值-标签标示净含量值}{标签标示净含量值}\times 100\%$。

第七章　调味酒

第一节　调味酒的使用

调味酒是指采用特殊工艺生产，使白酒中的风味物质浓度增加或者产生特殊物质，达到特香、特浓、特殊味道等，再经陈酿老熟后，具有典型风格和鲜明个性特征的基酒，是在酒体设计时主要用于丰富和完善酒体的香和味的精华酒。特殊工艺包括发酵、蒸馏、陈酿等。通过蒸馏工艺获取调味酒时常用的方法有以下几种。

（1）选酒　甑桶蒸馏时接取较高酒精度的酒，使风味物质的相对含量提高。

（2）串蒸　把特制的香醅撒于酒醅上进行串蒸，将香味物质有效提取出来。

（3）复蒸　酒头、酒尾等和糟醅进行重蒸，使香、酸成分不断浓缩，制得高香、高辣、高酸调味酒。

一、调味酒的类型

调味酒的主要作用笔者概括起来主要有调味用、调香用、调陈香用、调特征特色用，共四大类，可以概括为“调味调香再调老，特征特色差异好”。调味酒拥有自己的独特个性，根据其独特的风味特点，又可将调味酒分为不同具体的类型，各类型的调味酒，各自具有不同的感官特点。

（1）酒头和酯香调味酒　可提高低度酒的前香和放香，去除水味。

（2）陈醇调味酒　提高酒香，使味醇和爽口，增加陈醇味。

（3）酸醇调味酒　提升低度酒的后味，使酒质回味悠长而浓厚。

（4）酱香调味酒　可使低度酒香浓、醇厚、丰满，低而不淡，回味长。

（5）辅助调味酒　猪油调味酒适量可以去杂增陈；药香调味酒有助于增

加酒体的复合香及丰满程度；花椒调味酒可使降度酒后味增强，花椒中所含的山椒素易溶于70%vol的酒精中，提香力甚强，有解决低而不淡、延长后味香气的作用。

二、调味注意事项

（1）酒是很敏感的，各种因素都极易引起酒质的变化。所以在调味工作中应十分细致，使用的器具必须干净，否则会使调味结果发生偏差，浪费调味酒，破坏基础酒。

（2）准确鉴别基酒，认识调味酒，做到对症下药。

（3）调味酒的用量一般不超过0.3%，否则即为“不对症”，应更换调味酒。

（4）计量必须准确。

（5）调味工作完成后，应存放1~2周后，最好一个月，经检查，质量无大的变化后才能包装。

（6）选好和制备好调味酒，不断增加调味酒的种类，提高调味酒质量，酒头和酒尾调味酒要进行预处理，用活性炭吸附除杂。花椒调味酒制备时应先用豆油浸榨后，脱油洗净，再浸泡于70%的酒精中。

（7）低度酒的调味，关键是如何去除“水味”，保持其后味，使其低而不淡。

三、调味程序和时间选择

1. 调味酒调入的次序

酒尾→陈酿调味酒→酯香调味酒→酱香调味酒→酒头，依次加入，效果最佳。（调尾调味绵甜好，他香头香到陈老）。

2. 调味的时间

低度酒的调味需多次补调才能达到最佳口味。可选择三次调味，分别是：

第一次在加浆澄清前；

第二次在加浆吸附后；

第三次在贮存一段时间后。

低度白酒勾调好后不要马上包装，需贮存一定时间，观察其变化，若发现经贮存后口感有所变化，应再次调味，以保证质量。

第二节　调味酒的制作

一、浓香型白酒常用调味酒

（一）酒尾调味酒

选择质量高的粮糟酒尾，每甑摘取 30～40kg，酒精度控制在 20%vol 左右，贮存 1 年以上，可用作调味酒。酒尾中含有大量的高沸点香味物质，酸酯含量也高，特别是亚油酸乙酯、油酸乙酯和棕榈酸乙酯含量特别高。酒尾调味酒可提高基础酒的后味，使酒体回味悠长，浓厚感增加。

（二）双轮底调味酒

双轮底调味酒采用双轮底工艺酿造工艺生产，微量成分丰富，酸酯含量较高，糟香、浓香突出，酒体醇厚绵甜、回味悠长，能增进基础酒的浓香味和糟香味。

（三）酯香调味酒

酯香调味酒的酯含量较高，可达到 12g/L 以上。其香气纯正、放香大、酒体浓厚、回味悠长，主要用作提高半成品酒的前香（进口香），增进后味浓厚。酯香调味酒贮存期必须在 1 年以上，才能投入调味使用。

（四） 窖香调味酒

窖香调味酒要求老泥窖香明显、纯正、舒适，酒体醇厚绵甜，风格典型，含有较多的己酸乙酯、丁酸乙酯、己酸、丁酸等各种有机酸和酯，以及其他的呈香呈味物质，可提高半成品酒的窖香味和浓香味。

（五） 酒头调味酒

选择质量好窖的酒醅蒸馏出的酒头（每甑取 0.25～0.5kg），贮存 1 年以上就可用作基酒的调味。酒头中杂质含量多，杂味重，但其中含有大量的芳香物质，它可提高基酒的前香和喷头。

二、 黄淮派浓香型白酒常用调味酒

（一） 酒尾调味酒

选双轮底糟或延长发酵期的粮糟酒尾，方法有三种：

（1）每甑取酒尾 30～40kg，酒精度 15%vol 左右，装入麻坛，储存 1 年以上；

（2）每甑取前半截酒尾 25kg，酒精度 20%vol 左右，加入质量较好的丢糟黄水酒，比例可为 1∶1，混合后密封储存。

（3）将酒尾加入底锅内重蒸，酒精度控制在 40%～50%vol，储存 1 年以上。

酒尾中含有较多较高沸点的香味物质，酸酯含量高，杂醇油、高级脂肪酸和酯的含量也高。由于含量比例很不谐调（乳酸乙酯含量特高），味道很怪，单独品尝，香味和口味都很特殊。酒尾调味酒可以提高基础酒的后味，使酒体回味悠长和浓厚。在勾调低度白酒和液态白酒时，如果使用得当，会产生良好效果。酒尾中的油状物主要是亚油酸乙酯、棕榈酸乙酯、油酸乙酯等，呈油状漂浮于水面。

在发酵期满蒸馏时，将这一部分底醅单独进行蒸馏，产的酒称作“双轮底”酒。蒸双轮底糟时，进行细致的“量质摘酒”，就可以摘出优质调味酒。

（二）酸醇调味酒

酸醇调味酒是收集酸度较大的酒尾和黄水，各占一半，混装于麻坛内，密封储存 3 个月以上（若提高温度，可缩短储存周期），蒸馏后在 40%vol 下再储存 3 个月以上，即可作为酸醇调味酒。此酒酸度大，有涩味。但它恰恰适合冲辣的基础酒调味，能起到很好的缓冲作用，故特别适用于液态法白酒的勾调。

（三）陈酿调味酒

选用生产中正常的窖池（老窖更佳），把发酵期延长到半年或 1 年，以增加陈酿时间，产生特殊的香味。半年发酵的窖一般采用 4 月入窖，10 月开窖（避过夏天高温季节）蒸馏。1 年发酵的窖，采用 3 月或 11 月入窖，到次年 3 月或 11 月开窖蒸馏。蒸馏时量质摘酒，质量好的可全部作为调味酒。这种发酵周期长的酒，具有良好的糟香味，窖香浓郁，后味余长，尤其具有陈酿味，故称为陈酿调味酒。此酒酸、酯含量特高。

（四）双轮底调味酒

双轮底调味酒具有酸、酯含量高，浓香和醇香突出，糟香味大等特点，有的还有特殊香味，是调味酒的主要来源。所谓“双轮底”发酵，就是将已发酵成熟的酒醅起到黄水能浸没到的酒醅位置为止，再从此位置开始在窖的一角（或直接留底糟）留约一甑（或两甑）量的酒醅不起，在另一角打黄水坑，将黄水舀完，滴净，然后将这部分酒醅全部平铺于窖底，在上面隔好篾子（或撒一层熟糠），再将入窖粮糟（大楂）依次盖在上面，装满后封窖发酵。隔醅篾以下的底醅经两轮发酵，称为“双轮底”。

（五） 浓香调味酒

选择好的窖池和适宜的季节，在正常生产粮醅入窖发酵 15d 左右时，往窖内灌酒，使糟醅酒精度达到 7%vol 左右；按 $1m^3$ 窖容积灌 50kg 己酸菌培养液（含菌数 4×10^7个/mL 以上）的比例往窖内灌己酸菌培养液，再发酵 100d，开窖蒸馏，量质摘酒即成。采用回酒、灌己酸菌培养液、延长发酵期等工艺措施，使所产调味酒酸、酯含量成倍增长，香气浓而不可咽，是优质的浓香调味酒。

（六） 曲香调味酒

选择质量好、曲香味大的优质麦曲，按 2%的比例加入双轮底酒中，装坛密封 1 年以上。在储存中每 3 个月搅拌一次，取上层澄清液作调味酒用。酒脚（残渣）可拌和在双轮底糟上回蒸，蒸馏的酒可继续浸泡麦曲。依次循环，进一步提高曲香调味酒的质量。这种酒曲香味特别好，但酒带黄色及一些怪味，使用时要特别小心。

（七） 酱香调味酒

采用高温曲并按茅台或郎酒工艺生产，但不需多次发酵和蒸馏，只要在入窖前堆积一段时间，入窖发酵 30d，即可生产酱香调味酒。这种调味酒在调味时用量不大，但要使用得当，就会收到意想不到的效果。

（八） 酒头调味酒

取双轮底糟或延长发酵期的酒醅蒸馏的酒头，混装在瓦坛中，储存 1 年以上备用。取酒头的方法是，每甑取 0. 25～0. 50kg 酒头，接取时要注意除去冷凝器上甑留下的酒尾浑浊部分。酒头中杂质含量多，杂味重，但其中含有大量的较低沸点的芳香物质，己酸乙酯、乙酸乙酯含量特多，醛类、酚类也多。使用得当，可提高基础酒的前香和喷头。

（九）老酒调味酒

从储存 3 年以上的老酒中选择调味酒。有些酒经过 3 年储存后，酒质变得特别醇和、浓厚，具有独特风格和特殊的味道，通常带有一种所谓的“中药味”，实际上是“陈味"。用这种酒调味可提高基础酒的风格和陈酿味，去除部分“新酒味”。生产厂家可有意识地储存一些风格各异的酒，最好是优质双轮底酒，数年后很有用处。

三、老白干调味酒感官验收标准

由于调味酒的用量很少，因此，在调味酒制作或选取时，以感官品评为主，表 4-51 是老白干香型白酒调味酒的感官质量要求。

表 4-51　老白干调味酒的感官质量要求

项目	色泽和外观	香气	口味
酒头	清亮透明	乙酸乙酯香气突出	暴辣、杂味重
酒尾	清亮，10℃以下允许微浑浊	放香弱，较沉闷	味甜酸涩
酯香调味酒	无色、明亮、透明	乳酸乙酯和乙酸乙酯的复合香气突出	入口酯香突出
醇甜调味酒	清亮、透明、无悬浮物、无沉淀	正常的老白干香	醇甜谐调
酸味调味酒	清亮、透明、无悬浮物、无沉淀	微有酸陈香、正常老白干香	有明显酸味、酒体谐调、厚实、味长
中段	无色透明	醇香，清雅纯正	口味干净，谐调性好

四、芝麻香型调味酒验收标准

（一）酒尾调味酒

酒尾调味酒是定向摘取的酒，重点是香气正，酸味正，无涩、苦、油臭、糊臭、泥臭等邪杂味。

（二） 双轮调味酒

双轮调味酒是定向摘取的酒，重点是香气典型突出，浓厚，无明显邪杂味。

（三） 陈酿调味酒

陈酿调味酒是单独工艺长期发酵，蒸馏摘取的酒，重点是香大浓洌、浓厚柔绵、味长，无明显邪杂味。

（四） 窖香、 酯香调味酒

窖香、酯香调味酒是定性摘取或单独工艺加工的酒，重点强调窖香和酯香要大、正，味谐调，无明显邪杂味。

（五） 曲香调味酒

曲香调味酒是特殊工艺制作的酒，重点是陈曲香正，味谐调，无霉味、青泔等邪杂味。

（六） 酒头调味酒

酒头调味酒是定向摘取的酒，重点是香气大或酯香突出、香气正。存在异杂香味，如糟臭、窖臭、泥腥、霉烂、涩重、苦等气味的都不能作为调味酒。

（七） 老陈调味酒

老陈调味酒是有特点且经长期老熟后，从中挑选出来的酒，重点是陈香丰满典型、味浓厚悠长，无明显邪杂味。

五、小曲白酒调味酒的制作及验收标准

（一）尾酒调味酒

在生产质量较好的班组蒸馏取酒后，开始接尾酒，取前段 20kg 左右、酒精度为 20%vol 左右的尾酒，收集并坛，贮存 1 年。也可将此尾酒与原度合格酒按 1∶1 的比例混合以提高酒精度，搅拌均匀，贮存 1 年，作为尾酒调味酒使用。

尾酒调味酒中酸、酯含量都比较高，杂醇油（多元醇）、高级脂肪酸等含量也高，其中高级脂肪酸乙酯和乳酸乙酯为尾酒中的主要酯类，尾酒中的油状物主要是亚油酸乙酯、油酸乙酯等高级脂肪酸类物质，由于它们的分子质量大，不溶于水，也就难溶于低度白酒中。

由于尾酒调味酒中香味物质成分比例不协调，高沸点、杂质成分多，所以味很怪，单独品评其香和味都很特殊。但作为某些基础酒的调味还是具有较好的作用，对提高基础酒的后味，促进酒质回味绵长，效果较为理想。

（二）爽净型调味酒

爽净型调味酒往往是在对贮存调味酒选用中偶然发现，其感官特征是突出乙酸乙酯和糟香香气，酒中乳酸乙酯含量低，口味干净而爽快。这种调味酒可克服基础酒前香不足和后味欠爽净的缺陷，是一种较为理想的调味酒。

（三）陈酿调味酒

小曲白酒发酵生产一般为 5d 发酵，第 6 天取出糟醅清蒸取酒。根据调味酒的设计需要，采取打破常规，将发酵周期延长至 15d 以上而延长其发酵糟醅的生酸及酯化时间，并且安排在气温较高的季节生产，为酸、醇酯化及其他微量成分的更多生成提供一个较好的温度环境，促进香味物质成分的更多获得。以这样的方法生产的调味酒香味较为全面，酒质较好，清蒸取酒后，

可以全部作为调味酒贮存使用。由于发酵周期长，酒中总酯、总酸含量较高，醇类物质丰富，其中总酸可达 1.00g/L 以上，乙酸乙酯可达 2.50g/L 以上。

（四） 糟香调味酒

小曲白酒固有的糟香，是由高粱等粮谷整粒浸泡、清蒸膨化、小曲（根霉）为糖化发酵剂、做箱增菌糖化、续糟（配糟）混合固态发酵、蒸馏取酒、续糟（配糟）循环等独有的生产工艺所产生。在小曲白酒的生产过程中，酒中糟香体现的优劣与工序控制有关，与续糟（配糟）配入比例有关，也就是说粮与糟的搭配比例大小决定着产酒糟香的强弱。一般情况下，粮糟比控制在 1∶4 左右，不同的季节即不同的气温下，配糟的比例有所调整，以冬季减糟、夏季加糟的对发酵升温速度加以常规控制，这主要是利用配糟中的含酸量来调节入池发酵糟醅的酸度，从而调节发酵速度，使之有利于不同季节的正常发酵。但在生产过程中，不同的班组对配糟比例的大小有着不同的认识，因为配糟比例大，则工作量有所增大，且煤耗相应有所增加；配糟比例小，工作量相对有所减少，但产酒糟香味偏弱，这样必然导致不同的班组有着不同的取向差异；就同一班组，对配糟的控制因感官经验决定而时有出现偏差，也就出现产酒糟香强弱时有波动。由此，小曲白酒合格酒中，始终存在糟香味优劣之分，当然，可以通过基酒组合而初步解决，但有时组合的基础酒糟香味仍然欠佳，所以需要典型的糟香调味酒作以添加而补充。

糟香调味酒的生产可采用两种方法：第一种方法是将配糟比例增大，把粮糟比控制在 1∶（5~5.5），入窖时可选一定数量的优质黄浆水加酒尾拌入混合糟内发酵 20d 左右进行蒸馏取酒。第二种方法是多轮底发酵。在出窖时留一部分发酵糟在窖底，继续发酵两轮或三轮后再蒸馏取酒。蒸馏时根据不同的用途可分段摘酒，也可全酒入坛，贮存 1 年时间后使用，具有很好的糟香风味。

（五） 清香调味酒

采用小曲白酒生产工艺与清香型大曲酒的生产方法相结合，即在小曲白酒工艺入窖发酵时，按一定比例添加低温大曲入窖发酵，将发酵期延长至20d以上，经蒸馏取酒贮存老熟后，即为清香调味酒，这种调味酒既有大曲清香的风味，又有小曲的糟香和醇甜。由于该酒乙酸乙酯和乳酸乙酯含量特别高，香味物质成分比小曲白酒丰富，味更醇厚，且少量参与适合小曲白酒酒体，能增进小曲白酒基础酒的清香感及绵柔感，对某些基础酒能够起到清雅而爽净的调味作用。

（六）酱香调味酒

按照酱香型大曲酒工艺要求操作，使用高温大曲，采取二次投料，高温堆积，条石小窖，多轮次发酵和高流酒；将酱香、醇甜及窖底香三种典型体和不同轮次酒综合后长期贮存，老熟后即为酱香调味酒。酱香调味酒含芳香族化合物和形成酱香型味道的物质较多，这类物质在小曲白酒中虽然含量很少，有些物质甚至没有，但在某些小曲白酒基础酒的调味中能起着很重要的作用，特别是对小曲白酒高档产品的调味点缀，能使酒体更加老熟、幽雅和有细腻感。

（七）酒头调味酒

在小曲白酒发酵生产过程中，针对质量控制较好的班组，在蒸馏取酒时，接取前段500mL左右，收集一定数量并坛贮存，一年后即可作为酒头调味酒使用。这种酒头调味酒芳香物质含量较高，其中低沸点物质居多，但低沸点醛类杂质也多，所以刚蒸出来的酒头既香又怪，通常情况下都把酒头作为劣质酒采取回蒸处理。现把酒头收集后，经过一段时间的贮存，酒中的醛类等物质，在贮存中进行转化和一部分挥发，使酒中各种微量成分变化而成为一种非常好的调味酒。酒头中的总酯含量高，总酸含量较低，且多为低沸点的有机酸，所以，酒头调味酒主要用于提高基础酒的前香，多数用于低档产品酒的调味。

（八） 陈味调味酒

陈味调味酒一般为有意识地延长合格酒贮存期让其老熟而得，有时通过勾调人员在对库存原酒品评中意外发现而作为陈味调味酒，但多数为有意识地贮存一些各种不同特点的酒，为以后作调味酒使用。酒经过了 3 年以上贮存后，酒质变得特别醇和，酒中各分子间的缔合较为稳定，酒体老熟而陈味显著且具特殊的风格。一般说来，贮存 3~5 年的酒，都具有一定的特殊点，都可以作为陈味调味酒使用，其作用是能提高基础酒的陈味和醇和的口味及风味，因此，陈味调味酒的贮备及选用对基础酒的调味工作十分重要。

第五篇

调香白酒的酒体设计

第一章　调香白酒的演变历程

第一节　调香白酒的诞生背景

按照2008版的饮料酒分类标准，液态法白酒的定义为“以含淀粉、糖类物质为原料，采用液态糖化、发酵、蒸馏所得的基酒（或食用酒精），可调香或串香，勾调而成的白酒”。液态法白酒执行的国家标准 GB/T 20821—2007《液态法白酒》，笔者将其称为一标；固液法白酒执行国家标准 GB/T 20822—2007《固液法白酒》，笔者将其称为二标。从液态法白酒的定义可以看出，液态法白酒是可以使用食用酒精的，可调香，可调香就是指可以添加食品添加剂（香料香精）。

若按照2021年的新版国家标准，目前的液态法白酒和固液法白酒，都不能再被称之为液态法白酒或固液法白酒，只能称为调香白酒，虽然名中带有“白酒”两个字，但是调香白酒不属于蒸馏酒的类别，而属于配制酒。

液态法白酒因为使用了高稀液态发酵工艺，和采用低水分固态发酵工艺的传统白酒相对，因此，也常常被称为新工艺白酒。另外，由于经常直接使用食用酒精作为其配料之一，故也常常被消费者称之为“酒精酒”“酒精勾兑酒”或“酒精勾兑白酒”。目前社会上对液态法白酒，尤其是调香白酒，普遍认为其不是好的白酒，甚至是不安全的白酒，笔者认为这是一种偏见。酒好不好是感官说了算，安全与否，要看食品安全指标，目前并没有证据证明调香白酒的口感就一定差，食品安全国家标准限量的食品安全指标的含量就一定高。

液态法白酒或者说调香白酒提出于20世纪50年代，这时正值新中国成立初期，按当时的生产水平，每生产1t白酒约需耗粮3.9t，生产酱香型酒耗粮还要多些。这一时期，国内粮食供应十分紧张，为了解决粮食紧缺的问题，缓解粮食供应不足和生产白酒耗粮的矛盾，并满足劳动人民日益增长的饮酒需要。在这种背景下，国家鼓励白酒行业研发低粮耗的酿酒工艺，希望少耗粮，多产酒。

为了达到少耗粮、多产酒的目的，当时提出了三种技术路线，可以概括为“粗粮麸曲酒精改”。第一种技术路线是以粗粮（如高产作物甘薯）代替细粮，进行酿酒；第二种技术路线是用人工培养的曲霉菌和酵母菌（即麸曲的开端）代替酒曲提高原料利用率；第三种技术路线就是参照苏联生产伏特加的办法，采用液态发酵，塔式蒸馏，先将原料制成酒精，再稀释改制成白酒。按当时的水平，苏联生产伏特加的原料利用率比我国固态法生产白酒的效率高出 1 倍以上。

第一个五年计划中，按第一种技术路线的思路提倡农民多种高产作物甘薯，以补助细粮供应之不足。接着就产生用甘薯干代替高粱、玉米酿酒的热潮。

使用人工培养曲霉菌和酵母菌代替大曲酿酒的办法，是 1952 年首先在前北京酿酒厂改大曲二锅头为麸曲二锅头开始的。

第三种技术路线提出时间最早，因对传统白酒的生产过程改变大，涉及的技术较多，受到的反对也较多，因此，起步却较晚，发展也较慢长。

20 世纪 50 年代初，生产优质食用酒精在国内已经积累了不少经验，如哈尔滨酒精厂、天津酒精厂（当时采用间断式精馏塔设备），已经可以生产高纯度酒精，并向国外出口。表面上看，解决了优质酒精的问题，酒精改制白酒似乎已经完成了一大半，成功应该不成问题。但是事情远没有想象的那么简单，一是国内有不少反对者，二是酒精改制白酒的风味口感和目标相去甚远。

酒精改制白酒的原理是在仿伏特加的基础之上，结合中国白酒的风味特点，以及中国消费市场的要求，对酒精进行改制，使其具有类似中国白酒的感官特征。最初想到的似乎被认为是最好的办法，就是用香精和糖精等改制酒精，得到想要的白酒产品。但是由于当时香精纯度不够，使得这种酒的香味有类似于喷漆用的“香蕉水”的气味，为消费者所厌恶。所以“三精一水”酒一进市场就“砸了锅”，无人过问，留下的只有群众对酒精改制白酒不好的印象，这也意味着第三种技术方案的失败。

20世纪50年代末出现的“三精一水”散装勾兑白酒是新型白酒的雏形，但由于当时技术手段的落后，未能很好地解决酒精除杂及成品酒“缺酸少酯”等问题，阻碍了新型白酒的发展。

但是新工艺、新技术的不断涌现推动了新型液态法白酒的发展。20世纪60年代中期，北京酿酒总厂在董酒串香生产工艺的基础上，成功开发出酒精串香二锅头发酵香醅的新型白酒“串香”工艺，生产出具有传统白酒风味的新型白酒，开创了新型白酒生产的新时期。

进入20世纪70年代，随着各香型优质白酒的总结工作的进展和先进的分析测试仪器的出现，有的专家提出“固液勾兑”配制新型白酒的新工艺路线，从此揭开了新型白酒大发展的序幕。

到20世纪90年代，这类酒已占全国总产量的50%以上，成为我国白酒市场上的主体产品。在此时，为了提高新型白酒的档次，有的专家又提出了用优质酒精加部分优质白酒研制中档新型白酒的技术路线，并迅速发展起来。

第二节　调香白酒的发展历程

一、 规划立项

在20世纪50年代，我国白酒界就开始酝酿固态法生产液态化，当时轻工业部提出的酿酒工业方面的课题是“酒精兑制白酒”，该课题，经过国家科委专家们审议并通过后，最终被列入十二年科技发展远景规划中，这是白酒界采用科技与生产相结合的办法，逐步将古老的固态法大胆地改为液态法。

“酒精兑制白酒”课题的设想，是根据白酒中主要成分为酒精，且当时国内酒精厂已达到可以生产高纯度酒精的水平，该课题主要问题上升为如何搞好白酒中1%~2%呈香呈味成分，并兑制成具有白酒风味的产品。

用酒精改制白酒，既然是国家规划项目之一，必然受到白酒界的重视。但是进入具体研究时才发现，酒精兑制白酒并非当初设想的那么简单，经多次不成功之后，不得不改为退一步再前进的方针，即保留一部分固态法生产与液态法生产酒相结合，作为过渡形式，这就是新工艺白酒的开端。

二、 酒精兑制白酒

1956 年，轻工业部重庆工业试验所列有“酒精兑制白酒”的年度研究计划，组成了研究小组，组长是后来调到轻工业部食品发酵工业科学研究所工作的白酒专家熊子书。在研究过程中，研究小组将传统的酿造白酒与酒精兑制白酒，进行消费者调查，并收集消费者意见。

通过消费者调查发现，当时的消费者比较偏爱喝带“糟香”的白酒。所谓的“糟香”就是类似于蒸馏时的扔（丢）糟，使酒带有的糟香气味。为了使酒精兑制白酒也具有糟香，于是就利用丢糟进行了试验，结果表明以串香风味好；浸蒸损耗大，而且操作较麻烦，不易推广。后来又对固液结合法进行了试验，结果发现使用 7%的优质酒勾兑普通白酒，效果较好。

原轻工业部部长再次提出利用酒精配制白酒，由原轻工业部食品发酵工业科学研究所（现中国食品发酵工业研究院，即笔者的工作单位）与上海香料所合作，轻工业部食品发酵工业科学研究所负责生产工艺，上海香料所提供白酒香料。

原轻工业部食品发酵工业科学研究所的工程师熊子书负责该项目，独自一人进行生产工艺的试验，也进行了以硫酸为催化剂，将酒精与有机酸试制“人造酯”的试验，以试验合成的酯类化合物配制白酒获得了较好的效果。后来又用上海所提供的白酒香精配制白酒，以 29 号白酒香料为好。将试制样品送原轻工业部食品局等单位征求意见，同时以市售粮食白酒为对照样，结果试制样品的质量得到了一定的认可，最后送往在北京召开的第二届全国评酒会进行鉴定，认为可以进行推广了，但有人反对在北京试销，最后改为去东北进行推广而无结果。

随着科研工作的深入，对白酒香味成分进行剖析，用酒精兑制白酒找到基本规律，找到了名优白酒中香味成分和口味物质的平衡关系，用香料合成白酒取得成功。

合成白酒的方法为先处理加浆用水，再用处理好的水来稀释酒精，将其降度为60%~65%vol，成为试制合成白酒的基酒，再加入不同种类的有机酸、酯类、醛类和高级酒的基酒，使其综合协调，混为一体，最后将合成白酒加热处理，起到后熟作用。

白酒的香味成分决定了不同白酒的香型与风格。白酒香型可分为清香型和浓香型等，前者以汾酒为代表，以乙酸及乙酸乙酯为主要香味成分；后者以五粮液和泸州老窖大曲酒为典型，以己酸及己酸乙酯为主体香。以上述香味成分为主，再调配有关物质。因其种类和数量的不同，形成了不同香型风味的白酒。

三、 串香法白酒

1964年，北京酿酒厂学习、继承并发展了贵州省董酒厂（前身为遵义酒精厂）的生产经验，制香与制酒分开进行。董酒厂的做法是用大曲长期发酵制成香醅，用小曲法生产小曲酒，再用小曲酒串蒸大曲香醅（后改为两种酒醅共蒸），得出董酒成品。

北京酿酒厂学习并发展了贵州董酒生产经验，采用董酒串香方法，生产红星牌新法白酒。北京酿酒厂的方法是用大曲发酵法生产香醅，用液态法生产的酒精串蒸香醅，称之为固液结合法。后来改用麸曲酒糟加香料代替香醅，用酒精串蒸，称之为固、液、料三结合法。创造出了一条“液态发酵酒除杂，固态发酵醅增香，固液法结合的工艺路线”。这条路线不仅增加了产量，提高了效益，而且使酒的质量有很大提高。

北京酿酒厂初期制取香醅是外购大曲，40d发酵制成清香型香醅，用自产的酒精代替小曲酒串蒸香醅，得出具有清香风味的成品。后因外购大曲受到限制，改为用麸曲酒糟加香料代替香醅，用酒精串蒸。所用香料可以随市场需要而调整，例如，加窖香酯和窖香酸，可以生产窖香型酒，具有西南地区大曲酒的风味。

1964 年底，北京酿酒厂在华北区白酒协作会议上介绍酒精改制白酒经验，引起白酒界和原轻工业部重视。1965 年 1 月 13~16 日，轻工业部派科研司葛春霖司长参加北京市科学研究计划会议，并组织了一次酒精改制白酒座谈会，讨论酒精串蒸香醅生产白酒的问题。

会议决定成立“配制白酒专题研究组”，由葛司长担任组长，亲临现场蹲点指导。同时由轻工业部以［65］轻食 30 号公文通知轻工业部发酵科学研究所、内蒙古科学研究所、轻工业部香料研究所、汾酒试点组、茅台试点组和包头试点组，分别承担纸上层析和气相色谱分析任务，配合北京酿酒厂的试验研究工作。

1965 年 3 月，轻工业部科研司司长在全国轻工业厅局长会议上介绍了酒精改制白酒的情况，并建议向全国各地酒厂推广应用新方法，同时向轻工业部食品发酵工业科学研究所布置任务，去山东省推广酒精改制白酒的技术经验，促进山东各县酒厂根据本厂实际情况，分别选用固液结合法或固液料三结合法生产液态法白酒，全省推广后，液态法白酒年产量达到全省白酒总产量的 90%。

1966 年 2~6 月，根据国家科委 10 年规划要求，落实去年在烟台召开的全国白酒专业会议精神，要在山东进行新工艺的串香法白酒总结试点。由熊子书担任技术组组长，轻工业部在山东、山西、江苏、河南和安徽等 5 省抽调技术干部 35 名，在山东临沂酒厂进行了科学试验，以薯干（又称瓜干）为主原料，麸曲为糖化剂，用 10% 原料配制成固态香醅，90% 原料生产液态发酵的酒精进行串香，成功试制生产出薯干优质酒。

串香法白酒的酒精用量占成品酒 90% 左右，可解决酒精的辛辣味，使口味柔和，带糟香味，具有我国固有的白酒风格，这是串香法白酒的特点。

以串香蒸出的白酒，香味大而带新酒气味，口味较糙辣，经多次品评，得分接近景芝白干，而高于其他薯干酒。

四、 调香法白酒

1967 年 3~9 月，全国调香法新工艺白酒在山东青岛酒精厂进行试点，由轻工业部和山东省轻工业厅组织技术人员 15 名，熊子书主持了这次试点工作，负责白酒的调香技术。

在研究配方时，以泸州老窖二曲酒的风味为参照，先开始配制小样，征求厂内外人士的意见，前后组织 4 次品评鉴定会，参加人数共 100 多人次，确定了调香法白酒的定型特点，并将其命名为“曲香白酒”，共试制曲香白酒约 10t，先后进行了 5 批试销。

1967 年 9 月 14~16 日，轻工业部委托山东省轻工业厅负责主持在青岛市召开了新工艺白酒“曲香白酒”技术鉴定会议，通过到会代表的现场考核。

“文革”期间，酒精改制白酒工作一度中断。20 世纪 70~80 年代又陆续恢复、创造并迅速发展起来。

由于酒精和香精香料技术的提高，给新工艺白酒的发展提供了条件，“七五”期间新工艺白酒已有长足的增长，1990 年产量达 150 多万 t，约占全国白酒总产量的 1/3，比 1985 年增加近 1 倍。

1992 年底，液态法白酒的总产量约占全国白酒总产量的半数以上。据部分省市统计，新工艺白酒总产量在各省所占的比例：山东为 90%、江苏、黑龙江 70%、四川 50%以上，新工艺白酒已从研制时期，进入发展时期。

简单说酒精勾兑酒，就是为了模拟传统粮食酿造白酒的风味和口感，常见的酒精勾兑酒（仿白酒）添加剂至少十四五种，多的要加七八十种。

现在真正规范的中国传统白酒，采用传统工艺、手工操作，从原料到酿造、蒸馏、贮存、调制、参与酿造的酿酒大师，全程可追溯的中国白酒是稀有资源。这类酒由于受到产区限制，工艺复杂度高，生产周期长，贮存周期长。

传统白酒中确实有 1000 多种除酒精与水的其他物质，但其总量仅有 2%左右，比例最大的是各种醇、酸、酯、醛类物质。酸类物质绝大多数是乙酸、己酸、乳酸，没有这些有机酸的天然比例搭配，白酒的酒精刺激性就非常强。

采用酒精勾兑白酒，还是要不可避免地按照比例调入这些酸。至于酯类物质，在酒精勾兑过程中，更是必不可少的。否则，没有己酸乙酯就不会有浓香型白酒，没有乙酸乙酯和大量的乳酸乙酯就不可能构成清香型白酒的风格。

第三节　调香白酒的类型

一、 固液结合法

固液结合法是综合固态和液态生产方法的优点，以液态法生产的优级食用酒精为酒基，经脱臭除杂，利用固态法的酒糟、酒头、酒尾或固态法白酒增香来提高液态法白酒的质量，故又被称之为液态除杂、固液结合增香法。

二、 复蒸增香法

串香法是贵州省遵义董酒厂生产董酒的经验在液态法白酒生产中的应用。串香法的具体做法有多种，有的与麸曲固态法白酒相结合，即先将酒精放入底锅再将酒醅装甑蒸馏，使酒精蒸气通过酒醅而将酒醅中的香味成分带入酒中，以增加白酒的香味。有的在固态法白酒中加入产酯酵母培养液，培养香糟后，再装甑串香。还有的用酒醅加曲再发酵做成香醅后，进行串香等，各有特色。浸蒸法是将香醅与酒精混合、浸渍，然后复蒸取酒。一般香醅用量为酒基的10%~15%，浸渍时间在4h以上。

三、 调香法

调香法是以脱臭的食用酒精为酒基，配入具有白酒香气的香味液或食用香精，这一工艺又称为调香勾兑法。它与串香法或浸蒸法相比，省略了酒精复蒸操作，避免了酒精的损耗，节约了蒸汽与劳动力，生产效率高。虽然这一方法最简单，而且设想不同风格香型的白酒都可以人为地予以控制，因此被认为是有价值、有前途的一种好方法。但在实际工作中发现，由于白酒的香味成分复杂，含量少、种类多，不可能以少数几种化学香料调制出合乎要求的白酒，这就造成了调香勾兑技术的复杂性。到目前为止，除了浓香型白酒用调香法勾兑稍见成效以外，其他的香型白酒则有待于继续摸索研究。

四、 不同液态调香白酒的优缺点

串香法和浸蒸法产品虽有明显的固态法白酒的风味，也适用于一般酒厂的生产条件，但此法仍不能摆脱繁重的体力劳动，而且串香法的酒精损耗较大，损失2%~10%。固液勾兑法生产操作简单，酒精等物料损耗少，是目前较好的生产方法。复蒸增香法生产操作简便，物料损耗少，但调香技术要求高而难以达到理想，产品风味缺乏协调和自然感。

第四节　科学认识新工艺白酒

需要科学认识新工艺白酒和勾兑白酒的，绝不仅仅是消费者，也包括白酒生产企业、酒业科研人员及行业管理机构。

在人们的印象中，酒就应该由原料直接发酵产生，这期间产生酒精和各种风味物质，要是额外添加食用酒精，将失去其价值。不过实际上，把食用酒精作为酒主体的做法，在国外是很普遍的，因为在理论层面，食用酒精是发酵产生的，而酒中的主要组分酒精也是发酵产生，同样的原理和途径，自然可以相互取代。与此同时，各国的酿酒师们也正是以此操作。比如白兰地也有用传统工艺白兰地加酒精和香精配制而成的，这里的香精有可能是人工合成，也可能是从植物中提取，比如李子酊或者多葎香膏，而为了提高口感和增加颜色，还可能在酒体中加入糖浆、甘油和焦糖色。威士忌，也有所谓的混合型威士忌，将不同年份、不同来源的纯麦威士忌或者谷物威士忌，加入食用酒精，再经过短期陈酿而成。另外，金酒也有酒精串香工艺。朗姆酒就更不用多说，其本身的酿造工艺就和食用酒精类似。

无论是传统固态法白酒的“勾调”，还是新工艺白酒的“勾调”，本身并没有错，只要是正规厂家生产，符合国家相关标准，都是合格的白酒。可为什么说到这两个词，就会让人联想到假酒呢？究其原因一个是不良酒厂诚信的缺失，一个是消费者概念混乱。比如喝工业酒精勾兑的假酒致人伤病甚至死亡的新闻爆出，很多人在对白酒酿造不甚了解的情况下，很容易将“勾兑”简单地等同于“白酒造假”。

1998 年春节期间，发生在山西朔州地区的特大毒酒事件中，不法分子用大量甲醇加水制造成白酒出售，造成 27 人死亡，数百人被送进医院抢救。整个白酒产业遭到了重大的打击，整个社会也为之震颤。没有想到的是时隔几年，云南元江假酒中毒事件、广州毒酒杀人事件等恶性假酒事件又接二连三的发生，让人们彻底产生了抵触心理。此后，由于概念的混乱，食用酒精替之受罚，被戴上了万人唾弃的帽子，人们听到“勾兑”“酒精”等词就认为是假酒。

由于人们对新工艺白酒的戒备心理，市场上出现了生产厂家“不敢写”，消费者“不敢选”的现象。所谓“不敢写”指的是生产厂家一方面担心产品卖不出去销量受阻，而另一方面又因新工艺白酒生产效率高，酒体也较干净，产量较高。所以售卖产品即便是新工艺白酒，也不明确标明，反而进行隐瞒，或者干脆打上“纯粮酿造”的字号，对消费者进行欺骗。原本就对“勾兑”概念混淆的消费者，加上厂家商家“背后”操作的曝光，更是不敢也不愿意接受新工艺白酒了。这些酒厂之所以会备受指责，关键在于没有把真实的情况告知消费者。

事实上，“勾兑”和“非法添加”“白酒造假”是完全不同的概念。比如一些酒厂为控制成本，在国家允许的范围内合理使用一些常规的香料、香精物质，这本身是安全的。同样的道理，以食用酒精勾调的新工艺白酒，风格虽然跟纯粮酿造的名优白酒有差异，但也绝不存在令人心惊胆战的食品安全问题。

在此也特别提醒消费者，购买白酒时一定要在正规场所购买正规酒厂生产的产品，至于是酿造白酒还是新工艺白酒，可以看清标识后，根据需求自行选择。

通过上面的介绍，可以看出，大家对新工艺勾兑白酒存在严重误区，这里面虽有消费者对勾兑不理解的原因，其实更大的原因还在于白酒生产企业。要改变这种局面，白酒生产企业和消费者都需要转变观念。为了理解这些核心内容，便于转播正确的观念，笔者用一首诗，把相关的内容串起来，便于理解和记忆，诗的内容如下：

新工艺勾兑白酒

勾兑技术双刃剑，谈勾色变是偏见；

新白洋酒也勾践，稳定提质勾兑现；

三精一水不是骗，诚实标注是关键；

企业消费均需变，只要合规都安全。

诗的第一句意指勾兑技术是一把双刃剑，掌握在合法的人的手里面会发挥正面的作用，掌握在造假的人手里，则会带来不好的结果，甚至灾难。

第二句是说谈到勾兑人们都会觉得害怕，是因为大家对勾兑有偏见。

第三句指新工艺白酒和洋酒同样也需要勾兑的实践操作。

第四句是说为了稳定风格，提高质量，勾兑技术就应运而生。

第五句说明新工艺白酒添加食用酒精、食用香精、食用糖精和水不是欺骗消费者，是符合国家标准的合法做法。

第六句讲明对企业来说最关键是要把食品添加剂、产品类型等内容如实地标注在标签上，不要误导消费者，更不能隐瞒欺骗消费者。

第七句提示白酒企业和消费者都需要转变观念，不要对勾兑有偏见。

第八句言明只要符合所有的法律法规和标准等生产的白酒，不管是传统白酒还是新工艺白酒都是安全的。

第二章　食用酿造酒精的选择

第一节　酒精的质量

新型白酒所用的原料与传统白酒工艺所用的原料有很大的不同。它所用的基本上是成品状态或半成品状态的基础酒及增香调味物品。酒精是构成新型白酒的主体原料，它的质量如何，直接影响到新型白酒的质量和前途。过去一段时间里，人们对选用的基酒质量重视不够，才造成了新型白酒发展历程中的几次波折。

酒精改制白酒的酒基应该是符合国家食用酒精标准的。一般市售的食用酒精，若未经过特殊处理，虽然在理化指标上达到了标准，但在感官上仍有异杂味。人们常说的“酒精味”，实际上是酒精中杂质的邪杂气味。有的酒精苦味严重，或带有异味原料或发霉原料的气味。这些都是用常规的分析方法很难测出的，只有人的感官才能觉察出来。

能够配制白酒的酒精，感官上要求无异杂气味，入口微甜，无苦涩味；加入软化水，任意比例稀释不浑浊、失光。使用纯净的酒基，配制的白酒才能纯净无异杂味，凡是不符合要求的酒精，应该严格地进行处理，达到要求后，才能用于配制白酒，这一点十分重要。

新型白酒所用的酒精必须是国家定点准许生产的，达到食用级标准水平的；如果用来生产中、高档优质白酒，必须选用优级以上食用酒精；如果生产伏特加类的高纯度酒，所需的酒精质量要求更高，应选用食用特级酒精。

将各类酒精稀释成 45%vol 的水溶液，按白酒的品评方法进行感官评定，其结果如表 5-1 所示。从品评结果看：优级酒精好于普通酒精，处理后的酒精好于未处理的酒精。

表 5-1　　各类酒精水溶液的感官品评

感官评价项目	玉米酒精		糖蜜酒精	
	优级	普通	处理	未处理
综合评语	无色透明，气味纯正，入口甘醇，落口干净	无色透明，气味较纯正，入口尚醇甜，落口干净	无色透明，无异味，入口较甜，落口较净	无色透明，气味欠纯正，入口尚甜，落口欠净

酒精因其所用原料不同，采用的工艺和设备不同，质量有很大差别。我国食用酒精的理化标准如表 5-2 所示。

表 5-2　　我国食用酒精理化标准（GB 10343—2008《食用酒精》）

项目	特级	优级	普通级
色度/号 ≤	10		
酒精含量/%vol ≥	96.0	95.5	95.0
硫酸试验色度/号 ≤	10	10	60
氧化时间/min ≥	40	30	20
醛（以乙醛计）/(mg/L) ≤	1	3	30
甲醇/(mg/L) ≤	2	50	150
正丙醇/(mg/L) ≤	2	35	100
异丁醇+异戊醇/(mg/L) ≤	1	2	30
酸（以乙酸计）/(mg/L) ≤	7	10	20
酯（以乙酸乙酯计）/(mg/L) ≤	10	18	25
不挥发物/(mg/L) ≤	10	20	25
重金属（以铅计）/(mg/L) ≤	1		
氰化物[a]（以氢氰酸计）/(mg/L) ≤	5		

a 系指以木薯为原料的产品要求。以其他原料制成的食用酒精无此要求。

第二节　酒精的处理

目前国内酒精生产企业所生产的酒精大多数是食用普通级酒精，这类酒精的理化指标达到了可食用的水平，但有时感官指标达不到理想的程度。直接用这类酒精勾兑新型白酒，该酒的质量水平不会很高。尤其是用代用原料糖蜜、薯干生产的酒精，其邪杂味更重一些。这类酒精必须经过脱臭处理后方可用来勾兑新型白酒，常用的酒精处理方法有 3 种。

一、活性炭处理法

（一）作用原理

活性炭在活化过程中，形成了多孔结构，这些孔隙分为微孔、过渡孔、大孔三类。每类空隙的有效半径都在一定的范围内，因此具有不同的功能。对吸附而言，微孔的作用很重要，它的比表面积大，比体积也大，而且孔径不同，吸附对象也不同。

例如孔径在 2.8nm 的活性炭能吸附焦糖色，称为糖用活性炭。孔径在 15nm 的活性炭吸附亚甲基蓝的能力强，称为工业脱色活性炭。所以对不同的酒基而言，应选用不同的活性炭来处理，常用的白酒专用活性炭的规格和性能如表 5-3 所示。

表 5-3　各种活性炭的规格性能

规格	JT-201 型	JT-202 型	JT-203 型	JT-204 型	JT-205 型	JT-207 型
适用性能	新酒催陈，低度白酒	除去酒中沉淀物	酒异味较重，薯干酒精	含酯量高的低度白酒	糖蜜酒精	伏特加

（二）活性炭的使用方法

第一种方法按 1L 酒精加入粉末状活性炭 0.1～0.8g，搅拌 25min 后，滤去活性炭，即可获良好效果。

第二种方法是采用往酒精中加入 0.02%～0.04%的粉末状活性炭，搅拌后静置数日，将活性炭全部沉淀后，提取上清液即可。

第三种方法是将颗粒（1～3.5mm）活性炭装于炭塔中，使酒精流经炭塔。有的厂以 2～3 个高 4m 的炭塔串联，流速为 600L/h，获得了良好的效果。

但应注意不同的活性炭，不同的酒精，炭与酒精的接触时间应通过试验确认，不能固定不变。

二、 高锰酸钾处理

（一） 高锰酸钾的作用原理

高锰酸钾是一种强氧化剂，可氧化甲醇为甲醛，氧化甲醛为甲酸，氧化乙醛为乙酸。因此，酒精中加入适量的高锰酸钾，对降低酒精中甲醇、乙醛等杂质有显著的作用。为了防止酒精被氧化，反应应在碱性条件下进行，所以加入高锰酸钾的同时应加入一定量的氢氧化钠。

（二） 具体处理方法

往酒精中加入 0.1%左右的化学试剂级高锰酸钾，再加入 0.1%~0.15%的氢氧化钠，氧化处理 8~10h，然后过滤。氧化时间不可过长，否则一部分酒精将被氧化成醛，反而增加了酒精中的杂质含量。如高锰酸钾与活性炭结合使用，处理后效果会很好。

三、 化学精制重蒸法

化学精制重蒸法是将酒精先进行化学处理，一般是先加入氢氧化钠，然后再进行重新蒸馏。加入氢氧化钠的作用有三种：一是皂化酯类，使挥发性的酯类转变成酒精及不挥发性的盐类。二是中和挥发酸，将酸类变成不挥发的盐类。三是缩合乙醛，将挥发性乙醛聚合成红色沉淀。

蒸馏可分为釜式间歇蒸馏和塔式连续蒸馏两种。从处理效果上讲，间歇蒸馏有利于掐头去尾，便于排出杂质，不足之处是工效低、能耗高、酒损大。用酒精塔连续蒸馏，各项杂质排除更方便、更彻底，而且效率高，酒精质量提高更大。酒精企业应从生产工艺、设备上进行改进，直接生产出高质量的优级酒精，省去白酒企业再处理的各种麻烦。

第三章 可用于调香白酒的增香配料

根据目前我们国家现行的《食品安全法》及其配套的实施细则与相关的标准体系，作为食品配料的材料主要有6+2类，笔者概括为“普添香同营养新，保健食品有可禁”，具体如下：

第一类是普通食品，除相关标准规定的外。也就是说，普通食品可以作为任何食品的原料，但是要符合相关的国家标准。白酒的国家标准定义规定不允许直接和间接使用非白酒发酵产生的呈色、呈香和呈味物质。

第二类是食品添加剂。

第三类是香辛料和调味品，例如八角、茴香等。

第四类是药食同源物品，这类物品虽然可以入药用来治病，但是并没有副作用，可以作为普通食品对待。

第五类为食品营养强化剂。

第六类为新食品原料，这是一类新开发的食品资源。

第七类是可以用于保健食品的物品，保健食品有别于普通食品，因此，生产保健食品，可以用一些特殊的原料。

第八类是保健食品禁止使用的物料。既然保健食品中都禁止使用，普通食品就更不能使用。

一般来说，不属于以上类别的物品，严格来讲是不能作为食品的配料。调香白酒首先是食品，因此，原则上用于调香白酒的增香配料应首先符合上述类别。接下来，对可用于调香白酒的增香配料进行详细的介绍。

第一节 来自普通食品的增香调味配料

可用于调香白酒的普通食品的配料主要有两类，一类是来自固态法白酒生产的增香调味物料，一类是常见的普通食品。

一、 来自固态法白酒生产的增香物料

严格来说，用固态法白酒生产过程中产生的物料，尤其是废料，例如丢糟等，作为生产包括调香白酒在内的食品的配料，其合法性是值得探讨的。但是，白酒似乎是一个特殊的存在。在啤酒行业，回收使用啤酒发酵过程中产生的二氧化碳，曾被视为是不合规的行为，后来在啤酒的生产许可证审查细则中，专门增加了对回收使用二氧化碳进行专门的审查。下面依据白酒生产的传统，对来自固态法白酒产生的增香调味物料进行介绍。

（一） 香醅及丢糟

经固态法发酵完毕的香醅、丢糟中，含有许多种固态法白酒的呈香呈味物质。把这些有益的物质从糟中分离出来并进行一定处理后，可作为新型白酒最重要的增香调味剂。

（二） 黄水

黄水中含有的各种成分经加工处理后，可直接或间接用作新型白酒的调香味剂。白酒生产过程中产生的黄水的相关理化指标、微量风味成分及主要微生物如表 5-4 和表 5-5 所示。

表 5-4　　黄水的主要理化指标与微量风味成分含量

项目	单位	含量	项目	单位	含量
酒精度	%vol	4.3	多元醇	g/100mL	2.01
总酯含量	g/L	0.16	低聚糖	g/100mL	微量
总酸量	g/100mL	3.06	单宁及色素含量	%	0.16
pH		3~3.5	总氮量	%	0.3
酸度	mL/100mL	5.3	蛋白质态氮	g/100mL	3.21
总固形物含量	g/100mL	15.56	缩氨酸态氮	g/100mL	246.87
淀粉含量	%	2.56	氨态氮	g/100mL	50.92
还原糖含量	%	2.56	黏度	Pa·s	40.01
总糖量	g/100mL	5.32			

续表

项目	单位	含量	项目	单位	含量
正丁醇	g/100mL	14.94	丁酸	g/100mL	9.08
异丁醇	g/100mL	0.74	戊酸	g/100mL	4.41
2,3-丁二醇	g/100mL	5.69	己酸	g/100mL	8.99
β-苯乙醇	g/100mL	4.83	乳酸	g/100mL	2863.21
乙醛	g/100mL	6.41	丁二酸	g/100mL	11.79
糠醛	g/100mL	0.74	乳酸乙酯	g/100mL	70.63
乙缩醛	g/100mL	11.98	辛酸乙酯	g/100mL	1.68
甲酸	g/100mL	10.14	癸酸乙酯	g/100mL	30.7
乙酸	g/100mL	120.1	月桂酸乙酯	g/100mL	30.52
丙酸	g/100mL	34			

表 5-5 黄水中的主要微生物 单位：个/mL

样品名	乳酸菌	丁酸菌	己酸菌	酵母菌	霉菌
样品 1	1.5×10^5	1.8×10^4	1.8×10^4	2.0×10^2	1.0×10^2
样品 2	3.0×10^5	1.2×10^4	1.2×10^4	0.2×10^2	未检出

由表 5-4 和表 5-5 中的数据可知，黄水含有大量经长期驯化的有益微生物，并含有较多的糖类物质、含氮化合物以及醇、醛、酸、酯等呈香味物质，同时还有少量单宁及色素。

黄水中所含糖类物质主要是酿酒原料中的淀粉，经发酵后未被微生物完全利用所剩余下来的。其多为可发酵性糖，另有少量低聚糖，这些糖类物质是微生物生长的碳源。

黄水中含氮化合物主要是酿酒原料中的蛋白质，经发酵降解和酵母细胞自溶而得来的。按相对分子质量大小可分为蛋白质态氮、缩氨酸态氮和氨态氮三种。这些含氮化合物是微生物良好的营养物质。

黄水中含较多醇、醛、酸、酯等物质，这是由于黄水是酿酒过程中的窖内发酵产物，其中有机酸含量尤其丰富，它们是构成白酒的呈香味物质。

黄水中所含的微生物以细菌为主，其中乳酸菌和梭状芽孢杆菌占相当数量，而梭状芽孢杆菌（主要是己酸菌和丁酸菌）是生产中的主要产香功能菌。

由于黄水中含有许多醇、醛、酸、酯等香味成分，尤其含有丰富的有机酸，可赋予酒体浓厚感。因此，可以用处理过的黄水来直接勾兑同类香型的大曲酒或调香白酒，使勾成的酒带有其原香型酒的风格并能提高调香白酒的固态酒风味。

由于醇与酸可反应生成酯，因此可以将黄水、酒尾、大曲粉、老窖泥及发酵糟等按一定比例配方混合均匀，于恒温发酵一定时间，可以获得酯化液。酯化液的配方为：黄水：酒尾：大曲：窖泥：发酵糟=8.8：85：1.2：2.5：2.5。酒尾是指酒精度为40%vol以下的双轮底尾酒。将物料按配方混合均匀，放入酒桶或酒坛中，上部需保持一定空间，而后封闭发酵容器，并置于窖池中进行发酵。窖池内粮糟的发酵温度为26~30℃，正适合发酵液的发酵温度；也可放于地面进行保温发酵，发酵时间为60d，而后将发酵液取出。此发酵液即为酯化液，内含丰富的乙酯类物质。可将此酯化液通过一定方式重新蒸馏后，取蒸馏液用来勾兑，也可将此类酯化液经脱色、过滤处理后，直接用来勾兑新型白酒。

（三） 酒头、酒尾

固态法香醅间歇蒸馏过程中所产生的酒头、酒尾是新型白酒最好的增香调味剂。接下来对酒头、酒尾的成分及使用方法进行介绍。

选取发酵期较长的酒醅蒸出的酒头，每甑粮糟或丢糟可截取酒头0.5~1kg，酒头刚蒸出，既香又怪，须经贮存一定时间后，有些杂质挥发转化后方可使用，通常入库贮存1年，即可为酒头调味酒。酒头中含有多量的挥发酯，以及低沸点的醇类、醛类，还含有较多的多元醇，如表5-6所示。酒头调味酒可提高基础酒的前香。

表 5-6　　酒头酒尾微量成分含量

项目	单位	酒头	酒尾
总酯	g/L	9.63	1.7
总酸	g/L	0.43	2.58~7.50
挥发酸	g/L	—	1.70~2.68
挥发酯	g/L	8.22	0.50
总醛	mg/100mL	41	8~15
糠醛	mg/L	2.1	—
甲醇	mg/100mL	9.5	—
高级醇	g/L	0.9	—
多元醇	g/L	4.7	13.1~20.8
甘油	mg/L	—	1.7~2.5
双乙酰	mg/L	—	3.2~4.0

酒尾的成分分析如表 5-6 所示。酒尾的截取及使用有以下 4 种形式：

第 1 种：每甑截取 15%vol 的酒尾 40kg 左右，入库贮存 1 年即可用来调整酒的酸度及后味。

第 2 种：每甑截取 20%vol 的酒尾 25kg，按 1∶1 的比例加入 60%vol 的丢糟酒或黄水酒，入库贮存 1 年，可用来调酒体的丰满程度。

第 3 种：将酒尾全部收集后，加入黄水酯化液 20%，放入锅底重蒸至 45%vol，入库贮存 1 年，可作调香调味酒。

第 4 种：取无酒精的尾水，每甑 20kg，收集后可直接用来调新型白酒的酸度，代替化学酸味剂。

（四） 各种调味白酒

用各种经特殊工艺生产出来的调味白酒来调整新型白酒的香味，是新型白酒生产工艺中必不可少的关键性环节之一，常用的调味酒有以下几类：

（1）高酯调味酒　用来增加酒的香气。

（2）高酸调味酒　用来增加酒体的丰满度及后味。

（3）特甜调味酒　用来增加酒的甜味。

（4）曲香调味酒　用来增加酒的曲香味。

（5）药香调味酒　用来调高酒的香气及酒体丰满程度。

（6）木香调味酒　用来调高酒的后味。

（7）陈年调味酒　用来增加酒体的醇厚感，减少辛辣味。

以上 7 种调味白酒可以概括为“高酯高酸与特甜，曲香药香木陈年”，调味酒的成分如表 5-7 所示。

表 5-7　调味酒主要成分　单位：mg/100mL

酒名	总酯	总酸	醇类	总醛	乙缩醛
窖香酒	739	164.7	122.2	66	63
双轮底酒	828	151	104.6	78.2	56.2
酸酒	742.7	158.9	126	76.1	120.6
甜酸酒	616.8	147.4	106.7	80.7	125
苦味酒	472.4	121.4	88.3	156.4	234.2
涩味酒	446.8	117.4	88.3	158.6	215.2
泥香酒	527.9	169.6	99.7	138.9	201.7
异味酒	270.3	72.1	93.1	272.3	498.7
曲香酒	661	145	111.2	62.2	57.8
陈酒	591.4	183	86.7	81.9	63.1

二、 食用辅料

（一） 白砂糖

白砂糖是新型白酒最常用的调甜物品，它与绵白糖比较具有细度高、成本低等优点。两者感官及理化指标比较，如表 5-8 及表 5-9 所示。

表 5-8　　白砂糖和绵白糖感官指标比较

项目	白砂糖	绵白糖
色	洁白发亮	雪白
晶粒	晶粒明显，大小一致，无碎末，富有光泽	晶粒细小，绵软
气味和滋味	具有纯净甜味，不应带有焦苦味、酸味和其他杂臭味	同白砂糖
夹杂物	不允许含有夹杂物，尤其是金属夹杂物，溶解于水后应清澈透明，不应有悬浮物、沉淀物及浑浊现象	同白砂糖

表 5-9　　白砂糖和绵白糖理化指标比较

指标	白砂糖			绵白糖		
	优级	一级	二级	精制	优级	一级
总糖/% ≥	—	—	—	99.37	97.95	97.90
蔗糖/% ≥	99.75	99.96	99.45	—	—	—
还原糖/% ≤	0.08	0.15	0.17	2.0±0.5	2.0±0.5	2.0±0.5
水分/% ≤	0.06	0.07	0.12	1.60	2.00	2.00
灰分/% ≤	0.05	0.10	0.15	0.03	0.05	0.10
色值/% ≤	1.00	2.00	3.50	—	—	—
颗粒/mm^3 ≤	—	—	—	0.35	0.35	0.40
浑浊度/度 ≤	—	—	—	7	7	12
不溶于水的杂质/(mg/kg) ≤	40	60	90	30	30	60

（二）蜂蜜

蜂蜜是蜜蜂从活的植物上采集来的花蜜或分泌物，经过它们的酿制并贮藏在蜂脾里的甜性物质，是营养价值很高的天然药品或食品。蜂蜜的一般成分如表 5-10 所示。

表 5-10　　蜂蜜的一般成分

名称	含量	名称	含量
水分/%	17.2~20	碳水化合物含量/%	79.5~82.3
蛋白质含量/%	0.3	粗纤维含量/%	0
脂肪含量/%	0	热量/kJ	1272.6~1335.3

不同蜂蜜中碳水化合物的组成有一些差异，这主要取决于花蜜的来源。澳大利亚曾分析了当地 3 种花蜜的糖分组成，如表 5-11 所示。

表 5-11　　不同花蜜的糖分组成　　单位：%

糖分种类	蜂蜜种类		
	长喙桉	赤桉	三叶草
果糖	47.0	48.0	47.0
葡萄糖	40.0	40.0	45.0
蔗糖	4.0	4.0	2.0
麦芽糖	6.0	5.0	4.0
松三糖	2.0	2.0	1.0
棉籽糖	1.0	1.0	1.0
合计	100	100	100

蜂蜜中含有苹果酸、乳酸、蚁酸、草酸、丁酸、戊酸、酒石酸、柠檬酸等，约占蜂蜜的 0.1%。同时蜂蜜中还含有各种氨基酸，如赖氨酸、组氨酸、精氨酸、天冬氨酸、苏氨酸、丝氨酸、谷氨酸、脯氨酸、甘氨酸、丙氨酸、胱氨酸、缬氨酸、甲硫氨酸、异亮氨酸、亮氨酸等，但不是每种蜂蜜都含有这些氨基酸。蜂蜜中氨基酸的含量，因蜜蜂、花蜜、花粉的种类而异。

蜂蜜的矿物质含量，一般为 0.04%~0.06%，深色蜜含有较多的矿物质。同时，蜂蜜中还含有 B 族维生素及维生素 C 等，如表 5-12 所示。

表 5–12　　蜂蜜中的矿物质和维生素含量

名称	含量	单位	名称	单位	含量
钙	149.6	mg/L	烟酸	mg/kg	0.63~5.9
磷	126	mg/L	泛酸	mg/kg	0.25~1.9
钠	81.2	mg/L	维生素 B_6	mg/kg	2.27~4.8
镁	0.39	mg/L	维生素 B_2	mg/kg	0.35~1.45
钾	255	mg/L	维生素 B_1	μg/kg	21~91
铁	11.8	mg/L	维生素 C	mg/kg	5~65
锌	21.9	mg/L	生物素	μg/kg	0.66
铜	0.05	mg/L	叶酸	μg/kg	30

蜂蜜的气味随着蜜源不同而异，有清香、芳香、馥香、强烈气味等。例如枇杷蜜气味香馥，带有杏仁香味；荞麦蜜具有浓烈的气味，颇有刺激性。通常颜色越浅的蜂蜜，气味越清香。芳香物质大部分来自花朵或花蜜，它是从花瓣或油腺中分泌的挥发性香精油，其主要成分是醇及其氧化物，还有酯、醛、酮和游离酸等。蜂蜜中缺乏这些物质，味道就比较平淡。

第二节　可用于调香白酒的食品添加剂

目前在我国食品中能够使用的食品添加剂应符合标准 GB 2760—2014《食品安全国家标准　食品添加剂使用标准》，根据此标准，食品添加剂是指为改善食品品质和色、香、味，以及为防腐、保鲜和加工工艺的需要而加入食品中的人工合成或者天然物质。食品用香料、胶基糖果中基础剂物质、食品工业用加工助剂也包括在内。

调香白酒属于配制酒，因此，能用于调香白酒的食品添加剂按配制酒类别进行要求，下面进行详细的介绍。

一、 用于调色的食品添加剂

调色食品添加剂是指可用于配制酒的着色剂，笔者把可用于调香白酒调色的食品添加剂进行了整理，如表 5-13 所示，目前总共有 34 个色素可用于调香白酒的调色。

表 5-13　　可用于调香白酒的调色添加剂

序号	食品添加剂名称	用量	单位	备注
1	赤藓红及其铝色淀	0.05	g/kg	以赤藓红计
2	靛蓝及其铝色淀	0.1	g/kg	以靛蓝计
3	黑豆红	0.8	g/kg	
4	红花黄	0.2	g/kg	
5	红米红	按生产需要适量使用		
6	红曲黄色素	按生产需要适量使用		
7	红曲米，红曲红	按生产需要适量使用		
8	姜黄	按生产需要适量使用		
9	焦糖色（加氨生产）	50	g/L	
10	焦糖色（苛性硫酸盐）	6	g/L	
11	焦糖色（普通法）	按生产需要适量使用		
12	焦糖色（亚硫酸铵法）	50	g/L	
13	金樱子棕	0.2	g/kg	
14	可可壳色	1	g/kg	
15	喹啉黄	0.1	g/L	
16	亮蓝及其铝色淀	0.025	g/kg	以亮蓝计
17	萝卜红	按生产需要适量使用		

续表

序号	食品添加剂名称	用量	单位	备注
18	玫瑰茄红	按生产需要适量使用		
19	密蒙黄	按生产需要适量使用		
20	柠檬黄及其铝色淀	0. 1	g/kg	以柠檬黄计
21	葡萄皮红	1	g/kg	
22	日落黄及其铝色淀	0. 1	g/kg	以日落黄计
23	天然苋菜红	0. 25	g/kg	
24	苋菜红及其铝色淀	0. 05	g/kg	以苋菜红计
25	橡子壳棕	0. 3	g/kg	
26	新红及其铝色淀	0. 05	g/kg	以新红计
27	胭脂虫红	0. 25	g/kg	以胭脂红酸计
28	胭脂红及其铝色淀	0. 05	g/kg	以胭脂红计
29	叶绿素铜钠盐，叶绿素铜钾盐	0. 5	g/kg	
30	诱惑红及其铝色淀	0. 05	g/kg	仅限使用诱惑红
31	栀子黄	0. 3	g/kg	
32	栀子蓝	0. 2	g/kg	
33	紫甘薯色素	0. 2	g/kg	
34	紫胶红（又名虫胶红）	0. 5	g/kg	

二、 用于调香的食品添加剂

（一） 原则

调香食品添加剂是指可用于配制酒的食品用香料，调香食品添加剂常被称为食品用香料、香精。在食品中使用食品用香料、香精的目的是产生、改变或提高食品的风味。食品用香料一般配制成食品用香精后用于食品加香，部分也可直接用于食品加香。食品用香料、香精不包括只产生甜味、酸味或咸味的物质，也不包括增味剂。

（二） 食品用天然香料

食品用香料包括天然香料和合成香料两种，允许使用的食品用天然香料包括各种油、膏、酊、脂、烯、胶、物等共 393 个，例如大蒜油、白兰花浸膏、可可酊、生姜油树脂等。在食品中允许使用的天然香料如表 5-14 所示。

（三） 食品用合成香料

允许使用的食品用合成香料是指有具体化学成分的香料，共 1477 个，如表 5-15 所示。在调香白酒中常用的食品香料有 364 号的乙酸乙酯、498 号的乳酸乙酯、414 号丁酸乙酯、459 号的己酸乙酯、293 号的乙酸、338 号的乳酸、296 号的丁酸、304 号的己酸、207 号的丁二酮、204 号的 3-羟基-2-丁酮（又名乙偶姻）、687 号的 3-甲硫基丙醇、1162 号的乙基麦芽酚、402 号的丙酸乙酯、34 号的苯乙醇、105 号的 4-乙基愈创木酚。

常用的主要是各种酯类、醇类、酸类。选用这类物品，一是要选用质量高、纯度高的产品；二是要注意量比搭配；三是尽量少用，能起到画龙点睛的作用即可。

三、 用于调味的食品添加剂

调味食品添加剂是指可用于配制酒的甜味剂、增味剂及酸度调节剂等。其中可以用于调香白酒的甜味剂和增味剂如表 5-16 所示，可以用于调香白酒的酸度调节剂如表 5-17 所示。

表 5-14 允许使用的食品用天然香料名单

编号	0	1	2	3	4	5	6	7	8	9
N000	—	丁香叶油	丁香花蕾酊（提取物）	丁香花蕾油	罗勒油	八角茴香油	九里香浸膏	广藿香油	万寿菊油	大茴香脑
N010	小豆蔻油	小豆蔻酊	小茴香酊	山苍子油	山楂酊	大蒜油	大蒜油树脂	天然康酿克油	天然薄荷脑	云木香油
N020	月桂叶油	乌梅酊	布枯叶油	可可酊	可可壳酊	甘松油	甘草酊	甘草流浸膏	冬青油	白兰花油
N030	白兰叶油	白兰花净油	白兰花浸膏	白芷酊	白柠檬油	白柠檬萜烯	生姜油树脂	肉豆蔻油	肉豆蔻酊	中国肉桂油
N040	中国肉桂皮酊（提取物）	红茶酊	印蒿油	吐鲁酊（提取物）	吐鲁香膏	豆豉酊	杜松籽油（又名刺柏子油）	芫荽籽油	芹菜花油	芹菜籽油
N050	牡荆叶油	圆柚油	苍术脂（又名苍术硬脂、苍术油）	枣子酊	玫瑰油	玫瑰净油	玫瑰浸膏	鸢尾浸膏	鸢尾脂（又名鸢尾凝脂）	杭白菊花油
N060	杭白菊花浸膏（又名杭菊花流浸膏）	枫槭油	枫槭浸膏	岩蔷薇浸膏（又名赖百当浸膏）	咖啡酊	罗汉果酊	金合欢浸膏	依兰依兰油	大花茉莉净油	大花茉莉浸膏

续表

编号	0	1	2	3	4	5	6	7	8	9
N070	小花茉莉净油	小花茉莉浸膏	佛手油	圆叶当归根酊（又名独活酊）	洋葱油	生姜油	姜黄油	姜黄油树脂	姜黄浸膏	葫芦巴酊
N080	玳玳花油	玳玳花浸膏	玳玳果油	柚皮油	柏木叶油（北美香柏）	枯茗籽油（又名孜然油）	柠檬油	无萜柠檬油	柠檬油萜烯	柠檬叶油
N090	柠檬草油	栀子花浸膏	树兰花油	树兰花酊	树兰花浸膏	树苔净油	树苔浸膏	香叶油（又名玫瑰香叶油）	除萜香叶油	香风茶油（又名香茶菜油）
N100	—	香柠檬油	香根油	香根浸膏	香荚兰豆酊	香荚兰豆浸膏（提取物）	香附子油	香葱油	香紫苏油	香榧子壳浸膏
N110	橘子油	除萜橘子油	酒花酊	酒花浸膏	桉叶油（蓝桉油）	海狸酊	斯里兰卡肉桂皮油	斯里兰卡肉桂叶油	桂花净油	桂花酊
N120	桂花浸膏	桂圆酊	留兰香油	核桃壳提取物	素方花净油	桦焦油	蚕豆花酊	绿茶酊	野玫瑰浸膏	甜小茴香油
N130	甜叶菊油	甜橙油	除萜甜橙油	甜橙油萜烯	菊苣浸膏	晚香玉浸膏	紫罗兰叶浸膏	椒样薄荷油	黑加仑酊	黑加仑浸膏
N140	槐树花净油	槐树花浸膏	辣椒酊	辣椒油树脂（又名灯笼辣椒油树脂）	愈创木油	缬草油	墨红花净油	墨红花浸膏	—	橙叶油

N150	亚洲薄荷油	亚洲薄荷素油	檀香油	薰衣草油	头状百里香油（又名西班牙牛至油）	可乐果提取物	加州胡椒油	卡黎皮油	百里香油	奶油发酵起子蒸馏物（黄油蒸馏物）
N160	卡南伽油	月桂叶提起物/油树脂	生姜提取物（生姜浸膏）	白栎木屑提取物	龙蒿油	白樟油	肉豆蔻衣油	众香叶油	西班牙鼠尾草油	红橘油
N170	杂薰衣草油	杏仁油	苏合香油	苏合香提取物	长角豆油	角豆提取物	皂树皮提取物	乳香油	没药油	良姜根提取物
N180	苏格兰松油	小茴香油（又名普通小茴香油）	苦杏仁油	阿魏油	金合欢净油	欧芹叶油	松针油	波罗尼花净油	玫瑰木油	玫瑰草油
N190	香茅油	迷迭香油	香脂冷杉油	香脂冷杉油树脂	胡萝卜籽油	春黄菊花油（罗马）	春黄菊花净油（提取物，罗马）	药鼠李提取物	荜澄茄油	胡薄荷油（又名唇萼薄荷油）
N200	欧当归油	夏至草提取物	莫哈弗丝兰提取物	海草（藻）提取物	海索草油	莳萝草油（又名莳萝油）	秘鲁香脂	格蓬油	脂檀油	银白金合欢净油（又名含羞草净油）
N210	接骨木花净油	甘牛至油	黄龙胆根提取物	黄葵籽油	野黑樱桃树皮提取物	黑胡椒油	葛缕籽油	榄香香树脂	蜡菊提取物	蜜蜂花油

续表

编号	0	1	2	3	4	5	6	7	8	9
N220	d-樟脑	橙花净油	柚苷（柚皮苷提取物）	穗薰衣草油	鹰爪豆净油	玳玳果皮油	甜橙油（橙皮压榨法）	小米辣椒油树脂	丁香茎油	大茴香油（又名茴芹油）
N230	l-天冬酰胺	巴拉圭茶净油/提取物	白山核桃树皮提取物	瓜拉纳提取物	—	白百里香油	白胡椒油	白胡椒油树脂	白康酿克油	白脱酯
N240	白脱酸	众香果油	安息香树脂	当归籽油	当归根油	肉豆蔻衣油树脂/提取物	西印度月桂叶提取物	西印度月桂叶油	L-阿拉伯糖（原名称为 l-阿戊糖）	阿拉伯胶
N250	欧当归提取物	欧芹油树脂	油酸	苦木提取物	苦橙叶净油	苦橙油	金鸡纳树皮	金纽扣油树脂	奎宁盐酸盐	枯茗油
N260	洋葱油树脂	茶树油（又名互叶白千层油）	除萜白柠檬油	除萜甜橙皮油	—	黄芥末提取物/黄芥末油树脂	棕芥末提取物	焦木酸	紫苏油	葡萄柚油萜烯
N270	黑胡椒油树脂/黑胡椒提取物	榄香油/提取物/香树脂	蜂蜡净油	赖百当净油（又名岩蔷薇净油）	鼠尾草油（又名药鼠尾草油）	蜡菊净油	糖蜜提取物	檀香醇（α-，β-）	山达草流浸膏	苜蓿提取物
N280	—	众香子油树脂/提取物	黄葵籽净油	秘鲁香膏油	罗勒提取物	芹菜籽提取物（固体）	芹菜籽（CO_2）提取物	母菊（匈牙利春黄菊）花油	黄色金鸡纳树皮提取物	丁香花蕾油树脂

N290	红三叶草提取物（固体）	蒲公英流浸膏	蒲公英根固体提取物	加拿大飞蓬草油	穗花槭提取物（固体）	芸香油	鼠尾草油树脂/提取物	菝葜提取物	水蒸气蒸馏松节油	缬草根提取物
N300	香荚兰油树脂	紫罗兰叶净油	洋艾油	玫瑰茄	橘柚油	晚香玉净油	美国栗树叶提取物	古巴香脂油	达迷草叶	母菊（匈牙利春黄菊）花净油
N310	接骨木花提取物	防风根油又名没药油	藏红花提取物	香叶提取物	葫芦巴油树脂	柠檬提取物	德国鸢尾树脂	罗望子提取物（浸膏）	辣根油	葫芦巴籽浸膏
N320	芹菜叶油	柏木油萜烯	肉豆蔻油树脂	—	芫荽油/油树脂	葫芦巴	韭葱油	甜橙皮提取物	—	香橙皮油
N330	海藻净油	墨西哥鼠尾草油树脂（又名棘枝油树脂，原名称为墨西哥牛至油树脂）	甘草酸胺	冬香草油	安息香	阿魏液态提取物（流浸膏）	桃树叶净油	白藓牛至	酒花油	赖百当油
N340	薰衣草净油	没药树脂提取物	花椒提取物	蓖麻油	儿茶粉	苦艾	苦橙花油	达瓦树胶	苦艾提取物	刺柏提取物

续表

编号	0	1	2	3	4	5	6	7	8	9
N350	甘草提取物（粉）	甜菜碱（天然提取）	松焦油	橡苔净油	苏格兰留兰香油	海索草提取物（又名神香草提取物）	安古树皮提取物	德国春黄菊花（母菊花）提取物	石榴果汁浓缩物	L-苏氨酸
N360	L-丝氨酸	灵猫净油	胭脂树提取物	卡黎皮提取物	肉桂皮油/油树脂	刺梧桐树胶	橘叶油	欧洲山松针叶油	玫瑰果籽提取物	夏香草油
N370	加拿大细辛油	单宁酸	黄蓍胶	甘牛至油树脂/提取物	摩洛哥豆蔻提取物	橙皮素	根皮素	芝麻（CO_2）提取物	芝麻蒸馏物	干制鲣鱼（CO_2）提取物
N380	朗姆酒净油	豆豉油树脂	药蜀葵	香蜂草	白千层油	—	—	玉米穗丝	毕澄茄	芦荟提取物
N390	龙涎香酊	黄葵酊	燕根（萝藦科植物）提取物	红枣浸膏	高倍天然苹果香料	β-愈创木烯	褐藻胶	香厚壳桂皮油	（-）-高圣草酚钠盐	酶处理异槲皮苷
N400	葡萄籽提取物	留兰香提取物	杂醇油（精制过）	—	—	—	—	—	—	—

表 5-15 允许使用的食品用合成香料名单

编号	0	1	2	3	4	5	6	7	8	9
S000	—	丙二醇	甘油	异丙醇	正丁醇	异丁醇	正戊醇	2-戊醇	异戊醇	1-戊烯-3-醇
S010	正己醇	2-己烯-1-醇	4-己烯-1-醇	正庚醇	正辛醇	2-辛醇	1-辛烯-3-醇	顺式-5-辛烯-1-醇	正壬醇	顺式-6-壬烯-1-醇
S020	反式-2-壬烯-1-醇	2,6-壬二烯-1-醇	正癸醇	十一醇	月桂醇（十二醇）	1-十六醇	小茴香醇	叶醇（又名顺式-3-己烯-1-醇）	龙脑	芳樟醇
S030	氧化芳樟醇	异胡薄荷醇	苏合香醇（又名 α-甲基苄醇）	苯甲醇	苯乙醇	苯丙醇	玫瑰醇	α-松油醇	金合欢醇	香叶醇
S040	*dl*-香茅醇	茴香醇	肉桂醇	α-紫罗兰醇（又名甲位紫罗兰）	β-紫罗兰醇（又名乙位紫罗兰醇）	二氢-β-紫罗兰醇	橙花醇	橙花叔醇	二甲基苄基原醇	正丙醇
S050	3-己醇	1-己烯-3-醇	2-乙基己醇	2-庚醇	3-辛醇	顺式-3-辛烯-1-醇	2-十一醇	对，α-二甲基苄醇	对-异丙基苄醇	对，α，α-三甲基苄醇
S060	β-石竹烯醇	龙蒿脑	四氢香叶醇	二氢香芹醇	1-对-盖烯-4-醇又名1-对-薄荷烯-4-醇	紫苏醇	薄荷脑（*dl*-薄荷脑，1-薄荷脑）	3-（1-薄荷烷氧基）-2-甲基-1,2-丙二醇	3,5,5-三甲基环己醇	顺式-2-壬烯-1-醇

续表

编号	0	1	2	3	4	5	6	7	8	9
S070	反式，反式-2，4-癸二烯醇	反式-2-辛烯-4-醇	对-蓋-3-烯-1-醇（又名对-3-薄荷烯-1-醇）	对-蓋-1，8（10）二烯-9-醇［又名对-1，8（10）薄荷二烯-9-醇］	柏木烯醇	脱氢芳樟醇	*d*-木糖	*d*-核糖	*l*-鼠李糖	二苯醚
S080	对-甲酚甲醚	异丁香酚甲醚	甲基苯乙醚	朗姆醚（乙醇氧化水合物）	仲丁基乙醚	乙基苄基醚	大茴香醚	邻-甲基大茴香醚	橙花醚	2，4-二甲基大茴香醚
S090	香兰基乙醚	丁香酚	异丁香酚	甲基丁香酚	对-甲酚	邻-甲酚	间-甲酚	百里香酚	麦芽酚	苯酚
S100	2-甲氧基-4-甲基苯酚	对-乙基苯酚	2-甲氧基-4-乙烯基苯酚	对-二甲氧基苯	愈创木酚	4-乙基愈创木酚	苯甲醛丙二醇缩醛	2-异丙基苯酚	2，6-二甲基苯酚	2，6-二甲氧基苯酚
S110	间苯二酚	香芹酚	2-甲氧基-4-丙基苯酚	2，5-二甲基苯酚	对-乙烯基苯酚	乙醛	乙醛二乙缩醛	丙醛	3-（2-呋喃基）丙烯醛	丁醛
S120	2-甲基丁醛	2-甲基-2-丁烯醛	2-苯基-2-丁烯醛	戊醛	异戊醛	2-甲基戊醛	2-戊烯醛	2-甲基-2-戊烯醛	4-甲基-2-苯基-2-戊烯醛	2，4-戊二烯醛

S130	己醛	2-己烯醛（又名叶醛）	顺式-3-己烯醛	5-甲基-2-苯基-2-己烯醛	2-异丙基-5-甲基-2-己烯醛	反式,反式-2,4-己二烯醛	庚醛	4-庚烯醛	反式-2-庚烯醛	2,6-二甲基-5-庚烯醛
S140	2,4-庚二烯醛	辛醛	2-辛烯醛	反式,反式-2,4-辛二烯醛	反式,反式-2,6-辛二烯醛	壬醛	甲基壬乙醛（又名2-甲基十一醛）	2-壬烯醛	顺式-6-壬烯醛	2,4-壬二烯醛（反式-2-反式-4-壬二烯醛）
S150	反式-2-顺式-6-壬二烯醛	甲酸桃金娘烯酯	正癸醛又名癸醛	2-癸烯醛	2,4-癸二烯醛	十一醛	2-十一烯醛	2,4-十一碳二烯醛	月桂醛	2-十二碳烯醛
S160	反式-2-顺式-6-十二碳二烯醛	十四醛	桃醛（又名γ-十一烷内酯）	大茴香醛	水杨醛	苯甲醛	甲基苯甲醛（邻、对、间位混合物）	3,4-二甲氧基苯甲醛	苯乙醛	苯乙醛二甲缩醛
S170	苯丙醛（又名3-苯基丙醛）	枯茗醛	香兰素	香茅醛	柠檬醛	洋茉莉醛（又名胡椒醛）	肉桂醛	乙二醇缩肉桂醛	紫苏醛	对-盖-1-烯-9-醛（又名对-1-薄荷烯-9-醛）

续表

编号	0	1	2	3	4	5	6	7	8	9
S180	糠醛	5-甲基糠醛	1,1-二甲氧基乙烷	2,6,6-三甲基环己-1,3-二烯基甲醛	异丁醛	顺式-4-己烯醛	顺式-5-辛烯醛	4-癸烯醛	反式，反式-2,4-十二碳二烯醛	2-十三烯醛
S190	4-乙基苯甲醛	2-羟基-4-甲基苯甲醛	邻-甲氧基肉桂醛	龙脑烯醛	α-己基肉桂醛	香兰素1,2-丙二醇缩醛	乙醛乙醇顺式-3-己烯醇缩醛	反式，反式-2,6-壬二烯醛	2,4,7-癸三烯醛	β-甜橙醛
S200	4-羟基苯甲醛	邻-甲氧基苯甲醛	12-甲基十三醛	甲乙酮	3-羟基-2-丁酮又名乙偶姻	4-（对-甲氧基苯基）-2-丁酮	4-苯基-3-丁烯-2-酮	丁二酮（2,3-丁二酮）	2-戊酮	1-戊烯-3-酮
S210	2,3-戊二酮	3-乙基-2-羟基-2-环戊烯-1-酮	甲基环戊烯醇酮（又名3-甲基-2-羟基-2-环戊烯-1-酮）	4-己烯-3-酮	5-甲基-3-己烯-2-酮	3,4-己二酮	2-庚酮	3-庚烯-2-酮	6-甲基-5-庚烯-2-酮	1-辛烯-3-酮
S220	2-壬酮	2-十一酮	2-十三酮	圆柚酮	l-香芹酮	苯乙酮	4-甲基苯乙酮对-甲基苯乙酮	对-甲氧基苯乙酮	顺式茉莉酮	覆盆子酮（又名悬钩子酮）

S230	α-突厥酮	突厥烯酮	苯甲醛甘油缩醛	α-鸢尾酮	α-紫罗兰酮	β-紫罗兰酮	*dl*-樟脑	薄荷酮	*d*，*l*-异薄荷酮	4-（2-呋喃基）-3-丁烯-2-酮
S240	2-乙基-4-羟基-5-甲基-3（2*H*）-呋喃酮	4,5-二甲基-3-羟基-2,5-二氢呋喃-2-酮	2-乙基-3-甲基-4-羟基二氢-2,5-呋喃-5-酮	4,5-二氢-3（2*H*）-噻吩酮（四氢噻吩-3-酮）	2-乙基呋喃	2-乙酰基呋喃	2-乙酰基-5-甲基呋喃	丙酮	1-苯基-1，2-丙二酮	3,4-二甲基-1,2-环戊二酮
S250	3,5-二甲基-1,2-环戊二酮	2,3-己二酮	1-甲基-2,3-环己二酮	2，2,6-三甲基环己酮	2,6,6-三甲基-2-环己烯-1,4-二酮	3-庚酮	5-甲基-2-庚烯-4-酮	6-甲基-3,5-庚二烯-2-酮	2-辛酮	3-辛酮
S260	3-辛烯-2-酮	6，10-二甲基-5,9-十一碳二烯-2-酮	2-十五酮	3-甲基环十五酮	环十七-9-烯-1-酮	二苯甲酮	2-羟基苯乙酮	异弗尔酮	二氢茉莉酮（又名2-戊基-3-甲基-2-环戊烯-1-酮）	新甲基橙皮苷二氢查耳酮

续表

编号	0	1	2	3	4	5	6	7	8	9
S270	姜油酮	β-突厥酮［又名4-（2,6,6-三甲基环己-1-烯基）丁-2-烯-4-酮］	3-甲硫基丁醛	α-戊基肉桂醛	d-葑酮	2-甲基四氢呋喃-3-酮	4-羟基-2,5-二甲基-3（2*H*）呋喃酮	2,5-二甲基-4-甲氧基-3（2*H*）-呋喃酮	2-戊基呋喃	4,5,6,7-四氢-3,6-二甲基苯并呋喃（又名薄荷呋喃）
S280	1,5,5,9-四甲基-13-氧杂三环［8.3.0.0（4,9）］十三烷	顺式-二氢香芹酮	3-巯基-2-丁酮又名3-巯基-丁-2-酮	胡椒基丙酮	二氢-β-紫罗兰酮	4-甲基-2,3-戊二酮	反式-7-甲基-3-辛烯-2-酮	3-乙酰硫基-2-甲基呋喃	4-乙酰氧基-2,5-二甲基-3（2*H*）-呋喃酮	3-乙基-2-羟基-4-甲基-2-环戊烯-1-酮
S290	环己酮	2,3-庚二酮	2,3-辛二酮	乙酸	丙酸	丙酮酸	丁酸	异丁酸	2-甲基丁酸	2-乙基丁酸
S300	戊酸	2-甲基戊酸	2-甲基-2-戊烯酸（又名草莓酸）	异戊酸	己酸	己二酸	反式-2-己烯酸	3-己烯酸	庚酸	辛酸

S310	壬酸	癸酸	十二酸（又名月桂酸）	十四酸（又名肉豆蔻酸）	十六酸（又名棕榈酸）	苯甲酸	苯乙酸	柠檬酸	肉桂酸	富马酸
S320	3-甲基戊酸又名酐酪酸	β-丙氨酸	L-苯基丙氨酸	L-半胱氨酸	甘氨酸	L-谷氨酸	L-亮氨酸	DL-蛋氨酸	乙酰丙酸	2-氧代丁酸
S330	2-甲基己酸	2-甲基庚酸	4-甲基辛酸	3，7-二甲基-6-辛烯酸	9-癸烯酸	十一酸	10-十一碳烯酸	3-苯丙酸	乳酸	L-脯氨酸
S340	DL-缬氨酸	2-（4-甲氧基苯氧基）-丙酸钠	L-和DL-丙氨酸	L-精氨酸	L-赖氨酸	3-甲基巴豆酸	甲酸	4-甲基壬酸	异己酸	2-羟基苯甲酸（又名水杨酸）
S350	惕各酸	琥珀酸	硬脂酸	甲酸乙酯	甲酸丁酯	甲酸戊酯	甲酸异戊酯	甲酸己酯	甲酸苄酯	甲酸香叶酯
S360	甲酸香茅酯	甲酸苯乙酯	甲酸芳樟酯	乙酸甲酯	乙酸乙酯	乙酰乙酸乙酯	乙酸丙酯	乙酸异丙酯	乙酸烯丙酯	乙酰丙酸乙酯
S370	乙酸丁酯	乙酸异丁酯	乙酸异戊酯	乙酸己酯	乙酸2-己烯酯	乙酸庚酯	乙酸辛酯	乙酸3-辛酯	1-辛烯-3-醇乙酸酯	乙酸壬酯

续表

编号	0	1	2	3	4	5	6	7	8	9
S380	2-丁烯酸己酯	乙酸癸酯	乙酸苄酯	乙酸苯乙酯	乙酸茴香酯	乙酸龙脑酯	乙酸薄荷酯	乙酸肉桂酯	乙酸香茅酯	乙酸香叶酯
S390	乙酸对-甲酚酯	乙酸苏合香酯	乙酸橙花酯	乙酸松油酯	异丁酸肉桂酯	顺式-3-己烯-1-醇乙酸酯（又名乙酸叶醇酯）	乙酸糠酯	庚酸烯丙酯	乙酸芳樟酯	乙酸葛缕酯
S400	乙酸二氢葛缕酯	苯乙酸丁酯	丙酸乙酯	丙二酸二乙酯	丙酸异丁酯	丙酸异戊酯	丙酸顺式-3-己烯酯和丙酸反式-2-己烯酯	丙酸香叶酯	丙酸香茅酯	丙酸苄酯
S410	丙酸苯乙酯	丙酸芳樟酯	丁酸甲酯	2-甲基丁酸甲酯	丁酸乙酯	异丁酸乙酯	2-甲基丁酸乙酯	3-羟基丁酸乙酯	丁二酸二乙酯	异丁酸甲酯
S420	丁酸丁酯	丁酸异丁酯	2-甲基丁酸丁酯	2-甲基丁酸2-甲基丁酯	异丁酸丁酯	丁酸戊酯	丁酸异戊酯	2-甲基丁酸异戊酯	异丁酸异戊酯	丁酸己酯

S430	2-甲基丁酸己酯	丁酸顺式-3-己烯酯（又名丁酸叶醇酯）	2-甲基丁酸-3-己烯酯	异丁酸庚酯	2-甲基丁酸辛酯	1-辛烯-3-醇丁酸酯	丁酸苄酯	异丁酸苄酯	丁酸苯乙酯	2-甲基丁酸苯乙酯
S440	异丁酸苯乙酯	丁酸香叶酯	异丁酸香叶酯	丁酸芳樟酯	异丁酸芳樟酯	当归酸异丁酯	异丁酸橙花酯	正戊酸乙酯	丁酰乳酸丁酯	异戊酸乙酯
S450	水杨酸丁酯（又名柳酸丁酯）	异戊酸丁酯	异戊酸异戊酯	异戊酸3-己烯酯	异戊酸壬酯	异戊酸苯乙酯	异戊酸香叶酯	己酸甲酯	2-己烯酸甲酯	己酸乙酯
S460	3-己烯酸乙酯	3-羟基己酸乙酯	反式-2-己烯酸乙酯	己酸丙酯	己酸戊酯	己酸异戊酯	己酸己酯	己酸顺式-3-己烯酯（又名己酸叶醇酯）	庚酸乙酯	庚酸丙酯
S470	庚酸丁酯	2-甲基-3-巯基呋喃	辛酸甲酯	辛酸乙酯	顺式-4-辛烯酸乙酯	顺式-4，7-辛二烯酸乙酯	辛酸异戊酯	辛酸壬酯	辛酸苯乙酯	2-壬烯酸甲酯

续表

编号	0	1	2	3	4	5	6	7	8	9
S480	壬酸乙酯	癸酸乙酯	反式-2-顺式-4-癸二烯酸乙酯	十二酸乙酯（又名月桂酸乙酯）	十四酸甲酯（又名肉豆蔻酸甲酯）	苯甲酸甲酯	苯甲酸乙酯	苯甲酸丙酯	苯甲酸己酯	苯甲酸苄酯
S490	苯甲酸顺式-3-己烯酯（又名苯甲酸叶醇酯）	邻氨基苯甲酸甲酯	苯乙酸甲酯	苯乙酸乙酯	苯乙酸异戊酯	苯乙酸苯乙酯	惕各酸乙酯	惕各酸苄酯	乳酸乙酯	乳酸丁酯
S500	肉桂酸甲酯	肉桂酸乙酯	肉桂酸苄酯	肉桂酸苯乙酯	肉桂酸肉桂酯	水杨酸甲酯（又名柳酸甲酯）	水杨酸乙酯（又名柳酸乙酯）	水杨酸异戊酯（又名柳酸异戊酯）	十四酸乙酯（又名肉豆蔻酸乙酯）	油酸乙酯
S510	棕榈酸乙酯	二氢茉莉酮酸甲酯	椰子油混合酸乙酯	柠檬酸三乙酯	甲酸大茴香酯	甲酸顺式-3-己烯酯（又名甲酸叶醇酯）	乙酸2-甲基丁酯	乙酸3-苯丙酯	乙酸丁香酯	4,5-二甲基-2-异丁基-3-噻唑啉
S520	乙酸异胡薄荷酯	乙酸1,3,3-三甲基-2-降龙脑酯	丙酸甲酯	丙烯酸乙酯	乳酸顺式-3-己烯酯（又名乳酸叶醇酯）	丙酸癸酯	反式-2-丁烯酸乙酯	丁酸丙酯	异丁酸异丙酯	2-甲基丁酸异丙酯

S530	异丁酸己酯	丁酸庚酯	异丁酸辛酯	异丁酸-3-苯丙酯	丁酸香茅酯	丁酸肉桂酯	异戊酸甲酯	异戊酸异丁酯	异戊酸2-甲基丁酯	异戊酸苄酯
S540	2-戊基吡啶	异戊酸肉桂酯	异戊酸薄荷酯	3-己烯酸甲酯	正己酸异丁酯	己酸烯丙酯	己酸芳樟酯	3，7-二甲基-6-辛烯酸甲酯	3-壬烯酸甲酯	9-十一烯酸甲酯
S550	十一酸乙酯	十四酸异丙酯（又名肉豆蔻酸异丙酯）	*N*-甲基邻氨基苯甲酸甲酯	邻氨基苯甲酸乙酯	苯甲酸异戊酯	苯甲酸苯乙酯	苯乙酸异丁酯	苯乙酸己酯	苯丙酸乙酯（又名氢化肉桂酸乙酯）	环己基羧酸甲酯
S560	大茴香酸甲酯	大茴香酸乙酯	水杨酸苯乙酯	十二酸异戊酯（又名月桂酸异戊酯）	亚油酸甲酯（48%）亚麻酸甲酯（52%）混合物	茉莉酮酸甲酯	水杨酸苄酯（又名柳酸苄酯）	肉桂酸异丁酯	肉桂酸3-苯丙酯	酒石酸二乙酯
S570	烟酸甲酯	愓各酸苯乙酯	3-乙酰基-2,5-二甲基噻吩	3,5,5-三甲基-1-己醇	丁酸茴香酯	异戊酸龙脑酯	2,6-二甲基-4-庚醇	苯甲酸异丁酯	甲酸橙花酯	乙酸甲基苄醇酯（邻、间、对位混合物）

续表

编号	0	1	2	3	4	5	6	7	8	9
S580	乙酸顺式和反式-对1,(7)8盖二烯-2-醇酯［又名乙酸顺式和反式-对1,(7)8-薄荷二烯-2-醇酯］	乙酸龙脑烯醇酯	丙酸丙酯	丙酸丁酯	丙酸己酯	丙酮酸乙酯	丁酸辛酯	异丁酸丙酯	异丁酸异丁酯	异丁酸香茅酯
S590	反式-2-丁烯酸顺式-3-己烯酯（又名反式-2-丁烯酸叶醇酯）	丁二酸单薄荷酯（又名琥珀酸单薄荷酯）	正戊酸正戊酯	异戊酸辛酯	己酸丁酯	己酸苯乙酯	异丁酸叶醇酯（又名顺式-3-己烯醇异丁酸酯）	辛酸己酯	2-辛烯酸乙酯	2,4,7-癸三烯酸乙酯

S600	苯甲酸芳樟酯	反式-2-甲基2-丁烯酸顺式-3-己烯酯（又名惕各酸叶醇酯）	2-丁烯酸异丁酯	3-甲基丁酸己酯	顺式-3-己烯酸顺式-3-己烯酯（又名顺式-3-己烯酸叶醇酯）	3-羟基己酸甲酯	苯甲酸香叶酯	琥珀酸二甲酯	硬脂酸乙酯	3-甲基-2-丁烯-1-醇乙酸酯（又名乙酸异戊烯酯）
S610	己酸反式-2-己烯酯	甲酸龙脑酯	顺式-4-庚烯酸乙酯	辛酸戊酯	4-甲基戊酸甲酯	乙酸胡椒醛酯	丙酸肉桂酯	异丁酸甲基苯基原酯（又名异丁酸苏合香酯）	异丁酸十二酯	异丁酸松油酯
S620	水杨酸异丁酯	肉桂酸异戊酯	乙酸异龙脑酯	γ-戊内酯	γ-己内酯	γ-庚内酯	γ-辛内酯	γ-壬内酯	γ-癸内酯	γ-十二内酯
S630	γ-丁内酯	δ-己内酯	δ-辛内酯	δ-壬内酯	δ-癸内酯	δ-十一内酯	δ-十二内酯	十五内酯	5-羟基-2-癸烯酸δ-内酯	3-丙叉苯酞
S640	3-丁叉苯酞	薄荷内酯	δ-十三内酯	δ-十四内酯	5-羟基-2,4-癸二烯酸内酯（又名6-戊基-α-吡喃酮）	5-羟基-7-癸烯酸内酯又名茉莉内酯	威士忌内酯	二氢猕猴桃内酯［又名（+/-）-2,6,6-三甲基-2-羟基环亚己基乙酸γ-内酯］	黄葵内酯	α-当归内酯

续表

编号	0	1	2	3	4	5	6	7	8	9
S650	γ-甲基癸内酯	β-石竹烯	巴伦西亚橘烯	月桂烯	d-苧烯	异松油烯	罗勒烯	莰烯	α-蒎烯	β-蒎烯
S660	1,8-桉叶素	1,4-桉叶素	二氢香豆素	1,4-二甲基-4-乙酰基-1-环己烯	2-甲酰基-6,6-二甲基双环[3.1.1]庚-2-烯（又名桃金娘烯醛）	茶螺烷[又名1-氧杂螺-(4,5)-2,6,10,10-四甲基-6-癸烯]	1,3,5-十一碳三烯	对，α-二甲基苯乙烯	α-水芹烯	红没药烯
S670	γ-松油烯	6-羟基二氢茶螺烷	1-甲基-3-甲氧基-4-异丙基苯	间-二甲氧基苯	对-异丙基甲苯	3,4-二甲酚	1-甲基萘	1,2-二甲氧基苯	α-金合欢烯	苏合香烯
S680	α-松油烯	3-蒈烯	聚苧烯	香菇素	氧化石竹烯	2,4,6-三甲基-1,3,5-三氧杂环已烷（又名三聚乙醛）	甲硫醇	3-甲硫基丙醇	正丁硫醇	2-甲基-1-丁硫醇

S690	3-（甲硫基）-1-己醇	1,6-己二硫醇	糠基硫醇（又名咖啡醛）	二甲基硫醚	二甲基二硫醚	二甲基三硫醚	二丁基硫醚	2,2′-（硫代二亚甲基）-二呋喃二糠基硫醚	二糠基二硫醚	邻-甲硫基苯酚
S700	3-甲硫基丙醛	8-巯基薄荷酮	硫代乙酸糠酯	3-甲硫基丙酸甲酯	3-甲硫基丙酸乙酯	吲哚	三甲基胺	玫瑰醚	羟基香茅醇	3,5-二甲基-1,2,4-三硫杂环戊烷
S710	2-甲基吡嗪	2,3-二甲基吡嗪	2,5-二甲基吡嗪	2,3,5-三甲基吡嗪	对-甲苯基乙醛	2,6,6-三甲基-1或2-环己烯-1-甲醛	2-异丁基-3-甲基吡嗪	2-甲氧基-3-仲丁基吡嗪	2,3-二乙基吡嗪	3-乙基-2,6-二甲基吡嗪
S720	2-乙酰基吡嗪	2-乙酰基-3-乙基吡嗪	2,3-二乙基-5-甲基吡嗪	5-异丙基-2-甲基吡嗪	2,6-二甲基吡啶	4-甲基噻唑	α-甲基肉桂醛	5-羟乙基-4-甲基噻唑	2,4,5-三甲基噻唑	2-乙基-4-甲基噻唑
S730	5-乙烯基-4-甲基噻唑	2-乙酰基噻唑	2-异丙基-4-甲基噻唑	2-异丁基噻唑	苯并噻唑	N-糠基吡咯	2-乙酰基吡咯	5,6,7,8-四氢喹噁啉	2,4,5-三甲基-3噁唑啉	2-甲基-4-丙基-1,3噁唑烷

续表

编号	0	1	2	3	4	5	6	7	8	9
S740	吡啶	二丙基二硫醚	2-戊基硫醇	邻-甲基苯硫酚	苄基硫醇	1-对-蓋烯-8-硫醇（又名1-对-薄荷烯-8-硫醇）	甲基丙基二硫醚	甲基苄基二硫醚	甲基糠基二硫醚	烯丙基二硫醚
S750	双（2-甲基-3-呋喃基）二硫醚	糠基甲基硫醚	2,6-二甲基苯硫酚	2-甲基-3（2-呋喃基）丙烯醛	2-甲基四氢噻吩-3-酮	2-甲基-5-（甲硫基）呋喃	2-羟基-3,5,5-三甲基-2-环己烯酮	糠酸甲酯	硫代乙酸乙酯	硫代乙酸丙酯
S760	3-巯基丙酸乙酯	硫代丁酸甲酯	异硫氰酸烯丙酯	2-硫代糠酸甲酯	3-甲基-1，2，4-三噻烷	2，3，5，6-四甲基吡嗪	2-乙基吡嗪	2-乙基-3，（5或6）-二甲基吡嗪	2-甲氧基-3-异丁基吡嗪	1-甲基-2-乙酰基吡咯
S770	*N*-乙基-2-乙酰基吡咯	喹啉	6-甲基喹啉	5-甲基喹啉	哌啶	β-甲基吲哚	5-乙基-2-甲基吡啶	3-乙基吡啶	2-乙酰基吡啶	3-乙酰基吡啶
S780	甲酸肉桂酯	异戊胺	苯乙胺	2-甲基-1,3-二硫环戊烷	6-乙酰氧基二氢茶螺烷	4，5-二甲基噻唑	3-巯基己醇	三硫丙酮	2,6-二甲基吡嗪	2-（甲硫基）乙酸乙酯

续表

S790	乙酸3-巯基己酯	2-(甲基二硫基)丙酸乙酯	3-(甲硫基)丁酸乙酯	丁酸3-巯基己酯	己酸3-巯基己酯	糠醇	四氢糠醇	牛磺酸(又名2-氨基乙基磺酸)	2-乙基-3-甲基吡嗪	3-甲基-2-丁硫醇
S800	2-甲基-3-四氢呋喃硫醇	丙硫醇	1,3-丙二硫醇	烯丙基硫醇(又名2-丙烯基-1-硫醇)	4-甲氧基-2-甲基-2-丁硫醇	2-苯乙硫醇	3-巯基-3-甲基-1-丁醇	甲基2-甲基-3-呋喃基二硫醚	甲基乙基硫醚	甲基苯基二硫醚
S810	二乙基硫醚	二丙基三硫醚	丙烯基丙基二硫醚	二烯丙基硫醚	二烯丙基三硫醚	二烯丙基四硫醚(又名二烯丙基聚硫醚)	2-甲硫甲基-2-丁烯醛	3-甲硫基己醛	乙酸环己酯	邻-氨基苯乙酮
S820	2-甲基-3-甲硫基呋喃	甲酸3-巯基3-甲基丁酯	乙酸3-甲硫基丙酯	3-甲基硫代丁酸S-甲酯(又名异戊酸甲硫醇酯)	甲硫磺酸S-甲酯	2-甲硫基丁酸甲酯	3-甲硫基-1-己醇乙酸酯	甲硫醇乙酸酯	(5*H*)-5-甲基-6,7-二氢环戊基并(b)吡嗪	2-甲氧基吡嗪

编号	0	1	2	3	4	5	6	7	8	9
S830	2-，5或6-甲氧基-3-甲基吡嗪	2-乙酰基-3，5（或6）-二甲基吡嗪	2-乙酰基3-甲基吡嗪	四氢吡咯（吡咯烷）	2-异丁基吡啶	2-乙基-4,5-二甲基唑	硫化铵	2-巯基丙酸乙酯	*N*-（4-羟基-3-甲氧基苄基）壬酰胺	1，4-二噻烷
S840	桃金娘烯醇	胡椒碱	2,3-二甲基苯并呋喃	4-羟基-5-甲基-3（2*H*）-呋喃酮	γ-紫罗兰酮	α-二氢紫罗兰酮	*d*-胡椒酮（又名对-盖-1-烯-3-酮）	胡椒烯酮［又名对-盖-1,4（8）-二烯-3-酮］	L-天冬氨酸	DL-异亮氨酸
S850	焦木酸提取物	乙酸钠（又名醋酸钠）	双乙酸钠（又名二醋酸钠）	琥珀酸二钠	5′-乌苷酸二钠	5′-肌苷酸二钠	磷酸三钙	δ-十六内酯	（+/-）二氢薄荷内酯	顺式-4-十二烯醛
S860	4,5-环氧反式-2-癸烯醛	2-乙基-5-甲基吡嗪	顺式-3-顺式-6-壬二烯-1-醇	2-甲基-1-丁醇	异龙脑	2-壬醇	反式-2-辛烯-1-醇	香芹醇	对-盖-烷-2-酮（又名对-薄荷烷-2-酮）	4-甲基-3-戊烯-2-酮
S870	反式，反式-3，5-辛二烯-2-酮	2-甲基呋喃	3-癸烯-2-酮	2-辛烯-4-酮	2-呋喃基-2-丙酮	5-甲基-2,3-己二酮	2-甲基-3-戊烯酸	L-酪氨酸	2-氧代戊二酸	4-茴香酸

S880	亚油酸	甘草酸	L-胱氨酸	L-蛋氨酸	L-谷氨酰胺	2-丙硫醇	4-巯基-4-甲基-2-戊酮	1,2-乙二硫醇	异戊烯基硫醇	d,l-（3-氨基-3-羧基丙基）二甲基氯化锍（又名甲基蛋氨酸-氯化锍）
S890	2-甲基-3-硫代乙酰氧基-4,5-二氢呋喃	异丁基硫醇	苯硫酚（原名称为苄基硫醇）	异硫氰酸苄酯	甲基烯丙基三硫醚	2-戊基噻吩	3,5-二乙基-1,2,4-三硫杂环戊烷	噻吩	2,4,6-三甲基二氢-4H-1,3,5-二噻嗪	异硫氰酸3-甲硫基丙酯
S900	3-甲基丁基硫醇	2-乙酰基-2-噻唑啉	甲基丙基三硫醚	噻唑	吡嗪	甲基1-丙烯基二硫醚	甲酸丙酯	香兰素3-（1-盖氧基）丙-1,2-二醇缩醛［又名香兰素3-（1-薄荷烷氧基）丙-1,2-二醇缩醛］	3-戊烯-2-酮	十二酸甲酯（又名月桂酸甲酯）

续表

编号	0	1	2	3	4	5	6	7	8	9
S910	乙酸紫苏酯又名对-1,8二烯-7-醇乙酸酯	苹果酸二乙酯	甲硫基乙酸甲酯	2-乙酰基-1-吡咯啉	甲酸异丙酯	4-甲基-2-戊烯醛	亚油酸乙酯	2,4,6-三异丁基-5,6-二氢-4*H*-1,3,5-二噻嗪	乙酸十二醇酯	2-乙基丁醛
S920	辛酸辛酯	己醛二乙缩醛	丙酸异丙酯	丁酸反式-2-己烯酯	异硫氰酸丁酯	*N*-葡糖酰基乙醇胺	*N*-乳酰基乙醇胺	1-庚烯-3-醇	乙硫醇	六偏磷酸钠
S930	乙酸*l*-龙脑酯	反式-α-突厥酮	二乙基二硫醚	2,5-二甲基-3(2*H*)-呋喃酮	香叶酸	1-(3-羟基-5-甲基-2-噻吩)乙酮	异黄葵内酯	异丁酸异龙脑酯	*N*-甲基邻氨基苯甲酸异丁酯	丁酸3-(甲硫基)丙酯
S940	(*S*1)-甲氧基-3-庚硫醇	5-*Z*-辛烯酸甲酯	*N*-乙酰基邻氨基苯甲酸甲酯	3-甲基-2-(3-甲基-2-丁烯)呋喃	乙酸植醇酯	3,7,11-三甲基十二碳-2,6,10-三烯醇乙酸酯	三乙胺	丙酸茴香酯	丁酸3-丁酮-2-醇酯	异喹啉

S950	2-丙酰噻唑	2（4）-异丙基-4(2)，6-二甲基二氢（4*H*）-1，3，5-二噻嗪	丁酸松油酯	3-正丁基苯酞	2，2-二甲基-5-（1-甲基-1-丙烯基）四氢呋喃	（6*R*）-3-甲基-6-（1-甲基乙基）-2-环己烯-1-酮	3-甲基-2-丁烯-1-醇	对-蓋-1-烯-9-醇乙酸酯（又名对-1-薄荷烯-9-醇乙酸酯）	乙酸2-辛烯醇酯	1-（对-甲氧基苯基）-2-丙酮
S960	十八酸丁酯（又名硬脂酸丁酯）	（+/-）-1-苯乙基硫醇	4-异丙基-2-环己烯酮	邻-甲氧基苯甲酸甲酯	丙酮醛	甲基乙基三硫醚	2-甲基-2-（甲二硫基）-丙醛	二（甲硫基）甲烷	2，3，5-三硫杂己烷	4-乙基辛酸
S970	二氢诺卡酮	1-乙氧基-3-甲基-2-丁烯	2-乙烯基-2-甲基-5-（1-甲基乙烯基）四氢呋喃	异戊酸糠酯	异戊酸芳樟酯	3-甲基-2-丁醇	3-甲基-1-戊醇	4-甲基-2-戊酮	反式-3-顺式-6-壬二烯醇	庚酸甲酯
S980	顺式-3-己烯醇丙酸酯	反式-2-癸烯酸乙酯	2-乙基苯酚	盐酸硫胺素	*N*-甲基吡咯-2-甲醛	乙酸香兰素酯	L-组氨酸	δ-突厥酮	2-甲基戊酸乙酯	4-甲硫基-2-丁酮

续表

编号	0	1	2	3	4	5	6	7	8	9
S990	乳酸 *l*-薄荷酯	甲基3-甲基-1-丁烯基二硫醚	1-巯基-2-丙酮	乙酸正戊酯	胡薄荷酮	1-苯基丙醇-1	4-苯基2-丁醇	庚醇-3	3-乙酰氧基己酸甲酯	对-盖-*l*-烯-3-醇（又名对-1-薄荷烯-3-醇）
S1000	4-侧柏醇	丙酮酸顺式-3-己烯酯（又名丙酮酸叶醇酯）	联苯	顺式-4-羟基-6-十二烯酸内酯	甲基亚磺酰甲烷	3,7-二甲基-2,6-辛二烯酸甲酯（又名香叶酸甲酯）	反式和顺式-4,8-二甲基-3,7-壬二烯-2-酮	异亚戊基异戊胺	戊酸异戊酯	丙酸反式-2-己烯酯
S1010	硫化氢（仅用于热反应香料）	戊酸甲酯	丁酸异丙酯	烯丙基甲基二硫醚	3-壬酮	二苄基二硫醚	苯乙酸顺式-3-己烯酯（又名苯乙酸叶醇酯）	乙酸3-（乙酰巯基）己酯	己酸甲硫醇酯	反式-2-丁烯酸（又名巴豆酸）
S1020	戊酸顺式-3-己烯酯（又名戊酸叶醇酯）	己酸苄酯	烯丙基丙基二硫醚	2,8-表硫-顺式-对盖烷4,7,7-三甲基-6-硫杂双环［3.2.1］烷硫代桉叶素	癸酸甲酯	甲酸异丁酯	4-庚酮	戊酸丁酯	丁酸环己酯	山梨酸乙酯（又名2,4-己二烯酸乙酯）

S1030	单油酸甘油酯	5-羟基-4-辛酮	壬酸甲酯	丙酸橙花酯	肉桂酸丙酯	丁酸玫瑰酯	异丁酸玫瑰酯	丙酸松油酯	丙酸糠酯	戊酸糠酯
S1040	异茉莉酮	苄基甲基硫醚	3-甲基-2-丁烯醛	2,4-癸二烯酸丙酯	反式-2-己烯酸己酯	4-烯丙基-2,6-二甲氧基苯酚	2-羟基-4-甲基戊酸甲酯	反式-2-辛烯酸甲酯	2,2,6-三甲基-6-乙烯基四氢吡喃	香紫苏内酯
S1050	苯甲酸甲硫醇酯	反式-2-己烯酸顺式-3-己烯酯	2-巯基苯甲醚	香兰素苏和赤-2,3-丁二醇缩醛	反式6-甲基-3-庚烯-2-酮	(±)3-巯基丁酸乙酯	3-巯基-2-甲基戊醇	乙醛二异戊醇缩醛	(+/-)-2-苯基-4-甲基-2-己烯醛	2-庚硫醇
S1060	2-(2-羟基-4-甲基-3-环己烯基)-丙酸-γ-内酯	*l*-盖基甲基醚(又名2-异丙基-5-甲基环己基甲基醚)	己酸异丙酯	2,4-己二烯-1-醇	十六烷酸甲酯	5-甲基-2-噻吩甲醛	4-甲基-2,6-二甲氧基苯酚	对-甲氧基肉桂醛	2,4,5-三甲基唑	苯甲醛二乙缩醛

续表

编号	0	1	2	3	4	5	6	7	8	9
S1070	*d*-新薄荷醇	2-壬烯酸 γ-内酯	反式-4-癸烯酸乙酯	晚香玉内酯｛又名二氢-5-［（*Z*,*Z*）-2,5-辛二烯-2（3*H*）-呋喃酮］｝	4-甲基-2-戊基-1,3-二氧戊环（又名己醛1,2-丙二醇缩醛）	乙酸3-巯基庚酯	甲基纤维素	植醇（又名叶绿醇、叶黄烯醇、3，7，11，15-四甲基-2-十六烯-1-醇）	异戊醛二乙缩醛	异硫氰酸3-丁烯酯
S1080	异硫氰酸4-戊烯酯	异硫氰酸5-己烯酯	顺式-9-十八烯醇乙酸酯（又名乙酸油醇酯）	糠基甲基醚	3-己酮	异硫氰酸2-丁酯	异硫氰酸异丁酯	异硫氰酸6-（甲硫基）己酯	异硫氰酸5-（甲硫基）戊酯	异硫氰酸戊酯
S1090	异硫氰酸异丙酯	异硫氰酸异戊酯	2,5-二甲基呋喃	环紫罗兰酮	2-异丁基-4-甲基-1,3-二氧戊环（又名异戊醛1,2-丙二醇缩醛）	顺式和反式-2-异丙基-4-甲基-1,3-二氧戊环（又名异丁醛1,2-丙二醇缩醛）	4-氨基丁酸（又名γ-氨基丁酸）	*N*-［2-（3,4-二甲氧基苯基）乙基］-3,4-二甲氧基肉桂酸酰胺	二-（1-丙烯基）硫醚（异构体混合物）	乙酸2-戊酯

S1100	乙胺	2,8-二硫杂-4-壬烯-4-甲醛［5-(甲硫基)-2-(甲硫基甲基)-2-戊烯醛］	1-丁烯-1-基甲基硫醚	二异丙基二硫醚	(*E*)-2-癸烯酸	1-苧烯	正己硫醇	2-癸酮	二糠基醚	异丁酸乙基香兰素酯
S1110	8-罗勒烯醇乙酸酯（又名2,6-二甲基-2,5,7-辛三烯-1-醇乙酸酯）	丁胺	1-氨基-2-丙醇	反式-1,5-辛二烯-3-酮	2,5-二甲基-4-乙氧基-3(2*H*)-呋喃酮	反式-2-顺式-4-顺式-7-十三碳三烯醛	反式-2-顺式-4-癸二烯酸甲酯	2-（4-甲基-2-羟基苯基）-丙酸-γ-内酯	丙酸顺式-5-辛烯酯	3-甲基-2-丁烯硫醇乙酸酯
S1120	1-吡咯啉	2,3,4-三甲基-3-戊醇	二异丙基三硫醚	2-丙酰基-1-吡咯啉	3,6-二乙基-1,2,4,5-四硫杂环己烷与3,5-二乙基-1,2,4-三硫杂环戊烷的混合物	2,5-二羟基-1,4-二噻烷（又名巯基乙醛二聚体）	3-己烯醛（反式/顺式混合物）	4-羟基-3,5-二甲氧基苯甲醛	2-十一烯-1-醇	2-（4-羟基苯基）-乙胺（又名酪胺）

续表

编号	0	1	2	3	4	5	6	7	8	9
S1130	4［(2-呋喃甲基)硫基］-2-戊酮(又名4-糠硫基-2-戊酮)	己酸甲硫基甲酯	2,6-二甲基-4-庚酮	*d*-香芹酮	反式-3-己烯醇	甲酸松油酯	脱氢圆柚酮	己酸香叶酯	3-甲基己醛	反式，反式-2,4-壬二烯
S1140	1-辛烯	2-甲基苯乙酮	1-乙基-2-甲酰基吡咯(又名茶吡咯)	2-(4-甲基-5-噻唑基)乙醇辛酸酯	2-乙基-6-甲基吡嗪	对-丙基苯酚	3,5-二乙基-2-甲基吡嗪	马鞭草烯酮	4-戊烯醛	乙酰乙酸乙酯丙二醇缩酮
S1150	山梨酸甲酯	2,5-二乙基四氢呋喃	脱氢薄荷呋喃内酯	乙酸桃金娘烯酯	2-(4-甲基-5-噻唑基)乙醇己酸酯	2-(4-甲基-5-噻唑基)乙醇丁酸酯	吡咯	*S*-烯丙基-L-半胱氨酸	2-巯基-3-丁醇	硫代香叶醇
S1160	蒎烷硫醇	α-甲基-β-羟基丙基α-甲基-β-巯丙基硫醚	乙基麦芽酚	柠檬醛二乙缩醛	3-丙烯基-6-乙氧基苯酚(又名丙烯基乙基愈创木酚)	β-甲基紫罗兰酮	δ-甲基紫罗兰酮	2,6-壬二烯醛二乙缩醛	9-十一烯醛	10-十一烯醛

S1170	十六醛（又名杨梅醛）	乙基香兰素	兔耳草醛（又名仙客来醛）	羟基香茅醛	β-环高柠檬醛	1-薄荷酮甘油缩酮	4-甲硫基-4-甲基-2-戊酮	3-巯基-2-戊酮	d,l-薄荷酮甘油缩酮	α-甲基紫罗兰酮
S1180	α-异甲基紫罗兰酮	烯丙基α-紫罗兰酮	6-甲基香豆素	2-巯基丙酸	2-甲基-4-戊烯酸	乙酸二甲基苄基原酯	环己基乙酸烯丙酯	乙酸玫瑰酯	3-（2-呋喃基）丙酸乙酯	丙酸烯丙酯
S1190	3-环己基丙酸烯丙酯	3-（2-呋喃基）丙酸异丁酯	硫代丙酸糠酯	丁酸二甲基苄基原酯	环己基丁酸烯丙酯	1,3-壬二醇乙酸酯（混合酯）	丁酸苏合香酯	乙酸柏木酯	异丁酸麦芽酚酯	2-甲基-4-戊烯酸乙酯
S1200	乙酸四氢糠酯	庚炔羧酸甲酯	辛炔羧酸甲酯	癸二酸二乙酯	10-十一烯酸乙酯	苯乙酸烯丙酯	三乙酸甘油酯	苯乙酸香叶酯	苯乙酸对-甲酚酯	4-苯基丁酸甲酯（又名苯丁酸甲酯）
S1210	4-苯基丁酸乙酯（又名苯丁酸乙酯）	肉桂酸烯丙酯	2-甲基-3-戊烯酸乙酯	亚硝酸乙酯	庚酸戊酯	3-乙酰基-2,5-二甲基呋喃	2,5-二甲基-3-氧代（$2H$）-4-呋喃丁酸酯	2-甲氧基-3（5或6）-异丙基吡嗪	2-甲基-3（5或6）-糠硫基吡嗪	2-甲基（或乙基）-3（5或6）-甲氧基吡嗪

续表

编号	0	1	2	3	4	5	6	7	8	9
S1220	2,5-二甲基-2,5-二羟基-1,4-二硫代环己烷	5,7-二氢-2-甲基噻吩并(3,4-d)嘧啶	2-乙氧基噻唑	2,4-二甲基-5-乙酰基噻唑	乙酸异丁香酯	3-甲基丁酸对-甲酚酯（又名异戊酸对甲酚酯）	l-薄荷醇乙二醇碳酸酯	3-（2-甲基丙基）吡啶	乙基香兰素1,2-丙二醇缩醛	人造康乃克油
S1230	山楂核烟熏香味料Ⅰ号	山楂核烟熏香味料Ⅱ号	苄基异丁基原醇（又名α-异丁基苯乙醇）	4-苯基-3-丁烯-2-醇	2-甲基-4-苯基-2-丁醇	l-薄荷醇丙二醇碳酸酯	辛酸烯丙酯	α-丙基苯乙醇	龙葵醇（又名β-甲基苯乙醇）	四氢芳樟醇
S1240	2,3-二巯基丁烷	β-萘乙醚	异丁基β-萘醚	邻-丙基苯酚	苄基异丁香酚	2-甲基-3（5或6）-甲硫基吡嗪	香茅氧基乙醛	乙醛苯乙醇丙醇缩醛	2-甲基-3-（对甲基苯基）丙醛	2-苯基-3-（2-呋喃基）丙-2-烯醛
S1250	3,5,5-三甲基己醛	2-甲基-3（5或6）-乙氧基吡嗪	庚醛甘油缩醛	苯乙醛甘油缩醛	对-异丙基苯乙醛	2-甲基-4-苯丁醛	龙葵醛	龙葵醛二甲缩醛	羟基香茅醛二乙缩醛	柠檬醛二甲缩醛

S1260	4-甲基-5-(2-乙酰氧乙基)-噻唑	α-丁基肉桂醛	4-庚烯-3-酮	4-甲基-1-苯基-2-戊酮	1-(对-甲氧基苯基)-1-戊烯-3-酮	α-己叉基环戊酮	四甲基乙基环己烯酮	糠硫醇甲酸酯	甲基β-萘酮	2-(3-苯丙基)四氢呋喃
S1270	烯丙基乙酸	甲酸二甲基苄基原酯	4-乙酰基-6-叔丁基-1,1-二甲基茚满	癸醛二甲缩醛(又名1,1-二甲氧基癸烷)	乙酸环己基乙酯	对-甲苯氧基乙酸乙酯	乙酸二甲基苯乙基原酯	丙酸甲基苯基原酯	2-呋喃基丙烯酸丙酯	异丁酸二甲基苯乙基原酯
S1280	异丁酸2-苯氧基乙酯	十三碳二酸环乙二醇二酯	邻氨基苯甲酸异丁酯	对-叔丁基苯乙酸甲酯	苯氧乙酸烯丙酯	苯乙酸辛酯	苯乙酸苄酯	苯乙酸芳樟酯	苯乙酸香茅酯	苯乙酸愈创木酚酯
S1290	3-甲基2-丁烯酸2-苯乙酯(又名千里酸苯乙酯)	3-苯基缩水甘油酸乙酯	肉桂酸芳樟酯	1,2-二[(1′-乙氧基)-乙氧基]丙烷	N,2,3-三甲基-2-异丙基丁酰胺	N-乙基-2-异丙基-5-甲基-环己烷甲酰胺	3-1-盖氧基-1,2-丙二醇(又名3-l-薄荷烷氧基-1,2-丙二醇)	香兰基丁醚	9-癸烯醛	2-仲丁基环己酮

续表

编号	0	1	2	3	4	5	6	7	8	9
S1300	2,3-十一碳二酮	环己烷基甲酸	5和6-癸烯酸（又名牛奶内酯）	八乙酸蔗糖酯	丁酸烯丙酯	异丁酸香兰素酯	戊二酸单 l-薄荷醇酯	苯甲酰基乙酸乙酯	ε-十二内酯	八氢香豆素
S1310	2,5-二甲基-3-呋喃硫醇	1,2-丁二硫醇	双-（2,5-二甲基-3-呋喃基）二硫醚	丙基2-甲基-3-呋喃基二硫醚	二环己基二硫醚	糠基异丙基硫醚	2-乙基苯硫酚	2-（乙酰氧基）丙酸甲硫醇酯	2-（丙酰氧基）丙酸甲硫醇酯	3-糠硫基丙酸乙酯
S1320	2-甲硫基吡嗪	异硫氰酸苯乙酯	2-（3-苯丙基）吡啶	4,5-二甲基-2-乙基-3-噻唑啉	2-仲丁基-4,5-二甲基-3-噻唑啉	吡嗪乙硫醇	水杨酸苯酯	庚醛二甲缩醛	羟基香茅醛二甲缩醛	对-丙基茴香醚
S1330	异丁酸对-甲酚酯	异丁酸邻-甲酚酯	柠檬醛丙二醇缩醛	反式-2-己烯醛二乙缩醛	2-巯基噻吩	对-盖-3,8-二醇（又名对-3,8-薄荷烷二醇）	1,8-辛二硫醇	螺［2,4-二硫杂-1-甲基-8-氧杂双环［3.3.0］-辛烷-3,3′-（1′-氧杂-2′-甲基）环戊烷］	3-壬烯-2-酮	3-甲基-2,4-壬二酮

S1340	2,5-二甲基-3-硫代乙酰氧基呋喃	反式-4-己烯醛	3-［（2-甲基-3-呋喃）硫基］-2-丁酮	3-巯基-2-甲基戊醛	2-（*l*-盖氧基）乙醇又名2-（1-薄荷烷氧基乙醇）	丙酸四氢糠酯	异戊酸烯丙酯	3-辛酮-1-醇	三丙酸甘油酯	辛酸α-糠酯
S1350	丁酸反式-2-辛烯醇酯	苯乙醛二异丁缩醛	1,3-二苯基-2-丙酮	10-十一烯酸丁酯	乙酸檀香酯	2-乙基丁酸香叶酯	3-羟甲基-2-辛酮	1,2-环己二酮	松香甘油酯	赤、苏-3-巯基-2-甲基丁-1-醇（又名3-巯基-2-甲基丁醇）
S1360	4-甲基联苯	α-戊基肉桂醇	1-苯基-3-甲基-戊醇-3	5-苯基戊醇	对盖烷醇-2又名对-薄荷烷醇-2	脱氢二氢紫罗兰醇	乙基葑醇	辛烯基琥珀酸单阿拉伯胶酯	*N*1-（2-甲氧基-4-甲基苄基）-*N*2-［2-（5-甲基-2-吡啶基）乙基］草酰胺	*N*1-（2,4-二甲氧基苄基）-*N*2-［2-（2-吡啶基）乙基］草酰胺

续表

编号	0	1	2	3	4	5	6	7	8	9
S1370	*N*-（4-庚基）-（3,4-亚甲二氧基）苯甲酰胺	二苄醚	5-羟基-十二酸甘油酯	三丁酸甘油酯	壬酸烯丙酯	5-羟基癸酸甘油酯	丙酸3-苯基丙酯	肉桂酸异丙酯	2-酮基-4-丁硫醇	甲基-对-甲苯缩水甘油酸乙酯
S1380	5-羟基-8-十一碳烯酸 *δ*-内酯	*N*-环丙基-反式-2-顺式-6-壬二烯酰胺	*N*-乙基-反式-2-顺式-6-壬二烯酰胺	2,4-二甲基-1,3-二氧戊环（又名乙醛1,2-丙二醇缩醛）	*β*-萘甲醚	二羟基丙酮	二苯基二硫醚	乙基香芹酚	甲基苯甲醛甘油缩醛（邻、间、对异构体混合物）	（+/-）-反式和顺式-4,8-二甲基-3,7-壬二烯-2-醇
S1390	（+/-）-反式和顺式-4,8-二甲基-3,7-壬二烯-2-醇乙酸酯	（反式和顺式）-1-甲氧基-1-癸烯	2-（4-甲基-5-噻唑基）乙醇癸酸酯	2-（4-甲基-5-噻唑基）乙醇异丁酸酯	2-（4-甲基-5-噻唑基）乙醇甲酸酯	异戊酸3-苯丙酯	*dl*-薄荷脑（+/-）-1,2-丙二醇碳酸酯	乙酸1-乙氧基乙醇酯	*N*-异丁基-反-2-反-4-癸二烯酸酰胺	二苯乙醇酮（又名2-羟基-2-苯基苯乙酮）

S1400	甲基异戊基二硫醚	邻氨基苯甲酸烯丙酯	6-环己基己酸烯丙酯	5-环己基戊酸烯丙酯	2-乙基丁酸烯丙酯	惕各酸烯丙酯（又名反式-2-甲基-2-丁烯酸烯丙酯）	10-十一烯酸烯丙酯	α-戊基肉桂醛二甲缩醛	乙酸α-戊基肉桂酯	甲酸α-戊基肉桂酯
S1410	异戊酸α-戊基肉桂酯	4（2-呋喃基）丁酸异戊酯	3（2-呋喃基）丙酸异戊酯	2-戊基-5或6-酮-1,4-二烷	丙酮酸异戊酯	苄基丁基醚	*N*-3,7-二甲基-2,6-辛二烯-环丙基甲酰胺	*N*-（乙氧羰基甲基）-对蓋烷-3-甲酰胺［又名*N*-（乙氧羰基甲基）-对-薄荷烷-3-甲酰胺］	硬木烟熏香味料SmokEz C-10	硬木烟熏香味料SEF7525
S1420	（反式，顺式）-2,6-壬二烯-1-醇乙酸酯	邻氨基苯甲酸苯乙酯	2-丙酰基-2-噻唑啉	顺式-8-十四烯醛	烯丙硫醇己酸酯	双香兰素	顺式和反式-2-庚基环丙烷羧酸	5-羟基-4-甲基己酸δ-内酯	4-巯基-2-戊酮	2,4,6-三硫杂庚烷

续表

编号	0	1	2	3	4	5	6	7	8	9
S1430	1-（4-甲氧苯基）-4-甲基-1-戊烯-3-酮	3（2）-羟基-5-甲基-2（3）-己酮	二巯基甲烷	4-羟基-2-丁烯酸 γ-内酯［又名 2（5*H*）-呋喃酮］	（+/-）-3-甲硫基丁酸异丁酯	3-甲硫基-2-丁酮	顺式和反式-5-乙基-4-甲基-2-（2-甲基丙基）-噻唑啉	1-戊硫醇	（+/-）-4-巯基-4-甲基-2-戊醇	异戊酸环己酯
S1440	2-噻吩基二硫醚	双（2-甲基-3-呋喃基）四硫醚	辛酸对-甲酚酯	丙酸麦芽酚酯	顺式-2-己烯-1-醇	（+/-）反式和顺式-2-己烯醛丙二醇缩醛	乙酸2-乙基丁酯	2，5-二乙基-3-甲基吡嗪	4-（甲硫基）-2-戊酮	甲硫基甲硫醇
S1450	顺式和反式-5-乙基-4-甲基-2-（1-甲基丙基）-噻唑啉	辛醛二甲缩醛	3-巯基-3-甲基-1-丁醇乙酸酯	（*R*，*S*）-3-羟基丁酸1-薄荷酯	异戊酸异丙酯	顺式-4-癸烯醇乙酸酯	惕各酸香叶酯	*N*-苯甲酰邻氨基苯甲酸	2,6,10-三甲基-2,6,10-十五碳三烯-14-酮	2，5-二甲基噻唑

S1460	甲硫基甲醇丁酸酯	2-甲硫基乙醇	二乙基三硫醚	顺式和反式-1-巯基-对-盖烷-3-酮（又名顺式和反式-1-巯基-对-薄荷烷-3-酮）	4-羟基-4-甲基-7-顺式-癸烯酸γ-内酯	2-甲基辛醛	3-甲基-5-丙基-2-环己烯-1-酮	2,4-壬二烯-1-醇	环戊硫醇	*N*-对苯乙腈基薄荷烷基甲酰胺
S1470	*N*-[2-（吡啶-2-基）乙基]薄荷烷基甲酰胺	4-氨基-5,6-二甲基噻吩并[2,3-d]嘧啶-2(1*H*)-酮盐酸盐	3-[(4-氨基-2,2-二氧-1*H*-2,1,3-苯并噻二嗪-5-基)氧]-2,2-二甲基-*N*-丙基丙酰胺	L-蛋氨酰基甘氨酸盐酸盐	5-戊基-3*H*-呋喃-2-酮	2,5-二硫杂己烷	(2*S*,5*R*)-*N*-[4-(2-氨基-2-氧代乙基)苯基]-5-甲基-2-(丙基-2-)环己烷甲酰胺	5-甲基-2-呋喃甲硫醇（又名5-甲基糠硫醇）	—	—

表 5-16　可用于调香白酒的甜味剂及防腐剂

序号	食品添加剂	功能	用量	单位	备注
1	环己基氨基磺酸钠（又名甜蜜素） 环己基氨基磺酸钙	甜味剂	0.65	g/kg	以环己基氨基磺酸计
2	三氯蔗糖（又名蔗糖素）	甜味剂	0.25	g/kg	
3	糖精钠	甜味剂、增味剂	0.15	g/kg	以糖精计
4	异麦芽酮糖	甜味剂	按生产需要适量使用		
5	苯甲酸及其钠盐	防腐剂	0.4	g/kg	以苯甲酸计
6	山梨酸及其钾盐	防腐剂、抗氧化剂、稳定剂	0.4	g/kg	以山梨酸计
7	二氧化碳	防腐剂	按生产需要适量使用		

酸度调节剂主要是乳酸、乙酸、丁酸、己酸、柠檬酸、酒石酸、苹果酸等。各种酸的阈值及呈香呈味特征如表 5-17 所示，这些酸度调节剂不仅可以调节酒体的酸度，同时也具有一定的调香作用。

表 5-17　可用于调香白酒的酸度调节剂

序号	名称	化学式	阈值/(mg/L)	沸点/℃	呈香、呈味特征
1	甲酸	$HCOOH$	2.5	100.8	闻有酸味，进口有刺激和涩感
2	乙酸	CH_3COOH	2.6	118.0	乙酸气味，爽口带甜
3	丙酸	CH_3CH_2COOH	20.0	140.7	闻有酸味，进口柔和微涩
4	丁酸	$CH_3(CH_2)_2COOH$	3.4	163.5	闻有黄油臭，似有大曲酒气味
5	戊酸	$CH_3(CH_2)_3COOH$	70.5	187.5	脂肪臭，似丁酸样气味
6	己酸	$CH_3(CH_2)_4COOH$	8.6	205.0	有刺激感，似大曲酒气味
7	庚酸	$CH_3(CH_2)_5COOH$	70.5	223.0	强的脂肪臭，有刺激感
8	辛酸	$CH_3(CH_2)_6COOH$	15.0	237.5	脂肪臭，微有刺激感，放置后浑浊
9	月桂酸	$CH_3(CH_2)_{10}COOH$	7.2	225.0	月桂油气味，爽口微甜，放置后浑浊
10	乳酸	$CH_3CHOHCOOH$	47.0	122.0	无香气，有浓厚感，过量发涩

第三节　其他可用于调香白酒的调香调味物料

用物理方法、酶法或微生物法（所用酶制剂应符合 GB 2760《食品安全国家标准　食品添加剂使用标准》的有关规定）从食品（可以是未加工过的，也可以是经过了适合人类消费的传统的食品制备工艺的加工过程）制得的具有香味特性的物质或天然香味复合物可用于配制食品用香精。

一、其他可用的增香配料

（一）香辛料

香辛料又名辛香料，是指一类具有芳香和辛香等典型风味的天然植物性制品，或从植物（花、叶、茎、根、果实或全草等）中提取的某些香精油，例如胡椒、丁香、肉桂等，它们主要是被用于为食物增加香味，而不是提供营养。人类古时就开始将一些具有刺激性的芳香植物作为药物用于饮食，它们的精油含量较高，有强烈的呈味、呈香作用，不仅能促进食欲，改善食品风味，而且还有杀菌防腐功能。

目前，香辛料可以分成浓香型、辛香型和淡香型三种香型，其中浓香型有 18 个、辛香型 20 个、淡香型 30 个，总共 68 个，如表 5-18 所示。按照卫计生函〔2013〕113 号通知，除了罂粟外，其他 67 种均可作为香辛调味料使用。

部分香辛料的特性介绍如下：

（1）10 号草果　属香草类草本植物，味食香料。味道辛、香，与他药合用，用于烧、卤、煮、煨等荤菜。

属性：性热燥火。

功用：破瘴疠之气，发脾胃之寒，截疟除痰。

（2）11 号砂仁　属香草类草本植物，味食香料。味道辛、香，与他药合用，主要用于烧、卤、煨、煮等荤菜或豆制品。

表 5-18 常见香辛料

序号	名称	序号	名称	序号	名称	序号	名称	序号	名称
1	菖蒲	15	芹菜	29	姜黄	43	椒样薄荷	56	迷迭香
2	洋葱	16	辣根	30	香茅	44	留兰香	57	胡麻、芝麻
3	大葱	17	龙蒿	31	枫茅	45	调料九里香	58	白欧芹
4	小葱	18	杨桃	32	小豆蔻	46	肉豆蔻	59	丁香
5	韭葱	19	黑芥籽	33	阿魏	47	甜罗勒	60	罗晃子
6	蒜	20	刺山柑	34	小茴香	48	甘牛至	61	蒙百里香
7	高良姜	21	辣椒	35	甘草	49	牛至	62	百里香
8	豆蔻	22	葛缕子	36	八角	50	罂粟（禁用）	63	香椿
9	香豆蔻	23	桂皮、肉桂	37	刺柏	51	欧芹	64	香旱芹
10	草果	24	阴香	38	山萘	52	多香果	65	葫芦巴
11	砂仁	25	大清桂	39	木姜子	53	荜茇	66	香荚兰
12	莳萝、土茴香	26	芫荽	40	月桂	54	黑胡椒、白胡椒	67	花椒
13	圆叶当归	27	藏红花	41	芒果			68	姜
14	细叶芹	28	枯茗	42	薄荷	55	石榴		

属性：性温。

功用：逐寒快气，止呕吐，治胃痛，消滞化痰。

（3）13 号当归　属香草类草本植物，味食香料。味甘、苦、香，主要用于炖、煮家畜类菜肴。因其味极浓，故用量甚微，否则，反败菜肴。

属性：性温。

功用：补血活血，调气解表，治妇女月经不调、白带、痛经、贫血等症，为妇科良药。

（4）23 号桂皮　又名肉桂，即桂树之皮。平常所说的桂皮，三年生，产于广西，温肾助阳，温通经脉，属香木类木本植物，味食香料。味道甘、香，一般都是与他药合用，很少单用。主要用于卤、烧、煮、煨家禽以及家畜等菜肴，是卤水中的主要调料。

属性：性大热，燥火。

功用：益肝，通经，行血，祛寒，除湿。

（5）29 号姜黄　属香草类草本植物，味食香料。味道辛、香、苦。它是色味两用的香料，既是香料，又是天然色素。一般以调色为主，与他药合用，用于牛羊类菜肴，有时也用于鸡鸭鱼虾类菜肴。它还是咖喱粉、沙嗲酱中的主要用料。

属性：性温。

功用：破气行瘀，祛风除寒，消肿止痛。

（6）30 号香茅　属香草类草本植物，味食香料。味道香，微甘，通常是研成粉用之。主要用于烧烤类菜肴，也用于调制复合酱料。

属性：性寒。

功用：降火，利水，清肺。

（7）34 号小茴香　属香草类草本植物，味食香料。味道甘、香，单用或与他药合用均可，小茴香的嫩叶可作饺子馅，但很少用于调味。茴香子主要用于卤、煮的家禽以及家畜菜肴或豆类、花生、豆制品等。

味道、属性、功用与八角基本相同。

（8）35 号甘草　又名甜草，属草本植物，味食香料。味甘，主要用于腌腊制品及卤菜。

属性：性平。

功用：和中，解百毒，补气润肺，止咳，泻火，止一切痛，可治气虚乏力，食少便溏，咳嗽气喘，咽喉肿痛，疮疡肿毒，脘腹及四肢痉挛作痛等症。

注：多食令人呕吐。

（9）36 号八角　又名大茴香、木茴香、大料，属木本植物，味食香料。味道甘、香，单用或与他药（香药）合用均佳，主要用于烧、卤、炖、煨等肉类菜肴，有时也用于素菜，如炖萝卜、卤豆干等。八角是五香粉中的主要调料，也是卤水中的最主要的香料。

属性：性温。

功用：治腹痛，平呕吐，理胃宜中，疗疝瘕，祛寒湿，疏肝暖胃。

（10）38 号山萘　又名沙姜、三萘、山辣，属香草类草本植物。本食香料。味道辛、香，生吃熟食均可，单用或与他药合用均佳，主要用于烧、卤、煨、烤等肉类菜肴。常加工成粉末用之，在粤菜中使用较多。

属性：性温，辛、苦温。

功用：入脾胃，开郁结，辟恶气，治牙疼，温中散寒、理气止痛，治胃寒疼痛等症。

（11）42 号薄荷　属香草类草本植物，味本两用。味道辛、香，主要用于调制饮品和糖水，有时也用于甜肴。

属性：性温。

功用：清头目，宣风寒，利咽喉，润心肺，辟口臭。

（12）54 号胡椒　属藤本植物，味食香料。味道浓辛、香，一切肉类菜肴原料皆可用之，汤、菜均宜。因其味道极其浓烈，故用量甚微，常研成粉用之。胡椒在粤菜中用得较广。

属性：性热。

功用：散寒，下气，宽中，消风，除痰。

注：胡椒能发疮助火，伤阴，胃热火旺者忌吃。

（13）59 号丁香　又名鸡舌香，属香木类木本植物，味食香料。味道辛、香、苦，单用或与他药合用均可。常用于扣蒸、烧、煨、煮、卤等菜肴，如丁香鸡、丁香牛肉、丁香豆腐皮等。因其味极其浓郁，故不可多用，不然，则适得其反。

属性：性温。

功用：宣中暖胃，益肾壮阳，治呕吐。

（14）67 号花椒　又称川椒，其实并非四川独有，也并非四川产为佳。我国华北、西北、华中、华东等地区均有生产。

花椒属木本植物，味食香料。味道辛、麻、香，凡肉类菜肴原料皆可用之，单用或与他药合用均宜，但多用于炸、煮、卤、烧、炒、烤、煎等菜肴，荤素皆宜。在川菜中，对花椒的使用，较广较多。

（二）药食同源配料

药品的作用是治病，而食品是提供维持机体生长和发育的营养，由于二者的主要作用不同，因此，对二者的安全要求也不同。例如了为了达到治病的目的，在很多情况下，药品允许存在一定的副作用，而食品一般是要保证安全。但是也有一些药品在长期食用的情况下，并不会产生副作用，那这些药品就可以当作普通食品对待，于是它就有了两种身份，一是药品，二是食品，人们把这种同时具有药品和食品功能的物料称之为“药食同源”物品。

为了防止滥用“药食同源”概念，国家有关部门颁布了“药食同源”物品名单，原卫生部于 2002 年发布了《卫生部关于进一步规范保健食品原料管理的通知》（卫法监发［2002］51 号），这个通知了公布了 87 种“药食同源”物品。2020 年 1 月 6 日，国家卫生健康委员会 2019 第 8 号公告，正式将当归、山萘、西红花、草果、姜黄、荜茇等 6 种物质纳入药食两用目录。到目前为止，药食同源物品总共有 93 种，具体如表 5-19 所示，部分药食同源物质的功效如表 5-20 所示。

表 5-19　药食同源物质名单

序号	名称	序号	名称	序号	名称	序号	名称	序号	名称
1	丁香	10	乌梅	19	白扁豆花	27	杏仁（甜、苦）	35	麦芽
2	八角茴香	11	木瓜	20	龙眼肉（桂圆）			36	昆布
3	刀豆	12	火麻仁			28	沙棘	37	枣（大枣、酸枣、黑枣）
4	小茴香	13	代代花	21	决明子	29	牡蛎		
5	小蓟	14	玉竹	22	百合	30	芡实	38	罗汉果
6	山药	15	甘草	23	肉豆蔻	31	花椒	39	郁李仁
7	山楂	16	白芷	24	肉桂	32	赤小豆	40	金银花
8	马齿苋	17	白果	25	余甘子	33	阿胶	41	青果
9	乌梢蛇	18	白扁豆	26	佛手	34	鸡内金	42	鱼腥草

续表

序号	名称	序号	名称	序号	名称	序号	名称	序号	名称
43	姜（生姜、干姜）	53	桑叶	64	菊花	75	蒲公英	86	覆盆子
		54	桑椹	65	菊苣	76	蜂蜜	87	藿香
44	枳椇子	55	桔红	66	黄芥子	77	榧子	88	当归
45	枸杞子	56	桔梗	67	黄精	78	酸枣仁	89	山萘
46	栀子	57	益智仁	68	紫苏	79	鲜白茅根	90	西红花
47	砂仁	58	荷叶	69	紫苏籽	80	鲜芦根	91	草果
48	胖大海	59	莱菔子	70	葛根	81	蝮蛇	92	姜黄
49	茯苓	60	莲子	71	黑芝麻	82	橘皮	93	荜茇
50	香橼	61	高良姜	72	黑胡椒	83	薄荷		
51	香薷	62	淡竹叶	73	槐米	84	薏苡仁		
52	桃仁	63	淡豆豉	74	槐花	85	薤白		

表 5-20　17 种药食同源物质色泽、性味、功效简介

药食同源物质名称	色泽	性味	功效
肉桂	深棕色	味辛，性甘，大热	温中助阳，散寒止痛
小茴香	棕红色	味辛，性温	驱寒止痛，行气和胃
丁香	棕红色	味辛，性温	温中降逆，温肾助阳
甘草	浅棕色	性甘、平	益气补中，清热解毒，祛痰止咳，缓急止痛，缓和药性
杏仁	浅棕色	味苦，性微温，有小毒	止咳平喘，润肠通便
桑叶	棕红色	味苦，苦寒	疏散风热，清利头目
砂仁	棕红色	味辛，性温	化湿温中，行气止泻
陈皮	橘黄色	味辛、苦，性温	行气健胃，燥湿化痰
紫苏	杏黄色	味辛，性凉	发汗解表，行气和胃，解鱼蟹毒
薄荷	深棕色	味辛，性凉	疏散风热，清头目，利咽喉，透疹止痒
菊花	金黄色	味辛、甘、苦，性微寒	疏风清热，明目，平肝阳，解热毒
荷叶	棕红色	味苦，性平	清热解暑，止血升清

续表

药食同源物质名称	色泽	性味	功效
红花	金黄色	味辛，性微温	活血化瘀，通经
枸杞子	浅黄色	味甘，性平	养阴补血，益精明目
肉豆蔻	无色	味辛，性温	涩肠止泻，温中行气
茯苓	微黄色	味甘、淡，性平	利水渗温，健脾补中，宁心安神
檀香	深棕色	味辛，性温	止霍乱吐泻、胸腹胀痛

2020 年 1 月 6 日，国家卫生健康委员会也发布了《关于对党参等 9 种物质开展按照传统既是食品又是中药材的物质管理试点工作的通知》（下称《通知》），根据《食品安全法》规定，经安全性评估并广泛公开征求意见，将对党参、肉苁蓉、铁皮石斛、西洋参、黄芪、灵芝、山茱萸、天麻、杜仲叶等 9 种物质开展按照传统既是食品又是中药材的物质（以下简称食药物质）生产经营试点工作，主要根据《食品安全法》，按照我国传统饮食习惯和《中国药典》修订情况，综合考虑地方需求并参考相关国际管理经验，采用食品安全风险评估的原则和方法，经系统研究、综合论证确定。

具体说明如下：

（1）党参　在《中国药典》（2015 年版）收载，为桔梗科植物党参、素花党参和川党参的干燥根。党参在山西省、甘肃省等地有作为食品原料食用的历史，主要使用方法为煲汤、煮粥、蒸饭、入菜、煮火锅、传统方式泡酒及制作党参脯等。党参不宜与藜芦同用。

（2）肉苁蓉（荒漠）　在《中国药典》（2015 年版）收载，肉苁蓉为列当科植物肉苁蓉的带鳞叶肉质茎。肉苁蓉在内蒙古自治区有作为食品原料食用的历史，主要使用方法为炖肉、入菜、制作主食、泡茶、传统方式泡酒等。

（3）铁皮石斛　在《中国药典》（2015 年版）收载，为兰科植物铁皮石斛的茎。铁皮石斛在云南省和浙江省等地有作为食品原料食用的历史，主要使用方法为即食、煲汤、入菜、榨汁、泡茶、传统方式泡酒等。

（4）西洋参　在《中国药典》（2015 年版）收载，为五加科植物西洋参的干燥根。西洋参在山东省等地有作为食品原料食用的历史，主要使用方法为泡水、煮粥、煲汤、入菜等。西洋参不宜与藜芦同用。

（5）黄芪　在《中国药典》（2015 年版）收载，为豆科植物膜荚黄芪和蒙古黄芪的干燥根。黄芪在山西省和甘肃省等地有作为食品原料食用的历史，主要使用方法为煲汤、炖肉、煮粥、蒸饭、入菜、火锅、传统方式泡酒等。

（6）灵芝　在《中国药典》（2015 年版）收载，为多孔菌科真菌赤芝和紫芝的干燥子实体。灵芝在安徽省与山东省等地有作为食品原料食用的历史，主要使用方法为煲汤、泡茶、传统方式泡酒等。

（7）山茱萸　在《中国药典》（2015 年版）收载，为山茱萸科植物山茱萸的成熟果肉。山茱萸在陕西省和河南省等地有作为食品原料食用的历史，主要使用方法为煲汤、入菜，传统方式制作果酒、果汁、蜜饯果脯等。

（8）天麻　在《中国药典》（2015 年版）收载，为兰科植物天麻的块茎。天麻在贵州省和云南省等地有作为食品原料食用的历史，主要使用方法为炖肉、入菜、火锅等。过敏体质人群不宜食用。

（9）杜仲叶　在《中国药典》（2015 年版）收载，为杜仲科植物杜仲的叶片。杜仲叶在湖南省和河南省等地有作为食品原料食用的历史，主要使用方法为杜仲嫩叶入菜、煮粥、泡茶及制作主食等。

上述物质作为食药同源物质时，建议按照传统方式适量食用，孕妇、哺乳期妇女及婴幼儿等特殊人群不推荐食用。传统方式通常指仅对原材料进行粉碎、切片、压榨、炒制、水煮、酒泡等。作为食药同源物质时其标签、说明书、广告、宣传信息等不得含有虚假内容，不得涉及疾病预防、治疗功能。上述物质作为保健食品原料使用时，应当按保健食品有关规定管理；作为中药材使用时，应当按中药材有关规定管理。

为了规范试点工作，需由地方提出试点方案，包括试点的食药同源物质种类、风险监测计划和配套监管措施等，报请省级人民政府同意后，报国家卫生健康委员会与国家市场监管总局核定。试点生产经营需严格按照试点方案进行，强化事中事后监管。国家卫生健康委员会将会同国家市场监管总局，根据试点情况，研究适时将相关物质纳入食药同源物质目录管理。

（三） 新食品原料

原国家卫生部于2007年发布《新资源食品管理办法》（中华人民共和国卫生部令第56号），该办法规定新资源食品包括：

（一）在我国无食用习惯的动物、植物和微生物；

（二）从动物、植物、微生物中分离的在我国无食用习惯的食品原料；

（三）在食品加工过程中使用的微生物新品种；

（四）因采用新工艺生产导致原有成分或者结构发生改变的食品原料。

属于上述情形之一的物品，如需开发用于普通食品的生产经营，应当按照《新资源食品管理办法》的规定申报批准。

新资源食品的名称是原《食品卫生法》中提出的，为与现行的《食品安全法》相衔接，将“新资源食品”修改为“新食品原料”。原国家卫生和计划生育委员会2013年公布了《新食品原料安全性审查管理办法》（以下简称《办法》），规定新食品原料不包括转基因食品、保健食品、食品添加剂新品种。该《办法》自2013年10月1日起施行。

表5-21是笔者整理的历次公布的新食品原料，整理该表的目的是为调香白酒酒体的增香选择原料提供参考。

表5-21 国家公布的新食品原料名单

序号	名称	批准文号[a]	使用范围	食用量	备注
1	油菜花粉	2004年第17号			列为普通食品
2	玉米花粉	2004年第17号			列为普通食品
3	松花粉	2004年第17号			列为普通食品
4	向日葵花粉	2004年第17号			列为普通食品
5	紫云英花粉	2004年第17号			列为普通食品

续表

序号	名称	批准文号[a]	使用范围	食用量	备注
6	荞麦花粉	2004 年第 17 号			列为普通食品
7	芝麻花粉	2004 年第 17 号			列为普通食品
8	高粱花粉	2004 年第 17 号			列为普通食品
9	魔芋	2004 年第 17 号			列为普通食品
10	钝顶螺旋藻	2004 年第 17 号			列为普通食品
11	极大螺旋藻	2004 年第 17 号			列为普通食品
12	刺梨	2004 年第 17 号			列为普通食品
13	玫瑰茄	2004 年第 17 号			列为普通食品
14	蚕蛹	2004 年第 17 号			列为普通食品
15	嗜酸乳杆菌	2008 年第 12 号	乳制品、保健食品，但不包括婴幼儿食品		
16	低聚木糖	2008 年第 12 号	各类食品，但不包括婴幼儿食品	≤1.2g/d	
17	透明质酸钠	2008 年第 12 号	保健食品原料	≤200mg/d	
18	叶黄素酯	2008 年第 12 号	焙烤食品、乳制品、饮料、即食谷物、冷冻饮品、调味品和糖果，但不包括婴幼儿食品	≤12mg/d	
19	L-阿拉伯糖	2008 年第 12 号	各类食品，但不包括婴幼儿食品		
20	短梗五加	2008 年第 12 号	饮料类、酒类	≤4.5g/d	
21	库拉索芦荟凝胶	2008 年第 12 号	各类食品	≤30g/d	
22	低聚半乳糖	2008 年第 20 号	婴幼儿食品、乳制品、饮料、焙烤食品、糖果	≤15g/d	
23	副干酪乳杆菌	2008 年第 20 号	乳制品、保健食品、饮料、饼干、糖果、冰淇淋，但不包括婴幼儿食品		
24	嗜酸乳杆菌	2008 年第 20 号	保健食品原料		
25	鼠李糖乳杆菌	2008 年第 20 号	保健食品原料		

续表

序号	名称	批准文号[a]	使用范围	食用量	备注
26	水解蛋黄粉	2008年第20号	乳制品、冷冻饮品、豆类制品、可可制品，巧克力及其制品（包括类巧克力和代巧克力）以及糖果、焙烤食品、饮料类、果冻、油炸食品、膨化食品，但不包括婴幼儿食品	≤1g/d	
27	异麦芽酮糖醇	2008年第20号	各类食品，但不包括婴幼儿食品	≤100g/d	
28	植物乳杆菌	2008年第20号	乳制品、保健食品，但不包括婴幼儿食品		
29	植物乳杆菌	2008年第20号	饮料类、冷冻饮品、保健食品		
30	植物甾烷醇酯	2008年第20号	植物油、植物黄油、人造黄油、乳制品、植物蛋白饮料、调味品、沙拉酱、蛋黄酱、果汁、通心粉、面条和速食麦片	<5g/d	
31	珠肽粉	2008年第20号	保健食品原料	≤3g/d	
32	菊粉	2009年第5号	各类食品，但不包括婴幼儿食品	≤15g/d	
33	多聚果糖	2009年第5号	儿童乳粉、孕产妇乳粉	≤8.4g/d	
34	γ-氨基丁酸	2009年第12号	饮料、可可制品、巧克力和巧克力制品、糖果、焙烤食品、膨化食品，但不包括婴幼儿食品	≤500mg/d	
35	初乳碱性蛋白	2009年第12号	乳制品、含乳饮料、糖果、糕点、冰淇淋，但不包括婴幼儿食品	≤100mg/d	
36	共轭亚油酸	2009年第12号	1. 直接食用 2. 脂肪、食用油和乳化脂肪制品，但不包括婴幼儿食品	< 6g/d	

续表

序号	名称	批准文号[a]	使用范围	食用量	备注
37	共轭亚油酸甘油酯	2009年第12号	1. 直接食用 2. 乳及乳制品（纯乳除外）；脂肪、食用油和乳化脂肪制品；饮料类；冷冻饮品；可可制品、巧克力和巧克力制品以及糖果；杂粮粉及其制品；即食谷物、焙烤食品、咖啡，但不包括婴幼儿食品	< 6g/d	
38	植物乳杆菌	2009年第12号	乳制品、乳酸菌饮料，但不包括婴幼儿食品		
39	杜仲籽油	2009年第12号	婴幼儿食品除外	≤3mL/d	
40	茶叶籽油	2009年第18号	使用范围不包括婴幼儿食品	≤15g/d	
41	盐藻及提取物	2009年第18号	1. 产品的胡萝卜素含量2%～8%，其标签、说明书标注为盐藻；产品的胡萝卜素含量≥8%，其标签、说明书标注为盐藻提取物 2. 使用范围不包括婴幼儿食品	≤15mg/d（以β-胡萝卜素计）	
42	鱼油及提取物	2009年第18号	1. DHA含量36～125mg/g，标签及说明书中标注鱼油；DHA含量≥125mg/g，标签及说明书中标注鱼油提取物 2. 在婴幼儿食品中使用应符合相关标准的要求	≤3g/d	
43	甘油二酯油	2009年第18号	使用范围不包括婴幼儿食品	≤30g/d	
44	地龙蛋白	2009年第18号	本产品不适宜婴幼儿、少年儿童、孕产妇、过敏体质者等人群食用，在产品的标签、说明书中应标注“婴幼儿、少年儿童、孕产妇、过敏体质者不宜食用”	≤10g/d	

续表

序号	名称	批准文号[a]	使用范围	食用量	备注
45	乳矿物盐	2009 年第 18 号	使用范围不包括婴幼儿食品	≤5g/d	
46	牛奶碱性蛋白	2009 年第 18 号	使用范围不包括婴幼儿食品	≤200mg/d	
47	DHA 藻油	2010 年第 3 号	在婴幼儿食品中使用应符合相关标准的要求	≤300mg/d（以纯 DHA 计）	
48	棉籽低聚糖	2010 年第 3 号	使用范围不包括婴幼儿食品	≤5g/d	
49	植物固醇	2010 年第 3 号	使用范围不包括婴幼儿食品	≤3.9g/d	
50	植物固醇酯	2010 年第 3 号	使用范围不包括婴幼儿食品	≤2.4g/d	
51	花生四烯酸油脂	2010 年第 3 号	在婴幼儿食品中使用应符合相关标准的要求	≤600mg/d（以纯花生四烯酸计）	
52	白子菜	2010 年第 3 号			
53	御米油	2010 年第 3 号	不适宜人群：婴幼儿 1. 仅限用于食用油。不得再生产加工其他食品、食品添加剂 2. 标签、说明书中应当标注不适宜人群和食用限量 3. 生产经营御米油应符合《关于加强罂粟籽食品监督管理工作的通知》（卫监督发〔2005〕349 号）的要求	≤25g/d	
54	玫瑰花	2010 年第 3 号			凉茶饮料原料使用
55	凉粉草	2010 年第 3 号			凉茶饮料原料使用
56	夏枯草	2010 年第 3 号			凉茶饮料原料使用
57	布渣叶	2010 年第 3 号			凉茶饮料原料使用

续表

序号	名称	批准文号[a]	使用范围	食用量	备注
58	鸡蛋花	2010 年第 3 号			凉茶饮料原料使用
59	金花茶	2010 年第 9 号	不适宜人群：婴幼儿、孕妇	≤20g/d	
60	显脉旋覆花（小黑药）	2010 年第 9 号	不适宜人群：婴幼儿	≤5g/d	
61	诺丽果浆	2010 年第 9 号	使用范围不包括婴幼儿食品		
62	酵母 β-葡聚糖	2010 年第 9 号	使用范围不包括婴幼儿食品	≤250mg/d	
63	雪莲培养物	2010 年第 9 号	不适宜人群：婴幼儿、孕妇	鲜品≤80g/d 干品≤4g/d	
64	蔗糖聚酯	2010 年第 15 号	1. 使用范围：炸薯片、即热爆米花、烘烤小甜饼 2. 婴幼儿不宜食用，标签、说明书中应当标注不适宜人群和食用限量	≤3. 1g/d	
65	玉米低聚肽粉	2010 年第 15 号	1. 婴幼儿不宜食用，标签、说明书中应当标注不适宜人群和食用限量 2. AY 为 Ala-Tyr 的缩写，即丙氨酸-酪氨酸，相对分子质量为 252. 12	≤4. 5g/d	
66	磷脂酰丝氨酸	2010 年第 15 号	使用范围不包括婴幼儿食品	≤600mg/d	
67	雨生红球藻	2010 年第 17 号	使用范围不包括婴幼儿食品	≤0. 8g/d	
68	表没食子儿茶素没食子酸酯	2010 年第 17 号	1. 使用范围不包括婴幼儿食品 2. 食品的标签、说明书中应当标注食用限量	≤300mg/d（以 EGCG 计）	
69	水苏糖	2010 年第 17 号			列为普通食品
70	费氏丙酸杆菌谢氏亚种	2010 年第 17 号			列入《可用于食品的菌种名单》

续表

序号	名称	批准文号[a]	使用范围	食用量	备注
71	翅果油	2011 年第 1 号	1. 使用范围不包括婴幼儿食品 2. 食品的标签、说明书中应当标注食用限量	≤15g/d	
72	β-羟基-β-甲基丁酸钙	2011 年第 1 号	1. 使用范围：运动营养食品、特殊医学用途配方食品 2. 孕妇、哺乳期妇女、婴幼儿及儿童不宜食用，标签、说明书中应当标注不适宜人群和食用限量	≤3g/d	
73	乳酸乳球菌乳酸亚种	2011 年第 1 号			列入《可用于食品的菌种名单》
74	乳酸乳球菌乳脂亚种	2011 年第 1 号			列入《可用于食品的菌种名单》
75	乳酸乳球菌双乙酰亚种	2011 年第 1 号			列入《可用于食品的菌种名单》
76	元宝枫籽油	2011 年第 9 号	使用范围不包括婴幼儿食品	≤3g/d	
77	牡丹籽油	2011 年第 9 号	使用范围不包括婴幼儿食品	≤10g/d	
78	玛咖粉	2011 年第 13 号	1. 婴幼儿、哺乳期妇女、孕妇不宜食用 2. 食品的标签、说明书中应当标注不适宜人群和食用限量	≤25g/d	
79	蚌肉多糖	2012 年第 2 号	使用范围：调味品、汤料、饮料、冷冻食品	≤2.5g/d	
80	肠膜明串珠菌肠膜亚种	2012 年第 8 号			列入《可用于食品的菌种名单》
81	平卧菊三七	2012 年第 8 号			列为普通食品

续表

序号	名称	批准文号[a]	使用范围	食用量	备注
82	大麦苗	2012 年第 8 号			列为普通食品
83	中长链脂肪酸食用油	2012 年第 16 号		≤30g/d	
84	小麦低聚肽	2012 年第 16 号	1. 婴幼儿不宜食用，标签、说明书中应当标注不适宜人群 2. 卫生安全指标应符合我国相关标准要求	≤6g/d	
85	抗性糊精	2012 年第 16 号			列为普通食品
86	菊芋	2012 年第 16 号			新资源食品菊粉的原料
87	人参（人工种植）	2012 年第 17 号	1. 卫生安全指标应当符合我国相关标准要求 2. 孕妇、哺乳期妇女及 14 周岁以下儿童不宜食用，标签、说明书中应当标注不适宜人群和食用限量	≤3g/d	
88	蛋白核小球藻	2012 年第 19 号	1. 使用范围不包括婴幼儿食品 2. 卫生安全指标应符合我国相关标准	≤20g/d	
89	乌药叶	2012 年第 19 号	1. 婴幼儿、儿童、孕期及哺乳期妇女不宜食用，标签、说明书中应当标注不适宜人群 2. 卫生安全指标应符合我国相关标准	≤5g/d	
90	辣木叶	2012 年第 19 号			
91	蔗糖聚酯	2012 年第 19 号	1. 婴幼儿不宜食用，标签、说明书中应当标注不适宜人群和食用限量 2. 卫生部 2010 年第 15 号公告蔗糖聚酯相关信息作废	≤10. 6g/d	

续表

序号	名称	批准文号[a]	使用范围	食用量	备注
92	梨果仙人掌	2012 年第 19 号			列为普通食品
93	茶树花	2013 年第 1 号			
94	盐地碱蓬籽油	2013 年第 1 号	1. 使用范围不包括婴幼儿食品 2. 卫生安全指标应符合我国相关标准		
95	美藤果油	2013 年第 1 号	1. 使用范围不包括婴幼儿食品 2. 卫生安全指标应符合我国相关标准		
96	盐肤木果油	2013 年第 1 号	1. 使用范围不包括婴幼儿食品 2. 卫生安全指标应符合我国相关标准		
97	广东虫草子实体	2013 年第 1 号	1. 婴幼儿、儿童及食用真菌过敏者不宜食用，标签、说明书中应当标注不适宜人群 2. 卫生安全指标应符合应我国相关标准	≤3g/d	
98	阿萨伊果	2013 年第 1 号			
99	茶藨子叶状层菌发酵菌丝体	2013 年第 1 号	1. 婴幼儿、儿童及食用真菌过敏者不宜食用，标签、说明书中应当标注不适宜人群和食用限量 2. 卫生安全指标应当符合我国相关标准要求	≤50g/d	
100	裸藻	2013 年第 10 号			
101	1,6-二磷酸果糖三钠盐	2013 年第 10 号	1. 使用范围：运动饮料 2. 婴幼儿、孕妇不宜食用，标签、说明书中应当标注不适宜人群和食用限量 3. 卫生安全指标应当符合我国相关标准	≤300mg/d	

续表

序号	名称	批准文号[a]	使用范围	食用量	备注
102	丹凤牡丹花	2013 年第 10 号			
103	狭基线纹香茶菜	2013 年第 10 号	1. 使用范围：茶饮料类 2. 婴幼儿、少年儿童及孕妇不宜食用，标签、说明书中应当标注不适宜人群和食用限量 3. 卫生安全指标应当符合我国相关标准	≤8g/d	
104	长柄扁桃油	2013 年第 10 号	1. 使用范围不包括婴幼儿食品 2. 卫生安全指标应当符合我国相关标准		
105	光皮梾木果油	2013 年第 10 号	1. 使用范围不包括婴幼儿食品 2. 卫生安全指标应当符合我国相关标准		
106	青钱柳叶	2013 年第 10 号	1. 食用方式：冲泡 2. 卫生安全指标应当符合我国相关标准		
107	低聚甘露糖	2013 年第 10 号	1. 使用范围不包括婴幼儿食品 2. 卫生安全指标应当符合我国相关标准	≤1.5g/d	
108	显齿蛇葡萄叶	2013 年第 16 号	1. 食用方式：冲泡 2. 卫生安全指标应当符合我国相关标准		
109	磷虾油	2013 年第 16 号	1. 婴幼儿、孕妇、哺乳期妇女及海鲜过敏者不宜食用，标签、说明书中应当标注不适宜人群 2. 卫生安全指标应当符合我国相关标准	≤3g/d	

续表

序号	名称	批准文号[a]	使用范围	食用量	备注
110	马克斯克鲁维酵母	2013年第16号	1. 批准为可食用菌种 2. 卫生安全指标应当符合我国相关标准		
111	壳寡糖	2014年第6号	1. 使用范围不包括婴幼儿食品 2. 卫生安全指标应当符合我国相关标准	≤0.5g/d	
112	水飞蓟籽油	2014年第6号	1. 使用范围不包括婴幼儿食品 2. 卫生安全指标应当符合我国相关标准		
113	柳叶蜡梅	2014年第6号	1. 食用方式：冲泡 2. 婴幼儿、孕妇不宜食用，标签、说明书中应当标注不适宜人群 3. 卫生安全指标应当符合我国相关标准		
114	杜仲雄花	2014年第6号	1. 婴幼儿、孕妇不宜食用，标签、说明书中应当标注不适宜人群 2. 卫生安全指标应符合我国相关标准	≤6g/d	
115	乳酸片球菌	2014年第6号	1. 批准为可食用菌种 2. 卫生安全指标应当符合我国相关标准		
116	戊糖片球菌	2014年第6号	1. 批准为可食用菌种 2. 卫生安全指标应当符合我国相关标准		
117	塔格糖	2014年第10号	1. 使用范围不包括婴幼儿食品 2. 卫生安全指标应当符合我国相关标准		

续表

序号	名称	批准文号[a]	使用范围	食用量	备注
118	奇亚籽	2014 年第 10 号	1. 使用范围不包括婴幼儿食品 2. 卫生安全指标应当符合我国相关标准		
119	圆苞车前子壳	2014 年第 10 号	1. 使用范围不包括婴幼儿食品 2. 卫生安全指标应当符合我国相关标准		
120	罗伊乳杆菌	2014 年第 10 号	1. 批准可用于婴幼儿食品 2. 卫生安全指标应当符合我国相关标准		
121	蛹虫草	2014 年第 10 号	1. 婴幼儿、儿童、食用真菌过敏者不宜食用，标签、说明书中应当标注不适宜人群 2. 卫生安全指标应当符合我国相关标准		
122	植物甾烷醇酯	2014 年第 10 号	1. 孕妇和 5 岁以下儿童不宜食用，标签、说明书中应当标注不适宜人群 2. 卫生安全指标应当符合我国相关标准	<5g/d	
123	线叶金雀花	2014 年第 12 号	1. 食用方式：冲泡 2. 卫生安全指标应当符合我国相关标准		
124	茶叶茶氨酸	2014 年第 15 号	1. 使用范围不包括婴幼儿食品 2. 卫生安全指标应当符合我国相关标准	≤0. 4g/d	
125	海藻糖	2014 年第 15 号			列为普通食品
126	番茄籽油	2014 年第 20 号			
127	枇杷叶	2014 年第 20 号		≤10g/d	

续表

序号	名称	批准文号[a]	使用范围	食用量	备注
128	阿拉伯半乳聚糖	2014 年第 20 号	1. 使用范围不包括婴幼儿食品 2. 卫生安全指标应当符合我国相关标准	≤15g/d	
129	湖北海棠（茶海棠）叶	2014 年第 20 号	1. 食用方式：冲泡 2. 孕妇、哺乳期妇女及婴幼儿不宜食用，标签、说明书中应当标注不适宜人群 3. 卫生安全指标应当符合我国相关标准	≤15g/d	
130	竹叶黄酮	2014 年第 20 号	1. 使用范围不包括婴幼儿食品 2. 卫生安全指标应当符合我国相关标准	≤2g/d	
131	燕麦 β-葡聚糖	2014 年第 20 号	1. 使用范围不包括婴幼儿食品 2. 卫生安全指标应当符合我国相关标准	≤5g/d	
132	清酒乳杆菌	2014 年第 20 号	1. 批准为可食用菌种 2. 卫生安全指标应当符合我国相关标准		
133	产丙酸丙酸杆菌	2014 年第 20 号	1. 批准为可食用菌种 2. 卫生安全指标应当符合我国相关标准		
134	低聚木糖	2014 年第 20 号	1. 使用范围不包括婴幼儿食品 2. 卫生安全指标应当符合我国相关标准	≤3.0g/d（以木二糖-木七糖计）	
135	小牛葡萄球菌	2016 年第 4 号			列入《可用于食品的菌种名单》
136	木糖葡萄球菌	2016 年第 4 号			列入《可用于食品的菌种名单》

续表

序号	名称	批准文号[a]	使用范围	食用量	备注
137	肉葡萄球菌	2016年第4号			列入《可用于食品的菌种名单》
138	发酵乳杆菌CECT5716	2016年第6号			列入《可用于婴幼儿食品的菌种名单》
139	短双歧杆菌M-16V	2016年第6号			列入《可用于婴幼儿食品的菌种名单》
140	凝结芽孢杆菌	2016年第6号			列入《可用于食品的菌种名单》
141	乳木果油	2017年第7号	1. 使用范围：巧克力、糖果、冰淇淋、烘焙产品及煎炸油，但不包括婴幼儿食品 2. 卫生安全指标应当符合我国相关标准		
142	(3*R*，3′*R*)-二羟基-β-胡萝卜素	2017年第7号	1. 使用范围不包括婴幼儿食品 2. 卫生安全指标应当符合相关标准要求 3. 通过微囊化和/或其他稀释工艺生产的低浓度(3*R*，3′*R*)-二羟基-β-胡萝卜素，其食用量应当按产品浓度折合计算	≤4mg/d［以(3*R*，3′*R*)-二羟基-β-胡萝卜素计］	
143	宝乐果粉	2017年第7号	1. 婴幼儿不宜食用，标签及说明书中应当标注不适宜人群 2. 卫生安全指标应当符合我国相关标准	≤30g/d	
144	*N*-乙酰神经氨酸	2017年第7号		≤500mg/d	

续表

序号	名称	批准文号[a]	使用范围	食用量	备注
145	顺-15-二十四碳烯酸	2017年第7号	1. 婴幼儿不宜食用，标签及说明书中应当标注不适宜人群 2. 使用范围：食用油、脂肪和乳化脂肪制品、固体饮料、乳制品、糖果、方便食品 3. 卫生安全指标应当符合我国相关标准	≤300mg/d	
146	西蓝花种子水提物	2017年第7号	1. 使用范围不包括婴幼儿食品 2. 卫生安全指标应当符合我国相关标准	≤ 1.8g/d	
147	米糠脂肪烷醇	2017年第7号	1. 婴幼儿、孕妇不宜食用，标签及说明书中应当标注不适宜人群 2. 卫生安全指标应当符合我国相关标准	≤ 300mg/d	
148	γ-亚麻酸油脂（来源于刺孢小克银汉霉）	2017年第7号	卫生安全指标应当符合我国相关标准	≤6g/d	
149	β-羟基-β-甲基丁酸钙	2017年第7号	1. 使用范围：饮料、乳及乳制品、可可制品、巧克力及巧克力制品、糖果、烘焙食品、运动营养食品、特殊医学用途配方食品 2. 婴幼儿、儿童、孕妇及哺乳期妇女不宜食用，标签、说明书中应当标注不适宜人群和食用限量 3. 卫生安全指标应当符合我国相关标准	≤3g/d	

续表

序号	名称	批准文号[a]	使用范围	食用量	备注
150	木姜叶柯	2017 年第 7 号	1. 食用方式：冲泡 2. 婴幼儿不宜食用，标签及说明书中应当标注不适宜人群 3. 卫生安全指标应当符合我国相关标准	≤10g/d（以干品计）	
151	黑果腺肋花楸果	2018 年第 10 号			
152	球状念珠藻（葛仙米）	2018 年第 10 号			
153	弯曲乳杆菌	2019 年第 2 号			
154	明日叶	2019 年第 2 号			
155	枇杷花	2019 年第 2 号			

注：a 2013 年 3 月前为卫生部公告，2013 年 3 月 ~2019 年 2 月为国家卫生和计划生育委员会公告，2019 年 3 月后为国家卫生健康委员会公告

（四） 可用于保健食品的配料

原卫生部发布的《关于进一步规范保健食品原料管理的通知》（卫法监发［2002］51 号），该通知中公布了可用于保健食品的配料名单如表 5-22 所示。表中按笔画顺序进行排序。

表 5-22 可以用于保健食品的配料

序号	名称	序号	名称	序号	名称	序号	名称	序号	名称
1	人参	6	大蓟	11	川芎	16	五加皮	21	太子参
2	人参叶	7	女贞子	12	马鹿胎	17	五味子	22	巴戟天
3	人参果	8	山茱萸	13	马鹿茸	18	升麻	23	木香
4	三七	9	川牛膝	14	马鹿骨	19	天门冬	24	木贼
5	土茯苓	10	川贝母	15	丹参	20	天麻	25	牛蒡子

续表

序号	名称	序号	名称	序号	名称	序号	名称	序号	名称
26	牛蒡根	43	红花	61	侧柏叶	79	枳壳	97	淫羊藿
27	车前子	44	红景天	62	制大黄	80	枳实	98	菟丝子
28	车前草	45	西洋参	63	制何首乌	81	柏子仁	99	野菊花
29	北沙参	46	吴茱萸	64	刺五加	82	珍珠	100	银杏叶
30	平贝母	47	怀牛膝	65	刺玫果	83	绞股蓝	101	黄芪
31	玄参	48	杜仲	66	泽兰	84	胡芦巴	102	湖北贝母
32	生地黄	49	杜仲叶	67	泽泻	85	茜草	103	番泻叶
33	生何首乌	50	沙苑子	68	玫瑰花	86	荜茇	104	蛤蚧
34	白及	51	牡丹皮	69	玫瑰茄	87	韭菜子	105	越橘
35	白术	52	芦荟	70	知母	88	首乌藤	106	槐实
36	白芍	53	苍术	71	罗布麻	89	香附	107	蒲黄
37	白豆蔻	54	补骨脂	72	苦丁茶	90	骨碎补	108	蒺藜
38	石决明	55	诃子	73	金荞麦	91	党参	109	蜂胶
39	石斛(需提供可使用证明)	56	赤芍	74	金樱子	92	桑白皮	110	酸角
		57	远志	75	青皮	93	桑枝	111	墨旱莲
40	地骨皮	58	麦门冬	76	厚朴	94	浙贝母	112	熟大黄
41	当归	59	龟甲	77	厚朴花	95	益母草	113	熟地黄
42	竹茹	60	佩兰	78	姜黄	96	积雪草	114	鳖甲

（五）保健食品用禁止使用的物料

保健食品禁止使用的物料，普通食品更不能使用，因此，以下物料是不能用来作为调香白酒的增香物料。保健食品禁用物品名单如表 5-23 所示，表中按笔画顺序进行排序。

表 5-23 保健食品禁用物品名单

序号	名称	序号	名称	序号	名称	序号	名称	序号	名称
1	八角莲	14	长春花	27	红升丹	40	洋地黄	52	铃兰
2	八里麻	15	甘遂	28	红豆杉	41	洋金花	53	雪上一枝蒿
3	千金子	16	生天南星	29	红茴香	42	牵牛子	54	黄花夹竹桃
4	土青木香	17	生半夏	30	红粉	43	砒石（白砒）	55	斑蝥
5	山莨菪	18	生白附子	31	羊角拗	44	红砒	56	硫黄
6	川乌	19	生狼毒	32	羊踯躅	45	砒霜	57	雄黄
7	广防己	20	白降丹	33	丽江山慈姑	46	草乌	58	雷公藤
8	马桑叶	21	石蒜	34	京大戟	47	香加皮（杠柳皮）	59	颠茄
9	马钱子	22	关木通	35	昆明山海棠			60	藜芦
10	六角莲	23	农吉痢	36	河豚	48	骆驼蓬	61	蟾酥
11	天仙子	24	夹竹桃	37	闹羊花	49	鬼臼		
12	巴豆	25	朱砂	38	青娘虫	50	莽草		
13	水银	26	米壳(罂粟壳)	39	鱼藤	51	铁棒槌		

二、 增香配料的使用方法

以上材料的使用有两种方法：一种是作为大曲的原料加入大曲当中；另一种是进行一定的前处理。前处理方法主要有三种方法：一是浸提法，这种方法的特点是带色，用量少；二是蒸馏法，就是对浸提液和中草药一同蒸馏；三是发酵法，对药食同源物质先进行发酵，而后再使用。

除了调香之外，用中草药制补药、药酒，是我国医药学的宝贵遗产，医药之用，性命所系，故遣方用药，必须懂其理、晓其法、知其变、明其忌。中草药的配伍原则是指二味以上的药材合用时，药物间的相互依赖、相互制约、对立统一的辩证关系，这种关系有以下五个方面：

（1）相使 某种药物能使另一种药物提高疗效；

（2）相须 二药功能相同，经配合应用，取得协同作用，相互促进疗效；

（3）相畏 一种药物能抑制另一种药物的烈性或毒性；

（4）相反　二药合用后发生剧烈副作用；

（5）相恶　二药合用，一药牵制另一药的药效；

（6）单行　有些药能单独发挥作用。

我国古代的药酒，意在借助酒力和饮用贮备方便，单纯为治病而设，后来演变为补益和祛病兼顾，也就有了药酒、补酒、补药酒之称。用于配制酒的中草药，是增强体质、改善机体虚弱状况的药物，一般多以相须、相使药物相配伍。这些药物的补益作用分为补气、补血、补阴、补阳四种。

第四章　调香白酒的酒体设计

第一节　调香白酒“第三体”的添加计算

按照国家相关标准，现在液态法白酒与固液法白酒是可以添加食用香料香精的，这是酒精改制白酒项目最早想走的技术路线，这些使用食品用香料香精的酒，将被统称为调香白酒。但是由于当时食品香精香料工业比较薄弱，还不能制得高纯度的香精香料，从而使得香精香料的纯度不高，香味不纯正，从而导致这种技术路线很长一段时间都没能走通。现在这些都不是问题，使用食品香精香料不会带来香味不纯的问题。

从中国白酒的“三体”结构来看，酒体设计的本质就是调配出三体结构理想的白酒。要通过使用香精香料调配出满意的风味，需要解决两个主要问题：目标量是多少？怎样进行计算？

一、三体含量的确定

酒体设计的“三优先”工作之一就是目标基酒先认识，也就是说先要弄清楚要设计的目标酒体的相关情况，提前确定其“第三体”的量就属于其中的内容。确定方法一般以市场上深受消费者喜爱的酒为参照进行。

确定所要设计的调香白酒酒体的“三体”组成，具体的做法有两种，一种是直接参照对标白酒的“三体”组成；第二种做法是参照对标白酒“三体”中某类微量风味成分的总量及单体的量比，如图 5-1 所示。

第一种方法只要对对标白酒进行微量风味成分的检测即可，不存在复杂的计算。第二种方法既要控制总量，又要控制主要微量风味成分的量比关系，这种方法可能会合理一些，但是其计算过程比第一种方法复杂，笔者称之为“总量量比两控制”。第二种方法中的计算，以总酯和总酸的计算最为复杂，

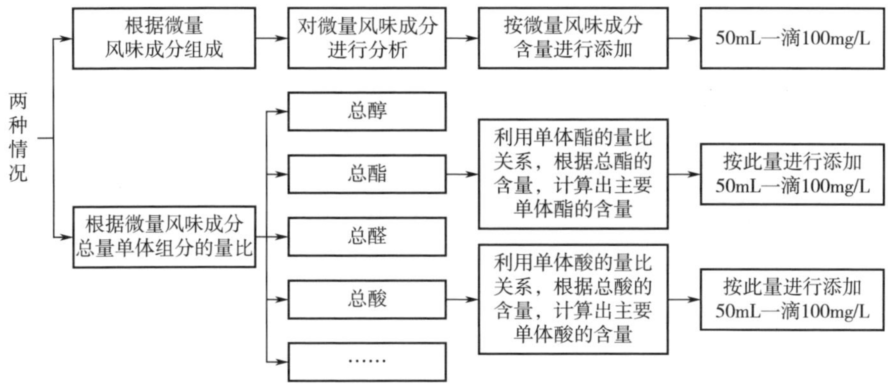

图 5-1　调香白酒三体确定的两种方法

下面就对这两种“三体”的添加量的计算进行示例演示。

二、 添加量的计算口诀

因为总酯和总酸的检测值并不是单体酯绝对含量相加所得的值，因此，在根据总酯或总酸来分配各单体酯添加量的时候，存在一个换算的问题，因为里面涉及一些化学方面的概念，以及来回变换的问题。所以，对很多人来说，理解起来难度有些大。因此，笔者根据自己在科研及培训教学方面的经验，把酯酸的换算问题总结成可以操作的口诀，这样既有利于理解，又有利于记忆掌握。因此，在此先给出总酯与单体酯换算口诀、总酸与单体酸换算口诀。

在给出口诀之前，先来看总酯与总酸的定义。白酒的总酯是指用碱中和样品中的游离酸，再准确加入一定量的碱，加热回流使酯类皂化，通过消耗碱的量计算出总酯的质量浓度，以乙酸乙酯计，单位为 g/L。

白酒的总酸是指以酚酞为指示剂，采用氢氧化钠溶液进行中和滴定，以消耗氢氧化钠标准滴定溶液的量计算总酸的质量浓度，以乙酸计，单位为 g/L。

从白酒总酯的定义可以看出白酒的总酯含量是以乙酸乙酯作为参比的转换值，即白酒中的其他酯例如乳酸乙酯已经按物质的量的关系转换成了乙酸乙酯，这有点类似于比较不同国家经济发展水平的时候，需要进行货币单位的转换。

同样，从白酒总酸的定义可以看出白酒的总酸含量是以乙酸作为参比的转换值，即白酒中的其他有机酸，例如乳酸已经按物质的量的关系转换成了乙酸。

（一） 按总酯及酯比计算单体酯的含量

计算总共分三大步进行，具体的步骤如下：

第一大步：计算各单体酯的标准量。

把各单体酯的含量（或比）换算成以乙酸乙酯表示的含量（或比），原理就是先把单体酯的含量或量比中的比数（例如乳酸乙酯比己酸乙酯的比为0.9∶1，这里的0.9和1就是比数）先除以自己的相对分子质量，再乘以乙酸乙酯的相对分子质量，就换算成了用乙酸乙酯表示的含量（称之为标准含量）或换算成用乙酸乙酯表示的量比。

第二大步：由各单体酯的标准含量，计算各单体酯的真实含量。

第三大步：由各单体酯的真实含量，计算所设计的每升酒体，需要添加的各单体酯的体积量。

这三大步的口诀如下：

第一大步：比己乘标得标含

总酯是为标准含，乙酸乙酯是标杆；
分子标含大小反，分子量大标含寒；
除以自己乘标杆，参照标含如此算；
参照标含算占比，乘上总量目标含。

第二大步：比标乘己得真含

标含比标乘自己，单体真实含量现。

第三大步：浓纯密度比相连

比上纯密加安全，每升酒体按此添；
酒体体积用升算，两者相乘毫升变。

第一句和第二句言明白酒的总酯是换算成用乙酸乙酯作为标杆的标准含量，因此，称之为标准含量。

第三句和第四句指每个单体酯的标准含量反比于自身相对分子质量，也即相对分子质量越大，其换成标杆的标准含量就越低。

第五句和第六句说用单体酯的含量除以自身相对分子质量，再乘以标杆乙酸乙酯的相对分子质量，结果就为该酯的标准含量，该标准含量是在参照酒中的标准含量，因此称为“参照标含如此算”。

第七句和第八句根据求得的单体酯在参照酒中的标准含量及目标酒的总酯含量，算得每个单体酯在目标酒中的标准含量。

理解完这八句的意思再回到题目“比己乘标得标含”即可知其意：“比己”表示比上自身相对分子质量，“乘标”表示乘上标杆的相对分子质量，就得到了单体酯的标准含量。

第九句和第十句将第一大步计算得到的各单体酯的标准含量比上标杆的相对分子质量，乘上自己的相对分子质量，即可得单体酯真实含量。

第十一句和第十二句意指要计算各单体酯的添加量，先要计算出设计每升酒所需要的添加量，计算添加量需要考虑单体酯的纯度和密度，纯度越低，需要的体积量就越多，密度越大，所需要的体积就越少，表现在宏观的计算上就是单体酯的浓度即真实含量比上单体酯的纯度，再比上单体酯的密度，就可以算出这种单体酯在每升酒中的添加量。因此，可以精简为“浓纯密度比相连”。

（二）按总酸及酸比计算单体酸的添加量

计算原理同“按总酯及酯比计算单体酯的含量”，也是按三大步进行，将标杆换成乙酸，具体的步骤如下：

第一大步：计算各单体酸的标准量。

把各单体酸的含量（或）换算成用乙酸表示的含量（或），原理就是先把单体酸的含量或量比中的比数（例如乳酸比己酸的比为 0.9∶1，这里的 0.9 和 1 就是比数）先除以自己的相对分子质量，再乘以乙酸的相对分子质量，就换算成了以乙酸表示的含量（称之为标准含量）或换算成以乙酸表示的含量的比。

第二大步：由各单体酸的标准含量，计算各单体酸的真实量。

第三大步：由各单体酸的真实含量，计算所设计的每升酒体需要添加各单体酸的体积量。

这三大步的口诀如下：

第一大步：比己乘标得标含

总酸是为标准含，乙酸用来作标杆；
分子标含大小反，分子量大标含寒；
除以自己乘标杆，参照标含如此算；
参照标含算占比，乘上总量目标含。

第二大步：比标乘己得真含

标含比标乘自己，单体真实含量现。

第三大步：浓纯密度比相连

比上纯密加安全，每升酒体按此添；
酒体体积用升算，两者相乘毫升变。

第一句和第二句言明白酒的总酸是换算成以乙酸作为标杆的标准含量，因此，称之为标准含量。

第三句和第四句指每个单体酸的标准含量反比于自身相对分子质量，也即相对分子质量越大，其换成标杆的标准含量就越低。

第五句和第六句说用单体酸的含量除以自身相对分子质量，再乘以标杆乙酸的相对分子质量，结果就为该酸的标准含量，该标准含量是在参照酒中的标准含量。

第七句和第八句根据求得的单体酸在参照酒中的标准含量及目标酒的总酸含量，算得每个单体酸在目标酒中的标准含量。

理解完这八句的意思再回到题目“比己乘标得标含”即可知其意：“比己”表示比上自身相对分子质量，“乘标”表示乘上标杆的相对分子质量，就得到了单体酸的标准含量。

第九句和第十句将第一大步计算得到的各单体酸的标准含量比上标杆的相对分子质量，乘上自身相对分子质量，单体酸的真实含量就得到了。

第十一句和第十二句意指要计算各单体酸的添加量，先要计算出设计每升酒所需要的添加量，计算添加量需要考虑单体酸的纯度和密度，纯度越低，需要的体积量就越多，密度越大，所需要的体积就越少，表现在宏观的计算上就是单体酸的浓度即真实含量比上单体酸的纯度，再比上单体酸的密度，就可以算出这种单体酸在每升酒中的添加量。因此，可以精简为“浓纯密度比相连”。

三、 应用示例

（一） 酯的计算

掌握根据酯的含量和单体酯的比例关系，确定酒的勾兑配比，或调香白酒酯的添加量计算方法。

为了让大家理解如何精确控制酯的含量，下面以调香白酒为例介绍酯添加量的计算方法。

国家标准对白酒酯的限量，主要有两类指标，一类是总酯，另一类是具体的酯。以往的国家标准里，酯的单位是 g/L，总酯的单位也是 g/L，总酯不是指所有酯的质量总和，而是用滴定法测得的物质的量浓度，乘以乙酸乙酯的摩尔质量 88g/mol，换算成的质量浓度。新的国家标准中倾向于将白酒中酸和酯的含量合并在一起，称为酸酯总量，并将单位直接采用物质的量浓度，即 mmol/L，这种做法是为了解决低度酒酯水解的问题。

单体酯对总酯的贡献与其相对分子质量成反比，即口诀中的“分子量大标含寒”，反之，酯的相对分子质量越小则其对总酯的贡献越大。乙酸乙酯对总酯的贡献系数为 1，其他酯对总酯的贡献系数则为乙酸乙酯的相对分子质量比上这些酯的相对分子质量即 $\frac{88}{\text{单体酯的相对分子质量}}$，据此可以算出其他酯的贡献系数。贡献系数反映的是物质的量的比例关系，在总酯的贡献当中具有加和性。白酒中常见酯对总酯的换算系数如表 5-24 所示。

表 5-24　白酒中常见酯换算成标准酯含量的系数

具体的酯	相对分子质量	换算成标准含量需乘的系数	密度/(g/mL)
甲酸乙酯	74	88/74=1.1892	0.915
乙酸乙酯	88	88/88=1	0.894
丙酸乙酯	102	88/102=0.8604	0.886
丁酸乙酯	116	88/116=0.7585	0.870
戊酸乙酯	130	88/130=0.6769	0.877
己酸乙酯	144	88/144=0.6111	0.867
庚酸乙酯	158	88/158=0.5568	0.867
异戊酸乙酯	130	88/130=0.6759	0.862
辛酸乙酯	172	88/172=0.5115	0.865
壬酸乙酯	186	88/186=0.473	0.863
癸酸乙酯	200	88/200=0.44	0.863
乳酸乙酯	118	88/118=0.7458	1.028
月桂酸乙酯	228	88/228=0.3856	0.858
油酸乙酯	310	88/310=0.2838	0.872
棕榈酸乙酯	284	88/284=0.3097	0.857
癸二酸二乙酯	129	88/129=0.6821	0.960

例如要以液态法白酒为基酒，设计一款 52%vol 的调香白酒，使该调香白酒具有类似于浓香型白酒的风味特点，该如何设计酯的量和量比关系呢？简单可行的做法是以现行的某一浓香型白酒的酯含量及酯的量比关系为参照进行设计。

例如某名优白酒中的四大酯的比例关系为己酸乙酯：乙酸乙酯：乳酸乙酯：丁酸乙酯=1.49：1：0.97：0.14。该调香白酒最终的总酯增量为 2.0g/L，所谓的增量是指在液态法白酒的基础之上增加的意思。假设液态法白酒中的酯含量可以忽略不计，则该调香白酒最终的总酯含量为 2.0g/L。下面将以此为例显示各酯添加量的计算过程，具体如表 5-25 所示。

表 5-25　调香白酒的单体酯添加量的计算

目标酒的总酯/(g/L)	单体酯	步骤	第一大步			第二大步	第三大步					
		口诀	比己乘标得标含			比标乘己得真含	比上纯密加安全，每升酒体按此添，酒体体积用升算，两者相乘毫升变。					
		相对分子质量	参照酒的单体酯的真实含量比	参照酒的单体酯的标准含量比	目标酒的单体酯的标准含量/(g/L)	目标酒的单体酯的真实含量/(g/L)	纯度/%	密度/(g/mL)	安全系数	每升添加量/mL	设计量/L	添加量/mL
2.0	己酸乙酯	144	1.49	0.9106	0.6646	(0.6646/88)×144=1.0875	95.0	0.867	1.0500	1.3864	V	$1.3864\times V$
2.0	乙酸乙酯	88	1.00	1.0000	0.7299	0.7299	95.0	0.894	1.0500	0.9024	V	$0.9024\times V$
2.0	乳酸乙酯	118	0.97	0.7234	0.5280	0.7080	95.0	1.028	1.0500	0.7612	V	$0.7612\times V$
2.0	丁酸乙酯	116	0.14	0.1062	0.0775	0.1022	95.0	0.870	1.0500	0.1298	V	$0.1298\times V$

下面以己酸乙酯为例，对表 5-25 中的计算过程进行具体的演示。从表中可以看出，该调香白酒所参照的名优浓香型白酒的己酸乙酯在四大酯中的比数为 1.49，其为己酸乙酯在参照酒中真实含量的比值，将此数比己酸乙酯的相对分子质量 144，再乘以标杆乙酸乙酯的相对分子质量 88，就得到己酸乙酯在这款名优白酒中的标准含量比，计算结果为 0.9106，同理可以求得其单体酯的标准含量比。

根据标准含量比，再根据所要设计的目标调香白酒的总酯为 2.0g/L 的目标值，就可以算得每个单体酯，在目标酒中的标准含量。例如己酸乙酯在目标酒中的标准含量就是总酯 2.0g/L 乘以己酸乙酯在总酯中的占比（即 0.9106/2.74），计算结果为 0.6646g/L。这里有一个守恒就是各单体酯的“标准含量”之和一定等于总酯的量，即 2.0g/L。

至此，第一大步计算结束。接下来根据第一大步计算得到的各单体酯的标准含量，换算成真实含量，计算过程就是将标准含量比上标杆的相对分子质量，乘上自身相对分子质量。例如己酸乙酯的真实含量为 0.6646g/L 比上标杆乙酸乙酯的相对分子质量 88，乘上自身相对分子质量 144，计算结果为 1.0875g/L。

至此，第二大步计算结束。接下来计算各单体酯的添加量。第二大步计算得到的是各单体酯在目标酒体中的真实含量，这个真实含量的物理意义是每升所设计调香白酒酒体当中所含的该单体酯的质量，以克（g）为单位。例如己酸乙酯的真实含量为 1.0875g/L，表示每 1L 所要设计的调香白酒中，含有 1.0875g 的己酸乙酯。要计算己酸乙酯的添加量，就是该量比上所用的己酸乙酯香料的纯度，再比上己酸乙酯试剂的密度，就得到己酸乙酯的体积量，以毫升（mL）为单位。另外再加上一个安全量，加安全量的办法可以是绝对量，也可以是相对量，本例中，笔者使用的是相对安全量，即计算结果乘以一个>1 的系数，本例当中，选择的安全系数是 1.05。对己酸乙酯来说，每升目标酒的添加量为$\frac{1.0875}{0.95\times0.8670}\times1.05=1.3864$mL/L。其他单体酯的添加量可按同理计算，结果列于表 5-25 中。

第二部分为添加品评确证阶段，具体步骤如下：

第一步先取 10mL 的 95.2%vol 的液态法白酒于品评杯中，进行品尝确认。

第二步将 10mL 的 95.2%vol 的液态法白酒，加浆量 8.85mL，则酒精度降度到 52%vol，再进行品评确认。

第三步取 10mL 上述降度后的 52%vol 酒于另一品评杯中。按上述计算量，用微量移液枪添加各酯，混匀后，进行品评。

第四步如果风味理想，则可以根据比例进行生产放大，如果风味不理想，则需要根据品评结果进行酯的增减试验，直至满意为止。

（二） 酸的计算

掌握根据酸的含量和酸的比例关系，确定酒的勾调配比，或调香白酒酸的添加量计算方法。

为了让大家理解如何精确控制酸，下面仍然以调香白酒为例，介绍酸的添加量计算方法。

白酒国家标准中的总酸类似于总酯的概念，白酒中的总酸是以乙酸计，单位为 g/L，乙酸相对分子质量为 60。每个具体的酸对总酸的贡献与其相对分子质量成反比，即酸的相对分子质量越小则其对总酸的贡献越大。如果以乙酸对总酸的贡献系数为 1，则其他酸对总酸的贡献系数为 60/酸的相对分子质量，据此可以算出其他酸的贡献系数。贡献系数反映的是物质的量的比例关系，在总酸的贡献当中具有加和性。白酒中常见酸对总酸的贡献系数如表 5-26 所示。

表 5-26 白酒中常见酸对总酸的贡献系数

具体的酸	相对分子质量	贡献系数	密度/(g/mL)
甲酸	46.03	1.3034	1.0492
乙酸	60.052	1	0.992

续表

具体的酸	相对分子质量	贡献系数	密度/(g/mL)
丙酸	74.08	0.8106	0.9577
丁酸	88.105	0.6811	0.9391
戊酸	102.13	0.5876	0.929
己酸	116.158	0.517	0.9184
庚酸	130.18	0.4612	0.92
辛酸	144.24	0.4163	0.9052
壬酸	158.24	0.3795	0.8858
癸酸	172.27	0.3486	1.2485
乳酸	90.08	0.6666	1.245
亚油酸	280.44	0.2157	0.8906
油酸	282.46	0.2126	0.853
棕榈酸	256.424	0.2342	1.601

下面举例说明勾酒时酸的控制，示例同酯的添加量部分一样，仍然以液态法白酒为基酒，设计一款52%vol的调香白酒，使该调香白酒具有浓香型白酒的风味，该如何设计酸的量和量比关系呢？以市场上某一款浓香型白酒的酸的量比关系为参照进行设计是简单可行的办法。

假设某名优白酒中的有机酸的含量如表5-27所示，再假设液态法白酒中的有机酸的含量可以忽略不计，该调香白酒最终的总酸为1.0g/L。下面将以此为例，显示各有机酸添加量的计算过程。

下面以甲酸为例，对表5-27中的计算过程进行具体的演示。从表中可以看出，市场某款名优浓香型白酒的甲酸含量比为41.90，其为甲酸在参照酒中的真实含量，将这个含量比甲酸的相对分子质量46，再乘以标杆乙酸的相对分子质量60，就得到甲酸在这款名优白酒中的标准含量比，计算结果为54.65，同理可以求得其单体有机酸的标准含量比。

表 5-27 调香白酒的单体有机酸添加量的计算

目标酒的总酸/(g/L)	单体酸	步骤	第一大步			第二大步	第三大步					
		口诀	比己乘标得标含			比标乘己得真含	比上纯密加安全，每升酒体按此添，酒体体积用升算，两者相乘毫升变。					
		相对分子质量	参照酒的单体酸的真实含量比	参照酒的单体酸的标准含量比	目标酒的单体酸的标准含量/(g/L)	目标酒的单体酸的真实含量/(g/L)	纯度/%	密度/(g/mL)	安全系数	每升添加量/mL	设计量/L	添加量/mL
1.0	甲酸	46.0	41.90	54.65	0.0264	(0.0264/60)×46=0.0203	95.0	1.0492	1.0500	0.0214	V	$0.0214\times V$
1.0	乙酸	60.0	758.80	758.80	0.3670	0.3670	95.0	0.9920	1.0500	0.4089	V	$0.4089\times V$
1.0	丙酸	74.0	13.00	10.54	0.0051	0.0063	95.0	0.9577	1.0500	0.0073	V	$0.0073\times V$
1.0	丁酸	88.0	194.70	132.75	0.0642	0.0942	95.0	0.9391	1.0500	0.1108	V	$0.1108\times V$
1.0	戊酸	102	40.50	23.82	0.0115	0.0196	95.0	0.9290	1.0500	0.0233	V	$0.0233\times V$
1.0	己酸	116	1207.80	624.72	0.3022	0.5842	95.0	0.9184	1.0500	0.7031	V	$0.7031\times V$
1.0	乳酸	90	693.10	462.07	0.2235	0.3353	95.0	1.2450	1.0500	0.2976	V	$0.2976\times V$
	合计		2949.80	2067.35								

根据这些标准含量，再根据所要设计的目标调香白酒的总酸为1.0g/L的目标值，就可以算得每个单体酸在目标酒中的标准含量。例如甲酸在目标酒中的标准含量就是总酸1.0g/L乘以甲酸在总酸中的占比（即54.65/2067.36），计算结果为0.0264g/L。这里有一个守恒就是各单体有酸的“标准含量”之和一定等于总酸1.0g/L。

至此，第一大步计算结束。接下来根据第一大步计算得到的各单体有机酸的标准含量，换算成真实含量，计算过程就是将标准含量比上标杆的相对分子质量，乘上自身相对分子质量。例如甲酸的真实含量为0.0264g/L比上标杆的相对分子质量60，乘上自身相对分子质量，计算结果为0.0203g/L。

至此，第二大步计算结束。接下来计算各单体有机酸的添加量。第二大步计算得到的是各单体有机酸在目标酒体中的真实含量，这个真实含量的物理意义是每升所设计调香白酒酒体当中所含的该单体有机酸的质量，以克（g）为单位。例如甲酸的真实含量为0.0203g/L，表示每1L所要设计的调香白酒中，含有0.0203g的甲酸。要计算甲酸的添加量，就是这个量比上所用的甲酸香料的纯度，再比甲酸试剂的密度，就得到甲酸的体积量，以毫升（mL）为单位。另外再上一个安全量，加安全量的办法可以是绝对量，也可以是相对量，本例中，笔者使用的是相对安全量，即计算结果乘以一个>1的系数，本例当中，选择的安全系数是1.05。对甲酸来说，每升目标酒的添加量为$\frac{0.0203}{0.95\times1.0492}\times1.05=0.0214$mL/L，其他单体有机酸的添加量可按同理计算，结果列于表5-27中。

第二部分为添加品评确证阶段，具体步骤如下：

第一步先取10mL的95.2%vol的液态法白酒于品评杯中，进行品尝确认。

第二步将10mL的95.2%vol的液态法白酒，加浆量8.85mL，则酒精度降度到52%vol，再进行品评确认。

第三步取10mL上述降度后的52%vol酒于另一品评杯中。按上述计算量，用微量移液枪添加各有机酸，混匀后，进行品评。

第四步如果风味理想，则可以根据比例进行生产放大，如果风味不理想，则需要根据品评结果，进行有机酸的增减试验，直至满意为止。

第二节　调香白酒的酒体配方设计

一、目标基酒先认识

（一）认识目标酒

1. 生产工艺特点

调香白酒属于配制酒，可以按配制酒的标准使用相应的食品添加剂或配料。只要是白酒，不管是液态法白酒，还是固态法白酒，还是固液法白酒都是不允许添加食品添加剂的，而调香白酒是可以添加相关食品添加剂的。

2. 成品感官特点

按目前的评价标准，调香白酒（配制酒）的香味、风味和整体质量水平远不如普通固态法白酒。

3. 理化指标

表 5-28 是泸州老窖二曲酒的理化指标数据。从表中可以看出，泸州老窖二曲酒的总酯与总酸的含量不仅满足液态法白酒的标准，其实也满足很多固态法白酒的标准。另外，从特征酯来看，泸州老窖二曲酒中含量最高的为己酸乙酯。因此，泸州老窖二曲酒从闻香上来讲，有浓香白酒的风格，但是不能称浓香型，有企业称之为具有浓香风味。

表 5-28　调香白酒相关指标的含量

类别	指标	GB/T 20821—2007 规定	泸州老窖二曲
安全	甲醇/(g/L)	≤0.6	0.04
	氰化物（以氢氰酸计）/(mg/L)	≤8.0	0.065
	铅/(mg/L)	≤0.5	未检出（<0.05）

续表

类别	指标	GB/T 20821—2007 规定	泸州老窖二曲
酒精度	酒精度/%vol	±1.0%vol	52.0
总酯	总酯/(g/L)	≥0.4	2.65
总酸	总酸/(g/L)	≥0.25	1.07
固形物	固形物/(g/L)	≤0.70	0.05
特征	乙酸乙酯/(g/L)	—	0.72
	乳酸乙酯/(g/L)	—	0.90
	己酸乙酯/(g/L)	—	1.62
	丁酸乙酯/(g/L)	—	0.18
特色	正丁醇/(g/L)	—	0.02
	仲丁醇/(g/L)	—	0.01
	异丁醇/(g/L)	—	0.03
	正丙醇/(g/L)	—	0.05
	异戊醇/(g/L)	—	0.08

（二） 认识调香白酒的原料

调香白酒所用的原料主要包括水、食用酒精和香料等。重点是根据要设计的目标酒的价格定位、风格特点、需要调配组合的数量等要点，确定所用的原料的等级、风格特点、理化指标等。

1. 酒精

配酒时，先要考虑酒精的质量，要求达到食用酒精标准，以纯度越高越好，其杂质相对少，尽量做到没有邪杂味和有害成分，有利于调香白酒的风味，且对饮者健康有好处。为了提高调香白酒的质量，酒精选用优质活性炭处理，达到脱臭效果。脱臭酒精应为无色透明，无悬浮物和邪杂味，有酒精香，微甜爽口为佳。

2. 香料

白酒香味料的来源，更应严格考虑其质量，以纯度高、杂质少、符合食用标准为佳。通过生产实践证明，使用香味物质不宜过多，但也不宜过少，原则上香味成分种类要多，使用量宜少，要求试制生产的产品风味协调一致，富有自然感。酒中香味成分的理化性质与香味特征如表 5-29 所示。

表 5-29 酒中香味成分的理化性质与香味特征

名称	相对分子质量	相对密度d_4^{20}	沸点/℃	香味特征
乙酸	60.04	1.049	117.1	食醋气味，爽口带甜，白酒中主要有机酸
丁酸	88.08	0. 959	163.5	轻的不愉快气味，似浓香型大曲酒风味
异丁酸	88.10	0.953	154.7	没有刺激臭
己酸	116.6	0.9313	205.8	似汗的不愉快臭，具有浓香型大曲酒风味
柠檬酸	192.12		153（无水物，熔点）	味酸，有柔和爽快感，呈味时间长
乳酸	90.08	1.249	227.6	无香气，微酸，味涩，有浓厚感，多则发涩
乙酸乙酯	88.06	0.9003	77.15	香蕉、苹果香，味辣带涩，白酒中主要酯类
乙酸异戊酯	130.19	0.875	137.6	强烈的香蕉香味
丙酸乙酯	102.14	0.89	99	似菠萝香，微涩，带芝麻香
丁酸乙酯	116.11	0.8788	120	甜的菠萝香，爽快可口，微量似浓香型大曲酒香味
丁酸异戊酯	158.24	0.87	179	似香蕉或梨样香味
戊酸乙酯	130.19	0.8736	145	具有菠萝果香气，味浓厚刺舌，日本称之为“吟酿香”
异戊酸乙酯	130.19	0.86	134	强的苹果样香

续表

名称	相对分子质量	相对密度d_4^{20}	沸点/℃	香味特征
己酸乙酯	144.21	0.872	167.9	菠萝香，味甜爽口，系浓香型大曲酒主体香味
乳酸乙酯	118.10	1.024~1.036	154.5	无香气，味带甜，有浓厚感，多则带苦涩味
月桂酸乙酯	228.37	0.858	163（8mmHg）	月桂酸香味，放置后变浑浊
苯乙酸乙酯	164.21	1.03	227	有蜜和麝香样香
乙醛	44.04	0.801	21	微有水果香，味甜带涩，具有酒头香气
乙缩醛	118.18	0.826	102.7（20mmHg）	似水果香，味甜带涩，增进酒的风味
异戊醛	86.11	0.804	92.50	似苹果香，有甜味
正丁醇	74.12	0.8099	117.4	强的酒精气味，似葡萄酒香，可无味
异戊醇	88.15	0.823（15℃/4℃）	132	特有的酒精气味，无苦味，白酒中主要的高级醇
β-苯乙醇	122.16	1.013（20℃/4℃）	(218.2±8.0)℃（760mmHg）	似玫瑰香味，浓带苦涩味
甘油	92.09	1.2653	290	味甜，性黏，有浓厚感，使酒绵软
蔗糖	342	1.875	185~186（熔点）	味甜，可减少苦涩味
醋酴	88.10	0.9912（17℃/4℃）	148	芳香、微甜、挥发性芳香物质
双乙酰	86.09	0.99	88	芳香物质，能使酒增香，多则有馊味
2,3-丁二醇	90.13	1.084	179~182	似糊馊臭，可使酒变甜

注：1mmHg=133.32Pa。

（1）酯类是一种极重要的香味成分，对白酒的风味起决定性的作用，不仅能加强白酒的香气，还能起到圆润的作用。酯类大多数具有水果样芳香。浓香型白酒以己酸乙酯含量较多，其香味较突出，其次是丁酸乙酯等也有作用。

（2）酸味使味觉兴奋，有增进食欲的作用。调酸能使白酒有爽快的感觉，可提高产品的质量。白酒中若含酸量较少，则呈味淡薄，适当的酸味可使其口味浓厚。

（3）高级醇在白酒中具有一定作用，如白酒中无高级醇，就没有传统白酒的固有风味，更缺少后劲。倘若白酒中高级醇含量过多，不但风味不好，且对消费者身体有害。消费者对高级醇的好恶，与饮酒习惯和嗜好有关。

（4）脂肪族低级醛有刺激性的气味，也具有水果样的香气。白酒中含有的微量醛类，可形成丰满的香气，其中以乙醛为主，还有乙缩醛、异戊醛和糠醛等。糠醛毒性较大，调香时绝对不能使用。

（5）醋鎓、双乙酰和2,3-丁二醇等物质，在相互调和的情况下，带有优良的酒香，与老窖泥产生的香味相似。

（6）调香白酒尚缺少固态法白酒的糟香味，可采用加入5%～10%固态法酿造白酒的方法。

二、寻优方案先设计

在明确需要仿制的白酒香气香型或类别的感官特征，对所选用的香料及调味科进行科学的分类，定出它们的感官特征分类、性质、作用及使用特点的要求之后，接下来就是“拟配方”。“拟配方”在经验的基础之上，可以采用单因素试验，也可以选择合适的均匀设计表格或者正交试验表格进行多因素同时安排试验，以品评结果优先，兼顾理化指标。

三、根据方案先小试

“拟配方”最终的目的和要求是要通过配方试验来确定应该采用哪些香料

和调味料，确定它们的使用量。

先将每个基酒或食用酒精稀释到目标酒精度，然后再进行香料添加试验，香料的添加量以香料的浓度直接表示，而不是像基酒组合试验中的那样，使用百分比，这是因为各香料的添加量非常低，一般都<0.3%，这时体积和酒精度都不会发生太大的变化。

配方优选，一般分两个阶段来进行。第一个阶段是选用各个香料和调味料，通过配比试验（品种及用量）来初步达到目标（仿制）白酒的香气和口味要求。从香气上说，也就是从香气的头香（易挥出的香气）、体香与基香之间达到互相协调；从口味上说，要使口味互相协调，口味丰富、持久，达到目标（仿制）白酒的口味特征。在这个阶段，可以参考一些有关的分析数据，结合必要的化学及仪器分析进行。但主要还是通过感官的评定来进行小样配方试验。通过反复的修改、调整配方试验，初步达到满意的要求。第二个阶段，是将第一步的初步配方进行应用，消除误差，最终确定配方。确定配方后，应该反复与对照产品（所仿制产品）进行对比，以便进一步修改、提高。

总之，调配技术是一个复杂细致的工作，究竟如何掌握？应熟悉各种香味成分的理化性质、使用范围和香味特征，不断地训练嗅觉和味觉，辨别不同的香气和口味，并了解它们在调香中的作用。选择有关的香味料，务必使香气和口味达到平衡协调，反复试验找出满意的配方。同时选择一个有代表性的白酒，作为试制生产的对照样，以便品评对比，判断其优劣。

为了进一步提高调香白酒的质量，可加入固态法白酒生产的酒头、酒尾，也可添加5%~10%的固态法白酒，有利于增加传统白酒的固有风味。经过多次试验研究，参考了白酒中主要香味成分的香味阈值，基本弄清了其使用范围，如表5-30所示。表5-31和表5-32是两个具体的香味成分添加配方，供读者参考。

表 5-30　　白酒中香味成分的使用范围

项目名称	规格	香味阈值/(mg/L)	使用范围/%	项目名称	规格	香味阈值/(mg/L)	使用范围/%
乙酸(36%)	符合食用	2.6	0.01~0.03	丁酸	符合食用	3.4	0.005~0.01
异丁酸	符合食用	8.2	0.005~0.01	己酸	符合食用	8.6	0~0.02
乳酸	符合食用	<350	0.005~0.01	柠檬酸	符合食用	—	0.01~0.02
乙酸乙酯	符合食用	17	0.01~0.05	乙酸异戊酯	符合食用	0.2	0~0.02
丙酸乙酯	符合食用	>4	0~0.05	丁酸乙酯	符合食用	0.2	0.01~0.03
丁酸异戊酯	符合食用	—	0~0.002	戊酸乙酯	符合食用	0.1	0~0.003
己酸乙酯	符合食用	0.076	0.02~0.03	混合香酯	符合食用	—	0.02~0.07
月桂酸乙酯	符合食用	0.64	0~0.001	苯乙酸乙酯	符合食用	0.406	0~0.0005
乙醛	符合食用	1.2	0~0.005	乙缩醛	符合食用	—	0~0.005
异戊醛	符合食用	0.12	0~0.001	正丁醇	符合食用	>5	0~0.01
异戊醇	符合食用	6.5	0~0.02	β-苯乙醇	符合食用	7.5	0.0003~0.0005
甘油	符合食用	712	0.01~0.02	蔗糖	符合食用	—	0.5~1.0[a]

a 酒味苦时，可酌情使用。

表 5-31　　调香白酒（以食用酒精为基酒）具体配方示例

名称	规格	使用量/(L/1000L)	名称	规格	使用量/(L/1000L)
乙酸	符合食用	0.5	丁酸	符合食用	0.05
乳酸	符合食用	0.2	柠檬酸	符合食用	0.2（kg）
乙酸乙酯	符合食用	0.5	乙酸异戊酯	符合食用	0.03
丁酸异戊酯	符合食用	0.02	异戊酸乙酯	符合食用	0.01
混合香酯	符合食用	0.7	乙醛或乙缩醛	符合食用	0.05
异戊醇	符合食用	0.2	甘油	符合食用	0.1（kg）

表 5-32　　调香白酒（以普通固态法白酒为基酒）具体配方示例

名称	规格	使用量/(L/1000 升)	名称	规格	使用量/(kg/1000L)
乙（或乳）酸	符合食用	0.05	丁酸乙酯	符合食用	0.2
异丁酸	符合食用	0.05	混合香酯	符合食用	0.5

续表

名称	规格	使用量/（L/1000 升）	名称	规格	使用量/（kg/1000L）
柠檬酸	符合食用	0.1（kg）	甘油	符合食用	0.1
乙酸乙酯	符合食用	0.3	蔗糖	符合食用	5~10

在调香配方中，可根据香气物质挥发的速度分成头香、体香及基香三个相互关联的组成部分。如果在调香配方中，过多地加重了头香和体香部分的香料使用，那么形成的香气就会显出过多地“飘逸”，而缺乏香气持久性。这也是初学调配者易犯的错误。如果重视了基香和体香部分的香料使用，而忽略了头香部分香料的使用，则香气会显得“发闷”，而缺乏“愉悦”的飘逸香气，也会使香气不完美。所以，在调香配方结构中，这三个组成部分或香气挥发层次应该互相协调，构成调香配方的整体。当然，头香、体香及基香部分的界限不是很严格。

调味配方结构中的相对分子质量大、中和小是相对比较而言来区分的。调香配方结构与调味配方结构也不是孤立存在的。有些香料或调味料具备双重作用，这需要看它在配方中更偏向于香气作用还是味觉作用而定，也可能同时存在于两个配方结构之中。

四、 找到配方量产之

遵循“先设计，后量产”的原则。小试优选到的配方，经反复测试都没有问题的话，才可以按比例放大，进行生产组合。为了控制风险，生产勾调的每一步都要进行跟踪取样，进行感官品评和理化分析，确保每一步都在可控范围之内，才可以进行下一步。

（一） 调配

首先检查基酒的酒精度，然后从基酒贮存罐打入调配罐，达到计量刻度为准。根据基酒的酒精度，加入适量的软化水，搅拌均匀，例如将酒精度调到 60.50%vol，最后将混合香料摇匀加入，尽量拌匀即成。例如生产 5t 调香白酒，则配料用量：70%vol 基酒 4218kg，反渗透水 782kg，香料用量根据小试优选到的配方添加。

调香后的白酒，70%进行加热后熟处理，30%直接打入贮酒罐，经组合后进行贮存。

（二） 后熟

调香白酒也需要后熟。将调配好的调香白酒，从调配罐打入后熟罐，然后进行加热处理，使酒的温度达到 50℃后，滞留 25~30min，冷却至温度 25±2℃（夏季 30℃）。

（三） 贮存、包装

组合酒经短期贮存后，一般在 10d 左右，使其香味协调，然后包装出厂。

（四） 成品质量

1. 感官品评

（1）外观 无色透明，无悬浮物和沉淀；

（2）香气 具有本品独特的浓香；

（3）口味 醇和爽口，带微甜，有余味：

（4）风格 香浓味醇，具有我国大曲酒的风味。

2. 理化分析

（1）酒精度 目标值±1%vol。

（2）总酯 以乙酸乙酯计，2. 0~2. 5g/L。

（3）总酸 以乙酸计，0. 6~0. 8g/L。

（4）醛 以乙醛计，25~35mg/L。

（5）高级醇 以异戊醇计，0. 3~0. 6g/L。

第三节　调香白酒酒体设计配方实例

一、 浓香风味调香酒

（一） 固-液结合浓香风味调香白酒

传统浓香型白酒的风味应该是以己酸乙酯为主体的复合酯类香气，同时辅有特殊的原料及发酵原料特有的气味，香气持久、丰满、浓郁；口味上，入口醇甜，味长久。具有浓香风味的调香白酒的配方举例如表 5-33 所示，仅供参考。

表 5-33　　固-液结合浓香风味调香白酒配方

序号	名称	加量/%	浓度/（mg/L）	序号	名称	加量/%	浓度/（mg/L）
1	乙酸	0.04	400	17	己酸乙酯	0.16	1600
2	丙酸	0.001	10	18	乙酸乙酯	0.09	900
3	丁酸	0.015	150	19	丁酸乙酯	0.015	150
4	戊酸	0.002	20	20	戊酸乙酯	0.008	80
5	己酸	0.036	360	21	乙酸异戊酯	0.003	30
6	庚酸	0.002	20	22	苯乙酸乙酯	0.001	10
7	油酸	0.003	30	23	糠醛	0.002	20
8	异戊醇	0.025	250	24	双乙酰（100%）	0.004	40
9	异丁醇	0.01	100	25	醋酴（100%）	0.005	50
10	正丙醇	0.014	140	26	乳酸乙酯	0.11	1100
11	己醇	0.007	70	27	油酸乙酯	0.005	50
12	仲丁醇	0.005	50	28	丁二酸二乙酯	0.0003	3
13	2,3-丁二醇	0.004	40	29	月桂酸乙酯	0.00001	0.1
14	丙三醇	0.008	80	30	固态法大曲酒（浓）	20	
15	乙醛（40%）	0.025	100	31	酒尾	1	
16	乙缩醛	0.035	350	32	酒头（50%）	0.1	

注：1. 成品酒的酒精度为 50%vol。

2. 在以上配方的基础上，其余部分以脱臭处理的食用酒精，酒精度已调至 50%vol 补至 100%。

接下来对表 5-33 中的配方进行说明，其是固液结合浓香风味调香白酒的配方，在该调香配方中，所使用的主要香料是已酸乙酯，它是浓香型白酒主要的酯类香气特征。已酸乙酯具有一定的香气持久性，挥发性居中，它作为体香部分香料使用。单独的已酸乙酯香气特征，虽然是浓香型白酒主体的酯类香气，但是，浓香型白酒的酯类香气并不是这么单调的酯香气味，它表现出丰富的酯类复合香气。因此，对体香部分的香气，还需要用一些其他类似已酸乙酯香气的酯进行修饰，使香气更丰满一些。配方中的戊酸乙酯、庚酸乙酯、丁酸乙酯、乳酸乙酯及固态法大曲酒（浓香型）就是作为修饰体香部分的香料来使用的。当然，这一类的香料还有很多种，有条件的话还可以多种类少量添加，这样会使体香香气更丰满。作为基香部分的香料，大都是沸点较高的酯类或酸类。它们自身的气味特征有的不明显，有的带有不愉快的气味，但它们的加入，可以使体香香气更稳定、持久。

在调配基香时，应该掌握不能使基香的气味强度超过体香。否则，将会影响整个香气的品质。配方中的丁二酸二乙酯、苯乙酸乙酯、月桂酸乙酯、油酸、油酸乙酯及酒尾是作为基香部分的香料使用的。

头香部分的香料，大都易挥发。它们的香气特征一般是较愉悦或具有特殊性的。这些香气特征（头香）与体香和合，使整个香气在开瓶时，既表现了体香的特征，又赋予体香特殊性。配方中的糠醛、双乙酰、醋鎓、乙酸乙酯、乙醛和酒头等就是作为头香部分的香料使用。这些香料有的有焦香气味，有的有发酵干酪气味，有的有愉快的酯香气味。当然，为了加重头香气味中某些特殊气味，例如加重煳香气味、焦香气味或烤香气味，还可选用呋喃香料（如 HEMF）、酚类香科（4-EG）、吡嗪香料等进行头香调香；若要加重一些原料的头香气味，可选用小麦香精、玉米香精、高粱香精等来进行调香。总之，头香香气是人对香气的第一感觉气味，它的气味强度不如体香强，但它应该具有特殊性或使人愉悦、喜爱。

在调味配方中，主要是对酸味、甜味和刺激性味感进行调整，为了使酸味及刺激性感觉达到一定的柔和程度，并有丰富的酸味变化和味觉的持久性。

配方中选用了小相对分子质量的酸、醇及醛来增加刺激感觉和酸味感觉，如：乙酸、乙醛、正丙醇、异戊醇、异丁醇及仲丁醇等。

配方中还选用了中相对分子质量的酸及醇进行补充酸味觉的变化，缓冲刺激性感觉，如：丙酸、丁酸、戊酸、已酸、乳酸和乙缩醛等。

大相对分子质量的口味物质使白酒口味柔和、持久，并能突出酒体的绵甜感觉。配方中的2,3-丁二醇、丙三醇、油酸、酒尾等，就是作为这样的调味料来使用。当然，还可以选择适当的氨基酸，微量添加，强化这方面的作用。

（二） 优质中档浓香风味调香酒

优级食用酒精调成38%vol，占75%；一级浓香型优质酒占23%；高酯浓香调味酒2%。加已酸乙酯0.01%~0.03%（也即0.1~0.3g/L），加糖4g/L。

成品酒中，总酸0.8g/L左右，总酯2.0g/L，已酸乙酯1.2~1.5g/L。感官品评，该酒具明显的浓香酒风格，酒体干净。

二、 清香风味调香白酒

（一） 清香风味调香白酒一般配方

大曲清香型白酒的风味是以乙酸乙酯为主体的复合酯类香气，香气中略微带有原料及其他的发酵气味，香气持久，纯净；口味刺激性稍强，味持久，落口有微微的干爽的苦味。具有清香风味的调香白酒的配方举例如表5-34所示，仅供参考。

表5-34　　清香型调香白酒配方

名称	加量/%	浓度/（mg/L）	名称	加量/%	浓度/（mg/L）	名称	加量/%	浓度/（mg/L）
乙酸	0.2	2000	丙酸	0.01	100	月桂酸	0.00016	1.6
乳酸	0.08	800	庚酸	0.006	60	油酸	0.002	20

续表

名称	加量/%	浓度/(mg/L)	名称	加量/%	浓度/(mg/L)	名称	加量/%	浓度/(mg/L)
乙酸乙酯	0.2	2000	正丙醇	0.02	200	油酸乙酯	0.002	20
庚酸乙酯	0.003	30	异戊醇	0.05	500	酒头（50%vol）	0.05	500
丙酸乙酯	0.002	20	异丁醇	0.02	200	酒尾	1.2	
乳酸乙酯	0.16	1600	己醇	0.002	20	清香型白酒（50%vol）	30	
乙醛（40%）	0.01	40	β-苯乙醇	0.003	30			
醋酴	0.01	100	丁二酸二乙酯	0.0003	3			
乙缩醛	0.02	200	月桂酸乙酯	0.00001	0.1			

注：1. 成品酒的酒精度为50%vol。

2. 在以上配方的基础上，其余部分用酒精度调至50%vol的脱臭处理的食用酒精配制。

接下来对表5-34中的配方进行说明。在调香配方中，为了突出乙酸乙酯的香气特征，主要使用了乙酸乙酯香料。为了使酯类香气不单调，又体现出香气的纯净、淡雅，选用了少量的庚酸乙酯、乳酸乙酯和丙酸乙酯进行香气修饰，这些香料构成了体香部分。

为了使体香香气更具有固态法发酵白酒的香气特点，又添加固态法清香型白酒进行香气补充。由于乙酸乙酯的香气易挥发而不持久，为了增强香气的持久性，在基香部分的香料上，选择了月桂酸、油酸、丁二酸二乙酯、油酸乙酯及酒尾这些高沸点香料来延缓香气的挥发速度。同样，这些高沸点香料，不能在香气特征上突出出来，否则将会影响香气的品质。

在头香部分，选用了β-苯乙醇、醋酴和酒头来增加头香香气的愉快感觉。清香型白酒的香气相比浓香型来得纯净一些，但它的香气却是持久的。因此，在调香配方中，应该特别注意基香原料的使用，只有这样才能解决乙酸乙酯易挥发、不持久的特点。

在表5-34的调味配方中应该着重调整刺激性感觉、酸味和干爽苦味觉特征。因为这是清香型白酒的味觉特点，一方面要稍微突出刺激性感觉，但又不能显出暴烈的刺激感；另一方面，苦味也不能太明显，或显出“后苦”严重。所以在配方中选用了相对分子质量小的酸、醇及醛来突出刺激性、酸味及苦味特征。例如；用乙酸突出酸味觉及酸刺激感；用正丙醇、异戊醇和异丁醇突出醇刺激感和干爽苦味觉；用乙醛突出刺激性；用乙缩醛突出干爽的感觉。

为了使口味不显出“暴烈”并具有一定的持久性，选用了中相对分子质量的酸和醇，以及高相对分子质量的酸及醇。例如丙酸、乳酸、庚酸、己酸、月桂酸、油酸、β-苯乙醇及酒尾等，这些调味料的使用就是要达到上述目的。

（二） 普通清香风味调香白酒

普通食用级酒精用水调成45%vol，占85%；普通4d发酵粮食白酒调成45%vol，占15%。另用普通白酒酒尾5%，调入乙酸乙酯0.01%~0.02%，加糖5g/L。

成品酒中，酒精度45%vol，总酯0.8g/L左右，总酸0.5g/L左右。感官品评，该产品有明显的普通白酒风味。

（三） 优质中档清香风味调香白酒

优级食用酒精调成50%vol，占70%；优质清香型大曲酒调成50%vol，占30%；加糖0.3g/L。用清香酒尾及乙酸乙酯调整。

成品酒中，总酸0.7~0.8g/L，总酯1.8~2.0g/L。该产品有明显的老白干酒及二锅头酒风味。

三、 米香风味调香白酒配方

米香型白酒的风味特征：香气上以乙酸乙酯、乳酸乙酯和β-苯乙醇为主体的复合香气，香气淡雅，有醇类的气味，香气持久性不长。在口味上，入口甜，刺激感不强，落口有苦味。具有米香风味的调香白酒的配方举例如表5-35所示，仅供参考。

表 5-35 米香风味调香白酒配方

名称	加量/%	浓度/(mg/L)	名称	加量/%	浓度/(mg/L)	名称	加量/%	浓度/(mg/L)
乙酸	0.02	200	异戊醇	0.06	600	油酸乙酯	0.001	10
乳酸	0.08	800	异丁醇	0.025	250	棕榈酸乙酯	0.005	50
庚酸	0.001	10	2,3-丁二醇	0.005	50	β-苯乙醇	0.003	30
油酸	0.001	10	乙酸乙酯	0.024	240	酒头	0.05	
月桂酸	0.0008	8	乳酸乙酯	0.08	800	米香型白酒	30	
正丙醇	0.015	150	丁二酸二乙酯	0.0004	4	酒尾	1	

注：1. 成品酒的酒精度为 50%vol。

2. 在以上配方的基础上，其余部分用酒精度调至 50%vol 的脱臭处理的食用酒精配制。

接下来对表 5-35 中的配方进行说明。在调香配方中，为了体现体香的香气特征，选用了乳酸乙酯、乙酸乙酯和β-苯乙醇为体香部分的香料。为了修饰、丰富体香香气，添加一定量的发酵米香型白酒，作为修饰体香香气的香料。

在基香部分选用了丁二酸二乙酯、油酸乙酯和棕榈酸乙酯作为延缓香气挥发的香料。由于米香型白酒头香部分主要突出醇香气味，所以在头香部分选用了相对分子质量小、易挥发的正丙醇、异戊醇、异丁醇作为头香部分香料使用。

在调味配方中，米香风味调香白酒主要调整的是酸味、甜味、苦味和刺激性。米香型白酒的味觉特点是甜味较突出，酸味及刺激性不明显，有一定的苦味。所以在配方中选用了乙酸、异戊醇、异丁醇和正丙醇来调整酸味和刺激感，并且也突出一定的醇的苦味。

为了丰富酸味，使用乳酸及庚酸加强酸味。米香型白酒的味觉持久性不是很长，但仍需有一定的持久性。在配方中选用了少量的油酸、月桂酸及酒尾增加味觉的持久性。

四、高档优质兼香风味调香白酒

（1）优质食用酒精，加处理后的水，调成酒精度36.5%vol，占30%。

（2）配制固态法白酒　贵州优质大曲酱香型优质白酒（原度计）占3%，其他酱香型优质白酒占4%~7%，浓香型调味酒占55%~58%。几种酒混合加水除去浑浊后，调成36.5%vol。

（3）调味　用高酸调味酒调整总酸至0.8~1.2g/L，用高酯调味酒调整总酯至2.0~2.5g/L。

（4）加入白砂糖3g/L。

感官品评：浓香有酱香，浓酱协调，口味较丰满，较甜，后味较长，兼香型酒的风格明显。

以上仅仅举了几个香型调香白酒的配方，白酒的香气类型和香型还有很多，而且供调香和调味使用的香料与香型品种也很多，这些香料或香精，香气特征及性质，有的截然不同有的却很相似。要在如此众多的香料或香精之中选择为己所用的品种，来模仿或创新一个调香白酒产品，看来不是件容易的事情。但是，只要调配工作者能够按照一定的规则和方法进行训练，广泛接触它们，并将它们划分类别，通过实践积累经验，调香和调味这门技术定是可以掌握的。

第六篇

传统白酒的酒体设计

第一章　中国传统白酒的特点

人们常说“只有民族的，才是世界的”，中国白酒要想屹立于世界，既要创新，但也必须保留与世界其他烈性蒸馏酒有区别的民族独特性。那什么才是中国白酒的民族独特性呢？这需要我们进行提炼，在此过程中既不能“妄自菲薄”，但也不能“拿无知当个性”“拿落后当个性”。

以中国黄酒为例，黄酒是中国历史上很悠久的一种发酵酒，古代由于过滤技术与氧化控制等问题，中国的黄酒一来是浑浊的，二来是深色的，并不是浅色、白色或无色的，那时也把这种浑浊的酒称为“浊酒”。浑浊和深色都属于酒的外观，会直接影响消费者感觉，好在中国黄酒的酿造原料以大米居多，大米糟可以直接食用。但是我们不能把浑浊当成中国黄酒特色，这应该是不对的。

黄酒的酿造技术传到日本后，日本人也觉得浑浊的黄酒会给人带来不好的饮用体验，于是日本经过技术改进，制得清亮的黄酒，而且颜色也比中国黄酒要浅，于是日本人给这种酒取了一个有别于中国浊酒的名字，即“清酒”。现在，日本的清酒不但成为日本国酒，而且风靡世界，在国际市场上的认可度远超中国的黄酒，每年出口到中国的清酒也有 2 亿元人民币以上，近年来有逐年增加的趋势。

笔者认为中国白酒的传统特色在于两方面，第一方面是中国白酒的风味；第二方面是中国白酒独特的工艺，主要涉及中国白酒的谷物原料，中国白酒的曲，中国白酒开放式的天人合酿过程，中国白酒的甑桶提取操作等。笔者对中国白酒的酿造和成品酒进行深入的研究，得出了中国白酒的独特特点，为便于理解和记忆，用诗句的形式进行了归纳总结，具体如下：

天人合酿是必然

粮曲双固甑坛勾，开放生产添非添；

风味馥郁与自然，酯香酸高又陈年。

第一句和第二句对中国白酒生产的九大特点进行了总结，即中国白酒用粮谷为原料，用曲作糖化发酵剂，双边发酵，采用低水分固态法，甑桶蒸馏，使用陶坛进行陈酿，并要进行酒体设计勾调，开放式生产，是不添加任何食品添加剂的零添加酒。

第三句和第四句对中国白酒作为酒的特色进行总结，指出中国白酒的独特特点是风味馥郁，自然谐调，具有较突出的酯香，较高的酸含量，而特别讲究酒的陈年味，即陈味，这也是中国老酒市场可以说在世界上最繁荣、最活跃的直接原因。

在这里笔者向读者提出一个问题，那就是为什么说中国的酿酒技术就是起源于“纯粮固态法”呢？

人类现代科学所掌握的知识告诉我们，水果确实比粮食更容易变成酒，因为大部分水果不但含有丰富的可直接发酵的小分子糖类，可以不用糖化直接发酵产酒，而且高糖分的水果上更容易网罗聚集能产酒的酵母菌。因此，有人就说“水果天然不是酿酒，但酿酒天然就应该是水果”，也就是说水果虽然不是为酿酒诞生的，但是水果天然就具备了有糖有酵母的良好的酿酒属性。

因此，很多人根据这句话认为中国的酿酒技术也是起源于水果酒，但是笔者提出了不同的意见，这句话可能适合世界上大多数国家的酿酒技术的起源，但中国是个例外。

要想了解中国酿酒技术的起源，就得从“酒”字的造字本源讲起，酒是会意字，从“氵”，从“酉”（yǒu），三点水和酉都属于象形造字法，两个象形字组合在一起，就成了会意造字法，三点水就是水滴的物象，那么“酉”是怎样的一个物象呢？

笔者有一本清朝的古籍，里面有一段介绍酉字的内容，它上面是这样写的："酉"即酒字，象酿器形中有实也。通过这个解释，我们就可以自行脑补一下用坛坛罐罐酿酒的画面，是不是和这酉字很像，"有实也"指的是酉中的一横，表示的是发酵产酒后形成的液位，从这一横就可以推断中国的酿酒技术起源于固态法，因为只有采用固态法酿酒才会在发酵后形成明显的酒水液位，那么又怎么推断出酿酒的原料是粮食呢？

在这本古籍上，关于"酉"字的介绍部分，还写着：八月为酉，五行属金，八月黍成，可为酎酒也。对干支历法稍有了解的人可能会知道农历的八月也称作酉月，大家有没有想过，为什么古人把八月称作酉月吗？这是因为农历八月是粮食收获的季节，"酉"字发音和有没有的"有"字相同，其含义也包含了"有"的意义，因为到了农历八月，就有了粮食，不但可以填饱肚子，还可用部分粮食酿酒，这也是为什么八月用酉字来表示的原因。

因此，通过"酒"字的造字本源，可以推断出中国的酿酒技术源于"纯粮固态法"。

第二章　如何设计一瓶高品质的中国白酒

这里所称的设计是广义上的，等同于新产品开发，因此，这个设计是全面的设计，包括外观包装的设计和内在酒液的酒体设计。设计的大原则就是外在品相要好，内在品质更要好。内在酒液酒体的设计，包括生产和酒体配方设计。

因为本书的重点内容不在生产工艺的详细介绍，因此，这里就介绍一下笔者根据中国白酒自身的特点，总结概括的生产出好白酒的关键原则。为了便于理解和记忆，用诗句的形式总结如下：

天人合酿产好酒

粮曲双固甑坛勾，开放生产纯非添；

天人合酿是必然，好酒天人各一半；

原产地域是为天，人为后天道法建；

好地好酒成一半，加上好人酒好全。

诗题为“天人合酿产好酒”，意指要产好酒，既要“天”，也要“人”，两者缺一不可，什么是“天”，什么又是“人”，会在下面的诗句中进行解释。

第一句和第二句把中国白酒生产的九大特点进行了概括，分别为：粮谷为原料，曲为糖化发酵的微生物，边糖化边发酵，低水分偏固态的糖化、发酵和蒸馏，大部分为甑桶蒸馏（米香白酒和豉香白酒除外），陶坛陈酿，酒体设计勾调，开放式生产，不允许直接或间接添加非白酒自身发酵产生的呈色呈香呈味物质的纯净酿造。

第三句和第四句根据中国白酒的九大特点，进一步概括中国白酒的

“道”，即“天人合酿是必然，好酒天人各一半”。因为中国白酒的开放式生产，因此影响中国白酒生产的因素就有“天”的因素，这个“天”就是“背后之手看不见”，是影响中国白酒质量好坏非常重要的看不见的手。因此，要生产出好酒，“天”和“人”都很重要，这里并不是说其他酒就不受“天”的影响，而是说“天”的权重没有中国白酒大。

第五句和第六句解释了什么是“天”，什么是“人”。“天”的核心要点就是原产地域，“人”的核心就是根据中国白酒的“道”所建立的生产工艺规程、过程控制标准等。

第七句和第八句总结出如何生产出好酒的原则。要生产出好酒，就必须有一个好的地方，一个好的原产地域，有好的地方，好酒就成功了一半，再加上“好人”，就能生产出好酒。“好人”的意思是指有好水平的工匠、好水平的科学家、好水平的生产工艺、好水平的工艺控制。

第三章　传统白酒的酒体设计

要进行酒体设计首先要了解“要做什么”。就是说首先要弄清楚所要设计的酒体定位在什么价位、什么等级，具有什么风格特点，首次需求量有多少，长期需求量有多大？

在了解“要做什么”之后，就要厘清“有什么”。最重要的是要根据目标酒的情况，了解现有酒库里都有什么基酒，设计前要进行全面盘点，重点要把各基酒的等级、特点和数量掌握清楚。

在厘清“要做什么”和“有什么”之后，接下来就要明晰“怎么干”。即制订酒体优选方案，依据前文“独孤九鉴”方案，按照“认酒拟方”“勾小样”“独孤九鉴配方鉴”的逻辑进行，也即“认拟勾样九鉴鉴”，这样就大功告成。

除酱香型白酒需要进行盘勾之外，其他酒的酒体设计过程基本都一样。因此，在介绍各香型酒的酒体设计内容时，以该香型酒的典型代表为例，重点分析目标酒的特点，也即重点介绍“要做什么”的内容。

第一节　酱香型白酒的酒体设计

一、目标基酒先认识

（一）认识目标酒

1. 生产工艺特点

酱香型白酒是以高粱、小麦、水等为原料，经传统固态法发酵、蒸馏、贮存、勾兑而成的，未添加食用酒精及非白酒发酵产生的呈香呈味物质，具有酱香风格的白酒。

酱香型白酒的原料为高粱，所使用的酒曲为高温大曲，由小麦制成，酱香型白酒的发酵设备为条石窖，采用固态发酵。总体来讲酱香型白酒的工艺特点是一年一个生产周期，两次投料，九次蒸煮，八轮次的固态堆积后发酵，每轮次为一个月，七次取酒，贮藏三年以上，这就是人们常说的“一二九八七三”工艺。酱香型白酒的生产工艺流程如图 6-1 所示。

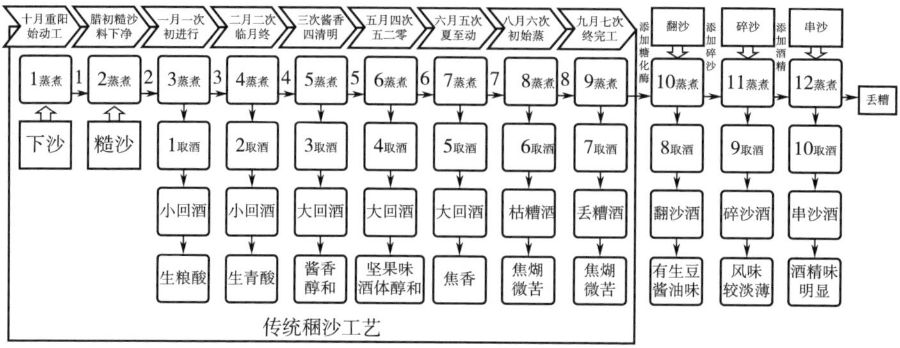

图 6-1　各种工艺酱香型白酒的生产流程

除了总结成“一二九八七三”外，大曲酱香型白酒的工艺还常常用“一二三四五六七八九十”进行总结，如图 6-2 所示。

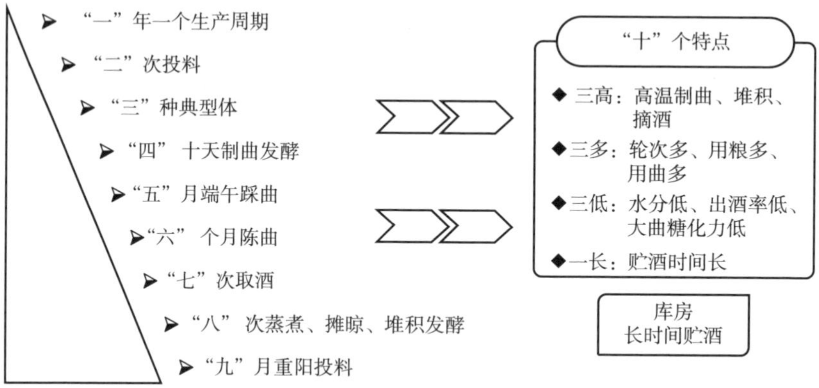

图 6-2　传统大曲稠沙工艺的十大特点

“一”指一年一个生产周期；“二”指两次投料，两种发酵（好氧堆积发酵和入池厌氧发酵）；“三”指酱香型白酒的基酒有三种典型体，基酒一般要经历至少三年的陈酿；“四”指四十天制曲发酵；“五”指农历五月端午踩曲；“六”指酱香型白酒的大曲制好后，要陈放六个月；“七”指七次取酒；“八”指八次发酵；“九”指农历九月重阳投料，九次蒸煮；“十”指大曲酱香型白酒的生产工艺还有“三高三多三低一长”的十个特点。

通常所说的酱香型白酒的工艺具有三高一长的特点，在这个说法当中，三高是指高温制曲（65℃以上）、高温堆积（50℃）、高温流酒 35~45℃，一长为贮酒时间长，最低不少于三年。

酱香型白酒的生产，比较讲究节令，一般是按照“端午踩曲，重阳下沙”时序进行的，为了有利于读者了解酱香酒各轮次生产的时间，笔者用一首诗句对此进行了归纳总结，具体如图 6-3 所示。

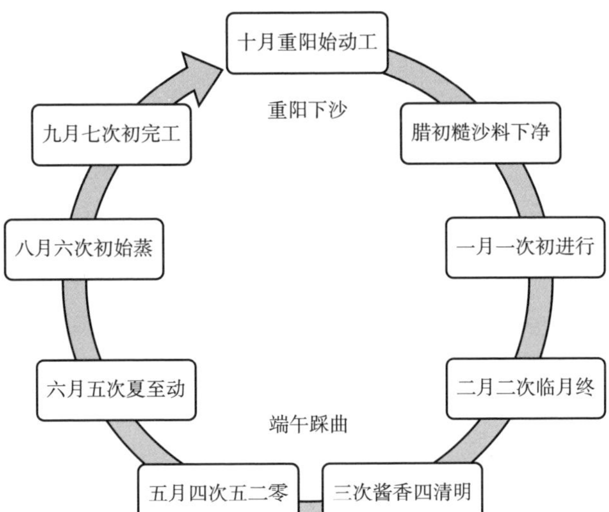

图 6-3　酱香型白酒的生产时令

第一句指酱香型白酒通常是在阳历十月份（即农历九月初九重阳节前后）开始动工、下沙。

第二句说明酱香型白酒通常是在阳历腊月（即十二月初）进行第二次投

料，即糙沙，通过糙沙即完成全部的投料。

第三句指酱香型白酒通常是在阳历一月初进行一次酒的蒸馏。

第四句指酱香型白酒通常是在阳历二月末进行二次酒的蒸馏。

第五句指酱香型白酒通常是在阳历四月初即清明节前后进行三次酒的蒸馏。

第六句指酱香型白酒通常是在阳历五月二十日左右进行四次酒的蒸馏工作。

第七句指酱香型白酒通常是在阳历六月夏至前后进行五次酒的蒸馏工作，夏至一般是在六月二十三日。

第八句指酱香型白酒通常是在阳历八月初进行六次酒的蒸馏工作。

第九句指酱香型白酒通常是在阳历九月初完成七次酒的蒸馏工作。

这样酱香型白酒的生产从上一年的十月份开始动工，到第二年的九月份即完成七次酒的蒸馏工作，这样经历了正好一年的周期，这就是常说的一年一个生产周期。

在这里，笔者认为“端午踩曲，重阳下沙”的总结其实并不太精确，建议改成：“芒种踩曲，霜降下沙”，会更好一些，主要有以下四点理由：

（1）端午和重阳都是兼顾了阴历和阳历的日子，也就是农历的日子，农历是在阴历的基础上引入了闰月作为修正 12 个阴历月和一个太阳回归年天数差异的技术措施，这样做的好处就是每个月的同一天，晚上抬头看月亮，其大小和位置基本是一样的。但是由于闰月的引入，会导致每年同一个月份的同一天，地球在太阳黄道面的位置可能会因闰月的引入而有一个月左右的差异。

（2）而芒种和霜降是二十四节气中的一个节和一个气，属于阳历的日子，其每年开始的日子，过去是通过圭表测影的方法测量而得，现在有更精确的现代方法。细心的人会发现，每个节气开始的时间，并不是从这一天的零点开始，而是从几点几分甚至几秒开始，因此，每年的这一天，地球在太阳黄道面上的位置是固定的。

目前我们正处在中国甲子纪年的第 78 个甲子周期之中，经笔者统计，在这一个甲子周期内的 60 个端午、芒种、重阳和霜降的阳历日期，具体如表 6-1 所示。

表 6-1　端午和重阳节的阳历日期

序号	年份	年号	端午	芒种	重阳	霜降	序号	年份	年号	端午	芒种	重阳	霜降
1	1984	甲子	6.04*	6.05	10.03	10.23	24	2007	丁亥	6.19	6.06	10.19	10.24
2	1985	乙丑	6.22	6.06	10.22	10.23	25	2008	戊子	6.08	6.05	10.07	10.23
3	1986	丙寅	6.11	6.06	10.12	10.24	26	2009	己丑	5.28	6.05	10.26	10.23
4	1987	丁卯	5.31	6.06	10.31	10.24	27	2010	庚寅	6.16	6.06	10.16	10.23
5	1988	戊辰	6.18	6.05	10.19	10.23	28	2011	辛卯	6.06	6.06	10.05	10.24
6	1989	己巳	6.08	6.06	10.08	10.23	29	2012	壬辰	6.23	6.05	10.23	10.23
7	1990	庚午	5.28	6.06	10.26	10.24	30	2013	癸巳	6.12	6.05	10.13	10.23
8	1991	辛未	6.16	6.06	10.16	10.24	31	2014	甲午	6.02	6.06	10.02	10.23
9	1992	壬申	6.05	6.05	10.04	10.23	32	2015	乙未	6.2	6.06	10.21	10.24
10	1993	癸酉	6.24	6.06	10.23	10.23	33	2016	丙申	6.09	6.05	10.09	10.23
11	1994	甲戌	6.13	6.06	10.13	10.23	34	2017	丁酉	5.3	6.05	10.28	10.23
12	1995	乙亥	6.02	6.06	11.01	10.24	35	2018	戊戌	6.18	6.06	10.17	10.23
13	1996	丙子	6.2	6.05	10.2	10.23	36	2019	己亥	6.07	6.06	10.07	10.24
14	1997	丁丑	6.09	6.05	10.1	10.23	37	2020	庚子	6.25	6.05	10.25	10.23
15	1998	戊寅	5.3	6.06	10.28	10.23	38	2021	辛丑	6.14	6.05	10.14	10.23
16	1999	己卯	6.18	6.06	10.17	10.24	39	2022	壬寅	6.03	6.06	10.04	10.23
17	2000	庚辰	6.06	6.05	10.06	10.23	40	2023	癸卯	6.22	6.06	10.23	10.24
18	2001	辛巳	6.25	6.05	10.25	10.23	41	2024	甲辰	6.1	6.05	10.11	10.23
19	2002	壬午	6.15	6.06	10.14	10.23	42	2025	乙巳	5.31	6.05	10.29	10.23
20	2003	癸未	6.04	6.06	10.04	10.24	43	2026	丙午	6.19	6.05	10.18	10.23
21	2004	甲申	6.22	6.05	10.22	10.23	44	2027	丁未	6.09	6.06	10.08	10.23
22	2005	乙酉	6.11	6.05	10.11	10.23	45	2028	戊申	5.28	6.05	10.26	10.23
23	2006	丙戌	5.31	6.06	10.3	10.23	46	2029	己酉	6.16	6.05	10.16	10.23

续表

序号	年份	年号	端午	芒种	重阳	霜降	序号	年份	年号	端午	芒种	重阳	霜降
47	2030	庚戌	6.05	6.05	10.05	10.23	54	2037	丁巳	6.18	6.05	10.17	10.23
48	2031	辛亥	6.24	6.06	10.24	10.23	55	2038	戊午	6.07	6.05	10.07	10.23
49	2032	壬子	6.12	6.05	10.12	10.23	56	2039	己未	5.27	6.06	10.26	10.23
50	2033	癸丑	6.01	6.05	10.01	10.23	57	2040	庚申	6.14	6.05	10.14	10.23
51	2034	甲寅	6.2	6.05	10.2	10.23	58	2041	辛酉	6.03	6.05	10.03	10.23
52	2035	乙卯	6.1	6.06	10.09	10.23	59	2042	壬戌	6.22	6.05	10.22	10.23
53	2036	丙辰	5.3	6.05	10.27	10.23	60	2043	癸亥	6.11	6.06	10.11	10.23

*6.04 即 6 月 4 日，其余同。

近年来，为了加快酱香型白酒的出酒效率，进一步提高原料的利用率，在传统大曲稇沙的基础之上发展形成了翻沙、碎沙和串沙酱香酒的生产，见图 6-1 右侧部分所示。

翻沙酱香是在大曲酱香第九次蒸煮之后的丢糟上，添加糖化酶和活性干酵母，也有使用大曲和麸曲的，一般不加新粮进行再次发酵，发酵结束后，蒸馏所得到的酒。

碎沙酱香是在翻沙的基础上，添加小红粮碎沙、母糟、糖化酶、活性干酵母，再经 20 多天的发酵后，蒸馏所得到的酒。

串沙酱香是在碎沙的丢糟上添加食用酒精进行蒸馏所得到的酒，这就是民间常说的“熟串”。因为这种操作添加了食用酒精，因此是不能用来生产酱香型白酒的，只能用于调香法白酒中。

除了大曲稇沙酱香酒以外，在河北、天津、四川、东北等地还有一种麸曲碎沙酱香。麸曲碎沙酱香型白酒也是以高粱、小麦、水等为原料，以麸曲为糖化发酵剂，经固态法发酵、蒸馏、贮存、勾调而成，未添加食用酒精及非白酒发酵产生的呈香呈味呈色物质，具有麸曲酱香型风格的白酒。

在麸曲酱香和大曲酱香的基础之上还有混合麸曲酱香型白酒，其也是以高粱、小麦、水等为原料，以混合曲为糖化发酵剂，经固态法发酵、蒸馏、贮存、勾调而成的，未添加食用酒精及非白酒发酵产生的呈香呈味呈色物质，具有酱香型风格的白酒。

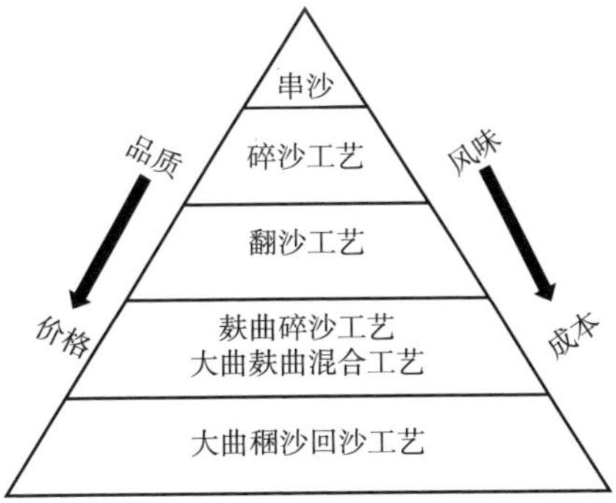

图 6-4　几种工艺的酱香型白酒的对比

几种工艺的酱香型白酒的品质、价格、成本对比，如图 6-4 所示，需要说明的是，这只是一个示意图，并不是绝对的（指在其他条件都一样的情况，试验对比出来的结果）。

为了便于理解和记忆，笔者将以上几种酱香型白酒的工艺用诗句的形式进行了总结，诗句的内容如下：

五沙六沙沙成酱

与众不同酱酒贵，稛翻碎串麸混类；

稛沙两投九八七，下沙糙沙回沙回；

翻沙九糟再次追，多快好省碎沙酶；

碎沙之后酒精兑，只串酱味不酿醅。

诗题意指目前生产酱香型白酒的工艺有五种或六种，五种指的是大曲稛沙、翻沙、碎沙、串沙、麸曲碎沙，第六种是指混合曲工艺。

第一句和第二句说明正常的大曲酱香型白酒由于生产工艺与其他香型的白酒相比差异很大，与众不同，另外由于其出酒率低，贮酒时间长，生产成本高。为了降低生产成本、提高生产效率，故在大曲稛沙工艺的基础之上就诞生了诸如翻沙、碎沙、串沙、麸曲碎沙、混合曲等新工艺。

第三句和第四句指稛沙工艺采用两次投料，九次蒸煮，八次发酵和七次取酒。两次投料是指下沙和糙沙，并采用尾酒回窖的回沙工艺。

第五句和第六句表明翻沙工艺是在大曲工艺第九次蒸煮之后丢糟的基础

之上，添加糖化酶等再次进行发酵的工艺。为了多快好省，就有了碎沙加糖化酶、活性干酵母的碎沙工艺。

第七句和第八句讲述串沙是将丢糟泼酒上食用酒精，然后再装甑进行蒸馏，这种做法只是串取丢糟中的酱味，并没有重新酿造酒醅，按现行的法规标准，串沙得到的酒液不能直接或间接用到酱香型白酒当中，只能用于液态法白酒或固液法白酒中。

2. 酱香型白酒的 30 道工序

酱香型白酒的酿制包括了制曲、制酒、贮存、勾调和包装 5 大流程。从制曲到包装的五大流程中，有 30 道工序，165 个工艺操作环节，如表 6-2 所示。

表 6-2　酱香型白酒生产的五大流程

序号	流程	工序	工艺操作环节
1	制曲	8	35
2	制酒	8	59
3	贮存	5	23
4	勾调	5	17
5	包装	4	31
合计		30	165

制曲工段共 8 道工序，包括小麦磨碎、拌曲配料、踩制成型、入仓堆积、仓内发酵、拆曲、贮存、磨曲。这 8 道工序涉及的关键工艺操作环节合计有 35 个，比如，“拆曲”工序包括核实仓内发酵期、拆曲、检测曲质、回收碎曲 4 个工艺操作环节。

制酒工段共 8 道工序，包括高粱破碎、润粮、蒸粮、摊晾拌曲、堆积发酵、入窖发酵、开窖取醅、蒸馏取酒。这 8 道工序涉及 59 个工艺操作环节，比如，“入窖发酵”工序包括清理窖池、检查窖底沟井、制翻查窖底泥、制翻查窖底醅、制作封窖泥、检测酒醅、入窖、回酒发酵、顶部醅成型、制作窖面、封窖、管窖等 12 个工艺操作环节。

贮存工段共 5 道工序，包括新坛入库、收酒、分型定质、贮存、盘勾。

这5道工序涉及23个工艺操作环节，比如，世人熟知的“盘勾”工序，包括核实信息、分类合并、搅拌、测量酒精度、放酒回库、封扎坛、信息登录等操作环节。

勾调工段共5道工序，包括盘勾酒评审、小型勾兑、大型勾兑、微调(贮存)、检验出库。这5道工序涉及17道工艺操作环节。

包装工段共4道工序，包括洗瓶、灌装、瓶身外包装、装箱，合计31个工艺操作环节。

3. 成品感官特点

酱香型白酒的典型代表有贵州的茅台酒、四川的郎酒和湖南的武陵酒。在有香型的概念之前，酱香型白酒也被称为茅型白酒，指的是一类仿照贵州茅台酒的生产方式生产的酒，后来发现，这些酒有类似酱油的香气，故又被称为酱香型白酒。其实称做酱香也不确切，但因其主体香味成分尚未确定，仍在研究之中，故而暂称之为酱香型。

酱香型白酒的品评要点是色泽多为微黄透明，香气上，酱香突出，还有焦香和煳香，是复合香气，三种香气的强弱关系是酱香>焦香>煳香。酒的酸度高，酒体醇厚、丰满，口味细腻幽雅，空杯留香持久，且香气幽雅舒适(反之香气持久性差、空杯酸味突出则酒质差)。

高度的优级酱香型白酒是“无色或微黄，清亮透明，无悬浮物，无沉淀，酱香突出，香气幽雅，空杯留香持久，酒体醇厚、丰满，诸味协调，回味悠长，具有本品典型风格”。目前，贵州茅台集团对外公开的飞天茅台酒的感官评语为“酱香突出，幽雅细腻，酒体醇厚，回味悠长，空杯留香持久”二十二个字，其已成为各酱香型白酒的感官质量标杆。表6-3还列出了茅台出品的其他系列酒的感官特点。

表6-3　茅台股份公司生产的酱香型白酒

品种	酒精度/%vol	感官特点
陈年贵州茅台酒	53	酱香突出，幽雅细腻，酒体圆润醇厚，回味悠长，老熟芳香舒适显著，空杯留香持久

续表

品种	酒精度/%vol	感官特点
精品贵州茅台酒	53	酱香突出，幽雅细腻，酒体醇甜，回味悠长，空杯留香持久
贵州茅台酒	53	酱香突出，幽雅细腻，酒体醇厚，回味悠长，空杯留香持久
	43 38	酱香显著，幽雅较细腻，酒体醇和，空杯留香，加冰加水不浑浊，低而不淡，调制饮用别有特色
茅台王子酒	53	酱香突出，幽雅舒适，醇和绵柔，回味悠长，空杯留香持久
	46 43 39	酱香明显，幽雅舒适，醇和绵柔，空杯留香，加冰加水不浑浊，低而不淡，调制饮用别有特色
茅台迎宾酒	53	酱香明显，焦香舒适，绵甜柔和，香味谐调，尾净味长，空杯留香较长
	43 38	酱香明显，焦香舒适，绵甜柔和，尾净味长，加冰加水不浑浊，低而不淡

4. 成品价格与理化

表 6-4 是贵州茅台酒与郎酒的市场价位和主要理化指标数据。从表中可以看出，酱香型白酒的风味成分有其独特的特征，根据目前对茅台酒的研究，酱香型白酒的风味成分组成有以下特征：

（1）己酸乙酯含量低　国家标准 GB/T 26760—2011《酱香型白酒》要求高度的优级酱香型白酒的己酸乙酯含量≤0. 3g/L。

（2）酸含量高　国家标准 GB/T 26760—2011《酱香型白酒》要求高度的优级酱香型白酒的总酸含量不低于 1. 4g/L。

（3）正丙醇、庚醇和辛醇含量较高。

（4）醛酮类含量高　糠醛含量为白酒之冠，异戊醛、苯丙醛、丁二酮、3-羟基丁酮含量也高。

（5）含氮化合物也为白酒之最　其中以四甲基吡嗪和三甲基吡嗪的含量最为突出。

表 6-4　　　　贵州茅台酒与郎酒相关指标

指标分类	指标	GB/T 26760—2011《酱香型白酒》规定	贵州茅台酒 53%vol	郎酒 53%vol
价格	价格/(元/500mL)	—	2800	1179
安全	甲醇/(g/L)	≤0.6	0.14	0.15
	杂醇油/(g/L)	—	0.64	0.57
	铅/(mg/L)	≤0.5	<0.05	<0.05
酒精度	酒精度/%vol	标示值±1.0	53.48	52.53
总酯	总酯/(g/L)	≥2.20	3.16	3.64
总酸	总酸/(g/L)	≥1.40	2.17	2.32
固形物	固形物/(g/L)	≤0.70	0.25	0.24
特征	己酸乙酯/(g/L)	≤0.30	0.02	0.1
特色	糠醛/(mg/L)	—	190	230
	四甲基吡嗪/(mg/L)	—	5.3	—

注：价格为京东商城查询价，查询时间为 2021 年 3 月。贵州茅台酒为普通飞天茅台；郎酒为青花郎。

关于酱香型白酒的主体香成分，目前还没有明确，有很多说法，其中有四个说法影响较广，这四种说法可以概括为“一四二吡，三喃四十”，具体如下：

（1）4-乙基愈创木酚说　4-乙基愈创木酚感官阈值很低，仅为 0.3mg/L，具有烟熏味，这是 1964 年茅台试点工作时提出来的。这次茅台试点工作，尽管没有现成的分析方法，也没有先进的分析仪器，但是老一辈科研人员还是克服种种困难，对茅台酒及其他白酒进行了大量全面的检测分析。通过这次分析，对比发现，茅台酒中的 4-乙基愈创木酚的含量最高，再加上 4-乙基愈创木酚的纯品具有一定的酱油特征，所以提出了茅台酒的主体香成分为 4-乙基愈创木酚，其主要是由小麦中的阿魏酸经酵母菌分解所产生。

（2）吡嗪加热香气说　1982 年由贵州省轻工业科学研究所提出。在大曲培养和堆积发酵过程中，由于高温产生了大量的吡嗪类等美拉德反应的中间产物，认为这和酱香味的形成有重要关系。这些物质的生成主要有七种途径：①氨基酸加热分解。②蛋白质热分解。③糖与蛋白质反应。④糖与氨基酸反应。⑤糖与氨反应。⑥糖裂解物与氨基酸反应。⑦高温多水条件下微生物的代谢产生。

除四甲基吡嗪有类似酱味外，其他 30 多种吡嗪类多数具有爆玉米花香味，确切地说，表现的是一种焦香味。

酱香型白酒中的吡嗪类化合物明显高于其他香型的白酒，这不能不说与高温制曲及其酿酒工艺有关。除了上面提到的七种途径之外，近年来还发现了由微生物代谢产生的生物途径，研究这方面的学者从高温大曲中成功筛选得到三株菌落形态各异的产酱香香气的地衣芽孢杆菌，从其发酵液中检测到乙偶姻、四甲基吡嗪和菠萝酮，它们是与酱香香气有关的重要化合物。在菌株发酵过程中，乙偶姻和菠萝酮的含量逐渐减少，四甲基吡嗪的含量不断增加。四甲基吡嗪是在发酵后期形成的，由乙偶姻转化生成。

（3）呋喃和吡喃类说　该观点最早由天津化学试剂一厂的周良彦于 1983 年提出。根据这个说法，酱香型白酒的主体香味成分涉及的化合物总共有 23 种，其中呋喃酮类 7 种、吡喃酮类 6 种、烯酮类 5 种、丁酮类 1 种和酚类 4 种。这些化合物都带有不同程度的酱香和焦香，它们的分子结构有共同的特征，都含有羟基或羰基；都是具有 5~6 个碳的环状化合物，其环上大多含有氧原子；分子中具有与芳香结构共轭的化学活性很强的烯醇类或烯酮结构。吡喃类和呋喃类化合物的来源是低聚糖及多糖的分解物。

（4）十种特征成分说　由辽宁轻工业研究所刘洪晃工程师所提出。这十种特征成分可以概括为“四醛丁酚氮三醇”，具体如下：

①异戊醛；

②糠醛；

③苯甲醛；

④香草醛；

⑤丁香酸；

⑥4-乙基愈创木酚；

⑦含氮化合物，如甲基吡嗪和吡啶同系物；

⑧正丙醇；

⑨β-苯乙醇；

⑩酪醇。

刘洪晃工程师认为酱香型白酒的主体香气还可能是以芳香族化合物（含苯环和杂环化合物）为主体，由部分脂肪族化合物如醛、酮、醇、酸、酯等所构成。

另外，还有茅台主体香味成分为高沸点酸性物质的说法。虽然说法众多，但目前还没有一个被全行业所公认。总之，酱香型白酒的主体香味成分尚未有定论。

（二）认识酱香之基酒

1. 三种典型体

酱香型白酒的三种典型体是酱香、醇甜和窖底香。

酱香典型体具有酱香浓郁的特点，口感细腻，产生酱香的这些物质成分主要来源于酿酒原料。

醇甜典型体具有酱香清淡的特点，味道醇甜，含有较多的多元醇，是经微生物发酵作用的产物。醇甜典型体成分在酱香型白酒中，不但起到呈甜味的作用，更重要的是，它能在三种典型体的香味香气成分中发挥一种奇特的缓冲作用，从而形成了酱香型白酒独树一帜的“复合香”。

窖底香典型体是用窖底酒醅所烤，具有突出的窖泥香味，是己酸和己酸乙酯及酱香成分浑然一体的香味香气，其既有浓香型白酒的特点，又区别于浓香型白酒。

2. 七个轮次酒

酱香型白酒由多轮次生产，每一轮次的酒都有自己的特点，具体如下：

第一轮次的酒粮香突出，味道略酸；

第二轮次的酒醛味突出，味道略酸；

第三轮次的酒略有酱香，味道醇甜；

第四轮次的酒酱香突出，味道醇厚；

第五轮次的酒略有焦香，回味甜，味绵长；

第六轮次的酒焦香突出，有焦苦味；

第七轮次的酒煳香重，略有枯味。

上述特点可以概括为：

一酒二酒酸涩幼，三酒四酒酱甜厚；

五酒六酒焦绵苦，七酒煳枯明显有。

酱香型白酒的每轮次基酒的产量是不一样的，实践表明，各轮次酒的质量，大体呈现中间轮次酒质量好，两头轮次酒质量差。因此，轮次酒的出酒率控制也与此相对应，即希望达到“高质也高产”，每轮次的出酒率控制标准如下：

一轮次 9%；

二轮次 14%；

三轮次 25%；

四轮次 22%；

五轮次 15%；

六轮次 10%；

七轮次 5%。

对酱香型白酒的生产来说，控制轮次酒的出酒率是其生产控制的重中之重，为了有利于理解这一点，笔者用一首诗总结如下：

重中之重出酒控

一次生酸五十七，出酒不多只有九；

二次醛酸五四五，出酒十四多蒸馏；

三次酱醇五三五，多出好酒二五有；

四五酱焦五二五，二二减七五出酒；

六七焦煳五二零，一五一十七和六。

第一句和第二句说明一次酒具有生粮香，口感酸味重，要控制酒精度≥57%vol，为使综合基酒的酒精度不超标，现在倾向于按（57±1%）vol 控制，出酒率控制在 9%左右。

第三句和第四句意指二次酒具有较明显的乙醛味，口感酸度也比较大，要控制酒精度≥54. 5%vol，控制出酒率在 14%左右。

第五句和第六句表明三次酒具有较好的酱香味和醇甜感，质量佳，要控制尽量多出酒，控制酒精度≥53. 5%vol，控制出酒率在 25%左右。

第七句和第八句阐明四次酒和五次酒在酱味的基础之上开始有一些焦香味，控制酒精度≥52. 5%vol，控制出酒率分别在 22%和 15%左右。

第九句和第十句指六次酒和七次酒在焦味的基础之上开始有煳味，要控制酒精度≥52%vol，控制出酒率分别在 10%和 5%左右。

二、 寻优方案先设计

（一） 酒体设计流程

因为酱香型白酒的基酒是分轮次的，所以酱香型白酒的酒体设计与其他香型白酒的酒体设计相比要多一个轮次酒的盘勾，其他步骤大同小异，图 6-5 是酱香型白酒的酒体设计流程。

（二） 盘勾

一次酿酒共有 7 个轮次基酒，如果每个轮次再细分为三种典型体，则一

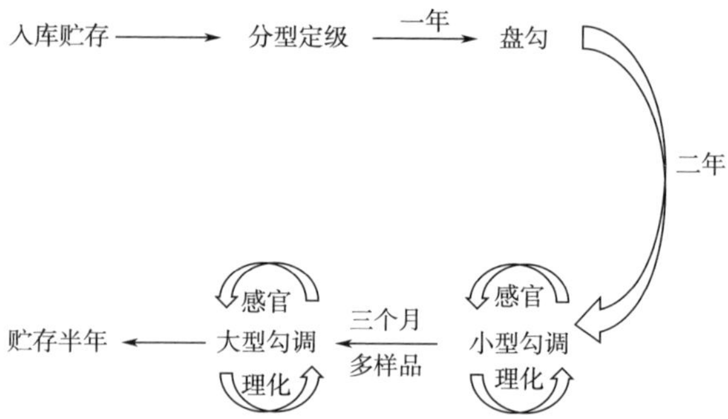

图 6-5　酱香型白酒完整的酒体设计流程

次酿酒共有 21 个基酒，分别贮存 1 年，1 年后进行盘勾，也称为第一次盘勾。

所谓盘勾就是将不同车间、不同班组、不同窖池、不同时间生产出的具有相同特征的酒组合在一起。盘勾一般是指轮次酒的混合，通常情况下，是将同一年生产的、同一轮次的、同一等级的基酒混合在一起，笔者称之为“三同合一”。

如果每个轮次的基酒还被分型为酱香、醇甜、窖底香三个典型体的话，则这时候的盘勾就是指将同一年生产的、同一轮次的、同一等级的、同一典型体的基酒混合在一起，笔者称之为“四同合一”。

对于贮酒库房有限的企业，也可以简化盘勾操作，具体常见方式如表 6-5 所示。简化的盘勾大体思路是相同的，就是把中间轮次的酒盘勾在一起，形成大综酒，两头轮次的酒作为搭酒或调味酒使用。例如表中第 6 种盘勾方式是将 3~5 次酒盘勾综合在一起，将 1、2、6、7 次酒盘勾综合在一起，这种盘勾方式，将原本的七个分型基酒，化繁为简成为了两个基酒，在酒体配方设计的时候，通过控制这两个基酒的混合比例，也可以勾调出风格有异、等级不同的酱香酒。

表 6-5　　酱香型白酒的盘勾简化操作

序号	基酒 1	基酒 2	基酒 3	基酒 4	基酒 5	基酒 6	基酒 7
1	1 次酒	2 次酒	3 次酒	4 次酒	5 次酒	6 次酒	7 次酒
2	1 次酒	2 次酒	3~5 次酒	6 次酒	7 次酒		

续表

序号	基酒 1	基酒 2	基酒 3	基酒 4	基酒 5	基酒 6	基酒 7
3	1 次酒	2 次酒	3~5 次酒	6~7 次酒			
4	1~2 次酒	3~5 次酒	6~7 次酒				
5	1 次酒	2~7 次酒					
6	1、2、6、7 次酒	3~5 次酒					
7	1、2、7 次酒	3~6 次酒					
8	1~7 次酒						

（三）勾调

1. 轮次酒的组合

轮次酒的组合也称第二次盘勾或大盘勾，是在第一次盘勾之后进行的，通常是第一次盘勾两年后进行。为了企业有源源不断的更长年份的基酒，通常是只将同一年生产的 70%的基酒用来勾调，另外的 30%保存起来，留作年份酒。酱香酒的第一次勾调一般是将同一年生产的已经盘勾好的轮次基酒进行混合，简而言之，酱香酒的勾调有很大一块是轮次酒的组合。

大曲酱香轮次基酒的组合比例，在实际生产勾调之前需要通过试验，了解各基酒之间的最佳搭配比例，确定最佳配方。避免批量勾调失败造成损失，便于修改，先行小试是通行的做法。小试勾调需要根据价格因素，参考基酒理化分析数据、感官结果并根据市场变化进行酒体设计。一般情况下，在小样轮次酒组合中，各轮次基酒的混合比例，是需要考虑各轮次基酒的实际出酒率，这是生产勾调“就地取材”“平衡使用”要求所致的，一般各轮次酒常用的比例为：

1 轮次酒：2%~4%；

2 轮次酒：7%~10%；

3、4、5 轮次酒：20%~25%；

6 轮次酒：10%~15%；

7 轮次酒：5%~8%。

七个轮次基酒，贮存 3 年以上，然后按一定比例勾调而成的酒称为综合基酒。综合基酒按质量等级可分为优级、一级和二级。各等级相应的感官和理化要求如表 6-6 和表 6-7 所示。

表 6-6　　　　仁怀大曲酱香综合基酒感官要求

项目	要求[a]		
	优级	一级	二级
色泽和外观	无色或微黄，澄清透明，无浑浊，无悬浮物，无沉淀物[b]		
香气	酱香突出，木香、果香等复合香显著，空杯留香长	酱香较明显，木香、果香等复合香较强，空杯留香较长	稍有酱香，略有复合香，微有空杯香
口味	味全面，喷香，酒体醇厚、丰满、细腻、协调，回味长，可用作调味酒	味较全面，有喷香，酒体醇甜、协调，有后味	酒体较醇和，微有后味
风格	风格典型	风格明显	风格尚可

a 当感官要求不符合时，另行处理。

b 当酒的温度低于 10℃，允许出现白色絮状沉淀物质或失光，10℃以上时应逐渐恢复正常。

表 6-7　　　　仁怀大曲酱香综合基酒理化要求

项目	优级	一级	二级	检验方法
甲醇[a]/(g/L)	≤0.6			GB 5009.266—2016《食品安全国家标准　食品中甲醇的测定》
氰化物[a]（以氢氰酸计）/(mg/L)	≤6.0			GB 5009.36—2016《食品安全国家标准　食品中氰化物的测定》
酒精度[b]（20℃）/(%vol)	53.0[b]			GB 5009.225—2016《食品安全国家标准　酒中乙醇浓度的测定》
总酸（以乙酸计）/(g/L)	≥2.0	≥1.6	≥1.2	GB/T 10345—2022《白酒分析方法》
总酯（以乙酸乙酯计）/(g/L)	≥3.2	≥2.6	≥2.0	
固形物/(g/L)	≤0.70			
己酸乙酯/(g/L)	≤0.20	≤0.30	≤0.40	

a 甲醇、氰化物指标均按 100%酒精度折算。

b 酒精度实测值与标签标示值允许差为±1.0%vol。

轮次酒配比的试验有两种方法，一种是根据经验，按照上述的参考比例，进行上下调节，经品评找到最理想的轮次酒的组合配方，这种方法就是笔者所说的“经验法”。

第二种方法就是利用笔者介绍的四种数学方法，本书以最简单的均匀设计为例进行介绍，这里介绍两种方法：一步法与二步法。

所谓的一步法，就是利用均匀设计表 $U_{12}^{*}(12^{10})$，将七个轮次的基酒同时进行试验。具体的表格及配套使用表见附录一。

具体步骤如下：

第一步：根据试验目的确定试验指标。

对酒体配方设计来说，试验指标就是“独孤九鉴”的九类指标。

第二步：挑因素，定水平，选择均匀设计表。

对于本次基酒组合配方试验来说，总共有七个基酒，实际只有六个变量，即六个因素，以其中用量最大的三次酒作为被动变量，一次酒、二次酒、四次酒、五次酒、六次酒及七次酒为六个试验因素，其水平参见上述的比例范围，按照尽量扩大范围的原则进行，具体的因素水平如表 6-8 所示。

表 6-8　　轮次酒组合的因素水平表

水平	一次酒	二次酒	四次酒	五次酒	六次酒	七次酒	三次酒
最低水平	1.2	0.7	15.7	14	1.3	0.7	18.5
最高水平	10	15	30	25	20	15	35
水平数	12	12	12	12	12	12	12
间距	[(10-1.2)/(12-1)]=0.8	1.3	1.3	1	1.7	1.3	1.5

第三步：制定试验方案，实施试验。

本例使用 $U_{12}^{*}(12^{10})$ 均匀表，根据其配套使用表知，当有六因素时，因素应排在 1、2、6、7、8、9 列。根据表 6-8 中每个因素的水平，制订具体的试验方案，如表 6-9 所示。

表 6-9　　七轮次基酒组合试验方案

试验号	一次酒/mL	二次酒/mL	四次酒/mL	五次酒/mL	六次酒/mL	七次酒/mL	三次酒/mL 被动变量	合计/mL
1	1.2	2	22.2	21	14.9	12.4	26.3	100
2	2	4.6	30	16	8.1	8.5	30.8	100
3	2.8	7.2	20.9	24	1.3	4.6	39.2	100
4	3.6	9.8	28.7	19	16.6	0.7	21.6	100
5	4.4	12.4	19.6	14	9.8	13.7	26.1	100
6	5.2	15	27.4	22	3	9.8	17.6	100
7	6	0.7	18.3	17	18.3	5.9	33.8	100
8	6.8	3.3	26.1	25	11.5	2	25.3	100
9	7.6	5.9	17	20	4.7	15	29.8	100
10	8.4	8.5	24.8	15	20	11.1	12.2	100
11	9.2	11.1	15.7	23	13.2	7.2	20.6	100
12	10	13.7	23.5	18	6.4	3.3	25.1	100

从表 6-9 可以看出，本次优选七个轮次酒组合配方的方法，总共只需要进行 12 次试验，试验次数不多。按表中的配方，把 12 种试验酒统一小样勾调好之后，统一进行暗评，找出最符合要求的配方，再结合其他指标进行最终配方的确定。

这种一次优选配方的方法用到的均匀表格是 $U_{12}^{*}(12^{10})$，理论上来说，最多可安排 10 个试验因素，只需进行 12 次试验，非常经济，为了便于记忆，笔者称之为天干地支优选法。

不过，该方法也存在部分缺点，如一次添加工作比较大。为了减少一次添加各轮次酒的工作量，笔者引入两步组合试验法，其所使用的均匀表是 $U_{6}^{*}(6^{4})$，便于记忆，笔者将其称为四六优选法，该均匀表最多可以安排 4 个变量，5 个基酒的组合。

具体来讲，第一步先用四六优选组合三四五次酒，得到最优的三、四、五轮次的综合基酒。第二步通过四六优选表，试六、七、一、二轮次酒与第一步优选到的综合基酒。

此处假设已经找到了最优的三、四、五轮次酒组合配比，接下来就要进行第二步优选，该试验因素水平表如表 6-10 所示，试验方案如表 6-11 所示。

表 6-10　四六优选法因素水平表

水平	一次酒	二次酒	六次酒	七次酒
最低	1	1	1	1
最高	10	15	20	15
水平数	6	6	6	6
间距	1.8	2.8	3.8	2.8

表 6-11　四六优选法试验方案表

水平	一次酒/mL	二次酒/mL	六次酒/mL	综合酒/mL 被动变量
1	1	3.8	8.6	71.6
2	2.8	9.4	20	55.6
3	4.6	15	4.8	66.2
4	6.4	1	16.2	69.8
5	8.2	6.6	1	80.4
6	10	12.2	12.4	64.4

该方法分两步进行，总共也只有 12 个试验，优点就是每次试验次数少，便于添加操作，便于对比品评。

2. 再调味

再调味是指在轮次酒勾调好的基础之上再进行第二轮的修饰，通常包括添加年份老的综合基酒、窖面酒、窖底酒等，这些基酒大致的使用范围如下：

窖面酒：5%～10%。

窖底酒：1%～2%。

老酒：0%～30%。

特殊调味酒：1%～5%。

这些酒的使用量也可以使用均匀设计表来进行优化试验。

三、根据方案先小试

根据目标寻优方案拟定的各种可能配方，进行小样的勾调，为了配方的可比性，建议先把所有的小样统一进行组合操作，以便减小误差，并经适当时间的放置。

四、独孤九鉴配方鉴

进行小样配方优选时，一般建议根据“独孤九鉴”对拟定的每个可能配方进行比较，找到几个较优的配方，通常为三个，之后还需要进一步验证，验证通过后，最好还要再进一步放大组合，进行更广泛的测试，以听取更多人的意见。将基酒配比，换算成原始基酒的配比以及加浆的比例，以方便生产，基酒的计量单位是使用质量单位还是体积单位，根据企业的实际情况而定。

五、找到配方量产之

遵循“先设计，后量产”的原则。小试优选到的配方，经反复测试都没有问题，才可以按比例放大，进行生产组合。为了控制风险，生产勾调的每一步都要进行跟踪取样，进行感官品评和理化分析，确保每一步都在可控范围之内，才可以进行下一步。图 6-6 是完整的酒体设计勾调流程图，其中虚线框中是放量生产的流程。

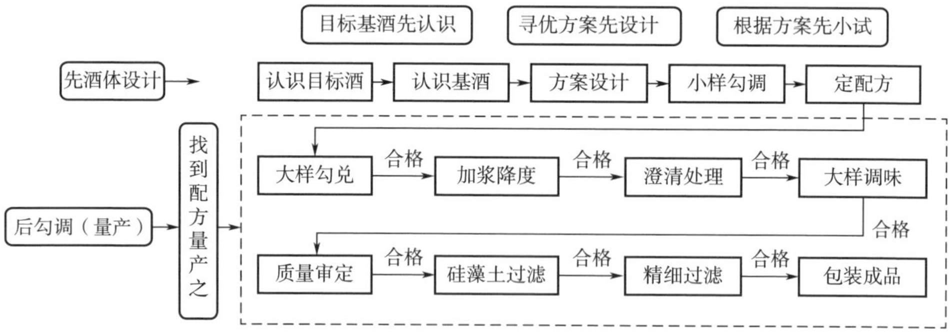

图 6-6　酒体设计工艺流程

六、 今世缘国缘 V9 清雅酱香白酒的酒体设计特点

（一） 今世缘产品矩阵介绍

今世缘公司主营业务为白酒生产和销售，是中国 21 家白酒上市公司之一，近年来，公司通过产品设计和酒体设计，取得了较好的市场业绩。为了便于读者借鉴和学习，下文笔者将对今世缘的产品设计和酒体设计特点进行介绍。

2022 年，今世缘实现营收 78.88 亿元，同比增长 23.09%；实现净利润 25 亿元，同比增长 23.34%。总体来看，不论是营收还是盈利水平，都创了今世缘的新高，增幅也要远大于行业平均水平。今世缘 2023 年三季度财报显示该公司 2023 年前三季度的营收为 83.65 亿元，百亿阵营即将迎来新成员。

今世缘公司现有“国缘”“今世缘”和“高沟”三大白酒品牌，其中，“国缘”“今世缘”是“中国驰名商标”，“高沟”是“中华老字号”。“国缘”品牌定位为“中国高端中度白酒”，公司独创的“清雅酱香型”国缘 V9 定位为“新一代酱香标准制定者”；“今世缘”品牌突出打造“中国人的喜酒”；“高沟”品牌定位为“正宗苏派老名酒”。

今世缘的三大品牌差异化覆盖消费人群，产品体系完整。江苏省消费者更加偏好于低度浓香型白酒，讲究口感的柔、甘，公司顺应趋势，主要生产 42%vol 白酒（除了国缘 V3、V6、V9 为 40.9%vol、49%vol 和 52%vol）。公司从国缘、今世缘、高沟品牌差异化入手，主打中度浓香白酒，覆盖了从低端到高端的全价位价格带。

1. 国缘

国缘品牌创立于 2004 年 8 月，进一步划分可以分为雅系列、K 系列和 V 系列。其中，雅系列（柔雅、淡雅）的终端零售价位段 100~300 元/500mL，主要消费场景是中档宴席；而 K 系列是主力产品，新 K 系列（K3、K5）和老

K 系列（单开、对开、四开）价格定位于 200~600 元/500mL，其中对开和四开是主力产品。V 系列占据的是 800~2500 元/500mL 的价格带，其中 2019 年推出酱香型的国缘 V9，定位 2000 元/500mL 以上的价格带，代表公司正式进军酱酒领域。

2. 今世缘

今世缘品牌创立于 1996 年 8 月，以红色喜庆的外表定位于喜庆缘分酒、欢乐喜庆聚会用酒，是“中国十大文化名酒”之一，也是“中华婚宴首选品牌”。今世缘品牌主攻 100~300 元/500mL 的价格带，年份典藏系列占比最大，占该品牌系列收入的 50%以上。

3. 高沟

高沟酒是“中华老字号”品牌，1956 年，荣获江苏省“酿酒第一”奖旗；1984 年，在全国第四届评酒会上，以 95.13 分名列全国浓香型白酒第二名；1995 年被国家技术监督局认定为全国浓香型白酒标准样品，成为江苏名酒“三沟一河”（双沟、汤沟、高沟及洋河）的代表，名扬天下。高沟目前主要是 100 元/500mL 以下的价位段，主攻低端白酒消费场景。

（二）国缘 V9 清雅酱香型白酒上市背景

2019 年是国缘品牌创牌 15 周年。国缘 V 系列作为国缘品牌的战略升级，是今世缘跻身高端品牌、实施高质量发展、实现弯道超车的“杀手锏”。国缘 V9，代表着中国白酒顶尖级的酿造能力和人类生产制造技艺的高超水平。2019 年 8 月 18 日，国缘 V9 在南京隆重上市，以此致敬国缘品牌创立 15 周年，也致敬不断追求卓越的今世缘人。在品牌问世 15 周年之际，国缘品牌再推新品，历经 18 年科研攻关酿就的 V9 清雅酱香型白酒正式面世。V9 清雅酱香型将以“新一代酱香标准制定者”为站位，参与白酒业“头部竞争”，开启今世缘“强起来”的发展新征程。

国缘品牌自诞生以来便顺应了新世纪“国强缘盛”的时代背景，以“与大事结缘，同成功相伴，为英雄干杯”的品牌主张，彰显今世缘人对中华缘文化传承创新的文化自信，升华了今世缘品牌文化。15 年来，国缘品牌快速成长，带动了市场强劲增长和各项工作的全面进步，提升了今世缘核心竞争力，赋予了今世缘这个新生企业新的血液和生命力。

国缘品牌的十五年，是一条创业创新创优之路，也是一条争先领先率先之路，更是一条从胜利走向胜利之路。十五年，不仅铭刻着一群人激情创业的历程，一个企业发展壮大的历程，也记述着一个行业和一个地区发展腾飞的历程。

1. 立体化打造国缘 V9 品牌　开启今世缘“强起来”新征程

今世缘品牌创立让企业“站”起来，国缘品牌创立让企业“富”起来，国缘 V9 品牌创立则致力让企业“强”起来。

今世缘酒业党委书记、董事长、总经理顾祥悦说：“创新是高质量发展的‘先手棋’。用现代科技提升传统产业，通过酿酒工艺、生产方式创新，开创国缘 V9 清雅酱香新品类，成为《清雅酱香型白酒》（T/CBJ 2017—2020）团体标准的制定者。文化与科技的拥抱，形成了今世缘核心竞争力。”

在行业分化窗口期、消费升级机遇期、今世缘发展关键期，就今后如何强化国缘品牌建设，尤其是国缘 V9 清雅酱香型白酒的市场培育，成为至关重要的问题。

今世缘将继续准确把握高端白酒趋势，把国缘 V9 清雅酱香型白酒打造成为推动今世缘高质量发展、达成新目标的战略品牌和新的增长极。同时，对接高端文化资源，全方位、立体化塑造好国缘 V9 品牌形象，加快做酒向做文化的转型。

2. 国缘 V9 上市，中国酱香型高端白酒阵营增添新成员

十年磨一剑，今朝试锋芒。伴随着国内消费升级的步伐，今世缘秉承对行业形势的研判和把握，推出国缘系列新品 V9 清雅酱香型白酒。

3. 国缘 V9 酿造工艺水平达到国际领先

2019 年 7 月 28 日，“国缘清雅酱香型白酒酿造工艺研发创新成果”在北京通过专家鉴定。来自全国顶级白酒专家们一致认为，国缘 V9 清雅酱香

型白酒的总体技术已经达到国际领先水平。这项成果对推动酿酒行业的技术进步和可持续性发展具有深远意义，为酱香型白酒品质提升、生产自动化起到了借鉴示范作用，开创了高端清雅酱香型白酒酿造先河。

从品质上来说，国缘打开了中国高端白酒更为舒适的清雅酱香新时代。国缘 V 系列的价值不仅体现在“酿健康酒、饮酒健康和健康饮酒”的国缘酒道上，还体现在酿酒人对酒体塑造上的付出和努力。

自 2001 年开始，江苏今世缘酒业股份有限公司以“中国白酒大师”“中国酒业科技领军人才”吴建峰博士领衔的研发团队在对传统酱香型白酒酿造工艺认识和理解的基础上，以健康和风味为导向，开展清雅酱香型白酒酿造工艺的创新与研发。他们从酿造用曲、堆积、发酵等关键环节进行创新和优化，利用微生物组学、代谢组学和风味化学等原理，对过程微生物组进行解析，构建过程关键微生物组，并对生产工艺参数进行优化。历经 18 年科研攻关，采用功能性香曲和高温大曲为糖化发酵剂，清蒸清烧混入续糌堆积发酵工艺，匠心酿就出了具有独特品鉴体验的国缘 V9 清雅酱香型白酒，形成了清雅酱香型白酒的工艺特点。

国缘 V 系列，掌握了高端白酒降度的核心技术，在降低酒精度的同时能够保持白酒幽雅醇厚的口感，其所开创的“高端、中度、更舒适”的技术和品质在短时间内不可复制。国缘 V9，作为国缘 V 系列家族的一张绝对王牌，更以 42%vol 和 53%vol 清雅酱香型白酒的两种不同的酒精度，刷新了绝大多数人们对于酱香型白酒度数和香型的认知。由此看来，国缘 V9，不仅“后台”强大，自身实力更是不容小觑。

（三） 国缘 V9 清雅酱香型白酒工艺的特点

国缘 V9 对传统酱香型白酒酿造工艺进行了创新，从酿造用曲、堆积、发酵等关键环节都进行了创新和优化。采用续糌工艺，“五高两长”（高温制曲、高氮配料、高温堆积、高温发酵、高温流酒、长期发酵、长期储存）提升每轮次出酒率和酒质，使每轮次酒都相当于传统酱香型白酒三、四、五轮次酒，即相当于对传统酱香型白酒工艺进行了“掐头去尾”，从而使品质更优。

国缘 V9 突破了传统酱香型白酒酿造工艺、生产方式及产地限制，从酿造用曲、微生物及生产方式上进行了开创性研究，形成了“以高粱、小麦和麸皮为原料，采用高温黑曲和功能性香曲为糖化发酵剂，泥底石窖，清蒸清烧混入续糙堆积发酵”工艺，并且实现了酱香型白酒的自动化、智能化生产。其独特的清雅酱香，以国际领先水平引领中国高端白酒再升级。

（四）　国缘 V9 清雅酱香型白酒的酒体设计

52%vol 国缘 V9 是今世缘独特工艺体系的结晶，其主要工艺特点是以黑曲为主，辅以香曲，以高粱、小麦为原料，清蒸清烧、高温堆积、高温发酵、高温馏酒，经过 15 年以上长期贮存后，酒液具有色如黄钻、晶莹剔透、香如奇楠、清雅飘逸、酒体圆润、香味协调、回味悠长、空杯留香持久的特点，这就是清雅酱香型白酒的独特风格，也是国缘 V9 清雅酱香型白酒最为核心的价值点。

（五）　国缘 V9 清雅酱香型白酒的风味物质分布

经中国食品发酵工业研究院实验检测，国缘 V9 清雅酱香型白酒引起上头的高级醇含量，远远低于传统酱香型白酒。其中正丙醇的含量是传统酱香型白酒的 1/10，已酸乙酯含量较传统酱香型白酒低。

国缘 V9 清雅酱香型白酒在复杂工艺以及创新基因基础之上，已鉴定出 16 种吡嗪类化合物，6 种含萜烯类化合物。

（六）　更加舒适是酒体设计的未来方向

适量饮酒不是一刀切，根据每个人健康状况来定，喝酒要有度。要用科学依据告诉人们适量饮酒有益健康，享受生活，是高雅生活的表现与反映。

2022 年 6 月份举办的第十届中国国际糖酒会上，就有专业人士提出

“喝浓香型要绵柔，喝酱香型要清雅”的观点。伴随着用户生活水平和消费能力的提高，酱香型白酒市场版图将会得到进一步的扩张。这背后意味着用户对健康、品牌、文化、体验的追求已经成为高端生活需要的重要组成部分。

“适度喝酒，喝好酒，喝有品牌文化内涵的好酒”正成为越来越多消费者的共识。这也正是各白酒企业借助未来消费趋势“弯道超车”的好时机。

第二节　浓香型白酒的酒体设计

一、目标基酒先认识

（一）认识目标酒

1. 生产工艺特点

2006 版国家标准 GB/T 10781. 1—2006《浓香型白酒》给出的浓香型白酒的定义是“以粮谷为原料，经传统固态法发酵、蒸馏、陈酿、勾兑而成的，未添加食用酒精及非白酒发酵产生的呈香呈味物质，具有以己酸乙酯为主体复合香的白酒”。

2021 版国家标准 GB/T 10781. 1—2021《白酒质量要求　第 1 部分：浓香型白酒》给出的浓香型白酒定义为“以粮谷为原料，采用浓香大曲为糖化发酵剂，经泥窖固态发酵，固态蒸馏，陈酿、勾调而成的，不直接或间接添加食用酒精及非自身发酵产生的呈色呈香呈味物质的白酒”。

相对于旧版标准，新版标准的浓香型白酒定义中强调了“浓香大曲”“泥窖固态发酵”“不直接或间接添加食用酒精及非自身发酵产生的呈色呈香呈味物质”。一方面强化了浓香型白酒的传统工艺，另一方面对添加剂和食用酒精的使用也做了更加严格细致的限定，利于浓香型白酒规范发展。

浓香型白酒的典型代表有五粮液、泸州老窖、剑南春、全兴大曲、沱牌大曲、双沟大曲、洋河大曲、古井贡酒、宋河粮液等。

浓香型白酒的原料主要为高粱，所使用的曲为中偏高温大曲（由小麦制成），发酵设备为泥窖。浓香型白酒的工艺特点为续醅配料、混蒸混烧、中高温大曲、低温入窖、缓慢发酵、泥窖固态发酵，发酵时间60~120d。千年的老窖、万年的香糟、熟糠拌料、长期发酵，酿造浓香型白酒的原料要经过多次发酵，所以不必粉碎过细，仅要求每粒高粱破碎成4~6瓣、能通过40目的筛孔即可，其中粗粉占50%左右，大米无需粉碎。采用自制或外购中偏高温曲作为糖化发酵剂，大曲先用锤式粉碎机粗碎，再用钢磨磨成曲粉，粒度如芝麻大小为宜。在固态白酒发酵中，稻壳是优良的填充剂和疏松剂，为了驱除稻壳中的异味和有害物质，要预先把稻壳清蒸30~40min，直到蒸汽中无怪味为止，然后出甑晾干，控制含水量在13%以下。

浓香型白酒的酿造工艺要点是“两高一长三适当”，即入窖淀粉高，酸度高，长期发酵，适当的水分、温度和糠壳用量。在具体的工艺操作上，又大致分为三大类，即以四川为代表的原窖法和跑窖法，及以江淮、苏、鲁、豫、皖一带为代表的老五甑法工艺类型。

原窖法工艺又称原窖分层堆糟法，原窖法就是本窖发酵的糟醅经加入原、辅料后，蒸馏、出甑、打量水、摊晾下曲后仍放回原来的窖池内密封发酵。窖内糟醅发酵完后，在出窖时，窖内糟醅必须分层次进行堆放，一个窖内的糟醅分为上、中、下三个层次，以下层糟醅酒质最优，中层次之，上层又次之。其工艺特点为：糟醅分层堆放，除底糟、面糟外，各层糟混合使用，蒸馏、摊晾下曲后的糟醅仍然放回原窖进行发酵，具体操作工艺流程如图6-7所示。

跑窖法工艺又称跑窖分层蒸馏法工艺，所谓“跑窖”就是在生产时先有一个空着的窖池，然后把另一个窖内已经发酵完成后的糟醅取出，通过加原料、辅料蒸馏后，糟醅出甑、打量水、摊晾、下曲装入预先准备好的空窖池中，而不再将发酵糟醅装回原窖池。此窖池发酵糟醅全部蒸馏完后，就成了一个空窖，而原来的空窖则装满了入窖糟醅，再密封发酵，依次

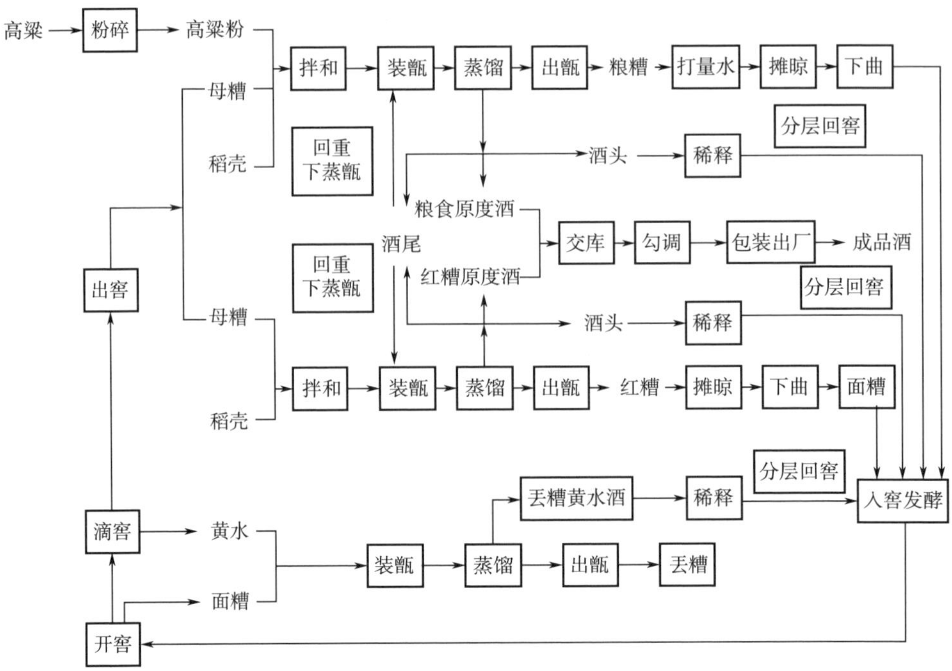

图 6-7　浓香型白酒原窖法工艺流程

类推。

跑窖不用堆糟，窖内的发酵糟可逐层取出进行蒸馏，故又称之为分层蒸馏。其工艺特点：一个窖的糟醅在下轮发酵时装入另一窖池，不取出发酵糟堆放在糟场，而是逐层取出分层蒸馏，其工艺流程如图 6-8 所示。

老五甑法工艺是一种典型的白酒发酵操作方法，投入的新原料一般都会经过大概三次发酵，原料利用率较高。所谓老五甑法，即窖池内有四甑发酵糟醅，为大楂、二楂、小楂、回楂，出窖时加入新的粮粉原料改为五甑，进行蒸馏，其中四甑入窖发酵，另一甑为丢糟，四甑醅在窖中的安排，各厂均有不同，有的厂回糟在窖池最底部，上面为三楂，而有的厂则采用三楂在窖池最底部，回糟在最上部，如图 6-9 所示。老五甑法浓香型白酒生产工艺流程如图 6-10 所示。

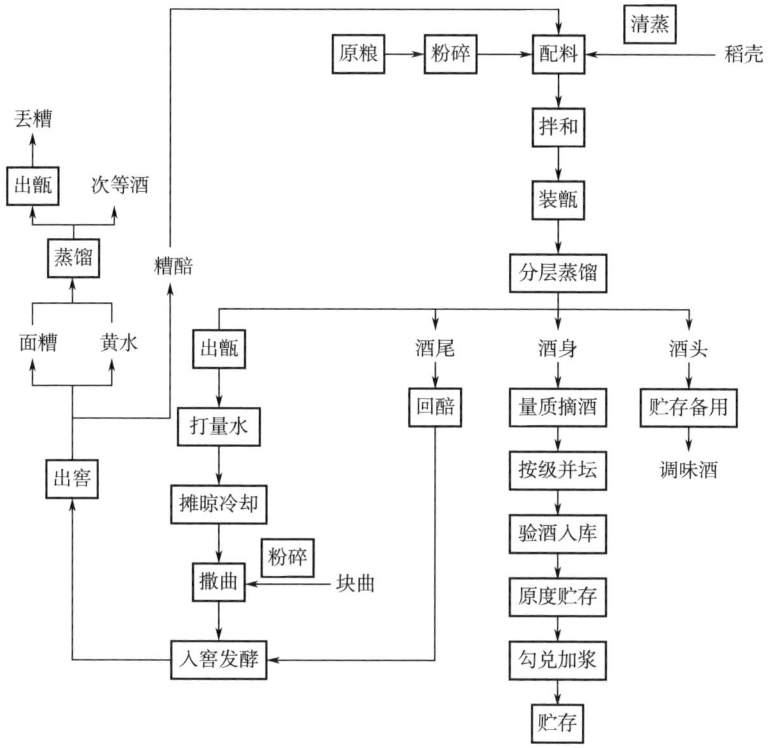

图 6-8　浓香型白酒跑窖法工艺流程

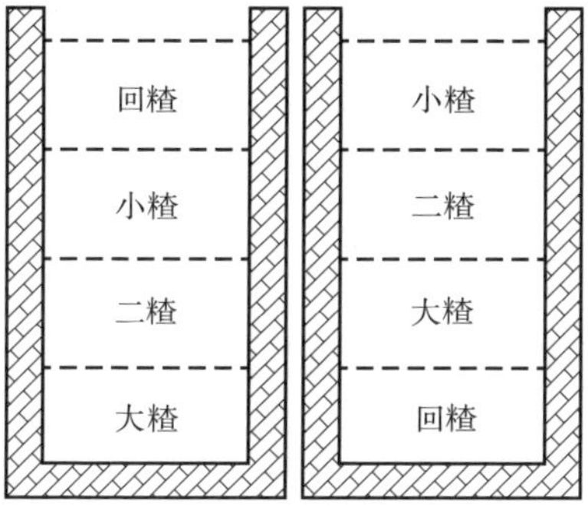

图 6-9　老五甑法酒醅在窖中的安排

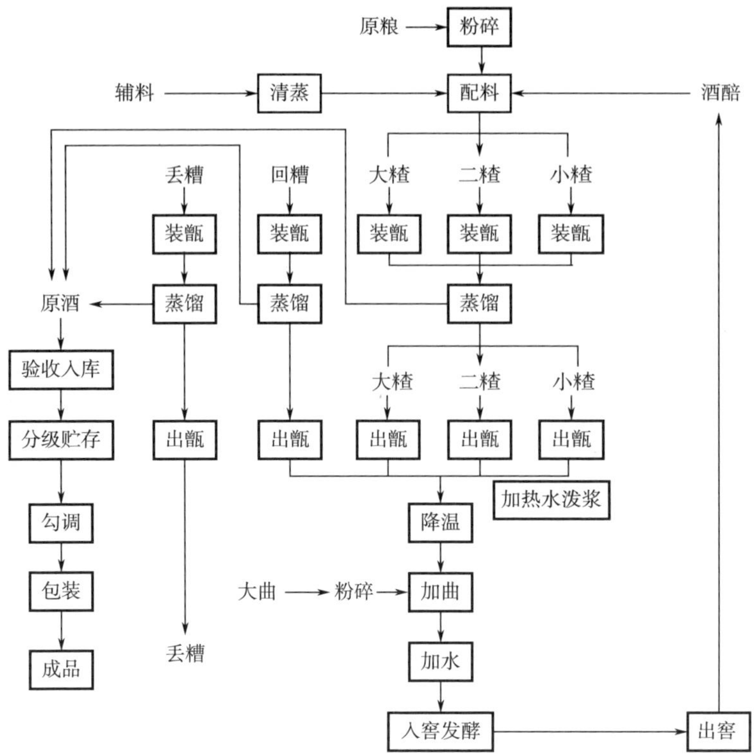

图 6-10　浓香型白酒老五甑法工艺流程

原窖法的优缺点：优点，每甑间产酒质量比较稳定；易掌握入窖酸度、淀粉等，使其基本一致；有利于微生物的驯养和发酵；利于“丢面留底”，利于提高质量；有利于总结经验与教训。缺点，强度大，挥发损失大，不利分层蒸馏。

跑窖法优缺点：优点，利于调整酸度和提高酒质；劳动强度大，挥发损失小；利于分层蒸馏量质摘酒。缺点，配料不稳定、无规律；不利于培养糟醅；要克服糟醅水分不均的缺点。

老五甑法工艺优缺点：优点，容积小，利于培养糟醅，提高酒质；劳动生产率高；原料粉碎较粗，辅料用量少；不打黄水坑，不滴窖；一天蒸一窖，利于班组管理。缺点，糟醅含水量大，拌和前糟醅（大楂、二楂）含水量一般为 62%左右，加料拌和后，水分为 53%左右，不利于己酸乙酯等水溶性较差醇溶性好的香味成分的提取，而乳酸乙酯等水溶性较好的香味成分则容易馏出，这对浓香型白酒质量有一定影响，酒厂应该注意这个问题。

不管采用什么形式的工艺，浓香型白酒生产工艺均有共性，用诗句的形式总结如下：

配料续醅不离泥

配料续醅混蒸烧，千年老窖万年糟；

泥窖固态长发酵，五九停产要压窖。

诗题点出了浓香型白酒的核心要点，即配料续醅的混蒸混烧操作，从目前来看，浓香型白酒的生产是离不开泥窖发酵的。

第一句和第二句意指浓香型白酒采用配料续醅的混蒸混烧操作，于是就形成了千年老窖万年糟的情况。

第三句和第四句说明浓香型白酒采用泥窖固态长时间发酵，发酵时间基本都在一个半月以上，为了控制低温发酵，天气炎热的夏季，一般是指 5~9 月，都要停产压窖。

2. 成品感官特点

浓香型白酒的典型代表是泸州老窖特曲，过去也称为泸型酒，其主体香味是高浓度的己酸乙酯，与适量的丁酸乙酯、乙酸乙酯和乳酸乙酯等构成的复合香气。

浓香型白酒的品评要点是先区别出流派，再区别好坏，根据香气的浓郁程度、舒适度、优雅度及特点分出流派。凡香气大，体现窖香浓郁突出且浓中带陈特点的为川派浓香，而以口味以纯、甜、净、爽为显著特点的为江淮派。

浓香白酒的质量好坏主要从香味的协调度、入口的绵甜程度、落口的甘爽程度及后味的长短来进行区分。

其中香味的协调度是区分固态法白酒和调香白酒的主要依据。

绵甜是优质浓香型白酒的主要特点，体现为甜得自然舒畅，稍差的酒不是绵甜，只是醇甜或甜味不突出，酒体显单薄、味短、陈味不够。

甘爽程度、后味长短也是区别不同酒质量优劣的重要依据。

优级浓香型白酒应该达到无色或微黄，清亮透明，无悬浮物，无沉淀；具有浓郁的己酸乙酯为主体的复合香气；酒体绵甜爽净，醇和谐调，余味悠长；具有本品典型的风格。

3. 成品价格与理化指标

表 6-12 是 52%vol 国窖 1573 价格和主要理化指标数据。从表中可以看出，浓香型白酒国家标准 GB/T 10781.1—2021 要求出厂一年内的成品酒，其总酯含量不低于 2.00g/L，总酸含量不低于 0.40g/L。

表 6-12　　国窖 1573 相关指标的含量

指标类别	指标	GB/T 10781.1—2021《白酒质量要求　第 1 部分：浓香型白酒》要求	国窖 1573
价格	价格/(元/500mL)		1209
安全	甲醇/(g/L)	≤0.6	0.13
	杂醇油/(g/L)	—	0.27
	铅/(mg/L)	≤0.5	<0.05
酒精度	酒精度/%vol	标示值±1.0	52.09
总酯	总酯/(g/L)	≥2.00（一年内），≥35mmol/L（酸酯总量）（一年后）	3.67
总酸	总酸/(g/L)	≥0.40（一年内），≥35mmol/L（酸酯总量）（一年后）	1.47
固形物	固形物/(g/L)	≥0.40	0.24
特征	己酸乙酯/(g/L)	≥1.20（一年内） ≥1.50（己酸+己酸乙酯）（一年后）	2.30

注：国窖 1573 为 52%vol 版，价格为京东商城查询价，查询时间为 2021 年 3 月。

综合目前的研究结果，可知浓香型白酒的风味成分组成一般具有如下特点：

（1）己酸乙酯为主，辅以适量的乳酸乙酯、乙酸乙酯和丁酸乙酯。

（2）乳酸乙酯/己酸乙酯<1；

（3）乙酸乙酯/己酸乙酯<1；

（4）丁酸乙酯/己酸乙酯<1，通常为 0.1 左右。

（二） 认识库存之基酒

认识基酒，重点是要根据要设计的目标酒的价格定位、风格特点、需要组合的数量等要点，把库房里的各基酒的等级、风格特点、理化指标、库存数量等盘点清楚。

浓香型白酒基酒主要有两种分型方法：分糟层、分馏段。按糟层通常分为五个糟层：笔者称之为“自上而下五糟醅”，分别为面糟、红糟、粮糟、下层糟、窖底糟醅，即“面红粮糟下底糟”。

按馏段通常可分型为九段：

第一段：上次残留酒，即为浑浊酒；

第二段：酒头调味酒，酒精度一般在75%vol以上，每甑0.5~1kg；

第三段：调味酒，酒精度70%vol以上，数量大约每甑5kg；

第四段：特级酒，酒精度70%vol以上，数量大约每甑7.5kg，也就是在调味酒的基础之上多接一些而成的酒；

第五段：前段酒，酒精度68%vol以上，数量大约每甑10kg；

第六段：中段酒，酒精度65%vol以上，数量大约每甑12.5kg；

第七段：尾段酒，酒精度60%vol以上，数量大约每甑15kg；

第八段：尾酒，综合酒精度在20%vol左右，数量大约每甑50kg，一般是回底锅复蒸；

第九段：尾水，综合酒精度在20%vol以下，一般用来养窖。

为便于理解这九段酒，笔者用诗句的形式进行了总结概括，具体如下：

量质摘酒分九段

一浊二尾三三中，上次残酒浊先行；
酒头调味特级精，理化感官都过硬；
头段带酒一级定，中段二级是大宗；
尾段三级搭着用，尾酒尾水六二零。

诗句表达的意思比较浅显，限于篇幅，这里不做逐句解释。

不同类型和不同流段的酒具有不同的理化指标，表 6-13 是浓香型白酒不同类型基酒的主要理化指标对比情况。

表 6-13　　浓香型白酒不同基酒主要理化指标对比情况

名称	酒精度/%vol	总酸/(g/L)	总酯/(g/L)	己酸乙酯/(g/L)
原酒 1	62.9	1.97	4.45	2.57
原酒 2	64.1	1.5	4.47	3.08
优质酒 3	70.9	1.54	6.06	4.69
优质酒 4	66.6	2.04	5.79	5.22
优质酒 5	67.2	1.70	4.70	2.68
优质酒 6	66.5	2.15	5.62	3.38
优质酒 7	63.8	1.37	4.16	2.57
调味酒 1	67.9	2.11	6.10	5.12
调味酒 2	64.8	2.81	6.86	4.30
调味酒 3	66.7	1.82	6.00	5.58

二、 寻优方案先设计

在酱香型轮次酒的组合当中，笔者介绍了用两个均匀设计表进行配方规化求解的方法，在本部分再介绍另一个方便用于酒体设计的均匀设计表格 $U_{11}(11^6)$，该表格也可以安排 6 个变量，即七个基酒的组合试验。假设有一款酒需要用七个不同的基酒进行组合，可用均匀表 $U_{11}(11^6)$ 进行组合试验，具体的表格及配套的使用表见附录一。

具体步骤如下：

第一步：根据试验目的确定试验指标。

对酒体的配方设计来说，试验指标就是“独孤九鉴”的九类指标。

第二步：挑因素，定水平，选择均匀设计表。

对于本次基酒组合配方试验来说，总共有七个基酒，实际只有六个变量，即六个因素，以其中用量最大的基酒三作为被动变量，酒一、酒二、酒四、酒五、酒六及酒七为六个试验因素，其水平即其使用量如表 6-14 所示。

表 6-14　　七个基酒的使用水平表

水平	x_1	x_2	x_4	x_5	x_6	x_7	x_3
1	2	5	15	15	5	5	15
2	2.20	5.50	16.00	16.00	5.30	5.30	16.50
3	2.40	6.00	17.00	17.00	5.60	5.60	18.00
4	2.60	6.50	18.00	18.00	5.90	5.90	19.50
5	2.80	7.00	19.00	19.00	6.20	6.20	21.00
6	3.00	7.50	20.00	20.00	6.50	6.50	22.50
7	3.20	8.00	21.00	21.00	6.80	6.80	24.00
8	3.40	8.50	22.00	22.00	7.10	7.10	25.50
9	3.60	9.00	23.00	23.00	7.40	7.40	27.00
10	3.80	9.50	24.00	24.00	7.70	7.70	28.50
11	4.00	10.00	25.00	25.00	8.00	8.00	30.00
最低水平	2	5	15	15	5	5	15
最高水平	4	10	25	25	8	8	30
水平数	11	11	11	11	11	11	11
间距	[(4-2)/(11-1)] =0.20	0.50	1.00	1.00	0.30	0.30	1.50

$U_{11}(11^6)$ 表格的优点就是水平数为 11，中间的间隔有 10 个，只要确定各基酒最低和最高用量，各水平中的间距为两者的差值除以 10，容易除尽，如果水平数为 12 时，则要除以 11，不容易除尽。

第三步：制定试验方案，实施试验。

本示例使用 $U_{11}(11^6)$ 均匀表，根据与其配套的使用表格，制订具体的试验方案，如表 6-15 所示。因为基酒三（x_3）为被动变量，因此，每组试验中，其用量只能是用 100 减去其他六个基酒用量之和，不能主动变化。

表 6-15 七轮次基酒组合试验方案

试验号	x_1	x_2	x_4	x_5	x_6	x_7	x_3	合计/mL
1	2	5.5	17	19	6.8	8	42	100
2	2.2	6.5	20	24	5.6	7	34.3	100
3	2.4	7.5	23	18	7.7	7	34.3	100
4	2.6	8.5	15	23	6.5	7	37.6	100
5	2.8	9.5	18	17	5.3	7	40.9	100
6	3	5	21	22	7.4	6	35.4	100
7	3.2	6	24	16	6.2	6	38.7	100
8	3.4	7	16	21	5	6	42	100
9	3.6	8	19	15	7.1	5	42	100
10	3.8	9	22	20	5.9	5	34.3	100
11	4	10	25	25	8	8	20	100

$x_3 = 100 - x_1 - x_2 - x_4 - x_5 - x_6 - x_7$

从表中可以看出，本次优选七个基酒组合配方的方法，总共只需要进行 11 次试验，试验次数较少。把 11 个试验酒按表中的配方统一勾调好之后，统一进行暗评，找出最符合要求的组合，再结合其他指标进行最终配比的确定。

如果按此方案并没有最满意的组合，后续可进行三种操作：

第一种是将各基酒的使用范围重新调整，其中尽量使被动变量的使用量也均匀分散，例如本例当中，基酒三的使用量均匀分散性就不佳；

第二种是继续使用此均匀表格，分步进行组合，例如第一次组合其中四个基酒，找到理想配方后，再和剩余三个基酒用此表格进行进一步的优化；

第三种是在这 11 个配方中，找到一个最接近的配方，在此配方的基础上重新调整各基酒的使用范围，进行进一步的迭代。

另外，该试验设计常易出现主动量的使用之和超过了 100 的问题，为了避免笔者提出三个建议：

第一：被动变量尽量选择使用量大的基酒；

第二：把主动变量的最大使用量，即最高水平适当降低；

第三：按照本书均匀设计表使用部分介绍的方法，将主动变量首尾相连进行平滑，避免原始设计表格中最后一组试验为各基酒用量都为最大量的组合。

三、根据方案先小试

建议先将每个基酒，按目标酒的酒精度进行稀释，然后再进行组合试验，而无需每次组合试验都要临时计算加浆量，进行加浆稀释，因为每次加浆稀释都会影响原始酒的比例，从而影响试验的均匀性。先稀释还有另一个优点，即同一酒精度下的酒，可以进行线性加和，而不会发生体积收缩效应。

根据目标寻优方案拟定各种可能配方后，进行小样的勾调，为了配方的可比性，建议先将所有的小样统一进行组合操作，以便减小误差，并经适当时间的放置。

四、独孤九鉴配方鉴

小样试验时，一般建议找到几个较优的配方，通常为三个，之后还需要进一步验证，验证通过后，最好还要再进一步放大组合，进行更广泛的测试，以听取更多人的意见。将基酒配比，换算成原始基酒的配比以及加浆的比例，以方便生产，基酒的计量单位是使用质量单位还是体积单位，根据企业的实际情况而定。

五、找到配方量产之

遵循“先设计，后量产”的原则。小试优选到的配方，经反复测试都没有问题，才可以按比例放大，进行生产组合。为了控制风险，生产勾调的每一步都要进行跟踪取样，进行感官品评和理化分析，确保每一步都在可控范围之内，才可以进行下一步。

完整的酒体设计勾调流程，可参见酱香型白酒酒体设计内容。

第三节　清香型白酒的酒体设计

一、目标基酒先认识

（一）认识目标酒

1. 生产工艺特点

本文所述清香型白酒指大曲清香型白酒。清香型白酒的定义是“以粮谷为原料，经传统固态法发酵、蒸馏、陈酿、勾兑而成的，未添加食用酒精及非白酒发酵产生的呈香呈味物质，具有以乙酸乙酯为主体复合香的白酒”。

清香型白酒的原料主要为高粱，使用由大麦和豌豆制成的低温大曲为糖化发酵剂，发酵设备为陶瓷地缸。工艺特点为清蒸清烧、清蒸二次清，地缸固态发酵，发酵时间28d，具体操作工艺流程如图6-11所示。

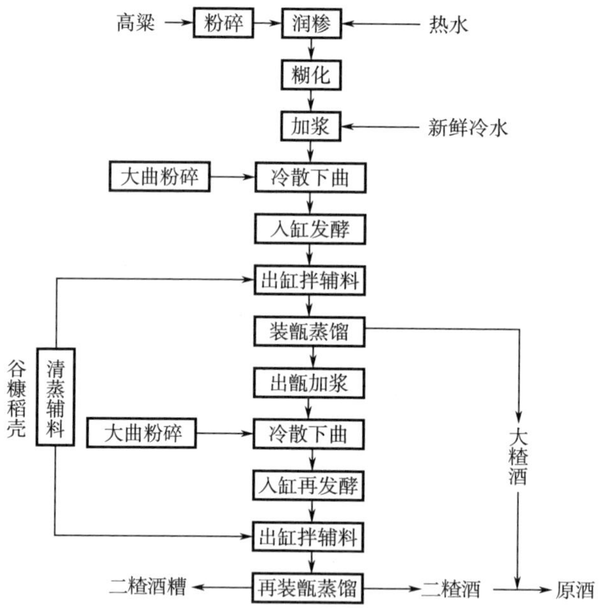

图6-11　大曲清香型白酒工艺流程

大曲清香型白酒生产工艺的特点，用诗句的形式总结如下：

曲轻缸净酒香清

清蒸清烧二次清，地缸发酵固态形；

花椒之水擦缸用，四周发酵两排净。

诗题点出了大曲清香型白酒的核心要点是用低温曲、干净的地缸进行发酵，所产酒的酒香清新自然。

第一句和第二句意指大曲清香型白酒采用清蒸清烧操作，清蒸两次丢糟，于地缸中进行固态发酵。

第三句和第四句说明清香型白酒的地缸在使用之前要用花椒水擦洗一遍，减少杂菌的存在，单排发酵时间基本都在四周左右，发酵两排就丢糟。

2. 成品感官特点

清香型白酒的典型代表是山西汾酒，其主体香味是以乙酸乙酯为主构成的复合香气，其品评要点为：

（1）色泽应为无色或微黄，清亮透明；

（2）主体香气应为乙酸乙酯为主、乳酸乙酯为辅构成的清雅、纯正的复合香气，该香气要幽雅舒适，无其他杂香；

（3）口味要特别净，不要有任何邪杂味；

（4）入口甜味突出，饮后有余香；

（5）酒体要突出清、爽、绵、甜、净的风格特征。

高度的优级清香型白酒应该要无色或微黄，清亮透明，无悬浮物，无沉淀，清香纯正，具有乙酸乙酯为主体的优雅、谐调的复合香气，酒体柔和谐调、绵甜爽净、余味悠长，具有本品典型的风格。

3. 成品价格与理化指标

表 6-16 是国内市场较有名的大曲清香型白酒的价格和主要理化指标。从表中可以看出，国家标准 GB/T 10781.2—2022《白酒质量要求　第 2 部分：

清香型白酒》要求特级酒在生产日期一年之内的总酯含量≥1. 10g/L，总酸的含量≥0. 50g/L，乙酸乙酯含量≥0. 65g/L。

根据目前对大曲清香型白酒的研究，结果表明，其风味成分组成一般有如下特征：

（1）主体香成分乙酸乙酯的含量占总酯的50%以上。

（2）乙酸乙酯与乳酸乙酯之比一般在1：0. 6左右。

（3）酯含量高于酸含量，酯酸比一般为（4. 5~5. 0）：1。

（4）乙缩醛含量占总醛的15. 3%左右，乙缩醛含量的高低与酒的爽口程度有关，其含量高会产生酒精度高刺激性小的效果。

表6-16　　大曲清香型白酒相关指标

类别	指标	GB/T 10781. 2—2006《清香型白酒》要求	GB/T 10781. 2—2022《白酒质量要求　第2部分：清香型白酒》要求	汾酒 53%vol	宝丰酒 54%vol	黄鹤楼 54%vol
价格	价格/（元/500mL）			468	155	1200
安全	甲醇/（g/L）	≤0. 6	≤0. 6	0. 09	0. 09	0. 11
	杂醇油/（g/L）	—	—	0. 56	0. 61	0. 33
	铅（mg/L）	≤0. 5	≤0. 5	<0. 05	<0. 05	<0. 05
酒精度	酒精度/%vol	标示值±1. 0	标示值±1. 0	53. 04	53. 88	53. 48
总酯	总酯/（g/L）	≥1. 00②（一年内）	≥1. 10①（一年内）	1. 85	2. 67	1. 73
总酸	总酸/（g/L）	≥0. 40②（一年内）	≥0. 50①（一年内）	0. 56	0. 71	0. 82
固形物	固形物/（g/L）	≤0. 40	≤0. 50	0. 08	0. 38	0. 14
特征	乙酸乙酯/（g/L）	0. 60~2. 60②（一年内）	≥0. 65①（一年内）	1. 65	1. 75	1. 31

注：价格为京东商城查询价，查询时间为2021年3月。汾酒为青花汾20；宝丰为宝丰（十陈酿）；黄鹤楼为20世纪90年代产品，为老酒价格，现已停产。

①均选用的产品自生产日期小于一年执行的特级指标。

②为高度酒的优级指标。

（二） 认识库存之基酒

认识基酒，重点是根据目标酒的价格定位、风格特点、需要组合的数量等要点，把库房里的各基酒的等级、风格特点、理化指标、库存数量等盘点清楚。

二、 寻优方案先设计

在经验的基础之上，选择合适的均匀设计表格，进行基酒配方的数学优选，具体步骤可参见酱香型白酒和浓香型白酒酒体设计部分的内容。

三、 根据方案先小试

建议先将每个基酒，按目标酒的酒精度进行稀释，然后再进行组合试验，而无须每次组合试验都要临时计算加浆量，进行加浆稀释，因为每次加浆稀释都会影响原始酒的比例，从而影响试验的均匀性。先稀释还有另一个优点，即同一酒精度下的酒，可以进行线性加和，而不会发生体积收缩效应。

根据目标寻优方案拟定各种可能配方后，进行小样的勾调，为了配方的可比性，建议先将所有的小样统一进行组合操作，以便减小误差，并经适当时间的放置。

四、 独孤九鉴配方鉴

小样试验时，一般建议找到几个较优的配方，通常为三个，之后还需要进一步验证，验证通过后，最好还要再进一步放大组合，进行更广泛的测试，以听取更多人的意见。将基酒配比，换算成原始基酒的配比以及加浆的比例，以方便生产，基酒的计量单位是使用质量单位还是体积单位，根据企业的实际情况而定。

五、 找到配方量产之

遵循“先设计，后量产”的原则。小试优选到的配方，经反复测试都没有问题，才可以按比例放大，进行生产组合。为了控制风险，生产勾调的每一步都要进行跟踪取样，进行感官品评和理化分析，确保每一步都在可控范围之内，才可以进行下一步。

完整的酒体设计勾调流程，可参见酱香型白酒酒体设计内容。

第四节　米香型白酒的酒体设计

一、目标基酒先认识

（一）认识目标酒

1. 生产工艺特点

米香型白酒是以大米等为原料，经传统半固态法发酵、蒸馏、陈酿、勾兑而成的，未添加食用酒精及非白酒发酵产生的呈香呈味物质，具有以乳酸乙酯、β-苯乙醇为主体复合香的白酒。

米香型白酒的原料为大米，所使用的曲为由大米制成的小曲，米香型白酒的发酵设备为不锈钢大罐或陶缸。米香型白酒的工艺特点为前期小曲固态培菌糖化 20~24h，半固态短期发酵，发酵时间 7d，釜式蒸馏，具体操作工艺流程如图 6-12 所示。

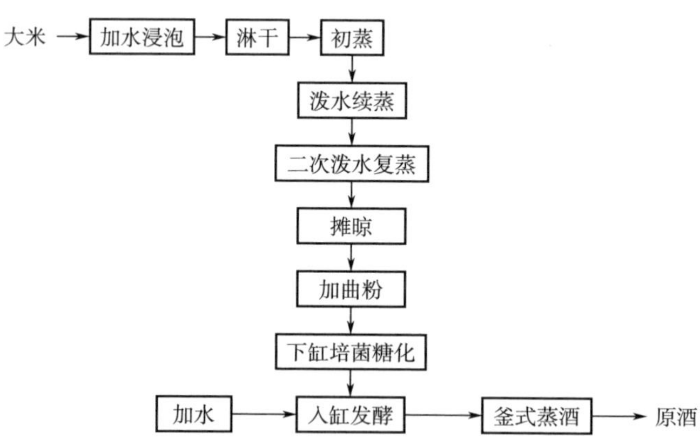

图 6-12　米香型白酒工艺流程

米香型白酒生产工艺的特点，用诗句的形式总结如下：

大米小曲半玫瑰

一浸两泼蒸三下，水分六三小曲加；

一份小曲先糖化，保温一天体温达；

倍水三六一周发，釜式蒸馏头尾掐；

三种主体玫瑰花，入口虽甜苦易大。

诗题点出了米香型白酒的核心要点是使用大米为原料，小曲为糖化发酵剂，采用带醪糟的半固态发酵的形式，发酵之后的酒有比较明显的玫瑰花香。

第一句和第二句意指米香型白酒的大米采用一次浸米，两次泼水，蒸三次的操作，使蒸好的大米含水量达到63%，摊晾之后添加小曲。

第三句和第四句说明添加1%的小曲，先进行糖化，保温1d之后，温度上升到接近人体体温的温度，即37℃左右。

第五句和第六句言明糖化好之后，添加1倍的水分，控制在36℃发酵，发酵一周后，进釜式蒸馏，虽然是釜式蒸馏，也采用掐头去尾的操作。

第七句和第八句表示米香型白酒有三种主体香成分即乳酸乙酯、乙酸乙酯和β-苯乙醇，具有玫瑰花香的特点，入口特甜，但是也容易出现后苦味。

2. 成品感官特点

米香型白酒的典型代表有桂林三花酒和全州湘山酒，其主体香味是以乳酸乙酯、乙酸乙酯为主和适量的β-苯乙醇构成的复合香气，略带类似淡淡的玫瑰花香和酸甜味；甜味突出，有发闷的感觉；回味怡畅，后味爽净，但也较短；口味柔和、刺激性小。

高度的优级米香型白酒应该是无色或微黄，清亮透明，无悬浮物，无沉淀，米香纯正，清雅，酒体醇和，绵甜、爽洌，回味怡畅，具有本品典型的风格。

3. 成品价格与理化指标

表6-17是米香型白酒代表桂林三花酒的价格和主要的理化指标数据。从

表中可以看出国家标准 GB/T 10781. 3—2006《米香型白酒》要求高度优级米香型白酒的总酯≥0. 80g/L，总酸≥0. 30g/L，乳酸乙酯≥0. 50g/L，β-苯乙醇≥30mg/L。

表 6-17　　米香型白酒相关指标

类别	指标	GB/T 10781. 3—2006《米香型白酒》要求	桂林三花酒 53%vol
价格	价格/(元/480mL)	—	22
安全	甲醇/(g/L)	≤0. 6	0. 03
	杂醇油/(g/L)	—	1. 07
	铅/(mg/L)	≤0. 5	<0. 05
酒精度	酒精度/%vol	标示值±1. 0	53. 21
总酯	总酯/(g/L)	≥0. 80①	1. 45
总酸	总酸/(g/L)	≥0. 30①	0. 99
固形物	固形物/(g/L)	≤0. 40	0. 12
特征	乳酸乙酯/(g/L)	≥0. 50①	1. 22
	β-苯乙醇/(mg/L)	≥30①	

注：价格为京东商城查询价，查询时间为 2021 年 3 月。桂林三花酒为 480mL 锥形玻瓶 53%vol 的价格。

①为高度酒优级的指标。

米香型白酒的风味成分的组成，是以乳酸乙酯和乙酸乙酯为主，辅以适量的β-苯乙醇。总的来说，其风味成分有如下特征：

（1）酯总量约 0. 15g/L，以乳酸乙酯与乙酸乙酯为主，其中乳酸乙酯的含量要大于乙酸乙酯，两者比例为（2~3）∶1。

（2）有机酸中乳酸的含量最高，占总酸的 90%左右。

（3）高级醇含量高于酯含量，其中，异戊醇最高达 0. 16g/L，高级醇总量 0. 2g/L。

（4）米香型白酒的乙醛相对其他白酒来说，含量要低。

（二）认识库存之基酒

认识基酒，重点是根据目标酒的价格定位、风格特点、需要组合的数量等要点，把库房里的各基酒的等级、风格特点、理化指标、库存数量等盘点清楚。

二、寻优方案先设计

在经验的基础之上，选择合适的均匀设计表格，进行基酒配方的数学优选，具体步骤可参见酱香型白酒和浓香型白酒酒体设计部分的内容。

三、根据方案先小试

建议先将每个基酒，按目标酒的酒精度进行稀释，然后再进行组合试验，而无须每次组合试验都要临时计算加浆量，进行加浆稀释，因为每次加浆稀释都会影响原始酒的比例，从而影响试验的均匀性。先稀释还有另一个优点，即同一酒精度下的酒，可以进行线性加和，而不会发生体积收缩效应。

根据目标寻优方案拟定各种可能配方后，进行小样的勾调，为了配方的可比性，建议先将所有的小样统一进行组合操作，以便减小误差，并经适当时间的放置。

四、独孤九鉴配方鉴

小样试验时，一般建议找到几个较优的配方，通常为三个，之后还需要进一步验证，验证通过后，最好还要再进一步放大组合，进行更广泛的测试，以听取更多人的意见。将基酒配比，换算成原始基酒的配比以及加浆的比例，以方便生产，基酒的计量单位是使用质量单位还是体积单位，根据企业的实际情况而定。

五、找到配方量产之

遵循“先设计，后量产”的原则。小试优选到的配方，经反复测试都没有问题，才可以按比例放大，进行生产组合。为了控制风险，生产勾调的每一步都要进行跟踪取样，进行感官品评和理化分析，确保每一步都在可控范围之内，才可以进行下一步。

完整的酒体设计勾调流程，可参见酱香型白酒酒体设计内容。

第五节　芝麻香型白酒的酒体设计

一、目标基酒先认识

（一）认识目标酒

1. 生产工艺特点

芝麻香型白酒是以高粱、小麦（麸皮）等为原料，经传统固态法发酵、蒸馏、陈酿、勾兑而成的，未添加食用酒精及非白酒发酵产生的呈香呈味物质，具有芝麻香型风格的白酒。

芝麻香型白酒的原料为高粱，酿酒用曲以麸曲为主，同时也使用高温曲、中温曲和强化菌曲，芝麻香型白酒的发酵设备为泥底砖窖，发酵形式为固态发酵。芝麻香型白酒的工艺流程如图 6-13 所示。

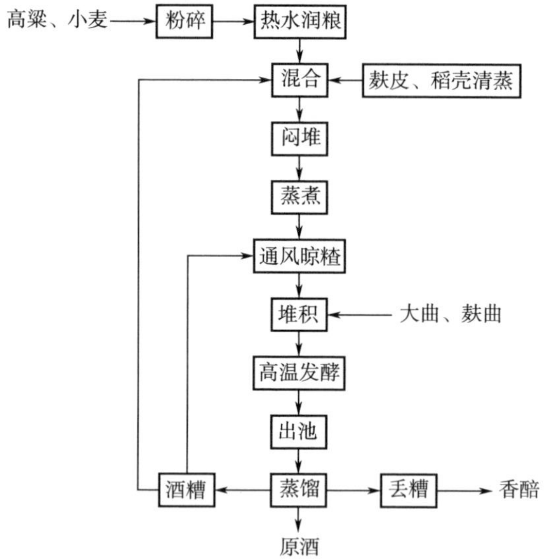

图 6-13　芝麻香型白酒工艺流程

芝麻香型白酒的生产工艺集浓、清、酱三大香型之大成，是香型融合的典范，可谓博采众长、创新发展。芝麻香型白酒的生产工艺采用清蒸续渣，清蒸粮前对原料进行高温润料，这是清香型白酒的工艺特点，酒质清雅、净爽、纯正，这正是融合清香型白酒生产工艺的结果；采用泥底砖窖，又融合了浓香型白酒的“窖泥”工艺，使芝麻香型白酒产生了窖底香；高温堆积、高温发酵工艺原是酱香型白酒生产工艺之关键部分，芝麻香型白酒采用后，便产生了突出焦煳香和轻微的酱香，在其他成分的陪衬下形成幽雅的芝麻香。

芝麻香正是巧妙而恰到好处地融合了清、浓、酱三大香型的工艺才生产出来的，其工艺总结为清蒸续楂、泥底砖窖、大麸结合、多微共酵，发酵时间 30~45d，三高一长（高氮配料、高温堆积、高温发酵，长期贮存），精心勾调。

芝麻香型白酒生产工艺的特点，用诗句的形式总结如下：

高氮堆积产芝麻

清蒸混入大麸添，砖窖固酵堆积先；

发酵三十四五天，三高一长是特点。

诗题点出了芝麻香型白酒的核心要点是高氮配料，采用类似于酱香型白酒的堆积发酵工艺，成品酒具有炒芝麻的香气。

第一句和第二句意指芝麻香型白酒采用清蒸清烧，配糟混入，大曲、麸曲混合使用，采用砖窖进行固态发酵，入窖发酵前要先进行堆积发酵。

第三句和第四句说明芝麻香型白酒的发酵时间为 30 多天，具有高氮配料、高温堆积、高温发酵、长期贮存的三高一长的特点。

2. 成品感官特点

芝麻香型白酒的典型代表有山东景芝白酒和江苏的梅兰春酒，于 1957 年发现。芝麻香型白酒的特征指标是 3-甲硫基丙醇，现在也有很多人对此指标不认可，笔者认为这个特征指标虽然不能算作是芝麻香型白酒的主体香成分，但是其在一定程度上还是基本能反映芝麻香型白酒生产工艺“三高一长”的特点。

芝麻香型白酒的闻香以芝麻香为主体，同时兼有浓、清、酱三种香味，有“一品四香”的特点；入口后焦煳香味突出，细品有类似芝麻香气，近似焙炒芝麻的香气，有轻微的酱香；口味绵软、醇厚、丰满、甘爽；后味稍有微苦。

高度的优级芝麻香型白酒应该是无色或微黄，清亮透明，无悬浮物，无沉淀，芝麻香幽雅纯正，醇和细腻，香味谐调，余味悠长，具有本品典型的风格。

3. 成品价格与理化指标

表 6-18 是芝麻香型白酒代表山东景芝的价格和相关的理化指标数据。从表中可以看出，国家标准 GB/T 20824—2007《芝麻香型白酒》要求高度优级芝麻香型白酒的总酯含量≥2.20g/L，总酸≥0.50g/L，乙酸乙酯含量≥0.60g/L，己酸乙酯在 0.1~1.2g/L，3-甲硫基丙醇≥0.5mg/L。新版国家标准 GB/T 10781.9—2021《白酒质量要求　第 9 部分：芝麻香型白酒》已于 2022 年 3 月 1 日实施，具体内容如表 6-18 所示。

表 6-18　芝麻香型白酒理化指标

类别	指标	GB/T 20824—2007	GB/T 10781.9—2021	景芝神酿 53%vol	一品景芝芝香 53%vol
价格	价格/(元/500mL)	—	—	—	658
安全	甲醇/(g/L)	≤0.6	≤0.6	0.22	0.27
	杂醇油/(g/L)	—	—	0.84	0.67
	铅/(mg/L)	≤0.5	≤0.5	<0.05	—
酒精度	酒精度/%vol	标示值±1.0	标示值±1.0	52.76	53.2
总酯	总酯/(g/L)	≥2.20	≥2.2（一年内）	3.25	3.08
总酸	总酸/(g/L)	≥0.50	≥0.5（一年内）	1.25	1.9
固形物	固形物/(g/L)	≤0.7	≤0.7	0.33	0.15

续表

类别	指标	GB/T 20824—2007	GB/T 10781.9—2021	景芝神酿 53%vol	一品景芝芝香 53%vol
特征	己酸乙酯/(g/L)	0.1~1.2	0.1~1.2	0.34	0.27
	乙酸乙酯/(g/L)	≥0.6	≥0.6（一年内）	1.25	1.5
	乳酸乙酯/(g/L)	—	≥0.3	—	2.0
	3-甲硫基丙醇/(mg/L)	≥0.50	—	—	—
一年后	酸酯总量/(mmol/L)	—	38.0	—	65
一年后	乙酸乙酯+乙酸/(g/L)	—	1.2	—	2.3

注：价格为京东商城查询价，查询时间为 2021 年 3 月。一品景芝为芝香 20。GB/T 20824—2007 仅摘录高度酒优级的指标，GB/T 10781.9—2021 同。

根据目前的研究结果，可知芝麻香型白酒的风味成分组成一般有如下特征：

（1）检出五种呋喃化合物，其含量低于酱香型茅台酒，高于浓香型白酒。

（2）吡嗪类化合物含量高，含量在 1.1~1.5mg/L，含氮化合物尤其是吡嗪类化合物是形成焦香的重要物质，也是芝麻香型白酒重要的香气成分之一。

（3）β-苯乙醇、苯甲醇及丙酸乙酯含量低于酱香型白酒。

（4）景芝白干含有一定量的丁二酸二丁酯，平均值为 4mg/L 左右。

（二） 认识库存之基酒

认识基酒，重点是根据目标酒的价格定位、风格特点、需要组合的数量等要点，把库房里的各基酒的等级、风格特点、理化指标、库存数量等盘点清楚。

二、 寻优方案先设计

在经验的基础之上，选择合适的均匀设计表格，进行基酒配方的数学优选，具体步骤可参见酱香型白酒和浓香型白酒酒体设计部分的内容。

三、 根据方案先小试

建议先将每个基酒，按目标酒的酒精度进行稀释，然后再进行组合试验，而无须每次组合试验都要临时计算加浆量，进行加浆稀释，因为每次加浆稀释都会影响原始酒的比例，从而影响试验的均匀性。先稀释还有另一个优点，即同一酒精度下的酒，可以进行线性加和，而不会发生体积收缩效应。

根据目标寻优方案拟定各种可能配方后，进行小样的勾调，为了配方的可比性，建议先将所有的小样统一进行组合操作，以便减小误差，并经适当时间的放置。

四、 独孤九鉴配方鉴

小样试验时，一般建议找到几个较优的配方，通常为三个，之后还需要进一步验证，验证通过后，最好还要再进一步放大组合，进行更广泛的测试，以听取更多人的意见。将基酒配比，换算成原始基酒的配比以及加浆的比例，以方便生产，基酒的计量单位是使用质量单位还是体积单位，根据企业的实际情况而定。

五、 找到配方量产之

遵循“先设计，后量产”的原则。小试优选到的配方，经反复测试都没有问题，才可以按比例放大，进行生产组合。为了控制风险，生产勾调的每一步都要进行跟踪取样，进行感官品评和理化分析，确保每一步都在可控范围之内，才可以进行下一步。

完整的酒体设计勾调流程，可参见酱香型白酒酒体设计内容。

第六节　老白干香型白酒的酒体设计

一、 目标基酒先认识

（一） 认识目标酒

1. 生产工艺特点

老白干香型白酒是以粮谷为原料，经传统固态法发酵、蒸馏、陈酿、勾兑而成的，未添加食用酒精及非白酒发酵产生的呈香呈味物质，具有以乳酸乙酯、乙酸乙酯为主体复合香的白酒。

老白干香型白酒的原料为高粱，所使用的酒曲为由小麦制成的中温大曲，发酵设备为地缸或不锈钢槽。老白干香型白酒的工艺特点为续醅配料、混蒸混烧、老五甑工艺，地缸或不锈钢槽固态发酵，发酵时间 15d 左右，具有"一中两短"（中温曲、发酵期短、储存期短）特点。老五甑法是将窖中发酵完毕的酒醅分成五次配料、蒸酒的传统操作方法，窖内有四甑酒醅，即大楂、二楂、小楂和面糟（也称回楂）各一甑，具体工艺流程如图 6-14 所示。

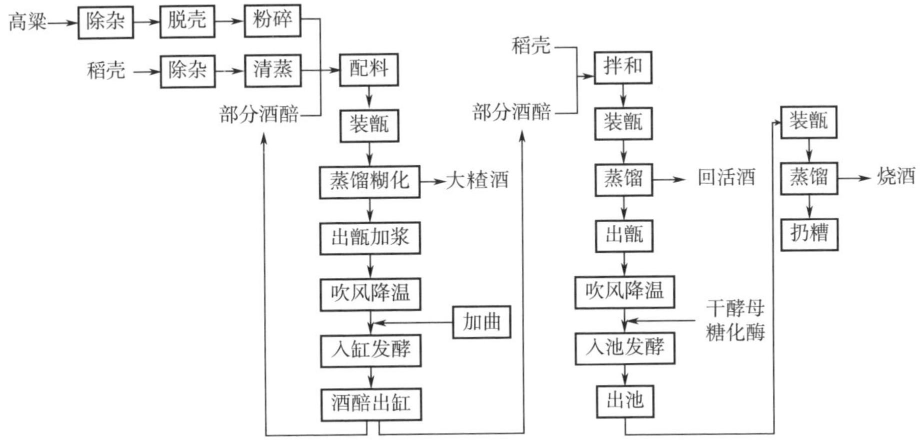

图 6-14　老白干香型白酒老五甑工艺流程

老白干香型白酒生产工艺的特点，用诗句的形式总结如下：

浓法清用老白干

大清衍生老白干，老五续醅配新料，

钢缸发酵十五天，一中两短除酯高。

诗题说明老白干香型白酒采用常用于浓香型白酒生产的老五甑配料发酵工艺。

第一句和第二句意指老白干香型白酒是在大曲清香型白酒的基础之上衍生出来的，采用老五甑配料发酵工艺。

第三句和第四句言明老白干香型白酒采用地缸和不锈钢槽作发酵容器，发酵时间15d，具有一中两短特点，和大曲清香型白酒相比，有除含酯量低外，乙醛、高级醇等含量都高的特点。

2. 成品感官特点

老白干香型白酒是以河北衡水老白干为主要代表，具有以乳酸乙酯、乙酸乙酯为主体的复合香。

老白干香型白酒的品评要点为：

（1）闻香有醇香与酯香复合的香气，细闻有类似大枣的香气。

（2）入口有挺扩感，酒体醇厚丰满。

（3）口味干净甘洌，有后味，回香微有乙酸乙酯香气，有回甜。

（4）典型风格突出，与清香型汾酒风格有很大不同。

高度的优级老白干香型白酒应该无色或微黄，清亮透明，无悬浮物，无沉淀，醇香清雅，具有乳酸乙酯和乙酸乙酯为主体的自然谐调的复合香气，酒体谐调、醇厚甘洌、回味悠长，具有本品典型的风格。

3. 成品价格与理化指标

表6-19是老白干香型白酒代表67%vol衡水老白干的价格和主要理化指标数据。从表中可以看出，国家标准GB/T 20825—2007《老白干香型白酒》

要求高度优级老白干香型白酒的总酯含量≥1.20g/L，总酸≥0.40g/L，乳酸乙酯的含量≥0.5g/L，乳酸乙酯：乙酸乙酯≥0.80，己酸乙酯的含量≤30mg/L。

表 6-19　　老白干香型白酒相关指标

类别	指标	GB/T 20825—2007《老白干香型白酒》要求	衡水老白干中国红
价格	价格/(元/500mL)	—	249
安全	甲醇/(g/L)	≤0.6	—
	杂醇油/(g/L)	—	—
	铅（mg/L）	≤0.5	—
酒精度	酒精度/%vol	标示值±1.0	67
总酯	总酯（以乙酸乙酯计）/(g/L)	≥1.20	2.64
总酸	总酸（以乙酸计）/(g/L)	≥0.40	0.97
固形物	固形物/(g/L)	≤0.5	—
特征	乳酸乙酯/(g/L)	≥0.5	1.91
	乳酸乙酯/乙酸乙酯	≥0.8	1.49
其他	乙醛/(g/L)	—	0.18
	乙缩醛/(g/L)	—	0.43
	异丁醇/(g/L)	—	0.11
	甲醇/(g/L)	—	0.11
	正丙醇/(g/L)	—	0.38
	异戊醇/(g/L)	—	0.28
	乙酸/(g/L)	—	0.69

注：价格为京东商城查询价，查询时间为2021年3月。GB/T 20825—2007仅摘录优级高度酒的理化要求。

老白干的乳酸乙酯/乙酸乙酯的比例约1.5：1（即3：2），与茅台酒两者的比例正好相反，茅台酒的乙酸乙酯/乳酸乙酯的比例约为3：2。

通过对衡水老白干香型白酒的风味成分的检测结果，可以得出其风味成分的组成具有以下特征：

（1）以乳酸乙酯与乙酸乙酯为主，乳酸乙酯含量>乙酸乙酯含量，一般比例为 3∶2 左右。

（2）乙酸、乳酸、戊酸含量均高于大曲清香型白酒，丁酸含量与大曲清香型白酒接近。

（3）高级醇的含量高于大曲清香型白酒，尤其是异戊醇含量为 500mg/L 左右，高于后者近一倍。

（4）乙醛含量高于大曲清香型白酒。

（二）认识库存之基酒

认识基酒，重点是根据目标酒的价格定位、风格特点、需要组合的数量等要点，把库房里的各基酒的等级、风格特点、理化指标、库存数量等盘点清楚。

二、寻优方案先设计

在经验的基础之上设计表格，进行基酒配方的数学优选，具体步骤可参见酱香型白酒和浓香型白酒酒体设计部分的内容。

三、根据方案先小试

建议先将每个基酒，按目标酒的酒精度进行稀释，然后再进行组合试验，而无须每次组合试验都要临时计算加浆量，进行加浆稀释，因为每次加浆稀释都会影响原始酒的比例，从而影响试验的均匀性。先稀释还有另一个优点，即同一酒精度下的酒，可以进行线性加和，而不会发生体积收缩效应。

根据目标寻优方案拟定各种可能配方后，进行小样的勾调，为了配方的可比性，建议先将所有的小样统一进行组合操作，以便减小误差，并经适当时间的放置。

四、 独孤九鉴配方鉴

小样试验时，一般建议找到几个较优的配方，通常为三个，之后还需要进一步验证，验证通过后，最好还要再进一步放大组合，进行更广泛的测试，以听取更多人的意见。将基酒配比，换算成原始基酒的配比以及加浆的比例，以方便生产，基酒的计量单位是使用质量单位还是体积单位，根据企业的实际情况而定。

五、 找到配方量产之

遵循“先设计，后量产”的原则。小试优选到的配方，经反复测试都没有问题，才可以按比例放大，进行生产组合。为了控制风险，生产勾调的每一步都要进行跟踪取样，进行感官品评和理化分析，确保每一步都在可控范围之内，才可以进行下一步。

完整的酒体设计勾调流程，可参见酱香型白酒酒体设计内容。

第七节　豉香型白酒的酒体设计

一、 目标基酒先认识

（一） 认识目标酒

1. 生产工艺特点

豉香型白酒是以大米为原料，经蒸煮，用大酒饼作为主要糖化发酵剂，采用边糖化边发酵的工艺，釜式蒸馏，陈肉酝浸勾兑而成，未添加食用酒精及非白酒发酵产生的呈香呈味物质，具有豉香特点的白酒。

豉香型白酒的原料为大米，酒曲为大酒饼曲（小曲），发酵设备为陶缸、发酵罐。

豉香型白酒以大米为原料，大米经蒸煮，冷却后加入适量的水及20%~22%的大酒饼，在28℃左右液态发酵约20d后，酒精度达10%~14%vol，釜式蒸馏得28%~32%vol的酒，俗称斋酒。斋酒转入多年浸泡酒肉的陈年酒缸，并加入一定量的经加工处理过的肥肉，浸泡30d，之后脱肉贮存60d以上就可进行勾调，勾调好后经过滤即为成品酒。豉香型白酒具体工艺流程如图6-15所示。

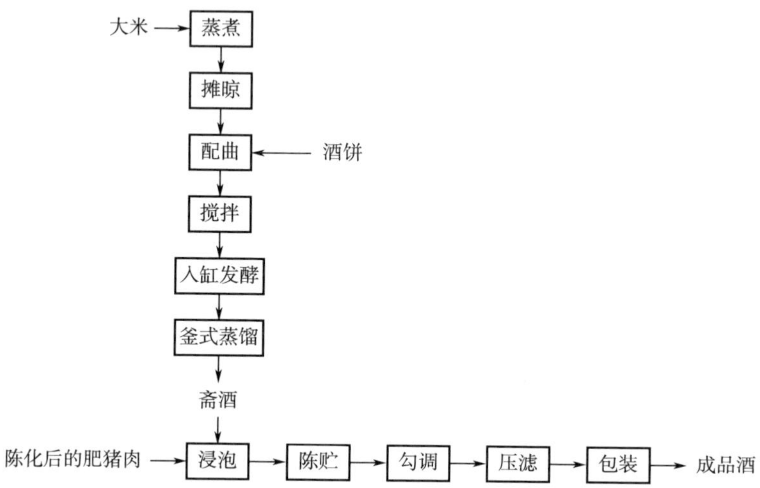

图6-15　豉香型白酒工艺流程

豉香型白酒有四个明显特点：①使用俗称大酒饼的小曲。②发酵周期为15~20d。③用米酒浸泡肥猪肉的工序形成典型香。④蒸馏后的混合酒精度为28%~32%vol，是我国白酒中酒精度最低的。

豉香型白酒生产工艺的特点，用诗句的形式总结如下：

药曲泡肉酒豉香

鼓香大米大酒饼，中药根毛加黄豆；

小液二八两三周，釜式蒸馏得斋酒；

斋酒度低卅左右，要做高度前段留；

缸浸一月用陈肉，脱肉两月才可勾。

诗题点出了豉香型白酒的核心要点是所用的曲中添加了多味中草药，酒需用肥肉酝浸一个月，再脱肉贮存两个月，成品酒具有豉香的特点，即“一月浸，二月脱，三周发酵酒不错”。

第一句和第二句意指豉香型白酒采用大米为原料，大酒饼小曲为糖化发酵剂，酒曲的制作添加了中药、根霉、毛霉和黄豆。

第三句和第四句说明豉香型白酒采用小曲液态发酵，发酵温度 28℃，发酵三周左右，采用釜式蒸馏得到斋酒。

第五句和第六句介绍传统的豉香型白酒的斋酒酒精度只有 30%vol 左右，要做高度豉香型白酒时，需要将前段酒提前摘取。

第七句和第八句言明传统豉香型白酒的斋酒，要用陈化的肥肉酝浸一个月，再脱肉贮存两个月后，才可以用于酒体的勾调。

2. 成品感官特点

豉香型白酒以广东玉冰烧酒为代表，其主要香味成分是二元酸二元酯（庚二酸二乙酯、辛二酸二乙酯与壬二酸二乙酯）和β-苯乙醇。

豉香型白酒的品评要点为：

（1）色泽透明无色；

（2）闻香，突出豉香，有特别明显的油脂香气，类似“油哈味”；

（3）酒精度低，入口醇和，余味净爽，但酒的后味长。

优级豉香型白酒应该无色或微黄，清亮透明，无悬浮物，无沉淀，豉香纯正，清雅，醇和甘冽，酒体丰满、谐调，余味爽净，具有本品典型的风格。

3. 成品价格与理化指标

表 6-20 是国内市场上比较有名的豉香型白酒的价格和相关的理化指标数据。从表中可以看出，国家标准 GB/T 16289—2018《豉香型白酒》要求低度优级豉香型白酒的酸酯总量≥12mmol/L，β-苯乙醇≥40mg/L，二元酸（庚二酸、壬二酸、辛二酸）二乙酯总量≥1.0mg/L。

根据目前对豉香型白酒风味成分的研究结果，可知其风味成分组成一般有如下特征：

（1）酯、酸含量低。

（2）高级醇含量高，β-苯乙醇含量为白酒之冠（相对比例）。

（3）含有高沸点的二元酸酯，如庚二酸二乙酯、壬二酸二乙酯、辛二酸二乙酯，它们是豉香型白酒的独特成分。

表 6-20　　豉香型白酒相关指标的含量

类别	指标	GB/T 16289—2018	石湾玉冰烧	九江御品
价格	价格/(元/500mL)		20	—
安全	甲醇（g/L）	≤0.6	0.0904	—
	氰化物（HCN 计）/(mg/L)	≤8	未检出（<0.004）	—
	铅/(mg/L)	≤0.5	<0.05	—
酒精度	酒精度/%vol	标示值±1.0	29.2	30
总酯	总酯/(g/L)	—	1.3	0.86
总酸	总酸/(g/L)	—	0.6	0.63
总酯总酸	酸酯总量/(mmol/L)	≥12	31.53	—
固形物	固形物/(g/L)	≤0.60	0.38	—
特征	β-苯乙醇/(mg/L)	≥40	48.04	56.58
	二元酸二乙酯/(mg/L)	≥1.0	2.7	3.66
其他	甘油/(mg/L)	—	—	97.60

注：价格为京东查询价，查询时间为 2021 年 3 月。石湾玉冰烧酒为光瓶酒。二元酸包括庚二酸、辛二酸和壬二酸三种。GB/T 16289—2018 摘录的是低度优级酒的理化要求。

（二）认识库存之基酒

九江双蒸酒生产工艺上区别于其他香型白酒的关键之一是浸泡陈肥猪肉，新蒸馏出来的斋酒浑浊且辛辣味重，刺喉，经过浸肉后，酒体逐步达到清亮透明，且由于吸附了斋酒中的辛辣异味，使酒体醇化。

另外，随着浸肉时间的延长，肥肉脂肪缓慢降解，生成的脂肪酸与酒中各种醇结合而生成芳香酯，而脂肪是高级脂肪酸的甘油酯，随着脂肪酸的离析而使部分甘油溶解到酒体中，甘油具有甜味，适量甘油可使酒体柔和，浓厚感受增加，使酒入口更加柔绵，这对保持豉香型白酒的风味有促进作用。

认识基酒，重点是根据目标酒的价格定位、风格特点、需要组合的数量等要点，把库房里的各基酒的等级、风格特点、理化指标、库存数量等盘点清楚。

二、 寻优方案先设计

在经验的基础之上，选择合适的均匀设计表格，进行基酒配方的数学优选，具体步骤可参见酱香型白酒和浓香型白酒酒体设计部分的内容。

三、 根据方案先小试

建议先将每个基酒，按目标酒的酒精度进行稀释，然后再进行组合试验，而无须每次组合试验都要临时计算加浆量，进行加浆稀释，因为每次加浆稀释都会影响原始酒的比例，从而影响试验的均匀性。先稀释还有另一个优点，即同一酒精度下的酒，可以进行线性加和，而不会发生体积收缩效应。

根据目标寻优方案拟定各种可能配方后，进行小样的勾调，为了配方的可比性，建议先将所有的小样统一进行组合操作，以便减小误差，并经适当时间的放置。

四、 独孤九鉴配方鉴

小样试验时，一般建议找到几个较优的配方，通常为三个，之后还需要进一步验证，验证通过后，最好还要再进一步放大组合，进行更广泛的测试，以听取更多人的意见。将基酒配比，换算成原始基酒的配比以及加浆的比例，以方便生产，基酒的计量单位是使用质量单位还是体积单位，根据企业的实际情况而定。

五、 找到配方量产之

遵循“先设计，后量产”的原则。小试优选到的配方，经反复测试都没有问题，才可以按比例放大，进行生产组合。为了控制风险，生产勾调的每一步都要进行跟踪取样，进行感官品评和理化分析，确保每一步都在可控范围之内，才可以进行下一步。

完整的酒体设计勾调流程，可参见酱香型白酒酒体设计的内容。

第八节 酱兼浓香型白酒的酒体设计

一、 目标基酒先认识

（一） 认识目标酒

1. 生产工艺特点

浓酱兼香型白酒的生产工艺主要有两种：一种是以白云边为代表的采用类似于传统酱香型白酒的多轮次固态堆积发酵工艺；另一种是以高粱等粮食为主要原料、稻壳为辅料，融汇传统浓香型和酱香型白酒生产工艺之精髓而生产的白酒，该种工艺的兼香型白酒将酱香型与浓香型分型生产，取长避短，有机组合而成。为了加以区分，在本书当中，将第一种工艺生产的兼香型白酒称之为酱兼浓香型白酒，将第二种工艺生产的兼香型白酒称之为浓兼酱型白酒。

本部分主要介绍酱兼浓香型白酒，其是以粮谷为原料，经传统固态法发酵、蒸馏、陈酿、勾兑而成的，未添加食用酒精及非白酒发酵产生的呈香呈味物质，具有浓香兼酱香独特风格的白酒。

酱兼浓香型白酒以高粱为原料，采用以小麦制成的高温大曲为糖化发酵剂，发酵设备通常为砖窖。

兼香型白酒的工艺特点为八轮次固态发酵，每轮发酵一个月，其中 1~7 轮为酱香工艺，8 轮次为混蒸混烧浓香工艺。酒界泰斗秦含章参观完白云边后，写下“酯回八次酿三年，味厚香浓入口绵”的诗句。酱兼浓香型白酒具体操作工艺流程如图 6-16 所示。

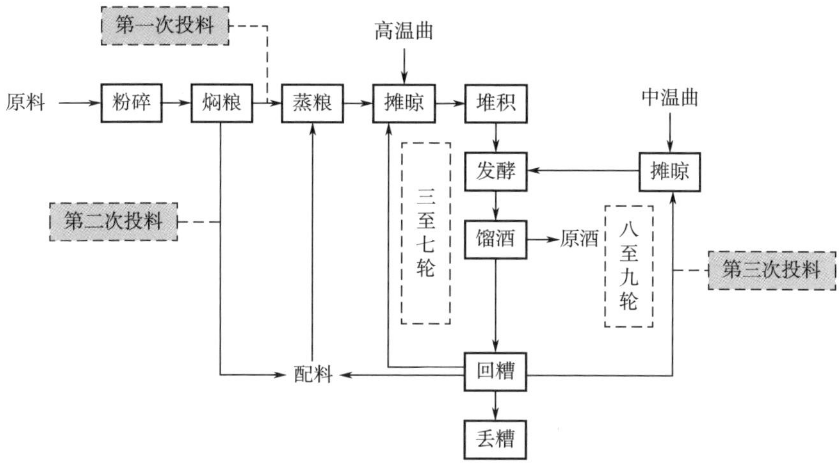

图 6-16　酱兼浓香型白酒工艺流程

以白云边为代表的酱兼浓香型白酒，采用的是类似于大曲稇沙酱香型白酒的工艺，也是遵守较为严格的季节性生产，一般倡导端午踩曲、重阳下沙，一年一个生产周期。“重阳下沙、伏天踩曲”安排得极为合理。两次投料，每年九月，第一次投料，称为下沙，一个月后，再投第二次料，称为糙沙，全年投料即告完成。

采用高温堆积发酵工艺，在堆积过程中，糖化酶的含量大大升高；酵母菌数逐渐增加，达到每克数千万至上亿个，这样就使得参与发酵的微生物体系与大曲中的微生物体系有较大的差异，尤其是产酒酵母都是在堆积过程中富集的。通过高温堆积，筛选微生物，使之代谢产物，达到香味突出、回味悠长的目的。

采用高温接酒工艺，有利于排除低沸点的物质，有利于提高兼香型白酒的质量，有利于健康。

兼香型白酒的生产周期长，原酒陈酿期长。长期陈酿是重要工序之一，轮次酒接出后，必须入库装坛，经过三年以上的贮存。酒经过长期陈酿，酒体更加醇和，香味也更加突出。

酱兼浓香型的白云边白酒的生产工艺特点，用诗句的形式总结如下：

学中有创白云边

三九八七多一投，八次补沙碎沙走；

高温堆积和接酒，长期陈酿绵也厚。

诗题点出了酱兼浓香型白云边白酒是在学习酱香茅台酒工艺的基础之上创新发展起来。

第一句和第二句意指酱兼浓香型白云边白酒采用三次投料，也有类似大曲酱香酒的“九八七”特点，但是投料要多一次。在第八次蒸煮的时候进行第三次补碎沙，即第三次投料。

第三句和第四句说明酱兼浓香型白云边白酒采用高温堆积和高温接酒，并经长时间的贮存陈酿，酒体既绵柔也醇厚。

2. 成品感官特点

酱兼浓香型白酒以白云边酒为代表，其品评要点有以下几个：

（1）闻香以酱香为主，略带浓香，在浓香型酒中品评，其酱味突出，在酱香型酒中品评，其浓香味突出。

（2）入口后，浓香突出，口味较细腻，后味较长。

高度的优级酱兼浓香型白酒应该是无色或微黄，清亮透明，无悬浮物，无沉淀，浓酱谐调，幽雅馥郁，细腻丰满，回味爽净，具有本品典型的风格。

3. 成品价格与理化指标

表 6-21 是酱兼浓香型白酒代表 42%vol 白云边的价格和相关的理化指标的数据。从表中可以看出，国家标准 GB/T 10781. 8—2021 要求优级酱兼浓香型白酒出厂一年之内的总酯含量≥1. 60g/L（按 45. 0%vol 折算）；总酸含量要

求≥0.60g/L（按45.0%vol折算）；己酸乙酯含量在0.60~2.00g/L（按45.0%vol折算）。

表6-21 酱兼浓香型白酒理化指标

类别	指标	GB/T 10781.8—2021规定	白云边42%vol
价格	价格/(元/500mL)	—	175
安全	甲醇/(g/L)	≤0.6	0.21
	氰化物（以HCH计)/(mg/L)	≤8	未检出
	铅/(mg/L)	≤0.5	未检出
酒精度	酒精度/%vol	标示值±1.0	42.1
总酯（出厂一年内）	总酯（按45.0%vol折算）/(g/L)	≥1.6	2.66
总酸（出厂一年内）	总酸（按45.0%vol折算)/(g/L)	≥0.6	1.01
固形物	固形物/(g/L)	≤0.6	0.12
特征指标（出厂一年内）	己酸乙酯按45.0%vol折算/（g/L)	0.60~2.00	1.44
一年后	酸酯总量按45.0%vol折算/(mmol/L)	35.0	46.1
一年后	己酸+己酸乙酯按45.0%vol折算/(g/L)	1.2	1.9

注：价格为京东商城查询价，查询时间为2021年3月。样品酒为白云边陈酿15年酒。

酱兼浓香型白酒含有较高的乙酸异戊酯和庚酸乙酯，多数酒样的庚酸乙酯在0.2g/L左右；丁酸、庚酸含量较高，其中庚酸含量平均在0.2g/L。

（二）认识库存之基酒

认识基酒，重点是根据目标酒的价格定位、风格特点、需要组合的数量等要点，把库房里的各基酒的等级、风格特点、理化指标、库存数量等盘点清楚。

二、寻优方案先设计

在经验的基础之上，选择合适的均匀设计表格，进行基酒配方的数学优选，具体步骤可参见酱香型白酒和浓香型白酒酒体设计部分的内容。

三、 根据方案先小试

建议先将每个基酒，按目标酒的酒精度进行稀释，然后再进行组合试验，而无须每次组合试验都要临时计算加浆量，进行加浆稀释，因为每次加浆稀释都会影响原始酒的比例，从而影响试验的均匀性。先稀释还有另一个优点，即同一酒精度下的酒，可以进行线性加和，而不会发生体积收缩效应。

根据目标寻优方案拟定各种可能配方后，进行小样的勾调，为了配方的可比性，建议先将所有的小样统一进行组合操作，以便减小误差，并经适当时间的放置。

四、 独孤九鉴配方鉴

小样试验时，一般建议找到几个较优的配方，通常为三个，之后还需要进一步验证，验证通过后，最好还要再进一步放大组合，进行更广泛的测试，以听取更多人的意见。将基酒配比，换算成原始基酒的配比以及加浆的比例，以方便生产，基酒的计量单位是使用质量单位还是体积单位，根据企业的实际情况而定。

五、 找到配方量产之

遵循“先设计，后量产”的原则。小试优选到的配方，经反复测试都没有问题，才可以按比例放大，进行生产组合。为了控制风险，生产勾调的每一步都要进行跟踪取样，进行感官品评和理化分析，确保每一步都在可控范围之内，才可以进行下一步。

完整的酒体设计勾调流程，可参见酱香型白酒酒体设计的内容。

第九节　凤香型白酒的酒体设计

一、目标基酒先认识

（一）认识目标酒

1. 生产工艺特点

凤香型白酒是以粮谷为原料，经传统固态法发酵、蒸馏、酒海陈酿、勾调而成的，未添加食用酒精及非白酒发酵产生的呈香呈味物质，具有乙酸乙酯和己酸乙酯为主的复合香气的白酒。

凤香型白酒的典型代表为西凤酒，西凤酒是单粮大曲固态法白酒，选用优质高粱作为酿酒原料，其工艺的典型特点可以归纳为：中高温制曲（大麦和豌豆制成）、热拥法生产（即指入窖温度稍高）、土窖（也称为新泥窖）短发酵期，传统西凤酒的发酵期为12~14d（现调整为28~30d）、酒海储存。采用续楂配料老五甑发酵法（即连续发酵法），一年为一个生产周期，每年九月初开始生产，到第二年的六月停产，所有投料都要在第二年七月清理完毕，存在立、破、顶、圆、插、挑六个阶段，一年一度换新泥，目的是控制己酸乙酯含量不要太高。西凤酒新酒必须经过3年以上的储存才能销售，酒海是西凤酒的传统贮存工具。具体操作工艺流程如图6-17所示。

凤香型白酒生产工艺的特点，用诗句的形式总结如下：

六道轮回西凤酒

九月立窖投粮水，梁辅配糟三楂堆；
两周破窖来起醅，粮入三楂多一回；
五甑顶窖在窖内，三楂一回一糟醅；
圆窖三楂三糟对，回糟糟醅扔糟追；

插窖不入有三回，七月挑窖扔四废；

正常生产归圆窖，六道轮回五一配。

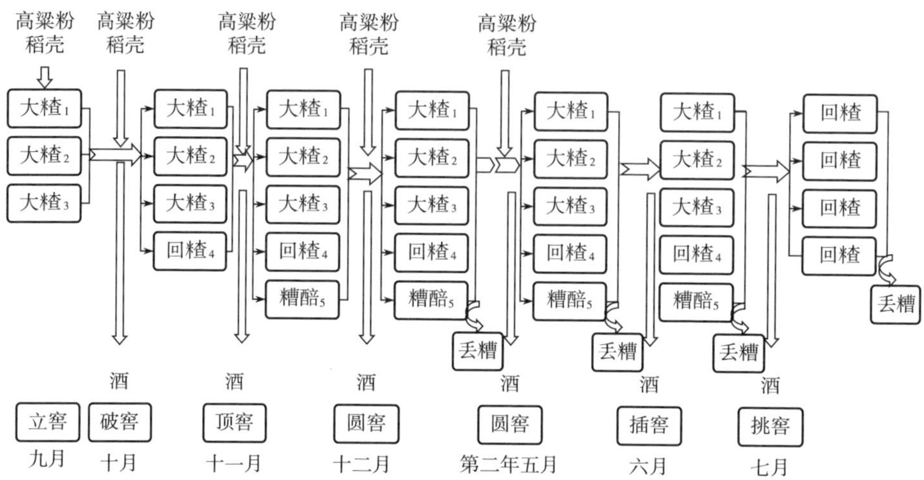

图 6-17　凤香型白酒工艺流程

诗题点出了凤香型白酒生产的核心要点是经历立窖、破窖、顶窖、圆窖、插窖和挑窖六种酿造方式循环进行。

第一句和第二句意指凤香型白酒一般是在每年农历九月份开始投粮酿酒，即立窖，高粱和辅料配料成三楂。“立”是开始的意思，立窖就是立楂，是凤香型白酒第 1 次开始投料（排），也就是第 1 排投产。一般立窖的时间是每年白露时节，即 9 月 12 日前后。

第三句和第四句说明传统的凤香型白酒立窖后，经两周发酵，现在改为四周发酵，就要破窖起醅蒸馏，这时候会配入一楂新粮，与立窖相比，多了一个回楂。破窖是第 2 排生产，是三甑立窖酒醅经过一个发酵周期发酵成熟后，在酒醅中加入粉碎后的高粱及辅料混合蒸馏，摊晾加曲后，分成四甑大楂入窖发酵的工艺过程。

第五句和第六句表示传统的破窖蒸酒加入新粮再次发酵后，会再次破窖起醅蒸馏，这时候会继续配入一甑新粮，就成了三楂、一个回楂和一个糟醅，总共五甑的料，进入窖池后，就会把窖池填满，即完成顶窖。顶窖第 3 排生产，是破窖酒醅经过一个发酵周期后，加粮变为五甑的工艺。

第七句和第八句阐述顶窖达到之后，就开始进入了圆窖阶段，圆窖生产时，窖内有五甑醅，起窖时会配入一甑新粮，配成了三楂、回糟、糟醅和扔糟总共六甑，其中扔糟是糟醅蒸馏后弃之不用的酒糟，经蒸馏之后回糟变成糟醅，糟醅变成了扔糟，三楂中有一楂变成了回糟，如图 6-18 所示。圆窖的“圆”是圆满的意思，表示进入正常发酵阶段，第 4 排即圆排。在凤香型白酒生产的每年一个生产周期中，圆排大约 7 排（第 1 年的 12 月份至次年的 5 月份），各年度不尽相同，主要是插窖与季节气温等生产条件有关。

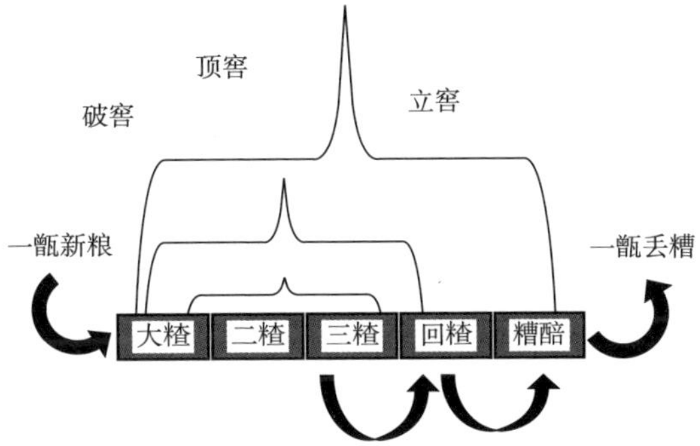

图 6-18　西凤酒生产糟醅变化过程

第九句和第十句表明传统的凤香型白酒圆窖生产一段时间后，就进入到了插窖阶段，插窖时不配入新粮，仍然有甑回糟，一般是第二年七月进入挑窖阶段，挑窖时把四个糟醅蒸馏之后都废弃。插窖的“插”有停止投粮之意，插窖是指完成本年生产周期之前的一轮生产工艺过程，是倒数第二排生产，也是最后一轮发酵。特点是不投入粮食，只蒸馏取酒，然后经过晾床操作，加上大曲，进行最后一轮发酵。挑窖每年的最后一排生产，挑窖时，将发酵好的糟醅全部起出，入甑蒸酒。蒸酒后的糟醅全部为扔糟，可作饲料用。至此整个大生产周期即告结束。

第十一句和第十二句讲述传统的凤香型白酒的正常生产阶段是圆窖，圆窖时窖内有五甑料，再配入一甑新粮，丢弃一甑扔糟，回窖发酵时，仍然只有五甑。

总的来说，凤香型白酒生产周期中，立窖、破窖、顶窖、插窖、挑窖只有一排，从立窖到圆窖，窖池内的酒醅由三甑逐步增加为五甑；而从圆窖到挑窖，窖池内的酒醅由五甑逐步变为零甑。

2. 成品感官特点

凤香型白酒以陕西西凤酒为代表，其以乙酸乙酯为主，辅以一定量的己酸乙酯，构成复合香气。

凤香型白酒的品评要点如下：

（1）闻香以清香为主，即以乙酸乙酯为主，己酸乙酯为辅的复合香气。

（2）入口后有挺拔感，即立即有香气往上窜的感觉。

（3）诸味协调，即酸、甜、苦、辣、香五味俱全，且搭配协调，诸味浑然一体，饮后回甜。

（4）在口感上，既不是清香，也不是浓香。如在清香型酒中品评，就要找它含有己酸乙酯的特点；反之，如在浓香型酒中品评就要找它乙酸乙酯远远大于己酸乙酯的特点。不过近年来，西凤酒己酸乙酯风格有升高的情况。

（5）糠味明显，有熟玉米香气，红糖香气。

（6）有老酒海贮存的特殊口味（类似杏仁、藤条、番茄等味道）。

高度的优级凤香型白酒应该是无色或微黄，清亮透明，无悬浮物，无沉淀，醇香秀雅，具有乙酸乙酯和己酸乙酯为主的复合香气，醇厚丰满，甘润挺爽，诸味谐调，尾净悠长，具有本品典型的风格。

3. 成品价格与理化指标

表6-22是凤香型白酒代表55%vol西凤酒的价格和主要理化指标的含量。从表中可以看出，国家标准GB/T 14867—2007《凤香型白酒》规定高度的优级凤香型白酒的总酯≥1.6g/L，总酸≥0.35g/L，乙酸乙酯含量≥0.6g/L，己酸乙酯的含量在0.25~1.20g/L。

根据目前的研究结果，凤香型白酒的风味成分组成一般有如下特征：

（1）以乙酸乙酯为主，己酸乙酯为辅，乙酸乙酯：己酸乙酯≈4：1。

（2）凤香型白酒的异戊醇含量高，高于清香型，是浓香型的 2 倍。

（3）凤香型白酒含有较高的酒海溶出物丙酸羟胺和乙酸羟胺等。

表 6-22　　凤香型白酒相关指标的含量

类别	指标	GB/T 14867—2007《凤香型白酒》要求	西凤酒 55%vol
价格	价格/(元/500mL)	—	50
安全	甲醇/(g/L)	≤0.6	0.12
	杂醇油/(g/L)	—	0.6
	铅（mg/L)	≤0.5	<0.05
酒精度	酒精度/%vol	标示值±1.0	55.69
总酯	总酯/(g/L)	≥1.60	2.29
总酸	总酸/(g/L)	≥0.35	0.52
固形物	固形物/(g/L)	≤1.0	0.94
特征	乙酸乙酯/(g/L)	≥0.60	0.88
	己酸乙酯/(g/L)	0.25~1.20	0.4

注：价格为京东商城查询价，查询时间为 2021 年 3 月。样品酒为高脖绿瓶西凤酒。

（二）认识库存之基酒

认识基酒，重点是根据目标酒的价格定位、风格特点、需要组合的数量等要点，把库房里的各基酒的等级、风格特点、理化指标、库存数量等盘点清楚。

立窖是投料不出酒，破窖是整个生产周期中的第一次出酒，破窖酒乙酸乙酯含量较高，酸度较小，是凤香型白酒勾调的重要调味酒。

顶窖也是整个生产周期的第二次出酒，顶窖酒比较特殊，也要单独存放，作为重要调味酒。

圆窖酒是生产正常的酒，分层分段进行分型分级。

插窖酒同样作为凤香型白酒的重要调味酒单独存放。

挑窖酒乳酸乙酯含量高，是凤香型白酒的重要调味酒，需要单独保存。

通过连续对西凤酒不同生产阶段所产新酒的微量成分、理化指标、感官品评等方面进行跟踪，得表6-23和表6-24所述内容。

表6-23　西凤五种窖酒的总酯总酸的含量

阶段	总酸/(g/L)	总酯/(g/L)	总酸：总酯
破窖	1.42	4.18	0.34：1
顶窖	1.1	3.82	0.29：1
圆窖	0.74	3.35	0.22：1
插窖	0.84	3.23	0.26：1
挑窖	1.23	2.95	0.42：1

表6-24　不同阶段新产酒的感官品评

项目	感官评语
破窖	闻之有明显的新酒臭和典型的杂醇油味，口味欠协调
顶窖	有明显的新酒味，醇厚丰满，但稍欠协调
圆窖	凤香型风格典型，甘润挺爽，诸味协调
插窖	酒体较净，风格较典型，回味较长
挑窖	绵顺、柔和、尾净、回味悠长

从数据可以得出各阶段的特征，具体如下：

（1）破窖酒特征最鲜明　它的乙酸乙酯、总酸、总酯、正丙醇及杂醇油含量均居榜首，香味物质的总量最高，而己酸乙酯含量相对低于其他阶段酒。在口感上表现出新酒味重，杂醇油味明显，口味欠协调，但它却是难得的高酸高酯调味酒。

（2）顶窖酒的香味物质总量在破窖酒之后位居第二，酸酯比位居第三，凤香型白酒风格较典型，但稍欠协调。从微量成分含量上分析，它的乳酸乙酯含量普遍较高，基本高于乙酸乙酯含量，所以使凤香型白酒的主体香不突出，酒发闷，勾调时可以考虑搭配使用。

（3）圆窖酒微量特征成分符合乙酸乙酯>乳酸乙酯>己酸乙酯>丁酸乙酯

的规律　符合凤香型白酒的香型特征“以乙酸乙酯为主，一定量的己酸乙酯为辅”的复合香气的这一特点。且口感诸味谐调，凤香型白酒风格最突出，所以通常将贮存期满的圆窖酒作为西凤酒的基酒使用，以确保酒体不偏格。

（4）插窖酒最净　插窖酒由于它的酸、酯、醛以及酸酯比等都居各阶段酒之中，所以口感上酒体较净，风格较典型，味较长，品质较好。

（5）挑窖酒最香　这是对挑窖酒入库混合样的感官品评结论。挑窖酒入口绵顺、柔和、尾净、味长，在这一点上甚至优于圆窖酒。这是由于它较高的酸酯比决定的，挑窖酒的酸酯比达0.42∶1，而圆窖酒的酸酯比为0.22∶1，说明挑窖酒的酸酯比例协调，因而决定了它很好的口感，挑窖酒属品质较高的酒。

每个类别的产酒又有等级之分，即优级、一级、二级，即形成了西凤酒分段、分级贮存，值得一提的是，这里的段并不是蒸馏过程中的分段，而是生产工艺的分段，也可称为分轮次贮存。

二、寻优方案先设计

在经验的基础之上，选择合适的均匀设计表格，进行基酒配方的数学优选，具体步骤可参见酱香型白酒和浓香型白酒酒体设计部分的内容。

由于西凤酒各生产阶段的生产工艺条件不同，所产新酒的口感及风味特征也有很大的差异，各有特点，可以说是“个性鲜明、风格迥异”。在微量成分的含量上呈现出此消彼长的趋势，在口感上表现出很鲜明的个性。经分类别贮存后，将不同阶段的酒根据其特点进行勾调，合理搭配，是西凤酒独特风格形成的主要原因。

凤香型白酒独特的风格离不开后期的精心勾调，同时，不同白酒各自的风格特点是进行勾调的首要前提条件。而西凤酒的勾调则要满足“具有乙酸乙酯和己酸乙酯为主的复合香气”，口味“醇厚丰满，甘润挺爽，诸味谐调，尾净悠长”的感官质量要求。

与其他白酒不同的是，西凤酒以不同季节、不同阶段所产的圆窖酒按照不同比例作为大宗酒（一般认为春季生产的圆窖酒质量较好），并以少量的顶窖酒和破窖酒为搭酒，共同用来进行基础酒的组合。破窖酒总酯高，特别是乙酸乙酯含量较高，杂醇油高，但己酸乙酯含量相对较低，味较糙辣，适当比例的应用可增加酒体的醇厚感。顶窖酒中的乳酸乙酯含量较高，高于乙酸乙酯，所以酒发闷；圆窖酒中的乙酸乙酯> 乳酸乙酯> 己酸乙酯> 丁酸乙酯；再通过色谱分析，了解基础酒中各微量成分的含量，并通过感官品评，确认其存在的不足。

西凤酒中的呈香呈味物质及微量成分的含量较少，主要是总酸低、总酯低，高级醇含量较高，加浆降度后会变得香气不足，口味寡淡、不纯净，酒中各组分含量也随之降低，其中主要组分的量比关系发生很大变化，直接影响到酒的内在质量，这就需要通过调味来增加基础酒中主要呈味物质的含量，最终达到酒体的平衡协调。当基础酒感官品评放香不足时，就用老熟的酒头作调味酒。酒头中含有大量的香味物质，主要是低沸点酯类，放香大，多元醇含量也高，可以提高基础酒的前香，并使酒味醇甜。酒的后味短淡时，则选用插、挑窖酒作调味酒。插窖酒的酸含量较高，酒体净；挑窖酒的总酯最低，酸相对较高，可以弥补基础酒后味的不足，使酒体丰满、谐调，回味悠长，保持了西凤酒的原有风格。高度酒勾兑过程中，西凤酒固有的感官特征表现突出，口味苦涩、冲，这时就要选用贮存期长的酒作为调味酒，突出基础酒的风格，使其香气柔和，口味绵顺；还可适当应用一些己酸乙酯含量较高的调味酒，增加己酸乙酯含量，使酒体变得绵甜、醇厚。

勾调是西凤酒生产工艺中非常关键的环节，也是取长补短的工艺过程，对保持西凤酒质量长期稳定、提升优质品率起着极其重要的作用（图 6-19）。

三、 根据方案先小试

建议先将每个基酒，按目标酒的酒精度进行稀释，然后再进行组合试验，而无须每次组合试验都要临时计算加浆量，进行加浆稀释，因为每次加浆稀释都会影响原始酒的比例，从而影响试验的均匀性。先稀释还有另一个优点，

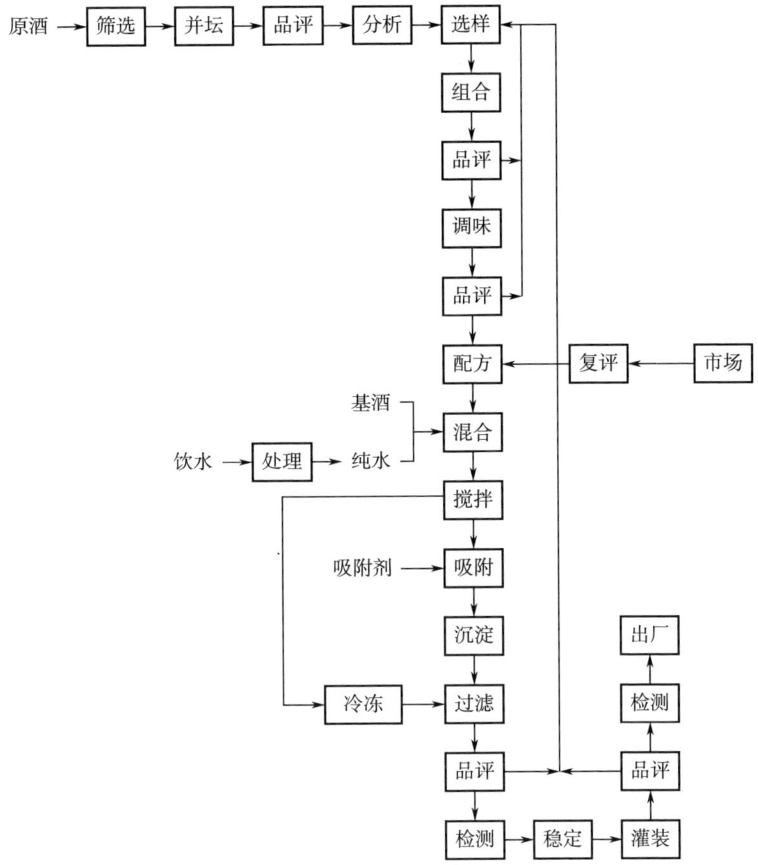

图 6-19　西凤酒勾调工艺流程图

就是同一酒精度下的酒，可以进行线性加和，而不会发生体积收缩效应。

根据目标寻优方案拟定各种可能配方后，进行小样的勾调，为了配方的可比性，建议先将所有的小样统一进行组合操作，以便减小误差，并经适当时间的放置。

四、 独孤九鉴配方鉴

小样试验时，一般建议找到几个较优的配方，通常为三个，之后还需要进一步验证，验证通过后，最好还要再进一步放大组合，进行更广泛的测试，以听取更多人的意见。将基酒配比，换算成原始基酒的配比以及加浆的比例，以方便生产，基酒的计量单位是使用质量单位还是体积单位，根据企业的实际情况而定。

五、 找到配方量产之

遵循“先设计，后量产”的原则。小试优选到的配方，经反复测试都没有问题，才可以按比例放大，进行生产组合。为了控制风险，生产勾调的每一步都要进行跟踪取样，进行感官品评和理化分析，确保每一步都在可控范围之内，才可以进行下一步。

完整的酒体设计勾调流程，可参见酱香型白酒酒体设计的内容。

第十节　特香型白酒的酒体设计

一、 目标基酒先认识

（一） 认识目标酒

1. 生产工艺特点

特香型白酒是以大米为主要原料，经传统固态法发酵、蒸馏、陈酿、勾兑而成的，未添加食用酒精及非白酒发酵产生的呈香呈味物质，具有特香型风格的白酒。

特香型白酒的工艺流程如图 6-20 所示。

特香型白酒的典型代表为四特酒，其以大米为原料，使用由面粉、麸皮及酒糟制成的大曲为糖化发酵剂，发酵设备为红褚条石窖。

特香型白酒的工艺特点可以总结为四点：

一为独特的酿酒原料，即以整粒大米为原料，选用当地盛产的优质整粒精大米为原料，整粒精大米不经粉碎浸泡，直接与酒醅混蒸，将精大米的固

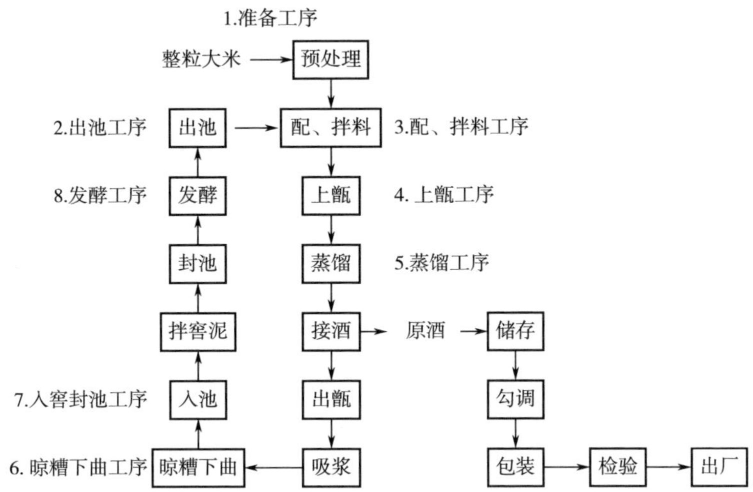

图 6-20　特香型白酒工艺流程

有香气带入酒中，丰富了四特酒的香味成分；

二为独特的大曲原料配比，即大曲面麸加酒糟，大曲以面粉、麸皮为原料，同时加入一部分酒糟；

三为老五甑混蒸混烧，采用石窖固态发酵，发酵时间 45d；

四为独特的发酵窖池，即为红褚条石垒酒窖，石窖使用江西特产的红褚条石砌成，水泥勾缝，仅窖底及封窖用泥。

特香型白酒的生产工艺特点，用诗句的形式总结如下：

四个特点四特酒

整粒大米为原料，大曲面麸加酒糟；

红褚条石垒酒窖，三香具备犹不靠；

一乳二乙三己酯，四奇乙酯酒第一；

特征成分是丙酯，高级脂酯缘大米。

诗题点出了特香型白酒的核心点有四个。

第一句和第二句意指特香型白酒采用整粒大米为原料，大曲是用面粉、麸皮和酒糟为原料。

第三句和第四句说明，特香型白酒采用红褚条石制成的石窖作为发酵容器，所制得的酒酱、浓和清香兼而有之，但是均不靠近这三个香型。

第五句和第六句表示特香型白酒中酯类物质排行乳酸乙酯，乙酸乙酯，已酸乙酯，酯中奇数碳的乙酯的含量为各白酒之冠。

第七句和第八句阐述特香型白酒的特征成分是丙酸乙酯，且高级脂肪酸酯的含量较高，这与其用大米作为原料有密切关系。

2. 成品感官特点

特香型白酒是以江西樟树四特酒为代表，其特征香气成分是丙酸乙酯，特香型白酒的品评要点如下：

（1）三香具备犹不靠，即浓、清、酱白酒特征兼而有之，但又不靠近任何一种香型。

（2）闻香以酯类的复合香气为主，突出以乙酸乙酯和己酸乙酯为主体的香气特征（清香带浓香），细闻有焦煳香。

（3）入口稍有类似庚酸乙酯的脂肪臭，有刺激感。

（4）口味较柔和（与酒精度低、加糖有关）而持久，有黏稠感，甜味很明显。味较净，稍有糟味。

高度的优级特香型白酒应是无色或微黄，清亮透明，无悬浮物，无沉淀，幽雅舒适，诸香协调，具有浓、清、酱三香，但均不露头的复合香气，柔绵醇和，醇甜，香味谐调，余味悠长，具有本品典型的风格。

3. 成品价格与理化指标

表 6-25 是特香型白酒代表江西四特酒厂生产的四特东方韵（雅韵）酒的价格和相关理化指标。从表中可以看出，国家标准 GB/T 20823—2017《特香型白酒》规定，高度的优级酒酸酯总量≥32mmol/L，丙酸乙酯≥20mg/L。

根据目前对特香型白酒的研究结果，可知其风味成分组成一般具有如下特征：

（1）以乳酸乙酯含量最高，居各种酯类之首，其次为乙酸乙酯，己酸乙酯居第三。

（2）富含奇数碳脂肪酸乙酯，主要包括丙酸乙酯、戊酸乙酯、庚酸乙酯、壬酸乙酯，其含量为白酒之冠，新版国家标准要求高度的优级特香型白酒丙酸乙酯的含量≥20.0mg/L。

（3）高级脂肪酸乙酯总量超过其他白酒近一倍，相应的脂肪酸含量也较高。

（4）含有多量的正丙醇，与茅台、董酒相似。

表 6-25　特香型白酒相关指标的含量

类别	指标	GB/T 20823—2017《特香型白酒》要求	52%vol 四特东方韵（雅韵）
价格	价格/(元/500mL)	—	385
安全	甲醇/(g/L)	≤0.6	0.101
	杂醇油/(g/L)	—	—
	铅（mg/L)	≤0.5	未检出
酒精度	酒精度/%vol	标示值±1.0	52.0
总酯	总酯/(g/L)	≥2.00	3.91
总酸	总酸/(g/L)	≥0.50	1.60
总酯酸	酸酯总量/(mmol/L)	≥32.0	63.3
固形物	固形物/(g/L)	≤0.7	0.02
特征	丙酸乙酯/(mg/L)	≥20.0	28.7

注：价格为京东商城查询价，查询时间为 2021 年 3 月。

（二）认识库存之基酒

认识基酒，重点是根据目标酒的价格定位、风格特点、需要组合的数量等要点，把库房里的各基酒的等级、风格特点、理化指标、库存数量等盘点清楚。

特香型白酒按照分层和分段进行分型分级，蒸馏时将发酵窖池里的酒醅按上、中、下三层（即面糟、粮糟、底糟）取酒，每个层次的酒分别入库贮存。

二、 寻优方案先设计

在经验的基础之上，选择合适的均匀设计表格，进行基酒配方的数学优选，具体步骤可参见酱香型白酒和浓香型白酒酒体设计部分的内容。

三、 根据方案先小试

建议先将每个基酒，按目标酒的酒精度进行稀释，然后再进行组合试验，而无须每次组合试验都要临时计算加浆量，进行加浆稀释，因为每次加浆稀释都会影响原始酒的比例，从而影响试验的均匀性。先稀释还有另一个优点，就是同一酒精度下的酒，可以进行线性加和，而不会发生体积收缩效应。

根据目标寻优方案拟定各种可能配方后，进行小样的勾调，为了配方的可比性，建议先将所有的小样统一进行组合操作，以便减小误差，并经适当时间的放置。

四、 独孤九鉴配方鉴

小样试验时，一般建议找到几个较优的配方，通常为三个，之后还需要进一步验证，验证通过后，最好还要再进一步放大组合，进行更广泛的测试，以听取更多人的意见。将基酒配比，换算成原始基酒的配比以及加浆的比例，以方便生产，基酒的计量单位是使用质量单位还是体积单位，根据企业的实际情况而定。

五、 找到配方量产之

遵循“先设计，后量产”的原则。小试优选到的配方，经反复测试都没有问题，才可以按比例放大，进行生产组合。为了控制风险，生产勾调的每一步都要进行跟踪取样，进行感官品评和理化分析，确保每一步都在可控范围之内，才可以进行下一步。

完整的酒体设计勾调流程，可参见酱香型白酒酒体设计的内容。

第十一节　馥郁香型白酒的酒体设计

一、 目标基酒先认识

（一） 认识目标酒

1. 生产工艺特点

馥郁香型白酒是指香味具有前浓、中清、后酱独特风格的白酒，典型代表为酒鬼酒。馥郁香型白酒的原料为高粱、大米、糯米、玉米、小麦，所使用的酒曲有两种，先采用小曲培菌进行糖化，再用大曲配糟发酵，馥郁香型白酒的发酵设备为泥窖。

馥郁香型白酒的生产工艺是在传统湘西民间酿酒工艺基础之上，大胆吸纳现代大、小曲工艺各自优点，将三种工艺有机结合，形成全国唯一的馥郁香型白酒工艺。多粮颗粒原料，清蒸清烧，大小曲并用，小曲培菌糖化、大曲配糟泥窖固态发酵、窖泥提质增香、发酵时间 30~60d，溶洞贮存陈酿、精心勾调。

馥郁香型白酒的工艺流程如图 6-21 所示。

馥郁香型白酒的生产工艺特点，用诗句的形式总结如下：

从小到大酒馥郁

五粮糖化用小曲，中高堆积酱香出；

大曲配糟泥发酵，五粮清酱窖香足。

诗题点出了馥郁香型白酒的核心要点是先用小曲进行糖化，再用大曲进

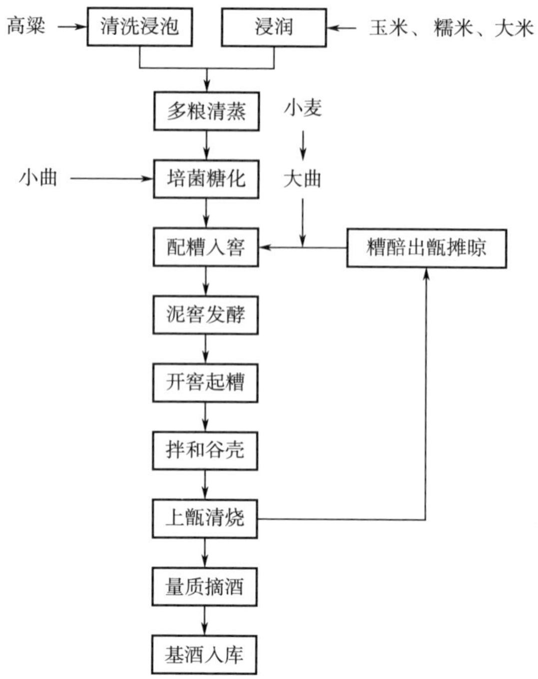

图 6-21 馥郁香型白酒工艺流程

行泥窖发酵，所产酒的酒香馥郁。

第一句和第二句意指馥郁香型白酒采用五种原料，用小曲进行糖化，经中高温堆积，有利于酱香的形成。

第三句和第四句说明馥郁香型白酒采用大曲配糟泥窖固态发酵，所产酒五粮香、清香、酱香、窖香都比较浓郁。

2. 成品感官特点

酒鬼酒是中国唯一的馥郁香型白酒，采取“523 工艺”，五是指五种粮食；二是指两种曲，即大小曲发酵；三是指馥郁三香，“前浓、中清、后酱”，集“浓、清、酱”三香和谐共生，一口可品馥郁三香独特风味。入口能感受愉悦的浓香型之窖香，口中能体会到清爽的清香之乙酯香，品咽后有回味悠长的陈酱香，其酒体“色清透明、诸香馥郁、入口绵甜、醇厚丰满、香味协调、回味悠长、风格奇绝”。有人品酒鬼酒馥郁香后说，馥郁香犹如人的一生，年轻时浓烈，中年时淡定，年老时厚重。

馥郁香型白酒的品评要点是：

（1）香味具有前浓、中清、后酱独特特点，即闻香浓中带酱，且有舒适的芳香，香气馥郁而协调。

（2）入口绵甜、柔和细腻，体现高度酒不烈、低度酒不淡的口味。

（3）酒体醇厚、丰满、圆润，余味长且净爽。

高度的优级馥郁香型白酒为无色或微黄，清亮透明，无悬浮物，无沉淀，馥郁香幽雅，酒体醇厚丰满，绵甜圆润，余味净爽悠长，具有本品典型的风格。

3. 成品价格与理化指标

表 6-26 是馥郁香型典型代表湖南酒鬼酒公司生产的 52%vol 内参酒的价格和相关的理化指标的数据。从表中可以看出，国家标准 GB/T 10781. 11—2021 要求优级馥郁香型白酒的总酸+总酯含量≥2. 60g/L（按 45. 0%vol 折算）；总酸含量要求≥0. 60g/L（按 45. 0%vol 折算）；己酸乙酯与乙酸乙酯之比在 0. 70～1. 60。

表 6-26　　　　馥郁香型白酒相关指标

类别	指标	GB/T 10781. 11—2021《白酒质量标准　第 11 部分：馥郁香型白酒》要求	酒鬼酒内参 52%vol
价格	价格/(元/500mL)	—	1199
安全	甲醇/(g/L)	≤0. 6	0. 12
	氰化物（以氢氰酸计）/(mg/L)	≤8. 0	<0. 6
	铅/(mg/L)	≤0. 5	<0. 05
酒精度	酒精度/%vol	标示值±1. 0	标示值±1. 0
总酸+总酯	总酸+总酯（按 45. 0%vol 折算）/(g/L)	≥2. 60	3. 21
总酸	总酸（按 45. 0%vol 折算）/(g/L)	≥0. 60	1. 48
固形物	固形物/(g/L)	≤0. 60	0. 10
特征	己酸乙酯/乙酸乙酯	0. 70～1. 60	1. 39

注：价格为京东商城查询价，查询时间为 2021 年 3 月。

白酒的风格和香型的形成，是由酒中200种以上微量香味成分的含量及其量比关系所决定的。酒鬼酒以其独特的典型风格独立于中国白酒之林，其香味组分的含量自有鲜明的个性特征，有别于其他香型白酒。

（1）酒鬼酒的酯含量　酒鬼酒中总酯含量较高，已酸乙酯和乙酸乙酯相对较突出，含量达100~170mg/100mL，二者含量相当接近，基本呈平行的量比关系（一般是乙酸乙酯还略高于已酸乙酯），其比例为已酸乙酯：乙酸乙酯=1.00：1.14，乳酸乙酯含量一般在53~72mg/100mL，丁酸乙酯为16~29mg/100mL，四大酯的比例关系为已酸乙酯：乙酸乙酯：乳酸乙酯：丁酸乙酯=1.00：1.14：0.57：0.19，如表6-27所示。

表6-27　酒鬼酒主要酯类含量及量比关系（以已酸乙酯为基准）

单位：mg/100mL

酯　类	一般范围	量比关系
乙酸乙酯	95~174	1.14
已酸乙酯	87~140	1
乳酸乙酯	53~72	0.57
丁酸乙酯	16~29	0.19
甲酸乙酯	2~6	0.03
庚酸乙酯	1.4~2.3	0.02
辛酸乙酯	0.8~1.9	0.01

酒鬼酒的丁酸乙酯含量较高，一般浓香型白酒已酸乙酯：丁酸乙酯为10：1，但这次用于对比分析的泸州老窖特曲和剑南春均接近20：1，说明丁酸乙酯含量明显下降。而酒鬼酒中已酸乙酯：丁酸乙酯为（5~8）：1。已酸乙酯是浓香型白酒的主体香气成分，在各种酯类中占有绝对优势，占总酯的40%左右，四大酯的含量为已酸乙酯>乳酸乙酯>乙酸乙酯>丁酸乙酯，而酒鬼酒是乙酸乙酯>已酸乙酯>乳酸乙酯>丁酸乙酯，两者截然不同。乙酸乙酯是清香型白酒的主体香，其含量要明显高于其他香型白酒，绝对含量在180~

310mg/100mL 范围，占总酯的 55%以上。但清香型白酒中己酸乙酯、丁酸乙酯含量都很微量，如表 6-28 所示。

表 6-28　　酒鬼酒与某些香型酒中主要酯类分析结果　单位：mg/100mL

酒名	己酸乙酯	乙酸乙酯	丁酸乙酯	辛酸乙酯	乳酸乙酯	总计
泸州老窖	172.9	114.4	15.5	4.8	133.1	440.7
汾酒	2.2	305.9	—	—	261.6	569.7
四川小曲	15	36.8	1.8	—	10.3	63.9
酒鬼酒	107.3	122.3	20.5	1.34	61.5	312.9

酒鬼酒中己酸乙酯和乙酸乙酯在酯类物质中的突出地位和特殊的平行量比关系，在中国现有的各大香型白酒中是绝无仅有的；四大乙酯的含量及量比与浓香型、清香型、四川小曲白酒有很大差别，说明酒鬼酒用小曲工艺而非清香小曲酒，用大曲工艺而又不同于浓香大曲酒，形成了自己的独特风格。

（2）酒鬼酒的有机酸含量　有机酸是白酒中重要的呈味物质，且起到协调香气的作用，它与其他香味组分共同组成白酒特有的芳香，一般来说，有机酸含量较高者，其风味较好。馥郁香型白酒酒鬼酒的有机酸含量如表 6-29 所示。

表 6-29　酒鬼酒中主要有机酸的含量及量比关系（以己酸为基准）

单位：mg/100mL

酸类	含量范围	量比	酒鬼酒	泸州老窖	汾酒	四川小曲
乙酸	70~120	1.83	91.9	41	94.5	36.1
己酸	41~65	1	50.2	27.5	0.2	0.78
乳酸	31~46	0.8	40.1	22.6	28.4	5.29
丁酸	11.4~17.4	0.29	14.7	12.2	0.9	6.82
甲酸	—	—	—	2.7	1.8	1.08
丙酸	3.4~5.8	0.08	3.96	—	0.6	—

续表

酸类	含量范围	量比	酒鬼酒	泸州老窖	汾酒	四川小曲
异戊酸	1.2~2.1	0.04	1.75	—	—	—
异丁酸	1.0~1.5	0.02	1.22	0.68	—	—
庚酸	0.7~1.0	0.02	0.86	—	—	—
辛酸	0.4~0.8	0.01	0.6	0.58	—	—
总计	—	—	205.29	107.26	126.4	50.07

表6-29分析数据表明，酒鬼酒有机酸含量较高，总量达到2g/L以上，除低于酱香白酒外，远高于浓香型、清香型和四川小曲白酒。其中已酸和乙酸占总酸量的70%，乳酸占19%，丁酸为7%。几大酸类物质的比例关系虽与浓香型白酒大致相同，都是乙酸>已酸>乳酸>丁酸，但乙酸和已酸的绝对含量是浓香型白酒的2倍以上，而清香型、四川小曲白酒中，有机酸种类单一，与酒鬼酒丰富的有机酸相比更有明显的差别。

（3）酒鬼酒的高级醇含量　酒鬼酒高级醇（异戊醇、正丙醇、正丁醇、异丁醇）含量适中，总量一般在110~140mg/100mL，高于浓香、清香型白酒，低于四川小曲白酒，如表6-30所示。

含量最高的是异戊醇，在40mg/100mL左右；其次是正丙醇，达（25~50）mg/100mL，低于酱香、药香和特香型白酒，但超过工艺上相对接近的浓香型、清香型和四川小曲白酒；正丁醇和异丁醇分别为13.7mg/100mL和17.9mg/100mL。四种醇的比例为异戊醇：正丙醇：异丁醇：正丁醇为1.00：0.79：0.47：0.36。高级醇是白酒中不可或缺的风味物质，我们认为其中异戊醇有一种独特的香气，和其他成分之间可能存在相乘效果，起到衬托白酒香气的作用。正丙醇有着良好的呈香感，虽然醇类的香味阈值较高，在与大量酯类共存的情况下，它难以左右白酒香气，但正丙醇良好的呈香感，其清雅的香气与酯香复合，很好地衬托出酒鬼酒馥郁幽雅的风格特征。正已醇是一种甜味物质，酒鬼酒口感绵甜与其较高的正已醇含量有关。

表 6-30　　酒鬼酒与某些香型酒中高级醇的分析结果　单位：mg/100mL

醇类	含量范围	量比关系	酒鬼酒	泸州老窖	汾酒	四川小曲
异戊醇	34~44	1	38	31.9	54.6	117.81
正丙醇	26~48	0.79	30	17.4	9.5	31.24
异丁醇	17~20	0.47	17.9	11.9	11.6	45.09
正丁醇	10~18	0.36	13.7	7.3	1.1	3.45
仲丁醇	6~10	0.19	7.4	4.2	3.3	9.17
正己醇	3.6~5.7	0.12	4.4	6.3	—	—
正戊醇	1.0~1.4	0.03	1.3	1.5	—	—
总计	—	—	112.7	80.5	80.1	206.76

（4）酒鬼酒的乙缩醛含量　酒鬼酒中羰基类化合物含量较高，总量达76.8mg/100mL左右，其中乙醛和乙缩醛占总醛的88%，乙醛：乙缩醛=1.00：1.21，如表6-31所示。酒鬼酒中醛类含量与浓香型白酒相近，高于清香和四川小曲白酒。乙醛和乙缩醛是白酒中必不可少的重要组成成分，它们的主要功能表现为对白酒香气的平衡和协调作用。其含量多少及其量比关系为何，将对白酒的香型特征和产品质量产生重大影响。因此，白酒中含有较高的醛类物质被视为是名优白酒的重要特征。

表 6-31　　酒鬼酒中醛类物质含量及量比关系（以乙醛为基准）

单位：mg/100mL

项目	含量范围	量比关系	酒鬼酒	泸州老窖	汾酒	四川小曲
乙缩醛	21~77	1.21	37.3	41.5	51.4	9.87
乙醛	19~62	1	30.8	26	14	12.8
糠醛	1.3~4.8	0.09	2.8	0.7	0.4	1.49
总计	41~144	—	70.9	68.2	65.8	24.2

（5）酒鬼酒的含氮化合物　20世纪90年代中期中国食品发酵工业研究院在分析酒鬼酒过程中，发现在乳酸乙酯与辛酸乙酯之间有明显的四甲基吡嗪谱峰特征。在我们的系统性分析过程中，该峰也长期存在。对于酱香型白

酒的香气成分，目前仍处于研究过程中。吡嗪类含氮化合物的存在对酒鬼酒的风格有着怎样的影响，是否与酒鬼酒中的酱（陈）香有关，尚待进一步研究。

（6）酒鬼酒风味成分的量比关系　通过对酒鬼酒中主要特征香味物质的分析，确定其总酸：总酯：总醇：总醛为1：1.58：0.72：0.36，与其他香型酒种相比有着显著不同，如表6-32所示。酒鬼酒正是以相对突出的乙酸乙酯、己酸乙酯含量及近乎平行的量比关系、较高的有机酸、乙缩醛和适量的高级醇等特点构成了谐调而独特的香味，形成了别具一格的风格特征。

表6-32　　酒鬼酒与某些香型酒中的酸、酯、醇、醛总体概况

单位：mg/100mL

指标	泸州老窖	汾酒	四川小曲	酒鬼酒
总酯	461	570	63.9	330.4
总酸	102	124	50.07	209.2
总醇	93.4	80	206.76	150.08
总醛	99	65.8	24.14	75.04
酯：酸：醇：醛	4.52：1：0.92：0.97	4.60：1：0.65：0.53	1.28：1：4.13：0.48	1.58：1：0.72：0.36

（二）认识库存之基酒

认识基酒，重点是根据目标酒的价格定位、风格特点、需要组合的数量等要点，把库房里的各基酒的等级、风格特点、理化指标、库存数量等盘点清楚。

馥郁香型白酒的酒鬼酒基酒分型的方法是分层蒸馏和分段摘酒，再进一步分级后，进行分质并坛。

分层蒸馏前先分层堆糟，其目的是为了保证各层次糟醅分层蒸馏以及下排的入窖顺序，操作时应将各层次的糟醅分别堆放。面糟和双轮底糟分别单独堆放，以便单独蒸馏。母糟分层出窖，在堆糟坝上由里向外逐层堆放，便

于先蒸下层糟，后蒸上层糟，以达到糟醅留优去劣的目的。

1. 酒鬼酒的分层蒸馏

酒鬼酒采用分层蒸馏是因为各层次糟醅在发酵过程中，其发酵质量是不同的，所以酒的质量也不尽相同。生产中为了尽可能多地提取优质酒，避免由于各层次糟醅混杂而导致全窖酒质下降，各层次的糟醅应该分别蒸馏，这是其基本工艺特征。

在操作上，面糟和双轮底糟应该分别单独蒸馏。二次面糟在蒸馏取酒后就扔掉。双轮底糟蒸馏取酒后仍然装入窖底。母糟则按由下层到上层的次序一甑一甑地蒸馏，并以分层投粮的原则进行配料，按原来的次序依次入窖。

2. 酒鬼酒的分段摘酒

针对不同层次糟醅的酒质不同和在蒸馏过程中各馏分段酒质不同的特点。在生产上为了更多地摘取优质酒，要依据不同的糟醅适当地进行分段摘酒，即对可能产优质酒的糟醅，在断花前分成前后两段摘酒，其具体操作方法是：

（1）每甑摘取酒头 0.5~1.5kg。

（2）面糟（包括红糟和丢糟）蒸出来的酒质要差一些，可不分段；双轮底糟蒸出来的酒质优良，也不必分段。上述两种糟醅，均采取断花摘酒法。

（3）母糟酒的摘取，应视窖池的新老、糟醅发酵的好坏，以及母糟的不同层次分成前、后两段摘酒。一般的操作原则是：

①新窖池黄水线以上的母糟前段摘取总量的 1/3 左右，后段摘取 2/3 左右；黄水线以下的母糟，前后段各摘取 1/2 左右。

②老窖池或发酵特别好的新窖池，黄水线以下的母糟，前段摘取 2/3 左右，后段摘取 1/3 左右。

③前段酒的酒精度要保持在 67%vol 以上，最低不低于 65%vol；后段酒的酒精度要保持在 60%vol 以上，最低不低于 59%vol。

3. 酒鬼酒的分质并坛

采取分层蒸馏和分段摘酒之后，基酒的酒质就有了显著的差别。为了保证酒质，便于贮存勾兑，蒸馏摘取的基酒应严格按质合并装坛。操作原则如下：

（1）酒头和丢糟酒应分别单独装坛。

（2）红糟酒和黄水线上层母糟后段酒可以并坛。

（3）黄水线上层母糟前段酒和黄水线下层母糟后段酒可以并坛。

（4）黄水线下层母糟前段酒单独并坛。

（5）双轮底糟酒单独并坛。

以上各种类型的基酒，其酒质有明显区别，故便于分等定级和勾调成品。如果条件许可，还可分得细一些。例如，可以区分新、老窖酒。如果糟醅发酵不正常，并坛时可按上述原则适当调整。

4. 理化指标

表 6-33 所显示的是酒鬼酒不同糟层基酒的相关风味成分的含量。

表 6-33　酒鬼酒不同糟层基酒的相关微量风味成分的含量　单位：g/L

分型酒	酸				酯			
	乙酸	己酸	不挥发酸	总酸	己酸乙酯	乙酸乙酯	不挥发酯	总酯
双轮底酒	1.05	2.652	0.394	2.685	4.406	2.059	2.73	6.791
边糟酒	0.915	2.146	0.236	2.182	3.186	1.595	1.313	4.532
中糟酒	0.600	0.325	0.117	0.906	1.037	1.179	0.342	2.297

注：不挥发酸以乳酸计；不挥发酯以乳酸乙酯计。

二、寻优方案先设计

在经验的基础之上，选择合适的均匀设计表格，进行基酒配方的数学优选，具体步骤可参见酱香型白酒和浓香型白酒酒体设计部分的内容。

三、根据方案先小试

建议先将每个基酒，按目标酒的酒精度进行稀释，然后再进行组合试验，而无须每次组合试验都要临时计算加浆量，进行加浆稀释，因为每次加浆稀释都会影响原始酒的比例，从而影响试验的均匀性。先稀释还有另一个优点，

即同一酒精度下的酒，可以进行线性加和，而不会发生体积收缩效应。

根据目标寻优方案拟定各种可能配方后，进行小样的勾调，为了配方的可比性，建议先将所有的小样统一进行组合操作，以便减小误差，并经适当时间的放置。

四、 独孤九鉴配方鉴

小样试验时，一般建议找到几个较优的配方，通常为三个，之后还需要进一步验证，验证通过后，最好还要再进一步放大组合，进行更广泛的测试，以听取更多人的意见。将基酒配比，换算成原始基酒的配比以及加浆的比例，以方便生产，基酒的计量单位是使用质量单位还是体积单位，根据企业的实际情况而定。

五、 找到配方量产之

遵循“先设计，后量产”的原则。小试优选到的配方，经反复测试都没有问题，才可以按比例放大，进行生产组合。为了控制风险，生产勾调的每一步都要进行跟踪取样，进行感官品评和理化分析，确保每一步都在可控范围之内，才可以进行下一步。

完整的酒体设计勾调流程，可参见酱香型白酒酒体设计的内容。

第十二节　董香型白酒的酒体设计

一、 目标基酒先认识

（一） 认识目标酒

1. 生产工艺特点

董香型白酒是以高粱、小麦、大米等为主要原料，采用独特的传统工艺制作大曲、小曲，用固态法大窖、小窖发酵，经串香蒸馏，长期储存，勾调而成的，未添加食用酒精及非白酒发酵产生的呈香呈味物质，具有董香型风格的白酒。

董香型白酒的原料为高粱，糖化发酵剂为大曲和小曲两种，发酵设备为特制的大窖和小窖。

董香型白酒以不经粉碎的整粒高粱为原料，具有“两小、两大、两醅串蒸”的“三两”特点，即采用小曲小窖制取酒醅，小曲发酵 7d，大曲大窖制取香醅，大曲香醅发酵 18 个月，两醅串香而成。董香型白酒大曲的原料为小麦，加中药 40 味，小曲的原料为大米，加入中药 95 味，有的中草药有抑制杂菌而能促进有益微生物生长的作用。董香型白酒的窖池用石灰、白泥、洋桃藤泡汁拌和而成，偏碱性，适于细菌繁殖，对酒中丁酸乙酯、乙酸乙酯、己酸乙酯、丁酸、乙酸、己酸等的生成和量比关系，以及董香型白酒风格的形成具有重要作用。香醅下满窖池后，用拌有黄泥的稀煤封窖，保持密封发酵 10 个月左右，最长可达 18 个月，即制成大曲香醅。董香型白酒的工艺流程如图 6-22 所示。

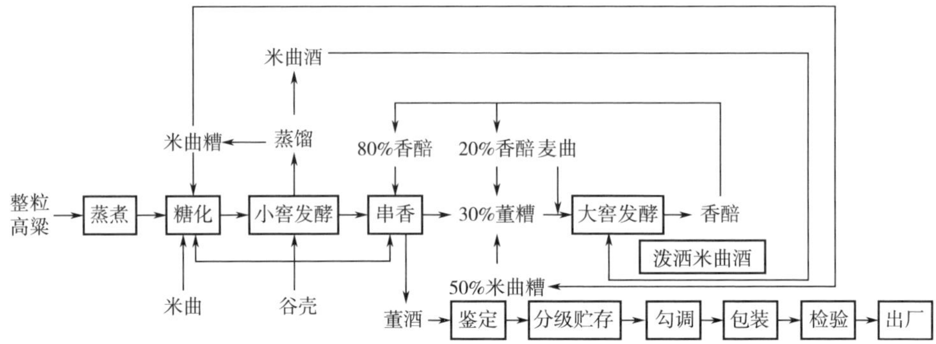

图 6-22　董香型白酒工艺流程

串香蒸馏是董香型白酒蒸馏工艺的特色，根据生产不同酒质的要求，有三种串香方法：第一种为复蒸串香法，即将蒸馏出的酒放入锅底，用香醅进行串蒸；第二种为双醅串香法，即将酒醅放入甑下部，香醅覆盖在上而进行串蒸；第三种为双层串香法，即采用双层甑柄，下层放酒醅，中间用甑柄隔开，上层放香醅进行串蒸。董香型白酒生产工艺的特点，用诗句的形式总结如下：

董酒三两董秘方

董酒董香有三两，两小两大两串香；

中药入曲是秘方，三高一低两反常。

诗题点出了董香型白酒的核心要点是三个“两”的特点和保密配方酿酒。

第一句和第二句意指董香型白酒有三个“两”的特点，即两个小、两个大和两个醅串香，两个小指小曲小窖发酵产酒，两个大是指大曲大窖产香，然后两醅进行串香蒸馏。

第三句和第四句说明董香型白酒采用多味中药入曲，这个配方是国家保密配方，所酿制的酒具有三高一低两个反常的特点。

2. 成品感官特点

2008 年 9 月，贵州省“董香型”地方标准正式将董酒确定为董香型白酒。董香型也称药香型，该香型的白酒以董酒为代表，产于贵州遵义，因厂址坐落在北郊董公寺而得名，董酒公司主要产品为酒精度 28%～68%vol 的董酒。抗日战争时期，浙江大学西迁遵义，教授们践行实地了解民情来到董公寺，品饮董酒（当时称程家窖酒）后，赞不绝口。教授们认为，此酒融汇 130 多种纯天然中草药参与制曲，是百草之酒，而“董”字由“艹”和“重”组成，“艹”与“草”同意，“重”为数量多之意，故“董”字寓意“百草”。

董酒是我国白酒中酿造工艺非常特殊的一种酒品，它采用优质高粱为原料，以贵州大娄山脉地下泉水为酿造用水，小曲、小窖制取酒醅，大曲、大窖制取香醅，酒醅香醅串香而成。董酒的生产工艺和配方在当今世界上独一无二，在蒸馏酒行业中独树一帜。历代传承着中国传统文化深厚的根基，代表了中华民族千年沉淀的养生文化，它是中国白酒行业中极具中华民族特色的传统产品。为保护这一传统名产，“董酒工艺与酿造配方”于1983年、1994年、2006年先后三次被国家轻工业部、国家科学技术部、国家保密局列为科学技术保密项目“国家秘密”，严禁对外作泄密性宣传，可参观、不拍照、不介绍，保密期限为长期。

董酒有别于酱、浓、清、米香型白酒。其香味既有大曲酒的浓郁芳香，又有小曲酒的柔绵醇和，回甜，还有淡雅舒适的“百草香”、植物芳香即董香，同时又有爽口的微酸，酒体丰满协调。“酯香、醇香、药香”是构成董酒香型的几个重要方面。

董香型白酒的品评要点为：

（1）色泽一般为微黄。

（2）香气浓郁，酒香、药香协调舒适，稍带有丁酸及丁酸乙酯的复合香味。

（3）入口丰满，有根霉产生的特殊味道，酒的酸度高，酸味明显，后味长，后味稍有苦味。

（4）有小曲酒和大曲酒的风格，使大曲酒的浓郁芬芳和小曲酒的醇和绵爽的特点融为一体。大曲与小曲中均配有品种繁多的中草药，使成品酒中有令人愉悦的药香。

高度的优级董香型白酒应无色或微黄，清澈透明，无悬浮物，无沉淀，香气幽雅，董香舒适，醇和浓郁，甘爽味长，具有本品典型的风格。

3. 成品价格与理化指标

表6-34是董香型白酒典型代表贵州董酒厂生产的国密董酒G6的价格和相关的理化指标数据。从表中可以看出，贵州地方标准DB52/T 550—2013《董香型白酒》要求高度的优级董香型白酒总酯≥0.90g/L，总酸≥0.90g/L，丁酸乙酯+丁酸≥0.3g/L。

根据目前对董香型白酒的研究结果，发现其风味成分组成有“三高”，“一低”和“两反”的特点。

表 6-34　　董香型白酒相关指标

类别	指标	DB 52/T 550—2013《董香型白酒》要求	国密董酒 G6
价格	价格/(元/500mL)	—	785
安全	甲醇/(g/L)	≤0.6	0.171
	氰化物（以氢氰酸计）/(mg/L)	≤8.0	0.065
	铅/(mg/L)	≤0.5	未检出（<0.05）
酒精度	酒精度/%vol	标示值±1.0	标示值±1.0
总酯	总酯/(g/L)	≥0.90	3.93
总酸	总酸/(g/L)	≥0.90	2.06
固形物	固形物/(g/L)	≤0.50	0.04
特征	丁酸乙酯+丁酸/(g/L)	≥0.30	0.61

注：价格为京东商城查询价，查询时间为 2021 年 3 月。

“三高”的第一高是指高级醇含量高，其中主要是正丙醇和仲丁醇含量高；第二高是指总酸含量高，董香型白酒的酸主要由乙酸、丁酸、己酸和乳酸四大酸类组成，其总酸量是其他名优白酒的 2~3 倍；第三高是指丁酸乙酯含量高，董香型白酒的丁酯与己酯的比例是其他名优白酒的 3~4 倍。高度董香型白酒要求总酸和总酯含量都≥0.90g/L，丁酸+丁酸乙酯的总量≥0.30g/L。

“一低”是指乳酸乙酯含量低，是其他名酒的 1/2 以下。

“两反”是指酸含量高于酯，醇含量高于酯，即醇>酯、酸>酯。

（二）认识库存之基酒

认识基酒，重点要根据目标酒的价格定位、风格特点、需要组合的数量等要点，把库房里的各基酒的等级、风格特点、理化指标、库存数量等盘点清楚。

二、寻优方案先设计

在经验的基础之上，选择合适的均匀设计表格，进行基酒配方的数学优选，具体步骤可参见酱香型白酒和浓香型白酒酒体设计部分的内容。

三、 根据方案先小试

建议先将每个基酒，按目标酒的酒精度进行稀释，然后再进行组合试验，而无须每次组合试验都要临时计算加浆量，进行加浆稀释，因为每次加浆稀释都会影响原始酒的比例，从而影响试验的均匀性。先稀释还有另一个优点，即同一酒精度下的酒，可以进行线性加和，而不会发生体积收缩效应。

根据目标寻优方案拟定各种可能配方后，进行小样的勾调，为了配方的可比性，建议先将所有的小样统一进行组合操作，以便减小误差，并经适当时间的放置。

四、 独孤九鉴配方鉴

小样试验时，一般建议找到几个较优的配方，通常为三个，之后还需要进一步验证，验证通过后，最好还要再进一步放大组合，进行更广泛的测试，以听取更多人的意见。将基酒配比，换算成原始基酒的配比以及加浆的比例，以方便生产，基酒的计量单位是使用质量单位还是体积单位，根据企业的实际情况而定。

五、 找到配方量产之

遵循“先设计，后量产”的原则。小试优选到的配方，经反复测试都没有问题，才可以按比例放大，进行生产组合。为了控制风险，生产勾调的每一步都要进行跟踪取样，进行感官品评和理化分析，确保每一步都在可控范围之内，才可以进行下一步。

完整的酒体设计勾调流程，可参见酱香型白酒酒体设计的内容。

第十三节 小曲白酒的酒体设计

一、目标基酒先认识

（一）认识目标酒

1. 生产工艺特点

此处的小曲白酒是指小曲固态法白酒，不包括小曲米香型白酒和小曲豉香型白酒，小曲白酒以小曲清香型白酒为代表。小曲清香型白酒的酿酒原料为高粱，小曲清香型白酒的糖化发酵剂为传统法小曲及纯种根霉小曲（麦麸制成），小曲清香型白酒的典型代表有玉林泉、江津小曲酒。

小曲清香型白酒的生产方法主要有两种：一种为川法小曲白酒，另一种为云南小曲白酒。四川小曲清香型白酒是以粮谷为原料，采用小曲或纯种根霉为糖化发酵剂，经蒸煮、固态培菌糖化、固态发酵、固态蒸馏、陈酿、勾兑而成，未添加食用酒精及非白酒发酵产生的呈香呈味物质的白酒。云南小曲清香型白酒是以粮谷为主要原料，采用小曲为糖化发酵剂，经传统固态糖化、小容量容器固态发酵，蒸馏、储存、勾兑、包装而成的，不使用食用酒精及非白酒发酵产生的呈香呈味呈色物质的白酒。

小曲清香型白酒的发酵设备及发酵型式为水泥池或小坛、小罐，固态短期发酵。其工艺特点为清蒸清烧，小曲培菌糖化，配糟发酵。四川小曲清香白酒的发酵时间为 7d；云南小曲清香型白酒的发酵时间为 30d。小曲清香型白酒的工艺流程如图 6-23 所示。

小曲清香型白酒生产工艺的特点，用诗句的形式总结如下：

小曲固态小清香

一泡再闷两蒸粮，小曲糖化似米香；

配糟发酵池坛罐，一月一周有几样。

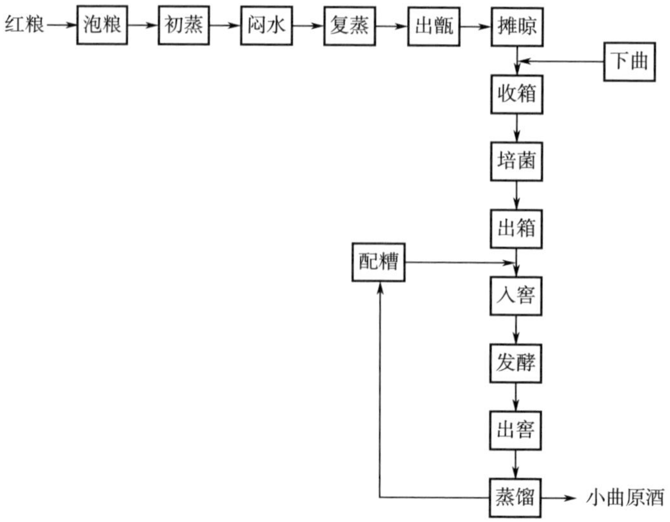

图 6-23　小曲清香型白酒工艺流程

诗题点出了小曲清香型白酒的核心要点是使用小曲作糖化发酵剂，采用固态的形式进行发酵，所产酒具有有别于大曲清香酒的清香风格。

第一句和第二句意指小曲清香型白酒一般是采用泡粮闷粮、两次蒸粮的方式进行高粱的蒸煮，小曲清香型白酒也要先进行糖化，方式类似于米香型。

第三句和第四句说明小曲清香型白酒采用清蒸粮的配糟发酵，发酵容器有水泥池，也有小陶坛和不锈钢发酵槽，发酵时间有的一个月，有的一周，形式各异。

2. 成品感官特点

目前最成功的小曲白酒就是小曲清香型白酒，小曲清香型白酒以云南玉林泉和重庆的江津小曲酒为代表。小曲清香型白酒采用清蒸清烧，小曲培菌糖化，配糟发酵的工艺。四川小曲清香型白酒的发酵时间为 7d，云南小曲清香型白酒的发酵时间为 30d。

小曲清香型白酒的品评要点：清香纯正，具有乙酸乙酯和独有的糟香的复合香气，糟香突出、酒体醇厚、醇甜柔和、香味协调、余味爽净。

优级云南小曲清香型白酒的感官要求为无色或微黄，清亮透明，无悬浮物，无沉淀，香气自然，清香纯正，酒体柔和，香味较协调，具有本品典型的风格。

3. 成品价格与理化指标

表 6-35 是小曲清香型白酒典型代表 40%vol 江小白小曲清香型白酒的价格和理化指标数据。从表中可以看出，国家标准 GB/T 10781.2—2022《白酒质量要求　第 2 部分：清香型白酒》规定，高度的优级小曲固态白酒总酯≥0.45g/L，总酸≥0.25g/L。

表 6-35　　小曲清香型白酒相关指标的含量

类别	指标	GB/T 26761—2011《小曲固态法白酒》要求	GB/T 10781.2—2022《白酒质量要求　第 2 部分：清香型白酒》要求	100mL 江小白
价格	价格/(元/100mL×6)	—	—	119
安全	甲醇/(g/L)	≤0.6	≤0.6	0.02
	氰化物（以氢氰酸计）/(mg/L)	≤8.0	—	0.065
	铅/(mg/L)	≤0.5	≤0.5	未检出（<0.05）
酒精度	酒精度/%vol	标示值±1.0	标示值±1.0	标示值±1.0
总酯	总酯/(g/L)	≥0.45	≥1.10	1.07
总酸	总酸/(g/L)	≥0.25	≥0.50	0.60
固形物	固形物/(g/L)	≤0.70	≤0.5	0.01
特征	乙酸乙酯/(g/L)	—	≥0.65	0.84
	乳酸乙酯/(g/L)	—		0.30
	己酸乙酯/(g/L)	—		0.02
特色	正丁醇/(g/L)	—		0
	仲丁醇/(g/L)	—		0.14
	异丁醇/(g/L)	—		0.14
	正丙醇/(g/L)	—		0.11
	异戊醇/(g/L)	—		0.32

注：价格为京东商城查询价，查询时间为 2021 年 3 月。江小白为 40%vol 语录表达小瓶酒。

江小白的总酯与总酸的比例约为 1.8∶1，和传统的小曲清香型白酒 3∶1 相比有较大变化，这可能是因为在酒体设计的时候有意识地加大了高酸酒的使用比例，以解决小曲清香型白酒后苦味明显的问题。

根据目前对小曲清香型白酒的研究结果，可知其风味成分一般具有如下特征：

（1）以乙酸乙酯和乳酸乙酯为主。

（2）酯类总含量低于醇类总含量。

（3）总酯与总酸比约为 3∶1。

（4）乳酸和乙酸含量高，两者总和占总酸的 80%以上。

（二） 认识库存之基酒

认识基酒，重点是根据目标酒的价格定位、风格特点、需要组合的数量等要点，把库房里的各基酒的等级、风格特点、理化指标、库存数量等盘点清楚。

二、 寻优方案先设计

在经验的基础之上，选择合适的均匀设计表格，进行基酒配方的数学优选，具体的步骤可见酱香型白酒和浓香型白酒酒体设计部分的内容。

三、 根据方案先小试

建议先将每个基酒，按目标酒的酒精度进行稀释，然后再进行组合试验，而无须每次组合试验都要临时计算加浆量，进行加浆稀释，因为每次加浆稀释都会影响原始酒的比例，从而影响试验的均匀性。先稀释还有另一个优点，即同一酒精度下的酒，可以进行线性加和，而不会发生体积收缩效应。

根据目标寻优方案拟定各种可能配方后，进行小样的勾调，为了配方的可比性，建议先将所有的小样统一进行组合操作，以便减小误差，并经适当时间的放置。

四、 独孤九鉴配方鉴

小样试验时，一般建议找到几个较优的配方，通常为三个，之后还需要进一步验证，验证通过后，最好还要再进一步放大组合，进行更广泛的测试，以听取更多人的意见。将基酒配比，换算成原始基酒的配比以及加浆的比例，以方便生产，基酒的计量单位是使用质量单位还是体积单位，根据企业的实际情况而定。

五、 找到配方量产之

遵循“先设计，后量产”的原则。小试优选到的配方，经反复测试都没有问题，才可以按比例放大，进行生产组合。为了控制风险，生产勾调的每一步都要进行跟踪取样，进行感官品评和理化分析，确保每一步都在可控范围之内，才可以进行下一步。

完整的酒体设计勾调流程，可参见酱香型白酒酒体设计的内容。

第十四节　麸曲白酒的酒体设计

一、 目标基酒先认识

（一） 认识目标酒

1. 生产工艺特点

十七大名酒都是以大曲酿造的酒，但是实践表明以大曲作为糖化发酵剂酿造白酒也存在一些问题，首先在制造大曲时要消耗大量的小麦、大麦和豌豆等粮食，其酿造时，用曲量大，发酵周期长，出酒率低，每斤酒的耗粮高。

为了节约粮耗，克服大曲酒出酒率低的问题，20 世纪 50 年代以来，推广了使用培养纯种微生物的麸曲酒母的酿酒技术，应用优良的糖化菌和发酵菌进行酿酒，这对提高淀粉的利用率和出酒率都起到了促进作用，使制酒工艺向现代技术进了一步。使用麸曲所酿造的白酒称为麸曲白酒。麸曲白酒是指麸曲固态法白酒，以麸曲清香型白酒为代表，不过，麸曲酱香型白酒也比较成功。麸曲酱香工艺也称碎沙工艺，是一种发酵时间短、出酒率高的酿酒工艺。麸曲清香型白酒的原料为高粱，曲为麸曲、酒母［大曲、麸曲结合（麸皮制成）］，发酵设备为水泥池。

麸曲清香型白酒的工艺特点为清蒸清烧，配糟水泥池固态短期发酵，发酵时间4~5d，用曲量少，出酒率高。麸曲白酒的工艺可分为混烧法和清蒸法两种。混烧法工艺操作采用老五甑法，类似于老白干酒工艺，流程如图6-24所示。

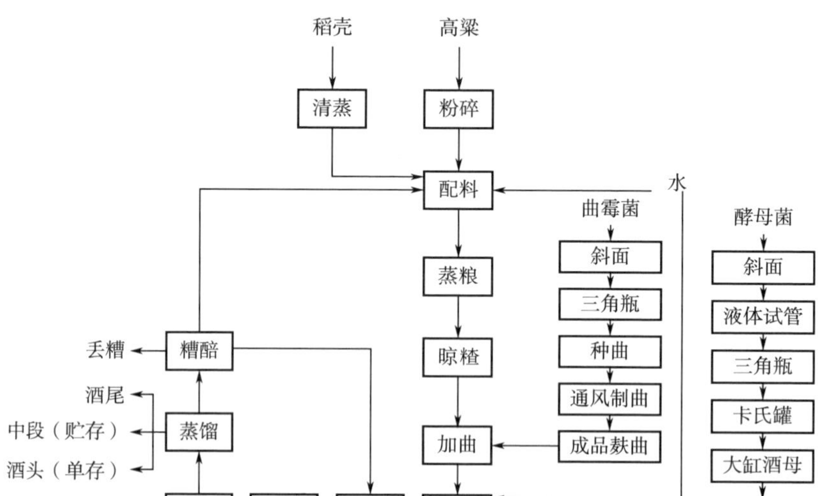

图6-24　麸曲白酒混烧工艺流程

麸曲清香型白酒是以纯种曲霉和酵母为糖化发酵剂，原料经粉碎后续糟固态发酵，与大曲清香型白酒相比，由于微生物是纯种，微量成分单一。麸曲的制作工艺如图6-25所示。

麸曲清香型白酒生产工艺的特点，用诗句的形式总结如下：

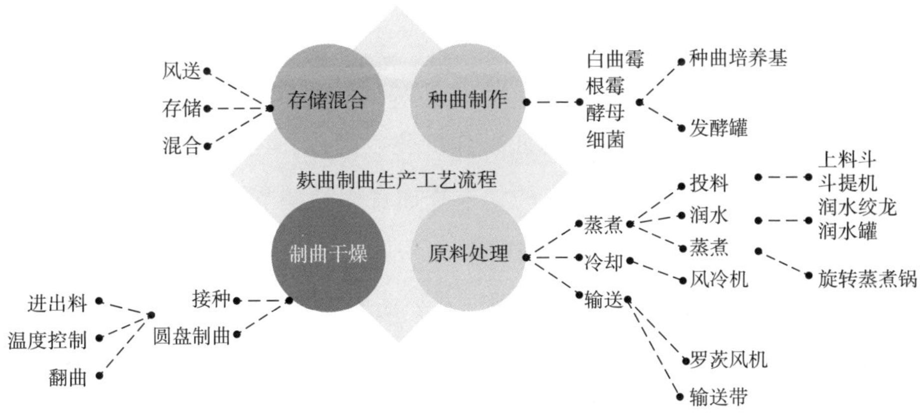

图6-25　麸曲制作工艺流程

现代传统麸曲现

麸母几份量不少，几天发好出酒高；

白曲根霉母细菌，曲质稳定酒带糟；

小曲根多可无母，麸曲曲多母配合；

小曲曲小用量小，麸曲白酒用量多。

诗题点出了麸曲清香型白酒是采用现代微生物技术改造传统酿酒工艺而出现的。

第一句和第二句意指麸曲清香型采用麸曲、酵母作为糖化发酵剂，麸曲的用量比小曲高，发酵速度很快，几天就可以出酒，而且出酒率也高。

第三句和第四句说明麸曲清香型白酒制作麸曲所使用的微生物有白霉、曲霉、根霉、酵母等真核微生物与细菌，曲质稳定，酒带有一定麸皮糟香。

第五句和第六句表示小曲中根霉菌多，可以没有酵母，而麸曲中曲霉较多，必须有酵母的配合使用。

第七句和第八句阐述小曲的用曲量很小，而麸曲白酒的用曲量会稍多一些。

2. 成品感官特点

麸曲白酒是以高粱、薯干、玉米及高粱糠等含淀粉的物质为主要原料，采用纯种麸曲酒母代替大曲（砖曲）作糖化发酵剂，经蒸煮、糖化、固态法发酵、蒸馏、贮存、勾兑而制成的，未添加食用酒精及非白酒发酵产生的呈香呈味呈色物质，具有麸曲风格的白酒。

以麸曲替代传统大曲酿造的白酒，有麸曲酱香型白酒、麸曲浓香型白酒，也有麸曲清香型白酒等，在这三种麸曲香型的白酒中以麸曲酱香型白酒和麸曲清香型白酒最为成功。麸曲清香型白酒以北京红星二锅头为代表。麸曲酱香型白酒是以高粱、小麦、水等为原料，以麸曲为糖化发酵剂，经固态法发酵、蒸馏、贮存、勾兑而成的，未添加食用酒精及非白酒发酵产生的呈香呈味呈色物质，具有大曲酱香型风格的白酒。

麸曲清香型白酒的品评要点与大曲清香型白酒基本相同，具体如下：

（1）麸曲清香闻香有明显的麸皮味。

（2）小曲清香闻香有明显的糟香、粮香，回甜突出。

（3）大曲清香香气大，其醇厚度、入口刺激性都具三者之首，大曲清香型>麸曲清香型>小曲清香型。

高度的优级麸曲清香型白酒应为无色或微黄，清亮透明，无悬浮物，无沉淀，清香纯正，具有明显的乙酸乙酯为主体的复合香气，回味醇和，绵甜净爽。

高度优级的麸曲酱香型白酒应为无色或微黄，清亮透明，无悬浮物，无沉淀，酱香明显，香气较幽雅，有空杯留香，酒体醇厚，诸味协调，回味长，具有本品典型的风格。

3. 成品价格与理化指标

表 6-36 是麸曲清香型白酒典型代表北京红星二锅头绿瓶的价格和相关理化指标的数据，其风味成分特征为以乙酸乙酯和乳酸乙酯为主。

表 6-36　　麸曲清香型白酒理化指标

类别	指标	GB/T 10781.2—2006《清香型白酒》要求	GB/T 10781.2—2022《白酒质量标准　第 2 部分：清香型白酒》要求	红星二锅头 56%vol
价格	价格/(元/500mL)	—	—	14
安全	甲醇/(g/L)	≤0.6	≤0.6	0.11
	杂醇油/(g/L)	—	—	0.76
	铅/(mg/L)	≤0.5	≤0.5	<0.05
酒精度	酒精度/%vol	标示值±1.0	标示值±1.0	标示值±1.0
总酯	总酯/(g/L)	≥1.00	≥1.10	1.94
总酸	总酸/(g/L)	≥0.40	≥0.50	0.72
固形物	固形物/(g/L)	≤0.4	≤0.5	0.05
特征	乙酸乙酯/(g/L)	0.60~2.60	≥0.65	1.44

注：价格为京东商城查询价，查询时间为 2021 年 3 月。样品酒为红星二锅头绿瓶清香型。

（二）认识库存之基酒

认识基酒，重点是根据目标酒的价格定位、风格特点、需要组合的数量等要点，把库房里的各基酒的等级、风格特点、理化指标、库存数量等盘点清楚。

二、寻优方案先设计

在经验的基础之上，选择合适的均匀设计表格，进行基酒配方的数学优选，具体的步骤可见酱香型白酒和浓香型白酒酒体设计部分的内容。

三、根据方案先小试

建议先将每个基酒，按目标酒的酒精度进行稀释，然后再进行组合试验，而无须每次组合试验都要临时计算加浆量，进行加浆稀释，因为每次加浆稀释都会影响原始酒的比例，从而影响试验的均匀性。先稀释还有另一个优点，

即同一酒精度下的酒，可以进行线性加和，而不会发生体积收缩效应。

根据目标寻优方案拟定各种可能配方后，进行小样的勾调，为了配方的可比性，建议先将所有的小样统一进行组合操作，以便减小误差，并经适当时间的放置。

四、 独孤九鉴配方鉴

小样试验时，一般建议找到几个较优的配方，通常为三个，之后还需要进一步验证，验证通过后，最好还要再进一步放大组合，进行更广泛的测试，以听取更多人的意见。将基酒配比，换算成原始基酒的配比以及加浆的比例，以方便生产，基酒的计量单位是使用质量单位还是体积单位，根据企业的实际情况而定。

五、 找到配方量产之

遵循“先设计，后量产”的原则。小试优选到的配方，经反复测试都没有问题，才可以按比例放大，进行生产组合。为了控制风险，生产勾调的每一步都要进行跟踪取样，进行感官品评和理化分析，确保每一步都在可控范围之内，才可以进行下一步。

完整的酒体设计勾调流程，可参见酱香型白酒酒体设计的内容。

第十五节 多粮浓香型白酒的酒体设计

一、 目标基酒先认识

（一） 认识目标酒

1. 生产工艺特点

多粮浓香型白酒是指以两种以上粮谷为原料，经传统固态法发酵、蒸馏、陈酿、勾兑而成的，未添加食用酒精及非白酒发酵产生的呈香呈味物质，具有已酸乙酯为主体复合香的白酒。多粮浓香型白酒的典型代表为五粮液、剑南春、全兴大曲，其多种原料中，以高粱为主配以其他粮食，多为五种。中华人民共和国成立后五粮液进行过配方改良试验，经试验将荞麦换成了小麦。现在五粮液的五种原料配比为36%高粱、22%大米、18%糯米、16%小麦、8%玉米。多粮浓香型白酒的生产用曲和单粮浓香型白酒类似，也是采用由小麦制成的中偏高温大曲。

中国白酒风格的形成，原料是前提，曲是基础，制酒工艺是关键。鲁、豫、皖、苏等省生产的浓香型大曲酒，与川酒在酿造工艺上虽都遵从“泥窖固态发酵，续糟（茬）配料，混蒸混烧”的基本工艺要求，同属于以己酸乙酯为主体香味成分的浓香型白酒，但由于生产原料、制曲原料及配比、生产工艺等方面的差异，再加上地理环境等因素的影响，出现了不同的风格特征，形成了两个不同的流派。

四川的浓香型大曲酒大多以糯高粱为制酒原料，制曲原料为小麦。生产工艺采用的是原窖法和跑窖法工艺，发酵周期为60~90d。加上川东、川南地区的亚热带湿润季风气候，形成了浓中带陈味型的流派。

苏、皖、鲁、豫等省生产的浓香型大曲酒大多采用粳高粱为原料，制曲原料为大麦、小麦和豌豆。采用混烧老五甑法工艺，发酵周期45~60d。加上地理环境因素的影响，形成了纯粮浓香流派。

公元1368年的明朝初年，宜宾人陈氏继承了姚氏产业，总结出陈氏秘方，此酒有两名，文人雅士称之为姚子雪曲，下层人民都叫“杂粮酒”，这就是而今五粮液的直接前身。保留至今的明朝老窖已有600多年的历史，现仍在使用。

浓香型白酒生产工艺中五粮液的生产工艺独树一帜，与其他酒种相比，酿造五粮液的工艺条件中入窖酸度相对最高，控制不好就导致不产酒，入窖淀粉浓度相对最高、入窖水分相对最低、入窖糟醅黏性最大，增加了劳动强度、发酵周期长。

五粮液作为多粮浓香型白酒的典型代表，除了“固态续糟、泥窖发酵、混蒸混烧、缓慢发酵”这些中国白酒的固态发酵共性生产工艺外，还有自己独特“1366”工艺秘诀，分别是一极、三优、六首创和六精酿。

六首创是指首创了包括“五粮配方”“包包曲”“跑窖循环”“双轮底”“沸点量水”“勾兑双绝”六种工艺，已被业内企业广为借鉴使用。

六精酿是指在五粮液生产过程中，一直遵循“优中选优，花中选花”，按照“六精酿”工序进行细致的分级。“六精酿”工序是分层入窖、分层起糟、分层蒸馏、量质摘酒、按级并坛、分级储存。

多粮浓香型白酒生产工艺的特点，用诗句的形式总结如下：

宜宾多江酒多粮

白酒酿造有特色，熟粮生曲开发蒸；
原料影响酒特征，组分构成各不同；
高粱香，大米净，小麦燥，大麦冲；
糯米绵，玉米甜，原料配比影香型。

诗题点出了多粮浓香型白酒是以宜宾五粮液为代表，宜宾市地处金沙江、岷江和长江三江交汇点。

第一句和第二句意指中国白酒酿造很有特色，一般采用熟粮酿酒、生粮制曲，开放式发酵和蒸馏。

第三句和第四句说明白酒的酿酒原料影响酒的特征，原因是原料的组分构成各不相同。

后四句阐述高粱酿的酒香，大米酿的酒爽净，小麦酿的酒燥，大麦酿的酒冲，糯米酿的酒绵，玉米酿的酒甜。

2. 成品感官特点

传统的浓香型白酒有两个典范，一个是泸州老窖，一个是五粮液。两者最大的区别是泸州老窖只用了高粱为原料，而五粮液用了五种粮食做配方。

另外，在酿造工艺方面，泸州老窖用的是原窖工艺，即酿酒取出与放回都在同一个窖池；而五粮液用的是跑窖工艺，即这个窖池取出母糟，却在另一个窖池发酵。不同的粮食配方和工艺，导致同属浓香型的两种白酒有了不同的风格。

多粮浓香型白酒是以多种粮谷为原料酿造，常以高粱、大米、糯米、小麦和玉米五种粮食为原料，稻壳为辅料，按照传统浓香型生产工艺酿造的白酒。酿酒界流行“高粱香、大米净、糯米绵、小麦躁、玉米甜、大麦冲”基本上描述了不同的原料对白酒品质品格的影响。

多粮浓香与单粮浓香的区别为：单粮浓香型白酒窖香浓郁，味大，味单，后味长，市场占比20%~30%；多粮浓香型白酒有多粮香，窖香味偏弱，更突出粮香、曲香等复合香味，味轻，味多，后味小，市场占比70%~80%。

高度的优级多粮浓香型酒感官要求为无色或微黄，清亮透明，无悬浮物，无沉淀，具有幽雅的以己酸乙酯为主体的多粮复合香气，酒体醇厚丰满，绵甜柔顺，余味爽净，酒味全面，具有本品典型的风格。

普通五粮液的感官评语是香气悠久、入口甘美、味醇厚、落喉净爽、各味谐调、恰到好处，尤以酒味全面而著称。

3. 成品价格与理化指标

表6-37是普通五粮液的市场价格与主要理化指标数据。

表6-37　　典型多粮浓香型白酒理化指标

指标类别	指标	GB/T 10781.1—2006《浓香型白酒》要求	五粮液52%
价格	价格/(元/500mL)	—	1399
安全	甲醇/(g/L)	≤0.6	0.11
	杂醇油/(g/L)	—	0.52
	铅/(mg/L)	≤0.5	<0.05
酒精度	酒精度/%vol	标示值±1.0	标示值±1.0
总酯	总酯/(g/L)	≥2.00	3.28

续表

指标类别	指标	GB/T 10781.1—2006《浓香型白酒》要求	五粮液 52%
总酸	总酸/(g/L)	≥0.40	0.82
固形物	固形物/(g/L)	≥0.60	0.04
特征	己酸乙酯/(g/L)	1.20~2.80	2.5

注：价格为京东商城查询价，查询时间为2021年3月。

（二）认识库存之基酒

认识基酒，重点要根据目标酒的价格定位、风格特点、需要组合的数量等要点，把库房里的各基酒的等级、风格特点、理化指标、库存数量等盘点清楚。

二、寻优方案先设计

在经验的基础之上，选择合适的均匀设计表格，进行基酒配方的数学优选，具体步骤可参见酱香型白酒和浓香型白酒酒体设计部分的内容。

白酒行业的“勾兑双绝”是指五粮液计算机勾兑专家系统与五粮液人工勾兑技术体系的完美结合，形成了五粮液独特的、现代化的成品酒调配技术。

三、根据方案先小试

建议先将每个基酒，按目标酒的酒精度进行稀释，然后再进行组合试验，而无须每次组合试验都要临时计算加浆量，进行加浆稀释，因为每次加浆稀释都会影响原始酒的比例，从而影响试验的均匀性。先稀释还有另一个优点，即同一酒精度下的酒，可以进行线性加和，而不会发生体积收缩效应。

根据目标寻优方案拟定各种可能配方后，进行小样的勾调，为了配方的可比性，建议先将所有的小样统一进行组合操作，以便减小误差，并经适当时间的放置。

四、 独孤九鉴配方鉴

小样试验时，一般建议找到几个较优的配方，通常为三个，之后还需要进一步验证，验证通过后，最好还要再进一步放大组合，进行更广泛的测试，以听取更多人的意见。将基酒配比，换算成原始基酒的配比以及加浆的比例，以方便生产，基酒的计量单位是使用质量单位还是体积单位，根据企业的实际情况而定。

五、 找到配方量产之

遵循“先设计，后量产”的原则。小试优选到的配方，经反复测试都没有问题，才可以按比例放大，进行生产组合。为了控制风险，生产勾调的每一步都要进行跟踪取样，进行感官品评和理化分析，确保每一步都在可控范围之内，才可以进行下一步。

完整的酒体设计勾调流程，可参见酱香型白酒酒体设计的内容。

第十六节　浓兼酱香型白酒的酒体设计

一、 目标基酒先认识

（一） 认识目标酒

1. 生产工艺特点

浓兼酱香型白酒的典型代表为玉泉酒，原料为高粱，糖化发酵剂为大曲（小麦制成），发酵设备为水泥池、泥窖并用，固态分型发酵。“三下八回传统兼，分型再混又一兼”。

浓兼酱香型白酒的工艺特点为采用酱香、浓香分型发酵产酒。其是以高粱为制酒粮食，选用小麦大曲，依次经过两次投料，九次反复蒸煮、摊晾、撒曲、堆积，八次入窖发酵，七次取酒，制得酱香型原酒，经贮存，勾调得到酱香型基酒。另外以高粱为制酒粮食，选用小麦大曲，依次经过原料粉碎，起糟醅出窖、配料、拌和、蒸煮糊化、打量水、摊晾、撒曲、堆积、入窖发酵，制得浓香型原酒，经贮存，勾调得到浓香型基酒。将酱香型基酒和浓香型基酒按体积比约 3∶7 的比例勾兑，得到浓兼酱香型白酒，其工艺流程如图 6-26 所示。

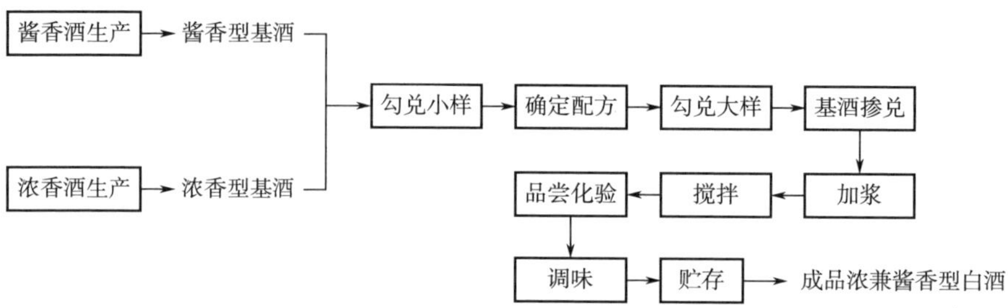

图 6-26　浓兼酱香型白酒工艺流程

2. 成品感官特点

浓兼酱香型白酒的品评要点为闻香以浓香为主，带有明显的酱香。入口绵甜、较甘爽，浓、酱协调，后味带有酱香，口味柔顺、细腻。

优级的浓兼酱香型白酒感官要求为无色或微黄，清亮透明，无悬浮物，无沉淀，浓香带酱香，浓酱谐调，幽雅馥郁，细腻丰满，绵甜爽净，余味悠长，具有本品典型的风格。

3. 成品价格与理化指标

表 6-38 是浓兼酱香型白酒典型代表黑龙江玉泉方瓶酒的市场销售价格和主要理化指标数据。

表 6-38　浓兼酱香型白酒理化指标

类别	指标	GB/T 10781.8—2021 规定	白云边 42%vol	玉泉方瓶酒
价格	价格/(元/500mL)	—	175	188
安全	甲醇/(g/L)	≤0.6	0.21	0.06
	氰化物（以 HCH 计）/mg/L	≤8	未检出	未检出
	铅/(mg/L)	≤0.5	未检出	未检出

续表

类别	指标	GB/T 10781.8—2021 规定	白云边 42%vol	玉泉方瓶酒
酒精度	酒精度/%vol	标示值±1.0	标示值±1.0	标示值±1.0
总酯（出厂一年内）	总酯（按 45.0%vol 折算）/(g/L)	≥1.60	2.66	2.97
总酸（出厂一年内）	总酸（按 45.0%vol 折算）/（g/L)	≥0.60	1.01	1.29
固形物	固形物/(g/L)	≤0.60	0.12	0.63
特征指标（出厂一年内）	己酸乙酯（按 45.0%vol 折算）/(g/L)	0.60~2.00	1.44	1.24
一年后	酸酯总量（按 45.0%vol 折算）/(mmol/L)	35.0	46.1	46.9
一年后	己酸+己酸乙酯（按 45.0%vol 折算）/(g/L)	1.20	1.90	1.69

注：价格为京东商城查询价，查询时间为 2021 年 3 月。白云边为陈酿 15 年酒。

根据目前对浓兼酱香型白酒的研究结果，可知以玉泉酒为代表的浓兼酱型白酒的风味成分组成有以下八个特点：

（1）己酸乙酯含量高于酱兼浓香型白酒 1 倍左右，高度的浓兼酱香型白酒要求己酸乙酯含量在 0.70~2.00g/L。

（2）丁二酸二丁酯含量高，是白云边酒的 40 倍。

（3）己酸含量大于乙酸（白云边相反）。

（4）乳酸、丁酸、戊酸含量高。

（5）β-苯乙醇的含量较高（高出白云边酒 23%，与茅台酒接近）。

（6）正己醇的含量也较高，能达到 400mg/L。

（7）正丙醇低（为白云边酒的 1/2）。

（8）糠醛含量高，高出白云边酒 30%，高出浓香型白酒 10 倍，与茅台酒接近。

根据以上特征可以总结如下：

八大特征玉泉兼

己酯两倍白云边，四十几倍丁丁伴；

己酸乙酸高低反，乳丁戊酸三高酸；

贝塔乙醇高两成，己醇更高四零零；

唯有丙醇低五成，糠醛高出有三成。

（二） 认识库存之基酒

认识基酒，重点是根据所要设计目标酒的价格定位、风格特点、需要生产的数量等要点，把库房里的各基酒的类型、等级、风格特点、理化指标、库存数量等盘点清楚。

二、 寻优方案先设计

在经验的基础之上，选择合适的均匀设计表格，进行基酒配方的数学优选，具体的步骤可见酱香型白酒和浓香型白酒酒体设计部分的内容。

三、 根据方案先小试

建议先将每个基酒，按目标酒的酒精度进行稀释，然后再进行组合试验，而无须每次组合试验都要临时计算加浆量，进行加浆稀释，因为每次加浆稀释都会影响原始酒的比例，从而影响试验的均匀性。先稀释还有另一个优点，即同一酒精度下的酒，可以进行线性加和，而不会发生体积收缩效应。

根据目标寻优方案拟定各种可能配方后，进行小样的勾调，为了配方的可比性，先将所有的小样统一进行组合操作，以便减小误差，并经适当时间的放置。

四、 独孤九鉴配方鉴

小样试验时，一般建议找到几个较优的配方，通常为三个，之后还需要进一步验证，验证通过后，最好还要再进一步放大组合，进行更广泛的测试，以听取更多人的意见。将基酒配比，换算成原始基酒的配比以及加浆的比例，以方便生产，基酒的计量单位是使用质量单位还是体积单位，根据企业的实际情况而定。

五、找到配方量产之

遵循“先设计，后量产”的原则。小试优选到的配方，经反复测试都没有问题，才可以按比例放大，进行生产组合。为了控制风险，生产勾调的每一步都要进行跟踪取样，进行感官品评和理化分析，确保每一步都在可控范围之内，才可以进行下一步。

完整的酒体设计勾调流程，可参见酱香型白酒酒体设计的内容。

第七篇

鸡尾酒的设计与调制

第一章 鸡尾酒

中国白酒的饮用方式较为单一，一般为直饮式，相对而言，洋酒的饮用方式比较多样，除了直饮之外，还可以加冰、兑饮料混饮，其也是鸡尾酒经常选择的基酒。在国际流行的鸡尾酒中还没有采用中国白酒作为基酒的。中国白酒要国际化，饮用方式也要国际化，这也是中国白酒国际化及酒品创新的内容之一。只有了解鸡尾酒的相关内容，才有可能调制出以中国白酒为基酒的受到国外消费者认可的，而且独具特色的鸡尾酒，对促进国外调酒师、国外消费者接触中国白酒、了解中国白酒，也许是一条有效的途径之一。另外，这对扩大中国白酒的消费新领域，扩大市场容量也具有一定的价值。要想比较全面地了解鸡尾酒，笔者认为，就要了解围绕鸡尾酒的三个基本问题，这三个基本问题分别如下：

（1）什么是鸡尾酒？

（2）好的鸡尾酒应该具备哪些特点？

（3）如何调制一杯鸡尾酒？

回答好了这三个基本问题，也就能够从宏观上对鸡尾酒进行系统的把握。笔者把对这三个基本问题的回答总结在一首诗里面，诗题为“诗情画意鸡尾酒”，诗的内容如下：

诗情画意鸡尾酒

加冰现混鸡尾品，色香味形名有意；
品名配方制杯饰，基酒辅酒辅装饰；
八大工具不能离，拌杯摇壶用盎司；
榨汁过滤二夹吧，摇和兑拌三制式。

诗的第一句对上文第一个问题做了回答，第二句对第二个问题做了回答，其余六句则是对第三个问题的回答。

第一句意指鸡尾酒一般是需要加冰块，现场混合不同的酒水和（或）饮料，调制而成的有类似鸡尾色彩的现饮的饮品。

第二句说明一个好的鸡尾酒需要有好的色、香、味、形和所表达的意义。

第三句解释要设计一杯鸡尾酒需要从鸡尾酒的名字、配方、调和方法、所使用的载杯和装饰物五个方面做准备。

第四句点明鸡尾酒的调制需要用到四种主要的配料，即基酒、辅酒、辅料和装饰料。

第五句至第七句介绍现配现饮鸡尾酒制作需要用到至少八种基本工具，即摇酒壶、搅拌杯、盎司杯、过滤器、榨汁器、两把夹子（分别为冰夹和装饰夹）和吧勺。

第八句言明鸡尾酒的现场制作方式主要有三种，分别为摇和法、搅拌法和兑和法。

关于上文三个问题解释的具体内容，下面将逐一进行详细的介绍。

第一节　什么是鸡尾酒?

一、 鸡尾酒的概念

鸡尾酒是英文 Cocktail 的中文翻译，是指由两种或两种以上的酒水或酒水加入其他可用食材，如水果、果汁、汽水等，进行调配而成的混合饮品，注重色、香、味、形、意的完美呈现，如图 7-1 所示。

图 7-1　一款典型的鸡尾酒

二、 鸡尾酒的配料

调制一杯鸡尾酒一般需用到四种原材料，即基酒、辅酒、辅料和装饰料。

（一） 基酒

基酒通常指蒸馏酒、高度酒，提升鸡尾酒酒精度，如白酒、白兰地、威士忌、金酒、伏特加、朗姆酒、特基拉等。

（二） 辅酒

辅酒是辅助搭配的酒水，提升鸡尾酒风味、甜度等，通常以利口酒、开胃酒、甜食酒为主。

（三） 辅料

辅料是指辅助搭配的原料，增加鸡尾酒丰富多彩的特点，通常以果汁、香料、糖果、糖浆、汽水等为主。

（四） 装饰料

装饰料用于完善鸡尾酒的整体呈现，从载杯到修饰点缀都要完美融洽。点缀上通常使用鲜花、水果、果皮、香料等为主，分功能性装饰和纯点缀性装饰。

三、 鸡尾酒的种类

鸡尾酒的分类方式有很多，一般可以酒精含量、饮用时间和产品个性进行分类。

（一） 按酒精含量分类

按酒精含量的高低可以将鸡尾酒分成两类，一类为长饮（Long Drinks），另一类为短饮（Short Drinks）。

所谓长饮是指酒精含量比较低的鸡尾酒，其酒精浓度约为15%，其性质温和，而且相对稳定，可以在较长时间内饮用，故称为长饮。一般认为长饮鸡尾酒在调好后30min左右饮用为好，例如金汤力、莫吉托和长岛冰茶等。

与长饮相对的就是短饮，所谓短饮是指酒精含量比较高的鸡尾酒，其酒精浓度约为30%，分量较少，酒液体积通常在150mL以下，饮用时，通常一口喝干，性质不太稳定，时间长了其风味就会发生变化，一般建议在10~20min内饮用完毕。例如干马天尼、曼哈顿和古典等都属于短饮鸡尾酒。

（二） 按饮用时间分类

鸡尾酒按饮用时间可以分为餐前酒、餐后酒和休闲酒三类。

餐前酒一般酸度高，具有开胃功效，例如得其利、威士忌酸等。

餐后酒一般甜度突出，能助餐后消化，例如白兰地亚历山大、朱丽普等。

休闲酒一般酒体适中，闲暇娱乐时饮用，例如莫吉托、金汤力和自由古巴等。

（三） 按鸡尾酒个性分类

以产品个性分类，鸡尾酒可以分为传统古老鸡尾酒、经典流行鸡尾酒、时尚个性鸡尾酒和改良创新鸡尾酒四种。

古典和干马天尼就属于传统古老鸡尾酒。金汤力和玛格丽特是经典流行鸡尾酒。B-52、沙滩酒和火焰鸡尾酒是时尚个性鸡尾酒。改良创新鸡尾酒是根据已有配方改良或以自己灵感创作而成。

四、 知名鸡尾酒的典型代表

迄今为止，鸡尾酒已经有超过200年的发展历史，因为鸡尾酒并没有太严格的标准限制，这给其创新发展提供了广阔自由的发挥空间。因此，鸡尾酒的配方各异、种类繁多，到目前为止，可以说已有几万种鸡尾酒。在欧美国家，经常会举办一些鸡尾酒挑战赛，再加上一些名人的推动作用，在鸡尾酒的家族中，已经有很多被大家广泛接受的款式，这些鸡尾酒慢慢地也就成了世界知名的鸡尾酒。

世界知名的鸡尾酒有很多种，限于篇幅，本书介绍其中二十二种，便于读者记住这二十二种经典鸡尾酒的名称，笔者用一首律诗进行总结，诗题为“二十二种经典鸡尾酒”，诗的内容如下（诗句后面的数字代表这句诗句里面所描述的鸡尾酒的数量）。

二十二种经典鸡尾酒

亚历山大大都会（2），吉姆雷特有朱金（3），

长岛冰茶曼哈顿（2），古典边车吉普森（3），

威士忌酸特碰干（3），日出激情炸得深（5），

玛格丽特血莫新（4），二十个二鸡经品（0）。

第一句介绍了亚历山大（Alexander）和大都会（Cosmopolitan）。

第二句介绍了吉姆雷特（Gimlet）、朱丽普（Mint Julep）和金菲士（Gin Fizz）。

第三句介绍了长岛冰茶（Long Island Ice Tea）和曼哈顿（Manhattan）。

第四句介绍了古典（Old Fashioned）、边车（Side Car）和吉普森（Gibson）。

第五句包含了威士忌酸（Whisky Sour）、特基拉碰（Tequila Boom）和干马天尼（Dry Martini）。

第六句介绍了特基拉日出（Tequila Sunrise）、海岸激情（Sex on the Beach）、52 号轰炸机（B－52）、得其利（Daiquiri）和深水炸弹（Depth Charge）。

第七句介绍了玛格丽特（Margarita）、血腥玛丽（Bloody Mary）、莫吉托（Mojito）和新加坡司令（Singapore Sling）。

关于这二十二种经典鸡尾酒的介绍将在下文涵盖，此处不再赘述。

五、 鸡尾酒应具备的要素

鸡尾酒是一类极具个性的酒品，注重色、香、味、形、名和意等六方面的表现。外观上一定要讲究色泽美观、装饰点缀相得益彰；酒体上要求香气协调、口感平衡；操作上一定要注重卫生细节，标准操作。

第二节　鸡尾酒的调制方法

一、 常见调酒工具的用途

鸡尾酒的调制是一个比较复杂的过程，需要用到很多器具，一般需要用到九种器具，如图 7-2 所示。

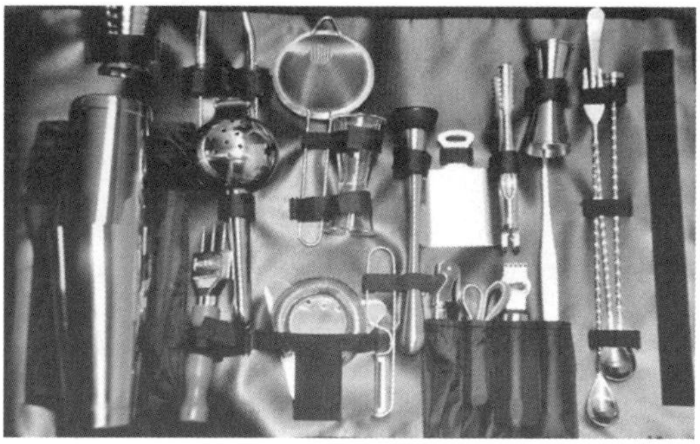

图 7-2　鸡尾酒调制工具包

（一） 摇酒壶

因为鸡尾酒是混合饮品，在调制的时候，经常需要将不同的酒水和（或）饮料进行混匀操作，这时候就需要用到摇酒壶，摇酒壶也可简称摇壶，其是调制鸡尾酒的一个非常重要的工具，当然，也有不需要使用摇酒壶来调制的鸡尾酒。需要摇和的鸡尾酒通常用到鸡蛋、奶油、利口酒、甜果汁等作为配料之一。通常情况下，密度较低的配料只需要摇和15s左右即可，而鸡蛋、奶油等则需要摇和25s左右。调酒壶有两种，一种是雪克壶（Cobbler Shaker），另一种是波士顿摇酒壶（Boston Shaker）。

雪克壶也称为日式、英式、老式或三段式摇酒壶，是不锈钢制品，主要由壶身、过滤网、壶盖三部分组成，如图7-3所示。雪克壶容量有250、350、550和750mL几种。使用方法有单手摇和与双手摇和，单手摇和的容量一般为250~350mL，而双手摇和的容量在500mL以上。

波士顿摇酒壶，也称为美式或花式调酒壶，其主要由金属壶身和上盖玻璃杯两部分组成，其金属壶身也称"听"（Tin），如图7-4所示。波士顿摇酒壶的容量大，适合调制量大的鸡尾酒。也因为容量大，所以波士顿摇酒壶的使用方法主要是双手摇和。倒酒时最好使用专用滤网（Strainer）。

图7-3　雪克壶

图7-4　波士顿摇壶

（二） 搅拌杯

搅拌杯是搅拌法调制鸡尾酒时需要用到的容器，如图7-5所示。

（三） 吧勺

吧勺是用来搅拌混合的液体，也可以用来作为引流器，有时候也可以用来插取橄榄、樱桃等水果装饰物。吧勺是调制鸡尾酒时必不可少的工具之一，其外形如图7-6所示。

图 7-5 搅拌杯

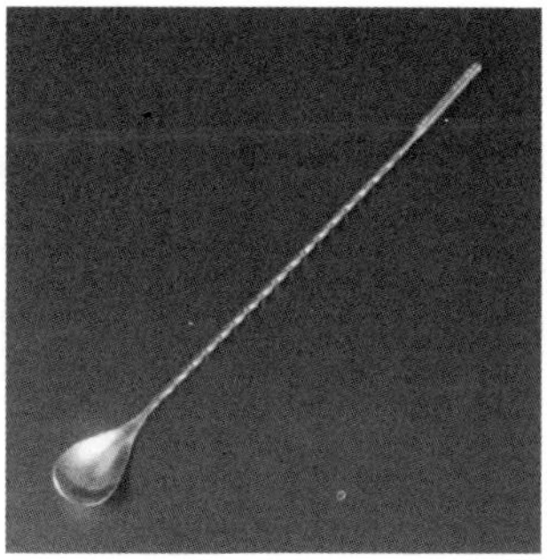

图 7-6 吧勺

（四） 盎司杯

盎司杯主要用来量取液体配料，造型如图 7-7 所示。盎司杯的两端规格不一样，都可用来作为量器定量量取酒、饮料或水等。盎司杯常见的规格有 0.5~1oz①（一头量杯的满口容量为 0.5oz，另一头量杯的满口容量为 1oz）和 1~2oz（一头量杯的满口容量为 1oz，另一头量杯的满口容量为 2oz）等。

图 7-7 盎司杯

（五） 榨汁器

用来将新鲜的水果如橙子、柠檬和青柠檬等榨成汁液，如图 7-8 所示。

① 1oz=29.56mL≈30mL，下同。

（六）捣棒

捣棒用于捣碎沉在摇酒壶底或酒杯底下的糖块、水果或草叶，如图 7-9 所示。其也可以用来更好地提取果汁或各种配料的味道。可以用吧勺的末端来代替，或者是用制作糕点的滚棒。不管怎样，使用时请多加小心，尤其是直接在酒杯里操作时。

图 7-8　榨汁器

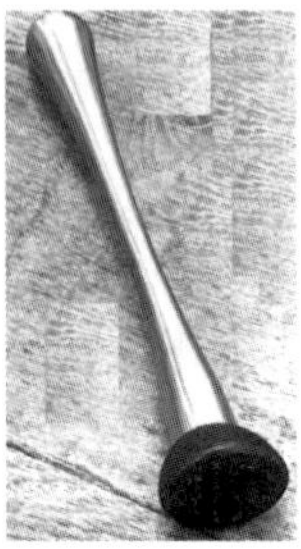

图 7-9　捣棒

因为对于草叶的处理方式越差，越容易给饮品带来苦味，现今鲜有用捣棒来磨碎草叶。建议在使用前用捣棒轻轻敲打叶片，或是把叶片放在手里拍打，它们的香气便会在饮品中充分发散出来。

（七）夹子

夹子主要有两种，一种为冰夹，一种为装饰夹。鸡尾酒一般都需要冷饮，因此，在调制时，就常需要用到大量的冰块，冰夹就是用来夹取冰块，如图 7-10 所示。

图 7-10　冰夹

装饰夹用来夹取装饰物，如图 7-11 所示。

图 7-11　装饰夹

（八）过滤器

过滤器主要有三种，即朱丽普过滤器、冰块过滤器和细孔过滤器。

1. 朱丽普过滤器

最初的时候，朱丽普过滤器在作为过滤器的同时也用来喝堆满冰块的鸡尾酒。它使得品酒更为容易，避免了小块碎冰带来的尴尬（图 7-12）。

2. 冰块过滤器

在把鸡尾酒混合之后，滤网帮助液体流入鸡尾酒杯中，而把冰块留在摇酒壶里（或者是调酒杯）。它的材质坚硬，把手末端呈圆弧形，从而能很好地固定在厅杯上。

3. 细孔过滤器

细孔过滤器放在冰块过滤器和酒杯之间，用于在鸡尾酒摇和后过滤小块冰碴、水果或是草叶（图 7-13）。

图 7-12　朱丽普过滤器

图 7-13　细孔过滤器

三种过滤器均用来过滤在摇酒壶中混合好的酒液，波士顿摇酒壶自身没有过滤部件，一般需要使用过滤器。

（九） 切菜板和刀

鸡尾酒中用的水果一定要削皮、切块。就像做美食一样，注意时刻保持卫生干净，以免在配制不同鸡尾酒时混杂了味道。

调酒师小贴士：在削果皮时，建议选用削皮刀，以便只选取橘皮部分，避开橘络（橘皮和橘肉中间的白色发苦部分）。

二、 鸡尾酒常规调制方法

鸡尾酒常规调制方法主要有摇和法、搅拌法和兑和法三种。

（一） 摇和法（Shake）

摇和鸡尾酒的目的在于使鸡尾酒中的材料充分混合，并快速降低酒的温度，适当稀释酒的浓度，让鸡尾酒的口感达到最理想的状态。摇和法的操作如图 7–14 所示，通常分为英式摇壶法和美式摇壶法（即波士顿摇壶法）。

图 7–14 摇和法调制鸡尾酒

（二） 搅拌法（Stir）

搅拌滤冰法不同于摇和法在于搅拌法是轻柔地将鸡尾酒的原材料进行搅拌均匀，这些鸡尾酒并不需要强烈地撞击混合，也不需要过多的出水量。

操作方法是将吧勺背面紧贴杯壁，轻柔地使用中指与无名指夹住吧勺并以顺时针方向转动，搅拌法操作如图 7–15 所示。

图 7–15 搅拌法调制鸡尾酒

（三） 兑和法

兑和法简单来讲就是将所有材料依次加入载杯中，利用特定工具来进行搅拌均匀或者不搅拌。使用的大部分鸡尾酒都是冷饮，当然也有少部分的热饮鸡尾酒，同时还有分层鸡尾酒等，都需要用兑和法进行操作。

图 7－16 就是一杯用兑和法调制而成的鸡尾酒。

图 7－16　兑和法调制的鸡尾酒

三、 鸡尾酒的配方框架

一种鸡尾酒的配方框架通常包括“名方调杯饰”五个部分，具体以边车鸡尾酒为例进行说明。

1. 品名

边车 Side Car。

2. 配方

60mL 白兰地，30mL 君度，30mL 柠檬汁。

鸡尾酒调制中常用的计量单位是毫升（mL）和盎司（oz）。

3. 调制方法

摇和法。

4. 载杯

鸡尾酒杯。

5. 装饰

橙皮。

四、 鸡尾酒的调制流程

（一） 准备工作

鸡尾酒调制的准备工作是指准备好所用材料，包括酒水、工具、冰杯和装饰等。提前准备好所需要用的酒水材料、调酒工具、载杯、装饰物，最后再准备冰块，并且所有材料都需摆放整齐，放在吧台上，酒标正面朝外，防止在准备工作中出现意外导致装饰物的浪费，及冰块的融化而产生对鸡尾酒的影响。遵行鲜料先加、廉价先加、先进先出的原则。

（二） 流程操作

鸡尾酒调制的流程操作即调酒流程，是混合材料完成酒水的一道工序，同时也是调酒师展示自己个人风采的一个过程，如图 7-17 所示。因此，在此过程中调酒师要自然优雅、干净利索，将酒水调配好的同时展现自己的魅力。要求按比例添加材料，自然流畅。

图 7-17 鸡尾酒的现场调制

（三） 出酒、收尾

酒水调制结束后，调酒师需要立即将酒水送至客人手上；其次再将调酒用的酒水摆放回原位，并将瓶身擦拭干净；最后再清理桌面工具，擦拭干净，规范放置以备用。

（四） 卫生清洁

调制鸡尾酒时，卫生非常重要，在调酒前、调酒过程中、调酒结束后都必须重视。

五、 鸡尾酒载杯选择

鸡尾酒应由式样新颖大方、颜色协调得体、容积大小适当的载杯盛载，如图 7-18 所示。选择载杯时可根据“酒精度”“适应人群”“酒液容量”和“酒水风格”等方式挑选适合的载杯。

图 7-18　鸡尾酒的载杯

六、 鸡尾酒装饰制作

鸡尾酒的装饰品虽非必须，但是却常常需要有，它们对于鸡尾酒来说，具有锦上添花的作用，使之更具有魅力。而且，某些装饰品本身也是调味料。因此，添加装饰是鸡尾酒调制中很重要的一个环节，一般的装饰以水果类、果皮类和香料类等居多，如图 7-19 所示。

图 7-19　鸡尾酒的装饰物

除了水果类装饰外，鸡尾酒制作中还常用雪花边装饰，雪花边分盐边和糖边，其制作过程有三步，如图 7-20 所示。先是将杯口在青檬片（或柠檬）上转一圈，让杯口湿润，然后再将杯口倒置在放有盐或糖的小碟上转一圈进行沾边，这样就可以产生类似雪花边的装饰效果。

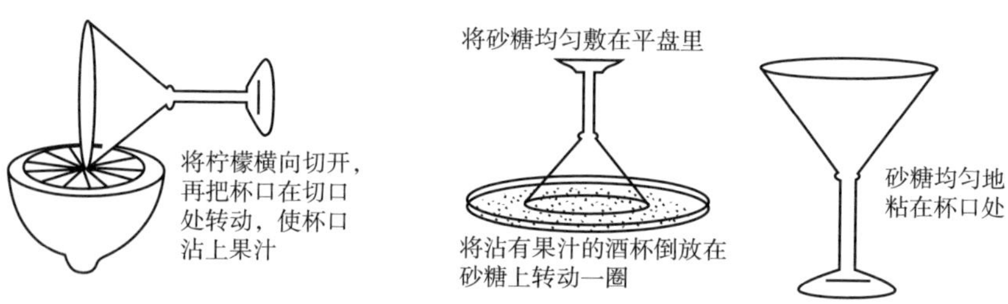

图 7-20　鸡尾酒雪花边装饰制作流程

七、 典型鸡尾酒的调制方法

（一） 亚历山大（Alexander）

亚历山大诞生于英国，据说这款鸡尾酒深受 19 世纪中叶英国国王爱德华七世王妃亚历山大的青睐。本款酒品具有浓郁的可可香味，有奶油般的口感，香甜中略带辛辣，适合女性消费者饮用。此鸡尾酒在调制过程使用了鲜奶油，在摇和时，要用力快速、强烈进行。亚历山大的配方和调制方法如表 7-1 所示，调制好的亚历山大鸡尾酒如图 7-21 所示。

表 7-1　亚历山大的配方和调制方法

品名	亚历山大
配方	60mL 白兰地、60mL 可可甜酒、60mL 鲜奶油、豆蔻粉少量（也可以不加）
调制方法	将适量的冰块，少量的可可甜酒，鲜奶油和白兰地加入搅拌杯中，用吧勺搅拌后过滤，倒入鸡尾酒杯即完成
载杯	鸡尾酒杯
装饰	豆蔻粉

图 7-21　亚历山大鸡尾酒

（二） 大都会（ Cosmopolitan ）

大都会鸡尾酒源于海洋喷雾公司在 20 世纪 60 年代为蔓越莓果汁进行的市场推广，用伏特加、蔓越莓果汁、青柠再加上橙味力娇酒，其口味酸甜，适合女士，是 20 世纪美国鸡尾酒大奖赛的冠军作品，在电视剧《欲望都市》中作为女主角最喜欢的鸡尾酒出现。大都会的配方和调制方法如表 7-2 所示，调好的大都会鸡尾酒如图 7-22 所示。

表 7-2　大都会的配方和调制方法

品名	大都会
配方	60mL 伏特加、15mL 君度、10mL 柠檬汁、适量糖浆、60mL 蔓越莓汁
调制方法	将所有材料与碎冰倒入雪克壶，充分摇匀，过滤后倒入冷却的鸡尾酒杯
载杯	鸡尾酒杯
装饰	切橙皮，将橙皮精油挤在酒上，然后把橙皮放入酒杯中，作为装饰

图 7-22　大都会鸡尾酒

（三） 吉姆雷特（Gimlet）

新鲜青柠汁加水早在几百年前就开始被水手们饮用用来防治海上坏血病。大约 19 世纪末在英国的东洋舰队上，吉姆雷特军医为了一些将领的健康，将青柠汁混入金酒饮用。由于该酒在著名小说《漫长的别离》中受到主人公的钟爱，因此，很快风靡于世。吉姆雷特的配方和调制方法如表 7-3 所示，调好的吉姆雷特鸡尾酒如图 7-23 所示。

表 7-3　　吉姆雷特的配方和调制方法

品名	吉姆雷特
配方	45mL 金酒、15mL 青柠汁
调制方法	鲜柠檬挤出汁，在杯中放入少许冰块，将金酒和柠檬汁倒入杯中搅拌后注入鸡尾酒杯，用柠檬片作装饰
载杯	鸡尾酒杯
装饰	柠檬皮

图 7-23　吉姆雷特鸡尾酒

（四） 朱丽普（Mint Julep）

朱丽普鸡尾酒据说是第一款闻名全球的美国鸡尾酒。1845 年，英国牛津大学有了薄荷酒节后，炎热夏天人们就会在酒会上敞开肚子喝酒，那种清爽感浸透身上每一个毛孔。到了 1869 年后，朱丽普开始用波旁威士忌调制。朱丽普鸡尾酒的配方和调制方法如表 7-4 所示，调好的朱丽普鸡尾酒如图 7-24 所示。

图 7-24　朱丽普鸡尾酒

表 7-4　　朱丽普的配方和调制方法

品名	朱丽普
配方	60mL 波旁威士忌、2 吧勺砂糖、20mL 苏打水、4~6 片薄荷叶
调制方法	把薄荷、糖、水放入杯中，并压碎薄荷叶；将碎冰放入杯中至八分满；将波旁威士忌倒入杯中，搅匀；加上薄荷叶装饰
载杯	不锈钢朱丽普杯
装饰	青柠片、薄荷叶组合

（五） 金菲兹（Gin Fizz）

金菲兹鸡尾酒源自 1915 年的美国新奥尔良酒吧调酒师亨利·拉莫斯，"Fizz" 名字来源于苏打水加入酒中使泡沫爆响发出的"滋滋声"，口味清爽，口感刺激。金菲兹的配方和调制方法如表 7-5 所示，调好的金菲兹鸡尾酒如图 7-25 所示。

表 7-5　　金菲兹的配方和调制方法

品名	金菲兹
配方	50mL 金酒、20mL 柠檬汁、糖浆、蛋清、冰镇苏打水
调制方法	除苏打水之外，将所有配料加冰块倒入摇酒壶中，持久用力摇匀，倒入长饮（Long Drink）杯中，最后加苏打水、直到杯满
载杯	柯林杯
装饰	柠檬片

图 7-25　金菲兹鸡尾酒

（六） 长岛冰茶（Long Island Ice Tea）

20 世纪 90 年代起风靡全球的长岛冰茶不是茶，在美国长岛市的橡树沙滩酒吧创作，只是颜色似茶而得名，是一款代表水瓶座的鸡尾酒。该款鸡尾酒的酒精度很高，甚至可以达到 40%vol 以上。长岛冰茶的配方和调制方法如表

7-6 所示，调好的长岛冰茶鸡尾酒如图 7-26 所示。

表 7-6　长岛冰茶的配方和调制方法

品名	长岛冰茶
配方	30mL 金酒、30mL 特基拉、60mL 伏特加、30mL 朗姆酒、15mL 君度（此处用君度橙酒）、60mL 柠檬汁、可乐和大量冰块
调制方法	采用雪克壶摇和法，具体步骤如下： 第一步先在雪克壶中放入 4~6 块冰块，倒入除可乐以外的所有配料摇晃均匀 第二步在杯中放入大半杯冰块，倒入调制好的鸡尾酒 第三步添加可乐，可乐的添加量可以加到接近杯口 第四步加上柠檬片进行装饰
载杯	柯林杯
装饰	柠檬片

图 7-26　长岛冰茶鸡尾酒

（七）曼哈顿（Manhattan）

曼哈顿鸡尾酒发明于 1874 年曼哈顿的酒吧，由珍妮·丘吉尔为纪念谬尔·詹姆斯·泰尔登当选成为纽约州州长而创作。口感强烈而直接，因此也被称为“男人的鸡尾酒”。曼哈顿的配方和调制方法如表 7-7 所示，调好的曼哈顿鸡尾酒如图 7-27 所示。

表 7-7　曼哈顿的配方和调制方法

品名	曼哈顿
配方	40mL 波旁威士忌、20mL 红味美思、2 滴安哥斯图拉苦精（一种苦味利口酒）
调制方法	将所有配料倒入一个装有冰块的玻璃杯中，用吧勺搅拌均匀后倒入鸡尾酒杯，最后加入一颗樱桃进行点缀
载杯	鸡尾酒杯
装饰	浸制樱桃

图 7-27　曼哈顿鸡尾酒

（八） 古典（Old Fashioned）

古典鸡尾酒约出现在1895年，卡普勒的著作《现代美国饮品》中称它为Old Fashioned Cocktail，使用一块方糖和水使糖溶解，之后加入两滴安哥斯图拉苦精、一块冰、水果皮和一量杯的威士忌调配而成。据说是为了弥补早期美国黑麦威士忌口感上的不足创作，后来波旁威士忌代替了黑麦威士忌。

古典的配方和调制方法如表7-8所示，调好的古典鸡尾酒如图7-28所示。

表7-8　　古典的配方和调制方法

品名	古典
配方	60mL波旁威士忌、1块方糖、橙皮、苏打水和少许安哥斯图拉苦精
调制方法	在专用的古典杯中加入一块方糖，然后滴上1~2滴安哥斯图拉苦精，再倒入少量苏打水之后加入一些冰块。如果想要酒味弱一些可以用普通美国威士忌，想要酒味强一些可以用波旁威士忌。假如没有方糖，糖浆或者砂糖也可以
载杯	古典杯
装饰	古典杯

图7-28　古典鸡尾酒

（九） 边车（Side Car）

边车鸡尾酒大约在1930年由巴黎的哈利酒吧发明，说发明倒不如说这里使之出名，因为边车是一款非常老的饮品。据说有位军官经常骑着挎斗摩托车去酒吧喝酒，他经常喝的酒也就用他的挎斗摩托车来命名，又名“侧车”。这款鸡尾酒带有酸甜味，口味清爽，能消除疲劳，适合餐后饮用。边车的配方和调制方法如表7-9所示，调好的边车鸡尾酒如图7-29所示。

表 7-9　边车的配方和调制方法

品名	边车
配方	60mL 白兰地、30mL 橙味君度、30mL 柠檬汁、4~6 块冰块
调制方法	把冰块放入雪克壶，倒入白兰地、橙味君度、柠檬汁，摇晃均匀，剥橙皮，拉出一条橙皮条，把酒倒入鸡尾酒杯中，缓缓放入弹簧形的橙皮条。将调好的鸡尾酒置于杯垫上
载杯	鸡尾酒杯
装饰	橙皮

图 7-29　边车鸡尾酒

（十）　吉普森（Gibson）

吉普森鸡尾酒诞生于美国，口味比干马天尼辛辣。吉普森的配方和调制方法如表 7-10 所示，调好的吉普森鸡尾酒如图 7-30 所示。

表 7-10　吉普森的配方和调制方法

品名	吉普森
配方	50mL 金酒、10mL 干苦艾酒
调制方法	与干马天尼类似，首先要将金酒和苦艾酒混合冰块后放入摇酒壶中摇匀，然后倒入鸡尾酒杯中，最后用若干洋葱片进行点缀
载杯	鸡尾酒杯
装饰	洋葱片

图 7-30　吉普森鸡尾酒

（十一）　威士忌酸（Whisky Sour）

Sour 类的鸡尾酒最早可追溯到 1862 年杰瑞 · 托马斯的著作 *How to Mix Drinks*，其最初是由威士忌、柠檬汁、糖和一点儿蛋黄调配成。这款鸡尾酒略带酸味，口味不是很浓烈。威士忌酸的配方和调制方法如表 7-11 所示，调好的威士忌酸鸡尾酒如图 7-31 所示。

表 7-11　威士忌酸的配方和调制方法

品名	威士忌酸
配方	45mL 波旁威士忌、20mL 柠檬汁、少许安哥斯图拉苦精、1 吧勺单糖浆
调制方法	倒入青柠檬汁、威士忌，加入糖，摇晃均匀，把调制好的鸡尾酒滤入冰好的酒杯中，并用青柠檬片、樱桃进行装饰
载杯	蝶形香槟杯
装饰	柠檬皮点缀

图 7-31　威士忌酸鸡尾酒

（十二）特基拉碰（Tequila Boom）

特基拉碰的配方和调制方法如表 7-12 所示，调好的特基拉碰鸡尾酒如图 7-32 所示。

表 7-12　特基拉碰的配方和调制方法

品名	特基拉碰
配方	特基拉 20mL、雪碧
调制方法	将原料加入杯中进行撞击，这一碰便将酒和雪碧融合，同时雪碧的气泡完全震出，产生丰富的泡沫
载杯	古典杯
装饰	无

图 7-32　特基拉碰鸡尾酒

（十三）干马天尼（Dry Martini）

干马天尼鸡尾酒是 007 最爱的一款鸡尾酒，诞生于美国的加利福尼亚州。马天尼的配方最早于 19 世纪末出现在书中，系列鸡尾酒种类繁多，其中最经典的是干马天尼，口感锐利。干马天尼的配方和调制方法如表 7-13 所示，调好的干马天尼鸡尾酒如图 7-33 所示。

表 7-13　干马天尼的配方和调制方法

品名	干马天尼
配方	50mL 金酒、10mL 干味美思
调制方法	将金酒和苦艾酒混合冰块后放入摇杯中摇匀，然后倒入鸡尾酒杯中，最后用一颗橄榄进行点缀
载杯	鸡尾酒杯
装饰	青橄榄

图 7-33　干马天尼鸡尾酒

（十四）特基拉日出（Tequila Sunrise）

特基拉日出鸡尾酒有龙舌兰酒的热烈火辣感，而且由于使用了多种新鲜果汁作为配料，因此其果香味好，饮后使人回味无穷。特基拉日出是以特基拉为基酒，诞生于美国。特基拉日出的配方和调制方法如表 7-14 所示，调好的特基拉日出鸡尾酒如图 7-34 所示。

表 7-14　特基拉日出的配方和调制方法

品名	特基拉日出
配方	60mL 龙舌兰酒、100mL 橙汁、10mL 柠檬汁、20mL 必得利石榴汁
调制方法	将龙舌兰酒、橙汁和柠檬汁混合冰块后倒入摇酒壶内摇匀并倒入长饮杯内，随后慢慢加入必得利石榴汁至杯口，稍作搅拌后上桌
载杯	飓风杯、葡萄酒杯、坦布勒杯
装饰	香橙片

图 7-34　特基拉日出鸡尾酒

（十五）海岸激情（Sex on the Beach）

海岸激情鸡尾酒最初是由美国餐饮连锁店“感恩星期五”的调酒师于

1980 年创作，其口感酸酸甜甜，略带伏特加的刺激性。海岸激情的配方和调制方法如表 7-15 所示，调好的海岸激情鸡尾酒如图 7-35 所示。

表 7-15　　海岸激情的配方和调制方法

品名	海岸激情
配方	30mL 伏特加、30mL 桃子利口酒、60mL 菠萝汁、60mL 小红莓汁
调制方法	将所有配料倒入摇杯，配上冰块摇匀，然后将调制好的鸡尾酒倒入已放入九分满冰块的一个长饮杯中，即完成
载杯	柯林杯
装饰	在酒杯上用橘皮条装饰，放入调酒棒即制作完成

图 7-35　海岸激情鸡尾酒

（十六）　52 号轰炸机（B-52）

52 号轰炸机鸡尾酒以战争为题材，属于短饮类鸡尾酒的典型代表，其名字来源于美国越南战争时期使用的 B-52 轰炸机，用来投放燃烧弹，燃烧弹的作用是放火，因为这个缘故，该鸡尾酒也使用了点火燃烧的做法。该鸡尾酒名字虽为轰炸机，但其酒体风格却较为柔和。

该鸡尾酒的喝法比较独特，饮用 52 号轰炸机既需要胆量也需要技巧。在开始饮用 52 号轰炸机时，要将酒和火一口气倒入嘴中，因为酒杯很烫，小心不要碰到嘴唇，然后闭上嘴，火就会熄灭了，这种饮用方法可以体验到先冷后热的感觉。如果没有胆量或者没有经验的话，也可用吸管插到杯子底下，用吸管来喝，很多女士选择使用吸管，一口气吸完，也可体验到先冷后热那种冰与火的感觉。52 号轰炸机的配方和调制方法如表 7-16 所示，调好的 52 号轰炸机鸡尾酒如图 7-36 所示。

图 7-36　52 号轰炸机鸡尾酒

表 7-16　　52 号轰炸机的配方和调制方法

品名	52 号轰炸机（B-52）
配方	咖啡利口酒 1/3、百利甜利口酒 1/3 和君度利口酒 1/3
调制方法	采用分层兑和法来调制，依次注入三种酒，先咖啡利口酒，然后百利甜利口酒，最后君度利口酒；采用由于密度不同，层次鲜明
载杯	子弹杯
装饰	火焰，如果需要点火，上面最好加点高度酒，如伏特加、白酒或朗姆酒

（十七） 得其利（Daiquiri）

得其利鸡尾酒是以古巴“萨奇西哥”城市近郊得其利矿山的名字来命名的，最初是由在得其利矿山工作的美国技师用当地产的朗姆酒和砂糖调和成的一款鸡尾酒，时间是 19 世纪末。这款鸡尾酒适合餐前饮用或者佐餐用，可助消化，增进食欲，到目前为止，此酒的人气正在上升。得其利的配方和调制方法如表 7-17 所示，调好的得其利鸡尾酒如图 7-37 所示。

图 7-37　得其利鸡尾酒

表 7-17　　得其利的配方和调制方法

品名	得其利
配方	朗姆酒 45mL、青柠汁 20mL、白砂糖 2 勺、糖浆 15mL、柠檬皮
调制方法	采用波士顿摇壶进行调配，将上述材料加波士顿摇壶后，再加冰块，摇匀后滤入糖圈口的鸡尾酒杯，或加有冰块的老式杯内，必要时可多加点糖，用一块鲜柠檬皮装饰
载杯	鸡尾酒杯
装饰	柠檬皮

（十八）　深水炸弹（Depth Charge）

深水炸弹的配方和调制方法如表 7–18 所示，调好的深水炸弹鸡尾酒如图 7–38 所示。

表 7–18　深水炸弹的配方和调制方法

品名	深水炸弹
配方	啤酒七分满、烈酒
调制方法	啤酒加入柯林杯，烈酒加入子弹杯。烈酒点火倒入柯林杯中一饮而尽
载杯	柯林杯、子弹杯
装饰	无

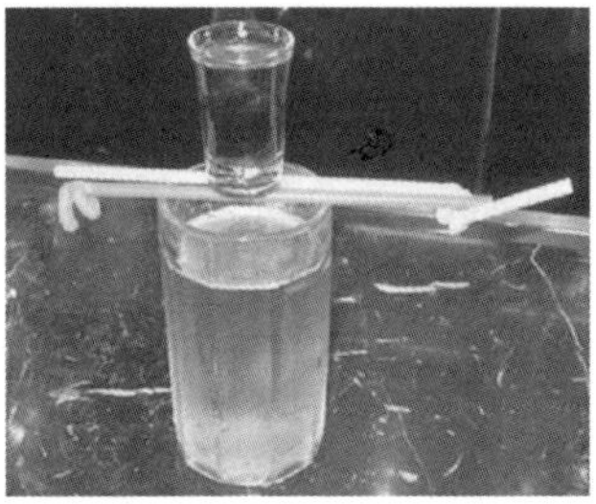

图 7–38　深水炸弹鸡尾酒

（十九）　玛格丽特（Margarita）

玛格丽特鸡尾酒诞生于墨西哥，流传众多，其中之一的说法是，1948 年玛格丽特 · 萨姆斯在阿卡普尔科为一个宴会设计的鸡尾酒，口感浓郁，带有清鲜的果香和龙舌兰酒的特殊香味，入口酸酸甜甜，非常清爽。玛格丽特鸡尾酒在世界酒吧流行的同时，也成为以特基拉为基酒调制的鸡尾酒的代表。玛格丽特的配方和调制方法如表 7–19 所示，调好的玛格丽特鸡尾酒如图 7–39 所示。

表 7–19　玛格丽特的配方和调制方法

品名	玛格丽特
配方	30mL 特基拉、15mL 君度、15mL 青柠汁
调制方法	先取一个在冰箱中冰冻处理过的鸡尾酒杯，制一层盐边，后放置桌子上；第二步将三种配料及适量冰块倒入摇酒壶内，进行摇匀操作，然后倒入已处理好的鸡尾酒杯中
载杯	玛格丽特杯
装饰	柠檬

图 7–39　玛格丽特鸡尾酒

（二十） 血腥玛丽（Bloody Mary）

16 世纪中叶，英格兰的女王玛丽一世当政，她为了复兴天主教而迫害了一大批新教教徒，因此，被人们称为“血腥玛丽”。这款鸡尾酒创作于美国实施禁酒令期间的 1920—1933 年，据传，有一个酒吧创造了这款红色的鸡尾酒，并将其取名为“血腥玛丽”，其色泽鲜红，口味非常独特。

这是一款世界流行的鸡尾酒，看起来全是通红通红的“血样”，有点令人不安，喝起来却甜、酸、苦、辣四味俱全，富有刺激性，可增进食欲。这款鸡尾酒洋溢着一种番茄汁的香味，但入口时因为其中的伏特加，使口感极其顺滑，还有微辣感，在舌尖和牙齿间颤抖，缠绵悱恻。血腥玛丽的配方和调制方法如表 7-20 所示，调好的血腥玛丽鸡尾酒如图 7-40 所示。

表 7-20　血腥玛丽的配方和调制方法

品名	血腥玛丽
配方	50mL 伏特加、10mL 柠檬汁、鲜磨的胡椒粒、盐、2 注塔巴斯科辣椒酱（Tabasco）、4 注伍斯特酱汁、120mL 番茄汁
调制方法	在长饮杯里，加入适量冰块，再加入除番茄汁以外的其他配料，用吧勺搅拌，接着加入番茄汁至杯口，再次用吧勺进行搅拌，最后用芹菜梗或虾进行点缀
载杯	柯林杯或鸡尾酒杯
装饰	芹菜梗或一个整虾

图 7-40　血腥玛丽鸡尾酒

（二十一） 莫吉托（Mojito）

莫吉托鸡尾酒是最有名的朗姆调酒之一，起源于古巴，是那里家喻户晓的鸡尾酒，创作灵感来自朱丽普。该款鸡尾酒将薄荷风味释放再混合青柠味使酒体更清凉爽口。其酒精含量相对较低，大约为 10%vol。莫吉托的配方和调制方法如表 7-21 所示，调好的莫吉托鸡尾酒如图 7-41 所示。

表 7-21　　莫吉托的配方和调制方法

品名	莫吉托
配方	35mL 浅色朗姆酒、15g 白砂糖、6～8 片新鲜薄荷叶、30mL 青柠檬汁、苏打水
调制方法	先把青柠檬汁、薄荷叶和白砂糖放入杯中，用研棒把薄荷叶稍微压挤一下，加入朗姆酒，然后加入冰块至八分满，加一点苏打水，用吧勺从上往下搅动，放进薄荷叶进行装饰，插入吸管即完成
载杯	柯林杯
装饰	薄荷叶、青柠角

图 7-41　莫吉托鸡尾酒

（二十二）新加坡司令（Singapore Sling）

Sling 原本是一种流传于美国的混合饮料，由蒸馏酒、水和糖配制而成，“司令”为音译。该鸡尾酒诞生于新加坡莱佛士酒店的长酒吧（Long Bar）里，1910 年，华人调酒师严崇文（Ngiam Tong Boon）在该酒店里发明了这款享誉世界的鸡尾酒，其口感酸甜，有碳酸气，又带果味的酒香。新加坡司令的配方和调制方法如表 7-22 所示，调好的新加坡司令鸡尾酒如图 7-42 所示。

表 7-22　　新加坡司令的配方和调制方法

品名	新加坡司令
配方	40mL 金酒、20mL 樱桃白兰地、30mL 柠檬汁、10mL 必得利石榴汁、1 注安格斯特拉苦酒、冰镇苏打水
调制方法	将苏打水以外的所有配料加冰块后倒入摇酒壶内，进行摇匀操作，接着倒入一个平底杯中，加入冰镇苏打水直到杯口
载杯	平底杯
装饰	一颗樱桃、一片菠萝

图 7-42　新加坡司令鸡尾酒

第二章　预调酒

第一节　什么是预调酒?

预调酒是预调鸡尾酒的简称，就是指预先调制好的定量预包装鸡尾酒，开瓶即可直接饮用，产品的保质期很长。预调酒在分类上属于配制酒，大约是自 2011 年以来在中国市场上兴起的一类新酒品。通过对市场上预调酒的调研分析可以发现，预调酒和现制的鸡尾酒一样，都具有丰富多彩的颜色，但是酒精含量不高，其酒精度一般在 2%~10%vol，比国产啤酒略高。使用的基酒常常有金酒、伏特加、威士忌、龙舌兰酒、白兰地、朗姆酒，也有不少白酒企业使用中国白酒作为基酒。

第二节　预调酒的创新分析

笔者在本书提出了酒品创新的“身怀六甲”理论，按照该理论，可以看出预调鸡尾酒创新成功的原因主要有以下五点：

一是性价比高。和现调鸡尾酒相比，预调鸡尾酒的价格相对便宜，一瓶 330mL 的预调鸡尾酒的价格才不到 10 元人民币，比鸡尾酒吧的现调鸡尾酒要低很多，在北京三里屯一带的酒吧里，一杯现调鸡尾酒的平均价格要 100 元人民币左右，容量也就 100mL。

二是包装新颖。市场上出现的预调鸡尾酒多以磨砂玻璃瓶进行包装，外观和瓶形看起来都很舒服，也很显档次。

三是外观令人耳目一新。预调鸡尾酒刚在我国市场上出现的时候，就引起了广泛的关注，因为其花花绿绿、五彩斑斓的色泽，给人带来耳目一新的视觉冲击力。

四是风味柔和。预调酒虽然含有类似啤酒的酒精度，但是其却有完全不同于啤酒的香气和口感。预调酒具有浓郁的水果香气，喝起来有酸酸甜甜的口味和口感，让人全然不觉有任何酒精的刺激，因此预调酒一经出现就受到原本不太能接受传统酒水刺激口感的女士和年轻人的追捧，有一种风靡全中国之架势。几个人，买上几瓶预调酒，坐在家里就可以品尝到各种水果风味的“鸡尾酒”，既时尚也不贵。

五是便捷性。中国现调鸡尾酒的历史文化较短，目前只有北京、上海或深圳这样国际化程度较高的一线大城市才有较多提供现调鸡尾酒的酒吧，在二线城市很少或几乎没有，在县级城市及广大农村更是没有。预调鸡尾酒是预先调制好的鸡尾酒，免去了现场制作的复杂操作，既不需要技艺精湛的调酒师，也不需要相关的配套设备设施，正好可以弥补目前中国的这些短板，应该说预调酒的便捷性对大多数中国人来讲是非常高的。这也是其一经出现便受欢迎的很重要的原因之一。

预调鸡尾酒作为一个新型酒品类，以包装个性时尚、低酒精度、色彩丰富、口感较好等特点获得了年轻消费者的青睐。

第三节　预调酒的发展情况

据说世界上第一瓶预调鸡尾酒诞生在英国，时间是 1995 年。当年一名澳大利亚人在英国发明了预调鸡尾酒，令他不曾想到的是，这种预调酒在英国大受欢迎，并传到了美国、加拿大、日本等世界其他时尚中心。

国内预调鸡尾酒的出现大约是在 2011 年，自那以后就开始迅速发展，到 2013 年时，年销售额达到了 10 亿元人民币左右。

2013 年，百加得旗下冰锐（Bacardi Breeze）鸡尾酒和百润股份的锐澳（RIO）鸡尾酒是中国预调鸡尾酒市场的前两大品牌，这两家市场份额约占到整个行业的 50%，冰锐和锐澳的市场份额占比分别为 30% 和 20%。而在 2014 年，锐澳通过大范围的广告宣传，冠名热门影视剧及综艺节目，市场占有率达到了40%，超过了所有的竞争对手，其大规模营销也让预调鸡尾酒迅速进入消费者的视野之中。

2013年由于很多高端白酒的销量有所下滑，持续多年的高增长态势不再，所以众多品牌厂商加入预调酒市场。2014年，古井贡酒、黑牛食品、五粮液相继推出自己的品牌鸡尾酒，2015年汇源果汁、洋河股份加入这一阵营，2016—2017年，贵州茅台、泸州老窖也推出了自己的预调鸡尾酒，贵州茅台的预调鸡尾酒称为悠蜜预调鸡尾酒，泸州老窖的预调鸡尾酒称为百调鸡尾酒。

国内预调鸡尾酒市场经过2015年和2016年的低潮后，现已进入消退期，许多小厂家被市场淘汰。在线下大型商超，预调鸡尾酒的货柜一改以往“百花齐放”的画面，几乎只剩锐澳一家。虽然预调鸡尾酒在性价比、包装、外观、风味和便捷性方面做足了文章，使其推出就受到欢迎，但是这个强劲的势头现在为什么会消退呢？究其原因就是其健康性受到消费者的质疑。预调鸡尾酒和现调鸡尾酒最大的区别就是其保质期长，为了保证预调鸡尾酒的保质期，使用天然水果是很难保持颜色和风味的稳定的，这样预调鸡尾酒的制作就少不了要用到化学合成色素、香料香精。另外，为了保持其突出的甜酸口味，就难免用到大量的糖和有机酸等食品添加剂。而现在的国家标准又要求厂家在标签上如实标注出所使用的各种配料，消费者看到一连串的食品添加剂，心里就会产生抵触。这就导致预调鸡尾酒不温不火的现状，其国内市场容量测算应该不足100亿元，未来整个预调鸡尾酒市场也不会有较大的市场容量和体量，应该不会超过150亿元。

2018年7月1日，中国酒业协会为了加快中国酒业供给侧改革，丰富酒类产品结构，促进酒类市场消费升级，根据《中国酒业协会团体标准管理办法（试行）》的规定，批准了T/CBJ 5101《预调鸡尾酒》团体标准，该标准自2019年1月1日起实施，由中国标准出版社出版。该团体标准是由上海市酿酒专业协会作为牵头单位组建标准起草组，拟定详细的团体标准制定工作进度和时间表等，笔者也被邀请作为该标准的评审专家对该团体标准进行了评审。该标准所指的预调鸡尾酒是指以蒸馏酒、发酵酒、配制酒等为酒基，加入可食用原料（糖、果蔬汁等）或药食两用的原料、辅料、食品添加剂等，进行调配、混合，含有或不含有二氧化碳的饮料酒，含有二氧化碳的预调鸡尾酒为汽酒鸡尾酒。根据该团体标准，预调鸡尾酒的感官要求和理化指标应符合表 7-23 和表 7-24 的规定。

表 7-23　　预调鸡尾酒的感官要求

项目	要求
外观	呈液体状，允许有适量悬浮物和沉淀物（非外来异物）
色泽	具有本品应有的色泽，允许有适当褪色
香气	具有本品应有的香气，香气协调、饱满
滋味	滋味纯正，无异味

表 7-24　　预调鸡尾酒的理化指标

项目	指标
酒精度[a]（20℃）/%vol ≥	0.5~17.0
二氧化碳气容量[b]（20℃）/倍	1.0
总糖（以葡萄糖计）/(g/L) ≤	200.0
总酸（以柠檬酸计）/(g/L) ≤	10.0

a 酒精度标签标示值与实测值不得超过±1%vol。

b 适用于汽酒鸡尾酒。

根据该团体标准，预调鸡尾酒的卫生指标要求如下：

（1）真菌毒素限量应符合 GB/T 26761—2011《小曲固态法白酒》的规定。

（2）污染物限量应符合 GB 26762 的规定。

（3）其他卫生指标应符合 GB 2757—2012《食品安全国家标准　发酵酒及其配制酒》、GB 2758—2012《食品安全国家标准　蒸馏酒及其配制酒》的规定。

第八篇

智能酒体设计

第一章　智能酒厂的解析

近年来，全球各主要经济体都在大力推进制造业的复兴。在工业 4.0、工业互联网、物联网、云计算等热潮下，全球众多优秀制造企业都开展了智能工厂建设的实践。

智能生产是智能制造的主线，而智能工厂是智能生产的主要载体。随着新一代人工智能的应用，约到 2040 年，中国企业将要向自学习、自适应、自控制的新一代智能工厂进军。新一代人工智能技术和先进制造技术的融合，将使得生产线、车间、工厂发生革命性大变革，提升到历史性的新高度，将从根本上提高制造业质量、效率和企业竞争力。在今后相当一段时间里面，生产线、车间、工厂的智能升级将成为推进智能制造的一个主要战场。

智能制造的理想状态是一种高度自动化、高度信息化、高度网络化的生产模式。在工厂之间，通过端到端的整合和横向的整合，价值链可以共享和有效协同，从而实现效率、成本、质量和产品个性化的质的飞跃。

第一节　智能制造工厂的架构

一、 智能工厂的内涵及建设重点

智能工厂是实现智能制造的重要载体，主要通过构建智能化生产系统、网络化分布生产设施，实现生产过程的智能化。智能工厂已经具有了自主能力，可采集、分析、判断、规划；通过整体可视技术进行推理预测，利用仿真及多媒体技术，将实境扩增展示设计与制造过程。系统中各组成部分可自行组成最佳系统结构，具备协调、重组及扩充特性，已系统具备了自我学习、自行维护能力。因此，智能工厂实现了人与机器的相互协调合作，其本质是人机交互。

在智能工厂的体系架构中，质量管理的五要素也相应地发生变化，因为在智能工厂中，人类、机器和资源能够互相通信。智能产品“知道”它们如何被制造出来的细节，也知道它们的用途。它们将主动地对制造流程，回答诸如“我什么时候被制造的”“对我进行处理应该使用哪种参数”“我应该被传送到何处”等问题，如图 8-1 所示。

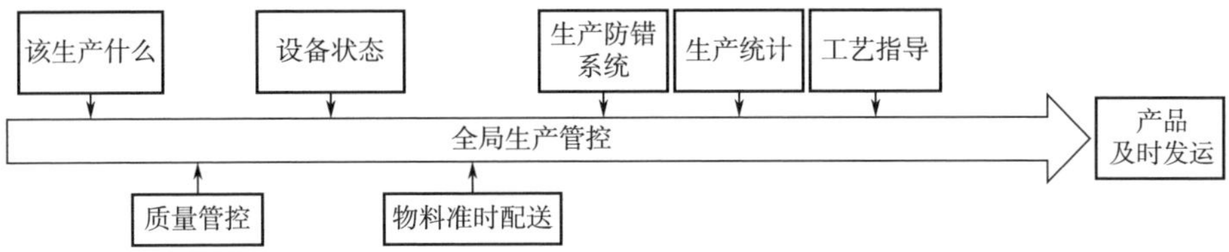

图 8-1 智能工厂体系架构

“人机料法环”是对全面质量管理理论中的五个影响产品质量的主要因素的简称。人，指制造产品的人员；机，指制造产品所用的设备；料，指制造产品所使用的原材料；法，指制造产品所使用的方法；环，指产品制造过程中所处的环境。智能生产就是以智能工厂为核心，将人、机、法、料、环连接起来，多维度融合的过程，如图 8-2 所示。

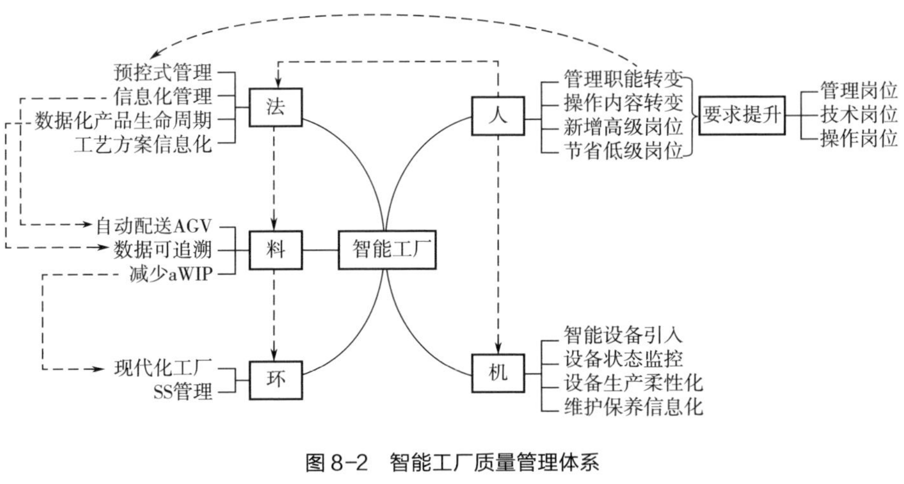

图 8-2 智能工厂质量管理体系

企业基于信息物理融合系统（Cyber-Physical System，CPS）和工业互联网构建的智能工厂原型，主要包括物理层、信息层、大数据层、工业云层、决策层。其中，物理层包含工厂内不同层级的硬件设备，从最小的嵌入设备和基础元器件开始，到感知设备、制造设备、制造单元和生产线，相互间均实现互联互通。以此为基础，构建了一个“可测可控、可产可管”的纵向集成环境。

信息层涵盖企业经营业务各个环节，包含研发设计、生产制造、营销服务、物流配送等各类经营管理活动，以及由此产生的众创、个性化定制、电子商务、可视追踪等相关业务。在此基础上，形成了企业内部价值链的横向集成环境，实现数据和信息的流通和交换。

纵向集成和横向集成均以 CPS 和工业互联网为基础，产品、设备、制造单元、生产线、车间、工厂等制造系统的互联互通，及其与企业不同环节业务的集成统一，则是通过数据应用和工业云服务实现，并在决策层基于产品、服务、设备管理支撑企业最高决策。这些共同构建了一个智能工厂完整的价值网络体系，为用户提供端到端的解决方案。

由于产品制造工艺过程的明显差异，离散制造业和流程制造业在智能工厂建设的重点内容有所不同。对于离散制造业而言，产品往往由多个零部件经过一系列不连续的工序装配而成，其过程包含很多变化和不确定因素，在一定程度上增加了离散型制造生产组织的难度和配套复杂性。企业常常按照主要的工艺流程安排生产设备的位置，以使物料的传输距离最小。面向订单的离散型制造企业具有多品种、小批量的特点，其工艺路线和设备的使用较灵活，因此，离散制造型企业更加重视生产的柔性，其智能工厂建设的重点是智能制造生产线。

二、 智能工厂主要建设模式

由于各个行业生产流程不同，加上各个行业智能化情况不同，智能工厂有以下几个不同的建设模式。

第一种模式是从生产过程数字化到智能工厂。在石化、钢铁、冶金、建材、纺织、造纸、医药、食品等流程制造领域，企业发展智能制造的内在动力在于产品品质可控，侧重从生产数字化建设起步，基于品控需求从产品末端控制向全流程控制转变。

第二种模式是从智能制造生产单元（装备和产品）到智能工厂。在机械、汽车、航空、船舶、轻工、家用电器和电子信息等离散制造领域，企业发展智能制造的核心目的是拓展产品价值空间，侧重从单台设备自动化和产品智能化入手，基于生产效率和产品效能的提升，实现价值增长。

第三种模式是从个性化定制到互联工厂。在家电、服装、家居等距离用户最近的消费品制造领域，企业发展智能制造的重点在于充分满足消费者多元化需求的同时实现规模经济生产，侧重通过互联网平台开展大规模个性定制模式创新。

三、 智能工厂发展重点环节

智能生产的侧重点在于将人机互动、3D 打印等先进技术应用于整个工业生产过程，并对整个生产流程进行监控、数据采集，便于进行数据分析，从而形成高度灵活、个性化、网络化的产业链。

第二节　白酒智能制造工厂的主要内容

作为传统型酒精饮料，白酒的酿造、包装和发运过程是集流程制造和离散制造的智能化工厂建设的重点和难点于一体。

白酒工厂未来的目标是：

（1）工作场所更加安全；

（2）工厂更加环保节能；

（3）为消费者提供更高质量的产品；

（4）更少的手工操作；

（5）更少的能源、原材料、包装材料、辅料和化学品的消耗；

（6）更高的产出；

（7）同时把供应链和物流技术转化为企业内化的能力。

在过去，酒厂部门与部门、设备与设备之间是分离的，信息不能实时共享，是线性的，无法实时互联或共享信息，部门之间、岗位员工之间无法高效联动。现在，通过建立“连接平台”“管理平台”“移动平台”“智慧平台”，以及构建“大平台、共协同、高敏捷”的端到端物流系统群，建立网格状酒厂连接系统。所有部门、岗位的业务和产品信息都是互相连接在一起的，如图 8-3 所示。

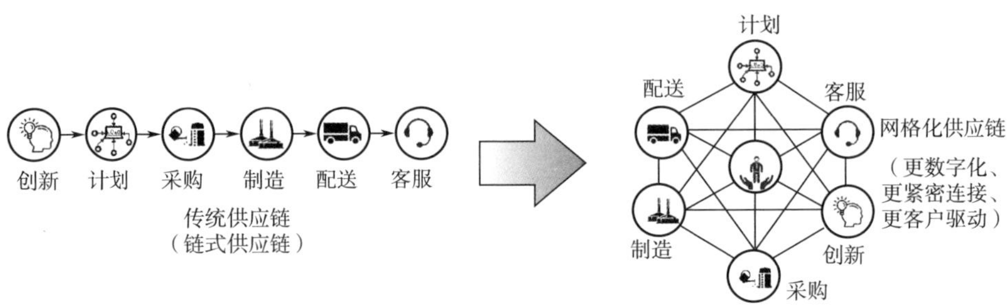

图 8-3　未来白酒厂的设计

重新定义的白酒智能工厂具有以下三个主要特征：

一是资源连接化；

二是数据实时化；

三是功能拓展化。

通过“连接平台”，将各个部门的数据从底层自动化层级地收集上来，历史数据和实时数据送到上层应用系统，将生产过程数据可视化，进行报警、分析、对标和预测等，各级员工可通过不同端口，系统完成执行和管理任务。最后，有了大量的数据积累以后，结合大数据分析和人工智能机器学习，挖掘更多提升机会点，如图 8-4 所示。

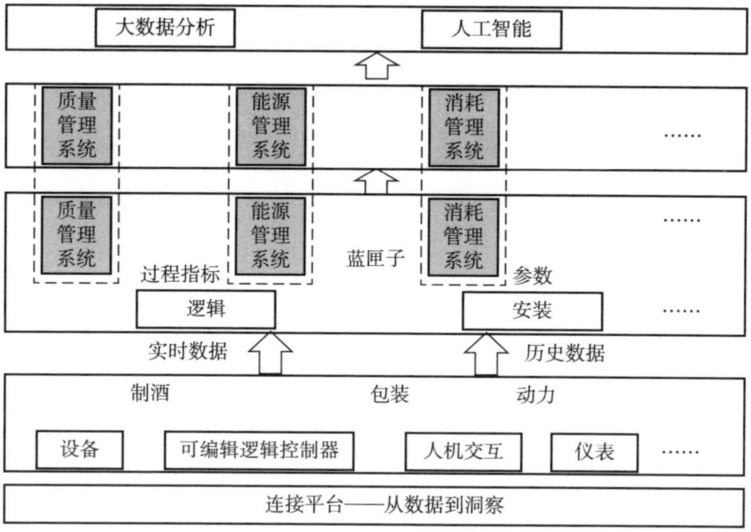

图 8-4　白酒智能智造工厂的设计

第三节　智能酒体设计系统

一、 现有酒体设计面临的挑战

目前在很多行业，人的感官仍然是用于外观、香气、口味及风味品评的主要手段。但是，这一方面需要训练有素的专业人员，另一方面，受专业人员的健康状况、心情、脾气等因素的影响，评判结果往往不够客观，难以做到一致，同时对风味浓度也很难定量表达。虽然可以使用常规的气体分析设备像气相色谱仪和质谱仪来测定气味成分和浓度，然而这样做一则费时，二则气味的成分和浓度与它们的嗅觉效果之间的关系依然是不清楚的。因此能模拟人的嗅觉器官快速地提供嗅觉信息的电子仪器有着巨大的社会需求。

对中国白酒来说，白酒基酒的酒精度高，风味浓郁复杂，批量小，从而数量众多，这给品评人员和酒体设计人员带来巨大的压力，如何能够在品评众多刺激性极高的酒样之后，依然保持很好的嗅觉味觉灵敏性与准确性是巨大的考验。如果能够将大部分的感官品评工作交由人工智能设备来完成，这对白酒企业来说将是十分有意义的事情。

另外，在酒体设计的时候，为了获得最佳的配方，需要尽可能多地试验各种配方，这时就需要反复进行不同基酒的添加混合操作，手工操作繁琐，误差大，效率低，如果有基酒自动化或智能化取样与混合系统，将大大地提高酒体设计的效率。

因此，要想真正地实现智能酒体设计，至少需要两大突破，一是实现智能感官品评，二是实现基酒的智能组合或者能实现高精度自动基酒组合。

二、 智能酒体设计系统的框架

全面的酒体设计工作，总结起来包括“酒体设计稳质量、改善口感或提档、复制竞品跟风向、全新设计抢市场”四种类型的工作，不管哪一种工作，都少不了要接收市场的信息，因此，完整的智能酒体设计系统还需要有能和市场连通的接口。有了这个接口后，随着市场及用户数据的采集、分析、挖掘，基于偏好的推荐，以及参与式设计支撑技术的发展，传统的设计流程已经可以实现从以设计师主导的为用户设计向基于用户的需求的智能化设计的转变。智能化的设计流程可以被分解为：

（1）智能化的需求产生以及基础设计数据获得的过程；

（2）智能化的用户参与式的设计过程；

（3）设计信息和生产信息的智能化集成。

与传统的市场分析、竞品分析、用户调研不同，智能化设计始于基于市场与用户数据分析的智能需求定位。产品功能与形式的设计也不再是设计师基于用户调研结果的主观行为，而是用户直接参与的基于自身喜好的产品定制过程。设计方案对具体实现的控制，也可以通过设计信息与生产信息的联动得以智能化。

智能化的设计流程是从用户到用户的，它体现了设计历史上从为用户设计，到帮助用户设计，到用户为自己设计的转变，如图 8-5 所示。

图 8-5　从传统设计到智能设计的主体转变

智能化设计的参与人群在智能化设计中变成了技术创新的主体，其意识、需求贯穿生产链，其创新逐步得到重视，影响着设计以及生产的决策。产品和服务提供方也由单向的技术创新、生产产品和服务体系投放市场，等待客户体验，转变为主动与用户服务的终端接触，进行良性互动，协同开发产品。专家不再是技术创新的垄断者，而成为在消费端、使用端、生产端之间的汇集各方资源的组织者，在这个生产链巨大网络下起到推动作用。不仅是政府、商业机构、企业、非政府组织、非营利组织等都会共同为这个多元主体技术创新提供空间和平台。

虽然在智能化的设计过程中专家不再像以往一样在表面上处于主导的地位，其作用仍然是不可低估的。专家一方面要根据设计经验和对用户的理解设计出体验良好并且能够获取产品关键属性信息的支持用户参与设计的流程节点与框架，另一方面还要为智能用户需求理解及实现平台的搭建提供大量的设计元素、语汇，及其组合规律的专业知识素材。同时，专家还要负责定义市场需求及用户模型信息在设计模板上的体现，以及负责定义设计结果在对生产工艺的预期、生产加工精度的把握、材料成型方式的估计等方面的影响因子。

智能化设计的支撑平台对应于智能化设计流程的三个重要环节，智能化设计的实现需要市场及用户信息采集与分析平台、智能化用户参与设计平台和智能设计信息与生产信息集成平台三个支撑平台系统，如图 8-6 所示。

第一个支撑平台系统为市场及用户信息采集与分析平台，本系统需要通过对市场及用户数据的收集与积累，提取对构建设计方向有指导价值的信息，并通过对这些信息的分析与整理，发现产品需求，目标用户特点与偏好，以

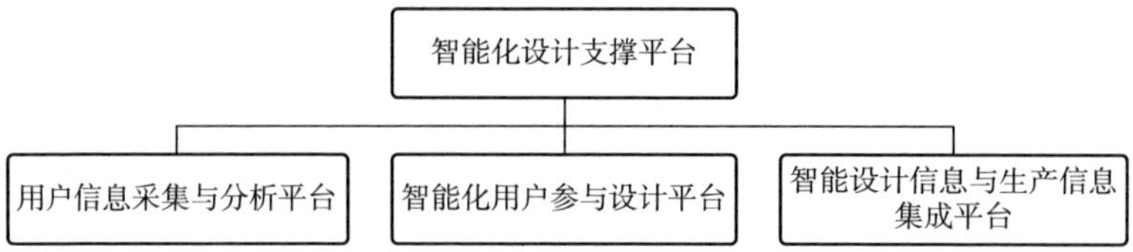

图 8-6　智能化设计三大支撑平台

及市场预期等重要的设计导向信息，进而总结出一系列用于指导设计进行的结论，提供给智能化设计平台，用以设置智能化设计的核心参数与模板。它的主要特点有：

（1）通过广泛且灵活的信息来源，充分收集全面反映用户偏好、习惯和特征的原始数据。

（2）通过建立数据分析标准和机制以筛选可用数据并组织关联信息，以提供真实可靠的用户模型和市场偏好。

（3）通过全面的信息处理能力，预测设计结果，完成设计方向的制定。

第二个支撑平台系统为智能化用户参与设计平台，本系统的建立必须基于对用户需求的充分理解和专业知识库的不断完善。它是一个将设计原理和信息集成、分析、处理、呈现技术相结合的综合平台，它不仅能通过调整产品和服务的特征参数控制设计模型，而且能将专家人员在设计过程中采用的设计思想、准则、原理等以容易理解的方式表达出来，比传统设计流程更能体现产品特征，更适应现代设计的发展需要。它的主要特点有：

（1）基于设计本身和整个设计过程的信息建立设计方案特征的模型库。

（2）以知识库为基础，用设计、分析方法和用户模型等构成设计条件，联合构建设计模型。

（3）根据主动获取和集成的设计知识等自动修改模型，提高设计对象的自适应能力。

（4）利用之前建立的特征模型，与现有的设计标准进行整合、优化，形成新的设计模式。

（5）将产品和设计过程的设计经验、规范、思想等多领域和多种描述形式的设计知识采用显性表达，并存入知识库中，成为显性知识，以便在基于知识的智能化设计过程中加以充分运用。

第三个支撑平台系统为智能设计信息与生产信息集成平台，本系统可以自主地将设计要求转化成生产标准，由产品特性智能地选择最优的生产流程和工艺，保证设计质量的可靠性，并且能够引导设计过程向着可持续、环境友好、高效能的方向发展。它的主要特点有：

（1）有较好的理解能力和翻译能力，能够将设计过程的一系列要素转化为生产过程的具体实施细则。

（2）具有足够充足的预制方案来完成设计要求的转化，并能够随着新技术和工艺的出现自主地更新预案。

（3）平台具有选择和决策能力，能够通过各种因素的权衡提供最优生产方案。

（4）平台以用户需求和社会效益为导向，以保证设计预期效果的实现为原则。

第二章　白酒智能感官品评系统

实现较高级的智能品评，对中国白酒的酒体设计来说是非常重要的，但是难度确实也很大，这种难度在于不容错误，因为一旦出错，影响严重。现在人工智能可以根据用户的浏览偏好实现智能推送，地图导航可以实时分析路况，给出推荐路线，这些为什么可以实现较好的应用呢？笔者认为，在于这些事情对于偏差和错误的容忍度高。

第一节　智能感官的仿生原理

一、交互感应原理

当由多个不同的非选择性传感器组成一个传感器阵列时，由于各个传感器对被测液中不同的组分均具有不同的感应度，而且是交互感应，这样不同的传感器就可以获得一系列有差异的信号，特别是在对多个样品进行测试比较时，就可以通过化学计量学或模式识别分析将不同样品的相关信息进行整合，得到样品相似、差异等方面的细致描述，这就是人工智能味觉系统的核心原理和技术基础，如图 8-7 所示。

交互感应原理是一种仿生学原理，生物感觉的进化使得感觉器官具有极大的经济性和智能性，一个核心的问题是怎样利用少量类型的感受器件来感测丰富多彩的外部环境。

阵列中所使用的传感器材料一般应当满足如下要求：

（1）一种传感材料对不同物质具有交互感应能力，至少能感受几种样品的信息；

（2）不同的传感材料对不同的物质具有不同程度的选择性；

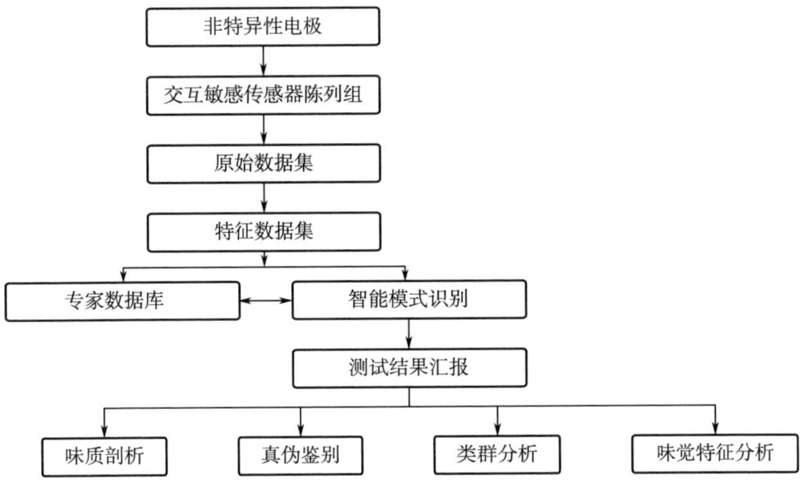

图 8-7　人工智能味觉系统的工作模式

（3）传感器响应数值具备重现性；

（4）传感器阵列在实际的分析中能适应不同的环境并具有良好的耐受性。

二、 智能系统的特征

智能系统（Intelligence system）是指能产生人类智能行为的计算机系统，不管实现智能行为的途径是什么，智能系统都可以看做一种高层次的仿生技术，智能本质上是一种数学。

智能系统一般具有以下五个特征：

一是多信息感知与融合；

二是联想记忆；

三是自治性（自治性是指自相似、自学习、自适应、自组织、自维护）；

四是知识表达、获取、存储和处理（主要是识别、推理与决策）；

五是容错。

具有上列特征之一的系统就称为智能系统。

第二节　智能感官系统

智能感官系统有广义上的智能感官系统和狭义上的智能感官系统，如图 8-8所示。

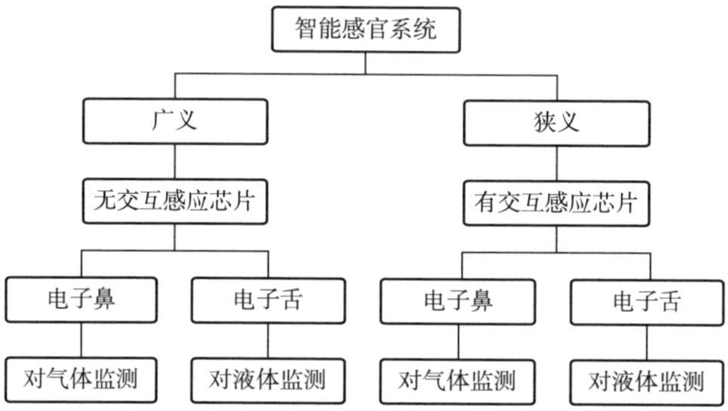

图 8-8　智能感官系统

一、 电子鼻在白酒感官品评中的应用

电子鼻也称人工嗅觉系统，是模仿生物鼻子的一种电子系统，主要用来分析、识别和检测复杂嗅味和大多数挥发性化学成分。电子鼻是由多个性能彼此重叠的气敏传感器和适当的模式分类方法组成的具有识别单一和复杂气味能力的装置。电子鼻模拟人的嗅觉形成过程，气敏传感器阵列对气味反应产生信号，信号先经过预处理，然后进行模式识别，最后定性或定量地输出对气体所含成分的检测结果。气体传感器阵列在功能上相当于人的嗅觉感受细胞，产生嗅感信号数据处理分析器、智能解释器和知识库在功能上相当于人的大脑，具有分析、判断、智能解释的功能，电子鼻与人嗅觉系统比较，如图 8-9 所示。食品的气味是多种成分的综合反映，所以作为电子鼻的气味感知部分的气敏传感器阵列采用的是多个具有不同选择性的气体传感器组成阵列，利用其对多种气体的交叉敏感性，将不同的气味分子在其表面的作用

转化为可测量的电信号，实现混合气体分析。

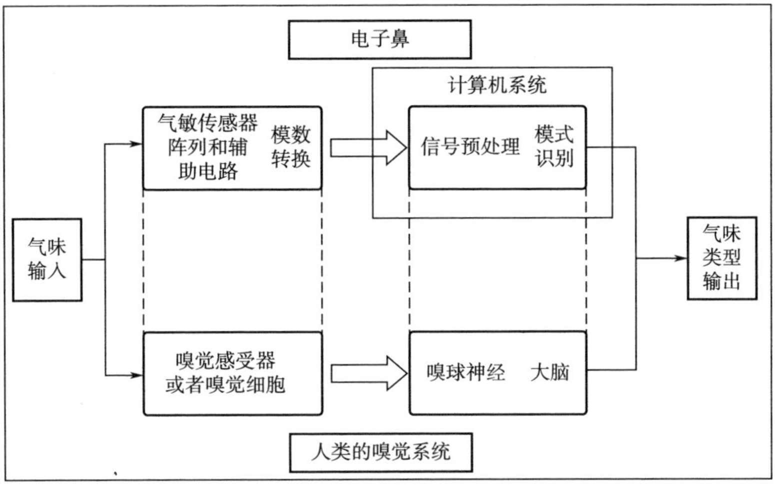

图 8-9　电子鼻与人嗅觉系统比较

电子鼻技术的长处在于对气体进行定性或定量分析，故逐渐被引入到白酒感官品评中。电子鼻可以得到不同气体或气味的数字化指纹，并将待测白酒样本的指纹和标准白酒样本的指纹进行比较，然后给出分析结果。借助于电子鼻技术，能够将待测白酒样品与标准白酒样品的整体特征进行比较，分析其差异性大小，从而对白酒的风味及白酒的感官特性进行更深层次的研究。

电子鼻是利用气敏传感器阵列的响应图案来识别气味的电子系统，它可以在几小时、几天，甚至数月的时间内连续地、实时地监测特定位置的气味状况。其主要由气味取样操作器、气敏传感器阵列和信号处理系统三种功能器件组成。

电子鼻识别的主要机理是在阵列中的每个传感器对被测气体都有不同的灵敏度，例如，一号气体可在某个传感器上产生高响应，而对其他传感器则是低响应。

同样，二号气体产生高响应的传感器对一号气体则不敏感，归根结底，整个传感器阵列对不同气体的响应图案是不同的，正是这种区别，才使系统能根据传感器的响应图案来识别气体。

综上所述，电子鼻是由多个性能彼此重叠的气敏传感器和适当的模式分类方法组成的具有识别单一和复杂气味能力的装置。其工作可简单归纳为：传感器阵列-信号预处理-神经网络和各种算法-计算机识别（气体定性定量分析）。

电子鼻获得的不是被测物质气味组分的定性或定量结果，而是物质中挥发性成分的整体信息，即气味的“指纹数据”，它显示了物质的气味特征，从而实现对物质气味的客观检测、鉴别和分析。

二、 电子舌在白酒感官品评中的应用

（一） 工作原理

电子舌是利用多传感阵列感测液体样品的特征响应信号，通过信号模式识别处理，用于分析、识别液体总体特征的新型检测仪器，其工作原理如图 8-10 所示。

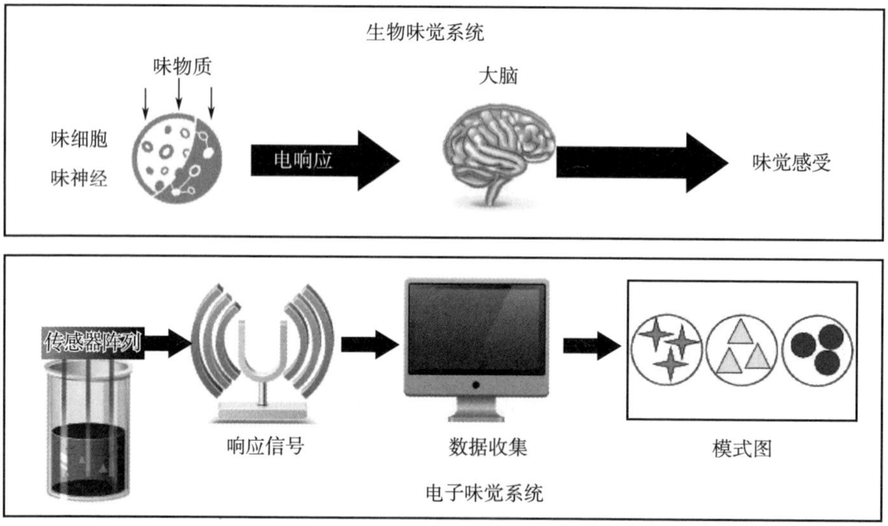

图 8-10 电子舌工作示意图

电子舌技术也称味觉传感器技术或人工味觉识别技术。电子舌与电子鼻最大的区别在于前者测试对象为液体，后者为气体。电子舌系统中的传感器阵列即相当于生物系统中的舌头，感受不同的化学物质，采集各种不同的信号信息输入电脑，电脑代替了生物系统中的大脑功能，通过软件进行分析处理，针对不同的物质进行区分辨识，最后给出各个物质的感官信息。传感器阵列中每个独立的传感器仿佛舌面上的味蕾一样，具有交互敏感作用，即一个独立的传感器并非只感受一个化学物质，并且在感受某类特定的化学物质的同时，还感受一部分其他性质的化学物质。

（二） 电子舌的优缺点

电子舌的优点有：

（1）感知阈值与人一致；

（2）具备广域选择性（对各种味道有选择性的响应）；

（3）感知强度与人一致（如：可对同浓度的多种苦味表现不同的感知强度）；

（4）可以评价味的相互作用（如：咖啡加糖可以抑制苦味）；

（5）明确定义味单位（减少个体差导致的认识不统一）。

缺点：

（1）价格昂贵，难以普及整个食品行业；

（2）具有选择性和局限性，一种电子舌不能检测所有的物质，但有特定针对性的电子舌，如饮料电子舌、酒电子舌等；

（3）技术还不是很成熟。

（三） 发展前景

电子舌技术作为一种新型的化学分析手段，是一个很有前途的研究领域。近年来食品质量问题一直制约着食品行业的发展，而电子舌提供了一种客观、具有可重复性的检测辨识方法，在一定程度上解决了食品快速现场评价手段对食品工业自动化的制约。随着食品安全问题的日益突出，食品快速检测迫切需要一种食品快速检测的方法，电子舌这种样品无需前处理、快速、实时、在线检测的方法，将逐渐成为检测行业的一个新的发展方向。

第三章 基酒智能组合系统

中国白酒原酒的分型很多情况下是被动的，这是由中国白酒生产特点决定的。因此，基酒生产出来以后，并不能只通过加浆稀释，就可以生产出所需要的成品白酒，而是需要先进行“酒体设计”寻到最优配方，后续的基酒组合才能进行下去。也就是说没有酒体设计，就没有配方，没有配方，就无法进行基酒的组合，不能进行基酒的组合，白酒的生产进程也就在基酒面前戛然而止，因此，白酒的酒体设计对白酒的生产来说，是至关重要的。基酒分型定级越多，进行酒体设计工作的复杂性就急剧上升，工作量也就会急剧增加。为了提高酒体设计的效率，开发一套智能化组合系统是非常有意义的，该套系统所需要硬件系统如图 8-11 所示。

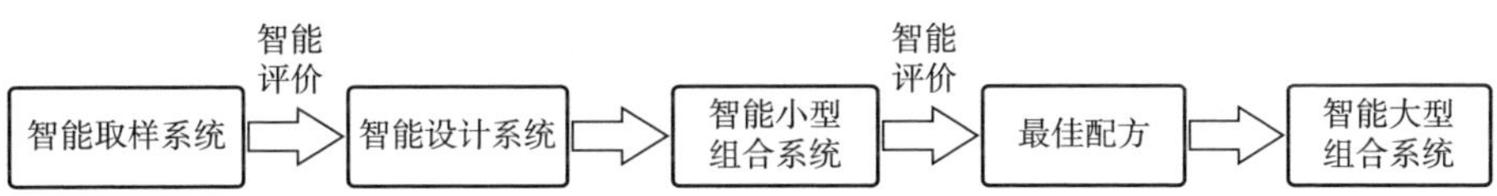

图 8-11 智能酒体设计系统

第一节 智能取样系统

进行酒体设计需要频繁地取样，而白酒工厂厂区大，取样的工作量非常大，而且有的陶坛摆放密集，取样非常困难。陶坛取样需要反复地开坛、封坛，操作繁琐，如果有一套自动化甚至智能化取样系统，对提高白酒酒体设计工作的效率是非常有意义的。这套系统可以通过电脑或手机控制，需要取哪一坛或哪一罐酒样，就点哪一坛或哪一罐。想要真正实现这样的效果，难度很大，一是陶坛区或罐区一般都远离实验室。因此，取样管线势必会很长，酒样流经的管路就会很长，怎样控制酒样在流经过程中不发生变化、不浪费、不染污管线是一大难题。

第二节　智能设计系统

智能设计系统可以根据目标酒的特点和数量，以及基酒的特点和数量，设计试验方案。这套系统需要提前将基酒组合的单形格子法、单重心法、配方均匀设计、均匀设计等各种数学方法整合到系统中，在进行酒体配方试验设计时可供酒体设计师进行选择。

第三节　智能组合系统

智能组合系统是将智能设计系统中的试验配方变成实物样品的过程，这个系统可以按照配方进行基酒的混合、混匀。这就把繁琐的小样组合自动化，将酒体设计师从取样、加样的劳动中解放出来，让酒体设计师把更多的精力放在配方设计上，放在试验样品的品评上。

要真正在白酒行业实现智能化组合系统，难度很大，还有很长的路要走，在智能化之前首先要实现自动化，这个自动化组合系统包括小型规模和生产规模两种。

小型规模的自动化组合系统是用于实验室进行基酒的小样勾调，实现自动化取样和自动化组合等操作，只要在系统工作站中输入配方，该系统都可以按照输入的配方，自动完成小样的精确组合，这样就可以把酒体设计师从繁琐的样品组合中解放出来，让酒体设计师把更多精力放在感官品评和配方调整上面来，会让酒体设计工作的效率大大提高。

生产规模的自动化组合系统是指在实际生产上，能够按照配方实现基酒的自动添加，其可以大大提高酒样添加的精准性，也可以大大提高生产的效率，使品质和效益都能得到极大的保障。

附录

附录一　配方试验设计相关表

一、单纯形格子点设计表

（1）{3，2} 单纯形格子点设计

试验号	z_1	z_2	z_3	y	试验号	z_1	z_2	z_3	y
1	1	0	0	y_1	4	1/2	1/2	0	y_{12}
2	0	1	0	y_2	5	1/2	0	1/2	y_{13}
3	0	0	1	y_3	6	0	1/2	1/2	y_{23}

（2）{3，3} 单纯形格子点设计

试验号	z_1	z_2	z_3	y	试验号	z_1	z_2	z_3	y
1	1	0	0	y_1	6	2/3	0	1/3	y_{113}
2	0	1	0	y_2	7	1/3	0	2/3	y_{133}
3	0	0	1	y_3	8	0	2/3	1/3	y_{223}
4	2/3	1/3	0	y_{112}	9	0	1/3	2/3	y_{233}
5	1/3	2/3	0	y_{122}	10	1/3	1/3	1/3	y_{123}

（3）{4，2} 单纯形格子点设计

试验号	z_1	z_2	z_3	z_4	y	试验号	z_1	z_2	z_3	z_4	y
1	1	0	0	0	y_1	6	1/2	0	1/2	0	y_{13}
2	0	1	0	0	y_2	7	1/2	0	0	1/2	y_{14}
3	0	0	1	0	y_3	8	0	1/2	1/2	0	y_{23}
4	0	0	0	1	y_4	9	0	1/2	0	1/2	y_{24}
5	1/2	1/2	0	0	y_{12}	10	0	0	1/2	1/2	y_{34}

（4）{4，3} 单纯形格子点设计

试验号	z_1	z_2	z_3	z_4	y	试验号	z_1	z_2	z_3	z_4	y
1	1	0	0	0	y_1	11	0	2/3	1/3	0	y_{233}
2	0	1	0	0	y_2	12	0	1/3	2/3	0	y_{224}
3	0	0	1	0	y_3	13	0	2/3	0	1/3	y_3
4	0	0	0	1	y_4	14	0	1/3	0	2/3	y_{244}
5	2/3	1/3	0	0	y_{112}	15	0	0	2/3	1/3	y_{334}
6	1/3	2/3	0	0	y_{122}	16	0	0	1/3	2/3	y_{344}
7	2/3	0	1/3	0	y_{113}	17	1/3	1/3	1/3	0	y_{123}
8	1/3	0	2/3	0	y_{133}	18	1/3	1/3	0	1/3	y_{124}
9	2/3	0	0	1/3	y_{113}	19	1/3	0	1/3	1/3	y_{134}
10	1/3	0	0	2/3	y_{223}	20	0	1/3	1/3	1/3	y_{234}

（5）{5，2} 单纯形格子点设计

试验号	z_1	z_2	z_3	z_4	z_5	y	试验号	z_1	z_2	z_3	z_4	z_5	y
1	1	0	0	0	0	y_1	9	1/2	0	0	0	1/2	y_{15}
2	0	1	0	0	0	y_2	10	0	1/2	1/2	0	0	y_{23}
3	0	0	1	0	0	y_3	11	0	1/2	0	1/2	0	y_{24}
4	0	0	0	1	0	y_4	12	0	1/2	0	0	1/2	y_{25}
5	0	0	0	0	1	y_5	13	0	0	1/2	1/2	0	y_{34}
6	1/2	1/2	0	0	0	y_{11}	14	0	0	1/2	0	1/2	y_{35}
7	1/2	0	1/2	0	0	y_{13}	15	0	0	0	1/2	1/2	y_{45}
8	1/2	0	0	1/2	0	y_{14}							

（6）{5，3} 单纯形格子点设计

试验号	z_1	z_2	z_3	z_4	z_5	y	试验号	z_1	z_2	z_3	z_4	z_5	y
1	1	0	0	0	0	y_1	5	0	0	0	0	1	y_5
2	0	1	0	0	0	y_2	6	1/3	2/3	0	0	0	y_{122}
3	0	0	1	0	0	y_3	7	2/3	1/3	0	0	0	y_{112}
4	0	0	0	1	0	y_4	8	1/3	0	2/3	0	0	y_{133}

续表

试验号	z_1	z_2	z_3	z_4	z_5	y	试验号	z_1	z_2	z_3	z_4	z_5	y
9	2/3	0	1/3	0	0	y_{113}	23	0	0	2/3	0	1/3	y_{335}
10	1/3	0	0	2/3	0	y_{144}	24	0	0	0	1/3	2/3	y_{455}
11	2/3	0	0	1/3	0	y_{114}	25	0	0	0	2/3	1/3	y_{445}
12	1/3	0	0	0	2/3	y_{155}	26	1/3	1/3	1/3	0	0	y_{123}
13	2/3	0	0	0	1/3	y_{115}	27	1/3	1/3	0	1/3	0	y_{124}
14	0	1/3	2/3	0	0	y_{233}	28	1/3	1/3	0	0	1/3	y_{125}
15	0	2/3	1/3	0	0	y_{223}	29	1/3	0	1/3	1/3	0	y_{134}
16	0	1/3	0	2/3	0	y_{244}	30	1/3	0	1/3	0	1/3	y_{135}
17	0	2/3	0	1/3	0	y_{224}	31	1/3	0	0	1/3	1/3	y_{145}
18	0	1/3	0	0	2/3	y_{255}	32	0	1/3	1/3	1/3	0	y_{234}
19	0	2/3	0	0	1/3	y_{225}	33	0	1/3	1/3	0	1/3	y_{235}
20	0	0	1/3	2/3	0	y_{344}	34	0	1/3	0	1/3	1/3	y_{245}
21	0	0	2/3	1/3	0	y_{334}	35	0	0	1/3	1/3	1/3	y_{345}
22	0	0	1/3	0	2/3	y_{355}							

二、 单纯形重心设计表

（1）3 组分单纯形重心设计表

试验号	z_1	z_2	z_3	y	试验号	z_1	z_2	z_3	y
1	1	0	0	y_1	5	1/2	0	1/2	y_{13}
2	0	1	0	y_2	6	0	1/2	1/2	y_{23}
3	0	0	1	y_3	7	1/3	1/3	1/3	y_{123}
4	1/2	1/2	0	y_{12}					

（2）4 组分单纯形重心设计表

试验号	z_1	z_2	z_3	z_4	y	试验号	z_1	z_2	z_3	z_4	y
1	1	0	0	0	y_1	4	0	0	0	1	y_4
2	0	1	0	0	y_2	5	1/2	1/2	0	0	y_{12}
3	0	0	1	0	y_3	6	1/2	0	1/2	0	y_{13}

续表

试验号	z_1	z_2	z_3	z_4	y	试验号	z_1	z_2	z_3	z_4	y
7	1/2	0	0	1/2	y_{14}	12	1/3	1/3	0	1/3	y_{124}
8	0	1/2	1/2	0	y_{23}	13	1/3	0	1/3	1/3	y_{134}
9	0	1/2	0	1/2	y_{24}	14	0	1/3	1/3	1/3	y_{234}
10	0	0	1/2	1/2	y_{34}	15	1/4	1/4	1/4	1/4	y_{1234}
11	1/3	1/3	1/3	0	y_{123}						

（3）5 组分单纯形重心设计表

试验号	z_1	z_2	z_3	z_4	z_5	y	试验号	z_1	z_2	z_3	z_4	z_5	y
1	1	0	0	0	0	y_1	17	1/3	1/3	0	1/3	0	y_{124}
2	0	1	0	0	0	y_2	18	1/3	1/3	0	0	1/3	y_{125}
3	0	0	1	0	0	y_3	19	1/3	0	1/3	1/3	0	y_{134}
4	0	0	0	1	0	y_4	20	1/3	0	1/3	0	1/3	y_{135}
5	0	0	0	0	1	y_5	21	1/3	0	0	1/3	1/3	y_{145}
6	1/2	1/2	0	0	0	y_{11}	22	0	1/3	1/3	1/3	0	y_{234}
7	1/2	0	1/2	0	0	y_{13}	23	0	1/3	1/3	0	1/3	y_{235}
8	1/2	0	0	1/2	0	y_{14}	24	0	1/3	0	1/3	1/3	y_{245}
9	1/2	0	0	0	1/2	y_{15}	25	0	0	1/3	1/3	1/3	y_{345}
10	0	1/2	1/2	0	0	y_{23}	26	1/4	1/4	1/4	1/4	0	y_{1234}
11	0	1/2	0	1/2	0	y_{24}	27	0	1/4	1/4	1/4	1/4	y_{2345}
12	0	1/2	0	0	1/2	y_{25}	28	1/4	0	1/4	1/4	1/4	y_{1345}
13	0	0	1/2	1/2	0	y_{34}	29	1/4	1/4	0	1/4	1/4	y_{1245}
14	0	0	1/2	0	1/2	y_{35}	30	1/4	1/4	1/4	0	1/4	y_{1235}
15	0	0	0	1/2	1/2	y_{45}	31	1/5	1/5	1/5	1/5	1/5	y_{12345}
16	1/3	1/3	1/3	0	0	y_{123}							

三、配方均匀设计表

(1) $UM_7(7^3)$

试验号	x_1	x_2	x_3	试验号	x_1	x_2	x_3
1	0. 733	0. 172	0. 095	5	0. 198	0. 745	0. 057
2	0. 537	0. 099	0. 364	6	0. 114	0. 443	0. 443
3	0. 402	0. 470	0. 128	7	0. 036	0. 069	0. 895
4	0. 293	0. 253	0. 455				

(2) $UM_8{}^*(8^3)$

试验号	x_1	x_2	x_3
1	0. 750	0. 141	0. 109
2	0. 567	0. 027	0. 406
3	0. 441	0. 384	0. 175
4	0. 339	0. 124	0. 537
5	0. 250	0. 609	0. 141
6	0. 171	0. 259	0. 570
7	0. 099	0. 845	0. 056
8	0. 032	0. 424	0. 545

$UM_8{}^*(8^4)$

试验号	x_1	x_2	x_3	x_4
1	0. 603	0. 134	0. 049	0. 213
2	0. 428	0. 018	0. 242	0. 312
3	0. 321	0. 299	0. 261	0. 119
4	0. 241	0. 075	0. 642	0. 043
5	0. 175	0. 468	0. 022	0. 335
6	0. 117	0. 151	0. 229	0. 503
7	0. 067	0. 700	0. 131	0. 102
8	0. 021	0. 245	0. 596	0. 138

(3) $UM_9(9^3)$

试验号	x_1	x_2	x_3
1	0. 056	0. 389	0. 764
2	0. 167	0. 833	0. 592
3	0. 278	0. 278	0. 473
4	0. 389	0. 722	0. 376
5	0. 500	0. 167	0. 293
6	0. 611	0. 611	0. 218
7	0. 722	0. 056	0. 150
8	0. 833	0. 500	0. 087
9	0. 944	0. 944	0. 028

$UM_9(9^4)$

试验号	x_1	x_2	x_3	x_4
1	0. 618	0. 144	0. 066	0. 172
2	0. 450	0. 048	0. 251	0. 251
3	0. 348	0. 309	0. 248	0. 096
4	0. 270	0. 110	0. 586	0. 034
5	0. 206	0. 470	0. 054	0. 270
6	0. 151	0. 185	0. 258	0. 405
7	0. 103	0. 686	0. 129	0. 082
8	0. 059	0. 276	0. 555	0. 111
9	0. 019	0. 028	0. 053	0. 901

$UM_9{}^*(9^3)$

试验号	x_1	x_2	x_3
1	0.764	0.170	0.065
2	0.592	0.159	0.249
3	0.473	0.029	0.498
4	0.376	0.520	0.104
5	0.293	0.354	0.354
6	0.218	0.130	0.651
7	0.150	0.803	0.047
8	0.087	0.558	0.355
9	0.028	0.270	0.702

$UM_9{}^*(9^4)$

试验号	x_1	x_2	x_3	x_4
1	0.348	0.098	0.031	0.524
2	0.151	0.319	0.088	0.441
3	0.019	0.750	0.064	0.167
4	0.450	0.048	0.195	0.307
5	0.206	0.232	0.281	0.281
6	0.059	0.557	0.235	0.149
7	0.618	0.011	0.268	0.103
8	0.270	0.159	0.476	0.095
9	0.103	0.424	0.447	0.026

(4) $UM_{10}{}^*(10^3)$

试验号	x_1	x_2	x_3
1	0.776	0.078	0.145
2	0.613	0.290	0.097
3	0.500	0.025	0.475
4	0.408	0.266	0.325
5	0.329	0.570	0.101
6	0.258	0.111	0.630
7	0.194	0.443	0.363
8	0.134	0.823	0.043
9	0.078	0.230	0.691
10	0.025	0.634	0.341

$UM_{10}{}^*(10^4)$

试验号	x_1	x_2	x_3	x_4
1	0.632	0.121	0.086	0.161
2	0.469	0.013	0.388	0.129
3	0.370	0.257	0.019	0.354
4	0.295	0.055	0.292	0.357
5	0.234	0.383	0.326	0.057
6	0.181	0.110	0.106	0.603
7	0.134	0.531	0.185	0.151
8	0.091	0.176	0.696	0.037
9	0.053	0.735	0.053	0.159
10	0.017	0.254	0.474	0.255

$UM_{10}{}^*(10^5)$

试验号	x_1	x_2	x_3	x_4	x_5	试验号	x_1	x_2	x_3	x_4	x_5
1	0.527	0.175	0.122	0.097	0.079	6	0.139	0.115	0.457	0.072	0.217
2	0.378	0.112	0.068	0.022	0.419	7	0.102	0.015	0.228	0.556	0.098
3	0.293	0.037	0.520	0.097	0.052	8	0.069	0.436	0.013	0.169	0.313
4	0.231	0.486	0.093	0.029	0.162	9	0.040	0.224	0.368	0.350	0.018
5	0.181	0.242	0.045	0.399	0.133	10	0.013	0.090	0.174	0.325	0.398

$UM_{10}{}^{*}(10^6)$

试验号	x_1	x_2	x_3	x_4	x_5	x_6
1	0.451	0.161	0.115	0.090	0.028	0.156
2	0.316	0.095	0.054	0.014	0.183	0.339
3	0.242	0.030	0.460	0.109	0.087	0.071
4	0.189	0.427	0.090	0.023	0.203	0.068
5	0.148	0.197	0.035	0.311	0.295	0.016
6	0.113	0.091	0.373	0.057	0.018	0.348
7	0.083	0.012	0.164	0.455	0.072	0.216
8	0.056	0.357	0.010	0.112	0.210	0.256
9	0.032	0.175	0.293	0.388	0.073	0.039
10	0.010	0.069	0.123	0.206	0.503	0.089

(5) $UM_{11}(11^3)$

试验号	x_1	x_2	x_3
1	0.787	0.087	0.126
2	0.631	0.285	0.084
3	0.523	0.065	0.412
4	0.436	0.282	0.282
5	0.360	0.552	0.087
6	0.293	0.161	0.546
7	0.231	0.454	0.314
8	0.174	0.788	0.038
9	0.121	0.280	0.599
10	0.071	0.634	0.296
11	0.023	0.044	0.933

$UM_{11}(11^4)$

试验号	x_1	x_2	x_3	x_4
1	0.643	0.129	0.093	0.135
2	0.485	0.036	0.370	0.109
3	0.390	0.266	0.047	0.297
4	0.317	0.083	0.300	0.300
5	0.258	0.388	0.306	0.048
6	0.206	0.138	0.149	0.506
7	0.161	0.529	0.183	0.127
8	0.120	0.204	0.646	0.031
9	0.082	0.722	0.062	0.133
10	0.048	0.279	0.459	0.214
11	0.015	0.023	0.044	0.918

$UM_{11}{}^{*}(11^3)$

试验号	x_1	x_2	x_3
1	0.787	0.126	0.087
2	0.631	0.050	0.319
3	0.523	0.368	0.108
4	0.436	0.179	0.385
5	0.360	0.611	0.029
6	0.293	0.354	0.354
7	0.231	0.035	0.734
8	0.174	0.563	0.263
9	0.121	0.200	0.679
10	0.071	0.803	0.127
11	0.023	0.400	0.577

$UM_{11}{}^{*}(11^4)$

试验号	x_1	x_2	x_3	x_4
1	0.258	0.172	0.026	0.545
2	0.048	0.601	0.048	0.304
3	0.390	0.074	0.122	0.415
4	0.120	0.384	0.158	0.339
5	0.643	0.008	0.143	0.206
6	0.206	0.232	0.281	0.281
7	0.015	0.775	0.124	0.086
8	0.317	0.119	0.384	0.179
9	0.082	0.480	0.338	0.099
10	0.485	0.036	0.413	0.065
11	0.161	0.302	0.512	0.024

$UM_{11}(11^5)$

试验号	x_1	x_2	x_3	x_4	x_5	试验号	x_1	x_2	x_3	x_4	x_5
1	0.538	0.180	0.102	0.074	0.106	7	0.123	0.042	0.527	0.182	0.126
2	0.392	0.125	0.034	0.346	0.102	8	0.091	0.441	0.108	0.343	0.016
3	0.310	0.057	0.276	0.049	0.309	9	0.062	0.242	0.548	0.047	0.101
4	0.249	0.483	0.032	0.118	0.118	10	0.036	0.116	0.249	0.409	0.191
5	0.200	0.254	0.286	0.225	0.035	11	0.012	0.015	0.022	0.043	0.908
6	0.159	0.135	0.123	0.132	0.450						

$UM_{11}(11^6)$

试验号	x_1	x_2	x_3	x_4	x_5	x_6
1	0.461	0.211	0.128	0.072	0.052	0.076
2	0.329	0、167	0.104	0.028	0.287	0.085
3	0.256	0.118	0.051	0.250	0.044	0.280
4	0.205	0.073	0.465	0.031	0.113	0.113
5	0.164	0.030	0.256	0.288	0.227	0.036
6	0.129	0.469	0.065	0.059	0.063	0.215
7	0.100	0.279	0.030	0.373	0.129	0.089
8	0.074	0.185	0.359	0.088	0.280	0.013
9	0.050	0.117	0.215	0.486	0.042	0.090
10	0.029	0.061	0.109	0.235	0.386	0.180
11	0.009	0.011	0.015	0.022	0.043	0.899

(6) $UM_{12}*(12^3)$

试验号	x_1	x_2	x_3
1	0.796	0.128	0.077
2	0.646	0、074	0.280
3	0.544	0.399	0.057
4	0.460	0.248	0.293
5	0.388	0.026	0.587
6	0.323	0.480	0.197
7	0.264	0.215	0.521
8	0.209	0.758	0.033
9	0.158	0.456	0.386
10	0.110	0.111	0.779
11	0.065	0.741	0.195
12	0.021	0.367	0.612

$UM_{12}{}^*(12^4)$

试验号	x_1	x_2	x_3	x_4
1	0.653	0.112	0.049	0.186
2	0.500	0.011	0.224	0.265
3	0.407	0.230	0.257	0.106
4	0.337	0.043	0.594	0.026
5	0.279	0.332	0.049	0.341
6	0.229	0.085	0.257	0.429
7	0.185	0.443	0.233	0.140
8	0.145	0.135	0.630	0.090
9	0.109	0.576	0.013	0.302
10	0.075	0.194	0.213	0.518
11	0.044	0.761	0.106	0.089
12	0.014	0.260	0.574	0.151

$UM_{12}{}^{*}(12^{5})$

试验号	x_1	x_2	x_3	x_4	x_5	试验号	x_1	x_2	x_3	x_4	x_5
1	0. 548	0. 103	0. 073	0. 057	0. 218	7	0. 142	0. 349	0. 234	0. 172	0. 103
2	0. 405	0. 008	0. 319	0. 123	0. 145	8	0. 111	0. 097	0. 017	0. 679	0. 097
3	0. 324	0. 188	0. 031	0. 323	0. 133	9	0. 083	0. 459	0. 121	0. 014	0. 324
4	0. 265	0. 032	0. 227	0. 456	0. 020	10	0. 057	0. 137	0. 521	0. 083	0. 202
5	0. 217	0. 264	0. 413	0. 013	0. 093	11	0. 033	0. 632	0. 037	0. 162	0. 137
6	0. 177	0. 062	0. 121	0. 240	0. 400	12	0. 011	0. 183	0. 313	0. 391	0. 103

$UM_{12}{}^{*}(12^{6})$

试验号	x_1	x_2	x_3	x_4	x_5	x_6
1	0. 470	0. 172	0. 121	0. 038	0. 008	0. 191
2	0. 340	0. 117	0. 079	0. 180	0. 036	0. 249
3	0. 269	0. 060	0. 009	0. 526	0. 028	0. 107
4	0. 218	0. 008	0. 315	0. 051	0. 119	0. 289
5	0. 178	0. 333	0. 090	0. 129	0. 101	0. 169
6	0. 144	0. 186	0. 029	0. 414	0. 104	0. 123
7	0. 115	0. 098	0. 393	0. 025	0. 199	0. 169
8	0. 090	0. 030	0. 202	0. 179	0. 312	0,187
9	0. 067	0. 512	0. 032	0. 212	0. 126	0. 052
10	0. 046	0. 253	0. 458	0. 005	0. 188	0. 050
11	0. 026	0. 138	0. 233	0. 126	0. 417	0. 060
12	0. 008	0. 056	0. 102	0. 383	0. 431	0. 019

$UM_{12}{}^{*}(12^{7})$

试验号	x_1	x_2	x_3	x_4	x_5	x_6	x_7
1	0. 411	0. 200	0. 069	0. 046	0. 043	0. 048	0. 182
2	0. 293	0. 154	0. 006	0. 223	0. 126	0. 091	0. 108
3	0. 230	0. 111	0. 143	0. 022	0. 392	0. 071	0. 029
4	0. 186	0. 073	0. 024	0. 164	0. 061	0. 471	0. 020
5	0. 151	0. 039	0. 215	0. 389	0. 067	0. 017	0. 122
6	0. 122	0. 007	0,049	0. 089	0. 473	0. 097	0. 162
7	0. 097	0. 425	0. 155	0. 109	0. 014	0. 125	0. 075
8	0. 075	0. 249	0. 056	0. 009	0. 161	0. 394	0. 056
9	0. 056	0. 168	0. 315	0. 085	0. 204	0. 007	0. 165
10	0. 038	0. 111	0. 094	0. 378	0. 008	0. 108	0. 262
11	0. 022	0. 065	0. 500	0. 031	0. 080	0. 163	0. 138
12	0. 007	0. 026	0. 137	0. 231	0. 275	0. 256	0. 067

(7) $UM_{13}(13^3)$

试验号	x_1	x_2	x_3
1	0.804	0.128	0.068
2	0.660	0.091	0.248
3	0.561	0.388	0.051
4	0.481	0.259	0.259
5	0.412	0.068	0.520
6	0.350	0.475	0.175
7	0.293	0.245	0.462
8	0.240	0.730	0.029
9	0.191	0.467	0.342
10	0.145	0.164	0.690
11	0.101	0.726	0.173
12	0.059	0.398	0.543
13	0.019	0.038	0.943

$UM_{13}(13^4)$

试验号	x_1	x_2	x_3	x_4
1	0.662	0.118	0.059	0.160
2	0.513	0.029	0.229	0.229
3	0.423	0.238	0.248	0.091
4	0.354	0.065	0.558	0.022
5	0.298	0.338	0.070	0.294
6	0.249	0.109	0.272	0.370
7	0.206	0.446	0.228	0.120
8	0.168	0.159	0.595	0.078
9	0.132	0.573	0.034	0.261
10	0.099	0.217	0.237	0.447
11	0.069	0.749	0.105	0.077
12	0.040	0.281	0.548	0.131
13	0.013	0.019	0.037	0.931

$UM_{13}{}^*(13^3)$

试验号	x_1	x_2	x_3
1	0.804	0.068	0.128
2	0.660	0.248	0.091
3	0.561	0.017	0.422
4	0.481	0.220	0.299
5	0.412	0.475	0.113
6	0.350	0.075	0.575
7	0.293	0.354	0.354
8	0.240	0.672	0.088
9	0.191	0.156	0.653
10	0.145	0.493	0.362
11	0.101	0.864	0.035
12	0.059	0.253	0.687
13	0.019	0.641	0.339

$UM_{13}{}^*(13^4)$

试验号	x_1	x_2	x_3	x_4
1	0.662	0.065	0.052	0.220
2	0.513	0.234	0.107	0.146
3	0.423	0.011	0.370	0.196
4	0.354	0.155	0.434	0.057
5	0.298	0.394	0.012	0.296
6	0.249	0.045	0.190	0.516
7	0.206	0.232	0.281	0.281
8	0.168	0.550	0.207	0.076
9	0.132	0.088	0.750	0.030
10	0.099	0.315	0.068	0.518
11	0.069	0.749	0.063	0.119
12	0.040	0.139	0.473	0.347
13	0.013	0.406	0.469	0.112

$UM_{13}(13^5)$

试验号	x_1	x_2	x_3	x_4	x_5
1	0.557	0.110	0.080	0.068	0.185
2	0.417	0.023	0.314	0.123	0.123
3	0.338	0.197	0.047	0.305	0.113
4	0.280	0.049	0.234	0.420	0.017
5	0.233	0.272	0.398	0.019	0.078
6	0.193	0.080	0.139	0.249	0.339
7	0.159	0.356	0.234	0.165	0.087
8	0.128	0.115	0.045	0.629	0.082
9	0.101	0.461	0.128	0.036	0.274
10	0.075	0.155	0.508	0.091	0.171
11	0.052	0.628	0.046	0.158	0.116
12	0.030	0.200	0.317	0.366	0.087
13	0.010	0.013	0.019	0.037	0.922

$UM_{13}^*(13^5)$

试验号	x_1	x_2	x_3	x_4	x_5
1	0.557	0.132	0.060	0.048	0.203
2	0.417	0.058	0.253	0.115	0.157
3	0.338	0.439	0.004	0.143	0.076
4	0.280	0.180	0.130	0.363	0.047
5	0.233	0.053	0.401	0.012	0.301
6	0.193	0.414	0.023	0.099	0.270
7	0.159	0.173	0.195	0.236	0.236
8	0.128	0.035	0.552	0.208	0.077
9	0.101	0.380	0.053	0.449	0.018
10	0.075	0.155	0.269	0.058	0.443
11	0.052	0.012	0.752	0.064	0.120
12	0.030	0.344	0.091	0.309	0.226
13	0.010	0.131	0.354	0.408	0.097

$UM_{13}(13^6)$

试验号	x_1	x_2	x_3	x_4	x_5	x_6
1	0.479	0.101	0.070	0.067	0.076	0.207
2	0.351	0.020	0.266	0.150	0.107	0.107
3	0.281	0.168	0.038	0.413	0.074	0.027
4	0.231	0.040	0.182	0.079	0.450	0.018
5	0.191	0.226	0.386	0.069	0.025	0.103
6	0.158	0.063	0.103	0.446	0.097	0.132
7	0.129	0.294	0.204	0.038	0.219	0.116
8	0.104	0.090	0.032	0.226	0.484	0.063
9	0.081	0.383	0.110	0.239	0.021	0.165
10	0.061	0.121	0.420	0.024	0.130	0.245
11	0.042	0.534	0.042	0.092	0.167	0.123
12	0.024	0.155	0.244	0.277	0.241	0.057
13	0.008	0.010	0.013	0.019	0.037	0.914

$UM_{13}(13^7)$

试验号	x_1	x_2	x_3	x_4	x_5	x_6	x_7
1	0. 419	0. 204	0. 073	0. 051	0. 048	0. 055	0. 150
2	0. 302	0. 161	0. 016	0. 22	0. 124	0. 088	0. 088
3	0. 240	0. 120	0. 149	0. 034	0. 367	0. 065	0. 024
4	0. 196	0. 084	0. 037	0. 170	0. 074	0. 421	0. 017
5	0. 162	0. 051	0. 220	0. 376	0. 067	0. 024	0. 101
6	0. 134	0. 021	0. 064	0. 103	0. 448	0. 098	0. 133
7	0. 109	0. 427	0. 157	0. 109	0. 020	0. 117	0. 062
8	0. 088	0. 256	0. 066	0. 024	0. 166	0. 354	0. 046
9	0. 068	0. 178	0. 314	0. 091	0. 196	0. 018	0. 135
10	0. 051	0. 123	0. 106	0. 370	0. 021	0. 114	0. 216
11	0. 035	0. 079	0. 494	0. 039	0. 085	0. 155	0. 114
12	0. 020	0. 041	0. 149	0. 235	0. 267	0. 232	0. 055
13	0. 007	0. 008	0. 010	0. 013	0. 019	0. 036	0. 908

（8）$UM_{14}^*(14^3)$

试验号	x_1	x_2	x_3
1	0811	0. 047	0. 142
2	0. 673	0. 175	0. 152
3	0. 577	0. 347	0. 075
4	0. 500	0. 018	0. 482
5	0. 433	0. 182	0. 385
6	0. 373	0. 381	0. 246
7	0. 319	0. 608	0. 073
8	0. 268	0. 078	0. 654
9	0. 221	0. 306	0. 473
10	0. 176	0. 559	0. 265
11	0. 134	0. 835	0. 031
12	0. 094	0. 162	0. 744
13	0. 055	0. 439	0. 506
14	0. 018	0. 736	0. 245

$UM_{14}^*(14^4)$

试验号	x_1	x_2	x_3	x_4
1	0. 671	0. 165	0. 088	0. 076
2	0. 525	0. 127	0. 012	0. 335
3	0. 437	0. 053	0. 310	0. 201
4	0. 370	0. 511	0. 013	0. 106
5	0. 315	0. 297	0. 264	0. 125
6	0. 268	0. 162	0. 102	0. 469
7	0. 226	0. 043	0. 549	0. 183
8	0. 188	0. 546	0. 066	0. 199
9	0. 153	0. 316	0. 436	0. 095
10	0. 121	0. 155	0. 233	0. 491
11	0. 091	0. 016	0. 797	0. 096
12	0. 063	0. 541	0. 155	0. 240
13	0. 037	0. 307	0. 633	0. 023
14	0. 012	0. 132	0. 397	0. 458

$UM_{14}^{*}(14^5)$

试验号	x_1	x_2	x_3	x_4	x_5	试验号	x_1	x_2	x_3	x_4	x_5
1	0. 565	0. 161	0. 087	0. 020	0. 167	8	0. 144	0. 449	0. 054	0. 013	0. 339
2	0. 428	0. 107	0. 008	0. 114	0. 342	9	0. 117	0. 236	0. 373	0. 049	0. 224
3	0. 350	0. 041	0. 227	0. 150	0. 232	10	0. 092	0. 110	0. 141	0. 211	0. 446
4	0. 293	0. 474	0. 013	0. 118	0. 102	11	0. 069	0. 011	0. 618	0. 140	0. 161
5	0. 247	0. 237	0. 223	0. 198	0. 094	12	0. 048	0. 416	0. 118	0. 254	0. 164
6	0. 208	0. 121	0. 063	0. 499	0. 108	13	0. 028	0. 219	0. 610	0. 107	0. 036
7	0. 175	0. 031	0. 397	0. 383	0. 014	14	0. 009	0. 091	0. 241	0. 588	0. 071

（9）$UM_{15}(15^3)$

试验号	x_1	x_2	x_3
1	0. 817	0. 055	0. 128
2	0. 684	0. 179	0. 137
3	0. 592	0. 340	0. 068
4	0. 517	0. 048	0. 435
5	0. 452	0. 201	0. 347
6	0. 394	0. 384	0. 222
7	0. 342	0. 592	0. 066
8	0. 293	0. 118	0. 589
9	0. 247	0. 326	0. 427
10	0. 204	0. 557	0. 239
11	0. 163	0. 809	0. 028
12	0. 124	0. 204	0. 671
13	0. 087	0. 456	0. 456
14	0. 051	0. 727	0. 221
15	0. 017	0. 033	0. 950

$UM_{15}(15^4)$

试验号	x_1	x_2	x_3	x_4
1	0. 678	0. 166	0. 088	0. 067
2	0. 536	0. 136	0. 033	0. 295
3	0. 450	0. 068	0. 305	0. 177
4	0. 384	0. 503	0. 019	0. 094
5	0. 331	0. 303	0. 257	0. 110
6	0. 284	0. 177	0. 126	0. 413
7	0. 243	0. 066	0. 530	0. 161
8	0. 206	0. 543	0. 075	0. 176
9	0. 172	0. 326	0. 418	0. 084
10	0. 141	0. 175	0. 251	0. 433
11	0. 112	0. 046	0. 758	0. 084
12	0. 085	0. 542	0. 162	0. 212
13	0. 059	0. 322	0. 599	0. 021
14	0. 035	0. 158	0. 404	0. 404
15	0. 011	0. 017	0. 032	0. 940

$UM_{15}{}^*(15^3)$

试验号	x_1	x_2	x_3
1	0.817	0.103	0.079
2	0.684	0.032	0.285
3	0.592	0.286	0.122
4	0.517	0.113	0.370
5	0.452	0.456	0.091
6	0.394	0.222	0.384
7	0.342	0.636	0.022
8	0.293	0.354	0.354
9	0.247	0.025	0.728
10	0.204	0.504	0.292
11	0.163	0.139	0.697
12	0.124	0.671	0.204
13	0.087	0.274	0.639
14	0.051	0.854	0.095
15	0.017	0.426	0.557

$UM_{15}{}^*(15^4)$

试验号	x_1	x_2	x_3	x_4
1	0.678	0.146	0.029	0.147
2	0.536	0.095	0.135	0.234
3	0.450	0.009	0.307	0.234
4	0.384	0.318	0.228	0.069
5	0.331	0.166	0.487	0.017
6	0.284	0.037	0.068	0.611
7	0.243	0.448	0.093	0.216
8	0.206	0.232	0.281	0.281
9	0.172	0.072	0.529	0.227
10	0.141	0.587	0.244	0.027
11	0.112	0.303	0.019	0.565
12	0.085	0.114	0.187	0.614
13	0.059	0.769	0.074	0.097
14	0.035	0.381	0.370	0.214
15	0.011	0.162	0.689	0.138

$UM_{15}(15^5)$

试验号	x_1	x_2	x_3	x_4	x_5
1	0.573	0.164	0.090	0.029	0.144
2	0.438	0.116	0.023	0.127	0.296
3	0.361	0.054	0.231	0.153	0.201
4	0.305	0.471	0.019	0.116	0.088
5	0.260	0.245	0.224	0.190	0.081
6	0.222	0.134	0.080	0.470	0.094
7	0.189	0.048	0.395	0.357	0.012
8	0.159	0.451	0.064	0.033	0.294
9	0.132	0.247	0.367	0.059	0.194
10	0.108	0.126	0.156	0.224	0.386
11	0.085	0.032	0.604	0.140	0.140
12	0.064	0.421	0.127	0.246	0.142
13	0.045	0.232	0.591	0.101	0.031
14	0.026	0.109	0.253	0.550	0.061
15	0.008	0.011	0.016	0.032	0.932

$UM_{15}{}^*(15^5)$

试验号	x_1	x_2	x_3	x_4	x_5
1	0.573	0.141	0.071	0.036	0.179
2	0.438	0.079	0.330	0.056	0.097
3	0.361	0.007	0.103	0.300	0.229
4	0.305	0.267	0.221	0.158	0.048
5	0.260	0.128	0.053	0.540	0.019
6	0.222	0.027	0.296	0.045	0.409
7	0.189	0.365	0.008	0.132	0.307
8	0.159	0.173	0.195	0.236	0.236
9	0.132	0.051	0.667	0.104	0.045
10	0.108	0.478	0.085	0.297	0.033
11	0.085	0.223	0.410	0.009	0.273
12	0.064	0.079	0.107	0.175	0.575
13	0.045	0.648	0.139	0.073	0.095
14	0.026	0.277	0.036	0.419	0.242
15	0.008	0.111	0.301	0.483	0.097

$UM_{15}{}^{*}(15^6)$

试验号	x_1	x_2	x_3	x_4	x_5	x_6
1	0.214	0.148	0.110	0.086	0.015	0.427
2	0.087	0.024	0.476	0.163	0.025	0.225
3	0.007	0.258	0.082	0.534	0.020	0.099
4	0.253	0.048	0.269	0.054	0.088	0.289
5	0.107	0.322	0.034	0.183	0.106	0.247
6	0.021	0.106	0.248	0.427	0.072	0.125
7	0.301	0.400	0.003	0.026	0.117	0.153
8	0.129	0.139	0.151	0.170	0.205	0.205
9	0.036	0.008	0.648	0.182	0.071	0.054
10	0.369	0.140	0.069	0.022	0.253	0.147
11	0.154	0.038	0.363	0.110	0.234	0.100
12	0.052	0.289	0.056	0.312	0.223	0.068
13	0.494	0.043	0.153	0.005	0.254	0.051
14	0.182	0.358	0.016	0.091	0.318	0.035
15	0.069	0.123	0.197	0.277	0.324	0.011

（10）$UM_{16}{}^{*}(16^3)$

试验号	x_1	x_2	x_3
1	0.823	0.072	0.105
2	0.694	0.258	0.048
3	0.605	0.086	0.309
4	0.532	0.307	0.161
5	0.470	0.017	0.514
6	0.414	0.275	0.311
7	0.363	0.578	0.060
8	0.315	0.193	0.492
9	0.271	0.524	0.205
10	0.229	0.072	0.698
11	0.190	0.430	0.380
12	0.152	0.821	0.026
13	0.116	0.304	0.580
14	0.081	0.718	0.201
15	0.048	0.149	0.803
16	0.016	0.584	0.400

$UM_{16}{}^{*}(16^4)$

试验号	x_1	x_2	x_3	x_4
1	0.685	0.148	0.089	0.078
2	0.546	0.104	0.011	0.339
3	0.461	0.026	0.304	0.208
4	0.397	0.364	0.022	0.216
5	0.345	0.207	0.294	0.154
6	0.299	0.081	0.097	0.522
7	0.259	0.610	0.094	0.037
8	0.223	0.321	0.100	0.356
9	0.190	0.154	0.513	0.144
10	0.160	0.013	0.233	0.595
11	0.131	0.463	0.343	0.064
12	0.104	0.243	0.224	0.428
13	0.079	0.075	0.767	0.079
14	0.055	0.656	0.118	0.172
15	0.032	0.351	0.598	0.019
16	0.011	0.151	0.393	0.446

$UM_{16}{}^{*}(16^5)$

试验号	x_1	x_2	x_3	x_4	x_5	试验号	x_1	x_2	x_3	x_4	x_5
1	0.580	0.145	0.114	0.086	0.076	9	0.146	0.112	0.449	0.229	0.064
2	0.447	0.088	0.071	0.012	0.382	10	0.122	0.009	0.235	0.178	0.455
3	0.371	0.020	0.501	0.064	0.044	11	0.100	0.358	0.026	0.436	0.081
4	0.316	0.316	0.134	0.022	0.213	12	0.079	0.175	0.397	0.120	0.229
5	0.272	0.163	0.066	0.328	0.172	13	0.060	0.052	0.204	0.620	0.064
6	0.234	0.060	0.489	0.034	0.182	14	0.042	0.523	0.007	0.174	0.254
7	0.202	0.547	0.079	0.124	0.048	15	0.024	0.253	0.339	0.371	0.012
8	0.173	0.248	0.047	0.116	0.416	16	0.008	0.103	0.169	0.337	0.382

$UM_{16}{}^{*}(16^6)$

试验号	x_1	x_2	x_3	x_4	x_5	x_6
1	0.500	0.136	0.109	0.080	0.038	0.136
2	0.377	0.076	0.057	0.008	0.226	0.256
3	0.310	0.017	0.461	0.077	0.097	0.038
4	0.262	0.274	0.120	0.017	0.317	0.010
5	0.224	0.134	0.051	0.245	0.054	0.293
6	0.192	0.048	0.414	0.028	0.129	0.188
7	0.165	0.484	0.078	0.128	0.095	0.050
8	0.141	0.201	0.036	0.072	0.498	0.052
9	0.119	0.088	0.366	0.227	0.019	0.181
10	0.099	0.007	0.170	0.110	0.211	0,403
11	0.081	0.291	0.020	0.368	0.143	0.098
12	0.064	0.137	0.318	0.091	0.329	0.061
13	0.048	0.040	0.146	0.532	0.007	0.227
14	0.033	0.432	0.006	0.121	0.115	0.293
15	0.019	0.198	0.270	0.422	0.048	0.042
16	0.006	0.079	0.120	0.216	0.453	0.127

$UM_{16}^*(16^7)$

试验号	x_1	x_2	x_3	x_4	x_5	x_6	x_7
1	0.439	0.147	0.097	0.051	0.022	0.023	0.222
2	0.326	0.095	0.046	0.246	0.055	0.051	0.182
3	0.266	0.047	0.398	0.023	0.084	0.063	0.120
4	0.224	0.005	0.156	0.184	0.203	0.107	0.122
5	0.191	0.251	0.033	0.006	0.360	0.094	0.065
6	0.163	0.138	0.312	0.074	0.005	0.222	0.087
7	0.139	0.070	0.137	0.357	0.035	0.222	0.041
8	0.119	0.017	0.036	0.086	0.170	0.554	0.018
9	0.100	0.339	0.208	0.122	0.084	0.005	0.143
10	0.083	0.176	0.108	0.020	0.326	0.045	0.241
11	0.068	0.092	0.020	0.183	0.524	0.032	0.081
12	0.054	0.032	0.289	0.429	0.009	0.076	0.111
13	0.040	0.480	0.059	0.055	0.056	0.165	0.145
14	0.028	0.218	0.006	0.297	0.122	0.216	0.113
15	0.016	0.117	0.236	0.035	0.247	0.273	0.077
16	0.005	0.048	0.095	0.221	0.382	0.226	0.023

四、均匀设计表

(1) $U_5(5^3)$

	1	2	3
1	1	2	4
2	2	4	3
3	3	1	2
4	4	3	1
5	5	5	5

(2) $U_5(5^3)$的使用表

s	列号			D
2	1	2		0.3100
3	1	2	3	0.4570

(3) $U_6^*(6^4)$

	1	2	3	4
1	1	2	3	6
2	2	4	6	5
3	3	6	2	4
4	4	1	5	3
5	5	3	1	2
6	6	5	4	1

(4) $U_6^*(6^4)$的使用表

s	列号	D
2	1 3	0.1875
3	1 2 3	0.2656
4	1 2 3 4	0.2990

(5) $U_7(7^4)$

	1	2	3	4
1	1	2	3	6
2	2	4	6	5
3	3	6	2	4
4	4	1	5	3
5	5	3	1	2
6	6	5	4	1
7	7	7	7	7

(6) $U_7(7^4)$的使用表

s	列号	D
2	1 3	0.2398
3	1 2 3	0.3721
4	1 2 3 4	0.4760

(7) $U_7^*(7^4)$

	1	2	3	4
1	1	3	5	7
2	2	6	2	6
3	3	1	7	5
4	4	4	4	4
5	5	7	1	3
6	6	2	6	2
7	7	5	3	1

(8) $U_7^*(7^4)$的使用表

s	列号	D
2	1 3	0.1582
3	2 3 4	0.2132

(9) $U_8^*(8^5)$

	1	2	3	4	5
1	1	2	4	7	8
2	2	4	8	5	7
3	3	6	3	3	6
4	4	8	7	1	5
5	5	1	2	8	4
6	6	3	6	6	3
7	7	5	1	4	2
8	8	7	5	2	1

(10) $U_8^*(8^5)$的使用表

s	列号	D
2	1 3	0.1445
3	1 3 4	0.2000
4	1 2 3 5	0.2709

(11) $U_9(9^5)$

	1	2	3	4	5
1	1	2	4	7	8
2	2	4	8	5	7
3	3	6	3	3	6
4	4	8	7	1	5
5	5	1	2	8	4
6	6	3	6	6	3
7	7	5	1	4	2
8	8	7	5	2	1
9	9	9	9	9	9

(12) $U_9^*(9^5)$的使用表

s	列号	D
2	1 3	0.1944
3	1 3 4	0.3102
4	1 2 3 5	0.4066

(13) $U_9^*(9^4)$

	1	2	3	4
1	1	3	7	9
2	2	6	4	8
3	3	9	1	7
4	4	2	8	6
5	5	5	5	5
6	6	8	2	4
7	7	1	9	6
8	8	4	6	2
9	9	7	3	1

(14) $U_9^*(9^4)$的使用表

s	列号			D
2	1	2		0.1574
3	2	3	4	0.1980

(15) $U_{10}^*(10^8)$

	1	2	3	4	5	6	7	8
1	1	2	3	4	5	7	9	10
2	2	4	6	8	10	3	7	9
3	3	6	9	1	4	10	5	8
4	4	8	1	5	9	6	3	7
5	5	10	4	9	3	2	1	6
6	6	1	7	2	8	9	10	5
7	7	3	10	6	2	5	8	4
8	8	5	2	10	7	1	6	3
9	9	7	5	3	1	8	4	2
10	10	9	8	7	6	4	2	1

(16) $U_{10}^*(10^8)$的使用表

s	列号						D
2	1	6					0.1125
3	1	5	6				0.1681
4	1	3	4	5			0.2236
5	1	3	4	5	7		0.2414
6	1	2	3	5	6	8	0.2994

(17) $U_{11}(11^6)$

	1	2	3	4	5	6
1	1	2	3	5	7	10
2	2	4	6	10	3	9
3	3	6	9	4	10	8
4	4	8	1	9	6	7
5	5	10	4	3	2	6
6	6	1	7	8	9	5
7	7	3	10	2	5	4
8	8	5	2	7	1	3
9	9	7	5	1	8	2
10	10	9	8	6	4	1
11	11	11	11	11	11	11

(18) $U_{11}(11^6)$的使用表

s	列号						D
2	1	5					0.1632
3	1	4	5				0.2649
4	1	3	4	5			0.3528
5	1	2	3	4	5		0.4286
6	1	2	3	4	5	6	0.4942

(19) $U_{11}{}^*(11^4)$

	1	2	3	4
1	1	5	7	11
2	2	10	2	10
3	3	3	9	9
4	4	8	4	8
5	5	1	11	7
6	6	6	6	6
7	7	11	1	5
8	8	4	8	4
9	9	9	3	3
10	10	2	10	2
11	11	7	5	1

(20) $U_{11}{}^*(11^4)$的使用表

s	列号			D
2	1	2		0.1136
3	2	3	4	0.2307

(21) $U_{12}{}^*(12^{10})$

	1	2	3	4	5	6	7	8	9	10
1	1	2	3	4	5	6	8	9	10	12
2	2	4	6	8	10	12	3	5	7	11
3	3	6	9	12	2	5	11	1	4	10
4	4	8	12	3	7	11	6	10	1	9
5	5	10	2	7	12	4	1	6	11	8
6	6	12	5	11	4	10	9	2	8	7
7	7	1	8	2	9	3	4	11	5	6
8	8	3	11	6	1	9	12	7	2	5
9	9	5	1	10	6	2	7	3	12	4
10	10	7	4	1	11	8	2	12	9	3
11	11	9	7	5	3	1	10	8	6	2
12	12	11	10	9	8	7	5	4	3	1

(22) $U_{12}^*(12^{10})$的使用表

s	列号							D
2	1	5						0. 1163
3	1	6	9					0. 1838
4	1	6	7	9				0. 2233
5	1	3	4	8	10			0. 2272
6	1	2	6	7	8	9		0. 2670
7	1	2	6	7	8	9	10	0. 2768

(23) $U_{13}(13^8)$

	1	2	3	4	5	6	7	8
1	1	2	5	6	8	9	10	12
2	2	4	10	12	3	5	7	11
3	3	6	2	5	11	1	4	10
4	4	8	7	11	6	10	1	9
5	5	10	12	4	1	6	11	8
6	6	12	4	10	9	2	8	7
7	7	1	9	3	4	11	5	6
8	8	3	1	9	12	7	2	5
9	9	5	6	2	7	3	12	4
10	10	7	11	8	2	12	9	3
11	11	9	3	1	10	8	6	2
12	12	11	8	7	5	4	3	1
13	13	13	13	13	13	13	13	13

(24) $U_{13}(13^8)$的使用表

s	列号							D
2	1	3						0. 1405
3	1	4	7					0. 2308
4	1	4	5	7				0. 3107
5	1	4	5	6	7			0. 3814
6	1	2	4	5	6	7		0. 4439
7	1	2	4	5	6	7	8	0. 4992

(25) $U_{13}{}^*(13^4)$

	1	**2**	**3**	**4**
1	1	5	9	11
2	2	10	4	8
3	3	1	13	5
4	4	6	8	2
5	5	11	3	13
6	6	2	12	10
7	7	7	7	7
8	8	12	2	4
9	9	3	11	1
10	10	8	6	12
11	11	13	1	9
12	12	4	10	6
13	13	9	5	3

(26) $U_{13}{}^*(13^4)$的使用表

s	**列号**	*D*
2	1 3	0.0962
3	1 3 4	0.1442
4	1 2 3 4	0.2076

附录二　酒精度相关对照表

一、20℃时酒精溶液相对密度与酒精度对照表

本表作用：根据酒精相对密度（d_{20}^{20}）数据查20℃对应的酒精度（%vol）。

使用方法：先将酒精相对密度修约到四位小数点，根据修约数的小数点后前三位数在第一列找到对应行，再根据修约数的小数点后第四位数，在第一行中找到相应的列，行与列交汇处的数据就是对应的酒精度。

查询举例：酒精相对密度为0.9255，根据该数的前三位0.925，在第1列中找到相应的行，再根据该数的最后一位即0.0005在第一行中找到相应列，行与列交汇处数值为53.03，则该酒精度为53.03%vol。

20℃时酒精溶液相对密度与酒精度对照表

（酒精度在16.46%~80.16%vol）

d_{20}^{20}	0	0.0001	0.0002	0.0003	0.0004	0.0005	0.0006	0.0007	0.0008	0.0009
0.979	16.46	—	—	—	—	—	—	—	—	—
0.978	17.38	17.29	17.20	17.10	17.01	16.92	16.83	16.73	16.64	16.55
0.977	18.31	18.22	18.12	18.03	17.94	17.84	17.75	17.66	17.57	17.47
0.976	19.26	19.16	19.07	18.97	18.88	18.78	18.69	18.59	18.50	18.40
0.975	20.20	20.11	20.02	19.92	19.83	19.73	19.64	19.54	19.45	19.35
0.974	21.11	21.04	20.95	20.86	20.76	20.67	20.58	20.48	20.39	20.30
0.973	22.05	21.96	21.87	21.78	21.69	21.60	21.50	21.41	21.32	21.23
0.972	22.96	22.87	22.78	22.69	22.60	22.51	22.42	22.33	22.24	22.14
0.971	23.87	23.78	23.69	23.60	23.51	23.42	23.33	23.24	23.15	23.06
0.970	24.75	24.66	24.58	24.49	24.40	24.31	24.22	24.13	24.04	23.95

续表

d_{20}^{20}	0	0.0001	0.0002	0.0003	0.0004	0.0005	0.0006	0.0007	0.0008	0.0009
0.969	25.62	25.54	25.45	25.36	25.28	25.19	25.10	25.01	24.93	24.84
0.968	26.50	26.11	26.33	26.24	26.15	26.06	25.98	25.89	25.80	25.71
0.967	27.36	27.27	27.19	27.10	27.01	26.93	26.84	26.76	26.67	26.59
0.966	28.19	28.11	28.02	27.94	27.86	27.77	27.69	27.61	27.52	27.44
0.965	29.03	28.94	28.86	28.78	28.69	28.61	28.53	28.44	28.36	28.28
0.964	29.85	29.76	29.68	29.60	29.52	29.44	29.35	29.27	29.19	29.11
0.963	30.66	30.58	30.50	30.42	30.34	30.25	30.17	30.09	30.01	29.93
0.962	31.44	31.36	31.28	31.20	31.13	31.05	30.97	30.89	30.82	30.74
0.961	32.21	32.13	32.05	31.98	31.90	31.82	31.75	31.67	31.59	31.52
0.960	32.96	32.88	32.81	32.78	32.66	32.58	32.51	32.43	32.36	32.28
0.959	33.69	33.62	33.54	33.47	33.40	33.32	33.25	33.18	33.10	33.03
0.958	34.41	34.34	34.27	34.20	34.12	34.05	33.98	33.91	33.84	33.76
0.957	35.12	35.05	34.98	34.91	34.84	34.77	34.70	34.63	34.56	34.48
0.956	35.82	35.75	35.68	35.61	35.54	35.47	35.40	35.33	35.26	35.19
0.955	36.49	36.42	36.36	36.29	36.22	36.15	36.09	36.02	35.95	35.88
0.954	37.16	37.09	37.03	36.96	36.89	36.83	36.76	36.69	36.63	36.56
0.953	37.82	37.75	37.69	37.62	37.56	37.49	37.42	37.36	37.29	37.23
0.952	38.46	38.39	38.33	38.27	38.20	38.14	38.07	38.01	37.95	37.88
0.951	39.10	39.04	38.97	38.91	38.84	38.78	38.72	38.65	38.59	38.52
0.950	39.73	39.67	39.60	39.54	39.48	39.41	39.35	39.29	39.23	39.16
0.949	40.35	40.29	40.22	40.16	40.10	40.04	39.98	39.91	39.85	39.79
0.948	40.96	40.90	40.84	40.78	40.71	40.65	40.59	40.53	40.47	40.41
0.947	41.56	41.50	41.44	41.38	41.32	41.26	41.20	41.14	41.08	41.02
0.946	42.15	40.35	42.04	41.98	41.92	41.86	41.80	41.74	41.68	41.62
0.945	42.74	42.69	42.63	42.57	42.51	42.45	42.39	42.33	42.27	42.21
0.944	43.33	43.27	43.21	43.15	43.09	43.04	42.80	42.86	42.92	42.98

续表

d_{20}^{20}	0	0.0001	0.0002	0.0003	0.0004	0.0005	0.0006	0.0007	0.0008	0.0009
0.943	43.90	43.85	43.78	43.73	43.67	43.62	43.56	43.50	43.44	43.39
0.942	44.46	44.41	44.35	44.30	44.24	44.18	44.13	44.07	44.02	43.96
0.941	45.03	44.97	44.91	44.86	44.80	44.74	44.69	44.63	44.58	44.52
0.940	45.58	45.53	45.47	45.42	45.36	45.30	45.25	45.19	45.14	45.08
0.939	46.12	46.07	46.01	45.96	45.91	45.85	45.80	45.74	45.69	45.64
0.938	46.67	47.95	46.56	46.50	46.45	46.39	46.34	46.29	46.23	46.18
0.937	47.20	47.15	47.10	47.04	48.32	46.94	46.88	46.83	46.77	46.72
0.936	47.73	47.68	47.63	47.58	47.52	47.47	47.42	47.36	47.31	47.26
0.935	48.26	48.21	48.15	48.10	48.05	48.00	47.94	47.89	47.84	47.79
0.934	48.78	48.73	48.68	48.62	48.57	48.52	48.47	48.41	48.36	48.31
0.933	49.30	49.25	49.19	49.14	49.09	49.04	50.30	48.94	48.88	48.83
0.932	49.80	49.75	49.70	49.65	49.60	49.55	49.50	49.45	49.40	49.35
0.931	50.31	50.26	50.21	50.16	50.10	50.05	50.00	49.95	49.90	49.85
0.930	50.81	50.76	50.71	50.66	50.61	50.56	50.51	50.46	50.41	50.36
0.929	51.31	51.26	51.21	51.16	51.11	51.06	51.01	50.96	50.91	50.86
0.928	51.80	51.75	51.70	51.65	51.60	51.55	51.50	51.46	51.41	51.36
0.927	52.29	52.25	52.20	52.15	52.10	52.05	52.00	51.95	51.90	51.85
0.926	52.79	52.74	52.69	52.64	52.59	52.54	52.49	52.44	52.39	52.34
0.925	53.27	53.22	53.18	53.13	53.08	53.03	52.98	52.93	52.89	52.84
0.924	53.76	53.71	53.66	53.61	53.56	53.52	53.47	53.42	53.37	53.32
0.923	54.24	54.19	54.14	54.09	54.05	54.00	53.95	53.90	53.85	53.81
0.922	54.72	54.67	54.62	54.57	54.53	54.48	54.43	54.38	54.33	54.29
0.921	55.19	55.15	55.10	55.05	55.00	54.96	54.91	54.86	54.81	54.77
0.920	55.67	55.62	55.57	55.53	55.48	55.43	55.38	55.34	55.29	55.24
0.919	56.14	56.09	56.04	56.00	55.95	55.90	55.86	55.81	55.76	55.71
0.918	56.60	56.56	56.51	56.46	56.42	56.37	56.32	56.28	56.23	56.18

续表

d_{20}^{20}	0	0.0001	0.0002	0.0003	0.0004	0.0005	0.0006	0.0007	0.0008	0.0009
0.917	57.07	57.02	56.97	56.93	56.88	56.84	56.79	56.74	56.70	56.65
0.916	57.53	57.48	57.11	57.39	57.35	57.30	57.25	57.21	57.16	57.11
0.915	57.99	57.94	57.90	57.85	57.81	57.76	57.71	57.67	57.62	57.58
0.914	58.44	58.40	58.35	58.31	58.26	58.22	58.17	58.13	58.08	58.03
0.913	58.89	58.85	58.80	58.76	58.71	58.67	58.62	58.58	58.53	58.49
0.912	59.34	59.30	59.25	59.21	59.16	59.12	59.07	59.03	58.98	58.94
0.911	59.79	59.75	59.70	59.66	59.61	59.57	59.52	59.48	59.43	59.39
0.910	60.24	60.19	60.15	60.10	60.06	60.01	59.97	59.92	59.88	59.84
0.909	60.68	60.64	60.59	60.55	60.50	60.46	60.41	60.37	60.33	60.28
0.908	61.12	61.08	61.03	60.99	60.94	60.90	60.86	60.81	60.77	60.72
0.907	61.56	61.52	61.47	61.43	61.39	61.34	61.30	61.25	61.21	61.17
0.906	62.00	61.96	61.91	61.87	61.82	61.78	61.74	61.69	61.65	61.60
0.905	62.13	62.39	62.35	62.30	62.00	62.22	62.17	62.13	62.09	62.04
0.904	62.86	62.82	62.78	62.73	62.69	62.65	62.60	62.56	62.52	62.48
0.903	63.30	63.25	63.21	63.17	63.12	63.08	63.04	62.99	62.95	62.91
0.902	63.73	63.69	63.64	63.60	63.56	63.51	63.47	63.43	63.38	63.34
0.901	64.16	64.11	64.07	64.03	63.99	63.94	63.90	63.86	63.82	63.77
0.900	64.58	64.54	64.50	64.45	64.41	64.37	64.33	64.28	64.24	64.20
0.899	65.01	64.96	64.92	64.88	64.84	64.79	64.75	64.71	64.67	64.62
0.898	65.43	65.39	65.35	65.30	65.26	65.22	65.18	65.13	65.09	65.05
0.897	65.85	65.81	65.77	65.72	65.68	65.64	65.60	65.56	65.51	65.47
0.896	66.27	66.23	66.19	66.15	66.10	66.06	66.02	65.98	65.94	65.89
0.895	66.69	66.65	66.60	66.56	66.52	66.48	66.44	66.40	66.36	66.31
0.894	67.10	67.06	67.02	66.98	66.94	66.90	66.85	66.81	66.77	66.73
0.893	67.52	67.47	67.43	67.39	67.35	67.31	67.27	67.23	67.19	67.15
0.892	67.93	67.89	67.84	67.80	67.76	67.72	67.68	67.64	67.60	67.56
0.891	68.34	68.30	68.26	68.21	68.17	68.13	68.09	68.05	68.01	67.97
0.890	68.75	68.71	68.67	68.62	68.58	68.54	68.50	68.46	68.42	68.38

续表

d_{20}^{20}	0	0.0001	0.0002	0.0003	0.0004	0.0005	0.0006	0.0007	0.0008	0.0009
0.889	69.15	69.11	69.07	69.03	68.99	68.95	68.91	68.87	68.83	68.79
0.888	69.56	69.52	69.48	69.44	69.40	69.36	69.32	69.27	69.23	69.19
0.887	69.96	69.92	69.88	69.84	69.80	69.76	72.00	69.68	69.64	69.60
0.886	70.36	70.32	70.28	70.24	70.20	70.16	70.12	70.08	70.04	70.00
0.885	70.76	70.72	70.68	70.64	70.60	70.56	70.52	70.48	70.44	70.40
0.884	71.16	71.12	71.08	71.04	71.00	70.96	70.92	70.88	70.84	70.80
0.883	71.55	71.51	71.47	71.43	71.39	71.35	71.31	71.27	71.24	71.20
0.882	71.95	71.91	71.87	71.83	71.79	71.75	71.71	71.67	71.63	71.59
0.881	72.34	72.30	72.26	72.22	72.18	72.14	72.10	72.07	72.03	71.99
0.880	72.73	72.69	72.65	72.61	72.57	72.53	72.50	72.46	72.42	72.38
0.879	73.12	73.08	73.04	73.00	72.96	72.92	72.88	72.85	72.81	72.77
0.878	73.50	73.47	73.43	73.39	73.35	73.31	73.27	73.23	73.19	73.16
0.877	73.89	73.85	73.81	73.78	73.74	73.70	73.66	73.62	73.58	73.54
0.876	74.28	74.24	74.20	74.16	74.12	74.08	74.05	74.01	73.97	73.93
0.875	74.66	74.62	74.58	74.55	74.51	74.47	74.43	74.39	74.35	74.32
0.874	75.04	75.00	74.97	74.93	74.93	74.85	74.81	74.77	74.74	74.70
0.873	75.42	75.38	75.35	75.31	75.27	75.23	75.19	75.16	75.12	75.08
0.872	75.80	75.76	75.73	75.69	75.65	75.61	75.57	75.54	75.50	75.46
0.871	76.18	76.14	76.10	76.06	76.03	75.99	75.95	75.91	75.88	75.84
0.870	76.55	76.52	76.48	76.44	76.40	76.37	76.33	76.29	76.25	76.22
0.869	76.92	76.89	76.85	76.81	76.78	76.74	76.70	76.66	76.63	76.59
0.868	77.29	77.26	77.22	77.18	77.14	77.11	77.07	77.03	77.00	76.96
0.867	77.66	77.62	77.59	77.55	77.51	77.48	77.14	77.40	77.37	77.33
0.866	78.03	77.99	77.96	77.92	77.88	77.84	77.81	77.77	77.73	77.70
0.865	78.39	78.36	78.32	78.28	78.25	78.21	78.17	78.14	78.10	78.07
0.864	78.76	78.72	78.68	78.65	78.61	78.57	78.54	78.50	78.17	78.43
0.863	79.12	79.08	79.05	79.01	78.97	78.94	78.90	78.86	78.83	78.79
0.862	79.48	79.45	79.41	79.37	79.34	79.30	79.26	79.23	79.19	79.16
0.861	79.84	79.80	79.77	79.73	79.70	79.66	79.63	79.59	79.55	79.52
0.860	—	80.16	80.13	80.09	80.05	80.02	79.98	79.95	79.91	79.88

二、 酒精计温度酒精度校正表

酒精计温度酒精度校正表

溶液温度/℃	酒精计读数（体积分数）										
	0	1	2	3	4	5	6	7	8	9	10
	20℃时，用体积分数表示的酒精度										
0	0.8	1.8	2.8	3.9	5.0	6.0	7.2	8.4	9.6	10.8	12.0
1	0.8	1.8	2.9	4.0	5.0	6.1	7.2	8.4	9.6	10.8	12.0
2	0.8	1.9	2.9	4.0	5.0	6.1	7.2	8.4	9.6	10.8	12.0
3	0.9	1.9	3.0	4.0	5.1	6.2	7.3	8.4	9.6	10.8	12.0
4	0.9	1.9	3.0	4.0	5.1	6.2	7.3	8.4	9.6	10.7	11.9
5	0.9	2.0	3.0	4.0	5.1	6.2	7.3	8.4	9.6	10.7	11.8
6	0.9	2.0	3.0	4.0	5.1	6.2	7.3	8.4	9.5	10.6	11.8
7	0.9	1.9	3.0	4.0	5.1	6.1	7.2	8.4	9.5	10.6	11.7
8	0.9	1.9	2.9	4.0	5.0	6.0	7.2	8.3	9.4	10.5	11.6
9	0.9	1.9	2.9	4.0	5.0	6.0	7.1	8.2	9.3	10.4	11.5
10	0.8	1.9	2.9	3.9	5.0	6.0	7.1	8.2	9.3	10.3	11.4
11	0.8	1.8	2.9	3.9	4.9	6.0	7.0	8.1	9.2	10.2	11.3
12	0.7	1.7	2.8	3.8	4.8	6.9	6.9	8.0	9.1	10.1	11.2
13	0.7	1.7	2.7	3.7	4.8	5.8	6.8	7.9	9.0	10.0	11.1
14	0.6	1.6	2.6	3.6	4.7	5.7	6.7	7.8	8.9	9.9	11.0
15	0.6	1.5	2.6	3.6	4.6	5.6	6.6	7.7	8.8	9.8	10.8
16	0.4	1.4	2.4	3.4	4.5	5.5	6.5	7.6	8.6	9.6	10.7
17	0.3	1.3	2.4	3.4	4.4	5.4	6.4	7.4	8.5	9.5	10.5
18	0.2	1.2	2.2	3.2	4.2	5.3	6.3	7.3	8.3	9.3	10.4
19	0.1	1.1	2.1	3.1	4.1	5.1	6.1	7.2	8.2	9.2	10.2
20	0.0	1.0	2.0	3.0	4.0	5.0	6.0	7.0	8.0	9.0	10.0
21		0.9	1.9	2.9	3.8	4.8	5.8	6.8	7.8	8.8	9.8
22		0.7	1.7	2.7	3.7	4.7	5.7	6.7	7.7	8.6	9.6
23		0.6	1.6	2.6	3.6	4.6	5.5	6.5	7.5	8.4	9.4
24		0.4	1.4	2.4	3.4	4.4	5.4	6.3	7.3	8.3	9.2
25		0.3	1.3	2.3	3.2	4.2	5.2	6.2	7.1	8.1	9.0
26		0.1	1.1	2.1	3.1	4.0	5.0	6.0	6.9	7.9	8.8
27			1.0	1.9	2.9	3.9	4.8	5.8	6.7	7.7	8.6
28			0.8	1.8	2.7	3.7	4.6	5.6	6.5	7.5	8.4
29			0.6	1.6	2.5	3.5	4.4	5.4	6.3	7.2	8.2
30			0.4	1.4	2.4	3.3	4.2	5.2	6.1	7.0	7.9
31			0.2	1.2	2.2	3.1	4.0	5.0	5.9	6.8	7.7
32			0.1	1.1	2.1	3.0	3.8	4.8	5.7	6.6	7.5
33				0.9	1.9	2.8	3.7	4.7	5.5	6.4	7.3
34				0.8	1.8	2.6	3.5	4.5	5.3	6.2	7.1
35				0.6	1.6	2.4	3.3	4.3	5.2	6.0	6.8
36				0.4	1.4	2.3	3.1	4.1	5.0	5.8	6.6
37				0.3	1.3	2.1	2.9	3.9	4.8	5.6	6.4
38				0.1	1.1	1.9	2.8	3.8	4.6	5.4	6.2
39					1.0	1.8	2.6	3.6	4.4	5.2	6.0
40					0.8	1.6	2.4	3.4	4.2	5.0	5.8

续表

溶液温度/℃	酒精计读数									
	11	12	13	14	15	16	17	18	19	20
	20℃时，用体积分数表示的酒精度									
0	13.3	14.6	16.0	17.5	19.0	20.5	22.0	23.6	25.1	26.5
1	13.3	14.6	15.9	17.3	18.8	20.3	21.8	23.3	24.7	26.1
2	13.2	14.5	15.9	17.2	18.6	20.1	21.6	23.0	24.4	25.8
3	13.2	14.5	15.8	17.1	18.5	19.9	21.4	22.7	24.1	25.4
4	13.1	14.4	15.7	17.0	18.3	19.7	21.1	22.5	23.8	25.1
5	13.0	14.3	15.6	16.8	18.2	19.5	20.9	22.2	23.4	24.7
6	13.0	14.2	15.4	16.7	18.0	19.3	20.6	21.9	23.2	24.4
7	12.9	14.1	15.3	16.5	17.8	19.1	20.4	21.6	22.8	24.1
8	12.8	14.0	15.1	16.4	17.6	18.9	20.1	21.3	22.6	23.8
9	12.7	13.8	15.0	16.2	17.4	18.6	19.9	21.1	22.3	23.4
10	12.6	13.7	14.9	16.0	17.2	18.4	19.6	20.8	22.0	23.1
11	12.4	13.6	14.7	15.8	17.0	18.2	19.4	20.5	21.7	22.8
12	12.3	13.4	14.5	15.7	16.8	18.0	19.1	20.2	21.4	22.5
13	12.2	13.2	14.4	15.5	16.6	17.7	18.8	20.0	21.1	22.2
14	12.0	13.1	14.2	15.3	16.4	17.5	18.6	19.7	20.8	21.9
15	11.9	12.9	14.0	15.1	16.2	17.2	18.3	19.4	20.5	21.6
16	11.7	12.8	13.8	14.9	15.9	17	18.1	19.2	20.2	21.2
17	11.5	12.6	13.6	14.7	15.7	16.8	17.8	18.9	19.9	20.9
18	11.4	12.4	13.4	14.4	15.5	16.5	17.6	18.6	19.6	20.6
19	11.2	12.2	13.2	14.2	15.2	16.3	17.3	18.3	19.3	20.3
20	11.0	12.0	13.0	14.0	15.0	16.0	17.1	18.0	19.0	20.0
21	10.8	11.8	12.9	13.8	14.8	15.7	16.7	17.7	18.7	19.7
22	10.6	11.6	12.6	13.6	14.5	15.5	16.5	17.4	18.4	19.4
23	10.4	11.4	12.3	13.3	14.3	15.2	16.2	17.1	18.1	19.0
24	10.2	11.2	12.1	13.1	14.0	15.0	15.9	16.9	17.8	18.7
25	10.0	10.8	11.9	12.8	13.8	14.7	15.6	16.6	17.5	18.4
26	9.8	10.7	11.7	12.6	13.5	14.4	15.4	16.3	17.2	18.1
27	9.5	10.5	11.4	12.3	13.2	14.2	15.1	16.0	16.9	17.8
28	9.3	10.3	11.2	12.1	13.0	13.9	14.8	15.7	16.6	17.5
29	9.1	10.0	10.9	11.8	12.7	13.6	14.5	15.4	16.3	17.2
30	8.9	9.8	10.7	11.6	12.5	13.4	14.2	15.1	16.0	16.8
31	8.7	9.6	10.5	11.4	12.2	13.1	13.9	14.8	15.7	16.5
32	8.5	9.4	10.2	11.0	12.0	12.9	13.6	14.5	15.4	16.2
33	8.3	9.1	10.0	10.9	11.8	12.6	13.4	14.2	15.1	15.8
34	8.1	8.9	9.8	10.6	11.5	12.4	13.1	13.9	14.8	15.5
35	7.9	8.7	9.6	10.4	11.2	12.1	12.8	13.6	14.5	15.2
36	7.6	8.5	9.3	10.2	11.0	11.8	12.5	13.4	14.2	14.9
37	7.4	8.3	9.1	9.9	10.8	11.6	12.2	13.1	13.9	14.6
38	7.2	8.0	8.9	9.7	10.5	11.3	12.0	12.8	13.6	14.2
39	7.0	7.8	8.6	9.4	10.2	11.1	11.7	12.5	13.3	13.9
40	6.8	7.6	8.4	9.2	10.0	10.8	11.4	12.2	13.0	13.6

续表

溶液温度/℃	酒精计读数									
	21	22	23	24	25	26	27	28	29	30
	20℃时，用体积分数表示的酒精度									
0	27.9	29.2	30.6	31.8	33.0	34.2	35.5	36.3	37.3	38.3
1	27.5	28.8	30.1	31.4	32.6	33.7	34.8	35.9	36.9	37.9
2	27.1	28.4	29.7	30.9	32.3	33.3	34.4	35.4	36.5	37.5
3	26.8	28.0	29.3	30.5	31.7	32.9	34.0	35.0	36.0	37.1
4	26.4	27.6	28.9	30.1	31.3	32.4	33.5	34.6	35.6	36.6
5	26.0	27.2	28.5	29.7	30.8	32.0	33.1	34.2	35.2	36.2
6	25.6	26.9	28.1	29.3	30.4	31.6	32.7	33.7	34.8	35.8
7	25.3	26.5	27.7	28.9	30.0	31.1	32.2	33.3	34.4	35.4
8	24.9	26.1	27.3	28.5	29.6	30.7	31.8	32.9	33.9	35.0
9	24.6	25.8	26.9	28.1	29.2	30.3	31.4	32.5	33.5	34.5
10	24.3	25.4	26.6	27.7	28.8	29.9	31.0	32.0	33.1	34.1
11	23.9	25.0	26.2	27.3	28.4	29.5	30.6	31.6	32.7	33.7
12	23.6	24.7	25.8	26.9	28.0	29.1	30.2	31.2	32.3	33.3
13	23.3	24.4	25.4	26.5	27.6	28.7	29.7	30.8	31.8	32.8
14	23.0	24.0	25.1	26.2	27.2	28.4	29.3	30.4	31.4	32.4
15	22.6	23.7	24.7	25.8	26.8	27.9	28.9	30.0	31.0	32.0
16	22.3	23.3	24.4	25.4	26.5	27.5	28.5	29.6	30.6	31.6
17	22.0	23.0	24.0	25.1	26.1	27.1	28.1	29.2	30.2	31.2
18	21.6	22.6	23.7	24.7	25.7	26.7	27.8	28.8	29.8	30.8
19	21.3	22.3	23.3	24.4	25.4	26.4	27.4	28.4	29.4	30.4
20	21.0	22.0	23.0	24.0	25.0	26.0	27.0	28.0	29.0	30.0
21	20.7	21.7	22.6	23.6	24.6	25.6	26.6	27.6	28.6	29.6
22	20.4	21.3	22.3	23.3	24.3	25.3	26.2	27.2	28.2	29.2
23	20.0	21.0	22.0	22.9	23.9	24.9	25.8	26.8	27.8	28.8
24	19.7	20.7	21.6	22.6	23.5	24.5	25.5	26.4	27.4	28.4
25	19.4	20.3	21.3	22.2	23.2	24.1	25.1	26.1	27.0	28.0
26	19.0	20.0	20.9	21.9	22.8	23.8	24.7	25.7	26.6	27.6
27	18.7	19.6	20.6	21.5	22.5	23.4	24.4	25.3	26.3	27.2
28	18.4	19.3	20.2	21.2	22.1	23.0	24.0	24.9	25.9	26.8
29	18.0	19.0	19.9	20.8	21.8	22.7	23.6	24.6	25.5	26.4
30	17.7	18.6	19.6	20.5	21.4	22.3	23.2	24.2	25.1	26.1
31	17.4	18.3	19.3	20.2	21.0	21.9	22.8	23.8	24.7	25.7
32	17.0	17.9	18.9	19.8	20.7	21.6	22.4	23.4	24.3	25.3
33	16.7	17.6	18.6	19.4	20.3	21.2	22.2	23.1	23.9	24.9
34	16.4	17.2	18.2	19.1	20.0	20.8	21.7	22.7	23.5	24.5
35	16.0	16.9	17.9	18.8	19.6	20.4	21.3	22.3	23.2	24.2
36	15.7	16.6	17.6	18.4	19.2	20.1	20.9	21.9	22.8	23.8
37	15.4	16.2	17.2	18.0	18.9	19.7	20.5	21.5	22.4	23.4
38	15.1	15.9	16.9	17.7	18.5	19.3	20.2	21.2	22.0	23.0
39	14.7	15.5	16.5	17.4	18.2	19.0	19.8	20.8	21.6	22.6
40	14.4	15.2	16.2	17.0	17.8	18.6	19.4	20.4	21.2	22.2

续表

溶液温度/℃	酒精计读数									
	31	32	33	34	35	36	37	38	39	40
	20℃时，用体积分数表示的酒精度									
0	39.3	40.2	41.2	42.1	43.1	44.0	45.0	46.0	46.9	47.8
1	38.9	39.8	40.8	41.7	42.7	43.7	44.6	45.6	46.5	47.5
2	38.4	39.4	40.4	41.3	42.3	43.3	44.2	45.2	46.1	47.1
3	38.0	39.0	40.0	40.9	41.9	42.9	43.8	44.8	45.8	46.7
4	37.6	38.6	39.6	40.5	41.5	42.5	43.4	44.4	45.4	46.3
5	37.2	38.2	39.2	40.1	41.1	42.1	43.1	44.0	45.0	46.0
6	36.8	37.8	38.8	39.7	40.7	41.7	42.7	43.6	44.6	45.6
7	36.4	37.3	38.3	39.3	40.3	41.3	42.3	43.2	44.2	45.2
8	36.0	36.9	37.9	38.9	39.9	40.9	41.9	42.8	43.8	44.8
9	35.5	36.5	37.5	38.5	39.5	40.5	41.4	42.4	43.4	44.4
10	35.1	36.1	37.1	38.1	39.1	40.1	41.0	42.0	43.0	44.0
11	34.7	35.7	36.7	37.7	38.7	39.6	40.6	41.6	42.6	43.6
12	34.3	35.3	36.3	37.3	38.2	39.2	40.2	41.2	42.2	43.2
13	33.9	34.9	35.9	36.8	37.8	38.8	39.8	40.8	41.8	42.8
14	33.4	34.4	35.4	36.4	37.4	38.4	39.4	40.4	41.4	42.4
15	33.0	34.0	35.0	36.0	37.0	38.0	39.0	40.0	41.0	42.0
16	32.6	33.6	34.6	35.6	36.6	37.6	38.6	39.6	40.6	41.6
17	32.2	33.2	34.2	35.2	36.2	37.2	38.2	39.2	40.2	41.2
18	31.8	32.8	33.8	34.8	35.8	36.8	37.8	38.8	39.8	40.8
19	31.4	32.4	33.4	34.4	35.4	36.4	37.4	38.4	39.4	40.4
20	31.0	32.0	33.0	34.0	35.0	36.0	37.0	38.0	39.0	40.0
21	30.6	31.6	32.6	33.6	34.6	35.6	36.6	37.6	38.6	39.6
22	30.2	31.2	32.2	33.2	34.2	35.2	36.2	37.2	38.2	39.2
23	29.8	30.8	31.8	32.8	33.8	34.8	35.8	36.8	37.8	38.8
24	29.4	30.4	31.4	32.4	33.4	34.4	35.4	36.4	37.4	38.4
25	29.0	30.0	31.0	32.0	33.0	34.0	35.0	36.0	37.0	38.0
26	28.6	29.6	30.6	31.6	32.6	33.6	34.6	35.6	36.6	37.6
27	28.2	29.2	30.2	31.2	32.2	33.2	34.2	35.2	36.2	37.2
28	27.8	28.8	29.7	30.7	31.7	32.8	33.8	34.8	35.8	36.8
29	27.4	28.4	29.4	30.3	31.3	32.3	33.4	34.4	35.4	36.4
30	27.0	28.0	28.9	29.9	30.9	32.0	33.0	34.0	35.0	36.0
31	26.6	27.6	28.5	29.5	30.5	31.6	32.6	33.6	34.6	35.6
32	26.2	27.2	28.1	29.1	30.1	31.2	32.2	33.2	34.2	35.2
33	25.8	26.8	27.7	28.7	29.7	30.8	31.8	32.8	33.8	34.8
34	25.4	26.4	27.3	28.3	29.3	30.4	31.4	32.4	33.4	34.4
35	25.0	26.0	26.8	27.8	28.8	30.0	31.0	32.0	33.0	34.0
36	24.6	25.6	26.4	27.4	28.4	29.6	30.6	31.6	32.6	33.6
37	24.2	25.2	26.0	27.0	28.0	29.2	30.2	31.2	32.2	33.2
38	23.8	24.8	25.7	26.7	27.7	28.8	29.8	30.8	31.8	32.8
39	23.4	24.4	25.2	26.2	27.2	28.4	29.4	30.4	31.4	32.4
40	23.0	24.0	24.8	25.8	26.8	28.0	29.0	30.0	31.0	32.0

续表

溶液温度/℃	酒精计读数									
	41	42	43	44	45	46	47	48	49	50
	20℃时，用体积分数表示的酒精度									
0	48.8	49.7	50.7	51.6	52.6	53.5	54.5	55.4	56.4	57.3
1	48.4	49.4	50.3	51.3	52.2	53.2	54.1	55.0	56.0	57.0
2	48.0	49.0	49.9	50.9	51.8	52.8	53.8	54.7	55.6	56.6
3	47.7	48.6	49.6	50.5	51.5	52.4	53.4	54.3	55.3	56.2
4	47.3	48.2	49.2	50.2	51.1	52.1	53.0	54.0	54.9	55.9
5	46.9	47.9	48.8	49.8	50.8	51.7	52.7	53.6	54.6	55.5
6	46.5	47.5	48.4	49.4	50.4	51.3	52.3	53.2	54.2	55.2
7	46.2	47.1	48.1	49.0	50.0	51.0	51.9	52.9	53.9	54.8
8	45.8	46.7	47.7	48.6	49.6	50.6	51.6	52.5	53.5	54.5
9	45.4	46.4	47.3	48.3	49.2	50.2	51.2	52.2	53.1	54.1
10	45.0	46.0	46.9	47.9	48.9	49.8	50.8	51.8	52.8	53.7
11	44.6	45.6	46.5	47.5	48.5	49.5	50.4	51.4	52.4	53.4
12	44.2	45.2	46.1	47.1	48.1	49.1	50.1	51.0	52.0	53.0
13	43.8	44.8	45.8	46.7	47.7	48.7	49.7	50.7	51.6	52.6
14	43.4	44.4	45.4	46.4	47.3	48.3	49.3	50.3	51.3	52.2
15	43.0	44.0	45.0	46.0	47.0	47.9	48.9	49.9	50.9	51.9
16	42.6	43.6	44.6	45.6	46.6	47.6	48.6	49.5	50.5	51.5
17	42.2	43.2	44.2	45.2	46.2	47.2	48.2	49.2	50.1	51.1
18	41.8	42.8	43.8	44.8	45.8	46.8	47.8	48.8	49.8	50.7
19	41.4	42.4	43.4	44.4	45.4	46.4	47.4	48.4	49.4	50.4
20	41.0	42.0	43.0	44.0	45.0	46.0	47.0	48.0	49.0	50.0
21	40.6	41.6	42.6	43.6	44.6	45.6	46.6	47.6	48.6	49.6
22	40.2	41.2	42.2	43.2	44.2	45.2	46.2	47.2	48.2	49.2
23	39.8	40.8	41.8	42.8	43.8	44.8	45.8	46.8	47.8	48.9
24	39.4	40.4	41.4	42.4	43.4	44.4	45.4	46.4	47.5	48.5
25	39.0	40.0	41.0	42.0	43.0	44.1	45.1	46.1	47.1	48.1
26	38.6	39.6	40.6	41.6	42.7	43.7	44.7	45.7	46.7	47.7
27	38.2	39.2	40.2	41.2	42.3	43.3	44.3	45.3	46.3	47.3
28	37.8	38.8	39.8	40.8	41.9	42.9	43.9	44.9	45.9	47.0
29	37.4	38.4	39.4	40.6	41.5	42.5	43.5	44.5	45.6	46.6
30	37.0	38.0	39.0	40.1	41.1	42.1	43.1	44.2	45.2	46.2
31	36.6	37.6	38.6	39.7	40.7	41.7	42.7	43.8	44.8	45.8
32	36.2	37.2	38.2	39.3	40.3	41.3	42.4	43.4	44.4	45.4
33	35.8	36.8	37.8	38.9	39.9	40.9	41.9	43.1	44.1	45.0
34	35.4	36.4	37.4	38.5	39.5	40.5	41.5	42.7	43.7	44.7
35	35.0	36.0	37.0	38.1	39.0	40.2	41.2	42.3	43.3	44.3
36	34.6	35.6	36.6	37.7	38.6	39.8	40.8	41.9	42.9	43.9
37	34.2	35.2	36.2	37.3	38.2	39.4	40.4	41.5	42.5	43.5
38	33.8	34.8	35.8	36.9	37.8	39.0	40.0	41.2	42.2	43.1
39	33.4	34.4	35.4	36.5	37.4	38.4	39.6	40.8	41.8	42.7
40	33.0	34.0	35.0	36.1	37.0	38.2	39.2	40.4	41.4	42.4

续表

溶液温度/℃	酒精计读数									
	51	52	53	54	55	56	57	58	59	60
	20℃时，用体积分数表示的酒精度									
0	58.2	59.2	60.1	61.1	62.0	63.0	63.9	64.9	65.8	66.8
1	57.9	58.8	59.8	60.7	61.7	62.6	63.6	64.6	65.5	66.4
2	57.5	58.5	59.4	60.4	61.4	62.3	63.3	64.2	65.2	66.1
3	57.2	58.2	59.1	60.1	61.0	62.0	62.9	63.9	64.8	65.8
4	56.8	57.8	58.8	59.7	60.7	61.6	62.6	63.6	64.5	65.5
5	56.5	57.4	58.4	59.4	60.3	61.3	62.3	63.2	64.2	65.1
6	56.1	57.1	58.1	59.0	60.0	61.0	61.9	62.9	63.8	64.8
7	55.8	56.8	57.7	58.7	59.6	60.6	61.6	62.5	63.5	64.5
8	55.4	56.4	57.4	58.3	59.3	60.3	61.2	62.2	63.2	64.1
9	55.1	56.0	57.0	58.0	58.9	59.9	60.9	61.9	62.8	63.8
10	54.7	55.7	56.6	57.6	58.6	59.6	60.5	61.5	62.5	63.5
11	54.3	55.3	56.3	57.2	58.2	59.1	60.2	61.2	62.1	63.1
12	54.0	55.0	55.9	56.9	57.9	58.8	59.8	60.8	61.8	62.8
13	53.6	54.6	55.6	56.6	57.5	58.5	59.5	60.5	61.4	62.4
14	53.2	54.3	55.2	56.2	57.2	58.2	59.1	60.1	61.1	62.0
15	52.9	53.9	54.8	55.8	56.8	57.8	58.8	59.8	60.8	61.7
16	52.5	53.5	54.5	55.5	56.5	57.5	58.5	59.5	60.4	61.4
17	52.1	53.1	54.1	55.1	56.1	57.1	58.1	59.1	60.0	61.0
18	51.7	52.7	53.7	54.7	55.7	56.7	57.7	58.7	59.7	60.7
19	51.4	52.4	53.4	54.4	55.4	56.4	57.4	58.4	59.4	60.4
20	51.0	52.2	53.0	54.0	55.0	56.0	57.0	58.0	59.0	60.0
21	50.6	51.6	52.6	53.6	54.6	55.6	56.6	57.6	58.6	59.6
22	50.2	51.2	52.2	53.3	54.3	55.3	56.3	57.3	58.3	59.3
23	49.9	50.9	51.9	52.9	53.9	54.9	55.9	56.9	57.9	58.9
24	49.5	50.4	51.5	52.5	53.5	54.5	55.6	56.6	57.6	58.6
25	49.1	50.1	51.1	52.2	53.2	54.2	55.2	56.2	57.2	58.2
26	48.7	49.7	50.8	51.8	52.8	53.8	54.8	55.8	56.9	57.9
27	48.3	49.4	50.4	51.4	52.4	53.4	54.5	55.5	56.5	57.5
28	48.0	49.0	50.0	51.0	52.1	53.1	54.1	55.1	56.1	57.2
29	47.6	48.6	49.6	50.7	51.7	52.7	53.7	54.8	55.8	56.8
30	47.2	48.2	49.3	50.3	51.3	52.3	53.4	54.4	55.4	56.4
31	46.8	47.8	48.9	49.9	50.9	51.9	53.0	54.0	55.0	56.0
32	46.4	47.4	48.6	49.6	50.6	51.6	52.7	53.7	54.7	55.7
33	46.1	47.1	48.2	49.2	50.2	51.2	52.3	53.3	54.3	55.3
34	45.7	46.7	47.8	48.8	49.8	50.8	51.9	53.0	54.0	55.0
35	45.3	46.3	47.4	48.5	49.5	50.5	51.6	52.6	53.6	54.6
36	44.9	45.9	47.0	48.1	49.1	50.1	51.2	52.2	53.2	54.2
37	44.5	45.5	46.6	47.7	48.7	49.7	50.8	51.9	52.9	53.9
38	44.2	45.2	46.3	47.3	48.3	49.3	50.4	51.5	52.5	53.5
39	43.8	44.8	45.9	47.0	48.0	49.0	50.1	51.1	52.2	53.2
40	43.4	44.4	45.5	46.6	47.6	48.6	49.7	50.8	51.8	52.8

续表

溶液温度/℃	酒精计读数									
	61	62	63	64	65	66	67	68	69	70
	20℃时，用体积分数表示的酒精度									
0	67.7	68.7	69.6	70.6	71.5	72.5	73.4	74.1	75.4	76.3
1	67.4	68.4	69.3	70.3	71.2	72.2	73.1	74.0	75.0	76.0
2	67.1	68.0	69.0	70.0	70.9	71.9	72.8	73.8	74.7	75.7
3	66.8	67.7	68.7	69.6	70.6	71.6	72.5	73.5	74.4	75.4
4	66.4	67.4	68.4	69.3	70.3	71.2	72.2	73.2	74.1	75.1
5	66.1	67.1	68.0	69.0	70.0	70.9	71.9	72.9	73.8	74.8
6	65.8	66.7	67.7	68.7	69.6	70.6	71.6	72.5	73.5	74.5
7	65.4	66.4	67.4	68.4	69.3	70.3	71.3	72.2	73.2	74.2
8	65.1	66.1	67.0	68.0	69.0	70.0	70.9	71.9	72.9	73.8
9	64.8	65.7	66.7	67.7	68.7	69.6	70.6	71.6	72.6	73.5
10	64.4	65.4	66.4	67.4	68.3	69.3	70.3	71.3	72.2	73.2
11	64.1	65.1	66.0	67.0	68.0	69.0	70.0	71.0	71.9	72.9
12	63.8	64.7	65.7	66.7	67.7	68.7	69.6	70.6	71.6	72.6
13	63.4	64.4	65.4	66.4	67.4	68.3	69.3	70.3	71.3	72.3
14	63.1	64.1	65.0	66.0	67.0	68.0	69.0	70.0	71.0	72.0
15	62.7	63.7	64.7	65.7	66.7	67.7	68.6	69.6	70.6	71.6
16	62.4	63.4	64.4	65.4	66.3	67.3	68.3	69.3	70.3	71.3
17	62.0	63.0	64.0	65.0	66.0	67.0	68.0	69.0	70.0	71.0
18	61.7	62.7	63.7	64.7	65.7	66.7	67.7	68.7	69.6	70.6
19	61.3	62.3	63.3	64.3	65.3	66.3	67.3	68.3	69.3	70.3
20	61.0	62.0	63.0	64.0	65.0	66.0	67.0	68.0	69.0	70.0
21	60.6	61.6	62.6	63.6	64.6	65.7	66.7	67.7	68.7	69.7
22	60.3	61.3	62.3	63.3	64.3	65.3	66.3	67.3	68.3	69.3
23	60.0	61.0	62.0	63.0	64.0	65.0	66.0	67.0	68.0	69.0
24	59.6	60.6	61.6	62.6	63.6	64.6	65.7	66.7	67.7	68.7
25	59.2	60.3	61.3	62.2	63.3	64.3	65.3	66.3	67.3	68.4
26	58.9	59.9	60.9	62.0	63.0	64.0	65.0	66.0	67.0	68.0
27	58.5	59.6	60.6	61.6	62.6	63.6	64.7	65.7	66.7	67.7
28	58.2	59.2	60.2	61.2	62.3	63.3	64.3	65.3	66.3	67.4
29	57.8	58.8	59.9	60.9	61.9	62.9	64.0	65.0	66.0	67.0
30	57.5	58.5	59.5	60.6	61.6	62.6	63.6	64.6	65.6	66.7
31	57.2	58.1	59.2	60.3	61.3	62.3	63.3	64.3	65.4	66.4
32	56.8	57.7	58.8	59.9	60.9	61.9	62.9	63.9	65.0	66.0
33	56.5	57.4	58.5	59.6	60.6	61.6	62.5	63.6	64.6	65.7
34	56.1	57.1	58.1	59.2	60.2	61.2	62.2	63.2	64.3	65.3
35	55.8	56.8	57.8	58.9	59.9	60.9	61.8	62.9	64.0	65.0
36	55.5	56.3	57.4	58.5	59.6	60.5	61.6	62.6	63.6	64.7
37	55.1	56.0	57.1	58.2	59.2	60.2	61.2	62.2	63.2	64.3
38	54.7	55.7	56.7	57.8	58.8	59.8	60.8	61.8	62.9	64.0
39	54.4	55.3	56.4	57.5	58.5	59.5	60.5	61.5	62.6	63.6
40	54.0	55.0	56.0	57.1	58.1	59.1	60.1	61.1	62.2	63.3

续表

溶液温度/℃	酒精计读数									
	71	72	73	74	75	76	77	78	79	80
	20℃时，用体积分数表示的酒精度									
0	77.2	78.2	79.1	80.4	81.0	82.0	82.9	83.8	84.8	85.7
1	77.0	77.9	78.8	80.1	80.7	81.7	82.6	83.6	84.5	85.4
2	76.6	77.8	78.6	79.8	80.4	81.4	82.4	83.3	84.2	85.2
3	76.4	77.6	78.3	79.5	80.2	81.1	81.9	83.0	84.0	84.9
4	76.0	77.3	78.0	79.2	79.9	80.8	81.6	82.7	83.7	84.6
5	75.8	77.0	77.7	78.6	79.6	80.5	81.2	82.4	83.4	84.3
6	75.4	76.7	77.4	78.3	79.3	80.2	81.1	82.2	83.1	84.1
7	75.1	76.4	77.1	78.0	79.0	80.0	80.8	81.9	82.8	83.8
8	74.8	76.0	76.8	77.7	78.7	79.7	80.6	81.6	82.6	83.5
9	74.5	75.5	76.5	77.4	78.4	79.4	80.3	81.3	82.3	83.2
10	74.2	75.2	76.2	77.1	78.1	79.1	80.0	81.0	82.0	83.0
11	73.9	74.9	75.8	76.8	77.8	78.8	79.7	80.7	81.7	82.7
12	73.6	74.5	75.6	76.5	77.5	78.5	79.4	80.4	81.4	82.4
13	73.2	74.2	75.4	76.2	77.2	78.2	79.1	80.1	81.1	82.1
14	72.9	73.9	75.0	75.9	76.9	77.9	78.8	79.8	80.8	81.8
15	72.6	73.6	74.6	75.6	76.6	77.6	78.5	79.5	80.5	81.5
16	72.3	73.3	74.3	75.3	76.2	77.2	78.2	79.2	80.2	81.2
17	72.0	73.0	74.0	74.9	75.9	76.9	77.9	78.9	79.9	80.9
18	71.6	72.6	73.6	74.6	75.6	76.6	77.6	78.6	79.6	80.6
19	71.3	72.3	73.3	74.3	75.3	76.3	77.3	78.3	79.3	80.3
20	71.0	72.0	73.0	74.0	75.0	76.0	77.0	78.0	79.0	80.0
21	70.7	71.7	72.7	73.7	74.7	75.7	76.7	77.7	78.7	79.7
22	70.4	71.4	72.4	73.4	74.4	75.4	76.4	77.4	78.4	79.4
23	70.0	71.0	72.0	73.0	74.1	75.1	76.1	77.1	78.1	79.1
24	69.7	70.7	71.7	72.7	73.7	74.7	75.8	76.8	77.8	78.8
25	69.4	70.4	71.4	72.4	73.4	74.4	75.4	76.4	77.5	78.5
26	69.1	70.1	71.1	72.1	73.1	74.1	75.1	76.1	77.2	78.2
27	68.7	69.7	70.7	71.7	72.8	73.8	74.8	75.8	76.8	77.9
28	68.4	69.4	70.4	71.4	72.4	73.5	74.5	75.5	76.5	77.6
29	68.0	69.1	70.1	71.1	72.1	73.1	74.2	75.2	76.2	77.2
30	67.7	68.7	69.8	70.8	71.8	72.8	73.8	74.9	75.9	76.9
31	67.4	68.4	69.5	70.5	71.5	72.5	73.5	74.6	75.6	76.6
32	67.0	68.0	69.1	70.1	71.2	72.1	73.2	74.2	75.3	76.3
33	66.7	67.7	68.8	69.8	70.9	71.8	72.8	73.9	75.0	76.0
34	66.4	67.4	68.4	69.5	70.6	71.5	72.5	73.6	74.7	75.7
35	66.1	67.0	68.1	69.1	70.2	71.2	72.2	73.2	74.3	75.3
36	65.7	66.7	67.8	68.8	69.9	70.8	71.9	72.9	74.0	74.9
37	65.4	66.4	67.4	68.5	69.6	70.5	71.6	72.6	73.7	74.7
38	65.0	66.0	67.1	68.1	69.2	70.2	71.2	72.3	73.4	74.4
39	64.6	65.7	66.7	67.8	68.9	69.8	70.9	71.9	73.1	74.1
40	64.3	65.4	66.4	67.5	68.6	69.5	70.6	71.6	72.8	73.8

续表

溶液温度/℃	酒精计读数									
	81	82	83	84	85	86	87	88	89	90
	20℃时，用体积分数表示的酒精度									
0	86.6	87.5	88.4	89.4	90.2	91.2	92.0	92.9	93.8	94.7
1	86.4	87.3	88.2	89.1	90.0	91.0	91.8	92.7	93.6	94.5
2	86.1	87.0	87.9	88.8	89.8	90.8	91.6	92.5	93.4	94.3
3	85.8	86.8	87.7	88.6	89.5	90.5	91.3	92.2	93.2	94.1
4	85.6	86.5	87.4	88.4	89.3	90.3	91.1	92.0	92.9	93.8
5	85.3	86.2	87.2	88.1	89.0	90.0	90.9	91.8	92.7	93.6
6	85.0	86.0	86.9	87.8	88.8	89.8	90.6	91.6	92.5	93.4
7	84.8	85.7	86.6	87.6	88.5	89.5	90.4	91.3	92.2	93.2
8	84.5	85.4	86.4	87.3	88.3	89.3	90.1	91.1	92.0	92.9
9	84.2	85.2	86.1	87.0	88.0	89.0	89.9	90.8	91.8	92.7
10	83.9	84.9	85.8	86.8	87.7	88.7	89.6	90.6	91.5	92.5
11	83.6	84.6	85.6	86.5	87.5	88.3	89.4	90.3	91.3	92.2
12	83.3	84.3	85.3	86.2	87.2	88.2	89.1	90.1	91.0	92.0
13	83.1	84.0	85.0	86.0	86.9	87.9	88.9	89.8	90.8	91.7
14	82.8	83.7	84.7	85.7	86.7	87.6	88.6	89.6	90.5	91.5
15	82.5	83.4	84.4	85.4	86.4	87.4	88.3	89.3	90.3	91.3
16	82.2	83.2	84.2	85.1	86.1	87.1	88.1	89.0	90.0	91.0
17	81.9	82.9	83.9	84.8	85.8	86.8	87.8	88.8	89.8	90.8
18	81.6	82.6	83.6	84.6	85.5	86.5	87.5	88.5	89.5	90.6
19	81.3	82.3	83.3	84.3	85.3	86.3	87.3	88.3	89.3	90.3
20	81.0	82.0	83.0	84.0	85.0	86.0	87.0	88.0	89.0	90.0
21	80.7	81.7	82.7	83.7	84.7	85.7	86.7	87.7	88.7	89.7
22	80.4	81.4	82.4	83.4	84.4	85.2	86.4	87.4	88.4	89.5
23	80.1	81.1	82.1	83.1	84.1	85.1	86.2	87.2	88.0	89.2
24	79.8	80.8	81.8	82.8	83.8	84.9	85.9	86.9	87.7	89.0
25	79.5	80.5	81.5	82.5	83.6	84.6	85.6	86.6	87.4	88.7
26	79.2	80.2	81.2	82.2	83.3	84.3	85.3	86.3	87.1	88.4
27	78.9	79.9	80.9	81.9	83.0	84.0	85.0	86.1	86.8	88.1
28	78.6	79.6	80.6	81.6	82.7	83.7	84.7	85.8	86.5	87.9
29	78.3	79.3	80.3	81.3	82.4	83.4	84.4	85.6	86.3	87.6
30	78.0	79.0	80.0	81.0	82.1	83.1	84.2	85.2	86.0	87.3
31	77.7	78.7	79.7	80.7	81.8	82.8	83.9	84.9	85.7	87.0
32	77.4	78.4	79.4	80.4	81.5	82.5	83.6	84.6	85.4	86.7
33	77.1	78.1	79.1	80.1	81.2	82.2	83.3	84.3	85.1	86.5
34	76.8	77.8	78.7	79.8	80.9	81.9	83.0	84.0	85.0	86.2
35	76.5	77.4	78.4	79.5	80.6	81.6	82.8	83.8	84.8	85.9
36	76.2	77.1	78.1	79.2	80.3	81.3	82.5	83.5	84.6	85.6
37	75.9	76.8	77.8	78.9	80.0	81.0	82.2	83.2	84.3	85.3
38	75.6	76.5	77.5	78.6	79.7	80.7	81.9	82.9	84.0	85.1
39	75.3	76.2	77.2	78.3	79.4	80.4	81.6	82.6	83.7	84.8
40	75.0	75.9	76.9	78.0	79.1	80.1	81.3	82.3	83.4	84.5

续表

溶液温度/℃	酒精计读数									
	91	92	93	94	95	96	97	98	99	100
	20℃时，用体积分数表示的酒精度									
0	95.7	96.4	97.2	98.1	98.9	99.7				
1	95.3	96.2	97.0	97.9	98.7	99.5				
2	95.1	96.0	96.9	97.7	98.5	99.4	100.0			
3	94.9	95.8	96.7	97.5	98.4	99.2	99.8			
4	94.7	95.6	96.5	97.3	98.2	99.0	99.7			
5	94.5	95.4	96.3	97.1	98.0	98.9	99.5			
6	94.3	95.2	96.1	97.0	97.8	98.7	99.4			
7	94.1	95.0	95.9	96.8	97.6	98.5	99.3			
8	93.9	94.8	95.7	96.6	97.5	98.3	99.2			
9	93.6	94.5	95.5	96.4	97.3	98.2	99.0	99.9		
10	93.4	94.3	95.2	96.2	97.1	98.0	98.9	99.7		
11	93.2	94.1	95.0	96.0	96.9	97.8	98.7	99.6		
12	92.9	93.9	94.8	95.7	96.7	97.6	98.5	99.4		
13	92.7	93.6	94.6	95.5	96.5	97.4	98.3	99.2		
14	92.5	93.4	94.3	95.3	96.3	97.2	98.1	99.1	100.0	
15	92.2	93.2	94.2	95.1	96.1	97.0	98.0	98.9	99.8	
16	92.0	93.0	93.9	94.9	95.9	96.8	97.8	98.7	99.7	
17	91.7	92.7	93.7	94.6	95.6	96.6	97.6	98.5	99.5	
18	91.5	92.5	93.5	94.4	95.4	96.4	97.4	98.3	99.3	
19	91.2	92.2	93.2	94.2	95.2	96.2	97.2	98.2	99.2	
20	91.0	92.0	93.0	94.0	95.0	96.0	97.0	98.0	99.0	100.0
21	90.7	91.8	92.8	93.8	94.8	95.8	96.8	97.8	98.8	99.8
22	90.5	91.5	92.5	93.5	94.6	95.6	96.6	97.6	98.6	99.7
23	90.2	91.3	92.3	93.3	94.3	95.4	96.4	97.4	98.5	99.5
24	90.0	91.0	92.0	93.1	94.1	95.1	96.2	97.2	98.3	99.3
25	89.7	90.7	91.8	92.8	93.9	94.9	96.0	97.0	98.1	99.2
26	89.4	90.5	91.5	92.6	93.6	94.7	95.8	96.8	97.9	99.0
27	89.2	90.2	91.3	92.3	93.4	94.5	95.5	96.6	97.7	98.8
28	88.9	90.0	91.1	92.1	93.1	94.2	95.3	96.4	97.5	98.6
29	88.6	89.7	90.8	91.8	92.9	94.0	95.1	96.2	97.3	98.4
30	88.4	89.4	90.5	91.6	92.7	93.8	94.8	96.0	97.1	98.3
31	88.1	89.1	90.2	91.4	92.5	93.6	94.6	95.8	96.9	98.1
32	87.9	88.9	90.0	91.1	92.2	93.4	94.4	95.6	96.7	98.0
33	87.6	88.6	89.8	90.9	92.0	93.1	94.1	95.4	96.5	97.8
34	87.4	88.2	89.5	90.6	91.8	92.9	93.9	95.2	96.3	97.6
35	87.1	88.1	89.2	90.4	91.6	92.7	93.7	95.0	96.2	97.4
36	86.8	87.8	89.0	90.2	91.3	92.5	93.5	94.8	96.0	97.3
37	86.6	87.6	88.8	89.9	91.1	92.3	93.3	94.6	95.8	97.1
38	86.3	87.3	88.5	89.7	90.9	92.0	93.0	94.4	95.6	96.9
39	86.1	87.1	88.2	89.4	90.6	91.8	92.8	94.2	95.4	96.8
40	85.8	86.8	88.0	89.2	90.4	91.6	92.6	94.0	95.3	96.6

三、 酒精度-密度对照表

本表作用：根据酒精度（整数部分用 q 表示）查 20℃对应的密度数据。

使用方法：先将酒精度修约到一位小数点，根据酒精度的整数部分，在 q 列中找到相应的行，再根据小数部分找到相应的列，行与列交汇点对应的数即为所要查询的密度数。

查询举例：酒精度为 33.4%vol 时，先根据整数部分 33，在 q 列中找到 33 对应的行，再根据小数部分 0.4 找到对应列，行与列交汇点的数为 0.95780g/mL。

附表 2-3　　酒精度-密度对照表（20℃）　　单位：g/mL

q	0	0.1	0.2	0.3	0.4	0.5	0.6	0.7	0.8	0.9
0	0.99820	0.99805	0.99790	0.99774	0.99759	0.99744	0.99729	0.99714	0.99699	0.99684
1	0.99670	0.99655	0.99640	0.99625	0.99611	0.99596	0.99581	0.99567	0.99552	0.99538
2	0.99523	0.99509	0.99494	0.99480	0.99466	0.99451	0.99437	0.99423	0.99409	0.99395
3	0.99380	0.99366	0.99352	0.99338	0.99324	0.99310	0.99297	0.99283	0.99269	0.99255
4	0.99241	0.99228	0.99214	0.99200	0.99187	0.99173	0.99159	0.99146	0.99132	0.99119
5	0.99105	0.99092	0.99079	0.99065	0.99052	0.99039	0.99025	0.99012	0.98999	0.98986
6	0.98973	0.98960	0.98947	0.98934	0.98920	0.98908	0.98895	0.98882	0.98869	0.98856
7	0.98843	0.98830	0.98817	0.98805	0.98792	0.98779	0.98767	0.98754	0.98741	0.98729
8	0.98716	0.98704	0.98691	0.98679	0.98666	0.98654	0.98642	0.98629	0.98617	0.98605
9	0.98592	0.98580	0.98568	0.98556	0.98543	0.98531	0.98519	0.98507	0.98495	0.98483
10	0.98471	0.98459	0.98447	0.98435	0.98423	0.98411	0.98399	0.98387	0.98376	0.98364
11	0.98352	0.98340	0.98329	0.98317	0.98305	0.98293	0.98282	0.98270	0.98259	0.98247
12	0.98235	0.98224	0.98212	0.98201	0.98189	0.98178	0.98166	0.98155	0.98144	0.98132
13	0.98121	0.98109	0.98098	0.98087	0.98075	0.98064	0.98053	0.98042	0.98030	0.98019
14	0.98008	0.97997	0.97986	0.97975	0.97963	0.97952	0.97941	0.97930	0.97919	0.97908
15	0.97897	0.97886	0.97875	0.97864	0.97853	0.97842	0.97831	0.97820	0.97809	0.97798
16	0.97787	0.97776	0.97765	0.97754	0.97744	0.97733	0.97722	0.97711	0.97700	0.97689
17	0.97678	0.97668	0.97657	0.97646	0.97635	0.97624	0.97614	0.97603	0.97592	0.97581
18	0.97570	0.97560	0.97549	0.97538	0.97527	0.97517	0.97506	0.97495	0.97484	0.97474
19	0.97463	0.97452	0.97441	0.97431	0.97420	0.97409	0.97399	0.97388	0.97377	0.97366
20	0.97356	0.97345	0.97334	0.97323	0.97313	0.97302	0.97291	0.97280	0.97270	0.97259

续表

q	0	0.1	0.2	0.3	0.4	0.5	0.6	0.7	0.8	0.9
21	0.97248	0.97237	0.97226	0.97216	0.97205	0.97194	0.97183	0.97172	0.97162	0.97151
22	0.97140	0.97129	0.97118	0.97107	0.97097	0.97086	0.97075	0.97064	0.97053	0.97042
23	0.97031	0.97020	0.97009	0.96998	0.96987	0.96976	0.96965	0.96954	0.96943	0.96932
24	0.96921	0.96910	0.96899	0.96888	0.96877	0.96866	0.96854	0.96843	0.96832	0.96821
25	0.96810	0.96798	0.96787	0.96776	0.96765	0.96753	0.96742	0.96731	0.96719	0.96708
26	0.96696	0.96685	0.96674	0.96662	0.96651	0.96639	0.96628	0.96616	0.96604	0.96593
27	0.96581	0.96570	0.96558	0.96546	0.96534	0.96523	0.96511	0.96499	0.96487	0.96476
28	0.96464	0.96452	0.96440	0.96428	0.96416	0.96404	0.96392	0.96380	0.96368	0.96356
29	0.96344	0.96331	0.96319	0.96307	0.96295	0.96283	0.96270	0.96258	0.96246	0.96233
30	0.96221	0.96208	0.96196	0.96183	0.96171	0.96158	0.96146	0.96133	0.96120	0.96108
31	0.96095	0.96082	0.96069	0.96057	0.96044	0.96031	0.96018	0.96005	0.95992	0.95979
32	0.95966	0.95953	0.95940	0.95927	0.95913	0.95900	0.95887	0.95874	0.95860	0.95847
33	0.95834	0.95820	0.95807	0.95793	0.95780	0.95766	0.95753	0.95739	0.95725	0.95712
34	0.95698	0.95684	0.95670	0.95656	0.95642	0.95629	0.95615	0.95601	0.95587	0.95572
35	0.95558	0.95544	0.95530	0.95516	0.95502	0.95487	0.95473	0.95459	0.95444	0.95430
36	0.95415	0.95401	0.95386	0.95372	0.95357	0.95342	0.95327	0.95313	0.95298	0.95283
37	0.95268	0.95253	0.95238	0.95223	0.95208	0.95193	0.95178	0.95163	0.95148	0.95133
38	0.95117	0.95102	0.95087	0.95071	0.95056	0.95041	0.95025	0.95010	0.94994	0.94978
39	0.94963	0.94947	0.94931	0.94916	0.94900	0.94884	0.94868	0.94852	0.94836	0.94820
40	0.94804	0.94788	0.94772	0.94756	0.94740	0.94723	0.94707	0.94691	0.94675	0.94658
41	0.94642	0.94625	0.94609	0.94592	0.94576	0.94559	0.94542	0.94526	0.94509	0.94492
42	0.94475	0.94459	0.94442	0.94425	0.94408	0.94391	0.94374	0.94357	0.94340	0.94323
43	0.94305	0.94288	0.94271	0.94254	0.94236	0.94219	0.94201	0.94184	0.94167	0.94149
44	0.94131	0.94114	0.94096	0.94079	0.94061	0.94043	0.94025	0.94008	0.93990	0.93972
45	0.93954	0.93936	0.93918	0.93900	0.93882	0.93864	0.93846	0.93827	0.93809	0.93791
46	0.93773	0.93754	0.93736	0.93718	0.93699	0.93681	0.93662	0.93644	0.93625	0.93607

续表

q	0	0. 1	0. 2	0. 3	0. 4	0. 5	0. 6	0. 7	0. 8	0. 9
47	0. 93588	0. 93569	0. 93551	0. 93532	0. 93513	0. 93494	0. 93476	0. 93457	0. 93438	0. 93419
48	0. 93400	0. 93381	0. 93362	0. 93343	0. 93324	0. 93305	0. 93285	0. 93266	0. 93247	0. 93228
49	0. 93208	0. 93189	0. 93170	0. 93150	0. 93131	0. 93112	0. 93092	0. 93073	0. 93053	0. 93033
50	0. 93014	0. 92994	0. 92975	0. 92955	0. 92935	0. 92915	0. 92896	0. 92876	0. 92856	0. 92836
51	0. 92816	0. 92796	0. 92776	0. 92756	0. 92736	0. 92716	0. 92696	0. 92676	0. 92656	0. 92636
52	0. 92615	0. 92595	0. 92575	0. 92555	0. 92534	0. 92514	0. 92493	0. 92473	0. 92453	0. 92432
53	0. 92412	0. 92391	0. 92371	0. 92350	0. 92329	0. 92309	0. 92288	0. 92267	0. 92247	0. 92226
54	0. 92205	0. 92184	0. 92164	0. 92143	0. 92122	0. 92101	0. 92080	0. 92059	0. 92038	0. 92017
55	0. 91996	0. 91975	0. 91954	0. 91933	0. 91911	0. 91890	0. 91869	0. 91848	0. 91827	0. 91805
56	0. 91784	0. 91763	0. 91741	0. 91720	0. 91699	0. 91677	0. 91656	0. 91634	0. 91613	0. 91591
57	0. 91570	0. 91548	0. 91526	0. 91505	0. 91483	0. 91461	0. 91440	0. 91418	0. 91396	0. 91374
58	0. 91353	0. 91331	0. 91309	0. 91287	0. 91265	0. 91243	0. 91221	0. 91199	0. 91177	0. 91155
59	0. 91133	0. 91111	0. 91089	0. 91067	0. 91045	0. 91022	0. 91000	0. 90956	0. 90956	0. 90933
60	0. 90911	0. 90889	0. 90866	0. 90844	0. 90822	0. 90799	0. 90777	0. 90754	0. 90732	0. 90709
61	0. 90687	0. 90664	0. 90641	0. 90619	0. 90596	0. 90574	0. 90551	0. 90528	0. 90505	0. 90483
62	0. 90460	0. 90437	0. 90414	0. 90391	0. 90368	0. 90346	0. 90323	0. 90300	0. 90277	0. 90254
63	0. 90231	0. 90208	0. 90184	0. 90161	0. 90138	0. 90115	0. 90092	0. 90069	0. 90045	0. 90022
64	0. 89999	0. 89976	0. 89952	0. 89929	0. 89906	0. 89882	0. 89859	0. 89835	0. 89812	0. 89788
65	0. 89765	0. 89741	0. 89718	0. 89694	0. 89670	0. 89647	0. 89623	0. 89599	0. 89576	0. 89552
66	0. 89528	0. 89504	0. 89480	0. 89457	0. 89433	0. 89409	0. 89385	0. 89361	0. 89337	0. 89313
67	0. 89289	0. 89265	0. 89241	0. 89217	0. 89192	0. 89168	0. 89144	0. 89120	0. 89096	0. 89071
68	0. 89047	0. 89023	0. 88998	0. 88974	0. 88950	0. 88925	0. 88901	0. 88876	0. 88852	0. 88827
69	0. 88803	0. 88778	0. 88754	0. 88729	0. 88704	0. 88680	0. 88655	0. 88630	0. 88605	0. 88581
70	0. 88556	0. 88531	0. 88506	0. 88481	0. 88456	0. 88431	0. 88406	0. 88381	0. 88356	0. 88331
71	0. 88306	0. 88281	0. 88256	0. 88231	0. 88205	0. 88180	0. 88155	0. 88130	0. 88104	0. 88079
72	0. 88054	0. 88028	0. 88003	0. 87977	0. 87952	0. 87926	0. 87901	0. 87875	0. 87849	0. 87824
73	0. 87798	0. 87772	0. 87747	0. 87721	0. 87695	0. 87669	0. 87644	0. 87618	0. 87592	0. 87566
74	0. 87540	0. 87514	0. 87488	0. 87462	0. 87436	0. 87410	0. 87384	0. 87358	0. 87331	0. 87305

续表

q	0	0.1	0.2	0.3	0.4	0.5	0.6	0.7	0.8	0.9
75	0.87279	0.87253	0.87226	0.87200	0.87174	0.87147	0.87121	0.87094	0.87068	0.87041
76	0.87015	0.86988	0.86962	0.86935	0.86908	0.86882	0.86855	0.86828	0.86801	0.86774
77	0.86748	0.86721	0.86694	0.86667	0.86640	0.86613	0.86586	0.86559	0.86531	0.86504
78	0.86477	0.86450	0.86423	0.86395	0.86368	0.86341	0.86313	0.86286	0.86259	0.86231
79	0.86204	0.86176	0.86148	0.86121	0.86093	0.86065	0.86038	0.86010	0.85982	0.85954
80	0.85927	0.85899	0.85871	0.85843	0.85815	0.85787	0.85759	0.85731	0.85702	0.85674
81	0.85646	0.85618	0.85590	0.85561	0.85533	0.85504	0.85476	0.85448	0.85419	0.85390
82	0.85362	0.85333	0.85305	0.85276	0.85247	0.85218	0.85190	0.85161	0.85132	0.85103
83	0.85074	0.85045	0.85016	0.84987	0.84957	0.84928	0.84899	0.84870	0.84840	0.84811
84	0.84782	0.84752	0.84723	0.84693	0.84663	0.84634	0.84604	0.84574	0.84545	0.84515
85	0.84485	0.84455	0.84425	0.84395	0.84365	0.84335	0.84305	0.84274	0.84244	0.84214
86	0.84183	0.84153	0.84122	0.84092	0.84061	0.84031	0.84000	0.83969	0.83938	0.83907
87	0.83876	0.83845	0.83814	0.83783	0.83752	0.83721	0.83690	0.83658	0.83627	0.83595
88	0.83564	0.83532	0.83500	0.83469	0.83437	0.83405	0.83373	0.83341	0.83309	0.83277
89	0.83244	0.83212	0.83180	0.83147	0.83115	0.83082	0.83049	0.83017	0.82984	0.82951
90	0.82918	0.82885	0.82851	0.82818	0.82785	0.82751	0.82718	0.82684	0.82651	0.82617
91	0.82583	0.82549	0.82515	0.82481	0.82446	0.82412	0.82378	0.82343	0.82308	0.82274
92	0.82239	0.82204	0.82169	0.82134	0.82098	0.82063	0.82027	0.81992	0.81956	0.81920
93	0.81884	0.81848	0.81812	0.81776	0.81739	0.81703	0.81666	0.81629	0.81592	0.81555
94	0.81518	0.81480	0.81443	0.81405	0.81367	0.81330	0.81291	0.81253	0.81215	0.81176
95	0.81138	0.81099	0.81060	0.81021	0.80981	0.80942	0.80902	0.80862	0.80822	0.80782
96	0.80742	0.80701	0.80660	0.80619	0.80578	0.80537	0.80495	0.80453	0.80411	0.80369
97	0.80327	0.80284	0.80241	0.80198	0.80155	0.80111	0.80068	0.80023	0.79979	0.79935
98	0.79890	0.79845	0.79799	0.79753	0.79707	0.79661	0.79614	0.79567	0.79520	0.79473
99	0.79425	0.79376	0.79328	0.79279	0.79229	0.79179	0.79129	0.79078	0.79027	0.78976
100	0.78923	—	—	—	—	—	—	—	—	—

四、 酒精度-酒精质量分数对照表

本表作用：根据酒精度（整数部分用 q 表示）查对应的质量分数。

使用方法：先将酒精度修约到一位小数点，根据酒精度的整数部分，在 q 列中找到相应的行，再根据小数部分找到相应的列，行与列交汇点对应的数即为所要查询的质量分数。

查询举例：当酒精度为 33.4%vol 时，先根据整数部分 33，在 q 列中找到 33 对应的行，再根据小数部分 0.4 找到对应列，行与列交汇点的数为 27.52%。

附表 2-4　　酒精度-酒精质量分数对照表（20℃）　　单位：%

q	0	0.1	0.2	0.3	0.4	0.5	0.6	0.7	0.8	0.9
0	0.00	0.08	0.16	0.24	0.32	0.40	0.47	0.55	0.63	0.71
1	0.79	0.87	0.95	1.03	1.11	1.19	1.27	1.35	1.43	1.51
2	1.59	1.67	1.75	1.82	1.90	1.98	2.06	2.14	2.22	2.30
3	2.38	2.46	2.54	2.62	2.70	2.78	2.86	2.94	3.02	3.10
4	3.18	3.26	3.34	3.42	3.50	3.58	3.66	3.74	3.82	3.90
5	3.98	4.06	4.14	4.22	4.30	4.38	4.46	4.54	4.62	4.70
6	4.78	4.87	4.95	5.03	5.11	5.19	5.27	5.35	5.43	5.51
7	5.59	5.67	5.75	5.83	5.91	5.99	6.07	6.15	6.23	6.32
8	6.40	6.48	6.56	6.64	6.72	6.80	6.88	6.96	7.04	7.12
9	7.20	7.29	7.37	7.45	7.53	7.61	7.69	7.77	7.85	7.93
10	8.02	8.10	8.18	8.26	8.34	8.42	8.50	8.58	8.66	8.75
11	8.83	8.91	8.99	9.07	9.15	9.23	9.32	9.40	9.48	9.56
12	9.64	9.72	9.80	9.89	9.97	10.05	10.13	10.21	10.29	10.38
13	10.46	10.54	10.62	10.70	10.78	10.87	10.95	11.03	11.11	11.19
14	11.27	11.36	11.44	11.52	11.60	11.68	11.77	11.85	11.93	12.01
15	12.09	12.17	12.26	12.34	12.42	12.50	12.59	12.67	12.75	12.83
16	12.91	13.00	13.08	13.16	13.24	13.32	13.41	13.49	13.57	13.65
17	13.74	13.82	13.90	13.98	14.07	14.15	14.23	14.31	14.40	14.48

续表

q	0	0.1	0.2	0.3	0.4	0.5	0.6	0.7	0.8	0.9
18	14.56	14.64	14.73	14.81	14.89	14.97	15.06	15.14	15.22	15.30
19	15.39	15.47	15.55	15.63	15.72	15.80	15.88	15.97	16.05	16.13
20	16.21	16.30	16.38	16.46	16.55	16.63	16.71	16.79	16.88	16.96
21	17.04	17.13	17.21	17.29	17.38	17.46	17.54	17.62	17.71	17.79
22	17.87	17.96	18.04	18.12	18.21	18.29	18.37	18.46	18.54	18.62
23	18.71	18.79	18.87	18.96	19.04	19.13	19.21	19.29	19.38	19.46
24	19.54	19.63	19.71	19.79	19.88	19.96	20.05	20.13	20.21	20.30
25	20.38	20.47	20.55	20.63	20.72	20.80	20.88	20.97	21.05	21.14
26	21.22	21.31	21.39	21.47	21.56	21.64	21.73	21.81	21.90	21.98
27	22.06	22.15	22.23	22.32	22.40	22.49	22.57	22.66	22.74	22.82
28	22.91	22.99	23.08	23.16	23.25	23.33	23.42	23.50	23.59	23.67
29	23.76	23.84	23.93	24.01	24.10	24.18	24.27	24.35	24.44	24.52
30	24.61	24.69	24.78	24.86	24.95	25.03	25.12	25.20	25.29	25.38
31	25.46	25.55	25.63	25.72	25.80	25.89	25.97	26.06	26.15	26.23
32	26.32	26.4	26.49	26.57	26.66	26.75	26.83	26.92	27.00	27.09
33	27.18	27.26	27.35	27.44	27.52	27.61	27.69	27.78	27.87	27.95
34	28.04	28.13	28.21	28.30	28.39	28.47	28.56	28.65	28.73	28.82
35	28.91	28.99	29.08	29.17	29.26	29.34	29.43	29.52	29.60	29.69
36	29.78	29.87	29.95	30.04	30.13	30.21	30.30	30.39	30.48	30.56
37	30.65	30.74	30.83	30.92	31.00	31.09	31.18	31.27	31.35	31.44
38	31.53	31.62	31.71	31.79	31.88	31.97	32.06	32.15	32.24	32.32
39	32.41	32.50	32.59	32.68	32.77	32.86	32.94	33.03	33.12	33.21
40	33.30	33.39	33.48	33.57	33.66	33.74	33.83	33.92	34.01	34.10
41	34.19	34.28	34.37	34.46	34.55	34.64	34.73	34.82	34.91	35.00
42	35.09	35.18	35.27	35.36	35.45	35.54	35.63	35.72	35.81	35.90
43	35.99	36.08	36.17	36.26	36.35	36.44	36.53	36.62	36.71	36.80
44	36.89	36.98	37.07	37.16	37.25	37.35	37.44	37.53	37.62	37.71
45	37.80	37.89	37.98	38.08	38.17	38.26	38.35	38.44	38.53	38.62

续表

q	0	0.1	0.2	0.3	0.4	0.5	0.6	0.7	0.8	0.9
46	38.72	38.81	38.90	38.99	39.08	39.18	39.27	39.36	39.45	39.54
47	39.64	39.73	39.82	39.91	40.00	40.10	40.19	40.28	40.38	40.47
48	40.56	40.65	40.75	40.84	40.93	41.02	41.12	41.21	41.30	41.40
49	41.49	41.58	41.68	41.77	41.86	41.96	42.05	42.14	42.24	42.33
50	42.43	42.52	42.61	42.71	42.80	42.90	42.99	43.08	43.18	43.27
51	43.37	43.46	43.56	43.65	43.74	43.84	43.93	44.03	44.12	44.22
52	44.31	44.41	44.50	44.60	44.69	44.79	44.88	44.98	45.07	45.17
53	45.26	45.36	45.46	45.55	45.65	45.74	45.84	45.93	46.03	46.13
54	46.22	46.32	46.41	46.51	46.61	46.70	46.80	46.90	46.99	47.09
55	47.18	47.28	47.38	47.47	47.57	47.67	47.77	47.86	47.96	48.06
56	48.15	48.25	48.35	48.45	48.54	48.64	48.74	48.84	48.93	49.03
57	49.13	49.23	49.32	49.42	49.52	49.62	49.72	49.81	49.91	50.01
58	50.11	50.21	50.31	50.40	50.50	50.60	50.70	50.80	50.90	51.00
59	51.10	51.19	51.29	51.39	51.49	51.59	51.69	51.79	51.89	51.99
60	52.09	52.19	52.29	52.39	52.49	52.59	52.69	52.79	52.89	52.99
61	53.09	53.19	53.29	53.39	53.49	53.59	53.69	53.79	53.89	53.99
62	54.09	54.19	54.30	54.40	54.50	54.60	54.70	54.80	54.90	55.00
63	55.11	55.21	55.31	55.41	55.51	55.61	55.72	55.82	55.92	56.02
64	56.12	56.23	56.33	56.43	56.53	56.64	56.74	56.84	56.94	57.05
65	57.15	57.25	57.36	57.46	57.56	57.67	57.77	57.87	57.98	58.08
66	58.18	58.29	58.39	58.49	58.60	58.70	58.81	58.91	59.01	59.12
67	59.22	59.33	59.43	59.54	59.64	59.74	59.85	59.95	60.06	60.16
68	60.27	60.37	60.48	60.58	60.69	60.80	60.90	61.01	61.11	61.22
69	61.32	61.43	61.54	61.64	61.75	61.85	61.96	62.07	62.17	62.28
70	62.39	62.49	62.60	62.71	62.81	62.92	63.03	63.13	63.24	63.35
71	63.46	63.56	63.67	63.78	63.89	63.99	64.10	64.21	64.32	64.43
72	64.53	64.64	64.75	64.86	64.97	65.08	65.19	65.29	65.40	65.51
73	65.62	65.73	65.84	65.95	66.06	66.17	66.28	66.39	66.50	66.61

续表

q	0	0.1	0.2	0.3	0.4	0.5	0.6	0.7	0.8	0.9
74	66.72	66.83	66.94	67.05	67.16	67.27	67.38	67.49	67.60	67.71
75	67.82	67.93	68.04	68.15	68.26	68.38	68.49	68.60	68.71	68.82
76	68.93	69.04	69.16	69.27	69.38	69.49	69.61	69.72	69.83	69.94
77	70.06	70.17	70.28	70.39	70.51	70.62	70.73	70.85	70.96	71.07
78	71.19	71.30	71.41	71.53	71.64	71.76	71.87	71.98	72.10	72.21
79	72.33	72.44	72.56	72.67	72.79	72.90	73.02	73.13	73.25	73.36
80	73.48	73.60	73.71	73.83	73.94	74.06	74.18	74.29	74.41	74.53
81	74.64	74.76	74.88	74.99	75.11	75.23	75.34	75.46	75.58	75.70
82	75.82	75.93	76.05	76.17	76.29	76.41	76.52	76.64	76.76	76.88
83	77.00	77.12	77.24	77.36	77.48	77.60	77.72	77.84	77.96	78.08
84	78.20	78.32	78.44	78.56	78.68	78.80	78.92	79.04	79.16	79.28
85	79.40	79.53	79.65	79.77	79.89	80.01	80.14	80.26	80.38	80.50
86	80.63	80.75	80.87	81.00	81.12	81.24	81.37	81.49	81.61	81.74
87	81.86	81.99	82.11	82.24	82.36	82.49	82.61	82.74	82.86	82.99
88	83.11	83.24	83.37	83.49	83.62	83.74	83.87	84.00	84.13	84.25
89	84.38	84.51	84.64	84.76	84.89	85.02	85.15	85.28	85.41	85.54
90	85.66	85.79	85.92	86.05	86.18	86.31	86.44	86.57	86.71	86.84
91	86.97	87.10	87.23	87.36	87.49	87.63	87.76	87.89	88.02	88.16
92	88.29	88.42	88.56	88.69	88.83	88.96	89.10	89.23	89.37	89.50
93	89.64	89.77	89.91	90.05	90.18	90.32	90.46	90.59	90.73	90.87
94	91.01	91.15	91.29	91.43	91.56	91.70	91.84	91.98	92.13	92.27
95	92.41	92.55	92.69	92.83	92.98	93.12	93.26	93.41	93.55	93.69
96	93.84	93.98	94.13	94.27	94.42	94.57	94.71	94.86	95.01	95.16
97	95.31	95.45	95.60	95.75	95.90	96.05	96.21	96.36	96.51	96.66
98	96.81	96.97	97.12	97.28	97.43	97.59	97.74	97.90	98.06	98.22
99	98.38	98.53	98.69	98.86	99.02	99.18	99.34	99.5	99.67	99.83
100	100	—	—	—	—	—	—	—	—	—

五、 酒精质量分数-酒精度对照表

本表作用：根据酒精质量分数（整数部分用 p 表示）查对应的酒精度。

使用方法：先将酒精质量分数修约到一位小数点，根据酒精质量分数的整数部分，在 p 列中找到相应的行，再根据小数部分找到相应的列，行与列交汇点对应的数即为所要查询的酒精度。

查询举例：当酒精质量分数为 33. 4%时，先根据整数部分 33，在 p 列中找到 33 对应的行，再根据小数部分 0. 4 找到对应列，行与列交汇点的数为 40. 11%vol。

附表 2-5　　酒精质量分数-酒精度对照表（20℃）　　单位：%vol

p	0	0. 1	0. 2	0. 3	0. 4	0. 5	0. 6	0. 7	0. 8	0. 9
0	0. 00	0. 13	0. 25	0. 38	0. 51	0. 63	0. 76	0. 88	1. 01	1. 14
1	1. 26	1. 39	1. 51	1. 64	1. 77	1. 89	2. 02	2. 14	2. 27	2. 39
2	2. 52	2. 65	2. 77	2. 90	3. 02	3. 15	3. 27	3. 40	3. 52	3. 65
3	3. 77	3. 90	4. 02	4. 15	4. 27	4. 40	4. 52	4. 65	4. 77	4. 90
4	5. 02	5. 15	5. 27	5. 40	5. 52	5. 65	5. 77	5. 89	6. 02	6. 14
5	6. 27	6. 39	6. 52	6. 64	6. 76	6. 89	7. 01	7. 14	7. 26	7. 39
6	7. 51	7. 63	7. 76	7. 88	8. 00	8. 13	8. 25	8. 38	8. 50	8. 62
7	8. 75	8. 87	8. 99	9. 12	9. 24	9. 36	9. 49	9. 61	9. 74	9. 86
8	9. 98	10. 10	10. 23	10. 35	10. 47	10. 60	10. 72	10. 84	10. 97	11. 09
9	11. 21	11. 34	11. 46	11. 58	11. 70	11. 83	11. 95	12. 07	12. 20	12. 32
10	12. 44	12. 56	12. 69	12. 81	12. 93	13. 05	13. 18	13. 30	13. 42	13. 54
11	13. 67	13. 79	13. 91	14. 03	14. 15	14. 28	14. 40	14. 52	14. 64	14. 76
12	14. 89	15. 01	15. 13	15. 25	15. 37	15. 50	15. 62	15. 74	15. 86	15. 98
13	16. 11	16. 23	16. 35	16. 47	16. 59	16. 71	16. 83	16. 96	17. 08	17. 20
14	17. 32	17. 44	17. 56	17. 68	17. 81	17. 93	18. 05	18. 17	18. 29	18. 41
15	18. 53	18. 65	18. 78	18. 90	19. 02	19. 14	19. 26	19. 38	19. 50	19. 62
16	19. 74	19. 86	19. 98	20. 10	20. 23	20. 35	20. 47	20. 59	20. 71	20. 83
17	20. 95	21. 07	21. 19	21. 31	21. 43	21. 55	21. 67	21. 79	21. 91	22. 03

续表

p	0	0.1	0.2	0.3	0.4	0.5	0.6	0.7	0.8	0.9
18	22.15	22.27	22.39	22.51	22.63	22.75	22.87	22.99	23.11	23.23
19	23.35	23.47	23.59	23.71	23.83	23.95	24.07	24.19	24.31	24.43
20	24.55	24.66	24.78	24.90	25.02	25.14	25.26	25.38	25.50	25.62
21	25.74	25.86	25.97	26.09	26.21	26.33	26.45	26.57	26.69	26.81
22	26.92	27.04	27.16	27.28	27.40	27.52	27.64	27.75	27.87	27.99
23	28.11	28.23	28.34	28.46	28.58	28.70	28.82	28.93	29.05	29.17
24	29.29	29.40	29.52	29.64	29.76	29.87	29.99	30.11	30.23	30.34
25	30.46	30.58	30.70	30.81	30.93	31.05	31.16	31.28	31.40	31.51
26	31.63	31.75	31.86	31.98	32.10	32.21	32.33	32.45	32.56	32.68
27	32.79	32.91	33.03	33.14	33.26	33.37	33.49	33.61	33.72	33.84
28	33.95	34.07	34.18	34.30	34.42	34.53	34.65	34.76	34.88	34.99
29	35.11	35.22	35.34	35.45	35.57	35.68	35.80	35.91	36.03	36.14
30	36.25	36.37	36.48	36.60	36.71	36.83	36.94	37.05	37.17	37.28
31	37.40	37.51	37.62	37.74	37.85	37.97	38.08	38.19	38.31	38.42
32	38.53	38.65	38.76	38.87	38.99	39.10	39.21	39.32	39.44	39.55
33	39.66	39.78	39.89	40.00	40.11	40.23	40.34	40.45	40.56	40.67
34	40.79	40.90	41.01	41.12	41.23	41.35	41.46	41.57	41.68	41.79
35	41.90	42.02	42.13	42.24	42.35	42.46	42.57	42.68	42.79	42.90
36	43.02	43.13	43.24	43.35	43.46	43.57	43.68	43.79	43.90	44.01
37	44.12	44.23	44.34	44.45	44.56	44.67	44.78	44.89	45.00	45.11
38	45.22	45.33	45.44	45.55	45.66	45.76	45.87	45.98	46.09	46.20
39	46.31	46.42	46.53	46.64	46.74	46.85	46.96	47.07	47.18	47.29
40	47.39	47.50	47.61	47.72	47.83	47.93	48.04	48.15	48.26	48.37
41	48.47	48.58	48.69	48.80	48.90	49.01	49.12	49.22	49.33	49.44
42	49.55	49.65	49.76	49.87	49.97	50.08	50.19	50.29	50.40	50.50
43	50.61	50.72	50.82	50.93	51.04	51.14	51.25	51.35	51.46	51.56
44	51.67	51.78	51.88	51.99	52.09	52.20	52.30	52.41	52.51	52.62
45	52.72	52.83	52.93	53.04	53.14	53.25	53.35	53.46	53.56	53.66

续表

p	0	0.1	0.2	0.3	0.4	0.5	0.6	0.7	0.8	0.9
46	53.77	53.87	53.98	54.08	54.9	54.29	54.39	54.50	54.60	54.71
47	54.81	54.91	55.02	55.12	55.22	55.33	55.43	55.53	55.64	55.74
48	55.84	55.95	56.05	56.15	56.25	56.36	56.46	56.56	56.66	56.77
49	56.87	56.97	57.07	57.18	57.28	57.38	57.48	57.58	57.69	57.79
50	57.89	57.99	58.09	58.19	58.30	58.40	58.50	58.60	58.70	58.80
51	58.90	59.00	59.11	59.21	59.31	59.41	59.51	59.61	59.71	59.81
52	59.91	60.01	60.11	60.21	60.31	60.41	60.51	60.61	60.71	60.81
53	60.91	61.01	61.11	61.21	61.31	61.41	61.51	61.61	61.71	61.81
54	61.91	62.01	62.11	62.20	62.30	62.40	62.50	62.60	62.70	62.80
55	62.90	62.99	63.09	63.19	63.29	63.39	63.49	63.58	63.68	63.78
56	63.88	63.98	64.07	64.17	64.27	64.37	64.46	64.56	64.66	64.76
57	64.85	64.95	65.05	65.15	65.24	65.34	65.44	65.53	65.63	65.73
58	65.82	65.92	66.02	66.11	66.21	66.31	66.40	66.50	66.59	66.69
59	66.79	66.88	66.98	67.07	67.17	67.27	67.36	67.46	67.55	67.65
60	67.74	67.84	67.93	68.03	68.12	68.22	68.31	68.41	68.50	68.60
61	68.69	68.79	68.88	68.98	69.07	69.17	69.26	69.36	69.45	69.54
62	69.64	69.73	69.83	69.92	70.01	70.11	70.20	70.29	70.39	70.48
63	70.57	70.67	70.76	70.85	70.95	71.04	71.13	71.23	71.32	71.41
64	71.51	71.60	71.69	71.78	71.88	71.97	72.06	72.15	72.25	72.34
65	72.43	72.52	72.61	72.71	72.80	72.89	72.98	73.07	73.16	73.26
66	73.35	73.44	73.53	73.62	73.71	73.80	73.89	73.99	74.08	74.17
67	74.26	74.35	74.44	74.53	74.62	74.71	74.80	74.89	74.98	75.07
68	75.16	75.25	75.34	75.43	75.52	75.61	75.70	75.79	75.88	75.97
69	76.06	76.15	76.24	76.33	76.42	76.51	76.60	76.68	76.77	76.86
70	76.95	77.04	77.13	77.22	77.31	77.39	77.48	77.57	77.66	77.75
71	77.84	77.92	78.01	78.10	78.19	78.28	78.36	78.45	78.54	78.63
72	78.71	78.80	78.89	78.98	79.06	79.15	79.24	79.32	79.41	79.50
73	79.58	79.67	79.76	79.84	79.93	80.02	80.10	80.19	80.28	80.36

续表

p	0	0.1	0.2	0.3	0.4	0.5	0.6	0.7	0.8	0.9
74	80.45	80.53	80.62	80.71	80.79	80.88	80.96	81.05	81.14	81.22
75	81.31	81.39	81.48	81.56	81.65	81.73	81.82	81.90	81.99	82.07
76	82.16	82.24	82.33	82.41	82.49	82.58	82.66	82.75	82.83	82.92
77	83.00	83.08	83.17	83.25	83.34	83.42	83.50	83.59	83.67	83.75
78	83.84	83.92	84.00	84.09	84.17	84.25	84.34	84.42	84.50	84.58
79	84.67	84.75	84.83	84.91	85.00	85.08	85.16	85.24	85.32	85.41
80	85.49	85.57	85.65	85.73	85.82	85.90	85.98	86.06	86.14	86.22
81	86.30	86.38	86.47	86.55	86.63	86.71	86.79	86.87	86.95	87.03
82	87.11	87.19	87.27	87.35	87.43	87.51	87.59	87.67	87.75	87.83
83	87.91	87.99	88.07	88.15	88.23	88.31	88.39	88.46	88.54	88.62
84	88.70	88.78	88.86	88.94	89.02	89.09	89.17	89.25	89.33	89.41
85	89.48	89.56	89.64	89.72	89.80	89.87	89.95	90.03	90.10	90.18
86	90.26	90.34	90.41	90.49	90.57	90.64	90.72	90.80	90.87	90.95
87	91.02	91.10	91.18	91.25	91.33	91.40	91.48	91.56	91.63	91.71
88	91.78	91.86	91.93	92.01	92.08	92.16	92.23	92.31	92.38	92.45
89	92.53	92.60	92.68	92.75	92.83	92.90	92.97	93.05	93.12	93.19
90	93.27	93.34	93.41	93.49	93.56	93.63	93.70	93.78	93.85	93.92
91	93.99	94.07	94.14	94.21	94.28	94.35	94.43	94.50	94.57	94.64
92	94.71	94.78	94.85	94.92	94.99	95.07	95.14	95.21	95.28	95.35
93	95.42	95.49	95.56	95.63	95.70	95.77	95.84	95.90	95.97	96.04
94	96.11	96.18	96.25	96.32	96.39	96.45	96.52	96.59	96.66	96.73
95	96.79	96.86	96.93	97.00	97.06	97.13	97.20	97.26	97.33	97.40
96	97.46	97.53	97.60	97.66	97.73	97.79	97.86	97.93	97.99	98.06
97	98.12	98.19	98.25	98.31	98.38	98.44	98.51	98.57	98.64	98.70
98	98.76	98.83	98.89	98.95	99.02	99.08	99.14	99.20	99.27	99.33
99	99.39	99.45	99.51	99.57	99.64	99.70	99.76	99.82	99.88	99.94
100	100	—	—	—	—	—	—	—	—	—

六、 酒精密度—体积分数对照表（20℃）

本表作用：根据酒精密度（ρ_{20}）查20℃对应的酒精体积分数（单位为%vol）。

使用方法一：直接查找法，先将酒精密度修约到四位小数点，根据修约数的小数点后前三位数在第一列或最后列找到对应的行，再根据修约数的小数点后第四位数，在第一行中找到相应的列，行与列交叉处的数据即为酒精的体积分数。

方法一查询举例：当酒精密度为0.9241g/mL时，根据该数的前三位0.924，在第1列中找到相应的行，再根据该数的最后一位即0.0001在第一行中找到相应列，行与列交叉处的数为53.01，则该酒精的体积分数为53.01%vol。

使用方法二：内插法，先将酒精密度修约到五位小数点，根据修约数的小数点后前三位数在第一列或最后列找到对应的行，再根据修约数的小数点后第四位数，在第一行中找到相应的列，行与列交叉处的数据即为内插法起始酒精度数，其下一位酒精度数为内插法终了酒精度数，所查酒精度为：起始酒精度+$\frac{x-\text{起始密度}}{\text{终了密度}-\text{起始密度}}$×（终了酒精度-起始酒精度）。

方法二查询举例：当酒精密度为0.92412g/mL时，根据该数的前三位0.924，在第1列中找到相应的行，再根据该数的最后一位即0.0001在第一行中找到相应列，行与列交叉处的数为53.01，其下一位酒精度数为52.96，则所查酒精度为：$53.01+\frac{0.92412-0.9241}{0.9242-0.9241}\times(52.96-53.01)=53.01-0.01=$ 53.00%vol。

附表2-6　　酒精密度-体积分数对照表（20℃）　　单位：%vol

ρ_{20}/(g/mL)	0	0.0001	0.0002	0.0003	0.0004	0.0005	0.0006	0.0007	0.0008	0.0009
0.789	—	—	100.00	99.98	99.96	99.94	99.93	99.91	99.89	99.87
0.790	99.85	99.83	99.81	99.79	99.77	99.75	99.73	99.71	99.69	99.67

续表

ρ_{20}/(g/mL)	0	0.0001	0.0002	0.0003	0.0004	0.0005	0.0006	0.0007	0.0008	0.0009
0.791	99.65	99.63	99.61	99.59	99.57	99.55	99.53	99.51	99.49	99.47
0.792	99.45	99.43	99.41	99.39	99.37	99.35	99.33	99.31	99.29	99.27
0.793	99.25	99.23	99.21	99.19	99.17	99.15	99.13	99.11	99.09	99.07
0.794	99.05	99.03	99.01	98.98	98.96	98.94	98.92	98.90	98.88	98.86
0.795	98.84	98.82	98.80	98.78	98.75	98.73	98.71	98.69	98.67	98.65
0.796	98.63	98.61	98.58	98.56	98.54	98.52	98.50	98.48	98.45	98.43
0.797	98.41	98.39	98.37	98.35	98.32	98.30	98.28	98.26	98.24	98.22
0.798	98.19	98.17	98.15	98.13	98.11	98.08	98.06	98.04	98.02	97.99
0.799	97.97	97.95	97.93	97.91	97.88	97.86	97.84	97.82	97.79	97.77
0.800	97.75	97.73	97.70	97.68	97.66	97.64	97.61	97.59	97.57	97.54
0.801	97.52	97.50	97.48	97.45	97.43	97.41	97.38	97.36	97.34	97.31
0.802	97.29	97.27	97.25	97.22	97.20	97.18	97.15	97.13	97.11	97.08
0.803	97.06	97.04	97.01	96.99	96.96	96.94	96.92	96.89	96.87	96.85
0.804	96.82	96.80	96.78	96.75	96.73	96.70	96.68	96.66	96.63	96.61
0.805	96.58	96.56	96.54	96.51	96.49	96.46	96.44	96.42	96.39	96.37
0.806	96.34	96.32	96.29	96.27	96.25	96.22	96.20	96.17	96.15	96.12
0.807	96.10	96.07	96.05	96.02	96.00	95.97	95.95	95.93	95.90	95.88
0.808	95.85	95.83	95.80	95.78	95.75	95.73	95.70	95.68	95.65	95.63
0.809	95.60	95.58	95.55	95.53	95.50	95.47	95.45	95.42	95.40	95.37
0.810	95.35	95.32	95.30	95.27	95.25	95.22	95.20	95.17	95.14	95.12
0.811	95.09	95.07	95.04	95.02	94.99	94.96	94.94	94.91	94.89	94.86
0.812	94.83	94.81	94.78	94.76	94.73	94.70	94.68	94.65	94.63	94.60
0.813	94.57	94.55	94.52	94.49	94.47	94.44	94.42	94.39	94.36	94.34
0.814	94.31	94.28	94.26	94.23	94.20	94.18	94.15	94.12	94.10	94.07
0.815	94.04	94.02	93.99	93.96	93.94	93.91	93.88	93.86	93.83	93.80
0.816	93.77	93.75	93.72	93.69	93.67	93.64	93.61	93.58	93.56	93.53
0.817	93.50	93.48	93.45	93.42	93.39	93.37	93.34	93.31	93.28	93.26
0.818	93.23	93.20	93.17	93.15	93.12	93.09	93.06	93.04	93.01	92.98
0.819	92.95	92.92	92.90	92.87	92.84	92.81	92.79	92.76	92.73	92.70
0.820	92.67	92.65	92.62	92.59	92.56	92.53	92.50	92.48	92.45	92.42

续表

ρ_{20}/(g/mL)	0	0.0001	0.0002	0.0003	0.0004	0.0005	0.0006	0.0007	0.0008	0.0009
0.821	92.39	92.36	92.33	92.31	92.28	92.25	92.22	92.19	92.16	92.14
0.822	92.11	92.08	92.05	92.02	91.99	91.96	91.94	91.91	91.88	91.85
0.823	91.82	91.79	91.76	91.73	91.70	91.68	91.65	91.62	91.59	91.56
0.824	91.53	91.50	91.47	91.44	91.41	91.39	91.36	91.33	91.30	91.27
0.825	91.24	91.21	91.18	91.15	91.12	91.09	91.06	91.03	91.00	90.98
0.826	90.95	90.92	90.89	90.86	90.83	90.80	90.77	90.74	90.71	90.68
0.827	90.65	90.62	90.59	90.56	90.53	90.50	90.47	90.44	90.41	90.38
0.828	90.35	90.32	90.29	90.26	90.23	90.20	90.17	90.14	90.11	90.08
0.829	90.05	90.02	89.99	89.96	89.93	89.90	89.87	89.84	89.81	89.78
0.830	89.75	89.72	89.69	89.66	89.62	89.59	89.56	89.53	89.50	89.47
0.831	89.44	89.41	89.38	89.35	89.32	89.29	89.26	89.23	89.19	89.16
0.832	89.13	89.10	89.07	89.04	89.01	88.98	88.95	88.92	88.89	88.85
0.833	88.82	88.79	88.76	88.73	88.70	88.67	88.64	88.61	88.57	88.54
0.834	88.51	88.48	88.45	88.42	88.39	88.35	88.32	88.29	88.26	88.23
0.835	88.20	88.17	88.13	88.10	88.07	88.04	88.01	87.98	87.94	87.91
0.836	87.88	87.85	87.82	87.79	87.75	87.72	87.69	87.66	87.63	87.59
0.837	87.56	87.53	87.50	87.47	87.43	87.40	87.37	87.34	87.31	87.27
0.838	87.24	87.21	87.18	87.15	87.11	87.08	87.05	87.02	86.98	86.95
0.839	86.92	86.89	86.86	86.82	86.79	86.76	86.73	86.69	86.66	86.63
0.840	86.60	86.56	86.53	86.50	86.47	86.43	86.40	86.37	86.33	86.30
0.841	86.27	86.24	86.20	86.17	86.14	86.11	86.07	86.04	86.01	85.97
0.842	85.94	85.91	85.88	85.84	85.81	85.78	85.74	85.71	85.68	85.64
0.843	85.61	85.58	85.55	85.51	85.48	85.45	85.41	85.38	85.35	85.31
0.844	85.28	85.25	85.21	85.18	85.15	85.11	85.08	85.05	85.01	84.98
0.845	84.95	84.91	84.88	84.85	84.81	84.78	84.74	84.71	84.68	84.64
0.846	84.61	84.58	84.54	84.51	84.48	84.44	84.41	84.37	84.34	84.31
0.847	84.27	84.24	84.21	84.17	84.14	84.10	84.07	84.04	84.00	83.97
0.848	83.93	83.90	83.87	83.83	83.80	83.76	83.73	83.70	83.66	83.63
0.849	83.59	83.56	83.52	83.49	83.46	83.42	83.39	83.35	83.32	83.28
0.850	83.25	83.22	83.18	83.15	83.11	83.08	83.04	83.01	82.98	82.94

续表

ρ_{20}/(g/mL)	0	0.0001	0.0002	0.0003	0.0004	0.0005	0.0006	0.0007	0.0008	0.0009
0.851	82.91	82.87	82.84	82.80	82.77	82.73	82.70	82.66	82.63	82.59
0.852	82.56	82.53	82.49	82.46	82.42	82.39	82.35	82.32	82.28	82.25
0.853	82.21	82.18	82.14	82.11	82.07	82.04	82.00	81.97	81.93	81.90
0.854	81.86	81.83	81.79	81.76	81.72	81.69	81.65	81.62	81.58	81.55
0.855	81.51	81.48	81.44	81.41	81.37	81.34	81.30	81.27	81.23	81.19
0.856	81.16	81.12	81.09	81.05	81.02	80.98	80.95	80.91	80.88	80.84
0.857	80.81	80.77	80.73	80.70	80.66	80.63	80.59	80.56	80.52	80.48
0.858	80.45	80.41	80.38	80.34	80.31	80.27	80.23	80.20	80.16	80.13
0.859	80.09	80.06	80.02	79.98	79.95	79.91	79.88	79.84	79.80	79.77
0.860	79.73	79.70	79.66	79.62	79.59	79.55	79.52	79.48	79.44	79.41
0.861	79.37	79.34	79.30	79.26	79.23	79.19	79.15	79.12	79.08	79.05
0.862	79.01	78.97	78.94	78.90	78.86	78.83	78.79	78.75	78.72	78.68
0.863	78.65	78.61	78.57	78.54	78.50	78.46	78.43	78.39	78.35	78.32
0.864	78.28	78.24	78.21	78.17	78.13	78.10	78.06	78.02	77.99	77.95
0.865	77.91	77.88	77.84	77.80	77.77	77.73	77.69	77.65	77.62	77.58
0.866	77.54	77.51	77.47	77.43	77.40	77.36	77.32	77.28	77.25	77.21
0.867	77.17	77.14	77.10	77.06	77.02	76.99	76.95	76.91	76.88	76.84
0.868	76.80	76.76	76.73	76.69	76.65	76.61	76.58	76.54	76.50	76.46
0.869	76.43	76.39	76.35	76.31	76.28	76.24	76.20	76.16	76.13	76.09
0.870	76.05	76.01	75.98	75.94	75.90	75.86	75.83	75.79	75.75	75.71
0.871	75.68	75.64	75.60	75.56	75.52	75.49	75.45	75.41	75.37	75.33
0.872	75.30	75.26	75.22	75.18	75.14	75.11	75.07	75.03	74.99	74.95
0.873	74.92	74.88	74.84	74.80	74.76	74.73	74.69	74.65	74.61	74.57
0.874	74.53	74.50	74.46	74.42	74.38	74.34	74.30	74.27	74.23	74.19
0.875	74.15	74.11	74.07	74.04	74.00	73.96	73.92	73.88	73.84	73.80
0.876	73.77	73.73	73.69	73.65	73.61	73.57	73.53	73.49	73.46	73.42
0.877	73.38	73.34	73.30	73.26	73.22	73.18	73.15	73.11	73.07	73.03
0.878	72.99	72.95	72.91	72.87	72.83	72.79	72.76	72.72	72.68	72.64
0.879	72.60	72.56	72.52	72.48	72.44	72.40	72.36	72.33	72.29	72.25
0.880	72.21	72.17	72.13	72.09	72.05	72.01	71.97	71.93	71.89	71.85

续表

ρ_{20}/(g/mL)	0	0.0001	0.0002	0.0003	0.0004	0.0005	0.0006	0.0007	0.0008	0.0009
0.881	71.81	71.77	71.73	71.70	71.66	71.62	71.58	71.54	71.50	71.46
0.882	71.42	71.38	71.34	71.30	71.26	71.22	71.18	71.14	71.10	71.06
0.883	71.02	70.98	70.94	70.90	70.86	70.82	70.78	70.74	70.70	70.66
0.884	70.62	70.58	70.54	70.50	70.46	70.42	70.38	70.34	70.30	70.26
0.885	70.22	70.18	70.14	70.10	70.06	70.02	69.98	69.94	69.90	69.86
0.886	69.82	69.78	69.74	69.70	69.66	69.62	69.58	69.54	69.50	69.45
0.887	69.41	69.37	69.33	69.29	69.25	69.21	69.17	69.13	69.09	69.05
0.888	69.01	68.97	68.93	68.89	68.85	68.80	68.76	68.72	68.68	68.64
0.889	68.60	68.56	68.52	68.48	68.44	68.40	68.35	68.31	68.27	68.23
0.890	68.19	68.15	68.11	68.07	68.03	67.99	67.94	67.90	67.86	67.82
0.891	67.78	67.74	67.70	67.66	67.61	67.57	67.53	67.49	67.45	67.41
0.892	67.37	67.32	67.28	67.24	67.20	67.16	67.12	67.08	67.03	66.99
0.893	66.95	66.91	66.87	66.83	66.78	66.74	66.70	66.66	66.62	66.58
0.894	66.53	66.49	66.45	66.41	66.37	66.32	66.28	66.24	66.20	66.16
0.895	66.12	66.07	66.03	65.99	65.95	65.90	65.86	65.82	65.78	65.74
0.896	65.69	65.65	65.61	65.57	65.53	65.48	65.44	65.40	65.36	65.31
0.897	65.27	65.23	65.19	65.14	65.10	65.06	65.02	64.97	64.93	64.89
0.898	64.85	64.80	64.76	64.72	64.68	64.63	64.59	64.55	64.51	64.46
0.899	64.42	64.38	64.34	64.29	64.25	64.21	64.16	64.12	64.08	64.04
0.900	63.99	63.95	63.91	63.86	63.82	63.78	63.73	63.69	63.65	63.61
0.901	63.56	63.52	63.48	63.43	63.39	63.35	63.30	63.26	63.22	63.17
0.902	63.13	63.09	63.04	63.00	62.96	62.91	62.87	62.83	62.78	62.74
0.903	62.70	62.65	62.61	62.56	62.52	62.48	62.43	62.39	62.35	62.30
0.904	62.26	62.22	62.17	62.13	62.08	62.04	62.00	61.95	61.91	61.86
0.905	61.82	61.78	61.73	61.69	61.65	61.60	61.56	61.51	61.47	61.42
0.906	61.38	61.34	61.29	61.25	61.20	61.16	61.12	61.07	61.03	60.98
0.907	60.94	60.89	60.85	60.81	60.76	60.72	60.67	60.63	60.58	60.54
0.908	60.49	60.45	60.40	60.36	60.32	60.27	60.23	60.18	60.14	60.09
0.909	60.05	60.00	59.96	59.91	59.87	59.82	59.78	59.73	59.69	59.64

续表

ρ_{20}/ (g/mL)	0	0.0001	0.0002	0.0003	0.0004	0.0005	0.0006	0.0007	0.0008	0.0009
0.910	59.60	59.55	59.51	59.46	59.42	59.37	59.33	59.28	59.24	59.19
0.911	59.15	59.10	59.06	59.01	58.97	58.92	58.88	58.83	58.78	58.74
0.912	58.69	58.65	58.60	58.56	58.51	58.47	58.42	58.37	58.33	58.28
0.913	58.24	58.19	58.15	58.10	58.05	58.01	57.96	57.92	57.87	57.83
0.914	57.78	57.73	57.69	57.64	57.60	57.55	57.50	57.46	57.41	57.37
0.915	57.32	57.27	57.23	57.18	57.13	57.09	57.04	57.00	56.95	56.90
0.916	56.86	56.81	56.76	56.72	56.67	56.62	56.58	56.53	56.48	56.44
0.917	56.39	56.34	56.30	56.25	56.20	56.16	56.11	56.06	56.02	55.97
0.918	55.92	55.88	55.83	55.78	55.73	55.69	55.64	55.59	55.55	55.50
0.919	55.45	55.40	55.36	55.31	55.26	55.22	55.17	55.12	55.07	55.03
0.920	54.98	54.93	54.88	54.84	54.79	54.74	54.69	54.64	54.60	54.55
0.921	54.50	54.45	54.41	54.36	54.31	54.26	54.21	54.17	54.12	54.07
0.922	54.02	53.97	53.93	53.88	53.83	53.78	53.73	53.69	53.64	53.59
0.923	53.54	53.49	53.44	53.39	53.35	53.30	53.25	53.20	53.15	53.10
0.924	53.05	53.01	52.96	52.91	52.86	52.81	52.76	52.71	52.66	52.61
0.925	52.57	52.52	52.47	52.42	52.37	52.32	52.27	52.22	52.17	52.12
0.926	52.07	52.02	51.97	51.93	51.88	51.83	51.78	51.73	51.68	51.63
0.927	51.58	51.53	51.48	51.43	51.38	51.33	51.28	51.23	51.18	51.13
0.928	51.08	51.03	50.98	50.93	50.88	50.83	50.78	50.73	50.68	50.63
0.929	50.58	50.52	50.47	50.42	50.37	50.32	50.27	50.22	50.17	50.12
0.930	50.07	50.02	49.97	49.92	49.86	49.81	49.76	49.71	49.66	49.61
0.931	49.56	49.51	49.45	49.40	49.35	49.30	49.25	49.20	49.15	49.09
0.932	49.04	48.99	48.94	48.89	48.83	48.78	48.73	48.68	48.63	48.57
0.933	48.52	48.47	48.42	48.37	48.31	48.26	48.21	48.16	48.10	48.05
0.934	48.00	47.94	47.89	47.84	47.79	47.73	47.68	47.63	47.57	47.52
0.935	47.47	47.41	47.36	47.31	47.25	47.20	47.15	47.09	47.04	46.99
0.936	46.93	46.88	46.83	46.77	46.72	46.66	46.61	46.56	46.50	46.45
0.937	46.39	46.34	46.29	46.23	46.18	46.12	46.07	46.01	45.96	45.90
0.938	45.85	45.79	45.74	45.68	45.63	45.57	45.52	45.46	45.41	45.35
0.939	45.30	45.24	45.19	45.13	45.08	45.02	44.96	44.91	44.85	44.80

续表

ρ_{20}/(g/mL)	0	0.0001	0.0002	0.0003	0.0004	0.0005	0.0006	0.0007	0.0008	0.0009
0.940	44.74	44.68	44.63	44.57	44.52	44.46	44.40	44.35	44.29	44.23
0.941	44.18	44.12	44.06	44.01	43.95	43.89	43.84	43.78	43.72	43.66
0.942	43.61	43.55	43.49	43.43	43.38	43.32	43.26	43.20	43.15	43.09
0.943	43.03	42.97	42.91	42.85	42.80	42.74	42.68	42.62	42.56	42.50
0.944	42.44	42.39	42.33	42.27	42.21	42.15	42.09	42.03	41.97	41.91
0.945	41.85	41.79	41.73	41.67	41.61	41.55	41.49	41.43	41.37	41.31
0.946	41.25	41.19	41.13	41.07	41.01	40.95	40.89	40.83	40.76	40.70
0.947	40.64	40.58	40.52	40.46	40.40	40.33	40.27	40.21	40.15	40.09
0.948	40.02	39.96	39.90	39.84	39.77	39.71	39.65	39.59	39.52	39.46
0.949	39.40	39.33	39.27	39.21	39.14	39.08	39.02	38.95	38.89	38.82
0.950	38.76	38.70	38.63	38.57	38.50	38.44	38.37	38.31	38.24	38.18
0.951	38.11	38.05	37.98	37.92	37.85	37.78	37.72	37.65	37.59	37.52
0.952	37.45	37.39	37.32	37.25	37.19	37.12	37.05	36.99	36.92	36.85
0.953	36.78	36.72	36.65	36.58	36.51	36.45	36.38	36.31	36.24	36.17
0.954	36.10	36.03	35.97	35.90	35.83	35.76	35.69	35.62	35.55	35.48
0.955	35.41	35.34	35.27	35.20	35.13	35.06	34.99	34.92	34.85	34.77
0.956	34.70	34.63	34.56	34.49	34.42	34.34	34.27	34.20	34.13	34.06
0.957	33.98	33.91	33.84	33.76	33.69	33.62	33.54	33.47	33.40	33.32
0.958	33.25	33.17	33.10	33.03	32.95	32.88	32.80	32.73	32.65	32.58
0.959	32.50	32.42	32.35	32.27	32.20	32.12	32.04	31.97	31.89	31.81
0.960	31.74	31.66	31.58	31.51	31.43	31.35	31.27	31.19	31.12	31.04
0.961	30.96	30.88	30.80	30.72	30.64	30.56	30.49	30.41	30.33	30.25
0.962	30.17	30.09	30.01	29.92	29.84	29.76	29.68	29.60	29.52	29.44
0.963	29.36	29.27	29.19	29.11	29.03	28.95	28.86	28.78	28.70	28.62
0.964	28.53	28.45	28.37	28.28	28.20	28.11	28.03	27.95	27.86	27.78
0.965	27.69	27.61	27.52	27.44	27.35	27.27	27.18	27.10	27.01	26.92
0.966	26.84	26.75	26.66	26.58	26.49	26.40	26.32	26.23	26.14	26.06
0.967	25.97	25.88	25.79	25.70	25.62	25.53	25.44	25.35	25.26	25.17
0.968	25.08	25.00	24.91	24.82	24.73	24.64	24.55	24.46	24.37	24.28
0.969	24.19	24.10	24.01	23.92	23.83	23.74	23.65	23.56	23.46	23.37

续表

ρ_{20}/(g/mL)	0	0.0001	0.0002	0.0003	0.0004	0.0005	0.0006	0.0007	0.0008	0.0009
0.970	23.28	23.19	23.10	23.01	22.92	22.83	22.73	22.64	22.55	22.46
0.971	22.37	22.28	22.18	22.09	22.00	21.91	21.81	21.72	21.63	21.54
0.972	21.44	21.35	21.26	21.17	21.07	20.98	20.89	20.79	20.70	20.61
0.973	20.52	20.42	20.33	20.24	20.14	20.05	19.96	19.86	19.77	19.68
0.974	19.59	19.49	19.40	19.31	19.21	19.12	19.03	18.93	18.84	18.75
0.975	18.65	18.56	18.47	18.38	18.28	18.19	18.10	18.00	17.91	17.82
0.976	17.72	17.63	17.54	17.45	17.35	17.26	17.17	17.08	16.98	16.89
0.977	16.80	16.71	16.62	16.52	16.43	16.34	16.25	16.16	16.06	15.97
0.978	15.88	15.79	15.70	15.61	15.52	15.43	15.33	15.24	15.15	15.06
0.979	14.97	14.88	14.79	14.70	14.61	14.52	14.43	14.34	14.25	14.16
0.980	14.07	13.98	13.89	13.80	13.71	13.63	13.54	13.45	13.36	13.27
0.981	13.18	13.09	13.01	12.92	12.83	12.74	12.66	12.57	12.48	12.39
0.982	12.31	12.22	12.13	12.05	11.96	11.87	11.79	11.70	11.61	11.53
0.983	11.44	11.36	11.27	11.19	11.10	11.02	10.93	10.85	10.76	10.68
0.984	10.59	10.51	10.43	10.34	10.26	10.17	10.09	10.01	9.92	9.84
0.985	9.76	9.68	9.59	9.51	9.43	9.35	9.26	9.18	9.10	9.02
0.986	8.94	8.86	8.77	8.69	8.61	8.53	8.45	8.37	8.29	8.21
0.987	8.13	8.05	7.97	7.89	7.81	7.73	7.65	7.57	7.49	7.42
0.988	7.34	7.26	7.18	7.10	7.02	6.95	6.87	6.79	6.71	6.64
0.989	6.56	6.48	6.40	6.33	6.25	6.17	6.10	6.02	5.94	5.87
0.990	5.79	5.72	5.64	5.57	5.49	5.41	5.34	5.26	5.19	5.11
0.991	5.04	4.97	4.89	4.82	4.74	4.67	4.60	4.52	4.45	4.37
0.992	4.30	4.23	4.15	4.08	4.01	3.94	3.86	3.79	3.72	3.65
0.993	3.57	3.50	3.43	3.36	3.29	3.22	3.15	3.07	3.00	2.93
0.994	2.86	2.79	2.72	2.65	2.58	2.51	2.44	2.37	2.30	2.23
0.995	2.16	2.09	2.02	1.95	1.88	1.81	1.75	1.68	1.61	1.54
0.996	1.47	1.40	1.34	1.27	1.20	1.13	1.06	1.00	0.93	0.86
0.997	0.80	0.73	0.66	0.59	0.53	0.46	0.40	0.33	0.26	0.20
0.998	0.13	0.07	0.00	—	—	—	—	—	—	—

附录三 不同温度下纯水密度表（不含空气，0~40℃）

不同温度下纯水密度表（不含空气，0~40℃）

单位：kg/m^3

t_{90}/℃	0.0	0.1	0.2	0.3	0.4	0.5	0.6	0.7	0.8	0.9
0	999.843	999.850	999.856	999.862	999.869	999.874	999.880	999.886	999.891	999.897
1	999.902	999.907	999.911	999.916	999.920	999.924	999.928	999.932	999.936	999.940
2	999.943	999.946	999.949	999.952	999.955	999.957	999.959	999.962	999.964	999.965
3	999.967	999.969	999.970	999.971	999.972	999.973	999.974	999.974	999.975	999.975
4	999.975	999.975	999.975	999.974	999.974	999.973	999.972	999.971	999.970	999.968
5	999.967	999.965	999.963	999.961	999.959	999.957	999.954	999.952	999.949	999.946
6	999.943	999.940	999.937	999.933	999.929	999.926	999.922	999.918	999.913	999.909
7	999.904	999.900	999.895	999.890	999.885	999.880	999.874	999.869	999.863	999.857
8	999.851	999.845	999.839	999.833	999.826	999.819	999.813	999.806	999.798	999.791
9	999.784	999.776	999.769	999.761	999.753	999.745	999.737	999.728	999.720	999.711
10	999.703	999.694	999.685	999.676	999.666	999.657	999.648	999.638	999.628	999.618
11	999.608	999.598	999.588	999.577	999.567	999.556	999.545	999.534	999.523	999.512
12	999.500	999.489	999.477	999.466	999.454	999.442	999.430	999.418	999.405	999.393
13	999.380	999.367	999.355	999.342	999.329	999.315	999.302	999.289	999.275	999.261
14	999.247	999.233	999.219	999.205	999.191	999.176	999.162	999.147	999.132	999.118
15	999.103	999.087	999.072	999.057	999.041	999.026	999.010	998.994	998.978	998.962
16	998.946	998.930	998.913	998.897	998.880	998.863	998.846	998.829	998.812	998.795
17	998.778	998.760	998.743	998.725	998.707	998.689	998.671	998.653	998.635	998.617
18	998.598	998.580	998.561	998.542	998.523	998.505	998.485	998.466	998.447	998.427
19	998.408	998.388	998.369	998.349	998.329	998.309	998.288	998.268	998.248	998.227
20	998.207	998.186	998.165	998.144	998.123	998.102	998.081	998.060	998.038	998.017

续表

t_{90}/℃	0.0	0.1	0.2	0.3	0.4	0.5	0.6	0.7	0.8	0.9
21	997.995	997.973	997.951	997.929	997.907	997.885	997.863	997.841	997.818	997.796
22	997.773	997.750	997.727	997.704	997.681	997.658	997.635	997.612	997.588	997.564
23	997.541	997.517	997.493	997.469	997.445	997.421	997.397	997.372	997.348	997.323
24	997.299	997.274	997.249	997.224	997.199	997.174	997.149	997.124	997.098	997.073
25	997.047	997.021	996.996	996.970	996.944	996.918	996.891	996.865	996.839	996.812
26	996.786	996.759	996.732	996.706	996.679	996.652	996.624	996.597	996.570	996.543
27	996.515	996.488	996.460	996.432	996.404	996.376	996.348	996.320	996.292	996.264
28	996.235	996.207	996.178	996.150	996.121	996.092	996.063	996.034	996.005	995.976
29	995.946	995.917	995.888	995.858	995.828	995.799	995.769	995.739	995.709	995.679
30	995.649	995.619	995.588	995.558	995.527	995.497	995.466	995.435	995.404	995.373
31	995.342	995.311	995.280	995.249	995.217	995.186	995.154	995.123	995.091	995.059
32	995.027	994.996	994.963	994.931	994.899	994.867	994.834	994.802	994.769	994.737
33	994.704	994.671	994.638	994.605	994.572	994.539	994.506	994.473	994.439	994.406
34	994.372	994.339	994.305	994.271	994.237	994.204	994.170	994.135	994.101	994.067
35	994.033	993.998	993.964	993.929	993.894	993.860	993.825	993.790	993.755	993.720
36	993.685	993.650	993.614	993.579	993.543	993.508	993.472	993.437	993.401	993.365
37	993.329	993.293	993.257	993.221	993.184	993.148	993.112	993.075	993.039	993.002
38	992.965	992.929	992.892	992.855	992.818	992.781	992.744	992.706	992.669	992.632
39	992.594	992.557	992.519	992.481	992.443	992.406	992.368	992.330	992.292	992.253
40	992.215	999.850	999.856	999.862	999.869	999.874	999.880	999.886	999.891	999.897

注：1. t_{90}为1990年国际温标（ITS-90）。

2. 水密度值采用CIPM 2001推荐计算公式。

参考文献

［1］李红．笑傲白酒江湖之宝典［M］．北京：中国轻工业出版社，2019

［2］中华人民共和国国家质量监督检验检疫总局．GB/T 26760—2011. 酱香型白酒［S］．北京：中国标准出版社，2011.

［3］中华人民共和国国家质量监督检验检疫总局．GB/T 10781. 1—2006. 浓香型白酒［S］．北京：中国标准出版社，2006.

［4］国家市场监督管理总局，国家标准化管理委员会．GB/T 10781. 1—2021. 白酒质量要求　第1部分：浓香型白酒［S］．北京：中国标准出版社，2021.

［5］中华人民共和国国家质量监督检验检疫总局．GB/T 10781. 2—2006. 清香型白酒［S］．北京：中国标准出版社，2006.

［6］国家市场监督管理总局，国家标准化管理委员会．GB/T 10781. 2—2022. 白酒质量要求　第2部分：清香型白酒［S］．北京：中国标准出版社，2022.

［7］中华人民共和国国家质量监督检验检疫总局．GB/T 10781. 3—2006. 米香型白酒［S］．北京：中国标准出版社，2006.

［8］中华人民共和国国家质量监督检验检疫总局．GB/T 20824—2007. 芝麻香型白酒［S］．北京：中国标准出版社，2007.

［9］中华人民共和国国家质量监督检验检疫总局．GB/T 20825—2007. 老白干香型白酒［S］．北京：中国标准出版社，2007.

［10］中华人民共和国国家质量监督检验检疫总局．GB/T 16289—2018. 豉香型白酒［S］．北京：中国标准出版社，2018.

［11］国家市场监督管理总局，国家标准化管理委员会．GB/T 10781. 9—2021. 白酒质量要求　第9部分：芝麻香型白酒［S］．北京：中国标准出版社，2021.

［12］中华人民共和国国家质量监督检验检疫总局．GB/T 23547—2009. 浓酱兼香型白酒［S］．北京：中国标准出版社，2009.

［13］国家市场监督管理总局，国家标准化管理委员会．GB/T 10781. 8—2021. 白酒质量要求 第 8 部分：浓酱兼香型白酒［S］．北京：中国标准出版社，2021.

［14］中华人民共和国国家质量监督检验检疫总局．GB/T 14867—2007. 凤香型白酒［S］．北京：中国标准出版社，2007.

［15］中华人民共和国国家质量监督检验检疫总局．GB/T 20823—2017. 特香型白酒［S］．北京：中国标准出版社，2017.

［16］中华人民共和国国家质量监督检验检疫总局．GB/T 22736—2008. 地理标志产品 酒鬼酒［S］．北京：中国标准出版社，2008.

［17］国家市场监督管理总局，国家标准化管理委员会．GB/T 10781. 11—2021. 白酒质量要求 第 11 部分：馥郁香型白酒［S］．北京：中国标准出版社，2021.

［18］贵州省质量技术监督局．DB 52/T 550—2013. 董香型白酒［S］．2013.

［19］中华人民共和国国家质量监督检验检疫总局．GB/T 26761—2011. 小曲固态法白酒［S］．北京：中国标准出版社，2011.

［20］贵州省质量技术监督局．DB52/T 878—2014. 麸曲酱香型白酒［S］．2014.

［21］四川省宜宾质量技术监督局．DB 511500/T/10—2010. 宜宾酒（浓香型白酒）［S］．2010.

［22］四川省宜宾质量技术监督局．DB 511500/T/12—2010. 宜宾酒（浓酱兼香型白酒）［S］．2010.

［23］中华人民共和国国家质量监督检验检疫总局．GB/T 20821—2007. 液态法白酒［S］．北京：中国标准出版社，2007.

［24］中华人民共和国国家质量监督检验检疫总局．GB/T 20822—2007. 固液法白酒［S］．北京：中国标准出版社，2007.

［25］中华人民共和国国家质量监督检验检疫总局．JJF 1074—2018. 酒精密度-浓度测量用表［S］．北京：中国质检出版社，2018.

［26］中华人民共和国国家质量监督检验检疫总局．GB 2760—2014. 食品安全国家标

的酒体设计进行了系统的总结，形成了这本专著《独孤九鉴：白酒酒体设计之宝典》。这本书按照“身怀六甲”的产品创新理论，从“要做什么”“有什么”“怎么做”的逻辑出发，提出了白酒酒体设计的“独孤九鉴体系”，该体系以全新的视角，系统全面地对中国白酒酒体设计的内容进行了剖析。

与此同时，《独孤九鉴：白酒酒体设计之宝典》还对在酒体设计技能培训中遇到的问题进行了梳理，结合学员们遇到的实际情况，进一步总结。因此，本书从实际出发，还原实际问题，深入浅出，为酒类从业人员提供思路及秘法口诀。

酒体设计人员、酒类科研人员、酒类销售者、酒类消费者，甚至酒类爱好者都可以阅读《独孤九鉴：白酒酒体设计之宝典》这本书，望各位都能从此书中各取所需，提高白酒酒体设计和认知水平。

中国工程院院士

孙宝国

2023年11月8日于北京

序二

白酒作为中国传统的酒种之一，其历史悠久，源远流长，根据现代考古发现可以推断早在西汉时期就已经有了中国白酒。中国白酒不仅仅是一种广受中国老百姓喜爱的美酒佳酿，更是中国悠久厚重历史文化的重要组成部分，体现了太多中国人的生活智慧和审美情趣。

中国食品发酵工业研究院是我国食品和发酵工业领域的重要科研机构，始终致力于食品发酵行业的科技研发、标准制定、监督检验、人才培养和科技成果的转化等，目前拥有14个国家和省部级创新服务平台。白酒产业是我国的优势传统食品产业之一，其在解决人员就业、增加税收、出口创汇以及引领科技创新等方面都具有重要的作用。对酒类的研究，包括对中国白酒的研究，一直以来，都是我院重要的研究方向之一，涌现了秦含章、管敦仪、熊子书和郭其昌等一批酒界泰斗，近年来，也涌现了李红博士等一批新生代的酒类科研人员。

中国白酒的酿造方式为固态多微共酵，具有复杂的物质代谢和能量转换体系，这为白酒的酿造赋予了神秘性，同时也阻碍了白酒生产向现代工业化发展的步伐。象征中国白酒业从“传统手工艺”向“现代化工业”变革的标志，就是由我院秦含章先生主持的“汾酒试点”和

作者简介

李红，男，中国食品发酵工业研究院酿酒与传统发酵部副主任，教授，工学博士，博士后，钱江特聘专家，中央企业青年岗位能手，珠江科技新星，全国酿酒行业技术能手，徐州“双创”人才，德国慕尼黑工业大学（TUM）访问学者，国家级白酒评酒委员，国家一级品酒师，国家高级酿酒师，高级茶艺师。

目前担任丰谷酒业董事会技术委员会专家组成员，曾担任2023年四川省职业院校电子商务技能大赛专家组成员以及2024年北京市第六届职业技能大赛高级裁判员。

在英国Brewing Research International从事过研究工作，近年来主持了多项国家项目和企业横向项目，项目紧紧围绕酿酒工业企业关心的问题开展研究，解决科学问题，进行技术开发转化工作，多个课题取得了一定的理论突破，技术成果在企业实现应用。

近年在国内外学术期刊上发表论文100余篇，SCI论文十余篇，获奖论文十余篇，获国家发明专利十余项，取得科技成果十余项，其中国际领先水平的有十项，八项达到国际先进水平，获省部级科学技术进步奖十余项。

出版《笑傲白酒江湖之宝典》等，参编《品酒师》《酿酒师》培训教材多部。

序一

中国白酒源远流长，至今已有两千多年的历史，但是中国白酒还有很多未解之谜，需要科研人员去研究。中国白酒产业虽然很大，但是现代化程度还不高，还需要全行业继续努力。白酒是中国独有的酒种，可直接借鉴的国外研究成果不多，中国白酒的发展还需要中国的科研人员自己去研究、去总结。白酒是消费品，在中国有几亿的消费者，白酒的科研成果还需要向大众进行传播，使广大消费者真正了解中国白酒，做到科学认知、理性消费，这也是促进中国白酒产业健康发展的关键。

李红博士是中国酒业协会的国家级白酒评酒委员，他根据白酒品评的特点，在行业里提出了“六脉神鉴”品评体系，并在国家品酒师职业资格鉴定培训中使用，反映良好。白酒的品评是利用人的视觉、嗅觉和味觉等来鉴别白酒质量优劣的一门感官评价技术。它既是判断酒质优劣的主要依据，又是决定酒体设计成败的关键，具有快速而又较准确的特点。因此，掌握一定的品评知识和品评技能，对于消费者、爱好者及专业人士来说，都是非常有必要的。李红博士的“六脉神鉴”品评体系，通俗易懂，简单好记。

除了品评体系外，李红博士还对中国白酒